U0180243

献 给 我 的 父 母

多旋翼飞行器
设计与控制

全权 著
杜光勋 赵峙尧 戴训华 任锦瑞 邓恒 译
郭祥 插图设计

電子工業出版社
Publishing House of Electronics Industry
北京·BEIJING

内容简介

本书覆盖了多旋翼飞行器设计的大部分内容，共十五章，包括多旋翼飞行器基础知识、布局、动力系统、建模、感知、控制和决策等部分。旨在将多旋翼飞行器工程实践中应用的设计原则组织起来，并强调基础概念的重要性，具有基础性、实用性、综合性和系统性等特点。本书可以用作高年级本科生以及研究生教材，或者作为该领域研究的入门指南，还可以作为多旋翼飞行器工程师的自学教材。另外，本书也可以作为其他无人飞行系统乃至无人系统的补充阅读材料。

图书在版编目(CIP)数据

多旋翼飞行器设计与控制/全权著；杜光勋等译. —北京：电子工业出版社，2018.2

ISBN 978-7-121-31268-7

I. ① 多…　II. ① 全…　② 杜…　III. ① 飞行器－高等学校－教材　IV. ① V47

中国版本图书馆 CIP 数据核字（2017）第 070040 号

策划编辑：章海涛

责任编辑：章海涛　　特约编辑：徐　堃

印　　刷：北京捷迅佳彩印刷有限公司

装　　订：北京捷迅佳彩印刷有限公司

出版发行：电子工业出版社

北京市海淀区万寿路 173 信箱　邮编　100036

开　　本：787×1092　1/16　　印张：23.25　　字数：590 千字

版　　次：2018 年 2 月第 1 版

印　　次：2024 年 4 月第 15 次印刷

定　　价：98.00 元

凡所购买电子工业出版社图书有缺损问题，请向购买书店调换。若书店售缺，请与本社发行部联系，联系及邮购电话：（010）88254888，88258888。

质量投诉请发邮件至 zlts@phei.com.cn，盗版侵权举报请发邮件至 dbqq@phei.com.cn。

本书咨询联系方式：192910558（QQ 群）。

中文序

多旋翼飞行器因其易用性、高可靠性以及易维护性，在军用和民用领域应用广泛。纵观多旋翼飞行器在工业界的发展历史，德国的公司主导了早期的发展；之后，特别是从2013年开始，中国获得了多旋翼飞行器发展的主导地位。在国内，一大批航模爱好者、不同领域的软/硬件工程师和飞行控制专业人才纷纷加入，围绕多旋翼飞行器的相关创意、技术、产品、应用、投资和政策等层出不穷，可以说，当今中国是世界上微小型多旋翼飞行器研发最活跃的国家。

多旋翼飞行器在行业应用中的高速发展离不开开源飞控的支持。无论是借助开源飞控，还是全自主开发，都需要研发者对多旋翼飞行器设计、建模、感知、控制和决策等全面掌握，才能够真正将飞行器做好。然而，目前微小型飞行器开发不少始于小微企业，与传统的航空院所不同，小微企业存在人员少、经验少和资源少等问题，因此业内迫切需要一大批能够挑起大梁的总工程师和全栈式工程师。

人才缺乏的一个重要原因是多旋翼飞行器发展太快，而相应的教材和课程没有跟进。在这种形式下，作者于2015年年初开始准备课程，于2016年上半年在北京航空航天大学开课，并于2017年3月推出了网络公开课（MOOC），并在课题组网站http://rfly.buaa.edu.cn/course发布中英文课件。与此同时，英文教科书一直在急锣密鼓而持续地撰写和修订。在英文书稿基本定稿的情况下，考虑到让国内更多同行能够及时和更方便地阅读，作者邀请杜光勋博士负责中文翻译工作，并于2016年9月在北京航空航天大学可靠飞行控制研究组内展开。具体的翻译工作安排为：杜光勋博士负责第1章、第10章和第12章，赵峙尧负责第13~15章，戴训华负责第2~4章，任锦瑞负责第5章、第6章和第11章，邓恒负责第7~9章，由杜光勋博士统稿。他们花费了大量的时间和巨大的心血，在翻译的同时给本书提出了很多有益的反馈，在此我表示衷心的感谢。可靠飞行控制研究组的史东杰、蔡阳光、颜江、傅嘉宁、郭正龙、张婧、骆遥、马海彪、张贺鹏、杜百会、董科等同学也参与了中文翻译和校对工作，这里对他们也深表感谢。

由于本书跨度较大，涉及较多新的专业词汇及新的概念，加上作者和组内同学水平有限，书中若有不当之处，恳请读者指正（请发邮件至qq_buaa@buaa.edu.cn）。我们会不断改进，精益求精，为中国的航空事业贡献自己的一份力量。

全权

于加拿大多伦多

2017年12月

前　言

飞行，一直是人类的梦想。早在公元5世纪，中国人就发明了风筝。15世纪末，列奥纳多·达·芬奇（Leonardo da Vinci）手绘了大量的飞行机器和装置的设计图纸，包括扑翼飞机、固定翼滑翔机、旋翼机、降落伞等。1903年12月17日，莱特兄弟（the Wright brothers）发明并成功制作了世界上第一架飞机，并且实现了有动力且重于空气的飞行器的第一次有人操控飞行。自1903年以来，在随后的100多年里出现了各种各样的飞行器。然而，只有极少数人能够有机会驾驶并体验操控飞行的乐趣。飞行器和驾驶员一直是那样神秘，直到小型和微型多旋翼飞行器通过遥控玩具市场走近消费者。这主要归功于这类飞行器的易用性、高可靠性和易维护性。这些特性极大地提高了用户的飞行体验。目前，很难找到一种飞行器能够像多旋翼飞行器那么简单、易用。正因为如此，它们让越来越多的人真正操控并享受到飞行的乐趣。除了作为遥控玩具外，多旋翼飞行器也作为无人机在一些商业领域发挥作用，包括监控、搜寻、救援等。现在，多旋翼飞行器确立了其在小型无人机市场的主导地位。不管是定义为遥控玩具还是无人机，多旋翼飞行器都可以作为一个合适的研究对象供学生们研究。这是因为学生有机会在较短的时间内经历从设计到飞行测试的全过程。另一个原因就是，学生可以通过阅读多旋翼飞行器开源代码，并与业内人士交流、互动，来加深对基本原理的理解。

作为北京航空航天大学教学课程的一个成果，本书可以用作高年级本科生以及研究生教材，或者作为该领域研究的入门指南，还可以作为多旋翼飞行器工程师的自学教材。本书也可以作为其他无人飞行系统的补充阅读材料。为了覆盖多旋翼飞行器硬件和算法的大部分设计内容，本书共15章，包括多旋翼飞行器硬件设计、建模、感知、控制和决策五部分。

本书旨在将多旋翼飞行器工程实践中应用的设计原则组织起来，并强调基础概念的重要性，具有以下四个突出的特点。

1. 基础性和实用性

本书包含多旋翼涉及的大部分内容，读者具备电子工程学（Electronic Engineering，EE）背景，就能够看懂这本书。多旋翼飞行器的组成从其功能和关键参数说起，多旋翼飞行器的设计从原理说起，建模从最基本的理论力学内容说起，状态估计则从传感器的测量原理说起。在介绍多旋翼控制之前，本书介绍了可控性和稳定性概念。另外，书中大部分方法具有基础性和实用性，并紧密结合目前经常使用的开源自驾仪。

2. 综合性和系统性

本书致力于全面介绍多旋翼飞行器系统，而不仅仅关注某一个技术点。通常在实际工作中，仅仅了解某个技术点不能满足用户的需求，也无法解决复杂的实际问题。另一方面，通过相关技术的改进或者方案的改进，可以避免在单个技术点上下太多功夫。比如，通过传感器或机械结构设计的改进，可以避免设计非常复杂的控制器来解决时滞和振动问题。如果读者掌握了基本的理论知识，如数学、空气动力学、材料学、结构学、电子学、滤波优化和控制理论等，应当把这些知识融会贯通，努力使自己成为一名全栈式开发者。这也是本书希望达到的目的。

本书的准备和书写对我来说是一个艰难的过程。幸运的是，软件与控制实验室从2007年开始就支持多旋翼飞行器的相关研究。那时，我还是一名学生（自2010年起，本人作为老师，留在实验室继续相关研究）。当时，张瑞峰和我全身心地投入到制作我们自己的四旋翼的工作中。这使我亲身经历了小型多旋翼飞行器的黄金发展时期。另外，开源自驾仪（如APM和PX4）的开发团队无私地分享了他们的设计文档，全世界的研究者们提供了大量的技术论文供我们参考。更重要的是，北京航空航天大学可靠飞行控制研究组（http://rfly.buaa.edu.cn）的同学们给予了热忱的支持和帮助。非常感谢任锦瑞、赵峙尧、杜光勋、戴训华、魏子博、邓恒、史东杰、蔡阳光、颜江、董洪信、傅嘉宁、郭正龙、张婧、骆遥、郑帅勇、张小威、马海彪、张贺鹏和杜百会为本书准备材料，审阅了每个章节，并且对相关内容进行仿真。我要感谢我的同事奚知宇副教授、研究生Usman Arif、Hanna Tereshchenko和本科生肖昆，他们校对了书稿并提出了很好的修改建议。我还想感谢北京航空航天大学的霍伟教授、李大伟高级工程师、大疆创新科技的于云，以及中航工业信息技术中心的朱亮博士，他们对书中内容提出了宝贵的意见和建议。本书曾在北京航空航天大学和中国人民解放军战略支援部队国防科学技术大学以讲义的形式使用，学生们提供了非常宝贵的反馈意见，在此一并感谢。最后，感谢郭祥为本书每章精心制作的插画。

全权
于北京
2016年12月

符　号　表

符号	含义
$=$	等于
$\approx$	约等于
$\sim$	同一数量级或概率分布
$\triangleq$	定义。$x \triangleq y$ 意味着在某些假设条件下 x 被重新定义为 y
$\equiv$	恒等于
$\in$	属于
$\perp$	垂直
$\times$	叉乘
$\otimes$	四元数乘法
$\mathbb{C}$	复数域
$\mathscr{D}$	$\mathscr{D} = \left\{\mathbf{D} \middle| \mathbf{D} = (d_{i,j}), d_{i,j} = 0 \; if \; i \neq j\right\}$，对角矩阵集合
$\mathscr{P}$	$\mathscr{P} = \{\mathbf{P} \vert \mathbf{P} > 0\}$，正定矩阵集合
$\mathbb{R}, \mathbb{R}^n, \mathbb{R}^{n\times m}$	实数域，n 维欧氏空间，$n \times m$ 维欧氏空间
$\mathbb{R}_+$	正实数集
$\mathscr{S}$	$\mathscr{S} = \left\{\mathbf{S} \middle| \mathbf{S} = \mathbf{S}^{\mathrm{T}}\right\}$，对称矩阵集合
$\mathbb{Z}$	整数
$\mathbb{Z}_+$	正整数
$\mathbf{e}_1, \mathbf{e}_2, \mathbf{e}_3$	单位向量，$\mathbf{e}_1 = [1\ \ 0\ \ 0]^{\mathrm{T}}$，$\mathbf{e}_2 = [0\ \ 1\ \ 0]^{\mathrm{T}}$，$\mathbf{e}_3 = [0\ \ 0\ \ 1]^{\mathrm{T}}$
$\mathbf{I}_n$	$n \times n$ 维单位矩阵
$\mathbf{0}_{n\times m}$	$n \times m$ 维零矩阵
x	标量
$\mathbf{x}$	向量，x_i 表示向量 $\mathbf{x}$ 的第 i 个元素
$\dot{\mathbf{x}}, \dfrac{\mathrm{d}\mathbf{x}}{\mathrm{d}t}$	对时间 t 的一阶导数
$\hat{\mathbf{x}}$	$\mathbf{x}$ 的估计值
$[\mathbf{x}]_\times$	$[\mathbf{x}]_\times \triangleq \begin{bmatrix} 0 & -x_3 & x_2 \\ x_3 & 0 & -x_1 \\ -x_2 & x_1 & 0 \end{bmatrix}_\times, \mathbf{x} \in \mathbb{R}^3$
${}^i\mathbf{x}$	向量 $\mathbf{x}$ 在坐标系 i 中的表示。例如，${}^{\mathrm{e}}\mathbf{x}$ 和 ${}^{\mathrm{b}}\mathbf{x}$ 分别表示向量 $\mathbf{x}$ 在坐标系 $o_{\mathrm{e}}x_{\mathrm{e}}y_{\mathrm{e}}z_{\mathrm{e}}$ 和坐标系 $o_{\mathrm{b}}x_{\mathrm{b}}y_{\mathrm{b}}z_{\mathrm{b}}$ 中的表示
$\mathbf{A}$	矩阵，a_{ij} 表示矩阵 $\mathbf{A}$ 在第 i 行第 j 列的元素
$\mathbf{A}^{\mathrm{T}}$	$\mathbf{A}$ 的转置
$\mathbf{A}^{-\mathrm{T}}$	$\mathbf{A}$ 的逆的转置

$\mathbf{A}^{\dagger}$	$\mathbf{A}$ 的广义逆
$\det(\mathbf{A})$	$\mathbf{A}$ 的行列式
$\mathrm{tr}(\mathbf{A})$	方阵 $\mathbf{A}$ 的迹，$\mathrm{tr}(\mathbf{A}) \triangleq \sum_{i=1}^{n} a_{ii}, \mathbf{A} \in \mathbb{R}^{n\times n}$
$\mathbf{q}$	四元数，$\mathbf{q}_{\mathrm{b}}^{\mathrm{e}}$ 表示从坐标系 $o_{\mathrm{b}}x_{\mathrm{b}}y_{\mathrm{b}}z_{\mathrm{b}}$ 到坐标系 $o_{\mathrm{e}}x_{\mathrm{e}}y_{\mathrm{e}}z_{\mathrm{e}}$ 的旋转
$\mathbf{q}^{*}$	共轭四元数
$\mathbf{q}^{-1}$	四元数的逆
$(\cdot)^{(k)}$	对时间 t 的 k 阶导数
∇	梯度
$\mathrm{Cov}(\mathbf{x},\mathbf{y})$	协方差，$\mathrm{Cov}(\mathbf{x},\mathbf{y}) \triangleq \mathrm{E}\left((\mathbf{x}-\mathrm{E}(\mathbf{x}))\left(\mathbf{y}-\mathrm{E}(\mathbf{y})^{\mathrm{T}}\right)\right)$， $\mathrm{Cov}(\mathbf{x}) \triangleq \mathrm{E}\left((\mathbf{x}-\mathrm{E}(\mathbf{x}))\left(\mathbf{x}-\mathrm{E}(\mathbf{x})^{\mathrm{T}}\right)\right)$
$\mathscr{C}(\mathbf{A},\mathbf{B})$	系数矩阵对 $(\mathbf{A},\mathbf{B})$的可控性矩阵, $\mathscr{C}(\mathbf{A},\mathbf{B}) = [\mathbf{B}\ \mathbf{AB}\ \ldots\ \mathbf{A}^{n-1}\mathbf{B}]$
$\mathrm{E}(\mathbf{x})$	随机变量 $\mathbf{x}$ 的期望
$L_{\mathbf{f}}h$	函数 h 对向量域 $\mathbf{f}$ 的李导数
$L_{\mathbf{f}}^{i}h$	$L_{\mathbf{f}}h$ 的 i 阶导数, $L_{\mathbf{f}}^{i}h = \nabla\left(L_{\mathbf{f}}^{i-1}h\right)\mathbf{f}$
$\mathscr{O}\left(\mathbf{A},\mathbf{C}^{\mathrm{T}}\right)$	系数矩阵对 $(\mathbf{A},\mathbf{C})$ 的可观性矩阵，$\mathscr{O}\left(\mathbf{A},\mathbf{C}^{\mathrm{T}}\right) = \begin{bmatrix} \mathbf{C}^{\mathrm{T}} \\ \mathbf{C}^{\mathrm{T}}\mathbf{A} \\ \vdots \\ \mathbf{C}^{\mathrm{T}}\mathbf{A}^{n-1} \end{bmatrix}$
$\mathrm{vex}(\cdot)$	$\mathrm{vex}\left([\mathbf{x}]_{\times}\right) \triangleq \mathbf{x}$
$\mathrm{Var}(x)$	随机变量 x的方差，$\mathrm{Var}(x) \triangleq \mathrm{E}\left((x-\mathrm{E}(x))^{2}\right)$
$\lvert\cdot\rvert$	绝对值
$\lVert\cdot\rVert$	欧氏范数，$\lVert\mathbf{x}\rVert \triangleq \sqrt{\mathbf{x}^{\mathrm{T}}\mathbf{x}}$, $\mathbf{x} \in \mathbb{R}^{n}$
$\lVert\cdot\rVert_{\infty}$	无穷范数，$\lVert\mathbf{x}\rVert_{\infty} = \max\{\lvert x_1\rvert,\cdots,\lvert x_n\rvert\}$, $\mathbf{x} \in \mathbb{R}^{n}$
$\mathbf{a}$	多旋翼的比力，$\mathbf{a} \in \mathbb{R}^{3}$。比如, ${}^{\mathrm{e}}\mathbf{a}$ 和 ${}^{\mathrm{b}}\mathbf{a}$ 分别为向量 $\mathbf{a}$ 在坐标系 $o_{\mathrm{e}}x_{\mathrm{e}}y_{\mathrm{e}}z_{\mathrm{e}}$ 和坐标系 $o_{\mathrm{b}}x_{\mathrm{b}}y_{\mathrm{b}}z_{\mathrm{b}}$ 下的表示；$a_{x_i}, a_{y_i}, a_{z_i}$ 分别代表比力沿坐标轴 $o_i x_i, o_i y_i, o_i z_i$ 的分量，$i = \mathrm{e,b}$（m/s^2）
${}^{\mathrm{b}}\mathbf{a}_{\mathrm{m}}$	由加速度计测得的比力，即，${}^{\mathrm{b}}\mathbf{a}_{\mathrm{m}} = \begin{bmatrix} a_{x_{\mathrm{b}}\mathrm{m}} & a_{y_{\mathrm{b}}\mathrm{m}} & a_{z_{\mathrm{b}}\mathrm{m}} \end{bmatrix}^{\mathrm{T}}$（m/s^2）
$b_{d_{\mathrm{baro}}}$	气压计测量高度时的漂移量（m）
$\mathbf{B}_{f}$	多旋翼带有效率系数的控制效率矩阵
c_{M}	力矩系数（N·m·s^2/rad^2）
c_{T}	拉力系数（N·s^2/rad^2）
C_{R}	常量参数，表示从油门到电机转速的线性关系的斜率
d_{baro}	气压计的高度测量值（m）
d_{sonar}	超声波测距仪的距离测量值（m）
f	多旋翼受到的总拉力（N）

$\mathbf{f}$	作用于多旋翼的拉力向量，$\mathbf{f}\in\mathbb{R}^3$。比如，${}^{\mathrm{e}}\mathbf{f}$ 和 ${}^{\mathrm{b}}\mathbf{f}$ 分别表示向量 $\mathbf{f}$ 在坐标系 $o_{\mathrm{e}}x_{\mathrm{e}}y_{\mathrm{e}}z_{\mathrm{e}}$ 和坐标系 $o_{\mathrm{b}}x_{\mathrm{b}}y_{\mathrm{b}}z_{\mathrm{b}}$ 下的表示；f_{x_i},f_{y_i},f_{z_i} 分别表示沿坐标轴 o_ix_i, o_iy_i, o_iz_i 的拉力分量, $i=$e,b。或者表示螺旋桨推力向量（N）
g	重力加速度（$\mathrm{m/s^2}$）
$\mathbf{J}$	多旋翼的转动惯量, $\mathbf{J}\in\mathbb{R}^{3\times3}$，$J_{xx},J_{yy},J_{zz}$ 是中心主转动惯量，J_{xy},J_{yz},J_{xz} 是惯性积（$\mathrm{kg\cdot m^2}$）
k_{drag}	阻力系数，$k_{\mathrm{drag}}\in\mathbb{R}_+$，可以用来确定作用在旋转桨叶上的阻力
m	多旋翼的质量（kg）
M	螺旋桨扭矩（N·m），或代表一个正整数
M_i	第 i 个螺旋桨产生的反扭矩（N·m）
${}^{\mathrm{b}}\mathbf{m}_{\mathrm{m}}$	磁力计在 $o_{\mathrm{b}}x_{\mathrm{b}}y_{\mathrm{b}}z_{\mathrm{b}}$ 坐标系下的测量值，即 ${}^{\mathrm{b}}\mathbf{m}_{\mathrm{m}}=[\,m_{x_{\mathrm{b}}}\quad m_{y_{\mathrm{b}}}\quad m_{z_{\mathrm{b}}}\,]^{\mathrm{T}}$
${}^{\mathrm{e}}\mathbf{m}$	磁感应强度在 $o_{\mathrm{e}}x_{\mathrm{e}}y_{\mathrm{e}}z_{\mathrm{e}}$ 坐标系下的表示
$\mathbf{M}_{n_{\mathrm{r}}}$	控制效率矩阵，$\mathbf{M}_{n_{\mathrm{r}}}\in\mathbb{R}^{4\times n_r}$
n_{r}	动力单元个数
N	电机转速（RPM），或一个正整数
$o_{\mathrm{b}}x_{\mathrm{b}}y_{\mathrm{b}}z_{\mathrm{b}}$	机体坐标系
$o_{\mathrm{e}}x_{\mathrm{e}}y_{\mathrm{e}}z_{\mathrm{e}}$	地球固连坐标系
$\mathbf{p}$	多旋翼中心的位置，$\mathbf{p}\in\mathbb{R}^3$。比如，${}^{\mathrm{e}}\mathbf{p}$ 和 ${}^{\mathrm{b}}\mathbf{p}$ 分别为向量 $\mathbf{p}$ 在坐标系 $o_{\mathrm{e}}x_{\mathrm{e}}y_{\mathrm{e}}z_{\mathrm{e}}$ 和坐标系 $o_{\mathrm{b}}x_{\mathrm{b}}y_{\mathrm{b}}z_{\mathrm{b}}$ 下的表示。p_{x_i},p_{y_i},p_{z_i} 分别表示沿坐标轴 o_ix_i,o_iy_i,o_iz_i 的位置分量，$i=$ e,b（m）
$\mathbf{p}_{\mathrm{GPS}}$	GPS 接收机测量得到的位置，$\mathbf{p}_{\mathrm{GPS}}\in\mathbb{R}^3$ 。比如，$(p_{x\mathrm{GPS}},p_{y\mathrm{GPS}})$ 表示 GPS 接收机测量的二维位置（m）
$\mathbf{p}_{\mathrm{h}}$	水平位置，$\mathbf{p}_{\mathrm{h}}=[\,p_{x_{\mathrm{e}}}\quad p_{y_{\mathrm{e}}}\,]^{\mathrm{T}}$（m）
$\hat{\mathbf{R}}$	旋转矩阵的估计
$\tilde{\mathbf{R}}$	$\mathbf{R}_{\mathrm{m}}$ 与 $\hat{\mathbf{R}}$ 之间的误差, 即 $\tilde{\mathbf{R}}=\hat{\mathbf{R}}^{\mathrm{T}}\mathbf{R}_{\mathrm{m}}$
$\mathbf{R}_a^b$	$\mathbf{R}_a^b\in SO(3)\triangleq\left\{\mathbf{A}\,\middle\vert\,\mathbf{A}^{\mathrm{T}}\mathbf{A}=\mathbf{I}_3,\det(\mathbf{A})=1,\mathbf{A}\in\mathbb{R}^3\right\}$ 表示将向量从坐标系 a 旋转到坐标系 b 的旋转矩阵
$\mathbf{R}_{\mathrm{m}}$	由加速度计和磁力计观测得到的旋转矩阵
T_{m}	时间常数，可以决定电机的动态响应
$\mathbf{v}$	多旋翼中心的速度，$\mathbf{v}\in\mathbb{R}^3$。比如，${}^{\mathrm{e}}\mathbf{v}$ 和 ${}^{\mathrm{b}}\mathbf{v}$ 分别表示向量 $\mathbf{v}$ 在坐标系 $o_{\mathrm{e}}x_{\mathrm{e}}y_{\mathrm{e}}z_{\mathrm{e}}$ 和坐标系 $o_{\mathrm{b}}x_{\mathrm{b}}y_{\mathrm{b}}z_{\mathrm{b}}$ 下的表示；v_{x_i},v_{y_i},v_{z_i} 分别表示沿坐标轴 o_ix_i, o_iy_i,o_iz_i 的速度分量, $i=$ e,b（m/s）
$\dot{v}_{x_i},\dot{v}_{y_i},\dot{v}_{z_i}$	分别为多旋翼沿坐标轴 o_ix_i,o_iy_i,o_iz_i 的加速度分量, $i=$ e,b（$\mathrm{m/s^2}$）
$\mathbf{W}$	表示姿态角速率与机体角速度之间关系的矩阵
θ_{m}	俯仰角测量值（rad）
$\boldsymbol{\Theta}$	欧拉角, $\boldsymbol{\Theta}=[\,\phi\quad\theta\quad\psi\,]^{\mathrm{T}}$, 其中 θ,ϕ,ψ 分别为俯仰角，滚转角和偏航角
$\boldsymbol{\tau}$	力矩 $\boldsymbol{\tau}\in\mathbb{R}^3$，其中 τ_x,τ_y,τ_z 分别表示沿坐标轴 $o_{\mathrm{b}}x_{\mathrm{b}},o_{\mathrm{b}}y_{\mathrm{b}},o_{\mathrm{b}}z_{\mathrm{b}}$ 的力矩分量（N·m）
σ	油门指令

ψ_{GPS}	根据 GPS 信息得到的偏航角估计值（rad）
ψ_{m}	偏航角测量值（rad）
ψ_{mag}	根据磁力计信息得到的偏航角估计值（rad）
$\boldsymbol{\omega}$	多旋翼的角速度，$\boldsymbol{\omega}\in\mathbb{R}^3$。比如，${}^{\mathrm{e}}\boldsymbol{\omega}$ 和 ${}^{\mathrm{b}}\boldsymbol{\omega}$ 分别表示向量 $\boldsymbol{\omega}$ 在坐标系 $o_{\mathrm{e}}x_{\mathrm{e}}y_{\mathrm{e}}z_{\mathrm{e}}$ 和坐标系 $o_{\mathrm{b}}x_{\mathrm{b}}y_{\mathrm{b}}z_{\mathrm{b}}$ 下的表示. $\omega_{x_i},\omega_{y_i},\omega_{z_i}$ 分别表示沿着坐标轴 o_ix_i,o_iy_i,o_iz_i 的角速度分量，$i=\mathrm{e,b}$（rad/s）
${}^{\mathrm{b}}\boldsymbol{\omega}_{\mathrm{m}}$	标定后的角速度（rad/s）
ϖ	螺旋桨的角速度（rad/s）
ϖ_{b}	常参数，为从油门到电机转速线性关系中的常数项
ϖ_k	第 k 个螺旋桨的角速度，$\varpi_k\in\mathbb{R}_+$（rad/s）
ϖ_{ss}	电机的稳态转速（rad/s）

目　　录

第一篇　设计篇

第二篇　建模篇

第三篇　感知篇

第四篇　控制篇

第五篇 决策篇

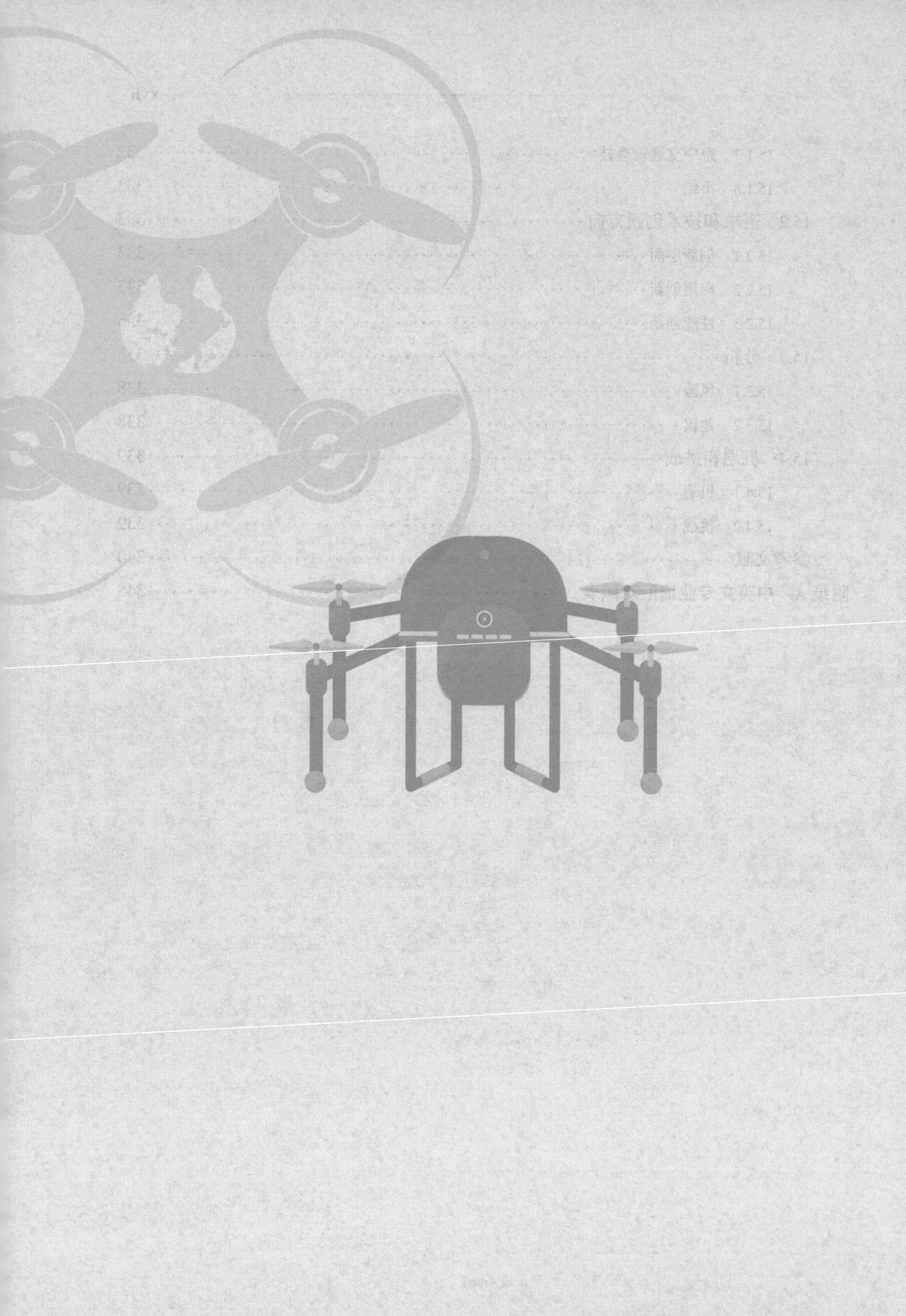

第1章 Chapter 1
绪论

竹蜻蜓

中国古人很早就认识到旋转能产生飞行的动力。公元4世纪，中国著名的道学家葛洪已有关于直升飞机旋翼的说法。那时，中国有一种儿童玩具——竹蜻蜓：这种玩具有一根细轴，细轴的一端固定装有几个竹片，另一端用线缠绕，一拉线，竹蜻蜓就飞到空中了。这种玩具对欧洲航空先驱者影响甚大。1809年，现代航空之父乔治·克莱爵士研究了中国直升机旋翼，制作出的中国式“竹蜻蜓”能飞到空中7-8.33米。后来，他又做了一个改进的旋翼，可以飞到30米高。中国的直升飞机水平旋翼和螺旋桨对西方的影响是航空学和载人飞机诞生的主要原因之一。现代航空之父乔治·克莱于1853年画出了他做的直升飞机旋翼，比中国晚了长达1400多年。

常见的小型飞行器（20 千克[1,pp.4−5]或者 25 千克[2]以下）通常分为固定翼飞行器、直升机和多旋翼飞行器（以下简称多旋翼），其中多旋翼最为主流。在 2010 年之前，无论在航空摄影还是航模运动领域，固定翼飞行器和直升机基本占有绝对主流的地位。然而，在后续的几年中，多旋翼因为优良的操控性能而迅速成为航空摄影和航模运动领域的新宠。在此期间，由于自动驾驶仪（以下简称自驾仪）和其他组件均单独销售，因此多旋翼仍然需要专业人员来完成装配，还需要根据负载对控制系统进行调参。2012 年底，中国大疆创新科技有限公司（DJI）推出了一款名为小精灵的四旋翼一体机，到手即飞①。用户能在短时间内掌握该四旋翼的操控，并且它的售价低至 1000 美元左右。与之前的商业级四旋翼一体机产品（如德国 Microdrones GmbH 公司的 MD4-200、MD4-1000 四旋翼）相比，小精灵四旋翼便宜很多。因为该产品极大地降低了航空摄影的难度和成本，所以其市场份额迅速扩大，不久便占领了主流市场。之后短短两年间，围绕多旋翼的相关创意、技术、产品、应用和投资等新闻层出不穷。目前，多旋翼已经成为当下小型飞行器的主流。这种市场占领的速度犹如移动互联网占领传统互联网市场的速度或智能手机击败传统手机的速度。成功的案例、相关技术的进步、开源自驾仪的发展、专业人才的加入、相关知识的普及、资本的投入和创业政策的扶持等因素交织在一起，使得多旋翼的发展越来越快，并且不断深化。

本章主要回答以下问题：

人们为什么最终选择了小型多旋翼？

本章将从多旋翼基本概念、小型飞行器性能评价和多旋翼发展历史三方面来回答该问题。本章大部分内容是在本书作者发表的中文杂志文章[3]的基础上进行的修改和扩充。

1.1 基本概念

1.1.1 常见飞行器分类

常用的小型飞行器主要分为三类，如图 1-1 所示。

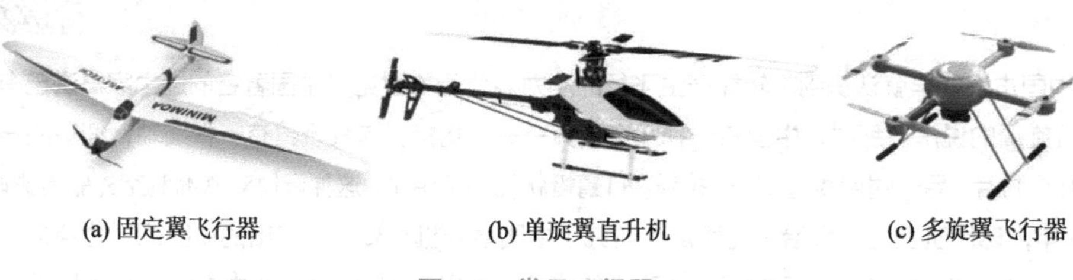

(a) 固定翼飞行器　　(b) 单旋翼直升机　　(c) 多旋翼飞行器

图 1-1 常见飞行器

1. 固定翼飞行器

如图 1-1(a) 所示，固定翼飞行器的机翼位置以及后掠角等参数固定不变。民航飞机

① 一个到手即飞的飞行套件是成套生产和不需组装的无线控制飞行器，还包括一个遥控器和一个接收器。

和战斗机大多是固定翼飞行器，它们由推力系统产生前向的空速，进而产生升力来平衡飞行器的重力。基于这个原理，固定翼飞行器需要保持一定的前飞速度，因此不能垂直起降。与传统的直升机相比，固定翼飞行器的优点是结构简单、飞行距离更长、耗能更少，缺点是起飞和降落的时候需要跑道或弹射器。

2. 单旋翼直升机

如图 1-1(b) 所示，直升机是一种升力由旋翼直接提供的旋翼飞行器。单旋翼直升机有四个控制输入，分别是周期变距杆、总距操纵杆、脚蹬和油门，其中总距操纵杆控制旋翼的迎角（或攻角）。虽然直升机的升力主要由总距操纵杆和油门控制，但是升力的快速动态响应仅由总距操纵杆调整。由前面的介绍可知，单旋翼直升机可以垂直起降，不需跑道或弹射器，这是因为它的升力不是由机体速度（也称为线速度）控制的。与固定翼飞行器相比，单旋翼直升机的续航时间没有优势，而且复杂的机械结构也会带来很高的维护成本。

3. 多旋翼飞行器（Multicopter，multirotor② 或 multirocopter）

多旋翼飞行器可以看成一类有三个或者更多螺旋桨的直升机，同时具有垂直起降的能力。最常见的是四旋翼，如图 1-1(c) 所示。四旋翼有四个输入，分别是四个螺旋桨转速。与单旋翼直升机不同的是，四旋翼通过控制螺旋桨的转速来实现升力的快速调节。多旋翼结构具有对称性，所以螺旋桨之间的反扭矩可以相互抵消。多旋翼的结构简单，所以具有操控简单、可靠性高和维护成本低等优点。然而简单的结构在一定程度上也牺牲了多旋翼的承载性和续航时间。多旋翼与四旋翼之间有何区别呢？如图 1-2 所示，多旋翼（如六旋翼）由多个螺旋桨来产生拉力、俯仰力矩、滚转力矩和偏航力矩；而四旋翼只有四个螺旋桨来产生拉力和三轴力矩。因此，除了将拉力和力矩分配给每个螺旋桨的方法不同外，多旋翼与四旋翼没有本质区别。

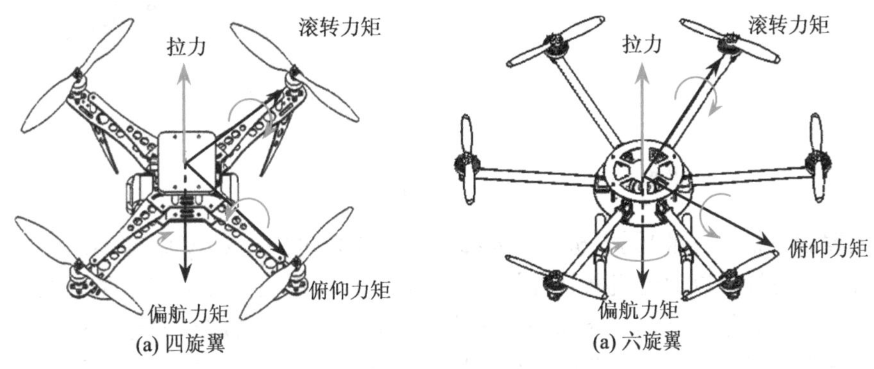

图 1-2 四旋翼和六旋翼的拉力与力矩

② 事实上，螺旋桨 (Propellers) 的定义与旋翼 (Rotors) 的定义是不同的。固定翼飞行器一般使用螺旋桨来产生推力，而直升机使用旋翼来产生升力。固定翼飞行器螺旋桨叶片的桨距一般是固定的，而直升机旋翼叶片的桨距通过滑盘调节。从定义上来看，多旋翼一般安装的是螺旋桨而不是旋翼 [5,pp.79-85]，因为螺旋桨有固定的桨距。“四旋翼”和“多旋翼”这两个词已经被大家广泛使用，因此本书对“螺旋桨”和“旋翼”这两种表达方式不加严格区分，但是本书更倾向于使用“螺旋桨”。

除了前面介绍的三种飞行器外，有些飞行器由这三种飞行器复合而成。如图 1-3(a) 所示的倾转三旋翼就是一种复合式直升机，由三旋翼和固定翼飞行器复合而成 [4]，既能高速前飞又能垂直起降。它的旋翼能够相对机身倾转，从而完成模态转换。如图 1-3(b) 所示的复合式直升机复合了四旋翼（底部）、固定翼飞行器和直升机 [6]，也有高速前飞和垂直起降的能力。它的螺旋桨相对机身固定，通过控制飞行器姿态使整机倾转，完成模态转换。图 1-4 展示了一种复合式多旋翼，它复合了共轴双旋翼和四旋翼 [7]，进而增加了最大负载能力。中间的共轴双桨转速改变较慢，提供主要升力，外围的四旋翼通过快速改变螺旋桨的速度改变升力，从而改变姿态。

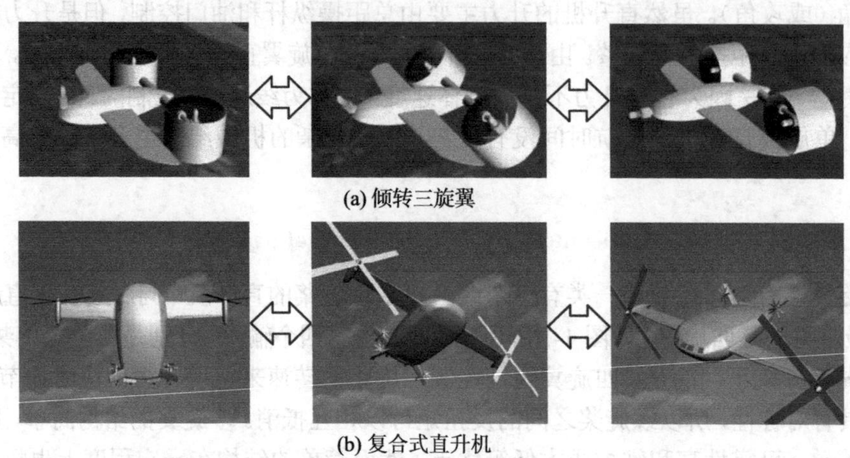
(a) 倾转三旋翼

(b) 复合式直升机

图 1-3　复合式直升机从悬停模态转换到前飞模态示意

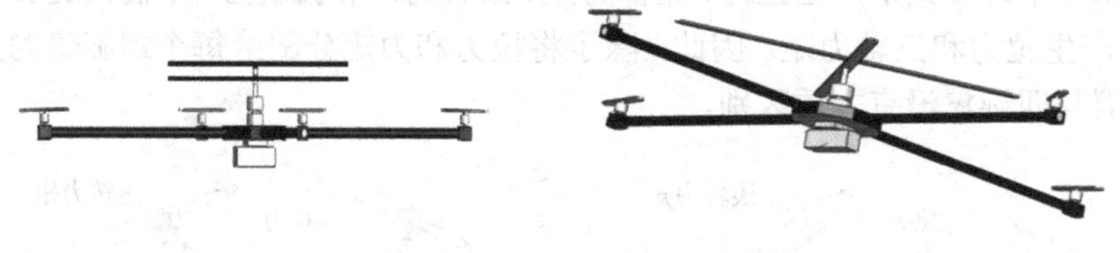

图 1-4　复合多旋翼

1.1.2　无人驾驶飞机和航空模型飞机

无人驾驶飞机，简称“无人机”（Unmanned Aerial Vehicle，UAV），即不载飞行员的飞机。无人机的飞行可以通过机载计算机自动控制，也可以由地面或其他飞机上的飞行员远程控制。英文中有时用 Drones 来表示无人机。本书中主要考虑小型无人机。

航空模型飞机，在后文中简称航模，“是一种有尺寸限制的、带有或不带有发动机的、不能载人的飞行器，可以用在空中比赛、运动或者娱乐中”[8]，也指无线控制航模或者无线控制飞行器。在整个飞行过程中，它必须位于飞控手的视距内。读者可以参考文献 [9] 和 [10] 得到航模操作的法定参数。

无人机与航模的区别总结如下：

① 组成不同。小型无人机的组成比航模更复杂。无人机由机架、动力系统、自驾仪、任务系统、通信链路系统和地面站等组成。航模主要包括机架、动力系统、简单的自稳系

统、遥控器和接收系统等。

② 操控方式不同。无人机由机载计算机自动控制或者由地面或其他飞机上的飞控手远程控制，而航模必须由飞控手遥控操纵来实现飞行。

③ 用途不同。无人机偏向于军事用途或特殊民用用途，一般用来执行特殊任务，而航模更接近于玩具。

表 1-1 无人机与航模的区别

	无人机	航模
组成	复杂	简单
操作方式	自主控制与遥控	遥控
用途	军事、民用、特种用途	娱乐

多旋翼主要有两种控制方式：半自主控制方式和全自主控制方式。目前，大部分开源自驾仪可以同时支持这两种控制方式。半自主控制方式意味着自驾仪可以稳定姿态、保持高度和稳定位置等。以开源自驾仪 ArduPilot Mega（APM）③为例，在半自主控制方式下用户可以选择自稳模式、定高模式或者定点模式，此时多旋翼也受控于飞控手，因此更像是航模。全自主控制方式意味着多旋翼可以完成存储在自驾仪中的预装订的任务，任务包含导航指令和实现自动起降的指令。在全自主控制方式下，地面上的飞控手只需要规划任务即可。此时，多旋翼更像无人机。有些多旋翼同时支持这两种控制方式，可以由飞控手来回切换，并且不同的控制方式对应不同的应用。为了简单起见，本书在后面章节中不再具体区分多旋翼航模还是多旋翼无人机，统称为多旋翼。

1.2 多旋翼遥控和性能评估

现在大家会问一个问题：人们为什么最终选择了多旋翼？为了回答这个问题，我们先从多旋翼的遥控说起，然后叙述常见小型飞行器的性能评估。

1.2.1 遥控

为了简单起见，下面以四旋翼（有四个螺旋桨）为例介绍多旋翼的飞行原理。四旋翼通过控制四个电机来改变螺旋桨转速，进而改变拉力和力矩。根据经典力学理论，刚体在某点处所受的力可以平移到另一个点处变为一个力和对应的力矩，而力矩可以直接平移到刚体中心轴上。这样，拉力和力矩都统一到刚体中心处。随着拉力和力矩的改变，四旋翼的姿态和位置得以控制。如图 1-5(a) 所示，在悬停位置，所有的螺旋桨均以相同的转速旋转，其中螺旋桨 #1 和螺旋桨 #3 逆时针旋转，螺旋桨 #2 和螺旋桨 #4 顺时针旋转。以螺旋桨 #1 为例，如图 1-5(b) 所示，该螺旋桨的反扭矩可以平移到四旋翼中心轴上，而螺旋桨的拉力的平移会同时产生附加的俯仰和滚转力矩。因为有四个螺旋桨提供拉力，所以这些附加的力矩会相互抵消。在悬停飞行时，四个螺旋桨产生的拉力抵消了多旋翼的重力。四个螺旋桨的拉力相同，力矩之和为零④。

③ 详见 http://ardupilot.org。

④ 根据牛顿第三定律，任何一个动作都会产生一个与之大小相等、方向相反的反扭矩作用。如果叶片逆时针旋转，机体就会由于反扭矩的作用而顺时针旋转，因此多数直升机即单旋翼直升机都有一个小垂直尾桨来抵消反作用力

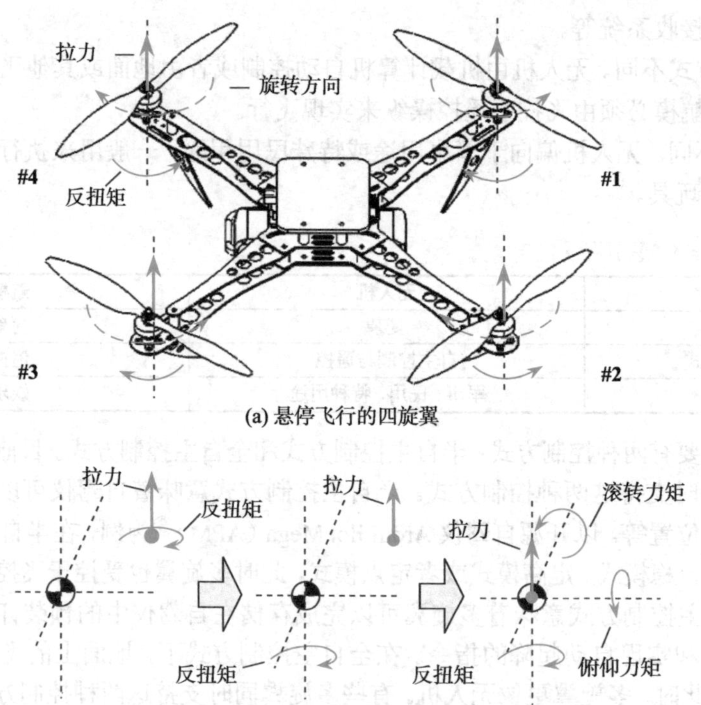

(b) #1螺旋桨的力和力矩作用到四旋翼中心的过程示意

图 1-5　四旋翼悬停

一般来讲，四旋翼的运动有以下四种基本形式⑤。

1．上下运动

如图 1-6 所示，同时同量地增加四个螺旋桨的转速，则螺旋桨产生的总拉力增大，但是力矩总和依然为零。如果四旋翼被放在水平面上，那么当拉力大于重力时，四旋翼会上升。如果同时同量地减小四个螺旋桨的转速，则四旋翼会下降。一般情况下，上下运动对应的遥控器操作如图 1-7 所示⑥。

2．前后运动

如图 1-8 所示，同量减小螺旋桨 #1、#4 的转速，同时同量增大螺旋桨 #2、#3 的转速，则会引起四旋翼向前俯仰。然后，拉力会产生向前的分量。与此同时，拉力的垂直分量会减小，将不再等于多旋翼的重力，因此需要相应地同量增加四个螺旋桨的转速来补偿重力，从而实现多旋翼的水平前向飞行运动。同理，可以实现后向飞行运动。一般情况下，前后运动对应的遥控器操作如图 1-9 所示。

矩。由于四旋翼有四个螺旋桨，四个反力矩之和为零，同理可以利用力矩之和来控制四旋翼的偏航。

⑤ 只考虑定高模式。实际上，在大多数情况下，多旋翼的高度维持不变。

⑥ 左摇杆控制上下和偏航运动，右摇杆控制前后和左右运动。这种摇控器是美国手类型的，常用于北美和中国等。这只是一种遥控器的模式，还可以变换为其他模式。

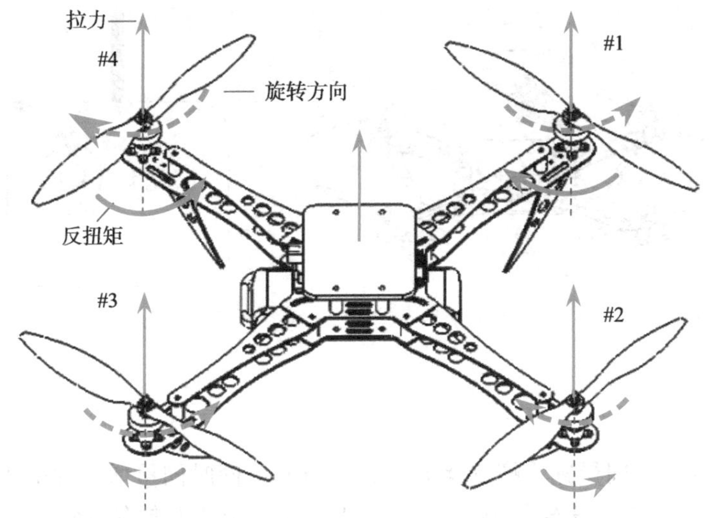

图 1-6 四旋翼向上飞行

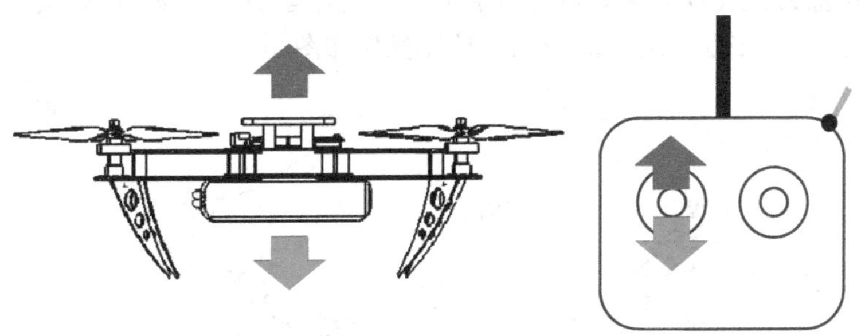

图 1-7 上下运动时遥控器的操作方式

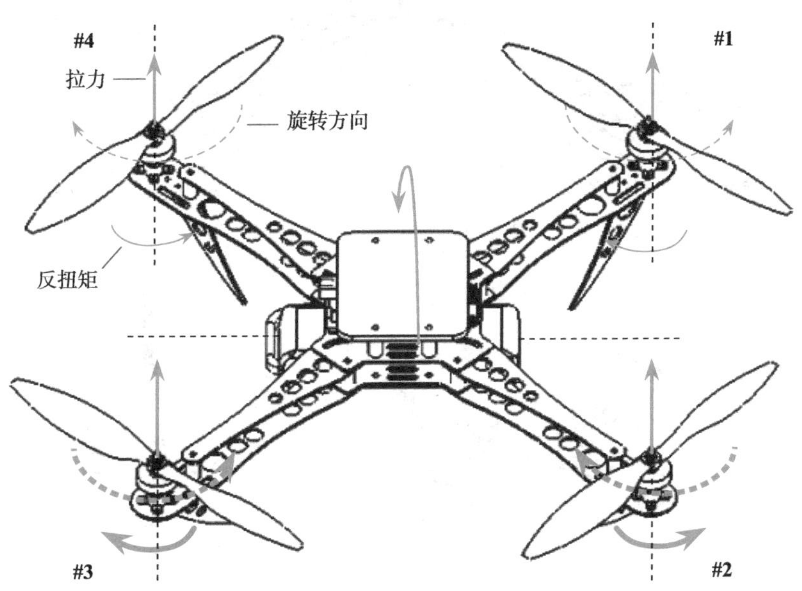

图 1-8 上四旋翼前向飞行

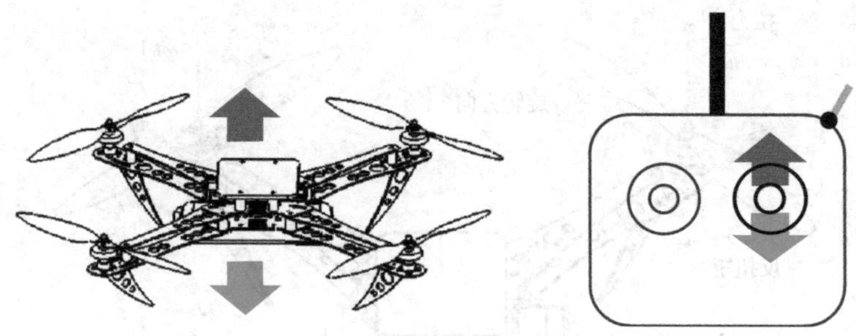

图 1-9　上前后运动时遥控器的操作方式

3．左右运动

如图 1-10 所示，同量减小螺旋桨 #1、#2 的转速，同时同量增加螺旋桨 #3、#4 的转速，这将产生使机身向右滚转倾斜的力矩。然后，拉力会产生向右的分量。与此同时，拉力的垂直分量会减小，将不再等于多旋翼的重力，因此需要相应地同量增加四个螺旋桨的转速来补偿重力，从而实现多旋翼的水平右向飞行运动。同理，可以实现左向飞行运动。一般情况下，水平左右运动对应的遥控器操作如图 1-11 所示。

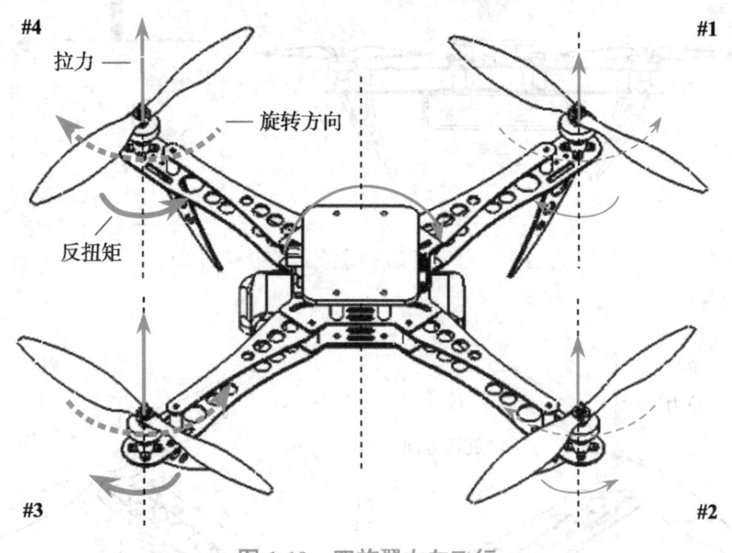

图 1-10　四旋翼右向飞行

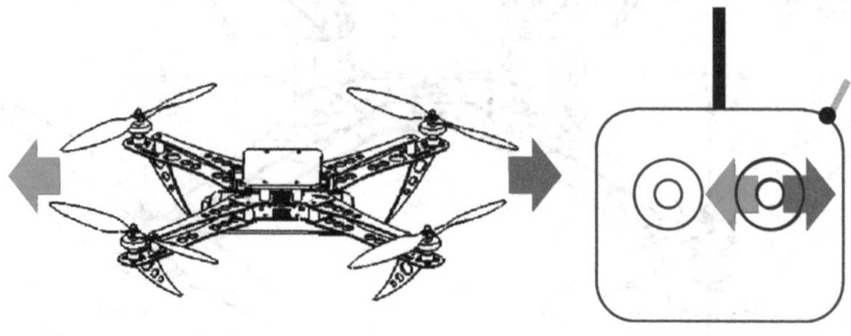

图 1-11　左右运动时遥控器的操作方式

4. 偏航运动

如图 1-12 所示，同量减小螺旋桨 #2、#4 的转速，同时同量增加螺旋桨 #1、#3 的转速，将使前后飞行和左右飞行的力矩为零。由牛顿第三定律可知，每个动作都会产生一个大小相等方向相反的反作用力矩。因为螺旋桨 #1、#3 的逆时针方向转速增加，所以顺时针的偏航力矩也增加。因为螺旋桨 #2、#4 的顺时针方向转速减小，所以逆时针的偏航力矩也减小。这样，最终产生一个顺时针的偏航力矩。在这个力矩作用下，四旋翼将顺时针偏转从而改变它的偏航方向。一般情况下，偏航运动对应的遥控器操作如图 1-13 所示。

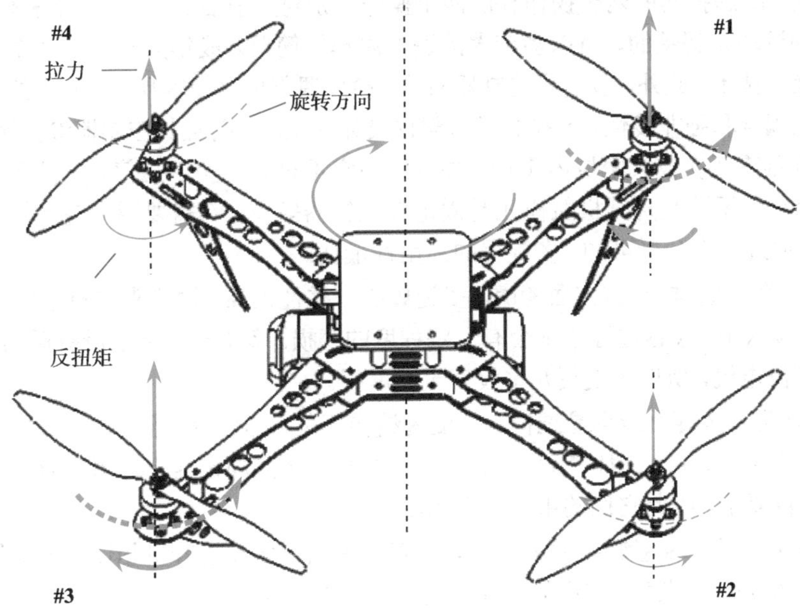

图 1-12 四旋翼顺时针偏航飞行

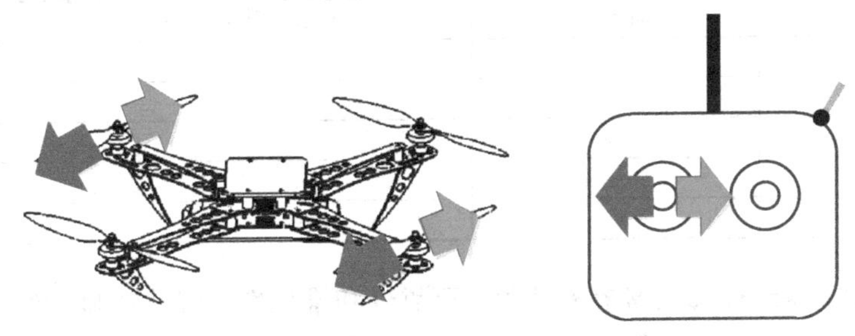

图 1-13 偏航运动时遥控器的操作方式

1.2.2 性能评估

小型飞行器的性能评估可从以下 5 方面着手。

① **易用性**：学习遥控小型飞行器实现悬停和机动飞行的难易程度。

② **可靠性**：通常通过平均故障间隔时间来定量化表示。

③ **维护性**：表示设计和组装的特性，决定了一个故障的组件按照规定的操作和程序

在规定时间内恢复到正常运行状态的概率，主要包括两部分：服务性（执行例行检查和服务的难易程度）和可修复性（故障后恢复服务的难易程度）。

④ **续航性**：飞机在给定载荷和任务下的最大飞行时间。

⑤ **承载性**：飞机在给定油门（如总油门的 80%）和任务下的最大载重量。

这 5 方面总结起来就是**用户体验**。下面以 节中提到的三种小型飞行器为例，分析比较它们的用户体验。

① 易用性：多旋翼的遥控是最简单的，因为它可以垂直起降并且可以在空中悬停。从 1.2.1节可知，遥控器的两个操作杆的四个操作分别对应前后、左右、上下和偏航运动。因为这四种运动是解耦的，所以多旋翼的遥控原理很简单。成年人一般在几个小时内就可以掌握操控技术。此外，多旋翼控制器简单，参数调节也比较容易。直升机的控制难点在于模型强耦合和强非线性，这提高了自驾仪设计的难度，而且其控制器参数调节困难。固定翼飞行器需要在较大空域内飞行，并且因为它不可以在空中悬停，飞控手需要持续进行控制操作。无论是直升机航模还是固定翼飞行器航模，都需要用户花费较长时间来学习操控。通过以上分析可知，多旋翼的易用性最佳。

② 可靠性：从机械结构方面考虑，多旋翼的可靠性很高。固定翼飞行器和直升机的机身都有活动关节，飞行过程中都会有一定程度的磨损。多旋翼机架上没有活动关节，且采用无刷直流电机，所以多旋翼几乎没有机械磨损。

③ 维护性：多旋翼最容易维护。多旋翼结构简单，因此容易组装。比如，电机、电调、电池、螺旋桨或机架损坏之后可以很容易替换。相反，固定翼飞行器和直升机的零件较多，机构较复杂，因此它们的组装也很困难。

④ 其他：多旋翼能量转换效率最低，与固定翼飞行器和直升机相比，多旋翼在飞行时间和承载性上没有优势。它们的总体性能如表 1-2 所示。

表 1-2　三种飞行器用户体验对照表（“+”越多，代表越好）

	固定翼	单旋翼直升机	多旋翼
操作性	++	+	+++
可靠性	++	+	+++
维护性	++	+	+++
续航性	+++	++	+
承载性	++	+++	+

从表 1-2 可以看出，多旋翼在易用性、可靠性和维护性上优势明显，而其短板在续航能力和承载性上。前三个性能指标更基本也更重要，而续航和承载性可以根据任务进行取舍。例如，在航空摄影领域，可以通过更换电池来增加续航时间。另一方面，可以通过增加螺旋桨个数和增大螺旋桨尺寸来提高其承载性。实际中，飞控手一般会根据特定任务选择不同的多旋翼。总之，多旋翼的**用户体验**是最好的，而且用户体验将不断改进。这三种小型飞行器的易用性与飞行原理相关，而可靠性和维护性由飞行结构决定。以上三个性能指标很难提高，因此在很长时间内多旋翼都将在消费市场处于优势。另一方面，随着电池技术、材料技术和电机技术的发展，多旋翼的续航性和承载性会不断提高。因此，多旋翼将在更多方面表现出色，并且成为越来越多消费者的选择。

1.2.3 瓶颈

多旋翼在发展过程中也存在瓶颈。多旋翼的运动解耦及其简单的结构依赖于其可以通过快速改变螺旋桨的转速来快速改变其受力和力矩，因此多旋翼很难扩展到更大的尺寸。

第一，粗略地讲，桨叶半径越大，其动态响应速度越慢。相比之下，直升机靠同时同量改变旋翼的迎角（或攻角）来增加或减少总升力，从而实现爬升或下降。

第二，桨叶半径越大，**桨叶挥舞**会导致螺旋桨更容易折断。桨叶挥舞是指多旋翼飞行过程中螺旋桨叶片的上下运动。桨叶挥舞造成的效果与我们平时来回折铁丝将铁丝折断一样。因为刚度太大的桨会直接将气动力传输给螺旋桨毂，这会引起电机和机架的机械损耗，所以多旋翼一般装配有轻质和螺距固定的塑料螺旋桨。也正是这个原因，直升机采用了一个容许桨叶在旋转过程中上下挥舞的铰链。在这个铰链的作用下，桨叶挥舞带来的弯曲力和力矩都不会传输给直升机的机身。如果提供大载重，多旋翼需要同直升机一样增加活动关节，如类似直升机采用的铰链或者涵道无人机的整流片[11]。这种做法会使改装后的多旋翼更复杂，降低了它的易用性、可靠性和维护性，削弱了本来的优势。

有一种增加多旋翼承载性的方法，即采用更多小桨来替代大桨。比如一家德国公司推出了一款多旋翼 VC200，如图1-14 所示，它可以同时载两个人，并且可以飞行一个小时[12]。虽然飞行器的重量增加，续航性降低，但这种方式避免了复杂的机械结构，模块化比较好。因为其包含 18 个电机，所以出现电机失效的概率增大。另一方面，这种方式增加了控制冗余，我们通过合理的控制分配算法可以提高多旋翼的飞行安全。总的来说，与相同尺寸的四旋翼相比，VC200 在可靠性、维护性、续航性和承载性方面没有优势，但它是全尺寸多旋翼的一个折中。因此，小型多旋翼没有必要采用非常多的螺旋桨，而对于有人机，VC200 的设计还是可取的。然而，飞机越重就越需要安全，对于有人机来说更是如此。这涉及**适航性**⑦ 问题，非常耗时且花费巨大，因此人们更愿意选择小型或微小型多旋翼。

图 1-14 Volocopter VC200

1.3 多旋翼的发展历史

1.2 节解释了人们为什么最终选择小型或微小型多旋翼。但是，还有另一个经常被人们问到的问题：为什么现在多旋翼比 2005 年以前更火了？为了回答这个问题，我们需要了解多旋翼的发展历史。一般说来，多旋翼技术的发展历史可分为 5 个时期：休眠期（1990

⑦ 适航性是一架飞机适合安全飞行的度量。适航证书由民航局认证并授予，并且飞机需要按维护要求来定期维护，以保证它的持续适航性。

年以前）、复苏期（1990—2005 年）、发展期（2005—2010 年）、活跃期（2010—2013 年）和爆发期（2013 年至今）。

1.3.1 休眠期 [13,pp.1-2]

早在 1907 年的法国，在查尔斯·里歇（Charles Richet）教授的指导下，布雷盖（Breguet）兄弟建造了他们的第一架载人直升机，即命名为 Breguet-Richet Gyroplane No.1 的四旋翼（如图1-15(a) 所示），并于当年 8 月和 9 月之间进行了第一次飞行。目击者说，他们看到四旋翼升空了 1.5 米，然后很快着陆了。此次飞行失败是由不实用的设计引起的。尽管失败了，但它是历史上最早的多旋翼 [15]。工程师艾蒂安·奥米西恩（Etienne Oemichen）于 1920 年开始尝试设计旋翼机，但是他的第一个模型没能成功起飞。在经过一些计算和重新设计之后，他的第二个飞机 Oemichen No.2（如图1-15(b) 所示）在 1923 年创造了当时直升机领域的世界纪录：该直升机首次实现了 14 分钟的飞行。自此以后，军方也对垂直起降飞机产生了兴趣。1921 年，乔治·波札特（George De Bothezat）和伊凡·杰罗姆（Ivan Jerome）被美国空军部雇佣，建造了一架垂直起降飞机。如图1-15(c) 所示，该四旋翼初步设计用来承载一个飞行员外加三个人。原本期望的飞行高度是 100 米，但最终只飞到 5 米。由于发动机性能较差，这些早期设计飞行高度仅仅能达到几米，因此在接下来的 30 年里，四旋翼飞行器的设计没有取得大的进步。

(a) Breguet-Richet Gyroplane No.1

(b) Oemichen No.2

(c) De Bothezat helicopter

(d) Convertawings Model"A"

(e) Curtiss-Wright VZ-7

图 1-15　休眠期的多旋翼（感谢 aviastar.org 提供的图片）

直到 20 世纪 50 年代中期，第一架真正意义上的四旋翼飞行器实现飞行，由马克·阿德曼·卡普兰（Marc Adman Kaplan）设计。这架四旋翼名为 Convertawings Model "A"（如图1-15(d) 所示），于 1956 年第一次试飞并取得成功。它重达 1 吨，依靠两个 90 马力的发动机实现悬停和机动动作。这架四旋翼的控制不需要垂直于主旋翼的螺旋桨，而是通过改变主旋翼的拉力来实现。尽管这个飞机试飞成功，但是人们并没有对其产生太大兴趣，因为人们只是期望得到大的载重，而这架飞机在速度、载重量、航程、续航时间等方面无法与传统的飞行器竞争。

20 世纪 50 年代，美国陆军继续研究各种垂直起降方案。1957 年，美国陆军邀请柯蒂斯·莱特（Curtiss Wright）参与研制“飞行吉普车”的原型 VZ-7，用来运输少数人员和机器飞越复杂的地形，如图1-15(e) 所示。柯蒂斯·莱特在 1958 年建造了两架 VZ-7 的原型，并且可以轻松实现悬停和机动，但是未能达到军方对高度和速度的要求。VZ-7 项目在 20 世纪 60 年代被取消，因为人们意识到传统的直升机可以代替“飞行吉普车”完成任务，而且直升机操控更容易和更高效。在 1990 年以前，由于多旋翼的组件（包括电机和传感器）很笨重，因此多旋翼尺寸很大。正如 1.2.2节分析的那样，当时的全尺寸多旋翼使用活动关节来改变拉力进而调节姿态，相比全尺寸的单旋翼直升机并没有多大优势。这也是美国陆军放弃这个计划的原因。从那时起，人们基本放弃了多旋翼这种机型。在此之后的 30 年内，多旋翼没有取得太大的进展，获得的关注也非常少。

1.3.2 复苏期

1. 研究

20 世纪 90 年代，随着微机电系统（Micro-Electro-Mechanical System，MEMS）研究的成熟，几克重的惯性测量组件（Inertial Measurement Unit，IMU）开始出现。虽然人们设计出了 MEMS 传感器，但是廉价的 MEMS IMU 输出信号含有很大噪声，所以它们的测量数据不能直接使用。于是越来越多的人开始研究 MEMS IMU 进行姿态测量时如何去噪的问题。设计一架小型多旋翼除了需要算法外，还需要可以运行算法的微型计算机。在此阶段，微型计算机如单片机和数字信号处理器的计算速度有了明显提高。这使得多旋翼的小型化成为可能。这一时期，大学里的研究人员开始建立多旋翼模型并为其设计控制算法。同时，一些先驱们开始搭建自己的多旋翼[16−20]。

2. 产品[13,21]

随着四旋翼的概念不再局限于军事用途，它开始通过遥控玩具市场走近消费者。20 世纪 90 年代初，迷你四旋翼 Keyence Gyrosaucer（见图1-16(a)）进入日本市场。这也许是最早的一代迷你四旋翼。这款迷你四旋翼针对室内用途设计，其机身和螺旋桨都是用聚苯乙烯泡沫材料制作的，采用了两个陀螺仪用于姿态和方向控制，并且一次充满电后可以飞行 3 分钟[22]。20 世纪 90 年代初，美国工程师迈克 • 达马（Mike Dammar）开发了由电池驱动的四旋翼。他在 Spectrolutions 公司工作，于 1999 年推出名为“Roswell Flyer”的四旋翼（见图1-16(b)），而后该飞行器被 Draganfly 公司收购。迷你四旋翼在此后的几年内有了一系列的发展[23]。在 2002 年的一个德国青年人竞赛（Jugend forscht）中出现了一款四旋翼，后被称为 Silverlit-XUFO[24]（见图1-16(c)）。

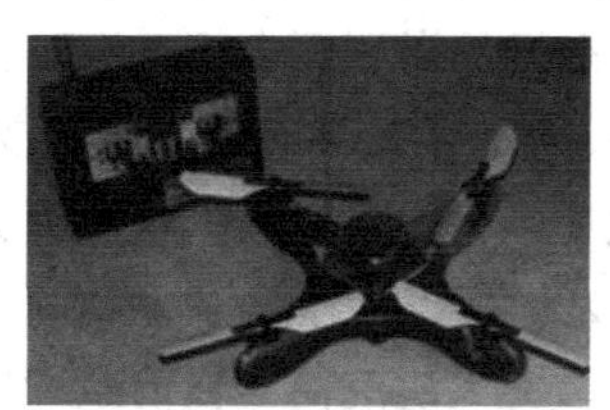
(a) Gyro Saucer 1

(b) Roswell Flyer

(c) Silverlit X-UFO

图 1-16　复苏期的多旋翼

1.3.3 发展期

1. 研究

2005 年以后，越来越多的研究人员开始关注多旋翼，并发表了大量的学术文章。一些研究者并不满足于仿真，开始搭建他们自己的四旋翼来验证相关算法，特别是姿态控制算法 [25–31]。虽然设计算法很容易，但是电子商务在当时并不成熟，也不像今天这样流行，因此要组装一架多旋翼不是易事。虽然他们设计出了一些多旋翼，但是这些多旋翼的可靠性并不高。早期研究者将大量时间用在寻找合适的组件以及整个飞行器的设计和测试上。因此，一些研究者跳过了自己搭建多旋翼这项费力的工作，而直接使用已有的可靠的商业四旋翼和**光学运动捕捉系统**来搭建测试环境，比如麻省理工学院乔纳森 · P · 豪（Jonathan P. How）教授团队的“实时室内自主运动体测试环境（Real-Time Indoor Autonomous Vehicle Test Environment）”[32]，以及宾西法尼亚大学韦杰 · 库玛（Vijay Kumar）教授团队的“GRASP 多微型无人机测试台”（GRASP Multiple Micro-UAV Test Bed）[33]。利用这些测试环境，研究人员在室内完成了一系列复杂的任务。

2. 产品

德国 Microdrones GmbH 公司于 2005 年 10 月成立，并于 2006 年 4 月推出第一代产品 MD4-200（如图1-17(a) 所示），短期内销量就超过了 250 架。2010 年，该公司推出的 MD4-1000 四旋翼无人机系统很快成为了行业标杆 [34]。这些产品在商业市场取得了巨大成功。2006 年 10 月，德国人霍尔格 · 布斯（Holger Buss）和英戈 · 巴斯克（Ingo Busker）创建了 MikroKopter 自驾仪社区，并推出了开源自驾仪 MikroKopter。2007 年，装配 MikroKopter 的四旋翼已经可以实现在空中稳定地悬停。很快，它又增加了其他组件，从而可以实现半自主飞行 [35]。2007 年，Silverlit X-UFO 的两位发明者与其他两位德国青年人竞赛的获奖者一起，在德国创立了 Ascending Technologies GmbH 公司，主要设计专业的、民用的和科研用途的多旋翼 [24]。2008 年，美国 Draganflyer 公司推出了多旋翼 Draganflyer X6，如图1-17(b) 所示。它是碳纤维结构，机架可折叠，使用了自驾仪技术，可以支持多种载荷，还有一个配对的手持遥控器。Draganflyer X6 在 2008 年获得了 Popular Science 网站的“Best of What's New”奖 [23]。当时的商用多旋翼比较昂贵，因此没有得到大部分消费者的关注。同样，消费级多旋翼如带相机的 Draganflyer IV 和不带相机的 X-UFO，作为玩具的价格相对偏高。另外，Draganflyer 产品基本上不可以再承载任何负载，而且没有安装 GPS 接收机，也不容易被控制。更重要的是，当时由于**智能手机**⑧还没有出现，多旋翼很少用于娱乐或拍照。因此，对于消费者来讲，买它是不划算的。2004 年，法国的派诺特（Parrot）公司启动“AR.Drone”项目，致力生产面向大众视频游戏和家庭娱乐市场的微型无人机，并于 2010 年在消费者电子展（CES）上展示了该项目。同年 8 月 18 日，AR.Drone 产品发布，由来自 Parrot 公司的工程师提供 SYSNAV 技术支持，并由其学术伙伴国立巴黎高等矿业学校负责导航和控制设计 [36]。自此，多旋翼受到了越来越多的关注。2007 年，《自然》杂志的商业版发表了关于多旋翼等微小型无人机的文章，分析和展望了小型无人机的商业化前景 [37]。

⑧ 智能手机是一个可以通过无线网络协议（如蓝牙、NFC、Wi-Fi、3G/4G 等）连接到其他设备或网络且具有一定的交互和自主能力的电子设备。

(a) MD4-200

(b) Draganflyer X6

图 1-17 发展期的多旋翼

1.3.4 活跃期

1. 研究

2012 年 2 月，美国宾夕法尼亚大学的韦杰·库玛（Vijay Kumar）教授在 TED⑨ 上做了四旋翼飞行器发展历史上里程碑式的演讲，展示了微型飞行器编队的机动能力和协作能力 [38]。这场演讲向人们揭示了多旋翼的巨大潜能。2012 年，美国工程师协会的机器人和自动化杂志（Robotics & Automation Magazine，IEEE）推出了一期关于空中机器人和四旋翼平台的专刊，总结和展示了当时最先进的技术 [39]。很多开源自驾仪出现，从而大大降低了初学者组装多旋翼的门槛。表 1-3 列举了主要的开源自驾仪项目以及网址。

2. 相关产业

2010 年 6 月 24 日，iPhone 4 发布，它的一大特色是带有九自由度的运动感知传感器，包含三轴加速度计、三轴陀螺仪和电子罗盘（或三轴磁力计）。这些传感器在旋转运动感知、游戏、图像稳定、GPS 航迹推算、手势识别和其他应用中表现更出色。随着智能手机技术的发展，这些 MEMS 传感器得到更多的应用，也受到了广泛的关注。它们的尺寸、成本和功耗进一步降低。另一方面，由于应用广泛，公司愿意去生产更小巧、更廉价的 GPS 接收机。在当时，世界上最小的 GPS 接收机比一美分还小，仅重 0.3 克 [40]。**智能设备**可以在一定距离内通过 Wi-Fi 来控制和接收图像信息。在智能设备对电池需求的推动下，锂离子电池的能量密度不断增加。相关技术的发展又反过来促进了多旋翼的进一步发展。

3. 产品方面

如图1-18(a) 所示，AR. Drone 四旋翼在玩具市场非常火爆。它的技术和理念也十分先进。首先，它采用一个下视摄像头来测量**光流**，采用两个超声波传感器来测量飞行高度。基于速度和高度信息，它可以用算法估计它的飞行速度，这使得 AR. Drone 四旋翼能够在室内悬停而且易于控制。开箱几分钟后，用户就可以上手让它飞行。因此，AR. Drone 的易用性得到极大提升。其次，整个飞行器轻便小巧并带有泡沫外壳防护。这些安全措施保护了用户，而且使多旋翼更加结实。AR. Drone 可以采用手机或平板电脑来控制，并且能够显示机载摄像头实时回传的第一视角视频，娱乐性很强。另外，AR.Drone 提供了软件开发包，研究者可以开发自己的应用程序并将其用于学术研究。因此，这款产品在学术界迅速传播开来。受 AR.Drone 飞行器成功案例的影响，一些以前只设计多旋翼自驾

⑨ TED 是一个非盈利机构（www.ted.com），致力于通过 TED 年会、年度 TED 奖和当地 TEDx 活动来传播有价值的思想。

表 1-3　多旋翼主要开源项目一览

开源项目	网址
Ardupilot	http://ardupilot.com
Openpilot	http://www.openpilot.org
Paparazzi	http://paparazziuav.org
Pixhawk	https://pixhawk.ethz.ch
MikroKopter	http://www.mikrokopter.de
KKmulticopter	http://www.kkmulticopter.kr
Multiwii	http://www.multiwii.com
Aeroquad	http://www.aeroquadstore.com
Crazyflie	https://www.bitcraze.io/category/crazyflie
CrazePony	http://www.crazepony.com
DR. R&D	http://www.etootle.com
ANO	http://www.anotc.com
Autoquad	http://autoquad.org
MegaPirate	http://megapiratex.com/index.php
Erlerobot	http://erlerobotics.com
MegaPirateNG	http://code.google.com/p/megapirateng
Taulabs	http://forum.taulabs.org
Flexbot	http://www.flexbot.cc
Parrot API（SDK）	https://projects.ardrone.org/embedded/ardrone-api/index.html
3DR DRONEKIT（SDK）	http://www.dronekit.io
DJI DEVELOPER（SDK）	http://dev.dji.com/cn
DJI MATRICE 100+ DJI Guidance	https://developer.dji.com/cn/matrice-100
SDK for XMission（SDK）	http://www.xaircraft.cn/en/xmission/developer
Ehang GHOST（SDK）	http://dev.ehang.com

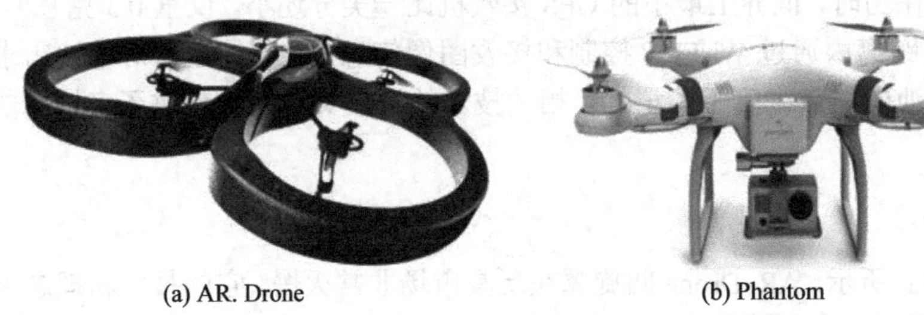

(a) AR. Drone　　(b) Phantom

图 1-18　活跃期的多旋翼

仪的公司开始设计到手即飞的多旋翼。例如，在 2012 年底，大疆发布了一款名为小精灵（Phantom）的四旋翼一体机（如图1-18 (b) 所示），到手即飞。

1.3.5　爆发期

1. 研究

多旋翼的研究偏向自主化和群体化。2013 年 6 月，苏黎世联邦理工学院的拉斐尔·安德列（Raffaello D'Andrea）教授在 TED Global 上做了关于机器竞技运动（机器竞技运动是指通过机器表演来充分展现它们的能力极限，包括接球、平衡、共同决策）的演讲，并且展示了由深度相机 Kinect 控制的四旋翼[41]。2015 年 6 月，《自然》杂志的机器智能专栏发表了一篇题为“小型自主无人机的科学、技术与未来”的文章[42]。文章总结了小型自主无人机在设计与制造、感知与控制方面的挑战，并分析了小型无人机的未来研究趋势。为了纵观多旋翼在学术界的发展，我们基于 EI⑩和 SCI⑪ 数据源，以“quadrotor”和“multirotor”为关键词进行文献检索。1990 年至 2015 年的年度发表文献数目如图1-19所示。考虑到审稿周期的耗时，可以看出，文献发表数量在 2013 年前后达到顶峰。这些基础研究为多旋翼产业发展打下了良好的基础。

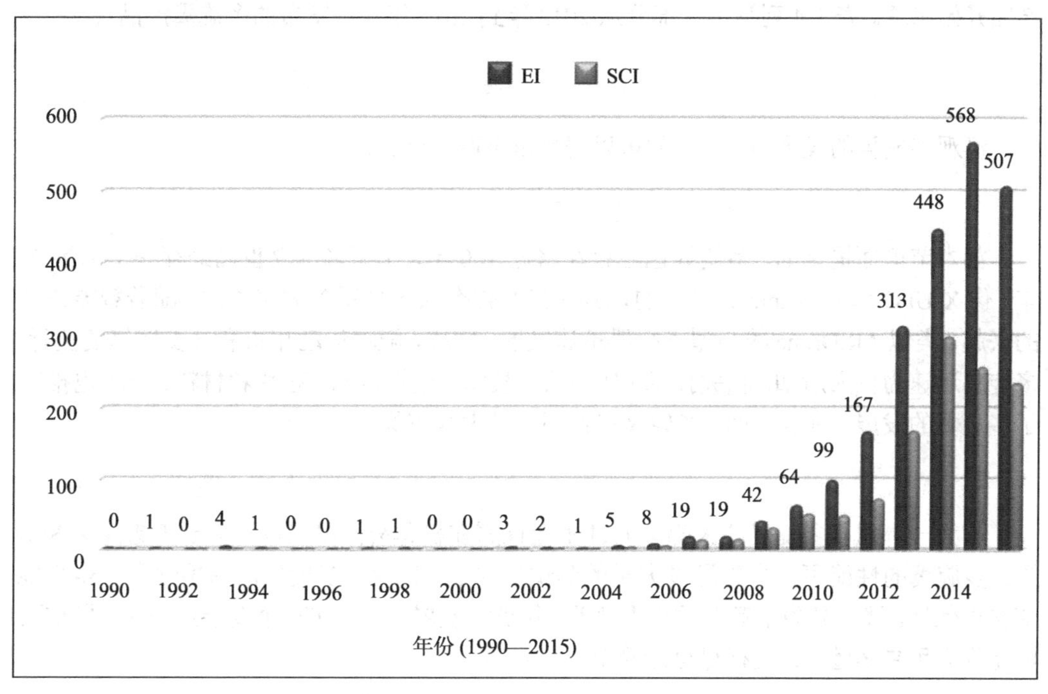

图 1-19 多旋翼文献数量变化趋势

2. 产品

2012 年底，大疆发布到手即飞的小精灵四旋翼一体机。与 AR. Drone 飞行器类似，小精灵四旋翼易于控制，还可以通过 GPS 和高度传感器保持位置。相比 AR.Drone 飞行器，小精灵四旋翼具有一定载重能力和抗风能力。当时**运动相机**在拍摄极限运动方面非常流行，因此装配有运动相机的小精灵四旋翼一体机一经推出便迅速在航空摄影市场走红。极限运动爱好者还将视频分享到社交网站或者视频网站上，这使得更多人了解了多旋翼。《连线》杂志前主编克里斯 ·安德森（Chris Anderson）于 2012 年年底出任 3D Robotics 公司的首席执行官。在 3D Robotics 的支持下，全世界的志愿者为 APM 共同编写了全球通用的飞行控制代码[43,44]。APM 由很多组件组成，可以支持很多飞行器和平台，其中 APM 的多旋翼部分是由兰迪 · 麦凯（Randy Mackay）牵头编写的。2012 年 7 月，在瑞士

⑩ http://www.engineeringvillage.com
⑪ http://www.webofknowledge.com

联邦理工学院由劳伦兹·迈耶（Lorenz Meier）牵头的 PX4 团队宣称他们开发出了可用的 PX4 多旋翼自驾仪平台，很快 3D Robotics 提供了相应的硬件平台 [45,46]。2013 年 8 月，PX4 开源自驾仪开发团队与 3D Robotics 公司联手共同推出 Pixhawk，这是一个先进的开源自驾仪硬件，可以用于多旋翼、固定翼飞行器、地面探测器和两栖车等。Pixhawk 的设计提高了用户体验和飞行器可靠性，相比当时的同类方案，Pixhawk 的安全性更高 [47]。2013 年年底，亚马逊（Amazon）公司发布了采用四旋翼送快递的视频。亚马逊公司希望在未来 5 年内通过由四旋翼组成的“Prime Air”快递系统实现 30 分钟内送货到家的服务。这个想法进一步拉近了多旋翼与普通消费者之间的距离 [48]。在此期间，越来越多的多旋翼产品开始出现。表 1-4 列举了一部分从 2013 年到 2015 年 9 月发布的多旋翼产品。

1.3.6 评注

纵观多旋翼的发展历史，我们可以得到以下两个结论。

1. 时势造英雄，多旋翼是时间的产物

如本节前面提到的，多旋翼已经存在将近 100 年，小型多旋翼也已经存在了超过 25 年。像 X-UFO 和 Draganflyer 之类的玩具从没有像今天这样受到大家关注，随着智能终端的兴起，类似 AR.Drone 的小型飞行器迅速发展。同样，随着运动相机和社交网络的流行，多旋翼迅速为世人所知。相关技术（如传感器技术、电机技术、芯片和材料技术）也推动了多旋翼的发展。可以预期，多旋翼将长期主导大众市场。

2. 与纯自驾仪相比，多旋翼的一体机化和到手即飞特性是未来发展的必然趋势

作为一体机，多旋翼的大部分元件不会裸露在机体外，用户也不需要考虑组装和调参。多旋翼的性能可以事先通过大量的测试来保证。因此，多旋翼的易用性和安全性能够得以保证。飞行器发展趋势很像“傻瓜”相机的发展趋势。在整个发展过程中，最重要的是提高**用户体验**，让飞行尽可能简单。

1.4 本书的目的和写作结构

1.4.1 本书的目的

目前，据本书作者了解，关于多旋翼的书籍有很多，相关硕士和博士论文数不胜数。书籍 [49, 50]是关于无人机的，其中介绍了各种无人机。书籍 [51]关注多旋翼的视觉导航，书籍 [52, 53]偏重于多旋翼的控制和仿真，书籍 [13]介绍了多旋翼的组装。尽管如此，不少初学者反映他们找不到一本合适的入门书籍。这就是促使本书作者撰写这本书的动力。本书涵盖了多旋翼硬件和算法设计过程中的大部分环节，共 15 章，分为多旋翼硬件设计、建模、感知、控制和决策五篇。本书旨在将多旋翼工程实践中需要用到的设计原则组织起来，并强调基础概念的重要性。本书有四大特点：基础性、实用性、综合性和系统性。

表 1-4 多旋翼产品（2013 年 8 月至 2015 年 9 月[⑫]，其中是一些概念产品）

名称	公司	发布时间	国家	特点
Spiri	Patrick Edwards-Daugherty	2013.8	加拿大	自主，可编程无人机
Stingray500	Curtis Youngblood	2013.12	美国	可变桨距 3D 四轴飞行器
AR.Drone 2.0	Parrot	2013.12	法国	不需 GPS 即可实现极精确的位置控制、自稳定
AirDog	Helico Aerospace Industries	2014.6	拉脱维亚	可折叠式，有自动跟随模式
Rolling Spider	Parrot	2014.7	法国	手掌大小，配有车轮，可实现地面跳跃、爬墙飞行
IRIS+	3D Robotics	2014.9	美国	自动围栏功能，自动跟随模式
Nixie	Fly nexie	2014.11	美国	可以戴在手腕上的可穿戴无人机
GHOST 1.0	Ehang	2014.11	中国	纯手机控制，自动跟随
Mind4	AirMind	2014.11	中国	精确自主跟踪摄影，第一款基于安卓系统的无人机人机
Inspire 1	DJI	2014.11	中国	视觉定位系统，变形收起起落架，4K 相机全特征 APP，光流双操控器控制
Bebop	Parrot	2014.12	法国	AR.Drone 2.0 的全面升级版
Vertex VTOL	ComQuestVentures	2015.1	波多黎各	结合四旋翼的悬停和垂直起降功能的复合飞行器
Skydio	Skydio	2015.1	美国	采用普通摄像头实现自主导航和避障能力
Steadidrone Flare	Steadidrone	2015.1	捷克	高强度的碳纤维机身，可折叠的铝制机架
Airborg H61500	Top Flight Technologies	2015.3	美国	气电混合动力多旋翼无人机
Splash Drone	Urban Drones	2015.3	美国	防水四旋翼
Solo	3D Robotics	2015.4	美国	由双计算机控制，智能飞行系统可自行规划飞行任务
Phantom 3	DJI	2015.4	中国	可室内飞行的视觉传感器，云台搭载 4K 相机
XPlanet	Xaircraft	2015.4	中国	农业无人机系统，自动规划喷洒路线
Phenox2	Ryo KonomuraKensho Miyoshi	2015.4	日本	智能、可交互、可编程的无人机
CyPhy LVL1	CyPhy Works	2015.4	美国	六旋翼，电机具有安装角，可以实现水平前飞
Lily	Lily	2015.5	美国	可抛飞和跟拍，防水
PhoneDrone	xCraft	2015.5	新西兰	使用用户的智能手机作为它的“大脑”
Yeair!	Airstier	2015.6	德国	油电混合动力四旋翼
Tayzu	Tayzu Robotics	2015.7	美国	全自主无人机，大量数据收集能力
Fotokite Phi	Perspective Robotics AG	2015.8	瑞士	系留无人机
UNICORN	FPVStyle	2015.8	中国	竞赛型无人机，前飞速快
Micro Drone3.0	Extreme Fliers	2015.8	英国	小型，智能，可把高清视频传到手机
Feibot	Feibot	2015.9	中国	基于智能手机的控制器
Snap	Vantage Robotics	2015.9	美国	采用模块化的设计，模块之间采用磁性连接器连接
Flybi	Advance Robotix Corporation	2015.9	美国	通过带头部运动跟踪器的 VR 眼镜实现第一视角飞行，电池可快速更换，且传感器可检测飞行路线上的任何目标并自动重新规划航线

⑫ 其中一些是概念产品。

1. 基础性和实用性

本书自包含多旋翼涉及的大部分内容，使得研究者只需要具有电子工程学（Electronic Engineering，EE）背景就能够看懂这本书。多旋翼的组成从其功能和关键参数说起，多旋翼设计从原理说起，建模从最基本的理论力学内容说起，状态估计则从传感器的测量原理说起。在介绍多旋翼控制之前介绍了可控性和稳定性概念。本书还给出了大部分开源自驾仪中经常用到的基础实用的控制方法。

2. 综合性和系统性

本书致力于全面介绍多旋翼系统，而不仅仅关注某一个技术点。通常在实际工作中，仅仅了解某个技术点并不能满足用户需求，也无法解决一个复杂的实际问题。另一方面，通过相关技术的改进或者方案的改进，可以避免在单个技术点上下太多功夫。比如，通过传感器或机械结构设计的改进可以避免设计非常复杂的控制器来解决时滞和振动问题。读者掌握基本的理论知识后，如力学、空气动力学、电机、滤波优化和控制理论等，能够将这些知识融会贯通，努力成为**全栈式开发者**。这也是本书希望达到的目的。

1.4.2 写作结构

本书共 15 章，除第 1 章和第 15 章外，其他 13 章分为 5 篇，如图1-20所示。

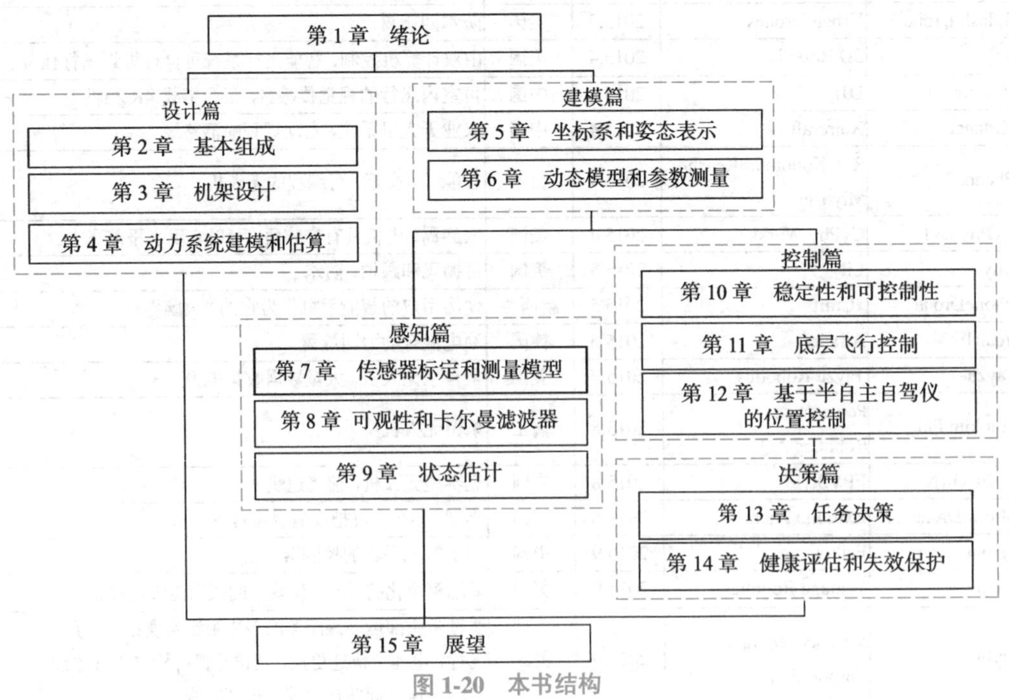

图 1-20　本书结构

第 1 章：绪论，包含多旋翼的基本概念、遥控、性能评估和技术发展史，让读者对多旋翼有一个初步的认识，并介绍本书的目的和结构。

1. 设计篇

读者可以深入认识多旋翼的组成、布局和机架的结构设计，以及动力系统的选择。分别对应第 2~4 章。

第 2 章：基本组成，包括三部分：机架、动力系统和指挥控制系统。本章从功能和主要参数两方面分别介绍机身、起落架、涵道、电机、电调、螺旋桨、电池、遥控器和接收器、自驾仪、地面站和电台等方面。

第 3 章：机架设计，包括基本布局以及减振和降噪等。

第 4 章：动力系统建模和估算。多旋翼的动力系统包括螺旋桨、电机、电调和电池。本章针对这四个部件分别建立受力和能量方面的数学模型，并基于这些模型来估算动力系统的飞行性能，如悬停状态下的最大续航时间和最大载荷等。

2. 模型篇

读者可以对多旋翼的动态模型有一个较为深入的认识，在后续的状态估计和控制中会用到这个模型。本篇包括第 5~6 章，主要介绍坐标系、姿态表示、动力学模型以及参数测量。

第 5 章：坐标系和姿态表示。本章先介绍地球固连坐标系和机体系，然后介绍姿态的三种表示方法：欧拉角、旋转矩阵和四元数。本章是第 6 章的基础。

第 6 章：动态模型和参数测量。本章介绍多旋翼的控制模型，包括刚体运动学模型、刚体动力学模型、控制效率模型和动力单元模型，还会介绍气动阻力模型，这些模型在第 9 章的多旋翼状态估计中会用到，最后介绍多旋翼模型的参数辨识方法。

3. 感知篇

本篇包括第 7~9 章，读者可以对多旋翼的状态估计有一个较为深入的认识。状态估计主要为多旋翼控制提供信息。

第 7 章：传感器标定和测量模型。多旋翼会搭载很多传感器，如三轴加速度计、三轴陀螺仪、三轴磁力计、气压计、超声波测距模块、激光扫描测距雷达、GPS 接收机和摄像机等。廉价的惯性传感器总会存在偏移、安装误差角和比例缩放误差。这些偏差不可忽视，而且不同传感器之间偏差可能不同。不校正这些偏差，那么多旋翼在起飞前其位置和姿态估计就会发生偏差，可能引发飞行事故。本章首先介绍传感器标定方法，然后叙述这些传感器的测量模型。

第 8 章：可观性和卡尔曼滤波器。事实上，有了传感器后，仍然存在一个问题：状态信息在理论上能否通过这些传感器信息估计出来？这就是可观性问题。如果系统不可观，那么设计滤波器也就没有意义。本章介绍可观性和工程中应用广泛的卡尔曼滤波器。

第 9 章：状态估计。传感器的信息有噪声并且有冗余。不仅如此，有的信息并不能由传感器直接获得。因此，多传感器融合十分重要。本章内容主要包括姿态估计、位置估计、速度估计和障碍估计。

4. 控制篇

本篇包括第 10~12 章，主要介绍较为常用的方法，使读者可以对多旋翼控制有一个较为深入的认识。

第 10 章：稳定性和可控性。在控制设计之前，首先定义多旋翼的稳定性，并给出基本的稳定性判据，然后介绍多旋翼的可控性。当飞机不可控时，所有的容错控制方法都是不可用的。本章给出了一个六旋翼动力单元故障和失效时的可控性分析实例。另外，可控性也可以用来评估多旋翼的设计优劣或健康程度。

第 11 章：底层飞行控制。本章介绍如何设计控制器来控制多旋翼飞行到目标位置。这个过程包括：位置控制、姿态控制、控制分配和电机控制。针对多旋翼的线性模型和非线性模型，本章介绍了位置控制和姿态控制。

第 12 章：基于半自主自驾仪的位置控制。本章将半自主自驾仪看作黑箱，这样有助于做二次开发。这样不仅可以避免直接改动自驾仪的底层源代码，还可以利用可靠的商业自驾仪完成我们的任务，从而大大简化整个设计。本章将介绍系统辨识和控制器设计过程。

5. 决策篇

读者可以对多旋翼顶层决策有一个较为深入的认识。决策分为两方面：任务决策和**失效保护**⑬，分别对应第 13 章和第 14 章。

第 13 章：任务决策。全自主控制部分包括任务规划和路径规划。任务规划主要决定多旋翼下一步“去哪儿”，规划路径，一步一步飞到目的地。在路径规划中，本章考虑了怎样实现沿直线飞行和如何避障。半自主控制部分主要介绍自动控制和遥控之间的切换逻辑。

第 14 章：健康评估和失效保护。在民用中，安全往往比实现任务更重要。多旋翼飞行中可能出现通信故障、传感器失效和动力系统异常等，这些意外会直接导致控制任务无法完成。所以，如何决策多旋翼下一步的动作十分重要。本章首先介绍一些失效问题，然后给出健康评估的方法，并列举失效保护的措施，最后用扩展有限状态机设计了一个失效保护的例子。

第 15 章为展望。本章首先总结能够推动多旋翼发展的潜在新技术，其次指出创新方向，还分析了可能出现的风险，最后对多旋翼发展的机遇和挑战提出了作者的想法。

如图1-20所示的章节结构考虑了三类读者。仅对多旋翼设计感兴趣的读者，可阅读第 1 章、设计篇和第 15 章；而仅对多旋翼感知感兴趣的读者，可阅读第 1 章、模型篇、感知篇和第 15 章；而仅对多旋翼控制算法感兴趣的读者，可阅读第 1 章、模型篇、控制篇、决策篇和第 15 章。

习题 1

1.1 如图1-21所示，如果螺旋桨 #1 和 #4 顺时针旋转，螺旋桨 #2 和 #3 逆时针旋转，分析此四旋翼是否可以悬停，并给出原因。

1.2 除了本章给出的多旋翼的优缺点，多旋翼还有哪些优点和缺点？

1.3 选择一个你最喜欢的开源项目并介绍其特点。

1.4 选择一个你最喜欢的多旋翼并给出原因。

1.5 分析多旋翼当前的发展阶段和发展趋势。

---

⑬ 失效保护就是当特定类型的故障出现时，飞行器会采取特定的响应以确保设备和人员不受伤害或伤害最小化。

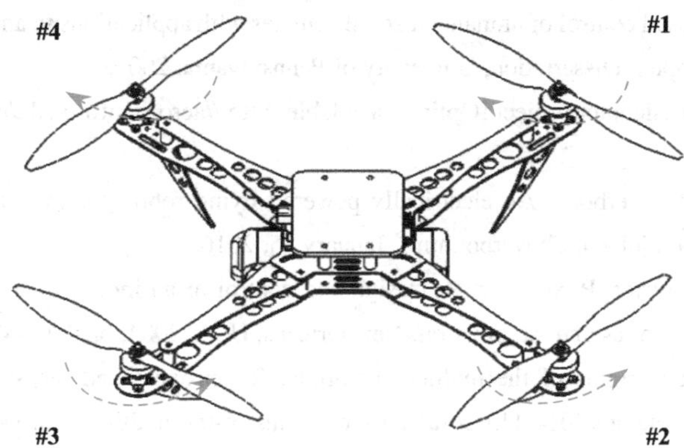

图 1-21 一种特殊的四旋翼

参考文献

[1] Austin R. Unmanned aircraft systems: UAVS design, development and deployment. Wiley, UK, 2010.

[2] FAA overview of small UAS notice of proposed rulemaking [Online], available: http://www.faa.gov/regulations_policies/rulemaking/media/021515_sUAS_Summary.pdf, January 25, 2016.

[3] 全权. 解密多旋翼发展进程. 机器人产业, 2015(2): 72-83.

[4] 樊鹏辉. 多轴飞行器的设计与控制. 学位论文, 北京航空航天大学, 中国, 2010.

[5] Talay T A. Introduction to the aerodynamics of flight, SP-367. Scientific and Technical Information Office, NASA, USA, 1975.

[6] 张瑞峰. 面向可靠飞行控制的四旋翼复合直升机研究. 学位论文, 北京航空航天大学, 中国, 2011.

[7] 全权，付建树，蔡开元. 复合式多旋翼飞行器. 中国: ZL201220708839. 7, 2012.

[8] F3-radio control soaring [Online], available: http: //www.fai.org/ciam-our-sport/f3-radio-control-soaring, January 25, 2016.

[9] Palmer D. The FAA's interpretation of the special rule for model aircraft. Surg Radiol Anat, 2015, 80: 567-749.

[10] FAA Interpretation of the special rule for model aircraft [Online], available: http://www.faa.gov/uas/media/model_aircraft_ spec_rule. pdf, January 25, 2016.

[11] Lipera L, Colbourne J D, Patangui P, et al. The micro craft iSTAR micro air vehicle: control system design and testing. In: American Helicopter Society 57th Annual forum, Washington, DC, USA, 2001, pp 1998-2008.

[12] Volocopter [Online], available: http://www.e-volo.com/ongoing-developement/vc-200, January 25, 2016.

[13] Norris D. Build your own quadcopter: Power up your designs with the Parallax Elev-8. McGraw-Hill Education, New York, 2014.

[14] All the world's rotorcraft [Online], available: http://www.aviastar.org/helicopters.html, Februray 28, 2016.

[15] Leishman J G. The breguet-richet quad-rotor helicopter of 1907. Vertiflite, 2001, 47(3): 58-60.

[16] Hamel T, Mahony R, Chriette A. Visual servo trajectory tracking for a four rotor VTOL aerial vehicle. In: Proc. IEEE Int. Conf. Robotics and Automation, Washington, DC, 2002, pp 2781-2786.

[17] Altug E. Vision based control of unmanned aerial vehicles with applications to an autonomous four rotor helicopter, quadcopter. Dissertation, University of Pennsylvania, 2003.

[18] Kroo I, Printz F Mesicopter project [Online], available: http://aero.stanford.edu/mesicopter, January 25, 2016.

[19] Borenstein J. The hoverbot – An electrically powered flying robot [Online], available: http://www-personal.umich. edu/johannb/hoverbot.html, January 25, 2016.

[20] Bouabdallah S, Murrieri P, Siegwart R. Design and control of an indoor micro quadcopter. In: Proc. IEEE Int. Conf. Robotics and Automation, New Orleans, USA, 2004, pp 4393-4398.

[21] Turi J. Tracing the origins of the multicopter drone, for business and pleasure [Online], available: http://www.engadget.com/2014/11/02/tracing-the-origins-of-the-multirotor-drone/, January 25, 2016.

[22] Keyence. Gyrosaucer by Keyence [Online], available: http://www.oocities.org/bourbonstreet/3220/gyrosau.html, January 25, 2016.

[23] The story behind Draganfly Innovations, Innovative UAV Aircraft & Aerial Video Systems [Online], available: http://www.draganfly.com/our-story/, January 25, 2016.

[24] Amazing Technology Company [Online], available: http://www.asctec.de/en/ascending-technologies/company/, February 28, 2016.

[25] Tayebi A, Mcgilvray S. Attitude stabilization of a VTOL quadrotor aircraft. IEEE Transactions on Control System Technology, 2006, 14(3): 562-571.

[26] Bouabdallah S, Siegwart R. Full control of a quadcopter. In: Proc. Int. Conf on Intelligent Robots and Systems (IROS), San Diego, USA, 2007, pp 691-699.

[27] Pounds P, Mahony R, Corke P. Modelling and control of a large quadrotor robot. Control Engineering Practice, 2010, 18(7): 691-699.

[28] Huang H, Hoffmann G M, Waslanderet S L, et al. Aerodynamics and control of autonomous quadrotor helicopters in aggressive maneuvering. In: Proc. IEEE Int. Conf. Robotics and Automation, Kobe, Japan, 2009, pp 3277-3282.

[29] Madani T, Benallegue A. Backstepping sliding mode control applied to a miniature quadrotor flying robot. In: Proc. 32nd IEEE Int. Conf. on Industrial Electronics Society, Paris, France, 2006, pp 700-705.

[30] Zhang R F, Wang X H, Cai K Y. Quadcopter aircraft control without velocity measurements. Joint 48th IEEE Conference on Decision and Control and 28th Chinese Control Conference, 2009, pp 817-822.

[31] Soumelidis A, Gaspar P, Regula G. Control of an experimental mini quad-rotor UAV. In: 16th IEEE Mediterranean Int. Conf. on Control and Automation, 2008, pp 1252-1257.

[32] How J P, Bethke B, Frank A, et al. Real-time indoor autonomous vehicle test environment. IEEE Control Systems Magazine, 2008, 28(2): 51-64.

[33] Michael N, Mellinger D, Lindsey Q, et al. The grasp multiple micro-uav testbed. IEEE Robotics & Automation Magazine, 2010, 17(3): 56-65.

[34] Microdrones profile [Online], available: https://www.microdrones.com/en/company/profile, January 25, 2016.

[35] MikroKopter history [Online], available: http://wiki.mikrokopter.de/en/starting, January 25, 2016.

[36] Bristeau P J, Callou F, Vissière D, et al. The navigation and control technology inside the AR.Drone micro UAV. In: 18th IFAC world congress, Milano, Italy, 2011, pp 1477-1484.

[37] Stafford N. Spy in the sky. Nature, 2007, 445(22): 808-809.

[38] Kumar V. Robots that fly and cooperate [Online], available: https://www.ted.com/talks/

vijay_kumar_robots_that_fly_and_cooperate, January 25, 2016.

[39] Mahony R, Kumar V. Aerial robotics and the quadrotor [from the guest editors]. IEEE Robotics & Automation Magazine, 2012, 19(3): 19-20.

[40] Mims C. GPS receivers now small enough to attach to almost anything [Online], available: http://www.technologyreview.com/view/425334/gps-receivers-now-small-enough-to-attach-to-almost-anything, January 25, 2016.

[41] D'Andrea R. The astounding athletic power of quadcopters [Online], available: https://www.ted.com/talks/raffaello_d_andrea_the_astounding_athletic_power_of_quadcopters, January 25, 2016.

[42] Floreano D, Wood R J. Science, technology and the future of small autonomous drones. Nature, 2015, 521(7553): 463-464.

[43] Ardupilot, APM [Online], available: https://3drobotics.com/about/, January 25, 2016.

[44] History of Ardupilot [Online], available: http://dev.ardupilot.com/wiki/history-of-ardupilot, January 25, 2016.

[45] Introducing the PX4 autopilot system [Online], available: http://tech-insider.org/diy-drones/research/2012/0725-a.html, January 25, 2016.

[46] Autopilot hardware [Online], available: https://pixhawk.org/start, January 25, 2016.

[47] PX4 and 3D robotics announce Pixhawk [Online], available: http://3drobotics.com/px4-and-3d-robotics-announce-pixhawk, January 25, 2016.

[48] Prime air [Online], available: http://www.amazon.com/b?node=8037720011, January 25, 2016.

[49] Lozano R. Unmanned aerial vehicles: embedded control. Wiley, Hoboken, 2013.

[50] Nonami K, Kendoul F, Suzuki S, et al. Autonomous flying robots: Unmanned aerial vehicles and micro aerial vehicles. Springer, Japan, 2010.

[51] Carrillo L R G, López A E D, Lozano R, et al. Quad rotorcraft control: Vision-based hovering and navigation. Springer-Verlag, London, 2012.

[52] Amir M Y, Abbas V. Modeling and neural control of quadcopter helicopter: MATLAB-SIMULINK based modeling, simulation and neural control of quadcopter helicopter. LAP LAMBERT Academic Publishing, Germany, 2010.

[53] Putro I E. Modeling and control simulation for autonomous quadcopter: Quadcopter nonlinear modeling and control simulation using Matlab/Simulink environment. LAP Lambert Academic Publishing, 2011.

第一篇 设计篇

第 2 章 Chapter 2 基本组成

抚琴

中国古人很早就认识到整体与局部之间的相互依存关系。两千多年前的医学经典著作《黄帝内经》是中国最早的医学典籍，被视为传统中医基础理论的起源。《黄帝内经》把人体看成由各种器官有机地联系在一起的整体，主张从整体上研究人体的病因。宋代诗人苏轼在《琴诗》中也写道："若言琴上有琴声，放在匣中何不鸣？若言声在指头上，何不于君指上听？"该诗指出：乐曲是由指头、琴、演奏者的情感和技巧等组成的一个整体，它们之间相互依存、缺一不可，同时相互影响、相互制约，存在着紧密的联系。

多旋翼的组成可以说既简单又复杂。说它简单是因为多旋翼通常由机架、动力系统和指挥控制系统等几个高度模块化的部分组成。这些组成部分可以看作人的器官，其中机架对应人的躯干，承载着其他硬件；动力系统是人的手脚，由心脏和血管驱动，为多旋翼提供动力；指挥控制系统是人的感觉器官、神经和大脑，控制动力系统来完成任务。另一方面，由于不同部件之间不是相互独立而是相互约束的，尽管可以有多种组合方式，但只有很少的组合可以保证多旋翼工作，因此多旋翼的组成是复杂的。如果设计者没有深入了解各部件的工作原理而盲目组装，那么多旋翼的性能可能很差，甚至完全无法正常工作。因此，了解各部件的基本原理以及它们之间的连接与约束关系是非常必要的。本章主要回答以下问题：

多旋翼由哪些基本部件组成？

本章包括三部分，即机架、动力系统和指挥控制系统。每部分将从对应功能、工作原理和关键参数等方面叙述。

2.1 总体介绍

为了让读者对多旋翼有更直观的认识，图 2-1 和图 2-2 比较详细地展示了多旋翼系统各部分的组成和连接关系。多旋翼系统由机架、动力系统和指挥控制系统组成，其中指挥控制系统由遥控器、自动驾驶仪（简称为自驾仪，也称为飞行控制器或飞控）、GPS 接收机和地面站等部件组成（如图 2-1 所示）。图 2-2 更详细地展示了动力系统与指挥控制系统的基本组成和连接关系。图 2-3 为多旋翼系统的整体组成结构，也是本章内容的结构框图。

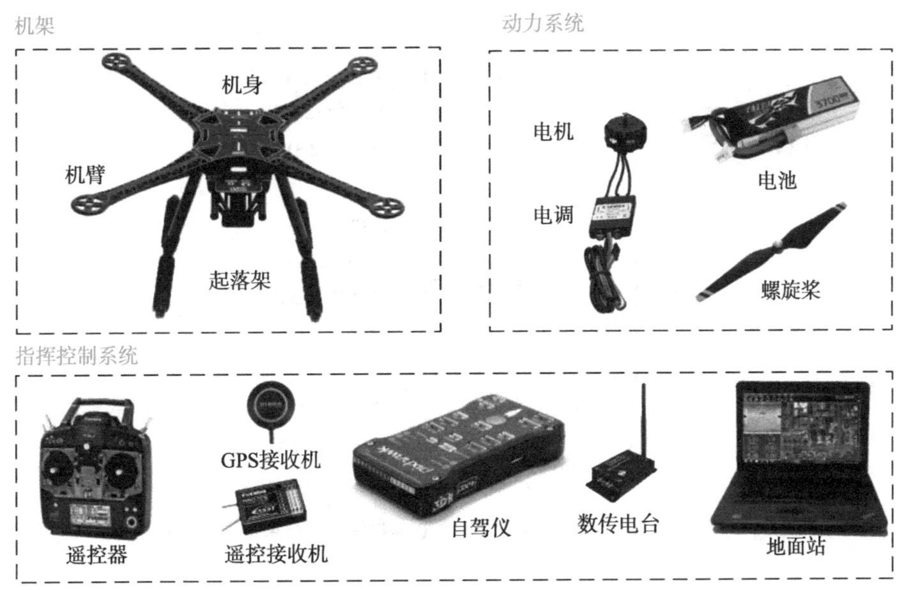

图 2-1 多旋翼系统的基本组成

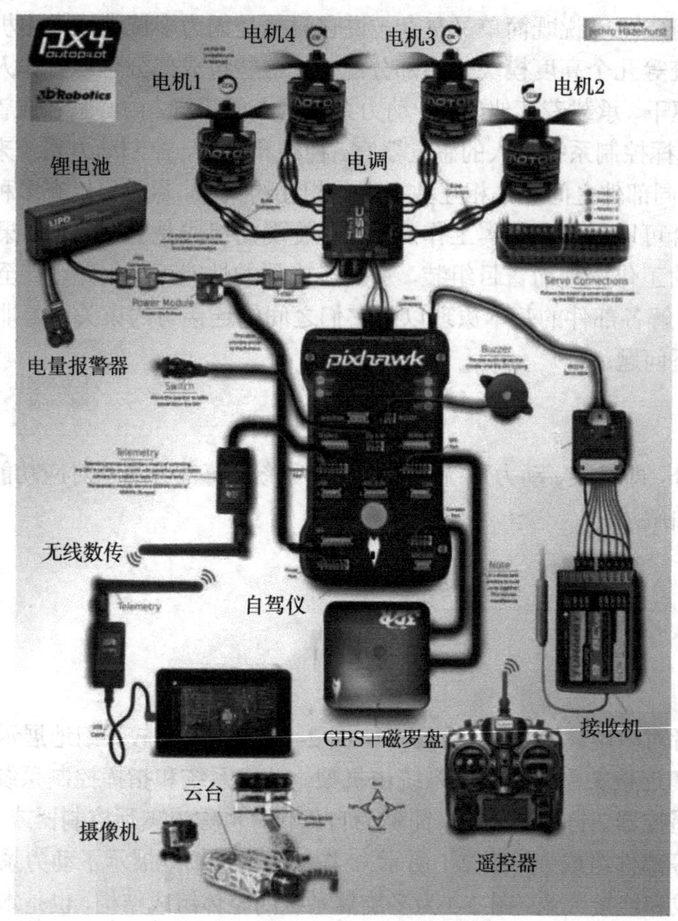

图 2-2　多旋翼系统的组成与连接（图片源于 ardupilot.org，作者 Jethro Hazelhurst）

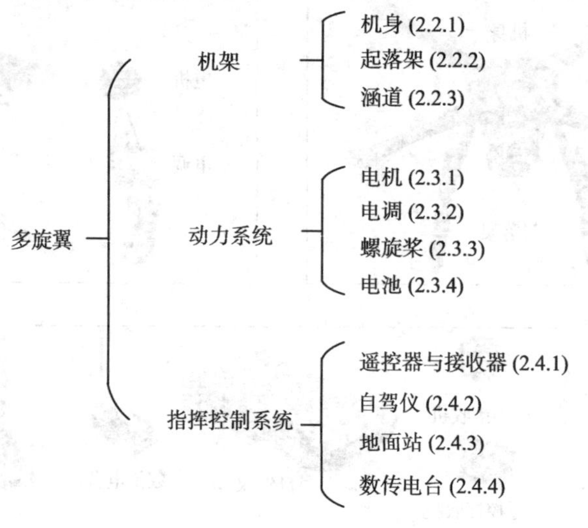

图 2-3　本章结构框图

2.2 机架

常规多旋翼的机架通常只包括机身和起落架。为了覆盖所有机型，本节将涵道也视为机架的一部分。

2.2.1 机身

1. 功能

机身是承载多旋翼所有设备的平台。多旋翼的安全性、实用性以及续航性能都与机身的布局密切相关。因此在设计多旋翼时，机身的尺寸、形状、材料、强度和重量等因素都应该仔细考虑。

2. 参数

（1）重量

机身的重量主要取决于其尺寸和材料。由于在相同螺旋桨拉力（也有文献称之为升力或推力）下，机身越轻意味着剩余载重能力越大，因此在保证性能的前提下，机身重量应尽量轻。

（2）布局

常见的布局包括三旋翼、四旋翼、六旋翼和八旋翼。图 2-4 为开源自驾仪支持的一些多旋翼布局。

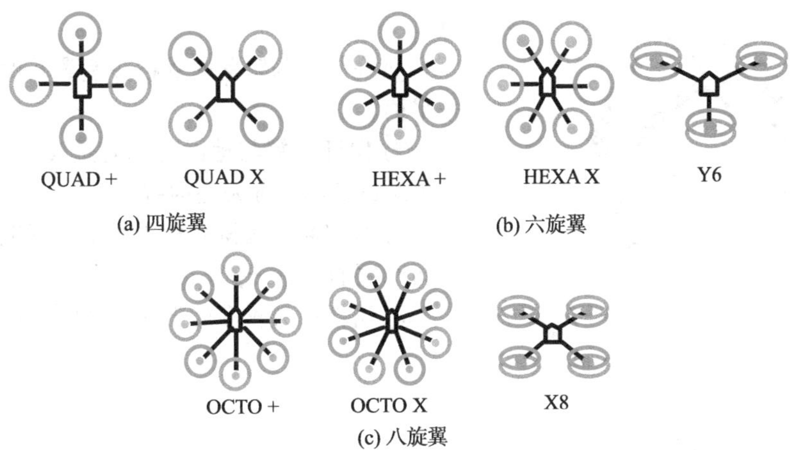

图 2-4 多旋翼基本布局

（3）轴距

轴距是用于衡量多旋翼尺寸的重要参数，通常被定义为电机轴围成的外接圆周的直径（单位：mm）。如图 2-5 所示，通常情况下，轴距即为对角线上的两电机轴心的距离。轴距的大小限定了螺旋桨的尺寸上限，从而限定了螺旋桨能产生的最大拉力，进而决定了多旋翼的载重能力。

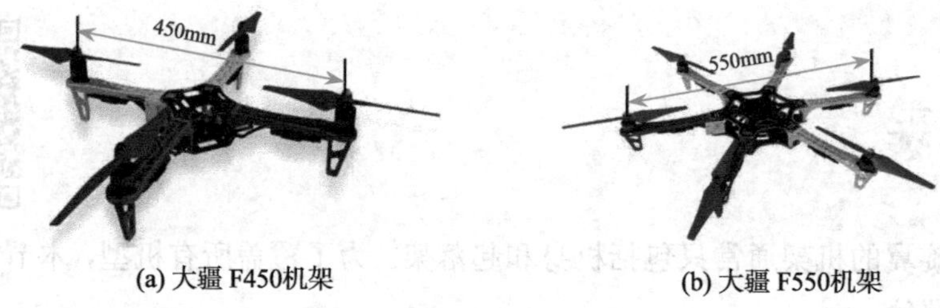

(a) 大疆 F450机架　　(b) 大疆 F550机架

图 2-5　多旋翼的轴距

（4）材料

表 2-1 列出了几种材料的特性①。可以看出：碳纤维密度小，刚度和强度都较大，但加工困难，价格也较贵，因此该材料多用于需要较大承重的商业级多旋翼。相对地，塑料的密度小、易加工且价格便宜，但刚度和强度较小，因此该材料多用于玩具或小型航模。

表 2-1　部分材料的特性 [1]

	碳纤维	玻璃钢	聚碳酸酯	丙烯酸塑料	铝合金	轻质木材
密度（lb/cuin）	0.05	0.07	0.05	0.04	0.1	0.0027~0.0081
杨氏模量（Msi）	9.3	2.7	0.75	0.38	10.3	0.16~0.9
抗拉强度（Ksi）	120	15~50	8~16	8~11	15~75	1~4.6
成本（10: 最低）	1	6	9	9	7	10
加工（10: 最易）	3	7	6	7	7	10

2.2.2　起落架

图 2-6　起落架

图 2-6 为多旋翼起落架，其功能包括以下几点：

① 在起飞与降落时支撑多旋翼并保持机身水平平衡。

② 保证旋翼与地面之间有足够的安全距离，避免螺旋桨与地面发生碰撞。

③ 减弱起飞和降落时的地效（下洗气流冲击地面产生的气流干扰）。

④ 消耗和吸收多旋翼在着陆时的冲击能量。

2.2.3　涵道

1．功能

除了保护桨叶和保证人身安全外，涵道还可以提高拉力效率和减少噪声。如图 2-7 所示，带涵道多旋翼的拉力由两部分组成，即：螺旋桨本身产生的拉力和涵道产生的附加拉力。

① 刚度表示材料或结构在外力作用下抵抗变形的能力，通常采用杨氏模量（单位: Msi）作为其度量值。强度表示材料在外力作用下抵抗破坏的能力，采用抗拉强度（单位: Ksi）作为其度量值。

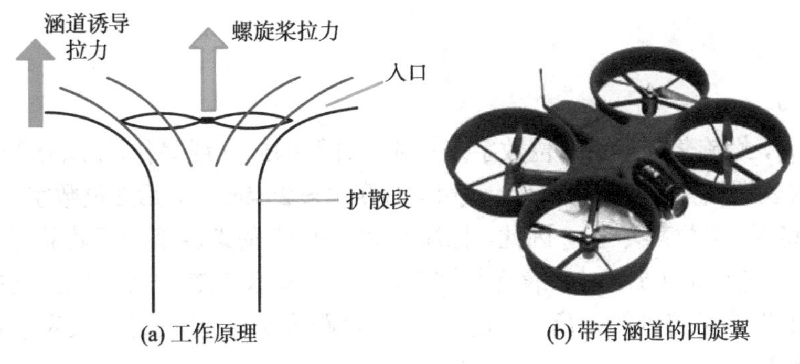

(a) 工作原理　　(b) 带有涵道的四旋翼

图 2-7　涵道

2. 工作原理

根据**伯努利原理**，当螺旋桨工作时，进风口内壁空气速度快静压小，外壁流速慢静压大，因此涵道能产生附加拉力。根据上述原理，设计者还可以通过改变涵道的横截面来改变流速和压强，从而改变拉力大小。涵道的存在还可以减小由于螺旋桨高速旋转产生的翼尖涡流带来的损失，因此具备涵道的螺旋桨的效率和最大拉力都可以得到提升，有时提升效果显著。

3. 参数

扩散段长度和螺旋桨直径是影响涵道性能的主要参数，具体的参数优化方法可参考文献 [2]。需要注意的是，尽管涵道可以通过提升效率来增加悬停时间，但增加涵道的同时也会增加多旋翼的整机重量，从而使悬停时间缩短，因此最终的优化设计需要权衡和折中。

2.3 动力系统

动力系统通常包括螺旋桨、电机、电调以及电池。动力系统是多旋翼最重要的组成部分，决定了多旋翼的主要性能，如悬停时间、载重能力、飞行速度和飞行距离等。动力系统的部件之间需要相互匹配和兼容，否则可能无法正常工作，甚至在某些极端情况下可能突然失效而导致事故发生。比如，在某些条件下，飞控手的一个过激操作可能让电调电流超过其安全阈值而使电机停转，这在飞行过程中是非常危险的。动力系统的性能计算和评估方法将在第 4 章中详细介绍。

2.3.1 螺旋桨

1. 功能

螺旋桨是直接产生多旋翼运动所需的力和力矩的部件。考虑到电机效率会随输出转矩（取决于螺旋桨的型号、尺寸和转速等）变化而变化，合理匹配的螺旋桨可以使电机工作在更高效的状态，从而保证在产生相同拉力情况下消耗更少的能量，进而提高续航时间。因此，选择合适的螺旋桨是提高多旋翼性能和效率的一种直接、有效的方法。

2. 参数

(1) 型号

一般而言，螺旋桨型号由4位数字来描述，如“1045”（或写作“10×45”），其前2位数字“10”代表螺旋桨的直径（单位：英寸，1英寸≈25.4mm），后2位数字“45”表示螺距（也称为桨距，单位：英寸），因此，标注“APC1045”的螺旋桨表示其品牌是APC，直径是10英寸，螺距是4.5英寸。螺旋桨螺距定义为“螺旋桨在一种不能流动的介质中旋转，旋转一圈螺旋桨前进的距离”。比如，一个螺距为21英寸的螺旋桨表示其旋转一圈可前进21英寸。

(2) 弦长

弦长的定义如图2-8所示，由于弦长随着径向位置的不同会有区别，一般选择螺旋桨半径2/3处的弦长作为螺旋桨标称弦长。

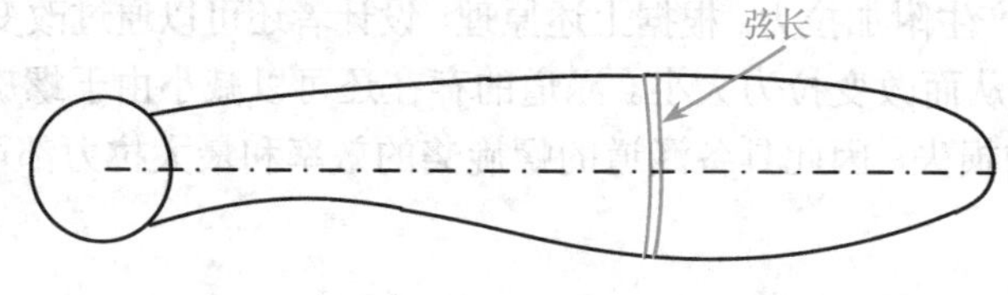

图 2-8 螺旋桨的弦长

(3) 转动惯量

转动惯量是描述一个刚体绕轴转动时惯性的量度，其计算方式是刚体上每个点质量与其到刚体转轴距离的平方乘积的总和。较小的转动惯量可以提升电机的响应速度，从而提升多旋翼的控制效率和性能。

(4) 桨叶数

典型的具有不同桨叶的螺旋桨如图2-9所示。实验表明，对于特定的螺旋桨，桨叶数增加时，其最大拉力会增加（如图2-10(a)所示），但效率稍有降低（如图2-10(b)所示）。图2-10中的T-MOTOR 29×9.5CF 3-Blade表示螺旋桨有三个桨叶，材料为碳纤维（Carbon Fiber），其他未标注的均默认为二叶桨。二叶桨的效率会比三叶桨稍高一些[3,p.65]。考虑到在最大拉力相同的前提下，二叶桨直径要比三叶桨直径大，因此虽然三叶桨效率稍有降低，但是随着桨的尺寸减小，多旋翼可以做到尺寸更小、重量更轻，在某些情况下反而能延长续航时间。

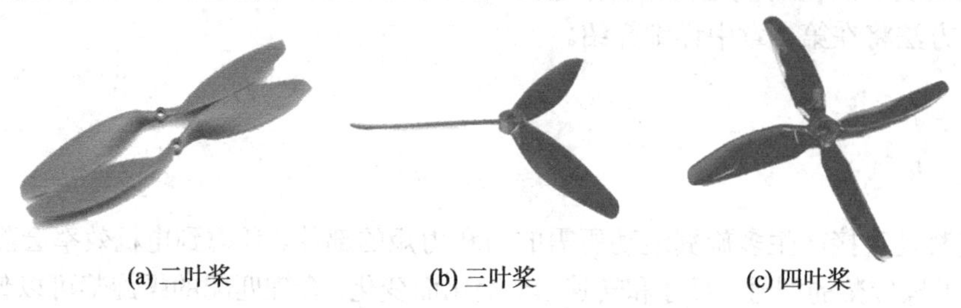

(a) 二叶桨　(b) 三叶桨　(c) 四叶桨

图 2-9 具有不同桨叶数量的螺旋桨

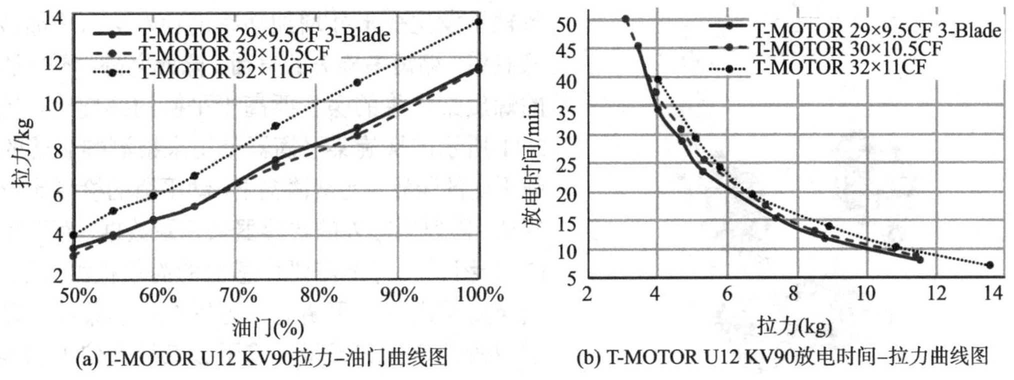

(a) T-MOTOR U12 KV90拉力–油门曲线图　(b) T-MOTOR U12 KV90放电时间–拉力曲线图

图 2-10　二叶桨与三叶桨的性能对比曲线图

（5）安全转速

多旋翼的螺旋桨通常具有一定的柔性，当转速超过一定值时，螺旋桨可能发生形变导致效率降低。通常在计算最大安全转速时，应考虑各种极端情况。APC 网站② 上给出了常规螺旋桨的最大桨速经验公式为 105000 转每分钟（RPM）/螺旋桨直径（英寸）。以 10 英寸的螺旋桨为例，其常规系列桨型最大速度可达 10500RPM，而慢飞（SL）系列桨型的最大桨速只有 65000RPM/桨直径（英寸）。

（6）螺旋桨力效

力效，也被称为效率（单位：g/W），是评估能量转换效率的一个非常重要的指标。螺旋桨力效的定义如下：

$$\text{机械功率（单位：W）} = \text{扭矩（单位：N·m）} \times \text{螺旋桨转速（单位：rad/s）}$$

$$\text{力效（单位：g/W）} = \frac{\text{拉力（单位：g）}}{\text{机械功率（单位：W）}}$$

（7）材料 [4]

制作螺旋桨的材料包括碳纤维、塑料、木头等，它们的密度、效率以及成本差异较大，用途也不同。例如，碳纤维螺旋桨的成本几乎是塑料螺旋桨的 2 倍，但有以下优势：① 刚性高，因此振动和噪声小；② 重量更轻，强度更高；③ 更适合高 KV 值的电机。然而当多旋翼坠机时，刚性高的桨叶会使电机受到更大的冲击，同时锋利的桨叶就像高速旋转的刀片，对周围人的人身安全产生极大的威胁，存在安全隐患。木质螺旋桨更笨重、更贵，适用于制作有较大载重能力的多旋翼。

3. 静平衡和动平衡 [5, 6]

实现螺旋桨的动平衡与静平衡的主要目的是，减小螺旋桨高速旋转时，因桨叶质量或形状分布不对称而对转轴产生非均匀离心力，这也是多旋翼振动产生的主要原因。其中，螺旋桨静不平衡出现在其重心（重量中心）与旋转轴心（几何中心）不重合时，动不平衡出现在其重心与惯性重心不重合时（桨叶上每个微小质点产生的离心惯性力不能相互抵消）。螺旋桨不平衡作用力不仅会影响传感器测量，还会加快电机损坏，同时会导

② http://www.apcprop.com/Articles.asp?ID=255

图 2-11　Du Bro 螺旋桨平衡器

致轴承发生变形并增加功率消耗，从而增加故障概率，缩短多旋翼的寿命。除此之外，不平衡的螺旋桨产生的噪音要高于平衡的螺旋桨。图 2-11 所示的螺旋桨平衡器是用来检测螺旋桨的静平衡的装置。通常情况下，动平衡的检测比较复杂，需要用额外的传感器来记录数据，而视频 [7] 介绍了一种不需要传感器的简单检测方法。当螺旋桨出现不平衡时，可以在轻的桨叶上贴透明胶带增加其重量，或用砂纸打磨偏重的螺旋桨平面（非边缘）来实现平衡。

2.3.2　电机 [8,pp.533-592]

1．功能

由于无刷直流电机具有多种优势，如效率高、便于小型化、制造成本低等，多旋翼选用的电机以无刷直流电机为主，其主要作用是将电池存储的电能转化为驱动桨叶旋转的机械能。根据转子的位置，无刷直流电机可以分为外转子电机和内转子电机（如图 2-12 所示）。与内转子电机相比，外转子电机可以提供更大的力矩，因此更容易驱动大螺旋桨而获得更高效率。外转子电机的速度更稳定，因此适用于多旋翼和其他飞行器。

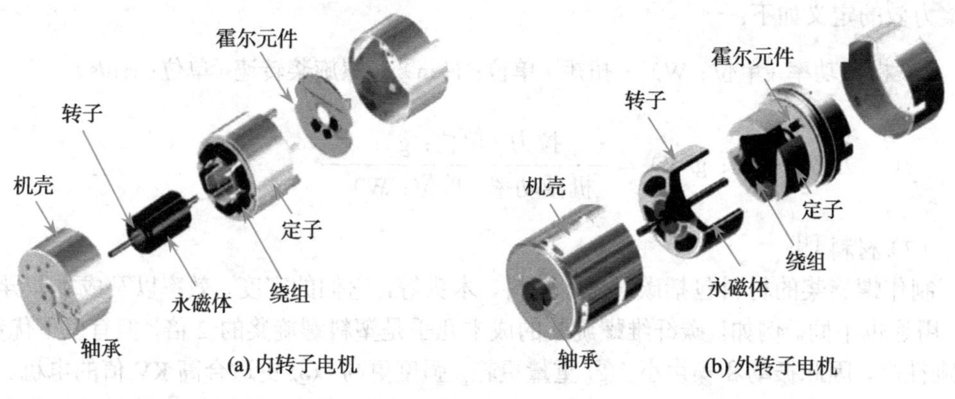

图 2-12　内转子电机和外转子电机（感谢 www.nidec.com 提供图片）

2．工作原理

电调在接收到自驾仪发送的 PWM（Pulse Width Modulated，脉冲宽度调试）控制信号后，经过如图 2-13 所示的驱动电路进行放大，再送至逆变器各功率管，沿着一定次序输送给电机定子上的各个绕组，对绕组上电流进行换流，从而在电机气隙中产生跳跃式旋转磁场。无刷直流电机的主电路主要有星形连接三相半桥式、星形连接三相桥式和角形连接三相桥式三种形式。其中，星形连接三相桥式主电路应用最多。位置检测器的三个输出信号通过逻辑电路控制这些开关管的导通和截止，其控制方式有两种：二二导通方式和三三导通方式。如图 2-14 所示，转子每转过 60°，逆变器开关管换流一次，同时定子磁状态改变一次。电机有六个磁状态，三相各导通 120°。

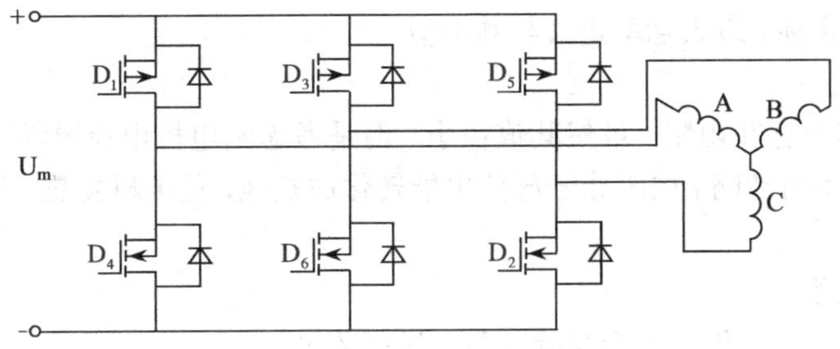

图 2-13 星形连接三相桥式主电路

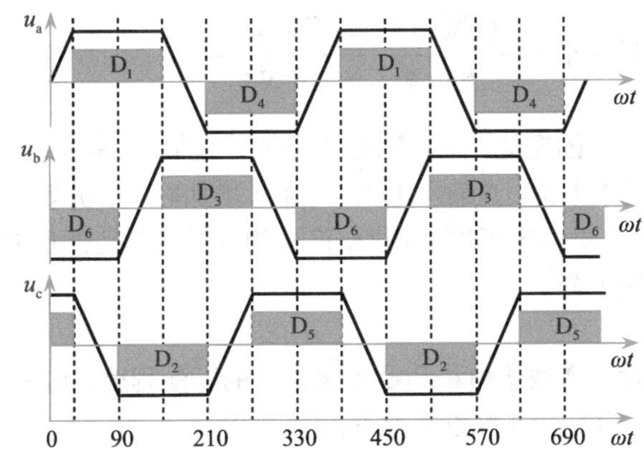

图 2-14 三相绕组的反电动势波形及其二二导通方式下的导通规律

3．参数

（1）尺寸

电机的尺寸取决于定子的大小，在型号名称中用 4 位数字来表示，如“2212”（或写成“22×12”）的前 2 位数字“22”代表定子直径（单位：mm），后 2 位数字“12”代表定子高度（单位：mm）。因此“2212”电机表示电机定子直径是 22mm、定子高度为 12mm。也就是说，前 2 位数字越大，电机越粗，后 2 位数字越大，电机越高。高大粗壮的电机，功率更大，适合做更大的多旋翼。

（2）电机的 KV 值

无刷直流电机的 KV 值（单位 RPM/V，转每分/伏）是指在空载（不安装螺旋桨）情况下，外加 1V 电压得到的电机转速值（单位：RPM）。比如，1000KV 值意味着电机空载时，当施加电压为 1V 时，电机空载转速将达到 1000RPM。KV 值小的电机的绕线更多、更密，能承受更大的功率，所以能产生更大的力矩去驱动更大的螺旋桨。相对而言，大 KV 值的电机产生的力矩小，适合驱动更小的电机。

（3）空载电流和电压

在空载试验中，对电机施加空载电压（通常为 10V 或 24V）时测得的电机电流被称为空载电流。

（4）最大电流/功率

最大电流/功率是指电机正常工作情况下能承受的最大电流或者功率。例如，最大连续电流“25A/30s”代表电机最大可在 25A 的持续电流下安全工作，超过这个电流阈值 30s

后，电机可能被烧坏。最大功率定义与其类似。

（5）内阻

电机电枢本身存在内阻，虽然其值很小，但是考虑到电机电流通常可以达到几十安培，所以其内阻不可忽略。内阻让一部分电能转化成热能，使电机发热，从而使电机效率降低。

（6）电机效率

电机效率是评估性能的一个重要参数，其定义如下：

$$\text{电功率（单位：W）}=\text{电机输入电压（单位：V）}\times\text{有效电流（单位：A）}$$

$$\text{电机效率}=\frac{\text{机械功率（单位：W）}}{\text{电功率（单位：W）}}.$$

电机效率并不是一个固定值，一般随着输入电压（油门）和负载（螺旋桨）的变化而变化。对于相同的螺旋桨来说，当输入电压（电流）增加时，电机效率可能下降。这是因为当输入电压增加时，电机的电流也会增加，产生的热量和其他能量损失增大，从而使有效的机械功率所占比例下降。

（7）总力效

动力系统的整体性能取决于电机和螺旋桨两者的匹配程度。这里用总力效来表示两者组合的整体效率，其定义和计算方式如下：

$$\text{总力效（单位：g/W）}=\frac{\text{螺旋桨拉力（单位：g）}}{\text{输入电功率（单位：W）}}=\text{螺旋桨力效}\times\text{电机效率}.$$

由于螺旋桨力效和电机效率都不是常数，因此总力效会随着运行状态变化而变化。总力效一般由电机生产厂商给出，以一个电机为例，其在不同状态下的总力效如图 2-15 所示，这里的“效率/(g/w)”就是总力效。这些数据可以帮助设计者根据需求选择合适的电机和螺旋桨。

电机型号	电压 /V	螺旋桨型号	油门指令	电流 /A	功率 /W	拉力 /g	转速 /RPM	效率/(G/W)	转矩/(N·m)	温度/℃
T-MOTOR MN5212 KV340	24	T-MOTOR 15x5CF	50%	3.3	79	745	3821	9.44	0.142	38
			55%	4.2	99.8	910	4220	9.11	0.172	
			60%	5.2	123.6	1075	4576	8.7	0.198	
			65%	6.3	150.7	1254	4925	8.32	0.232	
			75%	9.1	217.2	1681	5663	7.74	0.31	
			85%	12.2	292.1	2115	6315	7.24	0.382	
			100%	17.8	426.7	2746	7167	6.44	0.498	
		T-MOTOR 18x6.1CF	50%	5.7	137.5	1318	3596	9.58	0.29	74
			55%	7.4	178.1	1612	3958	9.05	0.344	
			60%	9.3	222	1901	4310	8.56	0.411	
			65%	11.6	278.2	2259	4622	8.12	0.472	
			75%	16.5	395.5	2835	5226	7.17	0.605	
			85%	22.1	531.1	3477	5751	6.55	0.737	
			100%	31	744.7	4355	6358	5.85	0.918	

图 2-15 电机 T-MOTOR MN5212 KV420 性能参数表（数据来自 rctigermotor.com）

2.3.3 电调

1. 功能

电调的基本功能是根据接收自驾仪传输的 PWM 信号来控制电机转速。由于自驾仪输出的 PWM 信号非常微弱，无法直接驱动无刷直流电机，因此需要电调对信号进行处理和放大，从而驱动电机。一些电调还可以作为制动器或者稳压电源，给遥控器接收机和舵机供电。与一般的电调不同，无刷电调还可以充当一个换相器，把多旋翼上的直流电源转化为可以供给无刷直流电机使用的三相交流电源。除此之外，它还有其他功能，如电池保护和启动保护等。图 2-16 展示了型号为 Xaircraft ESC-S20A 的多旋翼无刷电调。

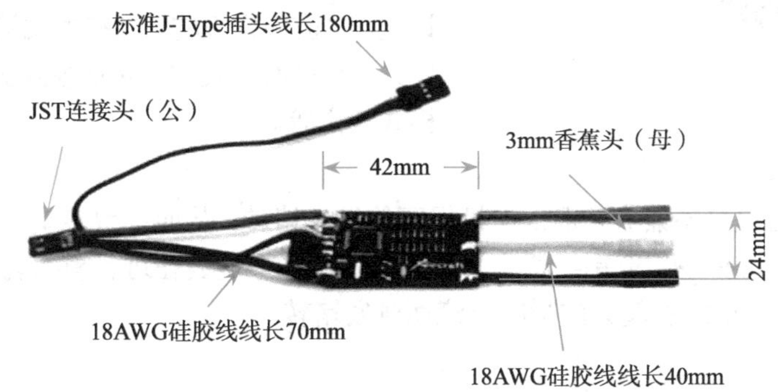

图 2-16 多旋翼无刷电调 XAircraft ESC-S20A

2. 参数

（1）最大持续/峰值电流

最大持续电流和**峰值电流**是无刷电调最重要的参数，其常用单位是安培（A），如 10A、20A、30A。不同电机需要配备不同的电调，不合理的配置会导致电调烧坏甚至电机失效。最大持续电流是指在正常工作模式下的持续输出电流，峰值电流是指电调能承受的最大瞬时电流。每个电调都会在型号上标注最大持续电流，如 Hobbywing XRotor 15A。当我们挑选电调时，要注意留有一定的安全裕度（如 20% 的安全裕度），以有效避免功率管被烧坏。如 50A 的电调一般留出 10A 的安全裕度。

（2）电压范围

电调能够正常工作所允许输入的电压范围也是非常重要的参数。例如，在电调说明书上可以看到标注“3-4S LiPo”字样，表示这个电调适用于 3~4 节电芯串联的锂聚合物电池，也就是说，它正常工作的电压范围为 11.1~14.8V。

（3）内阻

电调都有内阻，通过电调的电流有时可以达到几十安培，所以电调的发热功率不能被忽视。为了减少热能耗散，电调的内阻应当尽可能小。

（4）刷新频率

电机响应速度很大程度上依赖于电调刷新频率。在多旋翼发展之前，电调是专为航模或车模设计的。当时伺服电机的最大工作频率是 50Hz，因此电调的刷新频率也定为 50Hz。理论上来说，电调刷新频率越高，电机响应速度越快。多旋翼需要实现螺旋桨转速的快速变化来改变拉力大小，所以多旋翼电调的刷新频率往往比其他电调要高。此外，为了保证输出信号的平滑性，电调通常会在输入或输出端加入低通滤波，这在一定程度上会降低电调的响应速度。

图 2-17 好盈无刷电调参数编程卡

（5）可编程性

通过调整电调内部参数，我们可以使电调的性能达到最优。设置电调的参数有 3 种方法，即：通过编程卡（如图 2-17 所示）直接设置电调参数；通过连接 USB，在计算机上设置电调参数；通过接收机，用遥控器摇杆设置电调参数。可以设置的参数包括：油门行程校准、低压保护阀值设定、电流限定设定、刹车模式设定、油门控制模式、切换时序设定、起动模式设定以及 PWM 模式设定等。

（6）兼容性

如果电调与电机不兼容，那么电机很可能发生堵转，从而导致多旋翼在空中失控坠机。堵转可能发生在一些极端情况，而不易被察觉，如多旋翼在进行模态切换时可能导致控制量变化较大，最终引起大的瞬时电流而触发堵转。

3. 方波驱动和正弦波驱动[9]

（1）方波驱动

方波驱动电调输出方波信号，其控制元件工作在开关状态，因此具有电路简单、便宜和容易控制等优点。

（2）正弦波驱动

正弦波驱动电调输出正弦波信号，采用矢量控制。正弦驱动在运行平稳性、调速范围、减振减噪方面优于方波驱动。目前可采用光电编码器、霍尔传感器或者基于观测器的方法测量转子角度。因为多旋翼电机始终工作在高转速状态下，所以可以基于电机模型、电流和电压等信息观测出外转子当前的电角度，从而进行矢量调制，这样可以节约成本。

2.3.4 电池

1. 功能

电池主要为动力系统提供能量。图 2-18 是一个小型多旋翼的电池。目前的多旋翼面临的常见问题是续航时间不足，而续航时间严重依赖电池容量。目前，市面上的电池种类很多，其中锂电池和镍氢电池以其优越的性能和低廉的价格脱颖而出，成为最受人们青睐的动力电池。

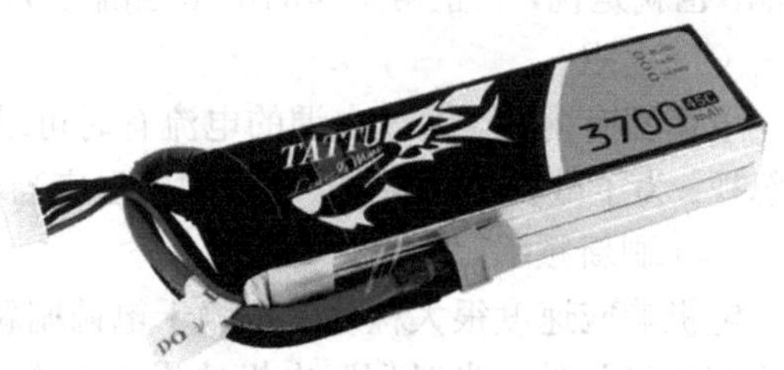

图 2-18 格氏 Tattu 无人机电池

2. 参数

电池的基本参数包括电压、容量、内阻和放电倍率。航模专用锂聚合物电池（LiPo 电池）单节电芯的标称电压是 3.7V，充满电可达 4.2V。为了获得足够的电压和容量，厂商通常将电芯串联/并联在一起组成电池组。在实际过程中，电池电压会随着电池放电而逐渐降低。研究表明，在某一范围内，电池的输出电压与剩余容量成线性关系。而在电池放电后期，电池电压急速下降，这会导致多旋翼的拉力迅速减小。因此为了保证多旋翼可以安全返航，设置一个电池电压的安全阈值是非常必要的。除此之外，由于电池电流非常大，内阻分压作用明显，实际输出电压会低于标称值。电池过度放电（过放）会造成电池不可逆转的损坏，因此使用时应该特别注意。

（1）电池连接

电芯串联可以得到更大的电压而电池容量保持不变，电芯并联可以获得更大容量而电压不变。通过电芯合理的串/并联组合，可以得到满足实际飞行需求的电池组。通常，厂商用字母 S（Series）表示电芯的串联数，用字母 P（Parallel）表示电芯的并联数。如图 2-19 所示，假设单节电芯电压为 3.7V，容量为 100mAh，3S1P 表示 3 块锂电池串联，其总电压为 11.1V，容量仍为 100mAh；2S2P 表示 4 块锂电池电芯经过两两串联再并联得到，其总电压为 7.4V，容量为 200mAh。

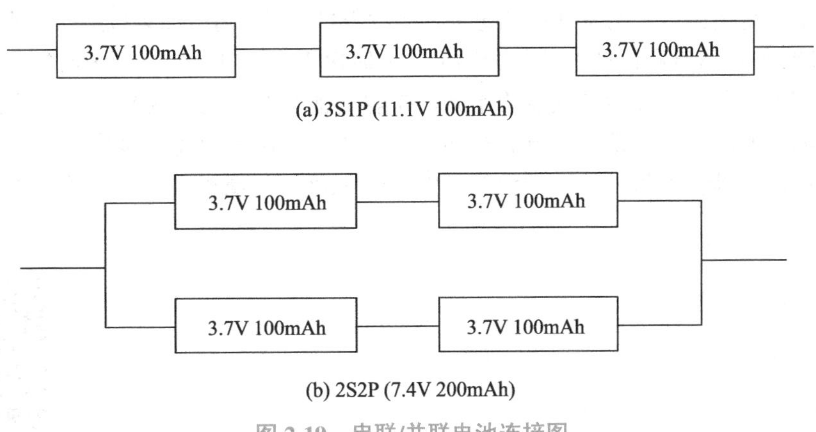

图 2-19 串联/并联电池连接图

（2）电池容量

毫安・时（mAh）或安・时（Ah）是常见的用来描述某一个电池能容纳多少电量的单位。5000mAh 的电池容量表示电池以 5000mA 的电流放电可以放电 1 小时（对于锂电池来说，对应的电芯电压从 4.2V 下降到 3.0V）。随着放电过程的进行，放电能力和输出电压都会慢慢降低，因此剩余电池容量并不是关于放电时间的严格的线性函数。在实际多旋翼飞行过程中，检测剩余容量是否满足飞行安全的要求的方法有两种：一种是检测电池的电芯电压，该方法应用比较广泛，可通过传感器实时检测电池电压，衡量电池剩余电量大小；另一种是实时检测电池的荷电状态值，该方法可实现性较弱，且相应传感器的使用尚未普及，具体方法将在第 14 章中详细讨论。

（3）放电倍率

放电电流的大小常用放电倍率来表示，即

$$放电倍率（单位：C）=\frac{放电电流（单位：mA）}{容量（单位：mAh）}.$$

例如，额定容量为100mAh的电池用20mA放电时，其放电倍率为0.2C。电池放电倍率是对放电快慢的一种量度指标。容量为5000mAh且最大放电倍率为20C的电池，其最大放电电流为5000mA×20C=100A。

多旋翼瞬时消耗的总电流大小不能超过其电池的最大电流限制，否则可能烧坏电池。高放电倍率的电池可以输出更大的电流，可用于更高功率需求的多旋翼（装配的电机数量更多或者电机功率更大）。

（4）内阻

电池内阻并不是一个固定值，会随着电池状态和使用寿命变化而变化。可充电电池最初的内阻相对来说比较小，然而经过很长一段时间的使用之后，由于电池里电解质溶液的耗散和化学物质活性的降低，电池内阻会逐渐增加。与此同时，电池电压也逐渐下降，直到电池不能正常放电，这时电池就变为废电池了。

（5）能量密度

能量密度是指在一定的空间或质量物质中存储能量的大小，如果按质量来判定，一般称之为比能。能量密度和比能的单位分别为瓦·时每千克（Wh/kg）或瓦·时每升（Wh/L）。由于产品空间（重量）与续航性能的矛盾，高能量密度的电池更受到人们欢迎。作为一种清洁能源，锂离子电池正在受到越来越多的关注，其用途也越来越广泛。不同化合物的锂离子电池的能量密度不同，大致为240~300Wh/L（是镍镉电池的2倍、镍氢电池的1.5倍）。

2.4 指挥控制系统

2.4.1 遥控器和接收机[10]

1. 功能

遥控器（如图2-20(a)③所示）用于发送飞控手的遥控指令到相应的接收机（也叫做接收器，如图2-20(b)所示），接收机解码后再传给自驾仪，从而控制多旋翼做出各种飞行动作。遥控器上还提供了一些自定义的设置项，如油门的正反、摇杆灵敏度大小、舵机的中立位置调整、通道的功能定义、飞机时间记录与提醒、拨杆功能设定等。高级功能有航模回传的电池电压电流数据等。目前已有一些开源的遥控器项目，感兴趣的读者可以参阅http://www.open-tx.org或http://www.reseau.org/arduinorc，自己定制专属的遥控器。

③多旋翼的“油门操纵杆”控制其上下运动，“方向舵操纵杆”控制偏航运动，而“副翼操纵杆”控制滚转运动，“升降舵操纵杆”控制俯仰运动。

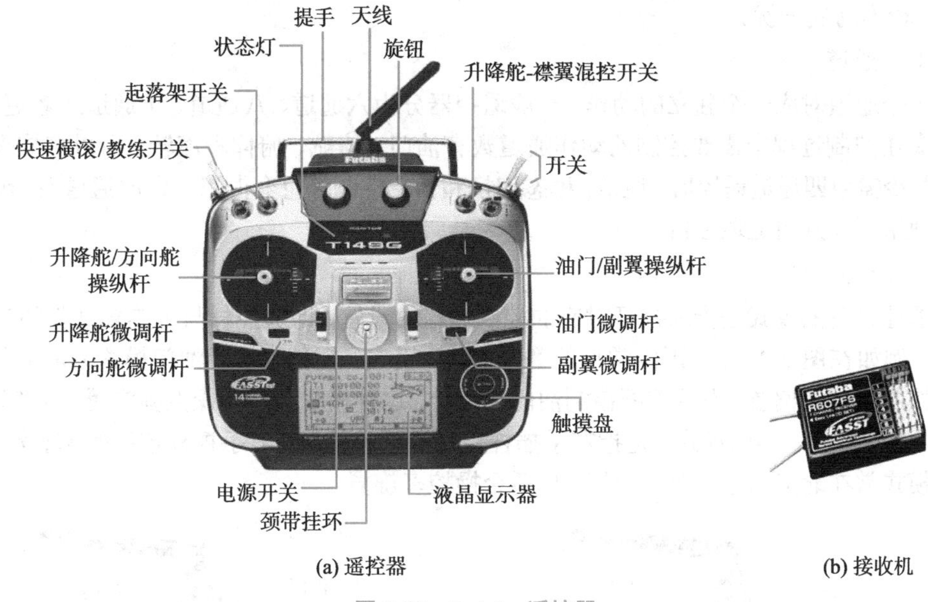

(a) 遥控器　　(b) 接收机

图 2-20　Futaba 遥控器

2．参数

（1）频率

遥控器与接收机之间通过无线电波进行连接通信，常用的无线电频率是 72MHz 和 2.4GHz。在 2.4GHz 频率应用之前，同频干扰造成事故的概率很高，航模在飞行时经常会受到来自其他遥控器的信号干扰。面对越来越大的模型开发市场，遥控安全问题日益严峻，2.4GHz 遥控器系统很好地解决了遥控安全性等问题。2.4GHz 技术属于微波领域，最早应用于无线音频传输。

2.4GHz 无线电通信技术具有如下优势：① 频率高，可以自动规划和设定频点，不需要通过更换晶体来设定频率；② 同频概率小，在多个遥控设备近距离同时工作的情况下，可以自动让频、跳频，以避免相互干扰；③ 功耗低，因为没有控制频率的零件，功耗大大降低；④ 体积小，控制波长很短，所以发射和接收天线都可以做得很短，从而缩小了遥控设备的体积；⑤ 反应迅速、控制精度高。尽管 2.4GHz 遥控设备可以解决同频干扰问题，但仍存在一些问题，比如：2.4GHz 微波的直线性很好，换言之衍射性很差，如果在遥控设备和多旋翼之间有障碍物，控制信号的表现会变得很差。因此，发射天线和接收天线之间应该保持开阔，避免存在房屋、仓库等障碍物。

（2）调制方式[11,pp.129−133][12]

目前常用的调制方式有两种：PCM（Pulse-Code Modulation）是指脉冲编码调制，又称为脉码调制；PPM（Pulse Position Modulation）是指脉冲位置调制，又称为脉位调制。遥控器发射端通过电位器的阻值来识别摇杆位置，并将信息送入编码电路，随后编码电路将其转换成一组脉冲编码信号（PPM 或 PCM）。这组脉冲编码信号经过高频调制电路调制后，再经过天线发送出去。PCM 编码的优点是不仅具有很强的抗干扰性，还可以方便地利用计算机编程实现各种智能化设计。相比 PCM，PPM 遥控设备实现相对简单，成本较低，但较容易受干扰。

（3）通道

一个通道对应一个独立的动作，一般遥控器分为六通道、八通道、十通道或者更多。多旋翼在控制过程中需要控制的动作通道数有油门、偏航、俯仰和滚转，所以多旋翼遥控器最少需要四通道遥控器。通常，模态切换和云台控制等也会占用一定的通道数，因此推荐使用至少八通道遥控器。

（4）模式[13]

遥控设备的模式是指遥控杆对应的控制通道的设置，即遥控杆与多旋翼动作的对应关系。例如在图 2-21 中，国内常说的“日本手”模式（也称为右手油门模式）是指左手摇杆控制俯仰和偏航，右手摇杆控制油门和滚转，这种模式更适合操控固定翼；而“美国手”（也称为左手油门模式）是指左手摇杆控制油门和偏航，右手摇杆控制俯仰和滚转，这种模式常在北美和中国等地使用，更适合操控多旋翼。

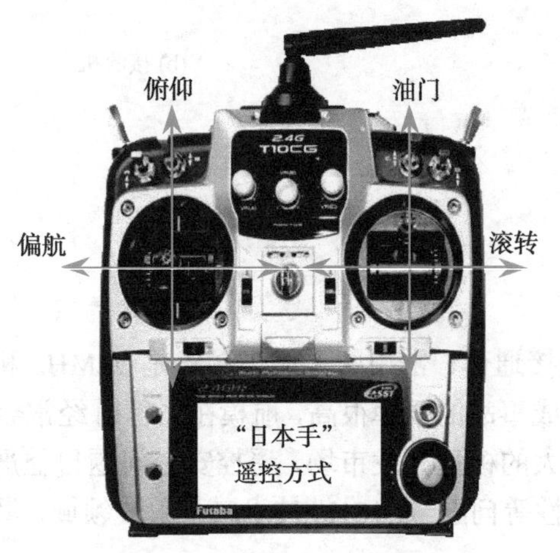

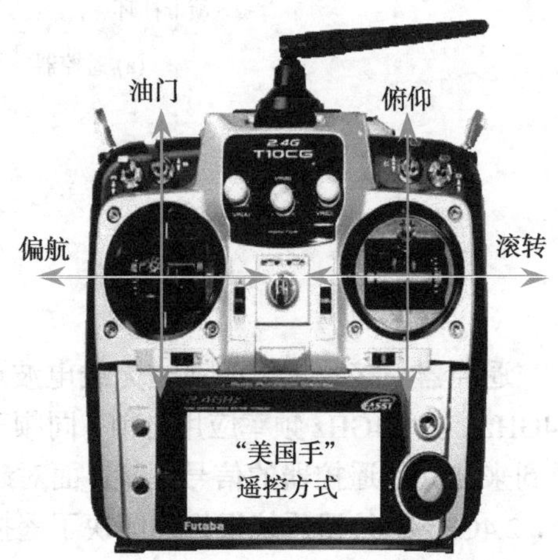

油门：控制上下运动，对应固定翼油门杆
俯仰：控制前后运动，对应固定翼升降舵

偏航：控制机头转向，对应固定翼方向舵
滚转：控制左右运动，对应固定翼副翼

图 2-21　遥控器不同模式的区别

（5）油门

通常，遥控器的油门操纵杆不会自动回中，电机转速与油门指令正相关，油门杆最低时电机停转，油门杆最高时电机满转，这种模式被称为直接式油门控制。另一种模式是，松手后油门会自动回中，油门杆超过中间位置时电机转速增加，油门杆低于中心位置时电机转速下降，称为增量式油门控制。松开或者紧固遥控器油门杆后的弹簧垫片，配合特定的飞控算法，可以实现两种油门控制模式的切换。

（6）遥控距离

遥控器的控制距离受其功率所限。例如，Md-200 的有效操控距离可达 1000 米。为了增加控制距离，一般需要使用功率放大模块和天线。

2.4.2　自驾仪

多旋翼的自驾仪是一个用于控制多旋翼姿态、位置和轨迹的飞行控制系统，可以设置为飞控手实时遥控的半自主控制方式，也可以是全自主控制方式。自驾仪具有统一的控制框架，大多采用比例–积分–微分（Proportion-Integral-Derivative，PID）控制器。对于不同多旋翼，我们只需调整一些参数即可。

1. 组成

多旋翼自驾仪可分为软件部分和硬件部分。其中，软件部分是多旋翼的大脑，用于处理信息和发送信息。硬件部分一般包括以下组件。

① 全球定位系统（Global Positioning System，GPS）模块：主要用于得到多旋翼的全球定位信息。

② 惯性测量单元（Inertial Measurement Unit，IMU）：包括三轴加速度计、三轴陀螺仪、电子罗盘（或三轴磁力计），主要用来得到多旋翼的姿态信息。市面上的六轴 IMU 包含三轴加速度计和三轴陀螺仪，九轴 IMU 包含三轴加速度计、三轴陀螺仪和三轴磁力计，十轴 IMU 则是在九轴 IMU 基础上多了气压计这一轴。

③ 高度传感器：主要包括气压计和超声波测量模块，分别用来测量多旋翼绝对高度（海拔高度）和相对高度（距离地面高度）信息。

④ 微型计算机：用于接收信息、运行算法和产生控制命令的平台。

⑤ 接口：连接微型计算机与传感器、电调和遥控设备等其他硬件的桥梁。

2. 功能

（1）感知

感知就是解决“多旋翼在哪儿”的问题。GPS 位置信息、惯性测量单元信息和测高信息都存在很多噪声，而且它们的输出刷新频率也不一样，如 GPS 接收机的刷新频率只有 5Hz，而加速度计的刷新频率可以达到 1000Hz。如何融合各传感器的数据，发挥各自传感器的优势，得到更准确的位置和姿态信息，是自驾仪飞控要做的首要的事情。这些内容主要对应本书的第 7 章到第 9 章。

（2）控制

控制就是解决“多旋翼怎么飞到期望位置”的问题。首先得到准确的位置和姿态信息，再根据具体的任务通过飞控算法计算出控制量并传输给电调，进而控制电机和桨叶的旋转来获取不同的姿态和速度，最终抵达期望位置。这些内容主要对应本书的第 10 章到第 12 章。

（3）决策

决策就是解决“多旋翼应该去哪儿”的问题。决策包括任务决策和失效保护。这些内容主要对应本书的第 13 章到第 14 章。

3. 开源自驾仪

目前，世界上有很多开源多旋翼自驾仪项目，具体网址可参考第 1 章中的表 1-3。开源自驾仪飞控板实物如图 2-22 所示，其具体硬件性能见表 2-2。

表 2-2 开源自驾仪飞控板参数

类型	大小/mm	重量/g	处理器	频率/MHz	陀螺仪	加速度计	磁力计	气压计
APM (Ardupilot)	66×40.5	23	ATmega2560	16	MPU-6000	MPU-6000	HMC5843	MS5611
Openpilot	36×36	8.5	STM32F103CB	72	ISZ/IDC-500	ADX330	HMC5843	BMP085
Paparazzi (Lisa/M)	51×25	10.8	STM32F105RCT6	60	MPU-6000	MPU-6000	HMC5843	MS5611
Pixhawk	40×30.2	8	LPC2148	60	ISZ/IDC-500	SCA3100-D04	HMC5843	BMP085
Mikrokopter	44.6×50	35	ATmega644	20	ADXRS610	LIS344ALH	KMZ51	MPX4115A
Kkmulticopter	49×49	11.7	ATmega168	20	ENC-03	——	——	——
Multiwii	N/A[a]	N/A[a]	Arduino[b]	8-20	ISZ/IDC-650	LIS3L02AL	HMC5883L	BMP085
Aeroquad	N/A[a]	N/A[a]	Arduino[b]	8-20	ITG3200	ADXL345	HMC5883L	BMP085
Crazyflie 2.0	90×90	19	STM32F405	168	MPU-9250	MPU-9250	MPU-9250	LPS25H
CrazePony-II(4)	38.9×39.55	20	STM32f103T8U6	72	MPU6050	MPU6050	HMC5883L	MS5611
Dr.R&D(2015)IV	33×33	300	STM32F103	72	MPU6050	MPU6050	HMC5883L	Ultrasound HC-SR04
Anonymous(V2)	75×45	40	STM32F407	168	MPU6050	MPU6050	AK8975	MS5611

注：a —参数不确定，由于 Multiwii 和 Aeroquad 都支持动态配置，因此尺寸与结构相关；b —飞控板是基于 Arduino 开发的，因此实际用的处理器可以改变；表中数据主要来自参考文献 [14].

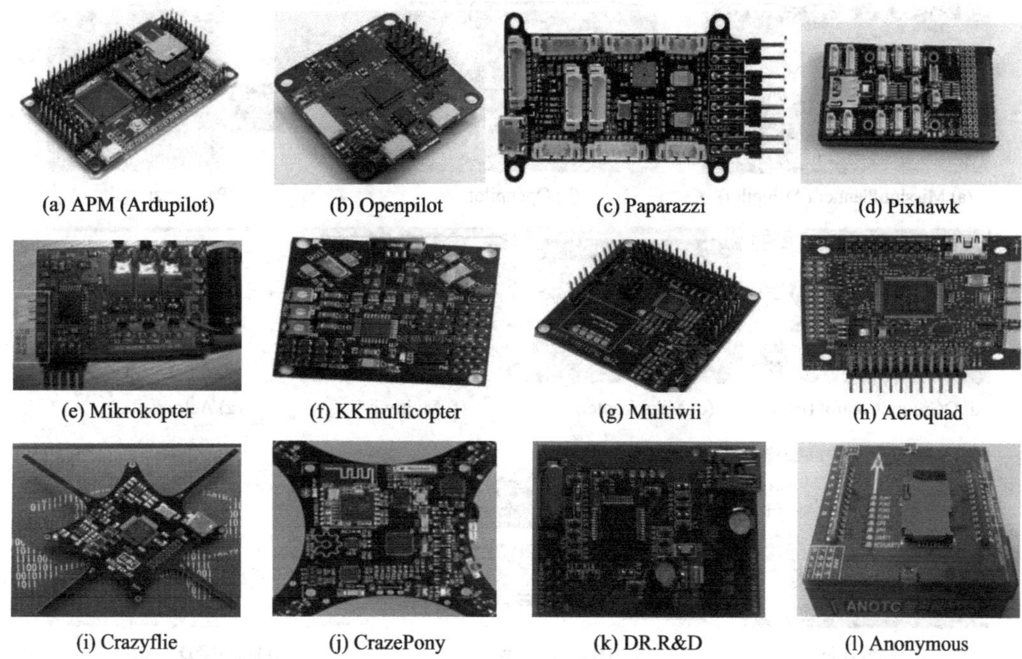

(a) APM (Ardupilot) (b) Openpilot (c) Paparazzi (d) Pixhawk
(e) Mikrokopter (f) KKmulticopter (g) Multiwii (h) Aeroquad
(i) Crazyflie (j) CrazePony (k) DR.R&D (l) Anonymous

图 2-22 多旋翼开源自驾仪

2.4.3 地面站

1. 功能

软件是地面站的一个重要组成部分。通过地面站软件，操作员可以用鼠标、键盘、按钮和操控手柄等外设来与多旋翼自驾仪进行交互。这样就可以在任务开始前预先规划好本次任务的航迹，对多旋翼的飞行过程中的飞行状况进行实时监控和修改任务设置，以干预多旋翼的飞行。任务完成后，还可以对任务的执行记录进行回放并分析。

2. 开源地面站

目前，互联网上存在着不少开源地面站软件项目可供免费参考和使用。图 2-23 列举了一些地面站软件的截图。相关项目可以在相应自驾仪网站上查看并下载，具体网址见表 1-3。

2.4.4 数传电台

1. 功能

数传电台是用于高精度无线数据传输的模块，借助 DSP（Digital Signal Processor，数字信息处理）技术、数字调制与解调技术和无线电技术，具有向前纠错、均衡软判决等功能。与模拟调频电台不同，数字电台提供透明 RS-232 接口，传输速率更块，具备参数指示、误码统计、状态告警和网络管理等功能。无线数传电台作为一种通信介质，有特定的适用范围，可以在某些特殊情况下，提供实时、可靠的数据传输，具有成本低、安装维护方便、绕射能力强、组网结构灵活、覆盖范围远的特点，适合点多而分散、地理环境复杂等场合。数传电台一端接入计算机（地面站软件），另一端接入多旋翼自驾仪，采用一定协议进行数据传输，从而保持自驾仪与地面站之间的双向通信。

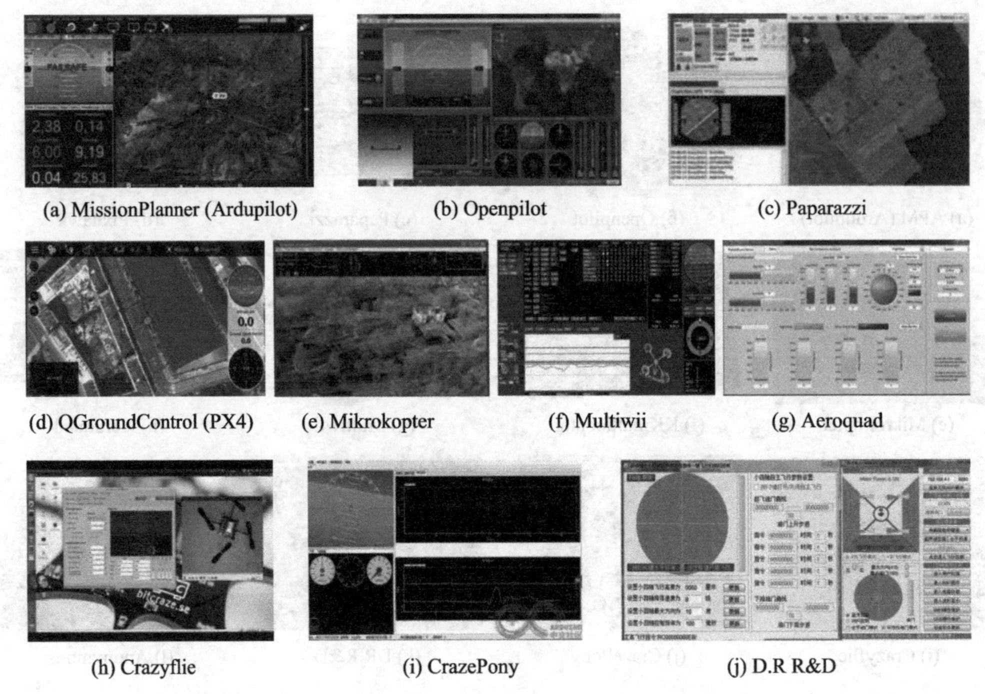
(a) MissionPlanner (Ardupilot) (b) Openpilot (c) Paparazzi
(d) QGroundControl (PX4) (e) Mikrokopter (f) Multiwii (g) Aeroquad
(h) Crazyflie (i) CrazePony (j) D.R R&D

图 2-23 开源地面站软件的截图

2．参数

数传电台的主要参数包括：频率、传输距离、传输速率。更多参数信息参见文献 [15, pp.191-246]。

3．通信协议

通信协议又称为通讯协议或通信规程，是指通信双方对数据传输规则的一种必须共同遵守的约定，包括对数据格式、同步方式、传输速率、传输步骤、检纠错方式以及控制字符定义等问题做出统一规定。通信协议的制定有利于地面站和自驾仪的分离。按照同样的通信协议，各地面站软件就可以通用，可以兼容不同的自驾仪。

MAVLink 通信协议是一个为微型飞行器设计的非常轻巧的、只由头文件构成的信息编组库。MAVLink 基于 GNU 计划的 LGPL（Lesser General Public License）开源协议，可以通过串口非常高效地封装 C 语言的数据，并将这些数据包发送至地面控制站，被 PX4、APM 和 Parrot AR.Drone 等平台广泛测试。当然还有其他协议，如 Openpilot 自驾仪采用了 UAVTalk 协议与地面站进行通信。

本章小结

“麻雀虽小，五脏俱全”这句谚语也适用于多旋翼。本章主要介绍多旋翼的各组件的功能和几个关键参数，主要针对多旋翼的全自主飞行。而对于半自主飞行的多旋翼，一些组件可以去掉，如地面站和 GPS 接收机。熟悉多旋翼的组成有利于选择相应的器件，也

有利于提高飞行性能或判断飞行事故产生的原因。比如，通过调整电调参数以及选择合适的螺旋桨，我们可以提高多旋翼的飞行性能，或者通过预先考虑电调和电机的兼容性，可以避免一些飞行事故。因此，对多旋翼有全面的认识是很有必要的。

习 题 2

2.1 网上搜索一款多旋翼产品，给出其机架、桨、电调、电机、电池、遥控器和 GPS 的关键参数。

2.2 给出一种检测螺旋桨动平衡的方法。

2.3 解释正弦波驱动的工作原理。

2.4 任意对比两款开源飞控，说明它们的优点和缺点。

2.5 为了兼具固定翼与多旋翼的优势，目前网上出现了一些垂直起降固定翼的产品。任意找出一款产品给出相关型号和链接，分析其飞行原理、优点和缺陷。

参考文献

[1] Frame Materials [Online], available: http://aeroquad.com/showwiki.php?title=Frame-Materials, April 7, 2016.

[2] Hrishikeshavan V, Black J, Chopra I. Design and performance of a quad-shrouded rotor micro air vehicle. Journal of Aircraft, 2014, 51(3): 779-791.

[3] Harrington A M. Optimal propulsion system design for a micro quad rotor. Dissertation, University of Maryland, USA, 2011.

[4] RC Airplane Propellers [Online], available: http://www.rc-airplanes-simplified.com/rc-airplane-propellers.html, January 29, 2016.

[5] MacCamhaoil M. Static and dynamic balancing of rigid rotors. Bruel & Kjaer application notes, BO, 0276-12.

[6] Wijerathne C. Propeller balancing [Online], available: http://okigihan.blogspot.com/p/propellerbalancing-propeller-unbalance.html, January 29, 2016.

[7] Laser Balancing Props [Online], available: http://flitetest.com/articles/Laser_Balancing_Props, January 29, 2016.

[8] Chapman S J. Electric Machinery Fundamentals (Fourth Edition). McGraw-Hill Higher Education, Boston, 2005.

[9] Bertoluzzo M, Buja G, Keshri R K, et al. Sinusoidal versus square-wave current supply of PM brushless DC drives: a convenience analysis. IEEE Transactions on Industrial Electronics, 2015, 62(12): 7339-7349.

[10] Büchi R. Radio Control with 2.4 GHz. BoD–Books on Demand, 2014.

[11] Norris D. Build Your Own Quadcopter. McGraw-Hill Education, New York, 2014.

[12] Rother P. PCM or PPM? Possibilities, performance? [Online], available: http://www.aerodesign.de/peter/2000/PCM/PCM_PPM_eng.html, January 29, 2016.

[13] RC transmitter modes for airplanes [Online], available: http://www.rc-airplane-world.com/rc-transmitter-modes.html, January 29, 2016.

[14] Lim H, Park J, Lee D, et al. Build your own quadrotor: Open-source projects on unmanned aerial vehicles. IEEE Robotics & Automation Magazine, 2012, 19(3): 33-45.

[15] Fahlstrom P, Gleason T. Introduction to UAV systems (Fourth Edition). Wiley, UK, 2012.

第 3 章 Chapter 3

机架设计

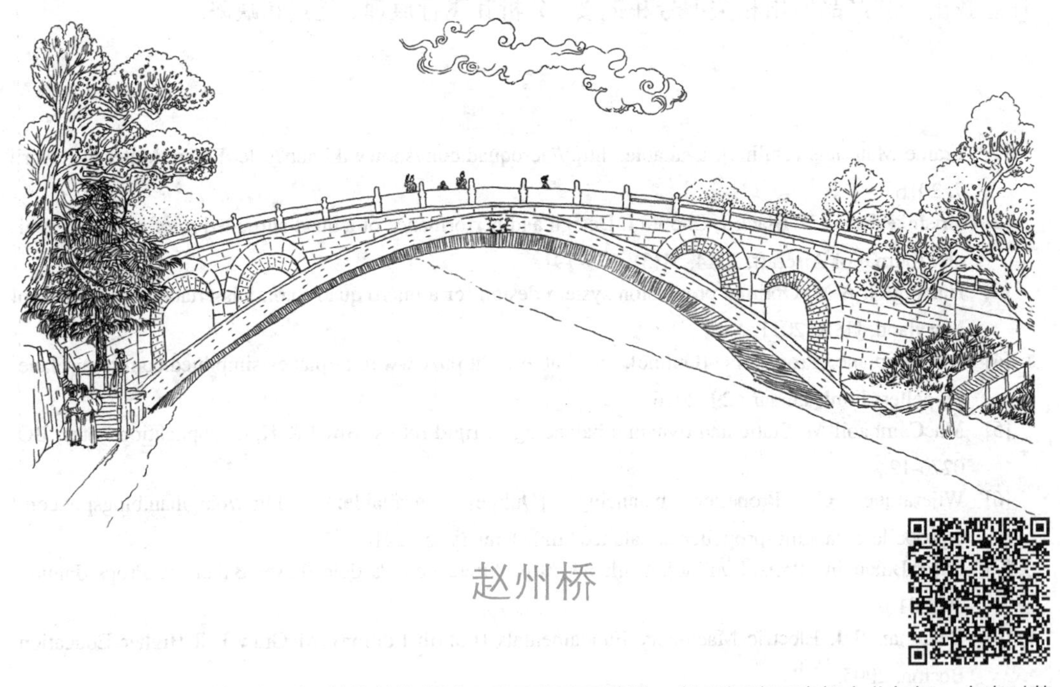

赵州桥

中国古人很早就认识到巧妙的结构设计有助于提高可靠性。赵州桥建于隋朝大业年间，由当时著名匠师李春主持设计和建造，距今已经有大约 1400 年的悠久历史。这座雄伟的桥梁长约 50 米，高 7.3 米，宽 9 米，横跨在 37 米多宽的河面上。这么长的桥全由石头砌成，却没有桥墩，只有一个拱形的大桥洞，加上两边各有两个小桥洞。平时，河水从大桥洞流过，发大水时，河水还可以从四个小桥洞流过。这种设计是桥梁建设史上的一大创举，不仅可以减轻洪水冲击、提高安全性，还可以减小桥梁的总重量，从而节省了石料和成本。

当一个多旋翼展现在我们面前，首先映入眼帘的是它的布局和结构，如机架的外形和尺寸、电机与螺旋桨的选型、电池与负载的分布等。这些设计不仅关系到多旋翼的性能，还有助于产品从众多品牌中脱颖而出。如果说多旋翼的机身外观设计是“面子”，振动和噪声的减弱与抑制则是“里子”，只有在实际飞行时才会体现，却直接关系到用户的飞行体验。首先，减振对于多旋翼的可靠飞行至关重要，这是因为强烈的振动会极大影响 IMU 等电子设备的正常工作，降低多旋翼机械结构的可靠性，也会消耗额外电量，降低成像质量等。其次，减噪也非常必要，较大的噪声会干扰居民的正常生活，同时不利于多旋翼在侦查和探测任务中隐蔽自己。本章主要回答以下问题：

在多旋翼机架设计中需要注意什么？

本章将从布局设计、减振设计、减噪设计三方面来回答这个问题。

3.1 布局设计

多旋翼布局设计主要包括机架外形设计和各零部件的组装布局。

3.1.1 机架布局

1. 机身布局

（1）常规（交叉）结构

以四旋翼为例，常规结构的四旋翼飞行器采用四个旋翼作为直接动力源，两根硬杆垂直交叉于中心，旋翼对称分布在四个机臂末端，而机身中间的空间一般用于放置自驾仪以及其他外部设备。如图 3-1 所示，四旋翼按机头与机架的角度关系可分为十字型和 X 字型结构。X 字型相比十字型具有更高的机动性（有更多的旋翼参与俯仰和滚转姿态控制），而且可以有效减少机臂以及旋翼对云台视野的遮挡，所以目前 X 字型结构更流行。

（2）环形布局

环形布局的基本外形如图 3-2 所示。其机架是一个整体，与传统交叉型机架相比，刚性更大，更有助于减小飞行时电机与螺旋桨所产生的振动。作为代价，环形布局会增加机身体积和重量，在一定程度上降低多旋翼的机动性。

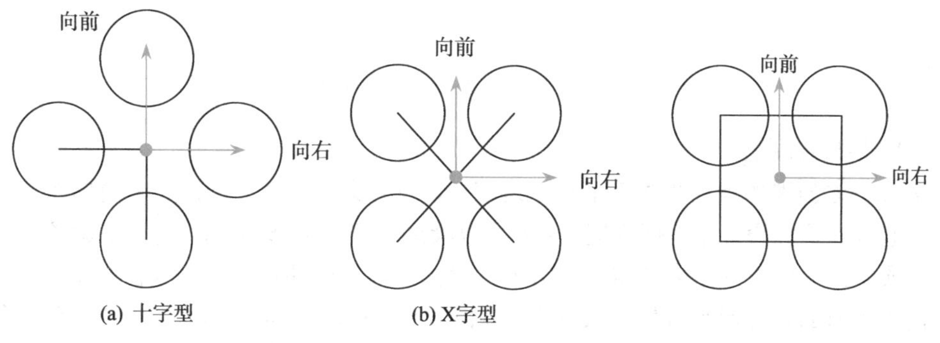

图 3-1 常规交叉布局

图 3-2 环形布局

2. 旋翼安装

(1) 常规和共轴双桨

目前最常见的旋翼安装形式是在每个机臂末端安装一个螺旋桨（如图 3-3(a) 所示），也叫做平铺形式或常规形式。但是，有时需要在不增加多旋翼的整体尺寸前提下，通过增加螺旋桨的数量来获得更大的载重能力，就可以采用共轴双桨形式（如图 3-3(b) 所示，机臂末端上下并排安装两个桨）。由于上下旋翼之间存在气流干扰，共轴双桨形式会降低单个螺旋桨的效率。部分数据显示，上下两个桨的总效率大约相当于平铺形式下的1.6 个桨的效率。但是我们仍然可以采用一些优化手段在一定程度上提高共轴双桨效率，如上下采用不同尺寸的电机和螺旋桨的组合。

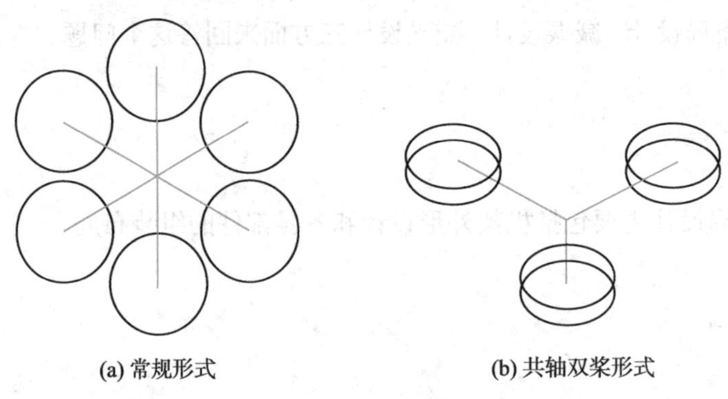

(a) 常规形式　　(b) 共轴双桨形式

图 3-3　常规形式和共轴双桨形式示意

此外实验表明，上下螺旋桨之间的间距也会对共轴双桨效率产生影响。文献 [1, p.192] 推荐上下两桨间距满足关系 $h/r_\mathrm{p} > 0.357$，其中 h 和 r_p 的定义如图 3-4 所示。而在机械设计方面，为了简单起见，通常采用两个电机底座固连的方式构成共轴双桨。

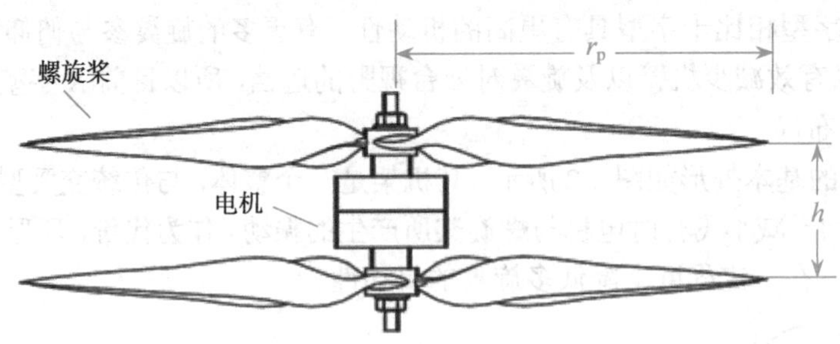

图 3-4　共轴双桨的简单连接与几何参数示意

(2) 桨盘角度

大部分多旋翼的螺旋桨桨盘是水平装配的，因为这样的机架设计起来简单而且易于控制。但是在这种设计下，螺旋桨产生的拉力始终垂直于机身平面，所以多旋翼在前飞时，必须先改变机身倾角来获得水平方向的分力。为了能够在飞行时向前拍摄，多旋翼必须同步调整云台方向来维持镜头水平（如图 3-5(a) 所示）。除了水平装配外，有些多旋翼的螺旋桨桨盘是倾斜装配的，每个桨盘都与水平面成特定的倾角。这种设计带来的好处是螺旋桨产生的力在机体轴三个轴方向上都有分量，所以飞行器前飞时并不需要倾斜机身（如图 3-5(b) 所示），因此不需云台也能使镜头始终水平。实现这种飞行控制至少需要六个独立的控制变量，因此需要至少六个螺旋桨，如众筹产品 CyPhyLVL1（如图 3-6 所示）就是采用了这种设计形式。也有研究者设计螺旋桨桨盘角度可调的多旋翼，以便实现更灵活的控制[2]。

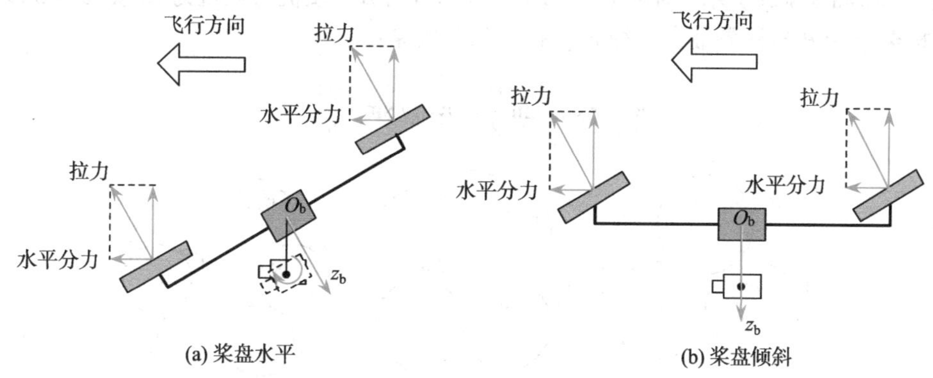

图 3-5 桨盘水平和桨盘倾斜多旋翼的前飞原理

图 3-6 桨盘倾斜多旋翼 CyPhyLVL1

（3）电机安装方式

多旋翼的电机主要有两种安装方式：电机朝下安装和电机朝上安装。主流的安装方式是电机朝上，桨叶旋转产生向上的拉力。朝下安装的电机需要配合特定的螺旋桨，旋转时产生向下的推力。图 3-7(a) 为电机朝下安装的多旋翼飞行器，优点如下：① 向下的气流不会受到机身和机臂干扰；② 减小雨水对电机的影响；③ 气压计所安装位置的下洗气流干扰更弱，高度测量会更精确。

图 3-7(b)~(d) 为电机朝上安装的多旋翼飞行器，优点如下：① 降低多旋翼降落阶段螺旋桨触地的可能性；② 使机载相机视野更开阔，受桨叶遮挡更小。

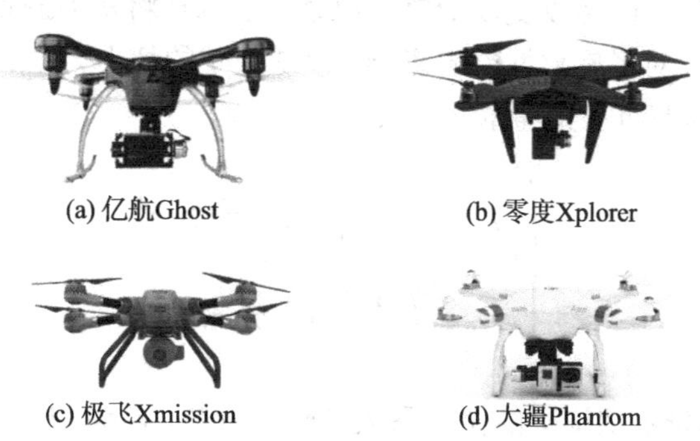

图 3-7 电机正面朝下安装与朝上安装的多旋翼

3. 旋翼和机架半径

多旋翼的尺寸与机臂数和桨叶尺寸密切相关。若机臂夹角用 θ 表示，则 Y6 型三轴六旋翼（如图 3-8(a) 所示）对应 $\theta=120°$；常规四旋翼（如图 3-8(b) 所示）对应 $\theta=90°$；常规六旋翼（如图 3-8(c) 所示）对应 $\theta=60°$。从图 3-8 可知，设机臂数量为 n，则 $\theta=360°/n$，此时机架半径 R 与旋翼最大半径 $r_{\max}$ 存在如下关系：

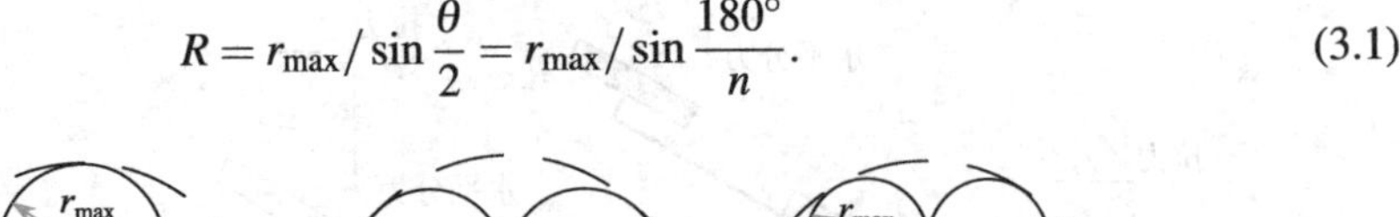

$$R=r_{\max}/\sin\frac{\theta}{2}=r_{\max}/\sin\frac{180°}{n}. \tag{3.1}$$

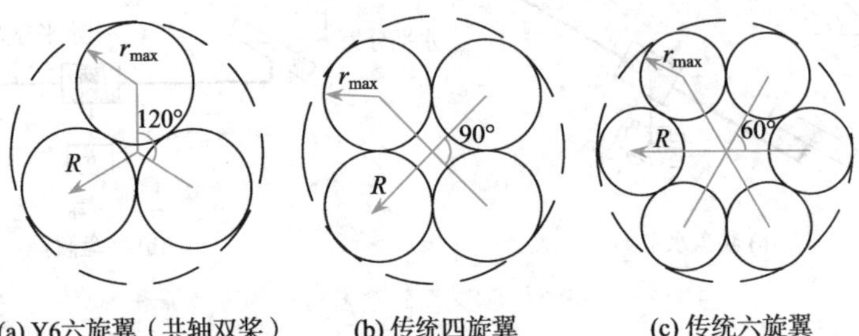

(a) Y6六旋翼（共轴双桨） (b) 传统四旋翼 (c) 传统六旋翼

图 3-8 不同布局的多旋翼及其参数示意图

文献 [3] 的数值仿真结果表明，桨与桨之间存在的气动干扰会导致拉力减少和拉力的周期性波动，然而这种影响在桨叶靠得不是太近的时候通常可以忽略。实验 [4, p.81] 进一步表明，当桨间距在 $0.1r_{\max}\sim r_{\max}$ 之间变化时，通过烟流可视化分析可以看出，每个旋翼都有自己独立的涡流，它们之间基本上互不影响，所以此时气流对飞行器的整体性能影响很小。为了保证效率的同时使飞行器尽量紧凑，设计时可以令

$$r_{\max}=1.05r_{\mathrm{p}}\sim 1.2r_{\mathrm{p}} \tag{3.2}$$

其中，旋翼半径 r_{p} 根据多旋翼的整体重量和最大负载来选择。因此，一旦螺旋桨型号尺寸确定，根据式 (3.1) 和式 (3.2) 也可以确定机架半径。

4. 尺寸和机动性关系 [5]

机动性是多旋翼改变自身运动状态的能力。机动性的大小与多旋翼能达到的最大加速度的大小密切相关。改变多旋翼尺寸可以改变它的重量和转动惯量，从而影响其最大位移和旋转的加速度，最终改变多旋翼的机动性。本章将从多旋翼悬停状态的加速度模型来分析多旋翼尺寸对多旋翼性能的影响。设螺旋桨的拉力为 T_{p}，转矩为 M_{p}，且分别满足如下关系（公式细节将在第 4 章介绍）：

$$\begin{cases} T_{\mathrm{p}}=\left(\dfrac{1}{2\pi}\right)^2 C_{\mathrm{T}}\rho\varpi^2(2r_{\mathrm{p}})^4 \\ M_{\mathrm{p}}=\left(\dfrac{1}{2\pi}\right)^2 C_{\mathrm{M}}\rho\varpi^2(2r_{\mathrm{p}})^5 \end{cases} \tag{3.3}$$

其中，C_{T}、C_{M} 分别表示螺旋桨的拉力系数和转矩系数，ρ 为空气密度，ϖ 为螺旋桨的旋转角速率。设多旋翼机身受到的全部作用力的大小为 T，力矩大小为 M，如前文分析可知

$r_{\mathrm{p}} \sim R$（这里和下文出现的符号"~"表示"两者在同一数量级"），再根据式 (3.3) 可以得到

$$\begin{cases} T \sim T_{\mathrm{p}} \\ M_{\mathrm{pitch,roll}} \sim T_{\mathrm{p}} \cdot R \\ M_{\mathrm{yaw}} \sim M_{\mathrm{p}} \end{cases} \Rightarrow \begin{cases} T \sim \varpi^2 R^4 \\ M \sim \varpi^2 R^5 \end{cases}. \tag{3.4}$$

其中，M_{yaw}、M_{pitch}、M_{roll} 分别为力矩 M 在偏航、俯仰、滚转方向的分量。

常规多旋翼整机质量 m 和转动惯量 J 与 R 大致满足如下关系

$$m \sim R^3, J \sim R^5.$$

考虑到位移加速度（也叫做线加速度）a 取决于受力和质量，旋转加速度（也叫做角加速度）α 取决于力矩和转动惯量，因此有

$$\begin{cases} a = \dfrac{T}{m} \sim \dfrac{\varpi^2 R^4}{R^3} = \varpi^2 R \\ \alpha = \dfrac{M}{J} \sim \dfrac{\varpi^2 R^5}{R^5} = \varpi^2. \end{cases} \tag{3.5}$$

为了进一步研究桨叶转速与多旋翼尺寸的关系，下面将采用两种广泛被认可的研究方法。

（1）马赫数尺度

根据文献 [5]，对于可压缩流而言，在马赫数尺度下可以近似假设螺旋桨翼尖速度为常数，所以

$$\varpi \sim 1/r_{\mathrm{p}}$$

从而可以得到

$$a \sim \frac{1}{R}, \alpha \sim \frac{1}{R^2}. \tag{3.6}$$

（2）弗劳德数尺度

在连续介质力学中，弗劳德（Froude）数是一个表示流体惯性力与重力之比的无量纲参数 [6]。根据文献 [5] 的分析，对于不可压缩流，在弗劳德数尺度下可以假设弗劳德数为常数，因此

$$v_{\mathrm{b}}^2/Rg = \varpi^2 r_{\mathrm{p}}^2/Rg \sim 1$$

其中，v_{b} 表示螺旋桨叶尖线速度，g 表示重力加速度。由于 $r_{\mathrm{p}} \sim R$，$\varpi \sim 1/\sqrt{r_{\mathrm{p}}}$，从而可以得到

$$a \sim 1, \alpha \sim \frac{1}{R}. \tag{3.7}$$

从以上分析可知：虽然在弗劳德数的假设下，机体尺寸对位移加速度的影响不大（$a \sim 1$），但是两种理论都表明，多旋翼机体尺寸越小，其旋转加速度越大（$\alpha \sim 1/R^2$ 和 $\alpha \sim 1/R$），即改变自身姿态的能力越强。因此，微型多旋翼更加敏捷、灵活。

除了上述原则，多旋翼螺旋桨的尺寸和强度也应该被考虑在内。尺寸的增加会使桨叶惯性变大，导致其响应速度变慢，直到失去控制能力。正是因为如此，直升机主要靠改变桨距（螺距）而不是转速来改变拉力。桨的刚性越大，越容易因为螺旋桨的上下振动

（挥舞效应）而导致折断（原理与来回折铁丝相似），因此桨叶的柔性非常重要，可以减少挥舞效应对桨叶根部的影响。

综上所述，选择具有一定的柔韧性且尺寸合适的螺旋桨非常重要。

5. 重心位置

在设计多旋翼时，首先需要将重心配置到其竖直中心轴线上，以避免产生额外的力矩。然后需要考虑的问题是：将重心设计到桨盘平面（桨叶旋转形成的圆盘平面）的上方还是下方呢？实际中，这两种方式（如图 3-9 所示）都是存在的，且各有各的特点。图 3-9(a) 所示的重心在下的配置形式被现今大多数多旋翼所采用，图 3-9(b) 所示的重心在上的方式主要出现在需要从下往上或斜上方进行拍摄的情况。

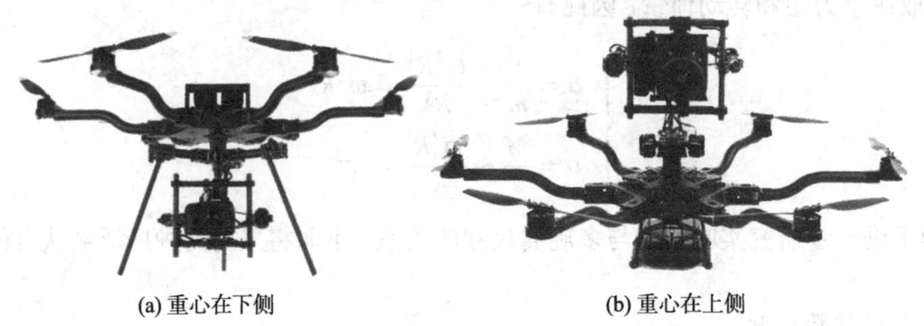

(a) 重心在下侧　　(b) 重心在上侧

图 3-9　Freefly 多旋翼的两种相机安装方式

重心位置的不同势必影响多旋翼的稳定性，那么到底会带来怎样的影响呢？下面从多旋翼前飞和有风干扰两种情形分析。

（1）多旋翼前飞情形

如图 3-10(a) 和 (b) 所示，当多旋翼前飞时，来流会在桨盘处产生诱导的阻力，此时多旋翼重心较低（如图 3-10(a) 所示），阻力力矩（阻力以重心为支点形成的力矩）与俯仰角的方向相反，该力矩使多旋翼俯仰角有恢复为 0 的趋势，即多旋翼趋于收敛和稳定。另一方面，如图 3-10(b) 所示，若多旋翼重心较高，那么阻力形成的力矩会促使多旋翼俯仰角有继续增大的趋势，最终导致姿态发散直至翻转。因此当多旋翼前飞时，重心在下方会使前飞运动更稳定。

（2）风干扰情形

同样，当有阵风干扰存在时，多旋翼受力如图 3-10(c) 和 (d) 所示。若多旋翼重心位置较高（如图 3-10(d) 所示），那么阻力形成的力矩会促使多旋翼俯仰趋于 0。另一方面，若多旋翼重心较低（如图 3-10(c) 所示），那么阻力形成的力矩会促使多旋翼俯仰角趋于发散，直至翻转。因此，当多旋翼受到外界风干扰时，重心在上方可以抑制阵风的干扰。

无论重心在桨盘平面的上方或下方，都不能使多旋翼完全稳定。根据文献 [7] 和 [8] 分析，如果重心在桨盘平面很靠上的位置，多旋翼动态方程存在一个很不稳定的模态，控制起来会更困难。综合考虑，重心在下方会比在上方稳定性更好。在实际设计中，重心位置还是应该尽量靠近中心，可以根据需求稍微靠下。

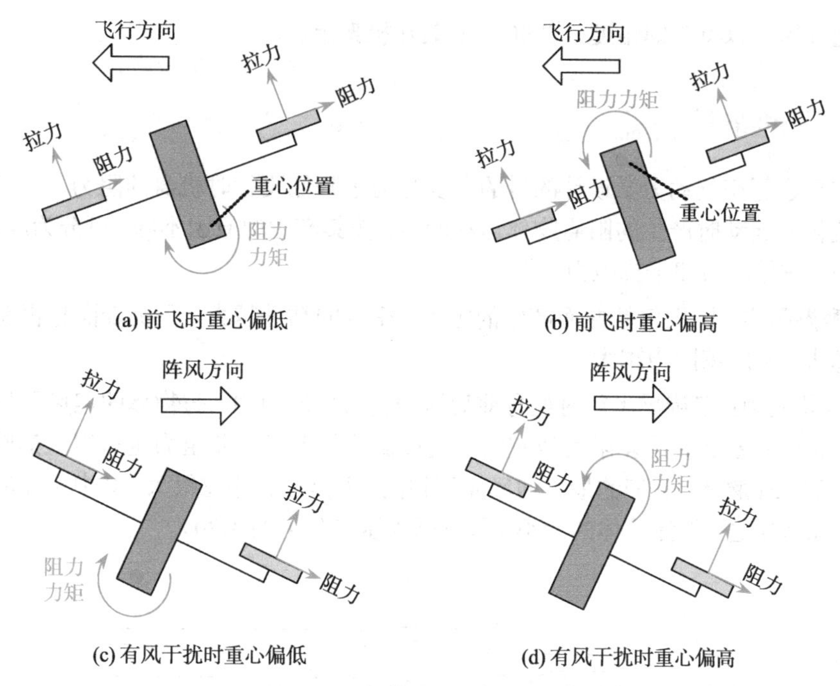

(a) 前飞时重心偏低　　(b) 前飞时重心偏高

(c) 有风干扰时重心偏低　　(d) 有风干扰时重心偏高

图 3-10　多旋翼受力简化示意

6．自驾仪安装位置

由于自驾仪上集成了诸多传感器，它的理想位置应在多旋翼的几何中心上。若自驾仪离飞行器几何中心较远，离心加速度和切向加速度会引起加速度计的测量误差，即**杆臂效应**。

（1）标准安装方位

如图 3-11 所示，通常自驾仪上都会有白色箭头标定正方向，安装时应该使白色箭头直接指向飞行器的正前方，并注意使用减振泡沫来辅助固定。在理想情况下，假设多旋翼的重心与几何中心重合，那么自驾仪的最优位置是在多旋翼的重心附近。在实际配置中，安装位置可以稍微宽松，但是仍然要保证尽量靠近飞行器中心并且与电机在同一水平面内。

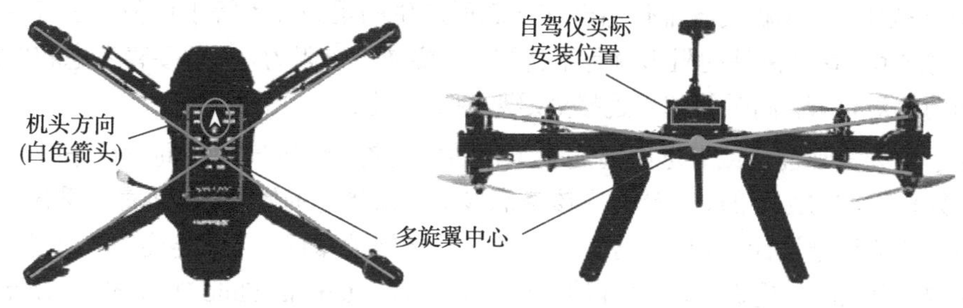

图 3-11　自驾仪安装位置（图片源于 ardupilot.org）

（2）代用安装方位 [9]

如果标准方位安装比较困难，可考虑采用代用安装方位。APM 自驾仪通过相应的校准算法允许用户以特定的角度（如 90°）安装在机架上。

3.1.2 气动布局

对布局进行空气动力学设计的目的主要是为了降低飞行时机身的阻力。空气阻力是物体在流体中运动时产生的阻碍物体运动的力，按其产生的原因不同，可分为摩擦阻力、压差阻力、诱导阻力和干扰阻力[10]。

① 摩擦阻力：因大气粘性而产生的阻力。空气的粘性越大，飞机表面越粗糙或飞机表面积越大，则摩擦阻力越大。

② 压差阻力：多旋翼飞行时机身前后压强差形成的阻力。与物体的迎风面积有很大关系，迎风面积越大，压差阻力也越大。飞行器的外形对压差阻力也有很大影响，如图 3-12 所示的三个物体，它们的最大迎风面积相同，但是阻力相差很大，其中圆盘的压差阻力最大，球体次之，而流线体的最小（只有圆盘压差阻力的 1/20）。

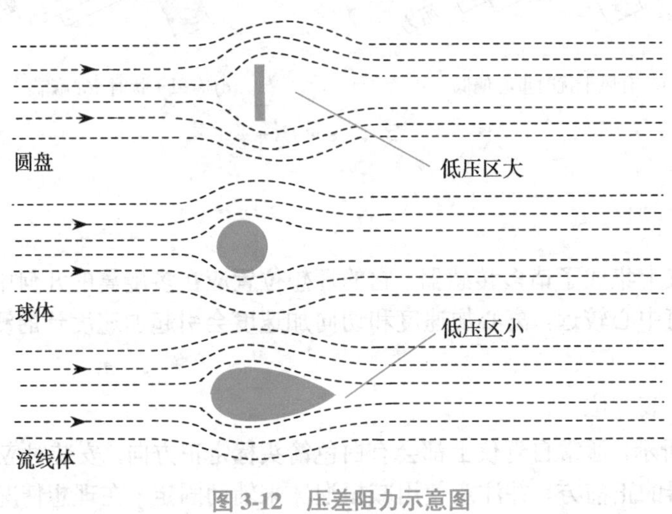

图 3-12 压差阻力示意图

③ 诱导阻力：伴随升力而产生的阻力。多旋翼高速前飞时机身能产生升力，就会产生诱导阻力。

④ 干扰阻力：飞机的各部件组合在一起所产生的阻力并不等于单独置于气流中所产生的阻力之和，这个额外的阻力就是干扰阻力。要减少该阻力，需要妥善考虑和安排各部件之间的相对位置，同时使部件连接处尽量圆滑过渡。

对于需要高速前飞或者远距离巡航飞行的多旋翼，通过气动布局设计来减小阻力提高飞行效率是非常必要的。设计时应该考虑多旋翼前飞时的倾角，减少最大迎风面积，并保证机身的流线型设计，还应该合理安排各部件之间的布局，保证连接处圆滑过渡，机身表面也要尽量光滑。更进一步，可以通过 CFD（Computational Fluid Dynamics，计算流体动力学）仿真计算阻力系数，不断优化外形设计，以期获得满意的多旋翼飞行性能。商业级多旋翼产品一般需要考虑气动外形的设计，如图 3-13 所示展示了一些具有气动布局设计的例子。

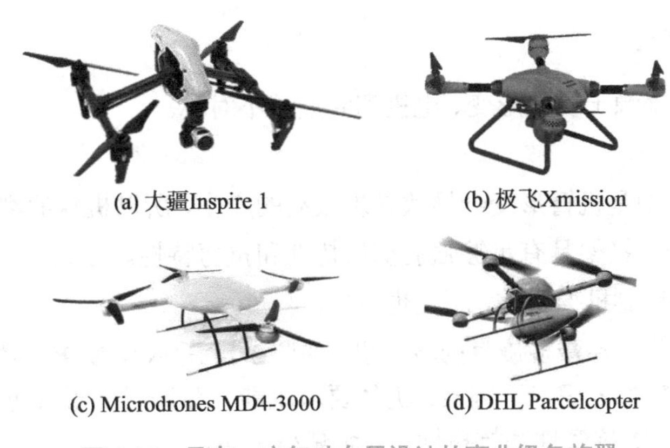

(a) 大疆Inspire 1　(b) 极飞Xmission

(c) Microdrones MD4-3000　(d) DHL Parcelcopter

图 3-13　具有一定气动布局设计的商业级多旋翼

3.2　结构设计

3.2.1　机架结构设计原则

① 刚度、强度满足负载要求，机体不会发生晃动或弯曲，而且机体要求能够承受极限负载①。

② 满足其他设计原则下，重量越轻越好。

③ 合适的长宽高比，各轴间距、结构布局适宜。

④ 美观耐用。

3.2.2　减振考虑

1. 减振的意义

飞控板上的加速度传感器对振动十分敏感，而加速度测量结果直接关系到对多旋翼姿态角和位置估计的准确度，因此减振十分重要。

① 加速度信号直接关系到姿态角和姿态角速率的估计。

② 飞控程序通过融合加速度计和气压计、GPS 数据来估计飞行器的位置。而在飞行器定高、悬停、返航、导航、定点和自主飞行模式下，准确的位置估计非常重要。

出于上述考虑，加速度计在数据采样之前需要进行前置滤波（抗混叠滤波器），以减小振动的影响。减振另一个重要的作用是提高成像的质量，不依赖云台也能输出稳定的图像。这对于多旋翼的小型化至关重要。

2. 振动强度约束[11]

① 一般多旋翼横向振动强度需要低于 $0.3g$（g 表示重力加速度），在纵向振动要求低于 $0.5g$。

② 实际工程中，要求所有轴向的振动强度应该控制在 $\pm 0.1g$ 之内。

① 极限负载以负载上限乘以一个规定的安全系数来表示，如设定安全系数为 1.5。

3. 振动的主要来源 [9]

机体振动主要来源于机架形变、电机和螺旋桨不对称。

（1）机架

① 机架形变特别是机臂形变会导致异步振动的产生，所以机臂的刚度越大越好。

② 一般的碳纤维机架具有足够强的抗扭特性和抗弯特性。

③ 相对而言，铝制机架更重，刚度也更好。

目前涌现出一些可穿戴多旋翼的概念机（如图 3-14 所示），要求机体柔韧可变形。可穿戴机型在设计时需要考虑以下因素：机体要求既能在穿戴时变形又可在展开时保证一定的刚度，具有一定的抗弯性和抗扭性，从而减小振动。

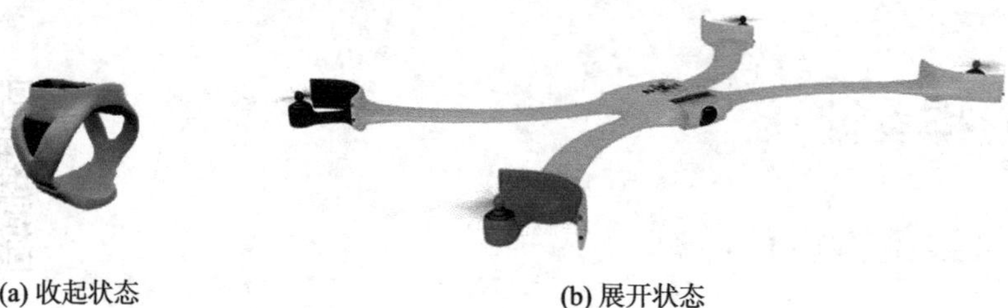

(a) 收起状态　　(b) 展开状态

图 3-14　Nixie 可穿戴四旋翼概念机

（2）电机

① 电机能够平滑、稳定运转。

② 桨夹需要与电机轴承、螺旋桨中心共轴，避免电机转动时产生偏心力。

③ 电机平衡。

（3）螺旋桨

① 螺旋桨平衡调节器（参考第 2 章的 2.3.1 节）。

② 螺旋桨应匹配机架型号和机体重量，并在顺逆时针旋转时具有相同的韧性②。

③ 碳纤维螺旋桨刚度大，但旋转时存在安全隐患。

④ 低速大螺旋桨相比于高速小桨效率更高，但是振动强度更大。

若以上问题都考虑了，则只需再考虑自驾仪与机架之间的隔振措施。

4. 自驾仪与机架的减振

传统做法是，利用双面泡沫胶带或尼龙扣，把自驾仪固定在机架上。

在许多情况下，因为自驾仪质量很小，导致泡沫胶带或尼龙扣不能起到足够的减振作用。已被测试可行的隔振方案有 Dubro 泡沫、凝胶垫、O 形环悬挂和耳塞式 [11] 等，如图 3-15 所示。

目前，市面上也有自驾仪减振器销售，如图 3-16 所示，它由两块玻纤支架、四个减振球和两块泡沫胶垫组成。

② 韧性是指材料吸收能量和保持塑性变形不至于破裂的能力。

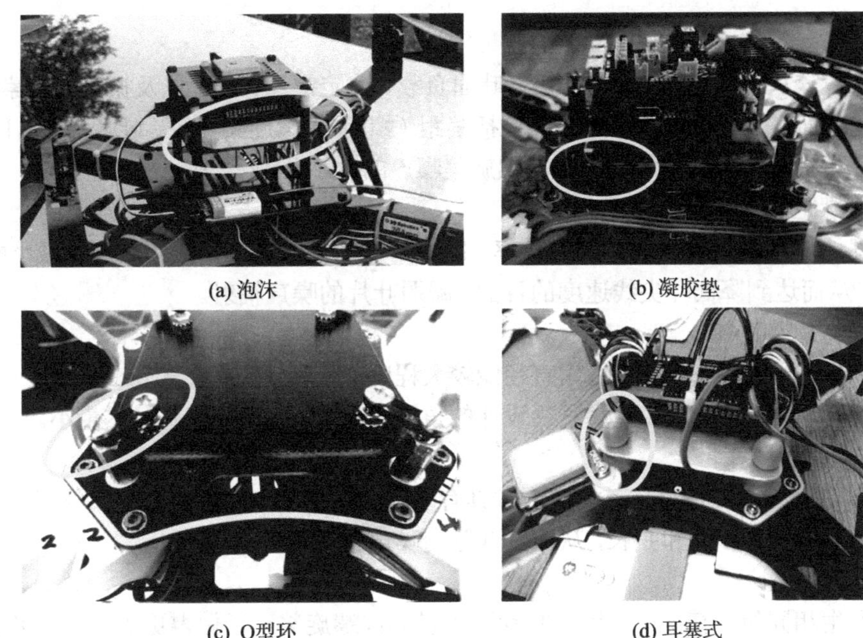

(a) 泡沫　(b) 凝胶垫

(c) O型环　(d) 耳塞式

图 3-15　隔振方案，图片源于 ardupilot.org

3.2.3　减噪考虑

多旋翼的噪声主要来源于螺旋桨的高速旋转，下面介绍螺旋桨的发声原理和减噪措施[12]。

图 3-16　一种减振器

1. 螺旋桨噪声主要危害

① 多旋翼机身处于螺旋桨所产生的声场中，一些传感器可能受到噪声的影响而失真。

② 噪声影响周围飞行环境，产生噪声污染，特别是多旋翼在居民区飞行时产生的噪音。

③ 若考虑不周，螺旋桨产生的噪声所诱发的机体结构振动和声疲劳有可能严重影响飞机的安全性。

2．螺旋桨噪声产生原理

飞行器螺旋桨和各类叶轮机械的共同特征是由旋转叶片发声。高速旋转的螺旋桨会导致气流脉动的产生，而强烈脉动的气流会以噪声的形式向外释放。一般而言，螺旋桨噪声可分为旋转噪声和宽带噪声。

（1）旋转噪声

旋转噪声主要由翼尖速度与螺旋桨周围的气流流动状态决定的，分为厚度噪声、负载噪声。负载噪声主要由桨叶叶面的压力场（负载）变化而引起。厚度噪声是由具有一定厚度的桨叶周期性地扫过空气介质，并导致空气微团的周期性非定常运动而产生的。

（2）宽带噪声

螺旋桨的宽带噪声是由桨叶与湍流之间相互作用产生的桨叶负载随机变化产生的。

3. 减噪措施

减噪应该从降低旋转速度、厚度、叶面负载、非定常性、带宽以及振动等因素入手。对于多旋翼而言，螺旋桨的设计参数包括桨距（螺距）、螺旋桨直径、叶片厚度、叶片数以及叶片形状与截面翼型等都会影响螺旋桨噪声的大小 [13,pp.28-36]。

（1）螺距（桨距）

合理地增大桨距可以提高拉力效率，即在产生相同拉力的情况下，可以减小螺旋桨的转速，从而达到降低叶尖线速度的目的，减弱叶片的噪声辐射。

（2）螺旋桨直径

在产生相同拉力情况下，增大直径能较大程度降低转速（见公式 (3.3)），在一定程度上减小旋转噪声。然而从多旋翼紧凑设计的角度，通常希望螺旋桨直径尽量小。

（3）叶片厚度

厚度噪声在翼尖相对马赫数较大时具有非常大的影响。减小桨叶的总体积，可以减小桨叶剖面的相对厚度和弦长，从而降低厚度噪声。

（4）叶片数

在产生相同拉力情况下，增加叶片数可以允许螺旋桨直径做得更小，同时可以减小旋转速度，从而减少噪声。从经验来看，奇数桨叶还能破坏旋翼的对称性，从而减小共振几率，所以奇叶桨产生的噪声要小一些。实际试验也证实，多旋翼使用三叶桨会比二叶桨更平稳、安静。然而，叶片数的增加会导致加工难度急剧上升，不良加工的多叶桨（由于质量形状分布不对称）反而可能产生更大的噪声。

（5）叶片形状与截面翼型

从噪声的声功率沿径向分布来看，叶尖部位是最高的，因此需要通过设计改进桨叶形状，将噪声功率向内径方向移动来实现降噪。但是通常情况下，桨叶气动外形（形状或翼型）的改变对多旋翼飞行性能的影响远大于对减噪的影响。

除上述减噪设计，还可以考虑其他减噪方法。例如，机载的声传感器可以探测到某个螺旋桨所产生的噪声，通过闭环反馈，系统可以控制另一个螺旋桨进行相应的旋转，从而抵消所产生的噪声 [14]。

本章小结

总体说来，机架设计时除了满足 3.1.1 节所述机架基本设计原则，还要考虑飞行器的设计需求，如桨盘倾斜的六旋翼 CyPhyLVL1 就很有特色。在减振方面，因为振动主要来源于机架形变以及电机与螺旋桨不平衡，所以在重量和尺寸相同的情况下，应当尽量保证机架拥有更强的刚度，同时选择做工优良的电机和螺旋桨。为了防止振动对飞控或者摄像设备的影响，需要加入减振装置。在减噪方面，参考本章介绍的方法，通过设计新型的螺旋桨来实现。本章仅仅给出了一些设计原则，没有具体的设计方法。那么，在同等的性能要求下，如何设计阻力最小、振动最小、噪声最小的多旋翼呢？这些问题值得未来进一步研究。

习题3

3.1 阐释X字形多旋翼比十字形多旋翼具有更好的机动性能的原因。

3.2 在设计中，通常将马赫数与弗劳德数看成一个常数。试阐释原因。

3.3 假设螺旋桨上的诱导阻力可以忽略不计，建立如图3-10所示二维多旋翼悬停模型，并分析当重心位置在桨盘上方和下方时的稳定性。

3.4 在加入前置滤波器之后，多旋翼的抗振性能可以提高。试阐述原因。

3.5 除了本章所述减振方法外，请给出其他方法。

3.6 除了本章所述减噪方法外，请给出其他方法。

参考文献

[1] Bohorquez F. Rotor hover performance and system design of an efficient coaxial rotary wing micro air vehicle. Dissertation, University of Maryland College Park, 2007.

[2] Ryll M, Bulthoff H H, Giordano P R. A novel overactuated quadrotor unmanned aerial vehicle: modeling, control, and experimental validation. IEEE Transactions on Control Systems Technology, 2015, 23(2): 540-556.

[3] Hwang J Y, Jung M K, Kwon O J. Numerical study of aerodynamic performance of a multirotor unmanned-aerial-vehicle configuration. Journal of Aircraft, 2014, 52(3): 839-846.

[4] Harrington A M. Optimal propulsion system design for a micro quadrotor. Dissertation, University of Maryland College Park, 2011.

[5] Mahony R, Kumar V, Corke P. Multirotor aerial vehicles: modeling, estimation, and control of quadrotor. IEEE Robotics & Automation Magazine, 2012, 19(3): 20-32.

[6] White F M. Fluid mechanics. McGraw-Hill, New York, 1999.

[7] Bristeau P J, Martin P, Salaun E, et al. The role of propeller aerodynamics in the model of a quadrotor UAV. In: European control conference (ECC). Budapest, Aug, pp 683-688.

[8] Pounds P, Mahony R and Corke P. Modelling and control of a large quadrotor robot. Control Engineering Practice, 2010, 18(7): 691-699.

[9] Mounting the flight controller [Online], available: http://ardupilot.org/copter/docs/common-mounting-the-flight-controller.html, October 10, 2016.

[10] Thomas A S W. Aircraft drag reduction technology. Lockheed-Georgia Co Marietta Flight Sciences Div, 1984.

[11] Vibration Damping [Online], available: http://ardupilot.org/copter/docs/common-vibration-damping.html, October 10, 2016.

[12] Marte J E, Kurtz D W. A review of aerodynamic noise from propellers, rotors and lift fans. Technical Report 32-1462, Jet Propulsion Laboratory, California Institute of Technology, USA, 1970.

[13] Harper-Bourne M. Model turbojet exhaust noise part2. Contract report No.CR72/31. Institute of sound and vibration research. University of Southampton, Southampton, 1972: 28-36.

[14] Beckman B C. Vehicle noise control and communication, U.S. Patent 20,160,083,073, 2016.

第 4 章 Chapter 4
动力系统建模和估算

筒车

中国古人很早就认识到利用自然力量获得动力。据记载，这种筒车在唐代已经出现，唐陈廷章《水轮赋》："水能利物，轮乃曲成。升降满农夫之用，低徊随匠氏之程。始崩腾以电散，俄宛转以风生。虽破浪于川湄，善行无迹；既斡流于波面，终夜有声。"宋梅尧臣《水轮咏》："孤轮运寒水，无乃农自营。随流转自速，居高还复倾。"《宋史．太祖纪三》："六月庚子，步至晋王邸，命作机轮，挽金水河注邸中为池。"宋李处权《土贵要予赋水轮》诗："江南水轮不假人，智者创物真大巧。一轮十筒挹且注，循环下上无时了。"

在设计多旋翼飞行器时，设计者首先需要选择合适的组件来满足预期的性能需求，如悬停时间、系统效率、最大负载、最大俯仰角以及最远飞行距离等。由于上述性能指标主要由多旋翼动力系统的具体配置决定，包括螺旋桨、无刷直流电机、电子调速器和电池。因此动力系统选型的区别会对多旋翼的整体性能产生非常复杂的影响。例如，增加电池容量虽然理论上可以延长飞行器的悬停时间，但实际上也增加了飞行器的起飞重量，使功率消耗增大，反而有可能使悬停时间减少。目前，很多设计者主要通过大量实验或者单纯依靠经验来估算多旋翼的实际性能，这样的设计流程成本很高而且效率低。此外，如何通过性能指标逆向求解最优的动力系统配置方案，目前仍然是一个待研究的问题，这仅靠实验或者经验是很难解决的 [1, 2]。本章主要回答以下问题：

如何估算一架多旋翼飞行器的各项性能指标？

为了回答这个问题，本章提出了一种实用的多旋翼动力系统建模方法，可用于估算多旋翼的一系列性能指标。为了保证该方法的实用性，各计算模型的输入都以厂商提供的标称参数为主，这些参数通常可以在产品描述中找到。同时，本章给出了实验测试方案，来说明提出估算方法的有效性。结合本章提到的算法，我们发布了一个多旋翼在线性能评估的网站 www.flyeval.com，为用户提供便捷的计算服务。

4.1 问题描述

本章有两个任务：动力系统建模和多旋翼性能估算。动力系统建模分为四部分：螺旋桨建模、电机建模、电调建模和电池建模。为保证建模方法的通用性，上述器件模型的输入参数应该是可以在厂商提供的产品说明书中找到的基本参数，如表 4-1 所示。模型的输出是多旋翼的一系列性能指标。为了简便起见，本章通过下面四个具体的问题给出求解方案。

表 4-1 动力系统参数

组件	参 数
螺旋桨	Θ_p = {直径 D_p, 螺距 H_p, 桨叶数 B_p, 螺旋桨重量 G_p}
电机	Θ_m = {标称空载 KV 值 K_{V0}, 最大电流 I_{mMax}, 标称空载电流 I_{m0}, 标称空载电压 U_{m0}, 内阻 R_m, 电机重量 G_m}
ESC	Θ_e = {最大电调电流 I_{eMax}, 内阻 R_e, 电调重量 G_e}
电池	Θ_b = {容量 C_b, 内阻 R_b, 总电压 U_b, 最大放电倍率 K_b, 电池重量 G_b}

问题 1：假设多旋翼飞行器处于悬停状态①，求解悬停时间 T_{hover}、油门指令 σ、电调输入电流 I_e、电调输入电压 U_e、电池电流 I_b 和电机转速 N。

问题 2：假设多旋翼飞行器处于最大油门状态②，求解电调输入电流 I_e、电调输入电压 U_e、电池电流 I_b、电机转速 N 和系统效率 η③。

问题 3：假设多旋翼飞行器处于平飞状态，求解飞行器的最大载重 $G_{maxload}$ 和最大俯仰角 θ_{max}。

① 多旋翼定点悬停于空中，与地面保持相对静止。
② 多旋翼极限模式，此时电机全油门满转，产生的拉力最大。
③ 这里的系统效率是指在满油门状态下螺旋桨输出功率与电池输入功率的比值。

问题 4：假设多旋翼飞行器处于平飞状态，求解飞行器的最大飞行速度 V_{max} 和最远飞行距离 Z_{max}。

本章流程图如图 4-1 所示。

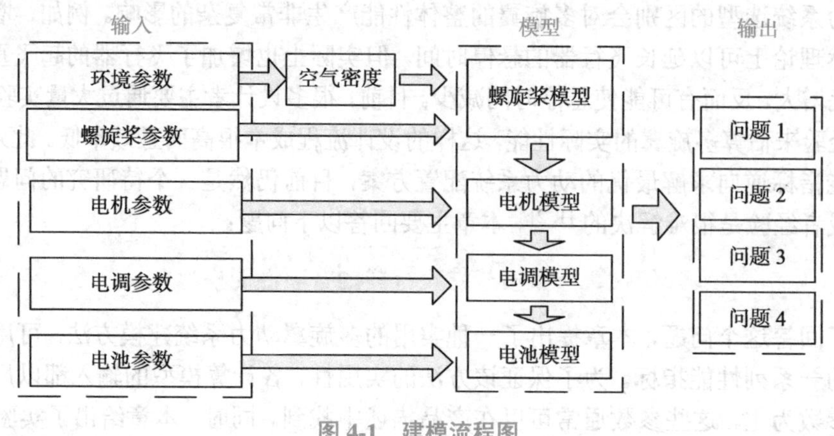

图 4-1 建模流程图

4.2 动力系统建模

本节分别对螺旋桨、电机、电调和电池进行建模。

4.2.1 螺旋桨建模

多旋翼通常采用定桨距（螺距）的螺旋桨，因此可以采用文献 [3]、[4] 的螺旋桨拉力 T（单位：N）和转矩 M（单位：N·m）的计算公式，表示如下

$$T = C_{\mathrm{T}}\rho \cdot \left(\frac{N}{60}\right)^2 D_{\mathrm{p}}^4 \tag{4.1}$$

$$M = C_{\mathrm{M}}\rho \cdot \left(\frac{N}{60}\right)^2 D_{\mathrm{p}}^5 \tag{4.2}$$

其中，N（单位：RPM，转每分钟）为螺旋桨转速，D_{p}（单位：m）为螺旋桨直径，C_{T} 和 C_{M} 分别为无量纲的拉力系数和转矩系数。注意，ρ（单位：kg/m^3）为飞行环境空气密度，是关于飞行海拔高度 h（单位：m）和温度 T_{t}（单位：°C）的函数，表示如下

$$\rho = \frac{273P_{\mathrm{a}}}{101325(273+T_{\mathrm{t}})}\rho_0 \tag{4.3}$$

其中，标准大气密度 ρ_0=1.293kg/m^3（0 °C, 273K），大气压强 P_{a}（单位：Pa）可以进一步表示为 [5]

$$P_{\mathrm{a}} = 101325\left(1-0.0065\frac{h}{273+T_{\mathrm{t}}}\right)^{5.2561}. \tag{4.4}$$

一般情况下，小型多旋翼飞行高度变化不大，其高度与温度值可作为常值输入到估算模型中。剩下的任务是，求解式 (4.1) 中的 C_{T} 和式 (4.2) 中的 C_{M}，求解结果可以抽象表

示如下

$$\begin{cases} C_T = f_{C_T}(\Theta_p) \\ C_M = f_{C_M}(\Theta_p) \end{cases} \tag{4.5}$$

其中，Θ_p 表示表 4-1 中所有螺旋桨参数的集合。$f_{C_T}(\Theta_p)$ 和 $f_{C_M}(\Theta_p)$ 的详细推导步骤参见 4.5.1 节，这里直接给出最终结果如下

$$\begin{cases} C_T = f_{C_T}(\Theta_p) \triangleq 0.25\pi^3\lambda\zeta^2 B_p K_0 \dfrac{\varepsilon \arctan \frac{H_p}{\pi D_p} - \alpha_0}{\pi A + K_0} \\ C_M = f_{C_M}(\Theta_p) \triangleq \dfrac{1}{4A}\pi^2 C_d \zeta^2 \lambda^2 B_p \end{cases} \tag{4.6}$$

其中

$$C_d = C_{fd} + \frac{\pi A K_0^2}{e} \frac{\left(\varepsilon \arctan \dfrac{H_p}{\pi D_p} - \alpha_0\right)^2}{(\pi A + K_0)^2}. \tag{4.7}$$

上述公式的部分参数 $A, \varepsilon, \lambda, \zeta, e, C_{fd}, \alpha_0$ 未在表 4-1 中给出，其详细定义可以在 4.5.1 节中找到。根据实验结果和文献 [6, p.150, p.151, p.174]、[7, p.62]、[8, p.43]、[9]，上述参数的取值或范围如下

$$\begin{cases} A = 5 \sim 8, \varepsilon = 0.85 \sim 0.95, \lambda = 0.7 \sim 0.9 \\ \zeta = 0.4 \sim 0.7, e = 0.7 \sim 0.9, C_{fd} = 0.015 \\ \alpha_0 = -\dfrac{\pi}{36} \sim 0, K_0 = 6.11. \end{cases} \tag{4.8}$$

注意，这些参数的取值会随着螺旋桨的类型、材质、工艺等不同而有差别。

为了验证模型的正确性，用上面建模得到的螺旋桨拉力特性和转矩特性与 APC 网站提供的二叶螺旋桨实验数据④ 进行比较验证。这里选定的参数组合是 $A = 5, \varepsilon = 0.85, \lambda = 0.75, \zeta = 0.55, e = 0.83, C_{fd} = 0.015, \alpha_0 = 0, K_0 = 6.11$，而表 4-1 中的螺旋桨参数则直接从 APC 网站产品信息页面获取。比较结果如图 4-2 所示，所得的螺旋桨模型结果与真实数据比较吻合。

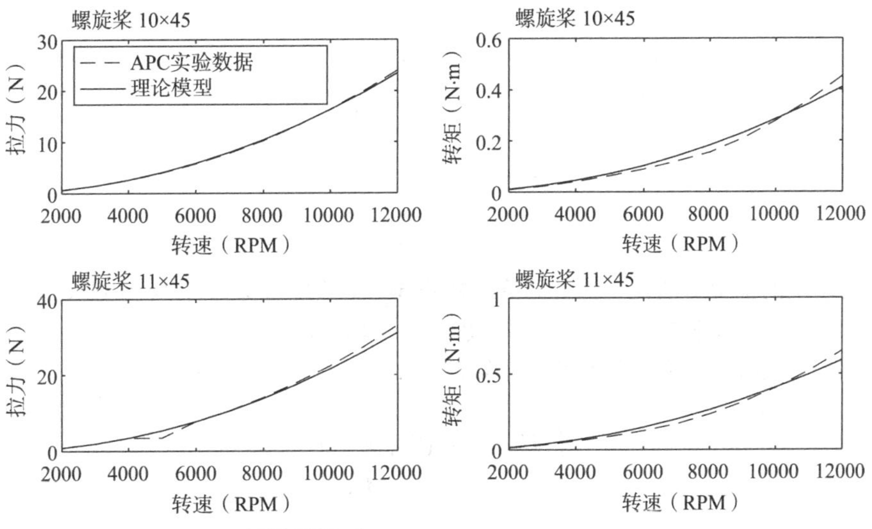

④ 详细数据可以在 https://www.apcprop.com/下载得到。

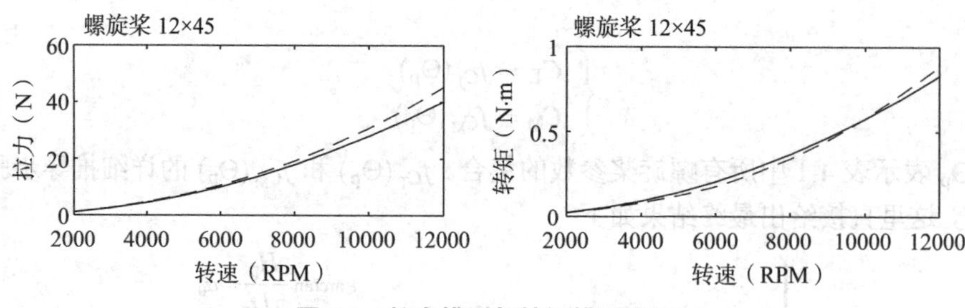

图 4-2　拉力模型与转矩模型验证

综合考虑不同螺旋桨的型号与工艺，选取一组适用性较广的平均参数 $A=5, \varepsilon=0.85, \lambda=0.75, \zeta=0.5, e=0.83, C_{\mathrm{fd}}=0.015, \alpha_0=0, K_0=6.11$ 可用来近似估算市面上常见桨型。注意，在实验条件允许的情况下，C_{T} 和 C_{M} 可以通过相应的设备直接测量出来。这时不需要按照上述公式进行估算，而直接用实验测量的准确结果进行下文的性能评估即可。

4.2.2　电机建模

目前，多旋翼使用的电机为无刷直流电机（或简称为无刷电机），而无刷直流电机可以等效为一个永磁直流电机模型 [10]。电机的等效电路如图 4-3 所示，其中 U_{m}（单位：V）是电机等效电压，I_{m}（单位：A）是电机等效电流，E_{a}（单位：V）是电枢反电动势，R_{m}（单位：Ω）是电枢内阻，L_{m}（单位：H）是电枢电感，$\hat{I}_0$（单位：A）是空载电流。这里，空载电流是用于抵消电机机械摩擦力和空气阻力引起的机械损耗，以及涡流磁滞引起的铁损耗，可以假定空载电流在运行时为常数 [11]。除去空载电流后，剩下的 $I_{\mathrm{a}}=I_{\mathrm{m}}-\hat{I}_0$ 用于产生电磁转矩驱动转子。这里忽略电感的大小（即 $L_{\mathrm{m}}=0$）和开关器件动作的过渡过程。

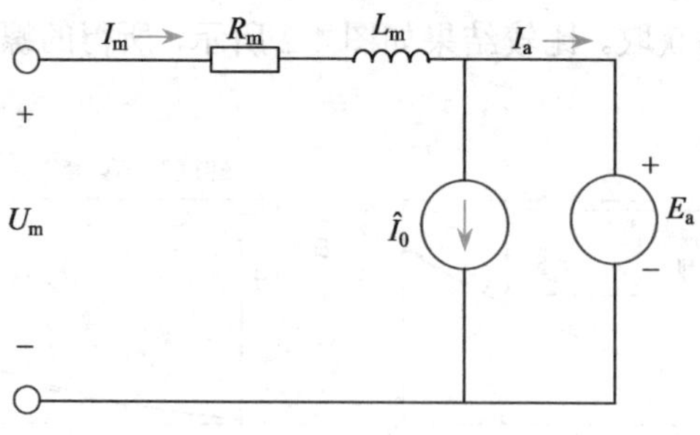

图 4-3　无刷直流电机等效模型

电机建模的主要目的是，以电机负载转矩 M（等于螺旋桨转矩）、电机转速 N（等于螺旋桨转速）和电机基本参数集 Θ_{m} 作为输入，求解电机等效电压 U_{m}（单位：V）和等效电流 I_{m}（单位：A），其求解方程可以抽象表示如下

$$\left\{\begin{array}{l} U_{\mathrm{m}}=f_{U_{\mathrm{m}}}(\Theta_{\mathrm{m}}, M, N) \\ I_{\mathrm{m}}=f_{I_{\mathrm{m}}}(\Theta_{\mathrm{m}}, M, N) \end{array}\right. \tag{4.9}$$

其中，M 和 N 可以根据式 (4.1) 和式 (4.2) 来确定，Θ_{m} 的具体定义见表 4-1，而 $f_{U_{\mathrm{m}}}(\Theta_{\mathrm{m}}, M, N)$

和 $f_{I_m}(\Theta_m,M,N)$ 的详细求解步骤见 4.5.2 节，这里只列出最终结论，即

$$\begin{cases} U_m = f_{U_m}(\Theta_m,M,N) \triangleq \left(\dfrac{MK_{V0}U_{m0}}{9.55(U_{m0}-I_{m0}R_m)}+I_{m0}\right)R_m+\dfrac{U_{m0}-I_{m0}R_m}{K_{V0}U_{m0}}N \\ I_m = f_{I_m}(\Theta_m,M,N) \triangleq \dfrac{MK_{V0}U_{m0}}{9.55(U_{m0}-I_{m0}R_m)}+I_{m0}. \end{cases} \tag{4.10}$$

4.2.3 电调建模

对于无刷电机，实际过程中电池直流电压经过电子调速器（简称电调，英文简写为 ESC）进行占空比调制后，变为三相交流信号输入到无刷电机中，从而使电枢产生交变磁场，驱动转子旋转。电调调制下无刷电机的转速范围主要取决于电机负载转矩与电池电压。电调等效电路如图 4-4 所示。

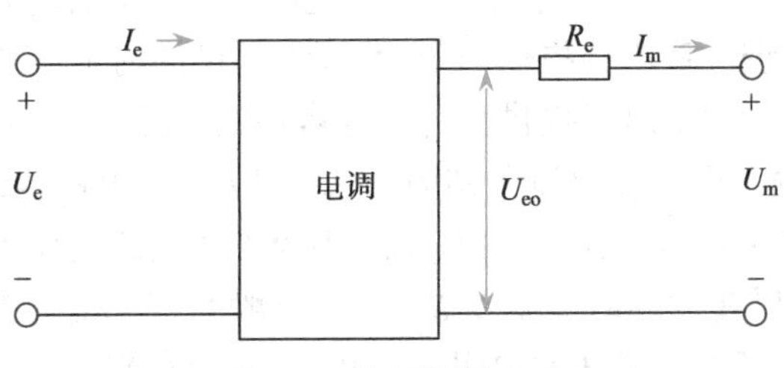

图 4-4　电调等效电路

电调建模的主要目的是，利用电机模型已经求得的 U_m 和 I_m，以及电调参数集合 Θ_e 和电池参数集合 Θ_b（见表 4-1），计算得到电调输入油门指令 σ（0~1 之间，无单位）、输入电流 I_e（单位：A）和输入电压 U_e（单位：V）。拟建立以下抽象求解方程

$$\begin{cases} \sigma = f_\sigma(\Theta_e,U_m,I_m,U_b) \\ I_e = f_{I_e}(\sigma,I_m) \\ U_e = f_{U_e}(\Theta_b,I_e). \end{cases} \tag{4.11}$$

如图 4-4 所示，U_{eo} 为电调调制后的等效直流电压，可表示为

$$U_{eo} = U_m + I_m R_e. \tag{4.12}$$

在式 (4.12) 的基础上，电调油门指令 σ 满足 [12]

$$\sigma = \frac{U_{eo}}{U_e} \approx \frac{U_{eo}}{U_b}. \tag{4.13}$$

考虑到电调的输入功率与输出功率相等，电调输入电流满足 [12]

$$I_e = \sigma I_m \tag{4.14}$$

以及对电调输入电流大小限制如下

$$I_e \leqslant I_{eMax} \tag{4.15}$$

其中，I_{eMax}（单位：A，来自 Θ_e）是电调最大持续电流。考虑到内阻分压作用，电调输入电压 U_e 与电池电压 U_b（单位：V，来自 Θ_b）有如下关系

$$U_e = U_b - I_b R_b \tag{4.16}$$

其中，I_b（单位：A）表示电池电流，R_b（单位：A，来自 Θ_b）为电池内阻。对于一个多旋翼飞行器，电调的数目等于电机与旋翼的数目 n_r，所以

$$I_b = n_r I_e + I_{other} \tag{4.17}$$

其中，I_{other}（单位：A）包括其他机载设备（如自驾仪和相机）电流以及其他一些电流损耗。通常，可以简单假设 $I_{other} \approx 1\text{A}$。综上，可以得到

$$\sigma = f_\sigma(\Theta_e, U_m, I_m, U_b) \triangleq \frac{U_m + I_m R_e}{U_b} \tag{4.18}$$

$$I_e = f_{I_e}(\sigma, I_m) \triangleq \sigma I_m \tag{4.19}$$

$$U_e = f_{U_e}(\Theta_b, I_b) \triangleq U_b - I_b R_b. \tag{4.20}$$

注：通常情况下，电机厂商提供的内阻（这里记为 R_{m0}）和上述电机和电调模型所需电机内阻 R_m 存在一定区别，这里的 R_m 是无刷电机等效为直流电机后的动态等效内阻。同时，通常情况下，电调厂商不会提供内阻 R_e 或者提供的内阻不准确，这些都会影响到本文方法的估算效果。因此，这里提供一种参数辨识的方法。设电调 - 电机 - 螺旋桨在进行满油门测试时，其输入电压和电流分别为 U_{eFull} 和 I_{eFull}，电机转速为 N_{mFull}，那么根据公式 4.10 可得 $R_m \approx (U_{eFull} - N_{mFull}/K_{V0})/I_{eFull}$。因为上述公式辨识得到的 R_m 包含了电调内阻 R_e 在里面了，所以在使用时需要令 $R_e = 0$。一般而言，$R_m \approx 2 \sim 3R_{m0}$。若厂商给定内阻（万用表测量电机任意两条线的电阻）为 R_{m0}，对于本节的电机和电调模型，可以近似取 $R_m = 2.5R_{m0}$，$R_e = 0$ 进行估算。

4.2.4 电池建模

电池模型的主要目的是，利用电池参数 Θ_b（见表 4-1）和电池电流 I_b（见式 (4.17)）来求解多旋翼的续航时间 T_b（单位：min）。电池模型可以抽象表示为

$$T_b = f_{T_b}(\Theta_b, I_b). \tag{4.21}$$

电池建模对电池实际放电过程进行了简化，假设放电过程中电压保持不变，电池的剩余容量呈线性变化⑤。考虑电池放电保护设定的最小剩余容量 C_{min}（单位：mAh），具体模型如下

$$T_b = f_{T_b}(\Theta_b, I_b) \triangleq \frac{C_b - C_{min}}{I_b} \cdot \frac{60}{1000} \tag{4.22}$$

其中电池最小容量 C_{min} 占总容量 C_b（单位：mAh，来自 Θ_b）百分比可自行设定，一般为 $0.15C_b \sim 0.2C_b$。电池总电流 I_b 不能超过其可承受的最大放电电流，这取决于电池最大放电倍率 K_b（无单位，来自 Θ_b），满足

$$I_b \leqslant \frac{C_b K_b}{1000}. \tag{4.23}$$

4.3 性能估算

到目前为止，动力系统建模工作已经全部完成。下面将依次分析问题 1 到问题 4。开始性能评估之前，设一架多旋翼飞行器有 n_r 个动力单元（即电机电调桨的组合），重量为

⑤ 精确的非线性模型可以参考文献 [13]、[14]。

G（单位：N），对应的环境参数为海拔 h 和温度 T_t。设动力系统的其他参数已知，符号定义见表 4-1。

4.3.1　求解问题 1

在悬停状态下，n_r 个螺旋桨产生的拉力总和应该等于飞行器的总重量 G。因此，单个螺旋桨产生的拉力 T 为

$$T = \frac{G}{n_r}. \tag{4.24}$$

根据式 (4.1) 和式 (4.2)，可以求得电机转速 N 与螺旋桨转矩 M

$$\begin{cases} N = 60\sqrt{\dfrac{T}{\rho D_p^4 C_T}} \\ M = \rho D_p^5 C_M \cdot \left(\dfrac{N}{60}\right)^2 \end{cases} \tag{4.25}$$

其中，C_T 和 C_M 可以看做螺旋桨参数，需要通过式 (4.6) 估算，或者通过实验测量得到。接着将 M、N 代入式 (4.10)，可求得 U_m 和 I_m 如下

$$\begin{cases} U_m = f_{U_m}(\Theta_m, M, N) \\ I_m \ = f_{I_m}(\Theta_m, M, N). \end{cases} \tag{4.26}$$

利用表 4-1 中的电调与电池参数，根据式 (4.18)、式 (4.19) 和式 (4.20)，可以分别得到电调的输入油门指令 σ、输入电流 I_e 和电压 U_e 如下

$$\begin{cases} \sigma \ = f_\sigma(\Theta_e, U_m, I_m, U_b) \\ I_e \ = f_{I_e}(\sigma, I_m) \\ U_e = f_{U_e}(\Theta_b, I_b) \end{cases} \tag{4.27}$$

根据式 (4.17)，求得电池的输出电流如下

$$I_b = n_r I_e + I_{other} \tag{4.28}$$

悬停时间 T_{hover}（单位：min）可以通过式 (4.22) 来计算

$$T_{hover} = f_{T_b}(\Theta_b, I_b). \tag{4.29}$$

问题 1 的求解流程图如图 4-5 所示。问题 1 的一个实例如表 4-2 所示。

4.3.2　求解问题 2

在最大油门模式下，油门指令 $\sigma = 1$，意味着此时电机等效电压 U_m 达到最大。首先，为了求解 I_m、U_m、M、N，联立式 (4.2)、式 (4.10) 和式 (4.18)，可得非线性方程组

$$\begin{cases} f_\sigma(\Theta_e, U_m, I_m, U_b) = 1 \\ M - \rho D_p^5 C_M \cdot \left(\dfrac{N}{60}\right)^2 = 0 \\ U_m - f_{U_m}(\Theta_m, M, N) = 0 \\ I_m - f_{I_m}(\Theta_m, M, N) = 0 \end{cases} \tag{4.30}$$

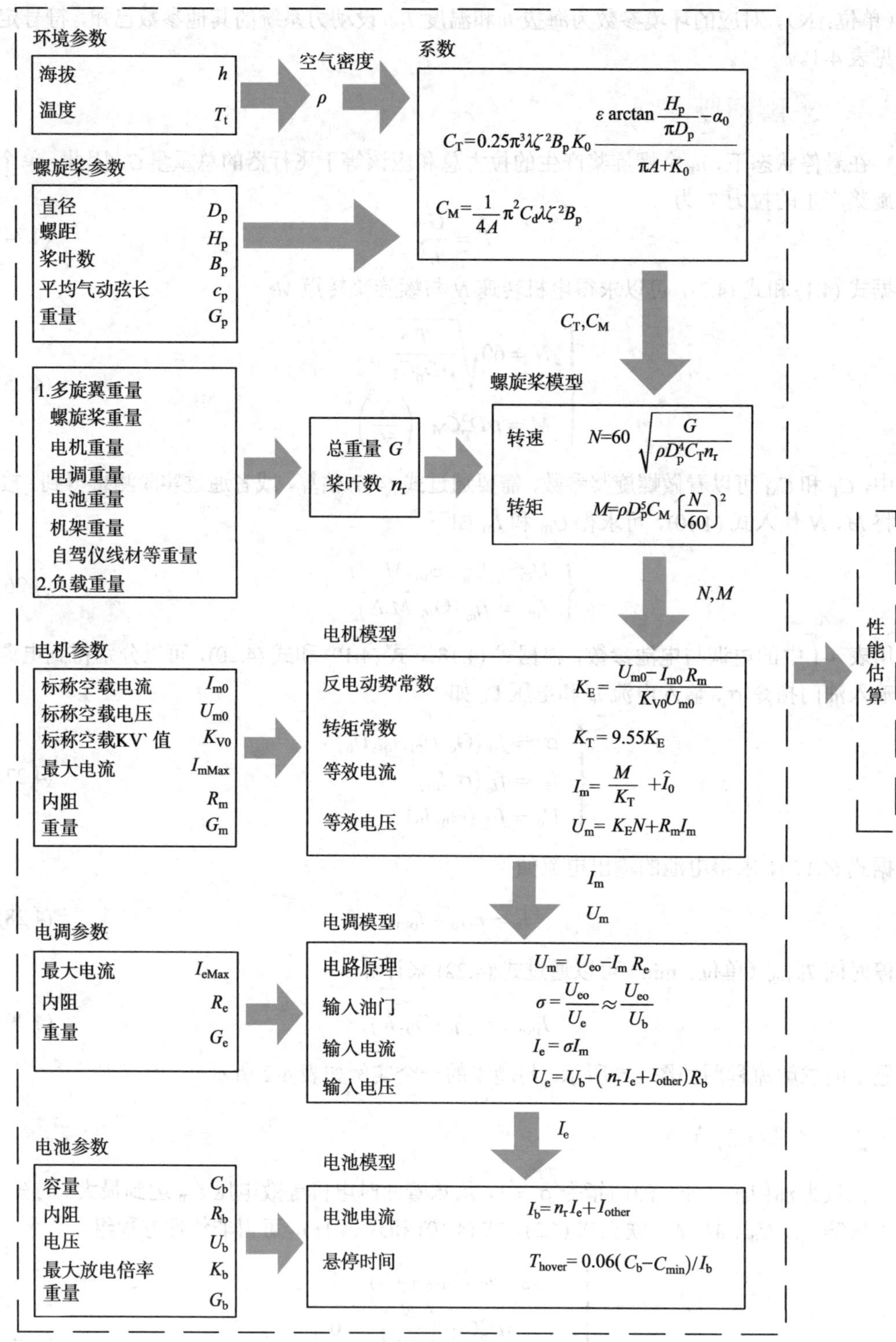

图 4-5　悬停状态性能估算流程图

表 4-2　问题 1 的一个实例

环境参数	h=10m, T_t=25°C
基本参数	G=14.7N, n_r=4
动力系统参数	Θ_p={D_p=10inch, H_p=4.5inch, B_p=2, G_p} Θ_m={K_{V0}=890RPM/V, I_{mMax}=19A, I_{m0}=0.5A,U_{m0}=10V, R_m=0.101Ω, G_m} Θ_e={I_{eMax}=30A, R_e=0.008Ω, G_e} Θ_b={C_b=5000mAh, R_b=0.01Ω, U_b=12V, K_b=45C, G_b}
其他参数	A=5, ε=0.85, λ=0.75, ζ=0.5, e=0.83, C_{fd}=0.015, α_0=0, K_0=6.11, C_1=3, C_2=1.5, C_{min}=0.2C_b
结果	T_{hover}=15.8min, σ=54.6% I_e=3.6A, U_e=11.8V, I_b=15.2A, N=5223RPM

方程 (4.30) 可以通过数值迭代的方法求解。然后，将 I_m 代入式 (4.19)，求得 I_e，再根据式 (4.17) 和式 (4.20)，可以求得 U_e 和 I_b，即

$$\begin{cases} I_e = f_{I_e}(1, I_m) \\ I_b = n_r I_e + I_{other} \\ U_e = f_{U_e}(\Theta_b, I_b). \end{cases} \tag{4.31}$$

最终系统效率 η 是螺旋桨输出功率与电池输入功率的比值，表示为

$$\eta = \frac{\frac{2\pi}{60} n_r M N}{U_b I_b}. \tag{4.32}$$

问题 2 的一个实例如表 4-3 所示。

表 4-3　问题 2 的一个实例

环境参数	h=10m, T_t=25°C
基本参数	G=14.7N, n_r=4
动力系统参数	Θ_p={D_p=10inch, H_p=4.5inch, B_p=2, G_p} Θ_m={K_{V0}=890RPM/V, I_{mMax}=19A, I_{m0}=0.5A,U_{m0}=10V, R_m=0.101Ω, G_m} Θ_e={I_{eMax}=30A, R_e=0.008Ω, G_e} Θ_b={C_b=5000mAh, R_b=0.01Ω, U_b=12V, K_b=45C, G_b}
其他参数	A=5, ε=0.85, λ=0.75, ζ=0.5, e=0.83, C_{fd}=0.015, α_0=0, K_0=6.11, C_1=3, C_2=1.5, C_{min}=0.2C_b
结果	I_e=16.5A, U_e=11.3V, I_b=66.2A, N=8528RPM, η=77.1%

4.3.3　求解问题 3

最大负载重量 $G_{maxload}$（单位：N）和最大俯仰角 θ_{max}（单位：rad）也是多旋翼的基本性能指标，且与安全性紧密相关。为了保证控制裕度，一般多旋翼在飞行时油门指令 σ 应该小于 0.9（剩余一定油门裕度用于保证基本姿态控制与抗风性需求）。本节取油门指令 $\sigma = 0.8$ 来估计多旋翼的最大负载和最大俯仰角。与问题 2 求解思路相似，联合式 (4.2)、式 (4.10) 和式 (4.18) 来求解 I_m、U_m、M、N，方程组如下

$$\begin{cases} f_\sigma(\Theta_e, U_m, I_m, U_b) = 0.8 \\ M - \rho D_p^5 C_M \cdot \left(\frac{N}{60}\right)^2 = 0 \\ U_m - f_{U_m}(\Theta_m, M, N) = 0 \\ I_m - f_{I_m}(\Theta_m, M, N) = 0. \end{cases} \tag{4.33}$$

然后根据式 (4.1)，可以求得螺旋桨拉力 T 为

$$T=\rho D_{\mathrm{p}}^{4} C_{\mathrm{T}} \cdot\left(\frac{N}{60}\right)^{2} \tag{4.34}$$

因此，最大负载为

$$G_{\text{maxload}}=n_{\mathrm{r}} T-G \tag{4.35}$$

最大俯仰角为

$$\theta_{\max }=\arccos \frac{G}{n_{\mathrm{r}} T}. \tag{4.36}$$

问题 3 的一个实例如表 4-4 所示，其中列举了使用的参数和估算的结果。

表 4-4　问题 3 的一个实例

环境参数	h=10m, T_t=25°C
基本参数	G=14.7N, n_r=4
动力系统参数	Θ_p={D_p=10inch, H_p=4.5inch, B_p=2, G_p} Θ_m={K_{V0}=890RPM/V, I_{mMax}=19A, I_{m0}=0.5A,U_{m0}=10V, R_m=0.101Ω, G_m} Θ_e={I_{eMax}=30A, R_e=0.008Ω, G_e} Θ_b={C_b=5000mAh, R_b=0.01Ω, U_b=12V, K_b=45C, G_b}
其他参数	A=5, ε=0.85, λ=0.75, ζ=0.5, e=0.83, C_{fd}=0.015, α_0=0, K_0=6.11, C_1=3, C_2=1.5, C_{min}=0.2C_b
结果	$G_{maxload}$=1.32kg, θ_{max}=1.01rad (57.9°)

4.3.4　求解问题 4

最大平飞速度和最远平飞距离是设计者和用户都关心的性能指标。求解问题 4 需要通过以下 3 步：① 求解平飞速度；② 求解平飞距离；③ 求解最大平飞速度和最远平飞距离。

1. 平飞速度

以俯仰角 θ 为输入，求解多旋翼在该俯仰角下能够达到的平飞速度。多旋翼平飞时的受力如图 4-6 所示，可以建立如下受力平衡方程

$$\left\{\begin{array}{l} F_{\text{drag}}=G \tan \theta \\ T=\dfrac{G}{n_{\mathrm{r}} \cos \theta} \end{array}\right. \tag{4.37}$$

其中，F_{drag}（单位：N）是作用在多旋翼上的阻力，可以表示为 [15]

$$F_{\text{drag}}=\frac{1}{2} C_{\mathrm{D}} \rho V^{2} S \tag{4.38}$$

其中，V（单位：m/s）是平飞速度，S（单位：m^2）是飞行器最大截面面积，C_{D} 是多旋翼整体的阻力系数，它与多旋翼的俯仰角有关。考虑到 θ 变化范围可能比较大（接近 90°），C_{D} 可以表示为⑥

$$C_{\mathrm{D}}=C_{\mathrm{D}_{1}}\left(1-\sin ^{3} \theta\right)+C_{\mathrm{D}_{2}}\left(1-\cos ^{3} \theta\right) \tag{4.39}$$

⑥ 这个方程是通过 CFD 仿真数据进行曲线拟合得到的。根据实际实验的结果中 C_{D} 和 θ 的关系，该方程也可以写成其他形式。

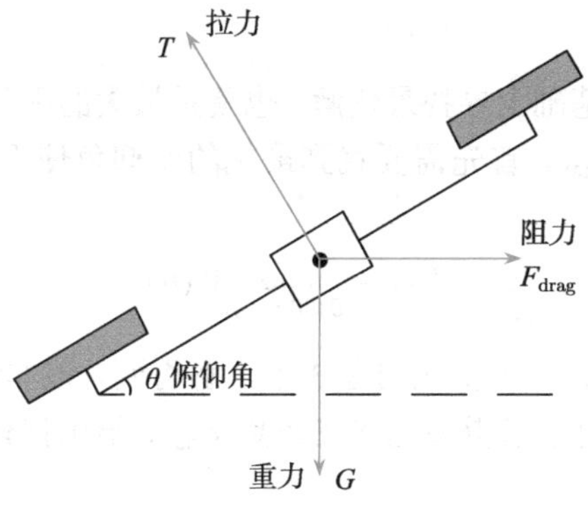

图 4-6　多旋翼平飞受力图

C_{D_1} 和 C_{D_2} 表示多旋翼在俯仰角 θ 为 0° 和 90° 时的阻力系数，与多旋翼的气动布局有关，它们可以利用 CFD（计算流体动力学）仿真软件来估计。最后，结合上面的式子，平飞速度 V 可整理为关于 θ 的函数

$$V(\theta)=\sqrt{\frac{2G\tan\theta}{\rho S[C_{D_1}(1-\sin^3\theta)+C_{D_2}(1-\cos^3\theta)]}}. \tag{4.40}$$

2．平飞距离

在给定 θ 的前提下，求解平飞距离。由于多旋翼平飞速度通常不大，估算时可以忽略来流速度对螺旋桨拉力的影响。根据式 (4.1) 和式 (4.37)，可以求得电机转速 N 为

$$N=60\sqrt{\frac{G}{\rho C_T D_p^4 n_r\cos\theta}} \tag{4.41}$$

通过式 (4.2)，可以求得转矩 M

$$M=\frac{GC_M D_p}{C_T n_r\cos\theta}. \tag{4.42}$$

可以联立以下方程方程组，求得飞行时间 T_{fly}

$$\begin{cases}U_m=f_{U_m}(\Theta_m,M,N)\\ I_m=f_{I_m}(\Theta_m,M,N)\\ \sigma=f_\sigma(\Theta_e,U_m,I_m,U_b)\\ I_e=f_{I_e}(\sigma,I_m)\\ I_b=n_r I_e+I_{other}\\ T_{fly}=f_{T_b}(\Theta_b,I_b).\end{cases} \tag{4.43}$$

上式由式 (4.10)、式 (4.18)、式 (4.19)、式 (4.17) 和式 (4.22) 组成。实际上，T_{fly} 也是关于 θ 的函数，因此多旋翼在俯仰角 θ 下可以达到的平飞距离 Z 可以表示为

$$Z(\theta)=60T_{fly}(\theta)V(\theta). \tag{4.44}$$

3. 最大平飞速度和距离

进一步，在前两步的基础上寻找最优解，也就是最大的平飞速度和最远的平飞距离。对于求解最大平飞速度 V_{max}，首先需要找到最优的俯仰角使平飞速度最大，即求解以下优化问题

$$V_{max} = \max_{\theta\in[0,\theta_{max}]} V(\theta) \tag{4.45}$$

其中，$V(\theta)$ 由式 (4.40) 给出，θ_{max} 在问题 3 中求解得到，该非线性方程可以通过数值遍历 θ 的方法求解。另外，对于求得最远平飞距离 Z_{max}，给出优化问题如下

$$Z_{max} = \max_{\theta\in[0,\theta_{max}]} Z(\theta) \tag{4.46}$$

其中，$Z(\theta)$ 由式 (4.44) 给出，同理通过数值遍历的方法可以求解。

问题 4 的一个实例如表 4-5 所示，包含了使用的参数和估算的结果。

表 4-5 问题 3 的一个实例

环境参数	h=10m, T_t=25°C
基本参数	G=14.7N, n_r=4
动力系统参数	Θ_p={D_p=10inch, H_p=4.5inch, B_p=2, G_p} Θ_m={K_{V0}=890RPM/V, I_{mMax}=19A, I_{m0}=0.5A,U_{m0}=10V, R_m=0.101Ω, G_m} Θ_e={I_{eMax}=30A, R_e=0.008Ω, G_e} Θ_b={C_b=5000mAh, R_b=0.01Ω, U_b=12V, K_b=45C, G_b}
其他参数	A=5, ε=0.85, λ=0.75, ζ=0.5, e=0.83, C_{fd}=0.015, α_0=0, K_0=6.11, C_1=3, C_2=1.5, C_{min}=0.2C_b
结果	V_{max}=11.2m/s, Z_{max} =6021.4m

4.4 实验测试

为了让设计者能够更好地评测多旋翼的性能，这里介绍一种室内动力系统测量装置，如图 4-7 所示，其中螺旋桨拉力通过杠杆原理由电子秤测量，螺旋桨转速通过激光转速表测量，电调电流通过分流器测量，电压通过万用表测量，油门指令从遥控器直接读出。将一次实验的结果（参数见表 4-6）与上文介绍的性能估算算法进行对比，结果如图 4-8 所示。

图 4-7 实验装置

表 4-6 实验参数

环境参数	h=50m, T_t=20°C
螺旋桨参数	APC 10x45MR (D_p=10inch, H_p=4.5inch, B_p=2)
电机参数	Sunnysky Angel A2212 (K_{V0}=980RPM/V, R_m=0.12Ω, I_{mMax}=20A, $I_{m0}=0.5$A, $U_{m0}=10$V)
电调参数	I_{eMax}=30A, R_e=0.008Ω
电池参数	ACE (C_b=4000mAh, U_b=12V, R_b=0.016Ω, $K_b=25$C)
其他参数	A=5, ε=0.85, λ=0.75, ζ=0.5, e=0.83, C_{fd}=0.015, α_0=0, K_0=6.11, C_{min}=0.2C_b

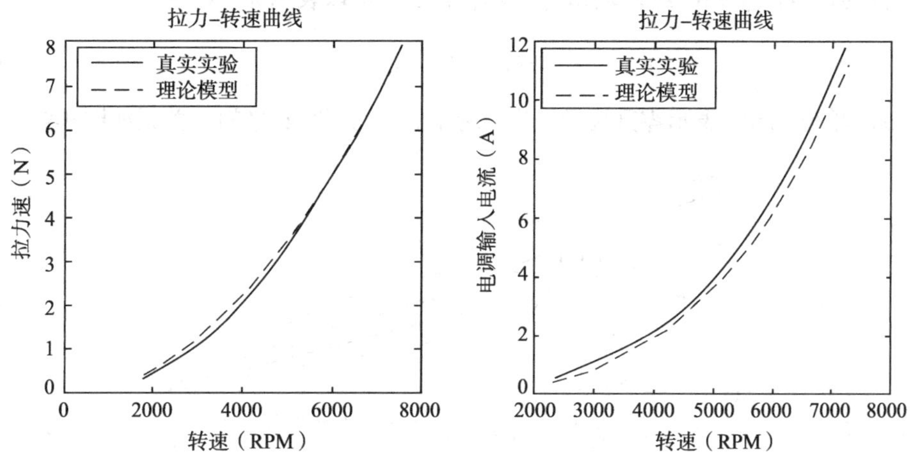

图 4-8 拉力–转速曲线和电流–转速曲线

该装置也可以用来估算整个多旋翼的悬停时间。方法如下：调节油门杆，使装置中螺旋桨产生的拉力与悬停拉力相同（即多旋翼重量除以旋翼数），然后通过测量得到的电流和放电时间来计算整个多旋翼的悬停时间。表 4-7 为一次实验的结果（参数见表 4-6）与本章的评估算法的结果的对比。

表 4-7 悬停时间

虚拟飞行器参数	G=14.7N, n_r=4
环境参数	见表 4-6
动力系统参数	见表 4-6
悬停时间	实验结果:12.5min，估算结果:12.2min

4.5 附录

4.5.1 求解螺旋桨拉力系数与转矩系数的详细步骤

本节给出求解 $f_{C_T}(\Theta_p)$ 和 $f_{C_M}(\Theta_p)$ 的详细步骤，Θ_p 的定义见表 4-1。

1. 桨叶绝对迎角

桨叶绝对迎角α_{ab} 是一个非常重要的参数。假设一架多旋翼飞行器的桨叶角 θ_p（单位：rad）沿着半径方向保持不变，可以表示为 [16,p.40]

$$\theta_p = \arctan\frac{H_p}{\pi D_p} \tag{4.47}$$

其中，螺旋桨螺距 H_p（单位：m）和直径 D_p（单位：m）的定义见表 4-1。有效迎角 α（单位：rad）可以表示为

$$\alpha = \varepsilon \cdot (\theta_p - \phi_0) \tag{4.48}$$

其中，$\varepsilon \in \mathbb{R}_+$ 是由下洗效应带来的校正因子，ϕ_0（单位：rad）是几何入流角。考虑到多旋翼飞行器的特点，$\phi_0 \approx 0$。绝对迎角α_{ab}（单位：rad）可以表示为 [6,p.136]

$$\alpha_{ab} = \alpha - \alpha_0. \tag{4.49}$$

其中，α_0（单位：rad）表示零升迎角。几个迎角 α_{ab}、α 和 α_0 之间的关系如图 4-9 所示。

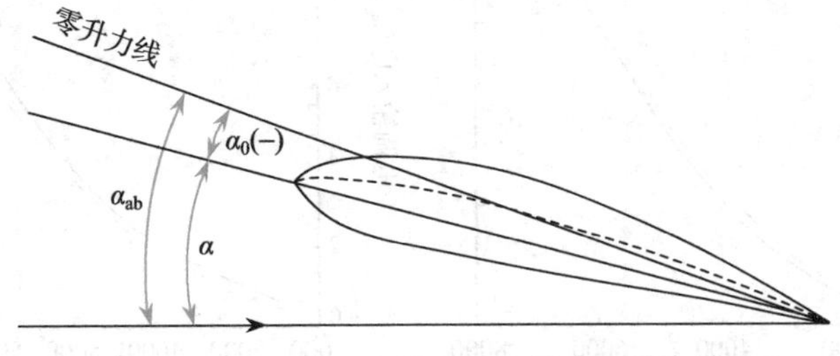

图 4-9 绝对迎角、有效迎角和零升迎角的关系

2. 桨叶翼面升力系数和阻力系数

叶片截面翼型的升力系数 C_l 和绝对迎角 α_{ab} 有关 [6,p.134]，即

$$C_l = \frac{K_0 \alpha_{ab}}{1 + K_0/\pi A} \tag{4.50}$$

其中，$A = D_p/c_p$ 是展弦比，c_p 是桨叶平均几何弦长，根据文献 [6, p.151]，$K_0 \approx 6.11$。考虑到下洗效应的影响，A 的取值为 $5 \sim 8$。进一步，叶片截面翼型的阻力系数 C_d 可以表示为 [6,p.174]

$$C_d = C_{fd} + \frac{1}{\pi A e} C_l^2 \tag{4.51}$$

其中，C_{fd} 是零升阻力系数，由桨叶厚度、**雷诺数**、绝对迎角等决定，而 **Oswald 因子**e 的范围是 0.7~0.9。

3. 螺旋桨拉力和转矩

叶片升力主要与螺旋桨叶片翼型与转速相关 [6,p.117]，即

$$L = \frac{1}{2} C_l \rho S_{sa} W^2 \tag{4.52}$$

其中，W 是桨叶上的来流速度，$S_{sa} = B_p \lambda D_p c_p / 2$ 是桨叶面积（λ 是一个修正系数）。桨叶上的来流速度由两部分组成，一部分来自于旋翼旋转产生的径向速度，另一部分来自于飞行器的飞行速度。通常情况下，前者要远大于后者。因此，桨叶上的来流速度可以近似为旋翼旋转的平均线速度，表示为

$$W \approx \pi \zeta D_p \frac{N}{60} \tag{4.53}$$

其中，N 为螺旋桨转速，而 ζ 取 0.4~0.7。依据**叶素理论**，叶素受力如图 4-10 所示。可以看出，螺旋桨拉力 T 并不等于叶片升力 L，它们之间的关系可以表示为

$$T = L\frac{\cos(\gamma+\phi_0)}{\cos(\gamma-\delta)} \tag{4.54}$$

其中，γ（单位：rad）为下洗气流引起的阻升角，表示为 [17,p.50]

$$\gamma = \arctan\frac{\mathrm{d}D}{\mathrm{d}L} = \arctan\frac{\frac{1}{2}C_\mathrm{d}\rho W^2 c\mathrm{d}r}{\frac{1}{2}C_\mathrm{l}\rho W^2 c\mathrm{d}r} = \arctan\frac{C_\mathrm{d}}{C_\mathrm{l}}$$

而 δ 为下洗效应修正角。因为已引入 ε 考虑下洗效应，所以这里 δ 可忽略不计。前文提到对多旋翼 $\phi_0 \approx 0$，因此在实际中认为 $T \approx L$。此时，螺旋桨转矩可表示为

$$M = \frac{1}{4}\rho C_\mathrm{d} W^2 S_\mathrm{sa} D_\mathrm{p}. \tag{4.55}$$

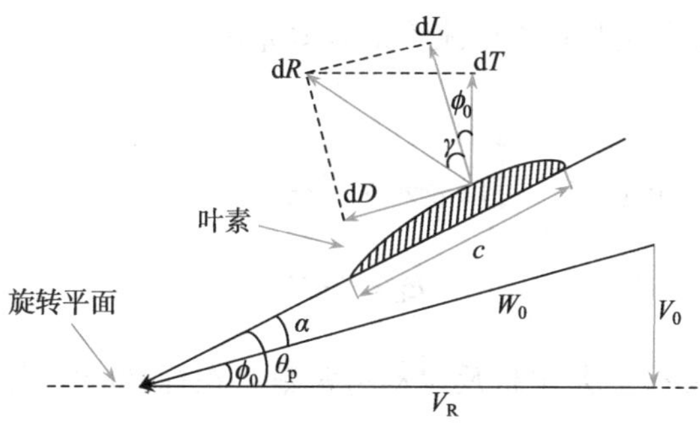

图 4-10　叶素受力图

4．结果

根据式 (4.47)~式 (4.55)，求得 $f_{C_\mathrm{T}}(\Theta_\mathrm{p})$ 和 $f_{C_\mathrm{M}}(\Theta_\mathrm{p})$

$$\begin{cases} f_{C_\mathrm{T}}(\Theta_\mathrm{p}) = C_\mathrm{T} = 0.25\pi^3\lambda\zeta^2 B_\mathrm{p} K_0 \dfrac{\varepsilon\arctan\dfrac{H_\mathrm{p}}{\pi D_\mathrm{p}} - \alpha_0}{\pi A + K_0} \\ C_\mathrm{M} = f_{C_\mathrm{M}}(\Theta_\mathrm{p}) \triangleq \dfrac{1}{4A}\pi^2 C_\mathrm{d}\zeta^2\lambda^2 B_\mathrm{p} \end{cases} \tag{4.56}$$

其中

$$C_\mathrm{d} = C_\mathrm{fd} + \frac{\pi A K_0^2}{e}\frac{\left(\varepsilon\arctan\dfrac{H_\mathrm{p}}{\pi D_\mathrm{p}} - \alpha_0\right)^2}{(\pi A + K_0)^2}. \tag{4.57}$$

4.5.2　求解电机等效电压和电流的详细步骤

本节给出求解 $f_{U_\mathrm{m}}(\Theta_\mathrm{m}, M, N)$ 和 $f_{I_\mathrm{m}}(\Theta_\mathrm{m}, M, N)$ 的详细步骤，Θ_m 的定义见表 4-1，M 是螺旋桨转矩，N 是电机转速。

1. 电机等效电流

无刷直流电机通过调节电枢电压来控制电机转速，调节电枢电流大小来改变电机电磁转矩。根据**电机学理论**，电机的电磁转矩 T_e（单位：N·m）与电枢电流 I_m（单位：A）成正比，即 [18,p.516]

$$T_e = K_T I_m \tag{4.58}$$

其中，K_T 是电机转矩常数（单位：N·m/A），而 I_m 是电机电流。电机输出转矩 M 与螺旋桨转矩相等，计算公式如下

$$M = T_e - T_0 = K_T(I_m - \hat{I}_0) \tag{4.59}$$

其中，$T_0 = K_T\hat{I}0$ 是空载转矩，而 $\hat{I}_0$（单位：A）是实际空载电流。最终，电机等效电流 I_m 可以通过式 (4.59) 可以得到，其求解表达式如下

$$I_m = \frac{M}{K_T} + \hat{I}_0. \tag{4.60}$$

需要注意的是，I_m 要满足电机最大电流约束 $I_m \leqslant I_{mMax}$。

2. 电机转矩常数

电机反电动势 E_a（单位：V）可以表示为 [18,p.516]

$$E_a = K_E N \tag{4.61}$$

其中，K_E（单位：V/RPM）是电机反电动势常数。在标称的空载情况下，下面关系成立 [18,p.539]

$$U_{m0} = K_E N_{m0} + I_{m0} R_m. \tag{4.62}$$

其中，U_{m0}（单位：V）是标称空载电压，I_{m0}（单位：A）是标称空载电流，R_m（单位：Ω）是电机内阻，K_{V0}（单位：RPM/V）是电机 KV 值，它们是电机已知参数（见表 4-1）。N_{m0}（单位：RPM）是空载转速，可以表示为

$$N_{m0} = K_{V0} U_{m0}. \tag{4.63}$$

结合式 (4.62) 和式 (4.63)，可求得 K_E 为

$$K_E = \frac{U_{m0} - I_{m0} R_m}{K_{V0} U_{m0}} \tag{4.64}$$

又因为电机转矩常数 K_T（单位：V/RPM）与 K_E 有以下关系 [18,p.516]

$$K_T = 9.55 K_E \tag{4.65}$$

最终可得

$$K_T = 9.55 \frac{U_{m0} - I_{m0} R_m}{K_{V0} U_{m0}}. \tag{4.66}$$

3. 电机空载电流

到目前为止，对于式 (4.60) 来说，已经求得了 M 和 K_{T}，只剩下实际空载电流 $\hat{I}_0$ 需要求解。如果忽略机械损耗，那么可以认为标称功率损耗 P_{Fe0}（单位：W）为铜损和铁损之差，即

$$P_{\mathrm{Fe0}} = U_{\mathrm{m0}} \cdot I_{\mathrm{m0}} - I_{\mathrm{m0}}^2 R_{\mathrm{m}}. \tag{4.67}$$

同理根据式 (4.63) 和式 (4.67)，在实际运行状态下，电机输入电压 U_{m}、实际空载电流 $\hat{I}_0$、实际空载转速$\hat{N}_0$ 和实际功率损耗P_{Fe} 满足

$$\begin{cases} \hat{N}_0 = K_{\mathrm{V0}} U_{\mathrm{m}} \\ P_{\mathrm{Fe}} = U_{\mathrm{m}} \hat{I}_0 - \hat{I}_0^2 R_{\mathrm{m}}. \end{cases} \tag{4.68}$$

此外，根据文献 [18, p.516] 有

$$\begin{cases} P_{\mathrm{Fe}} = \left(\dfrac{\hat{N}_0}{N_{\mathrm{m0}}} \right)^{1.3} P_{\mathrm{Fe0}} \\ U_{\mathrm{m}} = K_{\mathrm{E}} \hat{N}_0 + \hat{I}_0 R_{\mathrm{m}}. \end{cases} \tag{4.69}$$

结合式 (4.68) 和式 (4.69)，可得 $\hat{I}_0$ 表达式为

$$\begin{aligned} \hat{I}_0 &= \frac{P_{\mathrm{Fe0}}}{K_{\mathrm{E}} \hat{N}_0} \left(\frac{\hat{N}_0}{N_{\mathrm{m0}}} \right)^{1.3} \\ &= \frac{P_{\mathrm{Fe0}}}{K_{\mathrm{E}} U_{\mathrm{m}} K_{\mathrm{V0}}} \left(\frac{U_{\mathrm{m}} K_{\mathrm{V0}}}{N_{\mathrm{m0}}} \right)^{1.3}. \end{aligned} \tag{4.70}$$

然而，实际计算结果显示，对多旋翼电机来说，$\hat{I}_0$ 和 I_{m0} 的差别并不大。为了简单起见，在估算中可以令 $\hat{I}_0 = I_{\mathrm{m0}}$，以简化计算。

4. KV值与螺旋桨尺寸之间的关系

通常，KV 值高的电机配小桨，KV 值低的电机配大桨。区别于电机的空载 KV 值 K_{V0}，定义电机带载时的 KV 值 K_{V}，并有 $N = K_{\mathrm{V}} E_{\mathrm{a}}$。下面将证明，$K_{\mathrm{V}}$ 和 K_{T} 的乘积为常数。电机的电磁功率 P_{em} 可以表示为

$$P_{\mathrm{em}} \approx \frac{2\pi}{60} N T_{\mathrm{e}} \tag{4.71}$$

其中，T_{e} 表示电磁转矩。P_{em} 又可以表示为

$$P_{\mathrm{em}} = E_{\mathrm{a}} I_{\mathrm{m}}. \tag{4.72}$$

结合 $N = K_{\mathrm{V}} E_{\mathrm{a}}$ 和 $T_{\mathrm{e}} = K_{\mathrm{T}} I_{\mathrm{m}}$，有

$$K_{\mathrm{V}} K_{\mathrm{T}} = \frac{N}{E_{\mathrm{a}}} \cdot \frac{T_{\mathrm{e}}}{I_{\mathrm{m}}} \approx \frac{30}{\pi}. \tag{4.73}$$

设某一电机输入功率为 P，电机输入电压为 U，则电机输入电流 $I_{\mathrm{m}} \approx P/U$。当电机具有大 KV 值时，相同输入电压下会产生大转速。由式 (4.73) 可知，K_{T} 值小，在电流一定的情况下产生的转矩小，故选用小桨。另一方面，当电机具有小 KV 值时，会产生小转速，大转矩，所以选用大桨。

5．结果

根据式 (4.60)~式 (4.70)，求得 $f_{U_{\rm m}}(\Theta_{\rm m},M,N)$ 和 $f_{I_{\rm m}}(\Theta_{\rm m},M,N)$ 如下

$$\begin{cases} f_{U_{\rm m}}(\Theta_{\rm m},M,N)=U_{\rm m}=\left(\dfrac{MK_{\rm V0}U_{\rm m0}}{9.55(U_{\rm m0}-I_{\rm m0}R_{\rm m})}+I_{\rm m0}\right)R_{\rm m}+\dfrac{U_{\rm m0}-I_{\rm m0}R_{\rm m}}{K_{\rm V0}U_{\rm m0}}N \\ f_{I_{\rm m}}(\Theta_{\rm m},M,N)=I_{\rm m}=\frac{MK_{\rm V0}U_{\rm m0}}{9.55(U_{\rm m0}-I_{\rm m0}R_{\rm m})}+I_{\rm m0}. \end{cases} \tag{4.74}$$

本章小结

本章提出了一种针对多旋翼飞行器的动力系统建模方法，包括螺旋桨、电机、电调和电池的建模，进而提出了估算多旋翼飞行器在悬停状态、最大油门状态和平飞状态下的各项性能指标。基于本章的理论，我们建立了一个在线性能估算网站：

www.flyeval.com

用户在网站上输入机架布局参数、环境参数和动力系统参数后，可以方便地得到性能估算结果。除了性能估算的功能，该网站还提供辅助设计功能。用户简单地输入多旋翼需要达到的飞行性能指标，网站自动推荐最优的多旋翼配置方案。同时，读者可以使用另一个优秀的估算网站 www.ecalc.ch 进行多旋翼的性能估算，但是目前它还没有推荐的功能。

习题 4

4.1　给定一架四旋翼，整机质量 1.5kg，飞行海拔 50m，当地温度 25°C，动力系统组件的参数值如表 4-8 所示。根据已知条件，估计四旋翼的悬停时间，并给出详细的计算过程。

表 4-8　动力系统参数

组件	参 数
螺旋桨	APC1045 ($D_{\rm p}$=10inch, $H_{\rm p}$=4.5inch, $B_{\rm p}$=2), $C_{\rm T}$=0.0984, $C_{\rm M}$=0.0068
电机	Sunnysky A2814-900 ($K_{\rm V0}$=900RPM/V, $R_{\rm m}$=0.08Ω, $W_{\rm mMax}$=335W, $I_{\rm m0}=0.6$A, $U_{\rm m0}=10$V)
电调	$I_{\rm eMax}$=30A, $R_{\rm e}$=0.008Ω
电池	ACE ($C_{\rm b}$=4000mAh, $U_{\rm b}$=12V, $R_{\rm b}$=0.0084Ω, $K_{\rm b}=65$C)

4.2　假设一架带载六旋翼重量为 10kg。请尝试找出一套合适的配置（包括螺旋桨、电机、电调、电池的品牌和类型），使飞行器在空中悬停尽可能长的时间（至少 3 分钟）。已知约束条件如图 4-11 所示。利用性能估算网站 www.flyeval.com，选择组件进行验证。

4.3　一架多旋翼飞行器的电池内阻 $R_{\rm b}$、电调内阻 $R_{\rm e}$、电机内阻 $R_{\rm m}$ 和其他电流消耗 $I_{\rm other}$ 忽略不计，其他条件相同，当空气密度分别为 ρ_1 和 ρ_2 时，多旋翼悬停时间分别为

T_{hover1} 和 T_{hover2}。试证明：

$$\frac{T_{\mathrm{hover1}}}{T_{\mathrm{hover2}}}=\sqrt{\frac{\rho_1}{\rho_2}}$$

4.4 对于一架多旋翼飞行器，其电池内阻 R_{b}、电调内阻 R_{e}、电机内阻 R_{m} 和其他电流消耗 I_{other} 忽略不计，动力系统配置满足本章提到的约束条件。当环境温度为 T_{t1} 时，最大悬停海拔为 h_{hover1}；当环境温度变为 T_{t2} 时，求最大悬停海拔，结果用 h_{hover1}、T_{t1} 和 T_{t2} 表示。

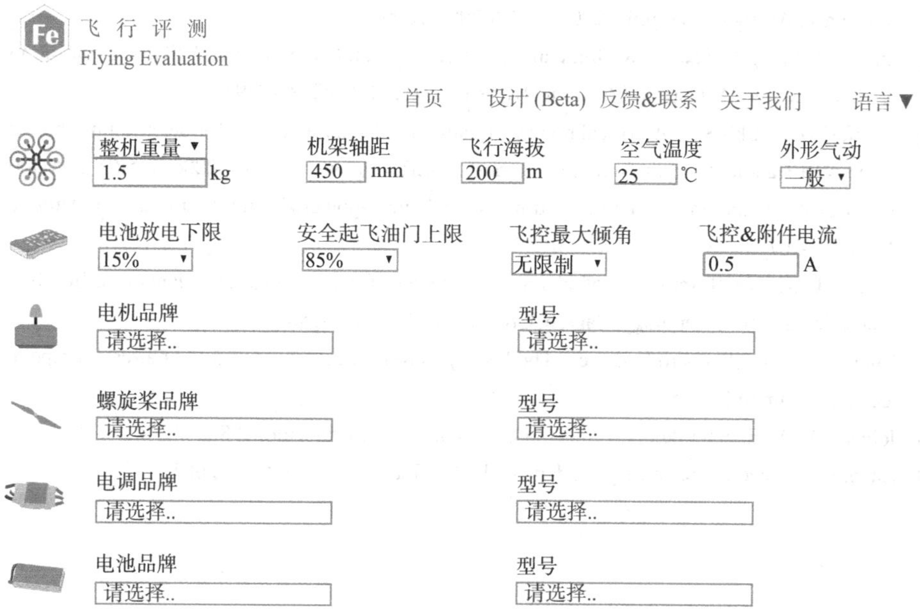

Fe 飞 行 评 测
Flying Evaluation

首页 设计 (Beta) 反馈&联系 关于我们 语言▼

整机重量 1.5 kg | 机架轴距 450 mm | 飞行海拔 200 m | 空气温度 25 ℃ | 外形气动 一般

电池放电下限 15% | 安全起飞油门上限 85% | 飞控最大倾角 无限制 | 飞控&附件电流 0.5 A

电机品牌 请选择.. | 型号 请选择..

螺旋桨品牌 请选择.. | 型号 请选择..

电调品牌 请选择.. | 型号 请选择..

电池品牌 请选择.. | 型号 请选择..

图 4-11 基本约束

4.5 本章从能量的角度估算动力系统性能，请分析这种方法的不足之处。

参考文献

[1] Driessens S, Pounds P. The triangular quadrotor: a more efficient quadrotor configuration. IEEE Transactions on Robotics. 2015, 31(6):1517-1526.

[2] Magnussen O, Hovland G, Ottestad M. Multicopter UAV design optimization. In: Proc. IEEE/ASME 10th International Conference on Mechatronic and Embedded Systems and Applications (MESA), Senigallia, Italy, 2014, pp 1-6.

[3] Moffitt B A, Bradley T H, Parekh D E, et al. Validation of vortex propeller theory for UAV design with uncertainty analysis. In: Proc. 46th AIAA Aerospace Sciences Meeting and Exhibit, 2008, AIAA 2008-406.

[4] Merchant M P, Miller L S. Propeller performance measurement for low Reynolds number UAV applications. In: 44th AIAA Aerospace sciences meeting and exhibit, Reno, Nevada, 2006, AIAA 2006-1127.

[5] Cavcar M. The international standard atmosphere (ISA) [Online], available: http://www.wxaviation.com/ISAweb-2.pdf, April 7, 2016

[6] Torenbeek E, Wittenberg H. Flight physics: Essentials of aeronautical disciplines and technology, with historical notes. Springer Netherlands, 2009.

[7] 刘沛清. 空气螺旋桨理论及其应用. 北京：北京航空航天大学出版社, 2006.

[8] 朱宝鎏. 无人飞机空气动力学. 北京：航空工业出版社, 2006.

[9] 陈军, 杨树兴, 莫雳. 电动无人机动力系统建模与实验. 航空动力学报, 2009, 24(6): 1339-1344.

[10] Bangura M, Lim H, Kim H J, et al. Aerodynamic power control for multirotor aerial vehicles. In: Proc. IEEE International Conference on Robotics and Automation (ICRA), 2014, pp 529-536.

[11] Lawrence D A, Mohseni K. Efficiency analysis for long-duration electric MAVs. In: Infotech@ Aerospace, Arlington, Virginia, 2005, AIAA 2005-7090.

[12] Lindahl P, Moog E, Shaw S R. Simulation, design, and validation of an UAVSOFC propulsion system. IEEE Trasoctions Aerospace Electronic Systems, 2012, 48(3):2582-2593.

[13] Doerffel D, Sharkh S A. A critical review of using the Peukert equation for determining the remaining capacity of lead-acid and lithium-ion batteries. Journal of power sources, 2006, 155(2): 395-400.

[14] Traub L W. Range and endurance estimates for battery-powered aircraft. Journal of Aircraft, 2011, 2(48):703-707.

[15] Orsag M, Bogdan S. Influence of forward and descent flight on quadrotor dynamics. In: Recent Advances in Aircraft Technology, Zagreb, Croatia, 2012, pp 141-156.

[16] Hitchens F. Propeller aerodynamics: The history, aerodynamics & operation of aircraft propellers. Andrews UK Limited, 2015.

[17] Johnson W. Helicopter theory. Princeton University Press, Princeton, 1980.

[18] Chapman S. Electric machinery fundamentals. McGraw-Hill, New York, 2005.

第二篇 建模篇

第 5 章 Chapter 5 坐标系和姿态表示

浑天仪

中国古人很早就开始采用坐标定位原理观测星象。浑天仪由浑象和浑仪组成。浑象是一个球体，雕刻有赤道、星宿、黄道、恒显圈、恒稳圈等，浑仪是有一个窥管的观测仪器，用来测量赤道和太阳黄道的坐标。浑仪的早期模型包括四游仪和赤道环。在汉代到北宋期间，浑天仪得到了不断的发展和改进，如浑仪增加了白道环、地平环、黄道环、子午环等。在元朝期间，郭守敬取消了黄道环，并把原来的浑仪分成了两个部分：简仪和立运仪。

为了描述多旋翼的姿态和位置，有必要建立适当的坐标系。坐标系有助于理清变量之间的关系，便于后续计算。本章将多旋翼看成刚体，它在空间中的姿态主要描述机体坐标系和地球固连坐标系之间的旋转关系。目前有多种姿态表示方法，每种都有其优缺点。本章将给出欧拉角、旋转矩阵和四元数三种姿态表示方式，以及对应的姿态变化率与机体角速度之间的关系。不同的姿态表示方法对应不同的建模方法，而建模与后续的滤波方法和控制方法息息相关。深刻理解坐标系和姿态表示方法有助于理解多旋翼的运动规律，进而有助于滤波器和控制器的设计。

本章主要回答以下问题：

三种姿态表示方法及其导数与机体角速度之间的关系分别是什么？

本章将从建立坐标系开始，详细介绍和推导姿态表示及其求导式。

5.1 坐标系

1. 右手定则

在定义坐标系前先介绍**右手定则**。如图 5-1(a) 所示，右手大拇指指向 ox 轴正方向，食指指向 oy 轴正方向，中指所指方向即 oz 轴正方向。进一步，如图 5-1(b) 所示，要确定旋转正方向，用右手大拇指指向旋转轴正方向，弯曲四指，则四指所指方向即旋转正方向。

本章采用的坐标系和后面定义的角度正方向都沿用右手定则。

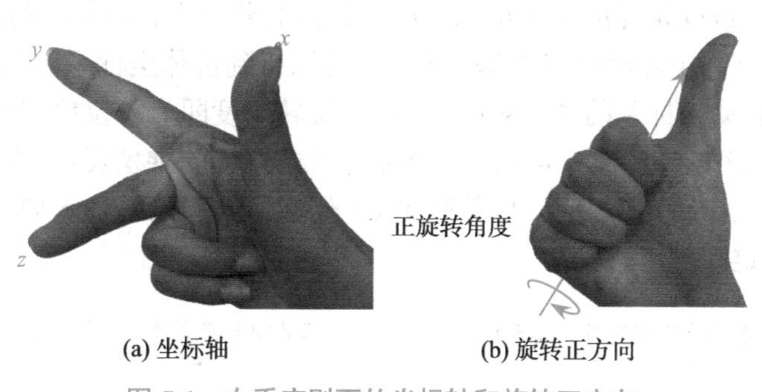

(a) 坐标轴 (b) 旋转正方向

图 5-1 右手定则下的坐标轴和旋转正方向

2. 地球固连坐标系与机体坐标系

地球固连坐标系 $o_e x_e y_e z_e$ 用于研究多旋翼飞行器相对于地面的运动状态，确定机体的三维位置，忽略地球曲率，即将地球表面假设成平面。通常以多旋翼起飞位置或者地心作为坐标原点 o_e，先让 $o_e x_e$ 轴在水平面内指向某一方向，$o_e z_e$ 轴垂直于地面向下，然后按右手定则确定 $o_e y_e$ 轴。

机体坐标系 $o_b x_b y_b z_b$ 与多旋翼机体固连，其原点 o_b 取在多旋翼的重心位置；$o_b x_b$ 轴在多旋翼对称平面内指向机头方向（机头方向与多旋翼是十字形或 X 字形相关，可参考 3.1.1 节深入了解）；$o_b z_b$ 轴在多旋翼对称平面内，垂直于 $o_b x_b$ 轴向下，然后按右手定则确定 $o_b y_b$ 轴。机体坐标系与地球固连坐标系的关系如图 5-2 所示。

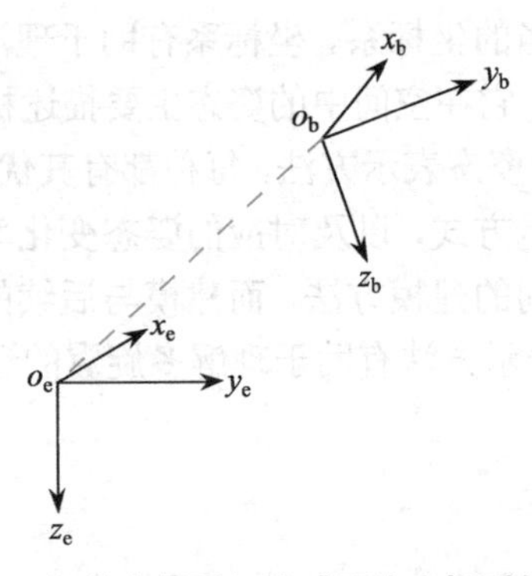

图 5-2 机体坐标系与地球固连坐标系的关系

定义如下单位向量：

$$\mathbf{e}_1 \triangleq \begin{bmatrix} 1 \\ 0 \\ 0 \end{bmatrix}, \quad \mathbf{e}_2 \triangleq \begin{bmatrix} 0 \\ 1 \\ 0 \end{bmatrix}, \quad \mathbf{e}_3 \triangleq \begin{bmatrix} 0 \\ 0 \\ 1 \end{bmatrix}$$

在地球固连坐标系下，沿 $o_e x_e$、$o_e y_e$ 和 $o_e z_e$ 轴的单位向量分别表示为 $\mathbf{e}_1$、$\mathbf{e}_2$ 和 $\mathbf{e}_3$。在机体坐标系下，沿 $o_b x_b$、$o_b y_b$ 和 $o_b z_b$ 轴的单位向量满足如下关系：

$$^{\mathrm{b}}\mathbf{b}_1 = \mathbf{e}_1, \quad ^{\mathrm{b}}\mathbf{b}_2 = \mathbf{e}_2, \quad ^{\mathrm{b}}\mathbf{b}_3 = \mathbf{e}_3.$$

在地球固连坐标系下，沿 $o_b x_b$、$o_b y_b$ 和 $o_b z_b$ 轴的单位向量分别表示为 $^{\mathrm{e}}\mathbf{b}_1$、$^{\mathrm{e}}\mathbf{b}_2$ 和 $^{\mathrm{e}}\mathbf{b}_3$。

5.2 姿态表示

本节将介绍欧拉角、旋转矩阵和四元数三种姿态表示方法。

5.2.1 欧拉角

1. 欧拉角定义

欧拉角是一种直观的姿态表示方法，且物理意义明确，在姿态控制中被广泛应用。根据欧拉定理，刚体绕固定点的旋转可以看成绕该点的若干次有限旋转的合成 [1,pp155-161]。地球固连坐标系绕固定点经过三次基本旋转，可以得到机体坐标系。在这三次基本旋转中，旋转轴是待转动坐标系的某一对应坐标轴，旋转角度即为欧拉角。因此，姿态矩阵与三次基本旋转的顺序密切相关，可以用三次基本旋转矩阵的乘积表示。直观地，令地球固连坐标系与机体坐标系完全一致，则偏航角 ψ、俯仰角 θ 和滚转角 ϕ 如图 5-3 所示，角度的正方向由右手定则确定。

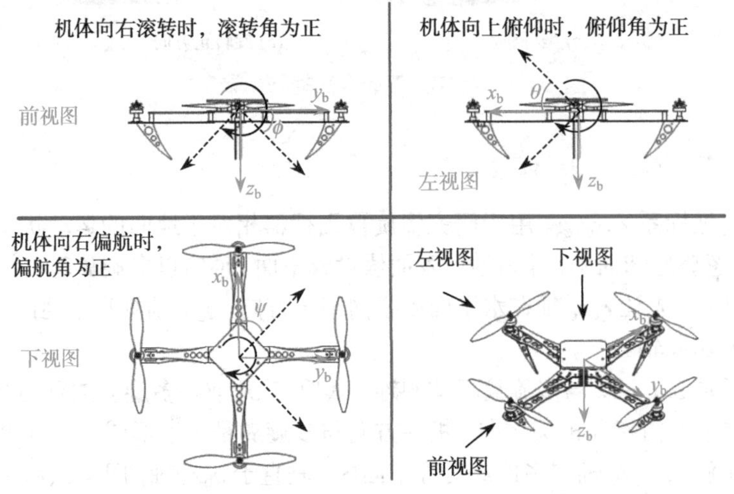

图 5-3 欧拉角直观表示

实际中，欧拉角表示较复杂。如图 5-4 所示，o_b' 表示 o_b 在平面 $o_ex_ey_e$ 上的投影，o_{x_b} 表示 x_bo_b 延长线与平面 $o_ex_ey_e$ 的交点，$o_bo_{z_b}$ 表示 o_bz_b 在通过机体轴 o_bx_b 的铅垂面 $o_bo_{x_b}o_b'$ 上的投影；$o_{x_ex_b}$ 表示 x_eo_e 延长线与 $o_b'o_{x_b}$ 延长线的交点。欧拉角定义如下[2,pp9-10]：

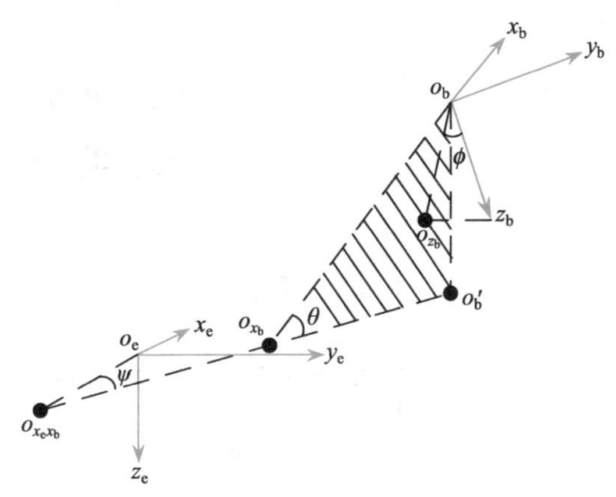

图 5-4 欧拉角示意图

① **俯仰角** θ：o_bx_b 轴与平面 $o_ex_ey_e$ 的夹角，即图 5-4 中的 $\angle o_bo_{x_b}o_b'$。取 o_bx_b 轴指向上方为正，否则为负。图 5-4 中的俯仰角为正。

② **滚转角** ϕ：o_bz_b 轴与铅垂面 $o_bo_{x_b}o_b'$ 之间的夹角，即图 5-4 中的 $\angle z_bo_bo_{z_b}$。取 o_bz_b 轴指向铅垂面 $o_bo_{x_b}o_b'$ 的左方为正，否则为负。图 5-4 中的滚转角为负。

③ **偏航角** ψ：o_bx_b 轴在平面 $o_ex_ey_e$ 上的投影与 o_ex_e 延长线的夹角，即图 5-4 中的 $\angle o_eo_{x_ex_b}o_b'$。取地球固连坐标系顺时针转动为正，否则为负。图 5-4 中的偏航角为正。

下面研究地球固连坐标系到机体坐标系的旋转关系。这个旋转关系包括三次基本旋转，即绕图 5-5 中的 $\mathbf{e}_3$、$\mathbf{k}_2$ 和 $\mathbf{n}_1$ 轴分别旋转欧拉角 ψ、θ 和 ϕ。

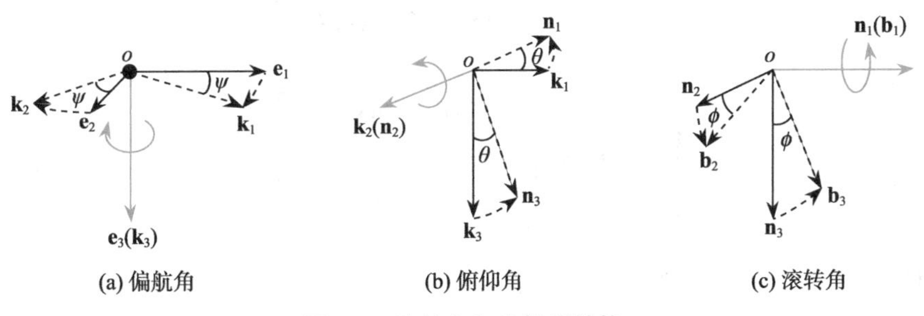

图 5-5 欧拉角与坐标系转换

① 如图 5-5(a) 所示，绕 $\mathbf{e}_3$ 轴旋转的角度即偏航角 ψ（规定机体向右偏航时角度为正，取值范围 $[-\pi,\pi]$）。

② 如图 5-5(b) 所示，绕 $\mathbf{k}_2$ 轴旋转的角度即俯仰角 θ（规定机体头部上扬时角度为正，取值范围 $[-\pi/2,\pi/2]$）。

③ 如图 5-5(c) 所示，绕 $\mathbf{n}_1$ 轴旋转的角度即滚转角 ϕ（规定机体向右滚转时角度为正，取值范围 $[-\pi,\pi]$）。

2. 姿态变化率与机体角速度的关系

如图 5-5 所示，如果机体旋转角速度为 ${}^{\mathrm{b}}\boldsymbol{\omega} = [\omega_{x_b} \quad \omega_{y_b} \quad \omega_{z_b}]^{\mathrm{T}}$，那么**姿态变化率与机体旋转角速度**有如下关系[3,pp35-36]：

$$
{}^{\mathrm{b}}\boldsymbol{\omega} = \dot{\psi}\cdot{}^{\mathrm{b}}\mathbf{k}_3 + \dot{\theta}\cdot{}^{\mathrm{b}}\mathbf{n}_2 + \dot{\phi}\cdot{}^{\mathrm{b}}\mathbf{b}_1. \tag{5.1}
$$

由于

$$
\begin{aligned}
{}^{\mathrm{b}}\mathbf{n}_2 &= \mathbf{R}_{\mathrm{n}}^{\mathrm{b}} \cdot {}^{\mathrm{n}}\mathbf{n}_2 = \mathbf{R}_{\mathrm{n}}^{\mathrm{b}} \cdot \mathbf{e}_2 \\
{}^{\mathrm{b}}\mathbf{k}_3 &= \mathbf{R}_{\mathrm{k}}^{\mathrm{b}} \cdot {}^{\mathrm{k}}\mathbf{k}_3 = \mathbf{R}_{\mathrm{k}}^{\mathrm{b}} \cdot \mathbf{e}_3
\end{aligned}
$$

则

$$
\begin{cases}
{}^{\mathrm{b}}\mathbf{b}_1 = \begin{bmatrix} 1 & 0 & 0 \end{bmatrix}^{\mathrm{T}} \\
{}^{\mathrm{b}}\mathbf{n}_2 = \mathbf{R}_{\mathrm{n}}^{\mathrm{b}} \cdot \mathbf{e}_2 = \begin{bmatrix} 0 & \cos\phi & -\sin\phi \end{bmatrix}^{\mathrm{T}} \\
{}^{\mathrm{b}}\mathbf{k}_3 = \mathbf{R}_{\mathrm{k}}^{\mathrm{b}} \cdot \mathbf{e}_3 = \begin{bmatrix} -\sin\theta & \cos\theta\sin\phi & \cos\theta\cos\phi \end{bmatrix}^{\mathrm{T}}
\end{cases} \tag{5.2}
$$

其中，$\mathbf{R}_{\mathrm{n}}^{\mathrm{b}} = \mathbf{R}_x(\phi), \mathbf{R}_{\mathrm{k}}^{\mathrm{b}} = \mathbf{R}_x(\phi)\mathbf{R}_y(\theta)$。$\mathbf{R}_x(\phi)$、$\mathbf{R}_y(\theta)$ 和 $\mathbf{R}_z(\psi)$ 的具体形式如下：

$$
\begin{cases}
\mathbf{R}_x(\phi) \triangleq \begin{bmatrix} 1 & 0 & 0 \\ 0 & \cos\phi & \sin\phi \\ 0 & -\sin\phi & \cos\phi \end{bmatrix} \\
\mathbf{R}_y(\theta) \triangleq \begin{bmatrix} \cos\theta & 0 & -\sin\theta \\ 0 & 1 & 0 \\ \sin\theta & 0 & \cos\theta \end{bmatrix} \\
\mathbf{R}_z(\psi) \triangleq \begin{bmatrix} \cos\psi & \sin\psi & 0 \\ -\sin\psi & \cos\psi & 0 \\ 0 & 0 & 1 \end{bmatrix}.
\end{cases} \tag{5.3}
$$

结合式 (5.1) 和式 (5.2)，得到

$$
\begin{bmatrix} \omega_{x_{\mathrm{b}}} \\ \omega_{y_{\mathrm{b}}} \\ \omega_{z_{\mathrm{b}}} \end{bmatrix} = \begin{bmatrix} 1 & 0 & -\sin\theta \\ 0 & \cos\phi & \cos\theta\sin\phi \\ 0 & -\sin\phi & \cos\theta\cos\phi \end{bmatrix} \begin{bmatrix} \dot{\phi} \\ \dot{\theta} \\ \dot{\psi} \end{bmatrix}. \tag{5.4}
$$

进一步，有

$$
\dot{\mathbf{\Theta}} = \mathbf{W} \cdot {}^{\mathrm{b}}\boldsymbol{\omega} \tag{5.5}
$$

其中，

$$
\mathbf{\Theta} \triangleq \begin{bmatrix} \phi \\ \theta \\ \psi \end{bmatrix}, \quad \mathbf{W} \triangleq \begin{bmatrix} 1 & \tan\theta\sin\phi & \tan\theta\cos\phi \\ 0 & \cos\phi & -\sin\phi \\ 0 & \sin\phi/\cos\theta & \cos\phi/\cos\theta \end{bmatrix}. \tag{5.6}
$$

从式 (5.6) 可以看出，矩阵 $\mathbf{W}$ 中部分元素的分母为 $\cos\theta$。在这种情况下，$\cos\theta = 0$ 会导致奇异性问题，应该尽量避免。

5.2.2 旋转矩阵

1. 旋转矩阵定义

旋转矩阵满足

$$\begin{cases} {}^{\mathrm{e}}\mathbf{b}_1 = \mathbf{R}_{\mathrm{b}}^{\mathrm{e}} \cdot {}^{\mathrm{b}}\mathbf{b}_1 = \mathbf{R}_{\mathrm{b}}^{\mathrm{e}} \cdot \mathbf{e}_1 \\ {}^{\mathrm{e}}\mathbf{b}_2 = \mathbf{R}_{\mathrm{b}}^{\mathrm{e}} \cdot {}^{\mathrm{b}}\mathbf{b}_2 = \mathbf{R}_{\mathrm{b}}^{\mathrm{e}} \cdot \mathbf{e}_2 \\ {}^{\mathrm{e}}\mathbf{b}_3 = \mathbf{R}_{\mathrm{b}}^{\mathrm{e}} \cdot {}^{\mathrm{b}}\mathbf{b}_3 = \mathbf{R}_{\mathrm{b}}^{\mathrm{e}} \cdot \mathbf{e}_3. \end{cases} \tag{5.7}$$

因此，旋转矩阵定义为

$$\mathbf{R}_{\mathrm{b}}^{\mathrm{e}} \triangleq \begin{bmatrix} {}^{\mathrm{e}}\mathbf{b}_1 & {}^{\mathrm{e}}\mathbf{b}_2 & {}^{\mathrm{e}}\mathbf{b}_3 \end{bmatrix} \tag{5.8}$$

其中，$\mathbf{R}_{\mathrm{b}}^{\mathrm{e}} \in SO(3), SO(3) \triangleq \{\mathbf{R}|\mathbf{R}^{\mathrm{T}}\mathbf{R} = \mathbf{I}_3, \det(\mathbf{R}) = 1, \mathbf{R} \in \mathbb{R}^{3\times3}\}$。根据 5.2.1 节中欧拉角的定义，从地球固连坐标系到机体坐标系的旋转可以通过三步来完成（见图 5-5）。这些过程表示如下 [3,pp35-36]：

$$\begin{bmatrix} \mathbf{e}_1 \\ \mathbf{e}_2 \\ \mathbf{e}_3 \end{bmatrix} \xrightarrow{\mathbf{R}_z(\psi)} \begin{bmatrix} \mathbf{k}_1 \\ \mathbf{k}_2 \\ \mathbf{k}_3 = \mathbf{e}_3 \end{bmatrix} \xrightarrow{\mathbf{R}_y(\theta)} \begin{bmatrix} \mathbf{n}_1 \\ \mathbf{n}_2 = \mathbf{k}_2 \\ \mathbf{n}_3 \end{bmatrix} \xrightarrow{\mathbf{R}_x(\phi)} \begin{bmatrix} {}^{\mathrm{e}}\mathbf{b}_1 = \mathbf{n}_1 \\ {}^{\mathrm{e}}\mathbf{b}_2 \\ {}^{\mathrm{e}}\mathbf{b}_3 \end{bmatrix}.$$

那么，从机体坐标系到地球固连坐标系的旋转矩阵 $\mathbf{R}_{\mathrm{b}}^{\mathrm{e}}$ 表示为

$$\begin{aligned} \mathbf{R}_{\mathrm{b}}^{\mathrm{e}} &= \left(\mathbf{R}_{\mathrm{e}}^{\mathrm{b}}\right)^{-1} \\ &= \mathbf{R}_z^{-1}(\psi)\mathbf{R}_y^{-1}(\theta)\mathbf{R}_x^{-1}(\phi) \\ &= \mathbf{R}_z^{\mathrm{T}}(\psi)\mathbf{R}_y^{\mathrm{T}}(\theta)\mathbf{R}_x^{\mathrm{T}}(\phi) \\ &= \begin{bmatrix} \cos\theta\cos\psi & \cos\psi\sin\theta\sin\phi - \sin\psi\cos\phi & \cos\psi\sin\theta\cos\phi + \sin\psi\sin\phi \\ \cos\theta\sin\psi & \sin\psi\sin\theta\sin\phi + \cos\psi\cos\phi & \sin\psi\sin\theta\cos\phi - \cos\psi\sin\phi \\ -\sin\theta & \sin\phi\cos\theta & \cos\phi\cos\theta \end{bmatrix}. \end{aligned} \tag{5.9}$$

反之，也可由旋转矩阵求欧拉角。首先，定义旋转矩阵 $\mathbf{R}_{\mathrm{b}}^{\mathrm{e}}$ 为

$$\mathbf{R}_{\mathrm{b}}^{\mathrm{e}} \triangleq \begin{bmatrix} r_{11} & r_{12} & r_{13} \\ r_{21} & r_{22} & r_{23} \\ r_{31} & r_{32} & r_{33} \end{bmatrix}.$$

由式 (5.9) 得

$$\begin{cases} \tan\psi = \dfrac{r_{21}}{r_{11}} \\ \sin\theta = -r_{31} \\ \tan\phi = \dfrac{r_{32}}{r_{33}}. \end{cases} \tag{5.10}$$

考虑到欧拉角的取值范围为 $\psi \in [-\pi,\pi], \theta \in [-\pi/2,\pi/2], \phi \in [-\pi,\pi]$, 式 (5.10) 的解为

$$\begin{cases} \psi = \arctan\dfrac{r_{21}}{r_{11}} \\ \theta = \arcsin(-r_{31}) \\ \phi = \arctan\dfrac{r_{32}}{r_{33}}. \end{cases} \tag{5.11}$$

这里，arctan(·) 和 arcsin(·) 的值域为 $[-\pi/2,\pi/2]$。在大机动情况下，俯仰角的真实取值范围为 $\theta\in[-\pi,\pi]$。因此，需要扩展上述求解结果。此外，欧拉角表示方法存在**奇异性**问题，当 $\theta=\pm\pi/2$ 即 $r_{11}=r_{21}=0$ 时，发生奇异。

当 $\theta=\pm\pi/2$ 时，$\mathbf{R}_\mathrm{b}^\mathrm{e}$ 重新表示为

$$\mathbf{R}_\mathrm{b}^\mathrm{e}=\begin{bmatrix}0 & -\sin(\psi\mp\phi) & \cos(\psi\mp\phi)\\ 0 & \cos(\psi\mp\phi) & \sin(\psi\mp\phi)\\ \mp 1 & 0 & 0\end{bmatrix}. \tag{5.12}$$

在这种情况下，虽然 $\psi\mp\phi$ 与 $\mathbf{R}_\mathrm{b}^\mathrm{e}$ 一一对应，但是 ψ 和 ϕ 的值不能唯一确定，有无穷多种组合。换句话说，当 $\theta=\pm\pi/2$ 时，ψ 和 ϕ 不存在唯一解。为了避免奇异性问题，在奇异情况下，人为设定 $\phi=0$。下面给出一种避免奇异的求解 ϕ、θ 和 ψ 的算法。如果 $r_{11}=r_{21}=0$，那么

$$\begin{cases}\phi=0\\ \psi=\arctan 2(-r_{12},r_{22})\\ \theta=\operatorname{sign}(-r_{31})\dfrac{\pi}{2}.\end{cases} \tag{5.13}$$

否则

$$(\phi,\theta,\psi)=\arg\min_{\phi_i,\theta_j,\psi_k,i,j,k\in\{0,1\}}\left\|\mathbf{R}_\mathrm{b}^\mathrm{e}-\mathbf{R}_z^{-1}(\psi_k)\,\mathbf{R}_y^{-1}(\theta_j)\,\mathbf{R}_x^{-1}(\phi_i)\right\|. \tag{5.14}$$

ϕ_i、θ_j 和 ψ_k 表示如下：

$$\begin{cases}\psi_0=\arctan 2(r_{21},r_{11}), & \psi_1=\arctan 2(-r_{21},-r_{11})\\ \theta_0=\arcsin(-r_{31}), & \theta_1=\operatorname{sign}(\theta_0)\pi-\theta_0\\ \phi_0=\arctan 2(r_{32},r_{33}), & \phi_1=\arctan 2(-r_{32},-r_{33})\end{cases} \tag{5.15}$$

其中，函数 arctan2 定义如下：

$$\arctan 2(y,x)\triangleq\begin{cases}\arctan(y/x), & x>0\\ \arctan(y/x)+\pi, & y\geqslant 0,\quad x<0\\ \arctan(y/x)-\pi, & y<0,\quad x<0\\ +\pi/2, & y>0,\quad x=0\\ -\pi/2, & y<0,\quad x=0\\ \text{未定义}, & y=0,\quad x=0.\end{cases} \tag{5.16}$$

虽然式 (5.15) 中的每个欧拉角都有两种可能的取值，但在大多数情况下，它们的真值被优化式 (5.14) 唯一确定。也存在一些例外，如当 $r_{11}=r_{33}=1$，$r_{21}=r_{32}=0$，$r_{31}=0$ 时，有两种组合的解：$\psi_0=0$，$\theta_0=0$，$\phi_0=0$；$\psi_1=\pi$，$\theta_1=\pi$，$\phi_1=\pi$。这两组解对应的旋转矩阵相同，即

$$\mathbf{R}_\mathrm{b}^\mathrm{e}=\begin{bmatrix}1 & 0 & 0\\ 0 & 1 & 0\\ 0 & 0 & 1\end{bmatrix}.$$

在实际中，由于旋转的连续性，与前一时刻的值（$\psi(t-\Delta t)$、$\theta(t-\Delta t)$ 和 $\phi(t-\Delta t)$，$\Delta t\in\mathbb{R}_+$ 的值很小）更接近的组合是正确解。

2．旋转矩阵导数与机体角速度的关系

仅考虑刚体旋转（不考虑平动），对任意向量 ${}^{\mathrm{e}}\mathbf{r} \in \mathbb{R}^3$ 求导，满足

$$\frac{\mathrm{d}\,{}^{\mathrm{e}}\mathbf{r}}{\mathrm{d}t} = {}^{\mathrm{e}}\boldsymbol{\omega} \times {}^{\mathrm{e}}\mathbf{r} \tag{5.17}$$

其中，符号“×”表示向量叉乘。图 5-6 中的圆周运动可以直观地阐释式 (5.17)。两个向量 $\mathbf{a} \triangleq [a_x \quad a_y \quad a_z]^{\mathrm{T}}$ 和 $\mathbf{b} \triangleq [b_x \quad b_y \quad b_z]^{\mathrm{T}}$ 的叉乘定义为 [4,pp 25-26]

$$\mathbf{a} \times \mathbf{b} = [\mathbf{a}]_\times \mathbf{b} \tag{5.18}$$

其中，

$$[\mathbf{a}]_\times \triangleq \begin{bmatrix} 0 & -a_z & a_y \\ a_z & 0 & -a_x \\ -a_y & a_x & 0 \end{bmatrix} \tag{5.19}$$

是斜对称矩阵。

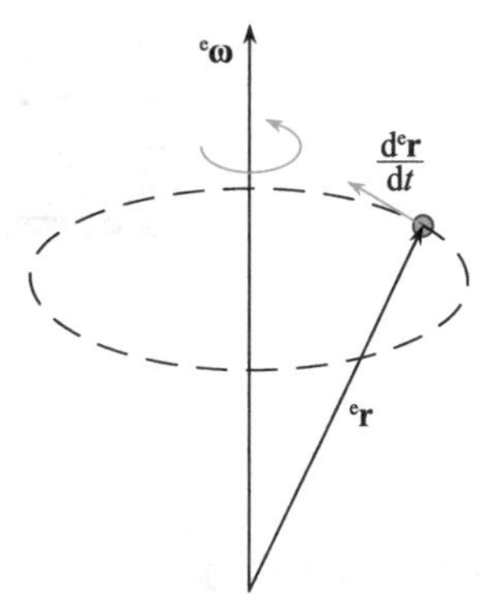

图 5-6　对圆周运动向量求导

由式 (5.17) 可得

$$\frac{\mathrm{d}\left[\,{}^{\mathrm{e}}\mathbf{b}_1 \quad {}^{\mathrm{e}}\mathbf{b}_2 \quad {}^{\mathrm{e}}\mathbf{b}_3\,\right]}{\mathrm{d}t} = \left[\,{}^{\mathrm{e}}\boldsymbol{\omega} \times {}^{\mathrm{e}}\mathbf{b}_1 \quad {}^{\mathrm{e}}\boldsymbol{\omega} \times {}^{\mathrm{e}}\mathbf{b}_2 \quad {}^{\mathrm{e}}\boldsymbol{\omega} \times {}^{\mathrm{e}}\mathbf{b}_3\,\right]. \tag{5.20}$$

由于 ${}^{\mathrm{e}}\boldsymbol{\omega} = \mathbf{R}_{\mathrm{b}}^{\mathrm{e}} \cdot {}^{\mathrm{b}}\boldsymbol{\omega}$，结合向量叉乘的性质，式 (5.20) 进一步表示为

$$\frac{\mathrm{d}\mathbf{R}_{\mathrm{b}}^{\mathrm{e}}}{\mathrm{d}t} = \mathbf{R}_{\mathrm{b}}^{\mathrm{e}} \left[{}^{\mathrm{b}}\boldsymbol{\omega}\right]_\times \tag{5.21}$$

其中，$\left[{}^{\mathrm{b}}\boldsymbol{\omega}\right]_\times$ 是 ${}^{\mathrm{b}}\boldsymbol{\omega}$ 的斜对称形式。相关的公式推导留作本章练习题。

旋转矩阵的应用避免了奇异性问题。然而，$\mathbf{R}_{\mathrm{b}}^{\mathrm{e}}$ 含有 9 个未知变量，因此求解微分方程 (5.21) 的计算量比较大。下面将介绍四元数表示方法。

5.2.3　四元数

四元数是目前应用最广泛的姿态表示方法之一。威廉・罗文・哈密顿（William Rowan Hamilton）早在 1843 年就引入了四元数代数，并建立了相关理论，但因为当时计算条件的制约，四元数理论未能应用于实际系统。为了纪念他，人们在威廉・罗文・哈密顿产生四元数灵感的桥上的石碑上面雕刻了四元数式①，如图 5-7 所示。关于其历史，可参考文献 [5] 和 [6]。近年来，随着高性能计算机的广泛应用，以及飞行器姿态控制研究的迅速发展，四元数受到越来越多的关注。

① 石碑上写着：Here as he walked by on the 16th of October 1843 Sir William Rowan Hamilton in a flash of genius discovered the fundamental formula for quaternion multiplication $i^2 = j^2 = k^2 = ijk = -1$ & cut it on a stone of this bridge.

图 5-7 爱尔兰都柏林布鲁穆桥（现称为金雀花桥，Broom Bridge）上的四元数石碑（图片来自 en.wikipedia.org）

1. 四元数定义

四元数一般表示为

$$\mathbf{q} \triangleq \begin{bmatrix} q_0 \\ \mathbf{q}_v \end{bmatrix} \tag{5.22}$$

其中，$q_0 \in \mathbb{R}$ 是 $\mathbf{q} \in \mathbb{R}^4$ 的标量部分，$\mathbf{q}_v = [\, q_1 \quad q_2 \quad q_3 \,]^T \in \mathbb{R}^3$ 是向量部分。对于实数 $s \in \mathbb{R}$，对应的四元数表示形式为 $\mathbf{q} = [\, s \quad \mathbf{0}_{1\times3} \,]^T$。对于纯向量 $\mathbf{v} \in \mathbb{R}^3$，对应的四元数表示形式为 $\mathbf{q} = [\, 0 \quad \mathbf{v}^T \,]^T$。

2. 四元数的基本运算法则 [7, 8]

（1）加减法

$$\mathbf{p} \pm \mathbf{q} = \begin{bmatrix} p_0 \\ \mathbf{p}_v \end{bmatrix} \pm \begin{bmatrix} q_0 \\ \mathbf{q}_v \end{bmatrix} = \begin{bmatrix} p_0 \pm q_0 \\ \mathbf{p}_v \pm \mathbf{q}_v \end{bmatrix}.$$

（2）乘法

$$\mathbf{p} \otimes \mathbf{q} = \begin{bmatrix} p_0 \\ \mathbf{p}_v \end{bmatrix} \otimes \begin{bmatrix} q_0 \\ \mathbf{q}_v \end{bmatrix} = \begin{bmatrix} p_0 q_0 - \mathbf{q}_v^T \mathbf{p}_v \\ \mathbf{p}_v \times \mathbf{q}_v + p_0 \mathbf{q}_v + q_0 \mathbf{p}_v \end{bmatrix}.$$

四元数乘法也可以表示为两个等效矩阵的乘积，即

$$\mathbf{p} \otimes \mathbf{q} = \mathbf{p}^+ \mathbf{q} = \mathbf{q}^- \mathbf{p}$$

其中，

$$\mathbf{p}^+ = p_0 \mathbf{I}_4 + \begin{bmatrix} 0 & -\mathbf{p}_v^T \\ \mathbf{p}_v & [\mathbf{p}_v]_\times \end{bmatrix}, \quad \mathbf{q}^- = q_0 \mathbf{I}_4 + \begin{bmatrix} 0 & -\mathbf{q}_v^T \\ \mathbf{q}_v & -[\mathbf{q}_v]_\times \end{bmatrix}.$$

乘法运算性质如下所述。

① 不满足交换律：

$$\mathbf{p} \otimes \mathbf{q} \neq \mathbf{q} \otimes \mathbf{p}.$$

② 满足分配律和结合律：

$$\mathbf{q}\otimes(\mathbf{r}+\mathbf{m})=\mathbf{q}\otimes\mathbf{r}+\mathbf{q}\otimes\mathbf{m}$$
$$\mathbf{q}\otimes\mathbf{r}\otimes\mathbf{m}=(\mathbf{q}\otimes\mathbf{r})\otimes\mathbf{m}=\mathbf{q}\otimes(\mathbf{r}\otimes\mathbf{m}).$$

③ 数乘：

$$s\mathbf{q}=\mathbf{q}s=\begin{bmatrix} sq_0 \\ s\mathbf{q}_\mathrm{v} \end{bmatrix}.$$

④ 向量对应的四元数之间相乘：

$$\mathbf{q}_\mathbf{u}\otimes\mathbf{q}_\mathbf{v}=\begin{bmatrix} 0 \\ \mathbf{u} \end{bmatrix}\otimes\begin{bmatrix} 0 \\ \mathbf{v} \end{bmatrix}=\begin{bmatrix} -\mathbf{u}^\mathrm{T}\mathbf{v} \\ \mathbf{u}\times\mathbf{v} \end{bmatrix}.$$

（3）共轭

四元数的共轭定义为

$$\mathbf{q}^*=\begin{bmatrix} q_0 \\ -\mathbf{q}_\mathrm{v} \end{bmatrix} \tag{5.23}$$

其中，$\mathbf{q}=[\ q_0 \quad \mathbf{q}_\mathrm{v}^\mathrm{T}\ ]^\mathrm{T}$。性质如下：

$$(\mathbf{q}^*)^*=\mathbf{q}$$
$$(\mathbf{p}\otimes\mathbf{q})^*=\mathbf{q}^*\otimes\mathbf{p}^*$$
$$(\mathbf{p}+\mathbf{q})^*=\mathbf{p}^*+\mathbf{q}^*$$

（4）范数

四元数的范数定义为

$$\begin{aligned}\|\mathbf{q}\|^2&=\|\mathbf{q}\otimes\mathbf{q}^*\|\\&=\|\mathbf{q}^*\otimes\mathbf{q}\|\\&=q_0^2+\mathbf{q}_\mathrm{v}^\mathrm{T}\mathbf{q}_\mathrm{v}\\&=q_0^2+q_1^2+q_2^2+q_3^2.\end{aligned}$$

性质如下：

$$\|\mathbf{p}\otimes\mathbf{q}\|=\|\mathbf{p}\|\,\|\mathbf{q}\|$$
$$\|\mathbf{q}^*\|=\|\mathbf{q}\|.$$

（5）求逆

四元数的逆 $\mathbf{q}^{-1}$ 满足

$$\mathbf{q}\otimes\mathbf{q}^{-1}=\begin{bmatrix} 1 \\ \mathbf{0}_{3\times1} \end{bmatrix}$$

四元数的逆由下式计算：

$$\mathbf{q}^{-1}=\frac{\mathbf{q}^*}{\|\mathbf{q}\|^2}.$$

（6）单位四元数

单位四元数 $\mathbf{q}$ 满足 $\|\mathbf{q}\|=1$。令 $\|\mathbf{p}\|=\|\mathbf{q}\|=1$，有

$$\|\mathbf{p}\otimes\mathbf{q}\|=1$$
$$\mathbf{q}^{-1}=\mathbf{q}^{*}.$$

（7）除法

如果 $\mathbf{r}\otimes\mathbf{p}=\mathbf{m}$，那么

$$\mathbf{r}\otimes\mathbf{p}\otimes\mathbf{p}^{-1}=\mathbf{m}\otimes\mathbf{p}^{-1}$$
$$\mathbf{r}=\mathbf{m}\otimes\mathbf{p}^{-1}.$$

如果 $\mathbf{p}\otimes\mathbf{r}=\mathbf{m}$，那么

$$\mathbf{p}^{-1}\otimes\mathbf{p}\otimes\mathbf{r}=\mathbf{p}^{-1}\otimes\mathbf{m}$$
$$\mathbf{r}=\mathbf{p}^{-1}\otimes\mathbf{m}.$$

3. 四元数表示旋转

基于以上基础知识，下面将阐述为什么四元数可以用来表示旋转。首先，考虑向量旋转的情况。假如 $\mathbf{q}$ 表示一个旋转过程，$\mathbf{v}_1\in\mathbb{R}^3$ 表示一个向量，那么在 $\mathbf{q}$ 的作用下，向量 $\mathbf{v}_1$ 变为向量 $\mathbf{v}_1'\in\mathbb{R}^3$。整个过程表示如下：

$$\begin{bmatrix}0\\ \mathbf{v}_1'\end{bmatrix}=\mathbf{q}\otimes\begin{bmatrix}0\\ \mathbf{v}_1\end{bmatrix}\otimes\mathbf{q}^{-1}. \tag{5.24}$$

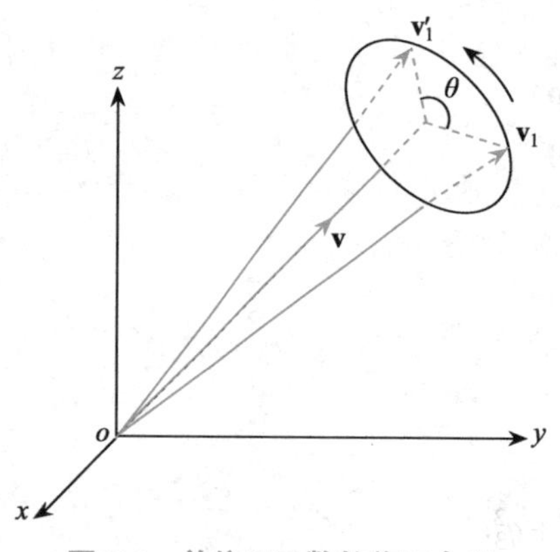

图 5-8 单位四元数的物理含义

由基本的运算规则可知上式的第一行恒成立，相关推导过程留作本章习题。如图 5-8 所示，单位四元数也可以表示为

$$\mathbf{q}=\begin{bmatrix}\cos\dfrac{\theta}{2}\\ \mathbf{v}\sin\dfrac{\theta}{2}\end{bmatrix} \tag{5.25}$$

其中，$\mathbf{v}\in\mathbb{R}^3$ 表示旋转轴且满足 $\|\mathbf{v}\|=1$，$\theta\in\mathbb{R}$ 表示旋转角度，$\mathbf{q}\in\mathbb{R}^4$ 表示绕轴 $\mathbf{v}$ 旋转 θ 角度（旋转的正方向由右手定则确定）。

四元数能表示三维旋转的理由通过如下定理阐述。

定理 5.1 [7] 令 $\mathbf{p}_\mathrm{v}=[\,p_x\quad p_y\quad p_z\,]^\mathrm{T}\in\mathbb{R}^3$ 为三维空间内的一点，用齐次坐标将其表示为四元数的形式，即 $\mathbf{p}=[\,0\quad \mathbf{p}_\mathrm{v}^\mathrm{T}\,]^\mathrm{T}$。令 $\mathbf{q}$ 为任一单位四元数，则：

（1）乘积 $\mathbf{q}\otimes\mathbf{p}\otimes\mathbf{q}^{-1}$ 使 $\mathbf{p}$ 变换到 $\mathbf{p}'=[\,p_0'\quad \mathbf{p}_\mathrm{v}'^\mathrm{T}\,]^\mathrm{T}$，且满足 $\|\mathbf{p}_\mathrm{v}\|=\|\mathbf{p}_\mathrm{v}'\|$。

（2）任一非零实数 s 与 $\mathbf{q}$ 相乘，结论（1）仍然成立。

（3）式 (5.25) 中的四元数 $\mathbf{q}$ 代表一个旋转，其含义是将向量 $\mathbf{v}_t\in\mathbb{R}^3$ 绕单位轴 $\mathbf{v}\in\mathbb{R}^3$ 旋转 θ 角度，得到 $\mathbf{v}_t'\in\mathbb{R}^3$。

证明：

先证明结论（1）。对于任一单位四元数 $\mathbf{q}$，有 $\mathbf{q}^{-1}=\mathbf{q}^{*}$，其标量部分用 $S(\mathbf{q})$ 表示，并可以由式 $2S(\mathbf{q})=\mathbf{q}+\mathbf{q}^{*}$ 得到，于是得到 $\mathbf{p}'$ 的标量部分

$$\begin{aligned}2S(\mathbf{p}') &= 2S\left(\mathbf{q}\otimes\mathbf{p}\otimes\mathbf{q}^{-1}\right)\\ &= 2S\left(\mathbf{q}\otimes\mathbf{p}\otimes\mathbf{q}^{*}\right)\\ &= \mathbf{q}\otimes\mathbf{p}\otimes\mathbf{q}^{*}+\left(\mathbf{q}\otimes\mathbf{p}\otimes\mathbf{q}^{*}\right)^{*}\\ &= \mathbf{q}\otimes\mathbf{p}\otimes\mathbf{q}^{*}+\mathbf{q}\otimes\mathbf{p}^{*}\otimes\mathbf{q}^{*}\\ &= \mathbf{q}\otimes\left(\mathbf{p}+\mathbf{p}^{*}\right)\otimes\mathbf{q}^{*}\\ &= \mathbf{q}\otimes\left(2S(\mathbf{p})\right)\otimes\mathbf{q}^{*}\\ &= 2S(\mathbf{p})\,\mathbf{q}\otimes\mathbf{q}^{*}\\ &= 2S(\mathbf{p}).\end{aligned} \tag{5.26}$$

上式说明，四元数 $\mathbf{p}$ 经过单位四元数 $\mathbf{q}$ 作用后，得到四元数 $\mathbf{p}'$，且其标量部分保持不变，即 $S(\mathbf{p}')=p_0'=S(\mathbf{p})=0$。$p_0'$ 的值同样可以由式 (5.24) 计算得到，其实也为零。又由于 $\|\mathbf{p}'\|=\|\mathbf{q}\otimes\mathbf{p}\otimes\mathbf{q}^{*}\|=\|\mathbf{p}\|$，说明变换前后四元数的范数也不变，即 $\|\mathbf{p}_{\mathrm{v}}\|=\|\mathbf{p}_{\mathrm{v}}'\|$。

结论（2）的证明相对简单。由于 $(s\mathbf{q})^{-1}=\mathbf{q}^{-1}s^{-1}$，且四元数的数乘满足交换律，则

$$(s\mathbf{q})\otimes\mathbf{p}\otimes(s\mathbf{q})^{-1}=s\mathbf{q}\otimes\mathbf{p}\otimes\mathbf{q}^{-1}s^{-1}=\mathbf{q}\otimes\mathbf{p}\otimes\mathbf{q}^{-1}s^{-1}s=\mathbf{q}\otimes\mathbf{p}\otimes\mathbf{q}^{-1}. \tag{5.27}$$

由上式可知，将任一非零实数 s 与单位四元数 $\mathbf{q}$ 相乘，所得结果相同。进一步，结论（1）对于任一非零四元数均成立。

最后证明定理的重点结论（3）。如图 5-9 所示，已知两个单位向量 $\mathbf{v}_0$ 和 $\mathbf{v}_1$ $(\mathbf{v}_1\neq\pm\mathbf{v}_0)$，定义 $\theta/2$ 为 $\mathbf{v}_0$ 与 $\mathbf{v}_1$ 之间的角度，可以推知

$$\mathbf{v}_0^{\mathrm{T}}\mathbf{v}_1=\cos\frac{\theta}{2}. \tag{5.28}$$

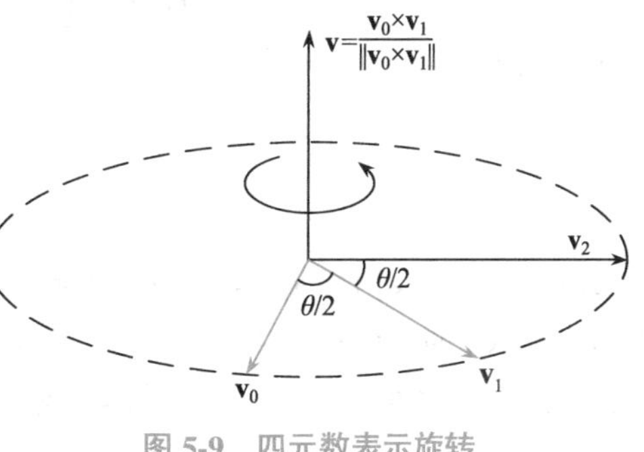

图 5-9　四元数表示旋转

在 $\mathbf{v}_0$ 和 $\mathbf{v}_1$ 的叉乘方向上定义一个单位向量 $\mathbf{v}$，即

$$\mathbf{v}=\frac{\mathbf{v}_0\times\mathbf{v}_1}{\|\mathbf{v}_0\times\mathbf{v}_1\|}=\frac{\mathbf{v}_0\times\mathbf{v}_1}{\|\mathbf{v}_0\|\,\|\mathbf{v}_1\|\sin\dfrac{\theta}{2}}=\frac{\mathbf{v}_0\times\mathbf{v}_1}{\sin\dfrac{\theta}{2}}. \tag{5.29}$$

根据叉乘的性质，向量 $\mathbf{v}$ 垂直于 $\mathbf{v}_0$ 和 $\mathbf{v}_1$。进一步有

$$\mathbf{v}_0\times\mathbf{v}_1=\mathbf{v}\sin\frac{\theta}{2}. \tag{5.30}$$

根据式 (5.28) 和式 (5.30)，式 (5.25) 中的单位四元数 $\mathbf{q}$ 表示为

$$\mathbf{q}=\begin{bmatrix}\mathbf{v}_0^{\mathrm{T}}\mathbf{v}_1\\ \mathbf{v}_0\times\mathbf{v}_1\end{bmatrix}=\begin{bmatrix}0\\ \mathbf{v}_1\end{bmatrix}\otimes\begin{bmatrix}0\\ \mathbf{v}_0\end{bmatrix}^{*}. \tag{5.31}$$

接下来说明四元数 $\mathbf{q}$ 如何表示一个旋转。令

$$\begin{bmatrix}0\\ \mathbf{v}_2\end{bmatrix}=\mathbf{q}\otimes\begin{bmatrix}0\\ \mathbf{v}_0\end{bmatrix}\otimes\mathbf{q}^{-1}. \tag{5.32}$$

根据结论（1），有 $\|\mathbf{v}_2\| = \|\mathbf{v}_0\|$。随后研究 $\mathbf{v}_2$ 和 $\mathbf{v}_0$ 的相对位置。在式 (5.32) 两边同时右乘 $\begin{bmatrix} 0 \\ \mathbf{v}_1 \end{bmatrix}^*$，再结合单位四元数及共轭四元数的性质，得到

$$
\begin{aligned}
\begin{bmatrix} 0 \\ \mathbf{v}_2 \end{bmatrix} \otimes \begin{bmatrix} 0 \\ \mathbf{v}_1 \end{bmatrix}^* &= \left(\mathbf{q} \otimes \begin{bmatrix} 0 \\ \mathbf{v}_0 \end{bmatrix} \otimes \mathbf{q}^{-1} \right) \otimes \begin{bmatrix} 0 \\ \mathbf{v}_1 \end{bmatrix}^* \\
&= \mathbf{q} \otimes \begin{bmatrix} 0 \\ \mathbf{v}_0 \end{bmatrix} \otimes \left(\begin{bmatrix} 0 \\ \mathbf{v}_0 \end{bmatrix} \otimes \begin{bmatrix} 0 \\ \mathbf{v}_1 \end{bmatrix}^* \right)^* \otimes \begin{bmatrix} 0 \\ \mathbf{v}_1 \end{bmatrix}^* \\
&= \mathbf{q} \otimes \left(\begin{bmatrix} 0 \\ \mathbf{v}_0 \end{bmatrix} \otimes \begin{bmatrix} 0 \\ \mathbf{v}_0 \end{bmatrix} \right) \otimes \left(\begin{bmatrix} 0 \\ \mathbf{v}_1 \end{bmatrix}^* \otimes \begin{bmatrix} 0 \\ \mathbf{v}_1 \end{bmatrix}^* \right) \\
&= \mathbf{q} \otimes \begin{bmatrix} -1 \\ \mathbf{0}_{3\times 1} \end{bmatrix} \otimes \begin{bmatrix} -1 \\ \mathbf{0}_{3\times 1} \end{bmatrix} \\
&= \mathbf{q} \\
&= \begin{bmatrix} 0 \\ \mathbf{v}_1 \end{bmatrix} \otimes \begin{bmatrix} 0 \\ \mathbf{v}_0 \end{bmatrix}^* .
\end{aligned}
\tag{5.33}
$$

由上式可得

$$
\begin{aligned}
\mathbf{v}_2^{\mathrm{T}} \mathbf{v}_1 &= \mathbf{v}_1^{\mathrm{T}} \mathbf{v}_0 \\
\mathbf{v}_2 \times \mathbf{v}_1 &= \mathbf{v}_1 \times \mathbf{v}_0 .
\end{aligned}
$$

即 $\mathbf{v}_2$ 位于 $\mathbf{v}_0$ 和 $\mathbf{v}_1$ 所处的平面，如图 5-9 所示，同时 $\mathbf{v}_2$ 和 $\mathbf{v}_1$ 形成 $\theta/2$ 的夹角。单位四元数 $\mathbf{q}$ 对于 $\mathbf{v}_0$ 的作用可以看成 $\mathbf{v}_0$ 绕轴 $\mathbf{v}$ 旋转 θ 角度得到 $\mathbf{v}_2$。进一步，可以证明 $\mathbf{q}$ 作用于 $\mathbf{v}_1$，得到一个也在同一平面内且与 $\mathbf{v}_2$ 成 $\theta/2$ 夹角的向量。定义

$$
\begin{bmatrix} 0 \\ \mathbf{v}_3 \end{bmatrix} = \mathbf{q} \otimes \begin{bmatrix} 0 \\ \mathbf{v}_1 \end{bmatrix} \otimes \mathbf{q}^{-1} . \tag{5.34}
$$

在式 (5.34) 两边同时右乘 $\begin{bmatrix} 0 \\ \mathbf{v}_1 \end{bmatrix}^*$，结合单位四元数、共轭四元数及四元数的逆的性质，得到

$$
\begin{bmatrix} 0 \\ \mathbf{v}_3 \end{bmatrix} \otimes \begin{bmatrix} 0 \\ \mathbf{v}_2 \end{bmatrix}^* = \begin{bmatrix} 0 \\ \mathbf{v}_2 \end{bmatrix} \otimes \begin{bmatrix} 0 \\ \mathbf{v}_1 \end{bmatrix}^* . \tag{5.35}
$$

相关公式推导留作本章的练习题。式 (5.33) 和式 (5.35) 表明，作用在 $\mathbf{v}_0$ 和 $\mathbf{v}_1$ 上的单位四元数 $\mathbf{q}$ 都是将向量绕轴 $\mathbf{v}$ 旋转 θ 角度。事实上，这个四元数可以被作用到任意向量 $\mathbf{v}_t \in \mathbb{R}^3$ 中，因为任何向量 $\mathbf{v}_t$ 都可以表示为 $\mathbf{v}_t = s_0 \mathbf{v}_0 + s_1 \mathbf{v}_1 + s_2 \mathbf{v}$，其中 $s_0, s_1, s_2 \in \mathbb{R}$。需要根据双线性的性质分别检验单位四元数在向量 $\mathbf{v}_0$、$\mathbf{v}_1$ 和 $\mathbf{v}$ 上的作用。因为前面已对 $\mathbf{v}_0$ 和 $\mathbf{v}_1$ 进行了验证，目前只需要证明结论（3）对于向量 $\mathbf{v}$ 是成立的即可。由 $\mathbf{q}$ 和 $\mathbf{v}$ 的定义易得

$$
\mathbf{q} \otimes \begin{bmatrix} 0 \\ \mathbf{v} \end{bmatrix} = \begin{bmatrix} 0 \\ \mathbf{v} \end{bmatrix} \otimes \mathbf{q} \tag{5.36}
$$

在式 (5.36) 两边同时右乘 $\mathbf{q}^*$，得到

$$\mathbf{q}\otimes\begin{bmatrix}0\\\mathbf{v}\end{bmatrix}\otimes\mathbf{q}^*=\begin{bmatrix}0\\\mathbf{v}\end{bmatrix}\otimes\mathbf{q}\otimes\mathbf{q}^*=\begin{bmatrix}0\\\mathbf{v}\end{bmatrix}$$

与 $\mathbf{v}$ 作为旋转轴的解释相符。因此，$\mathbf{q}$ 作用于任一向量的结果就是将其绕轴 $\mathbf{v}$ 旋转 θ 角度。至此，结论（3）证明完毕。□

由**定理** 5.1 可知，每个三维旋转都对应一个单位四元数。进一步，如果 $\mathbf{q}_1$ 和 $\mathbf{q}_2$ 是两个四元数，它们按先后顺序作用在 $\mathbf{p}=[\,p_0\quad \mathbf{p}_v^{\mathrm{T}}\,]^{\mathrm{T}}$ 上的过程表示为

$$\mathbf{p}'=\mathbf{q}_2\otimes\left(\mathbf{q}_1\otimes\mathbf{p}\otimes\mathbf{q}_1^{-1}\right)\otimes\mathbf{q}_2^{-1}=(\mathbf{q}_2\otimes\mathbf{q}_1)\otimes\mathbf{p}\otimes(\mathbf{q}_2\otimes\mathbf{q}_1)^{-1}$$

其中，$\mathbf{q}_2\otimes\mathbf{q}_1$ 称为向量旋转情况下的复合四元数。

下面讨论坐标系旋转的情况。如图 5-10 所示，向量 $\mathbf{v}_0\in\mathbb{R}^3$ 固定在坐标系 $oxyz$ 中，且 $\mathbf{v}_0$ 在 $oxyz$ 的坐标为 $\mathbf{v}_1=[x\quad y\quad z]^{\mathrm{T}}\in\mathbb{R}^3$。令 $oxyz$ 沿轴 $\mathbf{v}\in\mathbb{R}^3$ 旋转 θ 角度，得到新的坐标系 $ox'y'z'$，此时 $\mathbf{v}_0$ 在 $ox'y'z'$ 上的坐标为 $\mathbf{v}_1'=[x'\quad y'\quad z']^{\mathrm{T}}\in\mathbb{R}^3$。那么，向量 $\mathbf{v}_0$ 的坐标在两个坐标系间的转换表示为

$$\begin{bmatrix}0\\\mathbf{v}_1'\end{bmatrix}=\mathbf{q}^{-1}\otimes\begin{bmatrix}0\\\mathbf{v}_1\end{bmatrix}\otimes\mathbf{q}\tag{5.37}$$

其中，$\mathbf{q}=[\cos\theta/2\quad \mathbf{v}^{\mathrm{T}}\sin\theta/2\,]^{\mathrm{T}}$[9]。读者可能会发现，式 (5.37) 不同于式 (5.24)，这是因为式 (5.24) 表示向量在同一个坐标系里的旋转，而在式 (5.37) 中，旋转的是坐标系。正是由于这个原因，式 (5.37) 刚好是式 (5.24) 的逆。进一步地，坐标系旋转情况下的复合四元数为 $\mathbf{q}_1\otimes\mathbf{q}_2$，该表达式与向量旋转情况下的复合四元数不同，$\mathbf{q}_1$ 和 $\mathbf{q}_2$ 是两个代表坐标系按先后顺序旋转的四元数。

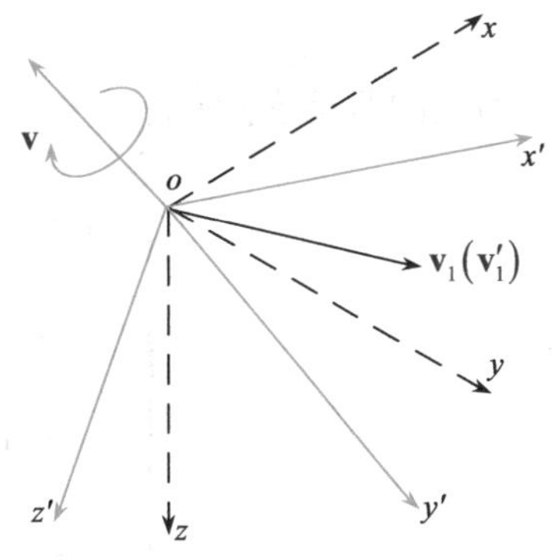

图 5-10 利用四元数表示坐标系旋转

4. 四元数与旋转矩阵 [10]

假定地球固连坐标系到机体坐标系的旋转四元数为 $\mathbf{q}_{\mathrm{e}}^{\mathrm{b}}=[q_0\ q_1\ q_2\ q_3]^{\mathrm{T}}$。根据式 (5.37)，可得

$$\begin{aligned}\begin{bmatrix}0\\{}^{\mathrm{e}}\mathbf{r}\end{bmatrix}&=\left(\mathbf{q}_{\mathrm{b}}^{\mathrm{e}}\right)^{-1}\otimes\begin{bmatrix}0\\{}^{\mathrm{b}}\mathbf{r}\end{bmatrix}\otimes\mathbf{q}_{\mathrm{b}}^{\mathrm{e}}\\&=\mathbf{q}_{\mathrm{e}}^{\mathrm{b}}\otimes\begin{bmatrix}0\\{}^{\mathrm{b}}\mathbf{r}\end{bmatrix}\otimes\left(\mathbf{q}_{\mathrm{e}}^{\mathrm{b}}\right)^{-1}\end{aligned}\tag{5.38}$$

其中，${}^{\mathrm{e}}\mathbf{r},{}^{\mathrm{b}}\mathbf{r}\in\mathbb{R}^3$ 分别是向量 $\mathbf{r}\in\mathbb{R}^3$ 在两个坐标系下的表示。四元数和旋转矩阵联系紧密，根据 5.2.3 节的规则，式 (5.38) 表示为

$$\begin{bmatrix}0\\{}^{\mathrm{e}}\mathbf{r}\end{bmatrix}=\begin{bmatrix}q_0&q_1&q_2&q_3\\-q_1&q_0&-q_3&q_2\\-q_2&q_3&q_0&-q_1\\-q_3&-q_2&q_1&q_0\end{bmatrix}\begin{bmatrix}q_0&-q_1&-q_2&-q_3\\q_1&q_0&-q_3&q_2\\q_2&q_3&q_0&-q_1\\q_3&-q_2&q_1&q_0\end{bmatrix}\begin{bmatrix}0\\{}^{\mathrm{b}}\mathbf{r}\end{bmatrix}.$$

由此可得

$$ {}^{\mathrm{e}}\mathbf{r} = \mathbf{C}(\mathbf{q}_{\mathrm{e}}^{\mathrm{b}}) \cdot {}^{\mathrm{b}}\mathbf{r} \tag{5.39} $$

其中，

$$ \mathbf{C}(\mathbf{q}_{\mathrm{e}}^{\mathrm{b}}) \triangleq \begin{bmatrix} {q_0}^2+{q_1}^2-{q_2}^2-{q_3}^2 & 2(q_1q_2-q_0q_3) & 2(q_1q_3+q_0q_2) \\ 2(q_1q_2+q_0q_3) & {q_0}^2-{q_1}^2+{q_2}^2-{q_3}^2 & 2(q_2q_3-q_0q_1) \\ 2(q_1q_3-q_0q_2) & 2(q_2q_3+q_0q_1) & {q_0}^2-{q_1}^2-{q_2}^2+{q_3}^2 \end{bmatrix}. $$

由于 $\mathbf{r}$ 是任一向量

$$ \mathbf{R}_{\mathrm{b}}^{\mathrm{e}} = \mathbf{C}(\mathbf{q}_{\mathrm{e}}^{\mathrm{b}}). \tag{5.40} $$

进一步，如果 $\mathbf{R}_{\mathrm{b}}^{\mathrm{e}}$ 是已知的，表示如下：

$$ \mathbf{R}_{\mathrm{b}}^{\mathrm{e}} \triangleq \begin{bmatrix} r_{11} & r_{12} & r_{13} \\ r_{21} & r_{22} & r_{23} \\ r_{31} & r_{32} & r_{33} \end{bmatrix} $$

那么，对应的四元数表示为

$$ \begin{cases} q_0 = \mathrm{sign}(q_0)\dfrac{1}{2}\sqrt{1+r_{11}+r_{22}+r_{33}} \\ q_1 = \mathrm{sign}(q_1)\dfrac{1}{2}\sqrt{1+r_{11}-r_{22}-r_{33}} \\ q_2 = \mathrm{sign}(q_2)\dfrac{1}{2}\sqrt{1-r_{11}+r_{22}-r_{33}} \\ q_3 = \mathrm{sign}(q_3)\dfrac{1}{2}\sqrt{1-r_{11}-r_{22}+r_{33}} \end{cases} \tag{5.41} $$

其中，$\mathrm{sign}(q_0)$ 是 1 或者 -1，且

$$ \begin{cases} \mathrm{sign}(q_1) = \mathrm{sign}(q_0)\,\mathrm{sign}(r_{32}-r_{23}) \\ \mathrm{sign}(q_2) = \mathrm{sign}(q_0)\,\mathrm{sign}(r_{13}-r_{31}) \\ \mathrm{sign}(q_3) = \mathrm{sign}(q_0)\,\mathrm{sign}(r_{21}-r_{12}). \end{cases} \tag{5.42} $$

可见，一个旋转矩阵对应两个四元数，即 $\mathbf{q}_{\mathrm{e}}^{\mathrm{b}}$ 和 $-\mathbf{q}_{\mathrm{e}}^{\mathrm{b}}$。

5. 四元数与欧拉角

一个坐标系绕轴 $\mathbf{r} = [a \quad b \quad c]^{\mathrm{T}}$（$a^2+b^2+c^2=1$）旋转 α 角度的过程用四元数表示为

$$ \mathbf{q}(\alpha,\mathbf{r}) = \begin{bmatrix} \cos\dfrac{\alpha}{2} & a\sin\dfrac{\alpha}{2} & b\sin\dfrac{\alpha}{2} & c\sin\dfrac{\alpha}{2} \end{bmatrix}^{\mathrm{T}}. \tag{5.43} $$

根据 5.2.1 节中的旋转顺序，可得

$$ \mathbf{q}_{\mathrm{e}}^{\mathrm{b}} = \mathbf{q}_z(\psi) \otimes \mathbf{q}_y(\theta) \otimes \mathbf{q}_x(\phi) \tag{5.44} $$

其中，

$$\mathbf{q}_x(\phi)=\begin{bmatrix}\cos\frac{\phi}{2} & \sin\frac{\phi}{2} & 0 & 0\end{bmatrix}^{\mathrm{T}}$$
$$\mathbf{q}_y(\theta)=\begin{bmatrix}\cos\frac{\theta}{2} & 0 & \sin\frac{\theta}{2} & 0\end{bmatrix}^{\mathrm{T}}$$
$$\mathbf{q}_z(\psi)=\begin{bmatrix}\cos\frac{\psi}{2} & 0 & 0 & \sin\frac{\psi}{2}\end{bmatrix}^{\mathrm{T}}.$$

进一步，将式 (5.44) 展开，得

$$\mathbf{q}_{\mathrm{e}}^{\mathrm{b}}=\begin{bmatrix}\cos\frac{\phi}{2}\cos\frac{\theta}{2}\cos\frac{\psi}{2}+\sin\frac{\phi}{2}\sin\frac{\theta}{2}\sin\frac{\psi}{2}\\ \sin\frac{\phi}{2}\cos\frac{\theta}{2}\cos\frac{\psi}{2}-\cos\frac{\phi}{2}\sin\frac{\theta}{2}\sin\frac{\psi}{2}\\ \cos\frac{\phi}{2}\sin\frac{\theta}{2}\cos\frac{\psi}{2}+\sin\frac{\phi}{2}\cos\frac{\theta}{2}\sin\frac{\psi}{2}\\ \cos\frac{\phi}{2}\cos\frac{\theta}{2}\sin\frac{\psi}{2}-\sin\frac{\phi}{2}\sin\frac{\theta}{2}\cos\frac{\psi}{2}\end{bmatrix}. \tag{5.45}$$

根据式 (5.37)，从 ${}^{\mathrm{e}}\mathbf{r}\in\mathbb{R}^3$ 到 ${}^{\mathrm{b}}\mathbf{r}$ 的旋转表示为

$$\begin{aligned}\begin{bmatrix}0\\ {}^{\mathrm{b}}\mathbf{r}\end{bmatrix}&=\left(\mathbf{q}_{\mathrm{e}}^{\mathrm{b}}\right)^{-1}\otimes\begin{bmatrix}0\\ {}^{\mathrm{e}}\mathbf{r}\end{bmatrix}\otimes\mathbf{q}_{\mathrm{e}}^{\mathrm{b}}\\ &=(\mathbf{q}_z(\psi)\otimes\mathbf{q}_y(\theta)\otimes\mathbf{q}_x(\phi))^{-1}\otimes\begin{bmatrix}0\\ {}^{\mathrm{e}}\mathbf{r}\end{bmatrix}\otimes(\mathbf{q}_z(\psi)\otimes\mathbf{q}_y(\theta)\otimes\mathbf{q}_x(\phi))\\ &=(\mathbf{q}_x(\phi))^{-1}\otimes\left((\mathbf{q}_y(\theta))^{-1}\otimes\left((\mathbf{q}_z(\psi))^{-1}\otimes\begin{bmatrix}0\\ {}^{\mathrm{e}}\mathbf{r}\end{bmatrix}\otimes\mathbf{q}_z(\psi)\right)\otimes\mathbf{q}_y(\theta)\right)\otimes\mathbf{q}_x(\phi).\end{aligned}$$

注意，此时旋转顺序为 $\psi\to\theta\to\phi$，与 5.2.1 节中的定义一致（见图 5-5）。

反过来，也可由四元数反求欧拉角，由式 (5.45) 可得

$$\begin{cases}\tan\phi=\dfrac{2(q_0q_1+q_2q_3)}{1-2\left(q_1^2+q_2^2\right)}\\ \sin\theta=2\left(q_0q_2-q_1q_3\right)\\ \tan\psi=\dfrac{2\left(q_0q_3+q_1q_2\right)}{1-2\left(q_2^2+q_3^2\right)}.\end{cases} \tag{5.46}$$

已知欧拉角的取值范围为 $\psi\in[-\pi,\pi]$，$\theta\in[-\pi/2,\pi/2]$，$\phi\in[-\pi,\pi]$，式 (5.46) 的解为

$$\begin{cases}\phi=\arctan\dfrac{2(q_0q_1+q_2q_3)}{1-2\left(q_1^2+q_2^2\right)}\\ \theta=\arcsin\left(2\left(q_0q_2-q_1q_3\right)\right)\\ \psi=\arctan\left(\dfrac{2\left(q_0q_3+q_1q_2\right)}{1-2\left(q_2^2+q_3^2\right)}\right).\end{cases} \tag{5.47}$$

这里 $\arctan(\cdot)$ 和 $\arcsin(\cdot)$ 的值域为 $[-\pi/2,\pi/2]$。在大机动情况下，俯仰角的真实取值范围为 $\theta\in[-\pi,\pi]$。因此，需要对上述求解结果进行扩展。此外，欧拉角表示方法存在奇异性问题，当 $\theta=\pm\pi/2$ 即 $2\left(q_0q_2-q_1q_3\right)=1||2\left(q_0q_2-q_1q_3\right)=-1$ 时，发生奇异。

当 $\theta=\pm\pi/2$ 时，式 (5.45) 中的 $\mathbf{q}_\mathrm{e}^\mathrm{b}$ 重新表示为

$$\mathbf{q}_\mathrm{e}^\mathrm{b}=\frac{\sqrt{2}}{2}\begin{bmatrix}\cos\left(\frac{\psi}{2}\mp\frac{\phi}{2}\right)\\ \mp\sin\left(\frac{\psi}{2}\mp\frac{\phi}{2}\right)\\ \pm\cos\left(\frac{\psi}{2}\mp\frac{\phi}{2}\right)\\ \sin\left(\frac{\psi}{2}\mp\frac{\phi}{2}\right)\end{bmatrix}. \tag{5.48}$$

在这种情况下，虽然 $\psi\mp\phi$ 与 $\mathbf{q}_\mathrm{e}^\mathrm{b}$ 一一对应，但是 ψ 和 ϕ 的具体值不能确定，有无穷多种组合。换句话说，给定 $\mathbf{q}_\mathrm{e}^\mathrm{b}$ 不存在 ψ 和 ϕ 的唯一解。

6. 四元数导数与机体角速度的关系

在研究四元数导数与机体角速度的关系之前，首先要搞清楚 $\mathbf{q}_\mathrm{e}^\mathrm{b}(t+\Delta t)$ 与 $\mathbf{q}_\mathrm{e}^\mathrm{b}(t)$ 的关系。根据式 (5.37)，在 $\mathbf{q}_\mathrm{e}^\mathrm{b}(t)$ 作用下，用 ${}^\mathrm{e}\mathbf{v}(t)$ 和 $\mathbf{q}_\mathrm{e}^\mathrm{b}(t)$ 表示向量 ${}^\mathrm{b}\mathbf{v}(t)$ 如下

$$\begin{bmatrix}0\\ {}^\mathrm{b}\mathbf{v}(t)\end{bmatrix}=\mathbf{q}_\mathrm{e}^\mathrm{b}(t)^{-1}\otimes\begin{bmatrix}0\\ {}^\mathrm{e}\mathbf{v}(t)\end{bmatrix}\otimes\mathbf{q}_\mathrm{e}^\mathrm{b}(t). \tag{5.49}$$

在由地球固连坐标系旋转到机体坐标系的过程中，假设机体坐标系发生微小的摄动，用四元数 $\Delta\mathbf{q}$ 来表示从 t 到 $t+\Delta t$ 的摄动。根据式 (5.43) 可知，当 Δt 足够小时，$\Delta\mathbf{q}$ 表示为

$$\Delta\mathbf{q}=\begin{bmatrix}1 & \frac{1}{2}{}^\mathrm{b}\boldsymbol{\omega}^\mathrm{T}\Delta t\end{bmatrix}^\mathrm{T}. \tag{5.50}$$

上式也可以写成式 (5.43) 的形式，其中 $\alpha=\left\|{}^\mathrm{b}\boldsymbol{\omega}\right\|\Delta t$，$\mathbf{r}={}^\mathrm{b}\boldsymbol{\omega}/\left\|{}^\mathrm{b}\boldsymbol{\omega}\right\|$。进一步，$\mathbf{q}_\mathrm{e}^\mathrm{b}(t)$ 的导数表示为

$$\dot{\mathbf{q}}_\mathrm{e}^\mathrm{b}=\frac{1}{2}\begin{bmatrix}0 & -{}^\mathrm{b}\boldsymbol{\omega}^\mathrm{T}\\ {}^\mathrm{b}\boldsymbol{\omega} & -\left[{}^\mathrm{b}\boldsymbol{\omega}\right]_\times\end{bmatrix}\mathbf{q}_\mathrm{e}^\mathrm{b}. \tag{5.51}$$

相关公式推导留作本章习题。在实际中，${}^\mathrm{b}\boldsymbol{\omega}$ 可由三轴陀螺仪近似测得，因此可以看成已知的，此时方程 (5.51) 是线性的。令 $\mathbf{q}_\mathrm{e}^\mathrm{b}=\begin{bmatrix}q_0 & \mathbf{q}_\mathrm{v}^\mathrm{T}\end{bmatrix}^\mathrm{T}$，则式 (5.51) 进一步表示为

$$\begin{cases}\dot{q}_0=-\frac{1}{2}\mathbf{q}_\mathrm{v}^\mathrm{T}\cdot{}^\mathrm{b}\boldsymbol{\omega}\\ \dot{\mathbf{q}}_\mathrm{v}=\frac{1}{2}\left(q_0\mathbf{I}_3+\left[\mathbf{q}_\mathrm{v}\right]_\times\right)\cdot{}^\mathrm{b}\boldsymbol{\omega}\end{cases} \tag{5.52}$$

其中，推导过程中用到了 $-\left[{}^\mathrm{b}\boldsymbol{\omega}\right]_\times\mathbf{q}_\mathrm{v}=\left[\mathbf{q}_\mathrm{v}\right]_\times{}^\mathrm{b}\boldsymbol{\omega}$。

欧拉角的姿态表示在大角度时（如俯仰角为 $\theta=\pm\pi/2$ 时）会出现奇异问题，而四元数的姿态表示能保持方程线性并消除奇异问题。与欧拉角相比，四元数计算简单，能够实现飞行器的全姿态工作。四元数导数与机体角速度关系的微分方程 (5.51) 只有 4 个未知变量，而旋转矩阵表示的微分方程 (5.21) 有 9 个未知变量，与旋转矩阵相比，四元数表示方法的数值稳定性更好，效率更高。

本章小结

本章介绍了坐标系和姿态表示，整个推导过程基本上自包含。读者能够了解欧拉角、旋转矩阵和四元数三种姿态表示及其转换关系，如图 5-11 所示，其中，“不唯一”表示一个旋转矩阵对应两个四元数，“奇异”表示有无穷多组欧拉角的组合。读者可参考 5.2.2 节和 5.2.3 节深入了解。本章还推导了各种姿态表示的导数与机体角速度之间的关系，如式 (5.5)、式 (5.21) 和式 (5.51)。这些内容将对后续章节起到重要作用。感兴趣的读者还可参考书籍 [11] 来系统、深入地了解坐标系和姿态表示。

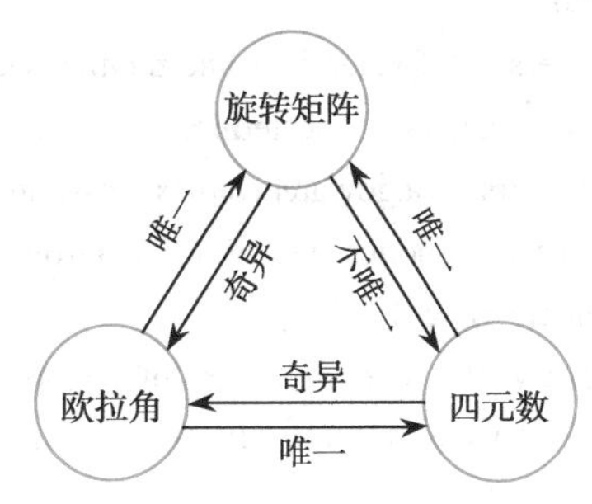

图 5-11　三种旋转表示之间的相互转换关系

习 题 5

5.1　在 5.2.2 节中，旋转矩阵 $\mathbf{R}_\mathrm{b}^\mathrm{e}$ 是按照 $\psi\to\theta\to\phi$ 的顺序获得的。请给出 $\theta\to\psi\to\phi$ 顺序下的旋转矩阵。

5.2　推导式 (5.21)。（提示：应用叉乘的性质：对于一个旋转矩阵 $\mathbf{R}\in\mathbb{R}^{3\times3}$ $(\det(\mathbf{R})=1)$ 和两个向量 $\mathbf{a},\mathbf{b}\in\mathbb{R}^3$，$(\mathbf{Ra})\times(\mathbf{Rb})=\mathbf{R}(\mathbf{a}\times\mathbf{b})$ 成立 [12]。）

5.3　推导式 (5.24) 和式 (5.35)。

5.4　5.2.3 节提到了欧拉角表示方法的奇异性和角度扩展问题，请给出一种能够解决这些问题的方法。（提示：参考 5.2.2 节。）

5.5　推导式 (5.51)。（提示：参考坐标系旋转的情况下的复合四元数可知 $\mathbf{q}_\mathrm{e}^\mathrm{b}(t+\Delta t)=\mathbf{q}_\mathrm{e}^\mathrm{b}(t)\otimes\Delta\mathbf{q}$。）

参考文献

[1] Goldstein H, Poole C, Safko J. Classical mechanics (Third Edition). Addison-Wesley, San Francisco, 2001.

[2] 吴森堂, 费玉华. 飞行控制系统. 北京：北京航空航天大学出版社, 2005.

[3] Ducard G J. Fault-tolerant flight control and guidance systems: practical methods for small unmanned aerial vehicles. Springer-Verlag, London, 2009.

[4] Murray R M, Li Z, Sastry S S, et al. A mathematical introduction to robotic manipulation. CRC press, Boca Raton, 1994.

[5] Hamilton W R. Elements of quaternions. Longmans, Green & Company, London, 1866.

[6] Altmann S L. Hamilton, Rodrigues, and the quaternion scandal. Mathematics Magazine, 1989, 62(5): 291-308.

[7] Shoemake K. Quaternions. Department of Computer and Information Science, University of Pennsylvania, 1994, USA. [Online], available: http://www.cs.ucr.edu/~vbz/resources/quatut.pdf. July 06, 2016.

[8] Sola J. Quaternion kinematics for the error-state KF. Technical Report. Laboratoire d'Analyse et d'Architecture des Systemes-Centre national de la recherche scientifique (LAAS-CNRS), 2015, France. [Online], available: http://www.iri.upc.edu/people/jsola/JoanSola/objectes/notes/kinematics.pdf. July 24, 2016.

[9] Kuipers J B. Quaternions and rotation sequences. Princeton University Press, Princeton, 1999.

[10] Euler angles, quaternions, and transformation matrices. NASA. [Online], available: http://ntrs.nasa.gov/archive/nasa/ casi.ntrs.nasa.gov/19770024290.pdf. July 06, 2016.

[11] Corke P. Robotics, vision and control: fundamental algorithms in MATLAB. Springer-Verlag, Berlin Heidelberg, 2011.

[12] Massey W S. Cross products of vectors in higher dimensional Euclidean spaces. The American Mathematical Monthly, 1983, 90(10): 697-701.

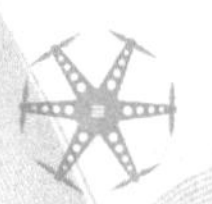

第 6 章 Chapter 6

动态模型和参数测量

太极图

中国古人很早就认识到事物发展必定遵循一定规律，即模型。在《素问 · 阴阳应象大论》中，“黄帝曰：阴阳者，天地之道也，万物之纲纪，变化之父母，生杀之本始，神明之府也，治病必求于本。”古人认为，阴阳是万物生死的规律、是天地循环的道理、是产生各种变化的根本。更具体地，太极图是古人概括阴阳易理和认识世界的宇宙模型。 在《孙子兵法》中，“孙子曰：声不过五，五声之变，不可胜听也；色不过五，五色之变，不可胜观也；味不过五，五味之变，不可胜尝也；战势不过奇正，奇正之变，不可胜穷也。奇正相生，如循环之无端，孰能穷之哉！”这些古人的智慧告诉我们需要掌握事物本质规律，才可灵活变通。

在学习了第 5 章有关坐标系和姿态表示的基础上，本章将考虑多旋翼的受力，建立可用于滤波和控制的动态模型。力和力矩可以直接改变多旋翼的加速度和角加速度，进而影响其速度和角速度，影响的程度与多旋翼的大部分参数有关。进一步，速度和角速度会改变多旋翼的位置和姿态，而这种影响与多旋翼参数无关，如通过速度求位置时并不需要多旋翼参数。正如第 1 章所述，多旋翼有别于固定翼和单旋翼直升机，它们之间的区别主要体现在其特殊的动力学模型和控制效率模型。传统的多旋翼有四个独立控制输入：拉力、俯仰力矩、滚转力矩和偏航力矩，其中拉力始终垂直于多旋翼的机身平面。由于每个螺旋桨产生的拉力都能直接拉升多旋翼，因此在控制分配方面，多旋翼有简单和灵活的特点。深刻理解多旋翼的动态模型有助于理解多旋翼的运动规律，进而有助于设计滤波器和控制器。

本章主要回答以下问题：

怎样建立多旋翼的动态模型？模型参数如何测量？

上述问题涉及多旋翼控制模型、多旋翼气动阻力模型和多旋翼模型参数测量。多旋翼控制模型主要用于后面章节中的控制，也用于状态估计。多旋翼气动阻力模型主要用于状态估计。本章最后将给出测量模型参数的方法。

6.1 多旋翼控制模型

准确的动态模型是系统分析和控制的基础。一方面，建模过于烦琐，会导致控制算法设计复杂。另一方面，建模过于简单，使得模型脱离实际，对控制效果带来消极影响。

6.1.1 总体描述

如图 6-1 所示，多旋翼建模主要包括如下 4 部分。

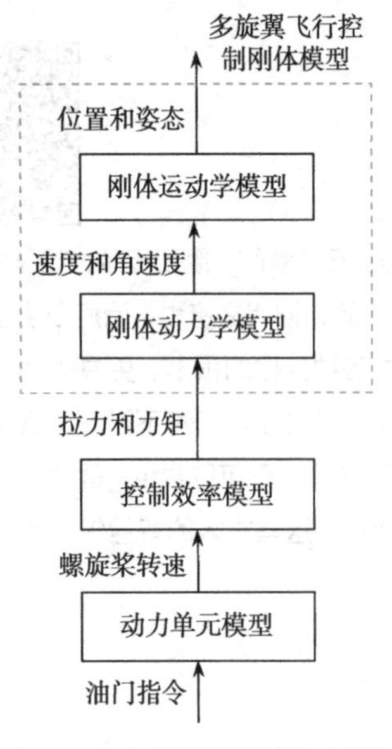

图 6-1　多旋翼建模层次结构

（1）刚体运动学模型

运动学与质量和受力无关，只研究位置、速度、姿态和角速度等变量。多旋翼运动学模型的输入为速度和角速度，输出为位置和姿态。

（2）刚体动力学模型

动力学既涉及运动又涉及受力情况，与物体的质量和转动惯量有关。牛顿第二定律、动能定理和动量定理等常被用来研究物体之间的相互作用。多旋翼动力学模型的输入为拉力和力矩（俯仰力矩、滚转力矩和偏航力矩），输出为速度和角速度。刚体运动学模型和动力学模型一起构成了常用的多旋翼飞行控制刚体模型。

（3）**控制效率模型**

输入是螺旋桨转速，输出是拉力和力矩。无论四旋翼还是六旋翼，其拉力和力矩都是由螺旋桨产生的。当已知螺旋桨转速时，可以通过控制效率模型计算出拉力和力矩。控制效率模型的逆过程称为**控制分配模型**，即当通过控制器设计得到期望的拉力和力矩时，可以通过控制分配模型解出所需的螺旋桨转速。

（4）**动力单元模型**

动力单元是以无刷直流电机、电调和螺旋桨为一组的整个动力机构。它的输入是 0~1 之间的油门指令，输出是螺旋桨转速。实际中，也可以建立输入是油门指令，输出是螺旋桨拉力的模型。

6.1.2 多旋翼飞行控制刚体模型

1. 假设

为了简便，在对多旋翼建模时，作如下假设。

假设 6.1 多旋翼是刚体。

假设 6.2 质量和转动惯量不变。

假设 6.3 多旋翼几何中心与重心一致。

假设 6.4 多旋翼只受重力和螺旋桨拉力，其中，重力沿 $o_{\mathrm{e}}z_{\mathrm{e}}$ 轴正方向，而螺旋桨拉力沿 $o_{\mathrm{b}}z_{\mathrm{b}}$ 轴负方向。

假设 6.5 奇数标号的螺旋桨为逆时针转动，而偶数标号的螺旋桨为顺时针转动。

这个模型与其他刚体动力学模型最大的区别在于，螺旋桨产生的拉力总是与机身平面垂直，即拉力方向总是与 $o_{\mathrm{b}}z_{\mathrm{b}}$ 轴的负方向一致。

2. 刚体运动学模型

令多旋翼的重心向量为 ${}^{\mathrm{e}}\mathbf{p}\in\mathbb{R}^3$，则

$$
{}^{\mathrm{e}}\dot{\mathbf{p}} = {}^{\mathrm{e}}\mathbf{v} \tag{6.1}
$$

其中，${}^{\mathrm{e}}\mathbf{v}\in\mathbb{R}^3$ 表示多旋翼的速度。在第 5 章中，姿态运动学模型分为 3 种：欧拉角模型、旋转矩阵模型和四元数模型。

① 欧拉角模型：基于**假设 6.1**，结合式 (5.5) 和式 (6.1)，可得

$$
\begin{cases}
{}^{\mathrm{e}}\dot{\mathbf{p}} = {}^{\mathrm{e}}\mathbf{v} \\
\dot{\boldsymbol{\Theta}} = \mathbf{W}\cdot{}^{\mathrm{b}}\boldsymbol{\omega}.
\end{cases} \tag{6.2}
$$

② 旋转矩阵模型：基于**假设 6.1**，结合式 (5.21) 和式 (6.1)，可得

$$
\begin{cases}
{}^{\mathrm{e}}\dot{\mathbf{p}} = {}^{\mathrm{e}}\mathbf{v} \\
\dot{\mathbf{R}} = \mathbf{R}\left[{}^{\mathrm{b}}\boldsymbol{\omega}\right]_{\times}
\end{cases} \tag{6.3}
$$

为了简便，令 $\mathbf{R}\triangleq\mathbf{R}_{\mathrm{b}}^{\mathrm{e}}$。

③ 四元数模型：基于**假设 6.1**，结合式 (5.52) 和式 (6.1)，可得

$$\begin{cases} {}^{\mathrm{e}}\dot{\mathbf{p}} = {}^{\mathrm{e}}\mathbf{v} \\ \dot{q}_0 = -\dfrac{1}{2}\mathbf{q}_{\mathrm{v}}^{\mathrm{T}} \cdot {}^{\mathrm{b}}\boldsymbol{\omega} \\ \dot{\mathbf{q}}_{\mathrm{v}} = \dfrac{1}{2}\left(q_0\mathbf{I}_3 + [\mathbf{q}_{\mathrm{v}}]_{\times}\right) \cdot {}^{\mathrm{b}}\boldsymbol{\omega}. \end{cases} \tag{6.4}$$

3. 刚体动力学模型

（1）位置动力学模型

假设 6.4表明，本章仅考虑桨盘水平的多旋翼（见 3.1.1 节）。基于**假设 6.4**，对多旋翼进行受力分析，有

$${}^{\mathrm{e}}\dot{\mathbf{v}} = g\mathbf{e}_3 - \frac{f}{m}\,{}^{\mathrm{e}}\mathbf{b}_3 \tag{6.5}$$

其中，$f \in \mathbb{R}_+ \cup \{0\}$ 表示螺旋桨总拉力的大小，该拉力是单向的（此处不考虑变桨距而产生负拉力的情况）；$g \in \mathbb{R}_+$ 为重力加速度。直观上，虽然拉力方向向上，但由于 5.1.2 节中定义 $o_{\mathrm{b}}z_{\mathrm{b}}$ 轴选取向下为正方向，因此式 (6.5) 中的 $-f^{\mathrm{e}}\mathbf{b}_3$ 表示拉力矢量，进一步可以得到

$${}^{\mathrm{e}}\dot{\mathbf{v}} = g\mathbf{e}_3 - \frac{f}{m}\mathbf{R}\mathbf{e}_3 = g\mathbf{e}_3 + \mathbf{R}\frac{{}^{\mathrm{e}}\mathbf{f}}{m} \tag{6.6}$$

其中，${}^{\mathrm{e}}\mathbf{f} \triangleq -f\mathbf{e}_3$ 。因为

$${}^{\mathrm{e}}\mathbf{v} = \mathbf{R} \cdot {}^{\mathrm{b}}\mathbf{v} \tag{6.7}$$

结合式 (6.6) 和式 (6.7)，得到

$${}^{\mathrm{b}}\dot{\mathbf{v}} = -\left[{}^{\mathrm{b}}\boldsymbol{\omega}\right]_{\times}{}^{\mathrm{b}}\mathbf{v} + g\mathbf{R}^{\mathrm{T}}\mathbf{e}_3 - \frac{f}{m}\mathbf{e}_3. \tag{6.8}$$

相关公式推导留作本章习题。

（2）姿态动力学模型

基于**假设 6.1**~**假设 6.3**，在机体坐标系内建立姿态动力学方程如下：

$$\mathbf{J} \cdot {}^{\mathrm{b}}\dot{\boldsymbol{\omega}} = -{}^{\mathrm{b}}\boldsymbol{\omega} \times \left(\mathbf{J} \cdot {}^{\mathrm{b}}\boldsymbol{\omega}\right) + \mathbf{G}_{\mathrm{a}} + \boldsymbol{\tau} \tag{6.9}$$

其中，$\boldsymbol{\tau} \triangleq [\tau_x \quad \tau_y \quad \tau_z]^{\mathrm{T}} \in \mathbb{R}^3$ 表示螺旋桨在机体轴上产生的力矩，$\mathbf{J} \in \mathbb{R}^{3\times3}$ 表示多旋翼的转动惯量。对于 n_{r} 旋翼来说，$\mathbf{G}_{\mathrm{a}} \triangleq \left[G_{\mathrm{a},\phi} \quad G_{\mathrm{a},\theta} \quad G_{\mathrm{a},\psi}\right]^{\mathrm{T}} \in \mathbb{R}^3$ 表示**陀螺力矩**。陀螺力矩的符号与螺旋桨旋转方向相关。根据**假设 6.5** 以及坐标系的定义，单个螺旋桨的角速度矢量为 $(-1)^k\varpi_k{}^{\mathrm{b}}\mathbf{b}_3$（$k = 1,\cdots,n_{\mathrm{r}}$），其中 $\varpi_k \in \mathbb{R}_+$ 表示第 k 个螺旋桨的角速度 (rad/s)。因此，单个螺旋桨旋转产生的陀螺力矩表示为

$$\begin{aligned} \mathbf{G}_{\mathrm{a},k} &= {}^{\mathrm{b}}\mathbf{L}_k \times {}^{\mathrm{b}}\boldsymbol{\omega} \\ &= J_{\mathrm{RP}}(-1)^k\varpi_k{}^{\mathrm{b}}\mathbf{b}_3 \times {}^{\mathrm{b}}\boldsymbol{\omega} \\ &= J_{\mathrm{RP}}\left({}^{\mathrm{b}}\boldsymbol{\omega} \times \mathbf{e}_3\right)(-1)^{k+1}\varpi_k \end{aligned} \tag{6.10}$$

其中，$J_{\mathrm{RP}} \in \mathbb{R}_+$（N· m·s^2）表示整个电机转子和螺旋桨绕转轴的总转动惯量。这里的推导用到了 ${}^{\mathrm{b}}\mathbf{b}_3 \times {}^{\mathrm{b}}\boldsymbol{\omega} = -{}^{\mathrm{b}}\boldsymbol{\omega} \times {}^{\mathrm{b}}\mathbf{b}_3$，${}^{\mathrm{b}}\mathbf{b}_3 = \mathbf{e}_3$。对于 n_{r} 旋翼来说，有

$$\mathbf{G}_{\mathrm{a}} = \sum_{k=1}^{n_{\mathrm{r}}} J_{\mathrm{RP}}({}^{\mathrm{b}}\boldsymbol{\omega} \times \mathbf{e}_3)(-1)^{k+1}\varpi_k. \tag{6.11}$$

进一步，因为

$$^{\mathrm{b}}\boldsymbol{\omega}\times\mathbf{e}_3=\begin{bmatrix}\omega_{y_\mathrm{b}}\\-\omega_{x_\mathrm{b}}\\0\end{bmatrix}$$

可以得到

$$\begin{cases}G_{\mathrm{a},\phi}=\sum\limits_{k=1}^{n_\mathrm{r}}J_{\mathrm{RP}}\omega_{y_\mathrm{b}}(-1)^{k+1}\varpi_k\\G_{\mathrm{a},\theta}=\sum\limits_{k=1}^{n_\mathrm{r}}J_{\mathrm{RP}}\omega_{x_\mathrm{b}}(-1)^{k}\varpi_k\\G_{\mathrm{a},\psi}=0.\end{cases}\tag{6.12}$$

由上式可以看出，偏航通道上不产生陀螺力矩。

4. 多旋翼飞行控制刚体模型

联立式 (6.2)、式 (6.3)、式 (6.4)、式 (6.6) 和式 (6.9)，可以得到多旋翼飞行控制刚体模型：

$$\begin{cases}{}^{\mathrm{e}}\dot{\mathbf{p}}={}^{\mathrm{e}}\mathbf{v}\\{}^{\mathrm{e}}\dot{\mathbf{v}}=g\mathbf{e}_3-\dfrac{f}{m}\mathbf{R}\mathbf{e}_3\\\dot{\boldsymbol{\Theta}}=\mathbf{W}\cdot{}^{\mathrm{b}}\boldsymbol{\omega}\\\mathbf{J}\cdot{}^{\mathrm{b}}\dot{\boldsymbol{\omega}}=-{}^{\mathrm{b}}\boldsymbol{\omega}\times\left(\mathbf{J}\cdot{}^{\mathrm{b}}\boldsymbol{\omega}\right)+\mathbf{G}_\mathrm{a}+\boldsymbol{\tau}\end{cases}\tag{6.13}$$

或

$$\begin{cases}{}^{\mathrm{e}}\dot{\mathbf{p}}={}^{\mathrm{e}}\mathbf{v}\\{}^{\mathrm{e}}\dot{\mathbf{v}}=g\mathbf{e}_3-\dfrac{f}{m}\mathbf{R}\mathbf{e}_3\\\dot{\mathbf{R}}=\mathbf{R}\left[{}^{\mathrm{b}}\boldsymbol{\omega}\right]_\times\\\mathbf{J}\cdot{}^{\mathrm{b}}\dot{\boldsymbol{\omega}}=-{}^{\mathrm{b}}\boldsymbol{\omega}\times\left(\mathbf{J}\cdot{}^{\mathrm{b}}\boldsymbol{\omega}\right)+\mathbf{G}_\mathrm{a}+\boldsymbol{\tau}\end{cases}\tag{6.14}$$

或

$$\begin{cases}{}^{\mathrm{e}}\dot{\mathbf{p}}={}^{\mathrm{e}}\mathbf{v}\\{}^{\mathrm{e}}\dot{\mathbf{v}}=g\mathbf{e}_3-\dfrac{f}{m}\mathbf{R}\mathbf{e}_3\\\dot{q}_0=-\dfrac{1}{2}\mathbf{q}_\mathrm{v}^\mathrm{T}\cdot{}^{\mathrm{b}}\boldsymbol{\omega}\\\dot{\mathbf{q}}_\mathrm{v}=\dfrac{1}{2}\left(q_0\mathbf{I}_3+[\mathbf{q}_\mathrm{v}]_\times\right){}^{\mathrm{b}}\boldsymbol{\omega}\\\mathbf{J}\cdot{}^{\mathrm{b}}\dot{\boldsymbol{\omega}}=-{}^{\mathrm{b}}\boldsymbol{\omega}\times\left(\mathbf{J}\cdot{}^{\mathrm{b}}\boldsymbol{\omega}\right)+\mathbf{G}_\mathrm{a}+\boldsymbol{\tau}.\end{cases}\tag{6.15}$$

这些模型同时包含机体坐标系和地球固连坐标系。一方面，希望在地球固连坐标系下表示多旋翼的位置和速度，方便飞控手更好地确定飞行位置和飞行速度，且这种表示与 GPS 的测量一致；另一方面，在机体坐标系下，拉力和力矩的表示非常直观，且传感器的测量也是在机体坐标系下表示。多旋翼飞行控制刚体模型的显著特点体现在$-f/m\cdot\mathbf{R}\mathbf{e}_3$，意味着拉力方向始终与 $o_b z_b$ 轴负方向一致。在很多文献中，控制器直接根据式 (6.13)、式 (6.14) 和式 (6.15) 来设计。如果要进一步区分四旋翼和六旋翼，就要考虑控制效率模型。

6.1.3 控制效率模型

1. 单个螺旋桨拉力和反扭矩模型

根据式 (4.1)，当多旋翼在无风情况下悬停时，其螺旋桨拉力表示为

$$T_i = c_{\mathrm{T}} \varpi_i^2 \tag{6.16}$$

其中，$c_{\mathrm{T}} = 1/4\pi^2 \cdot \rho D_{\mathrm{p}}^4 C_{\mathrm{T}}$ 为常数，且容易通过实验确定。关于其定义的更多细节，请参考第 4 章。反扭矩大小表示为

$$M_i = c_{\mathrm{M}} \varpi_i^2 \tag{6.17}$$

其中，M_i 表示螺旋桨 i 在机身上产生的反扭力矩，$c_{\mathrm{M}} = 1/4\pi^2 \cdot \rho D_{\mathrm{p}}^5 C_{\mathrm{M}}$ 也可通过实验确定。参数 ρ、D_{p}、C_{T} 和 C_{M} 的介绍可参考 4.2.1 节。

式 (6.17) 是反扭矩的静态模型。其动态模型为

$$J_{\mathrm{RP}} \dot{\varpi}_i = -c_{\mathrm{M}} \varpi_i^2 + \tau_i \tag{6.18}$$

其中，$\tau_i \in \mathbb{R}$ 表示作用在螺旋桨 i 上的力矩。根据牛顿第三定律，反扭矩力矩与作用在螺旋桨 i 上的力矩大小相同，因此

$$M_i = c_{\mathrm{M}} \varpi_i^2 + J_{\mathrm{RP}} \dot{\varpi}_i \tag{6.19}$$

2. 拉力和力矩模型

多旋翼的飞行由多个螺旋桨驱动。螺旋桨转速 ϖ_i（$i = 1, 2, \cdots, n_{\mathrm{r}}$）决定多旋翼总拉力 f 和力矩 $\boldsymbol{\tau}$。为了便于理解，本节先从四旋翼说起。

（1）四旋翼

如图 6-2(a) 所示，作用在四旋翼上的总拉力为

$$f = \sum_{i=1}^{4} T_i = c_{\mathrm{T}} (\varpi_1^2 + \varpi_2^2 + \varpi_3^2 + \varpi_4^2) . \tag{6.20}$$

对于十字形四旋翼，螺旋桨产生的力矩为

$$\begin{cases} \tau_x = d c_{\mathrm{T}} \left(-\varpi_2^2 + \varpi_4^2\right) \\ \tau_y = d c_{\mathrm{T}} \left(\varpi_1^2 - \varpi_3^2\right) \\ \tau_z = c_{\mathrm{M}} \left(\varpi_1^2 - \varpi_2^2 + \varpi_3^2 - \varpi_4^2\right) \end{cases} \tag{6.21}$$

其中，$d \in \mathbb{R}_+$ 表示机体中心和任一电机的距离。根据式 (6.20) 和式 (6.21)，得到如下矩阵

$$\begin{bmatrix} f \\ \tau_x \\ \tau_y \\ \tau_z \end{bmatrix} = \begin{bmatrix} c_{\mathrm{T}} & c_{\mathrm{T}} & c_{\mathrm{T}} & c_{\mathrm{T}} \\ 0 & -d c_{\mathrm{T}} & 0 & d c_{\mathrm{T}} \\ d c_{\mathrm{T}} & 0 & -d c_{\mathrm{T}} & 0 \\ c_{\mathrm{M}} & -c_{\mathrm{M}} & c_{\mathrm{M}} & -c_{\mathrm{M}} \end{bmatrix} \begin{bmatrix} \varpi_1^2 \\ \varpi_2^2 \\ \varpi_3^2 \\ \varpi_4^2 \end{bmatrix} . \tag{6.22}$$

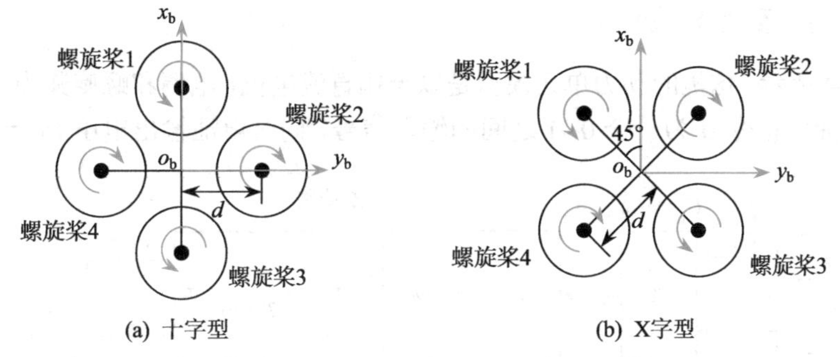

图 6-2　四旋翼的两种布局

如图 6-2(b) 所示，对于 X 字形四旋翼，螺旋桨产生的总拉力依然为

$$f = c_{\mathrm{T}}\left(\varpi_1^2 + \varpi_2^2 + \varpi_3^2 + \varpi_4^2\right). \tag{6.23}$$

而螺旋桨产生的力矩不同，具体如下：

$$\begin{cases} \tau_x = dc_{\mathrm{T}}\left(\dfrac{\sqrt{2}}{2}\varpi_1^2 - \dfrac{\sqrt{2}}{2}\varpi_2^2 - \dfrac{\sqrt{2}}{2}\varpi_3^2 + \dfrac{\sqrt{2}}{2}\varpi_4^2\right) \\ \tau_y = dc_{\mathrm{T}}\left(\dfrac{\sqrt{2}}{2}\varpi_1^2 + \dfrac{\sqrt{2}}{2}\varpi_2^2 - \dfrac{\sqrt{2}}{2}\varpi_3^2 - \dfrac{\sqrt{2}}{2}\varpi_4^2\right) \\ \tau_z = c_{\mathrm{M}}\left(\varpi_1^2 - \varpi_2^2 + \varpi_3^2 - \varpi_4^2\right). \end{cases} \tag{6.24}$$

（2）多旋翼

对于多旋翼，为了实现控制分配，首先需要确定所有电机在机体坐标系下的位置。对于有 n_{r} 个螺旋桨的多旋翼，顺时针方向从 $i=1$ 到 $i=n_{\mathrm{r}}$ 依次标记螺旋桨，如图 6-3 所示。

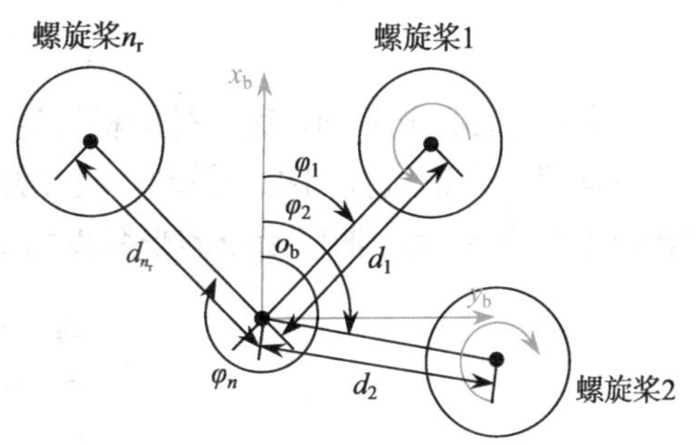

图 6-3　多旋翼的机架布局参数

机体 $o_{\mathrm{b}}x_{\mathrm{b}}$ 轴与每台电机所在的支撑臂之间的夹角为 $\varphi_i \in \mathbb{R}_+ \cup \{0\}$，机体中心与第 i 个电机的距离记为 $d_i \in \mathbb{R}_+ \cup \{0\}$（$i = 1,2,\cdots,n_{\mathrm{r}}$）。那么，螺旋桨产生的拉力和力矩表示为

$$\begin{bmatrix} f \\ \tau_x \\ \tau_y \\ \tau_z \end{bmatrix} = \underbrace{\begin{bmatrix} c_{\mathrm{T}} & c_{\mathrm{T}} & \cdots & c_{\mathrm{T}} \\ -d_1 c_{\mathrm{T}} \sin\varphi_1 & -d_2 c_{\mathrm{T}} \sin\varphi_2 & \cdots & -d_{n_{\mathrm{r}}} c_{\mathrm{T}} \sin\varphi_{n_{\mathrm{r}}} \\ d_1 c_{\mathrm{T}} \cos\varphi_1 & d_2 c_{\mathrm{T}} \cos\varphi_2 & \cdots & d_{n_{\mathrm{r}}} c_{\mathrm{T}} \cos\varphi_{n_{\mathrm{r}}} \\ c_{\mathrm{M}}\delta_1 & c_{\mathrm{M}}\delta_2 & \cdots & c_{\mathrm{M}}\delta_{n_{\mathrm{r}}} \end{bmatrix}}_{\mathbf{M}_{n_{\mathrm{r}}}} \begin{bmatrix} \varpi_1^2 \\ \varpi_2^2 \\ \vdots \\ \varpi_{n_{\mathrm{r}}}^2 \end{bmatrix} \tag{6.25}$$

其中，$\mathbf{M}_{n_{\mathrm{r}}} \in \mathbb{R}^{4\times n_{\mathrm{r}}}$ 表示控制效率矩阵，$\delta_i = (-1)^{i+1}$（$i = 1,\cdots,n_{\mathrm{r}}$）。

6.1.4 动力单元模型

如图 6-4 所示，这里的动力单元模型是以无刷直流电机、电调和螺旋桨为一组的整个动力机构。油门指令 σ 为一个 0~1 之间的输入信号，同时电池输出电压 U_{b} 不受控制。

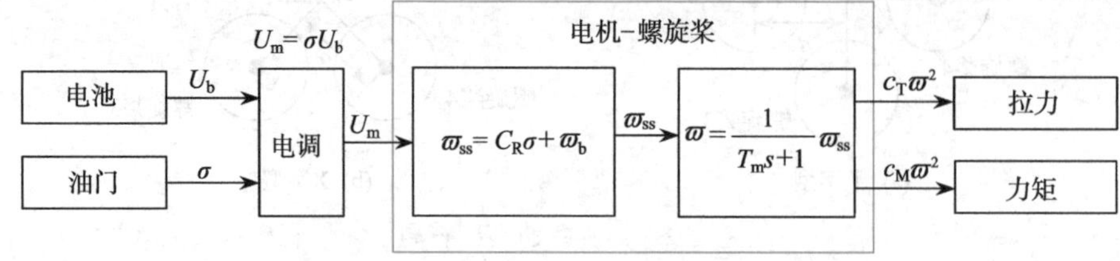

图 6-4 动力单元信号传递图

电调接收油门指令 σ 和电池输出电压 U_{b} 后产生等效平均电压 $U_{\mathrm{m}}=\sigma U_{\mathrm{b}}$。首先，输入一个电压信号，电机转动到一个稳态转速 ϖ_{ss}。这种关系通常是线性的，即

$$\varpi_{\mathrm{ss}}=C_{\mathrm{b}}U_{\mathrm{m}}+\varpi_{\mathrm{b}}=C_{\mathrm{R}}\sigma+\varpi_{\mathrm{b}} \tag{6.26}$$

其中，$C_{\mathrm{R}}=C_{\mathrm{b}}U_{\mathrm{b}}$，$C_{\mathrm{b}}$ 和 ϖ_{b} 为常参数，它们的测量在 6.3 节给出。其次，给定一个油门指令，电机到达稳态转速 ϖ_{ss} 需要一段时间，该时间决定了电机的动态响应，记为 T_{m}。在通常情况下，无刷直流电机的动态过程可以简化为一阶低通滤波器，其传递函数为

$$\varpi=\frac{1}{T_{\mathrm{m}}s+1}\varpi_{\mathrm{ss}}. \tag{6.27}$$

也就是说，当给定一个期望的稳态转速 ϖ_{ss} 时，电机转速并不能立即达到 ϖ_{ss}，需要经过一段时间的调整。结合式 (6.26) 和式 (6.27)，完整的动力单元模型如下

$$\varpi=\frac{1}{T_{\mathrm{m}}s+1}(C_{\mathrm{R}}\sigma+\varpi_{\mathrm{b}}) \tag{6.28}$$

其中，输入是油门指令 σ，输出是电机转速 ϖ。

下面进一步研究油门指令摄动与反扭矩摄动之间的关系。当多旋翼悬停时，螺旋桨 i 的转速平衡点为 ϖ_i^*，油门指令的平衡点为 σ_i^*，反扭力矩的平衡点为 M_i^*，那么

$$\begin{cases}\varpi_i=\varpi_i^*+\Delta\varpi_i\\ \sigma_i=\sigma_i^*+\Delta\sigma_i\\ M_i=M_i^*+\Delta M_i\end{cases}$$

其中，$\Delta\varpi_i$、$\Delta\sigma_i$ 和 ΔM_i 分别表示螺旋桨转速、油门指令和反扭力矩的摄动。

对式 (6.19) 和式 (6.28) 在平衡点处线性化后，得到

$$\begin{cases}\Delta M_i=2c_{\mathrm{M}}\varpi_i^*\Delta\varpi_i+J_{\mathrm{RP}}\Delta\dot{\varpi}_i\\ \Delta\varpi_i=\dfrac{1}{T_{\mathrm{m}}s+1}C_{\mathrm{R}}\Delta\sigma_i.\end{cases}$$

这里，从 $\Delta\sigma_i$ 到 ΔM_i 的传递函数为

$$\Delta M_i=\frac{C_{\mathrm{R}}\left(2c_{\mathrm{M}}\varpi_i^*+J_{\mathrm{RP}}s\right)}{T_{\mathrm{m}}s+1}\Delta\sigma_i. \tag{6.29}$$

建议在多旋翼性能优化过程中考虑动态模型，即式 (6.29)。

6.2　多旋翼气动阻力模型

在 6.1 节中假定多旋翼是刚体，然而在实际中，多旋翼常配备轻质且固定螺距的塑料螺旋桨。这些螺旋桨具有柔韧性，否则容易造成螺旋桨因根部疲劳而折断。在飞行过程中，施加在螺旋桨上的空气动力和惯性力相当显著，会引起螺旋桨弯曲。下面将介绍由螺旋桨的柔韧性引起的桨叶挥舞效应以及多旋翼气动阻力模型。该模型将对第 9 章所述状态估计有着重要的帮助作用。

6.2.1　桨叶挥舞

桨叶挥舞是旋转桨叶的上下运动[1]。如图 6-5(a) 所示，逆风飞行的前行桨叶会获得更大的相对速度，而速度增加将产生更大的拉力，同时产生向上挥舞速度。如图 6-5(b) 和 (c) 所示，向上挥舞速度会减小迎角，进而减小拉力。

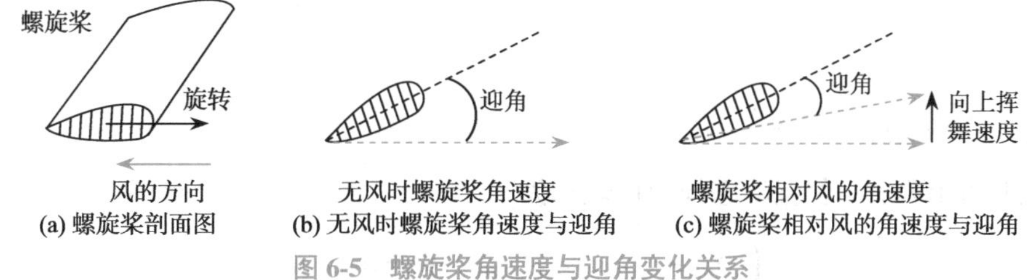

图 6-5　螺旋桨角速度与迎角变化关系

如图 6-6(a) 所示，多旋翼向右飞行，螺旋桨逆时针旋转。在 A 点处产生最大的相对速度，而最大的上偏位置出现在 B 点。A 点比 B 点滞后 π/2，这个道理如同正弦曲线运动规律，如图 6-6(b) 所示。在图 6-6(c) 中，螺旋桨桨盘下方是**前行螺旋桨区**，上方是**后行螺旋桨区**。由于位置滞后速度 π/2，因此前面半区是**桨叶上偏区**，后面半区是**桨叶下偏区**。

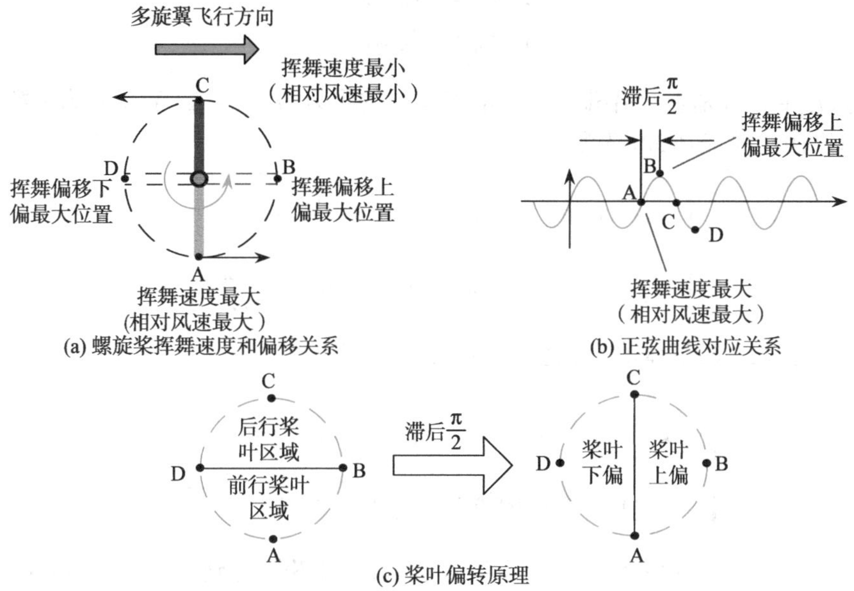

图 6-6　螺旋桨挥舞速度与偏移位置示意图

螺旋桨的挥舞可以改变旋转桨叶的方向，进而改变拉力的方向。从图 6-7 可以看出，拉力方向不再与多旋翼的机体轴 $o_{\mathrm{b}}z_{\mathrm{b}}$ 轴平行，而是在 $o_{\mathrm{b}}x_{\mathrm{b}}$ 轴负方向上产生诱导阻力。诱导阻力与螺旋桨产生的拉力成比例，也是多旋翼阻力的主要组成部分。多旋翼气动阻力模型是基于这个诱导阻力的。感兴趣的读者可以参考文献 [2]、[3] 和 [4]。

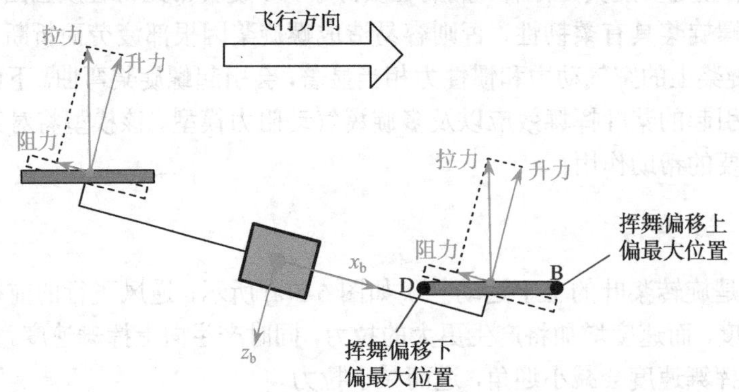

图 6-7 飞行中旋转桨叶的拉力、升力和阻力

6.2.2 多旋翼气动阻力模型

由式 (6.8) 可知，位置动态模型可表示为

$$\begin{cases} \dot{v}_{x_{\mathrm{b}}} = v_{y_{\mathrm{b}}}\omega_{z_{\mathrm{b}}} - v_{z_{\mathrm{b}}}\omega_{y_{\mathrm{b}}} - g\sin\theta \\ \dot{v}_{y_{\mathrm{b}}} = v_{z_{\mathrm{b}}}\omega_{x_{\mathrm{b}}} - v_{x_{\mathrm{b}}}\omega_{z_{\mathrm{b}}} + g\cos\theta\sin\phi \end{cases} \tag{6.30}$$

其中，$v_{x_{\mathrm{b}}}, v_{y_{\mathrm{b}}}, v_{z_{\mathrm{b}}} \in \mathbb{R}$ 分别表示多旋翼沿机体轴 $o_{\mathrm{b}}x_{\mathrm{b}}$、$o_{\mathrm{b}}y_{\mathrm{b}}$ 和 $o_{\mathrm{b}}z_{\mathrm{b}}$ 的速度。对多旋翼来说，旋转桨叶所受的阻力沿机体轴方向。由于多旋翼的对称性，阻力可简单表示为

$$\begin{cases} f_{x_{\mathrm{b}}} = -k_{\mathrm{drag}}v_{x_{\mathrm{b}}} \\ f_{y_{\mathrm{b}}} = -k_{\mathrm{drag}}v_{y_{\mathrm{b}}} \end{cases} \tag{6.31}$$

其中，$f_{x_{\mathrm{b}}}, f_{y_{\mathrm{b}}} \in \mathbb{R}$ 分别表示沿机体轴 $o_{\mathrm{b}}x_{\mathrm{b}}$ 和 $o_{\mathrm{b}}y_{\mathrm{b}}$ 的阻力，$k_{\mathrm{drag}} \in \mathbb{R}_+$ 表示阻力系数。因此，多旋翼气动阻力模型 (6.30) 变为

$$\begin{cases} \dot{v}_{x_{\mathrm{b}}} = v_{y_{\mathrm{b}}}\omega_{z_{\mathrm{b}}} - v_{z_{\mathrm{b}}}\omega_{y_{\mathrm{b}}} - g\sin\theta - \dfrac{k_{\mathrm{drag}}}{m}v_{x_{\mathrm{b}}} \\ \dot{v}_{y_{\mathrm{b}}} = v_{z_{\mathrm{b}}}\omega_{x_{\mathrm{b}}} - v_{x_{\mathrm{b}}}\omega_{z_{\mathrm{b}}} + g\cos\theta\sin\phi - \dfrac{k_{\mathrm{drag}}}{m}v_{y_{\mathrm{b}}}. \end{cases} \tag{6.32}$$

因为 $\dot{v}_{x_{\mathrm{b}}}$ 和 $\dot{v}_{y_{\mathrm{b}}}$ 表示沿机体轴的加速度，所以

$$\begin{cases} a_{x_{\mathrm{b}}} = \dot{v}_{x_{\mathrm{b}}} + g\sin\theta = v_{y_{\mathrm{b}}}\omega_{z_{\mathrm{b}}} - v_{z_{\mathrm{b}}}\omega_{y_{\mathrm{b}}} - \dfrac{k_{\mathrm{drag}}}{m}v_{x_{\mathrm{b}}} \\ a_{y_{\mathrm{b}}} = \dot{v}_{y_{\mathrm{b}}} - g\cos\theta\sin\phi = v_{z_{\mathrm{b}}}\omega_{x_{\mathrm{b}}} - v_{x_{\mathrm{b}}}\omega_{z_{\mathrm{b}}} - \dfrac{k_{\mathrm{drag}}}{m}v_{y_{\mathrm{b}}} \end{cases} \tag{6.33}$$

其中，$a_{x_{\mathrm{b}}}, a_{y_{\mathrm{b}}} \in \mathbb{R}$ 表示**比力**分量，可以由加速度计直接测量得到，7.1.1 节和 9.1.1 节将详细介绍。阻力系数 k_{drag} 可以通过参数辨识事先估计得到，这需要采用更高精度的标定设

备，如光学动作捕捉系统。另一方面，k_{drag} 可以作为状态的一部分，利用扩展卡尔曼滤波器估计得到，具体细节可参考文献 [5]。在这种情况下，式 (6.32) 进一步写成

$$\begin{cases} \dot{v}_{x_\text{b}} = v_{y_\text{b}}\omega_{z_\text{b}} - v_{z_\text{b}}\omega_{y_\text{b}} - g\sin\theta - \dfrac{k_{\text{drag}}}{m}v_{x_\text{b}} \\ \dot{v}_{y_\text{b}} = v_{z_\text{b}}\omega_{x_\text{b}} - v_{x_\text{b}}\omega_{z_\text{b}} + g\cos\theta\sin\phi - \dfrac{k_{\text{drag}}}{m}v_{y_\text{b}} \\ \dot{k}_{\text{drag}} = 0. \end{cases} \tag{6.34}$$

6.3 多旋翼模型参数测量

多旋翼的控制模型完成后，需要对模型参数进行测量。

6.3.1 重心位置

在飞行前需要进行重量配平，目的是使多旋翼的重心落在其几何中心轴线上，以获得较好的运动性能。当螺旋桨定速旋转时，其合力作用在机架的中心对称轴上。如果重心位置有偏差，重力与拉力向量不在一条直线上，多旋翼起飞后会沿着某一侧倾斜。确定重心最简单、有效的方法是悬线法。根据受力平衡的原理，多旋翼稳定后，其受到的重力与绳子的拉力在一条直线上，如图 6-8 所示，具体步骤如下。

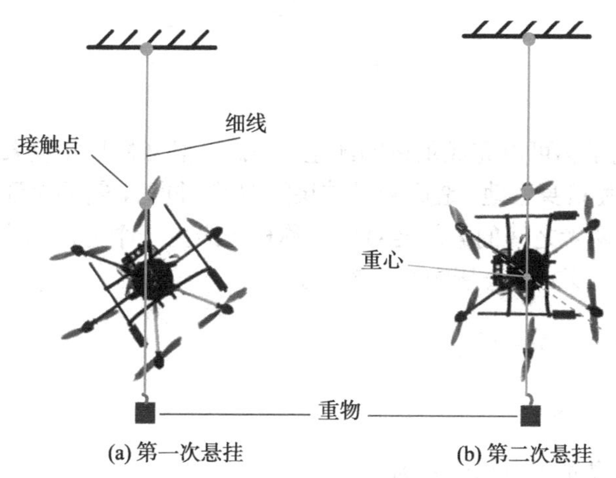

图 6-8 确定多旋翼重心位置的方式

步骤 1：取一根细绳，末端绑上重物，将多旋翼某机臂的一头绑在细绳中间，然后提起细绳的另一头。记录悬线在多旋翼上的位置如图 6-8(a) 中实线所示。该实线也是图 6-8(b) 中的虚线。

步骤 2：将接触点放在另一个地方，用相同方式操作并记录悬线位置。如图 6-8(b) 中的实线所示。

步骤 3：如图 6-8(b) 所示，两次记录悬线的交点位置就是多旋翼重心所在位置。

步骤 4：重复上述步骤。通过多次测量，可提高测量精度。

如果不能做到好的配平，就需要调整电机的控制增益，增加偏重一侧的电机转速来维持平衡。这种做法对修正微小的重心偏差有效。如果重心偏差大，则电机之间的控制增

益差别大，将影响多旋翼的机动性能。当重心位于几何中心轴线时，转动惯量矩阵是一个对角阵。这时的模型相对简单，耦合影响较小。因此，确定多旋翼的重心位置非常必要。绝对配平是无法实现的，如飞行器结构特性导致配平问题，则需要在滚转和俯仰通道上加入前馈控制。对于全自主控制模式，PID 控制中的积分可以消除偏差。对于半自主控制模式，飞控手可以通过观察飞行，手动调节如图 6-9 所示遥控器上的滚转和俯仰通道的配平键，加入前馈来补偿偏差。

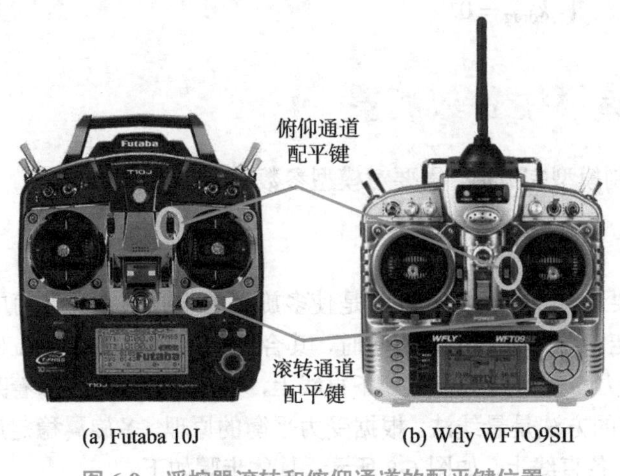

图 6-9 遥控器滚转和俯仰通道的配平键位置

6.3.2 重量

利用普通的电子称可以完成重量的测量。注意，很难将尺寸较大的多旋翼放到称量的平台上，这容易使机身触地，造成测量结果的偏差。同时，需要保证多旋翼的中心尽量靠近称台的中心，两者之间的偏差会对电子称称台产生一个力矩的作用，导致压敏传感器获取力的大小有偏差，也会影响测量精度。

6.3.3 转动惯量 [6]

1. 中心主转动惯量

一个刚体的转动惯量可以表示为

$$\mathbf{J}=\begin{bmatrix} J_{xx} & -J_{xy} & -J_{xz} \\ -J_{yx} & J_{yy} & -J_{yz} \\ -J_{zx} & -J_{zy} & J_{zz} \end{bmatrix}. \tag{6.35}$$

其中，$J_{xy}=J_{yx},J_{xz}=J_{zx},J_{yz}=J_{zy}$。对于标准多旋翼这样的中心对称物体，有 $J_{xy}=J_{xz}=J_{yz}=0$，所以式 (6.35) 简化为

$$\mathbf{J}=\begin{bmatrix} J_{xx} & 0 & 0 \\ 0 & J_{yy} & 0 \\ 0 & 0 & J_{zz} \end{bmatrix} \tag{6.36}$$

其中，$J_{xx},J_{yy},J_{zz}\in\mathbb{R}_+$ 称为**中心主转动惯量**。主转动惯量可以通过双线摆的方法测量。如图 6-10 所示，假定物体质量为 m_0，当地的重力加速度为 g。用两根等长细线将物体悬挂，

此时两绳间距为 d，绳长为 L。为保证物体水平，此时物体的 oz 轴与悬线的竖直中心线重合。将物体绕 oz 轴手动旋转一个小角度，放开手，后物体绕 oz 轴做周期往返转动。

该摆动与单摆非常相似，可以推导出其摆动周期为

$$T_0 = 4\pi\sqrt{\frac{J_{zz}L}{m_0 g d^2}}. \tag{6.37}$$

从而有

$$J_{zz} = \frac{m_0 g d^2}{16\pi^2 L} T_0^{\ 2}. \tag{6.38}$$

同理，如图 6-10 所示，改变机体轴的指向，分别使 ox 轴和 oy 轴为旋转轴，可以求出 J_{xx} 和 J_{yy}。

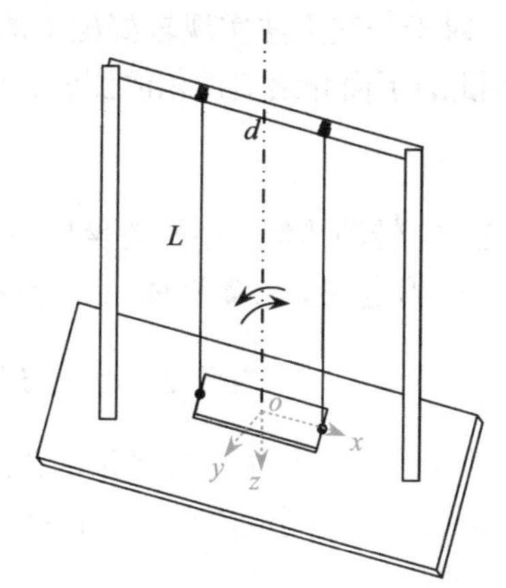

图 6-10 利用双线摆法测量主转动惯量示意

根据上述原理，下面给出测量多旋翼三个主转动惯量的方法，如图 6-11 所示。这里，以 J_{xx} 的测量为例，具体步骤如下。

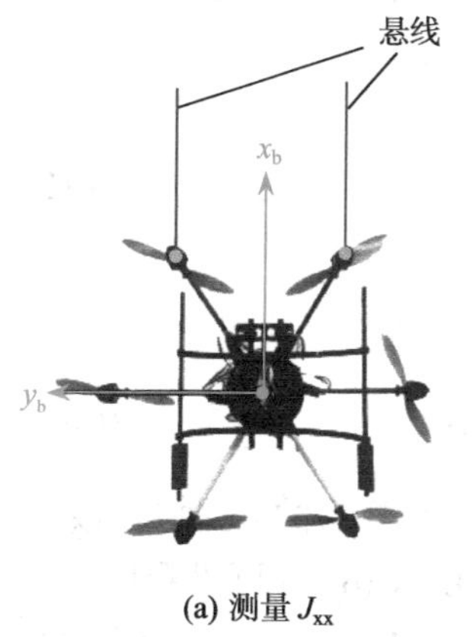

(a) 测量 J_{xx}

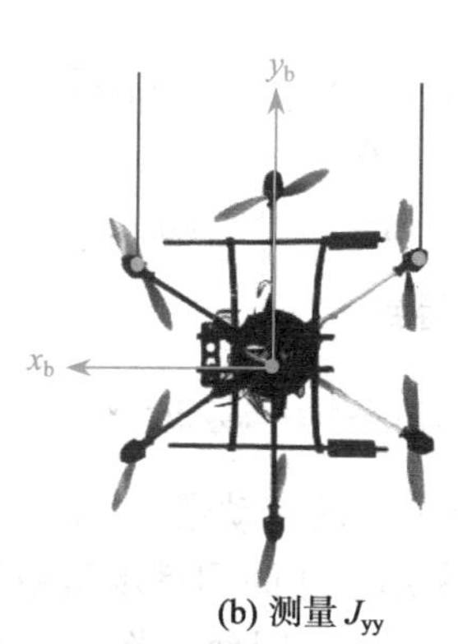

(b) 测量 J_{yy}

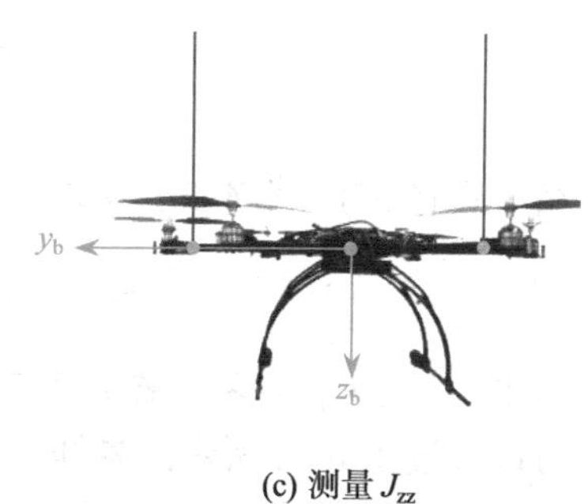

(c) 测量 J_{zz}

图 6-11 主轴转动惯量测量

步骤 1：根据几何对称性，用手和眼感知重量分布，可粗略确认重心位置。

步骤 2：将两根细绳固定在多旋翼机体上，调整两个接触点的位置，保证两点等高，且均匀分布在重心两侧，如图 6-11(a) 所示。通过改变捆绑点的位置，可以测量不同轴对应的转动惯量。对于一些特殊布局的多旋翼，不易保持平衡，可以利用轻杆、钢丝和胶带等材料搭建架子来辅助测量。

步骤 3：如图 6-11(a) 所示，将细绳的上端捆绑在水平放置的硬杆上，保证两根细绳的长度完全相同。此时，两根细绳围成一个矩形，与图 6-10 相似，记下矩形的宽 d 和长 L。

步骤 4：调整接触点的位置，保持更好的平衡。

步骤 5：将多旋翼绕悬挂轴旋转一个小角度，记录摆动 50 个周期的时间 T，可得双线摆的周期为 $T_0 = T/50$。初始摆角不宜太大，将摆角控制在 10° 以内，即可获得较高的精度。在正确操作的情况下，其精度与相同规格的单摆的精度一样。

步骤 6：将 T_0 代入式 (6.38)，计算 J_{xx}。

步骤 7：如图 6-11(b) 和 (c) 所示，改变悬挂方式，重复步骤 1~6，得到 J_{yy} 和 J_{zz}。

注意，只有在多旋翼的质量分布完美对称的情况下，$J_{xy}=J_{xz}=J_{yz}=0$ 才成立。J_{xz}、J_{xy} 和 J_{yz} 及其他因子称为**惯性积**。通常，它们的值相对于主转动惯量很小，可以忽略不计。然而，对于一些无法实现较好配平的多旋翼或者一些特殊布局的多旋翼，惯性积不能忽略。因此，下面介绍惯性积的测量方法。

2. 惯性积

首先，转动惯量在不同的坐标系下取值不同（通常测量沿机体轴的转动惯量）。比如，定义一个固定在多旋翼机体上的坐标系 $\{H\}$，可以得到

$$^{\mathrm{b}}\boldsymbol{\omega}^{\mathrm{T}}\cdot\mathbf{J}\cdot{}^{\mathrm{b}}\boldsymbol{\omega}=\left(\mathbf{R}_{\mathrm{h}}^{\mathrm{b}}\cdot{}^{\mathrm{h}}\boldsymbol{\omega}\right)^{\mathrm{T}}\mathbf{J}\left(\mathbf{R}_{\mathrm{h}}^{\mathrm{b}}\cdot{}^{\mathrm{h}}\boldsymbol{\omega}\right)={}^{\mathrm{h}}\boldsymbol{\omega}^{\mathrm{T}}\cdot\mathbf{J}_{\mathrm{h}}\cdot{}^{\mathrm{h}}\boldsymbol{\omega} \tag{6.39}$$

其中，$^{\mathrm{b}}\boldsymbol{\omega}\in\mathbb{R}^3$ 为机体坐标系下的角速度，$^{\mathrm{h}}\boldsymbol{\omega}\in\mathbb{R}^3$ 为坐标系 $\{H\}$ 下的角速度，$\mathbf{R}_{\mathrm{h}}^{\mathrm{b}}\in\mathbb{R}^{3\times3}$ 为从坐标系 $\{H\}$ 到机体坐标系的旋转矩阵，$\mathbf{J}_{\mathrm{h}}\in\mathbb{R}^{3\times3}$ 表示多旋翼在坐标系 $\{H\}$ 下的转动惯量。因此

$$\mathbf{J}_{\mathrm{h}}=\left(\mathbf{R}_{\mathrm{h}}^{\mathrm{b}}\right)^{\mathrm{T}}\cdot\mathbf{J}\cdot\mathbf{R}_{\mathrm{h}}^{\mathrm{b}}. \tag{6.40}$$

考虑如图 6-12 所示的情况，此时竖直旋转轴 V 与 $o_{\mathrm{b}}y_{\mathrm{b}}$ 轴垂直，且与 $o_{\mathrm{b}}x_{\mathrm{b}}$ 轴的夹角为 α，与 $o_{\mathrm{b}}z_{\mathrm{b}}$ 轴的夹角为 $90°-\alpha$。因此有

$$\mathbf{R}_{\mathrm{h}}^{\mathrm{b}}=\begin{bmatrix}\cos\alpha & 0 & -\sin\alpha\\ 0 & 1 & 0\\ \sin\alpha & 0 & \cos\alpha\end{bmatrix}. \tag{6.41}$$

结合式 (6.35)、式 (6.40) 和式 (6.41)，得到

$$J_V=(\mathbf{J}_{\mathrm{h}})_{xx}=J_{xx}\cos^2\alpha+J_{zz}\sin^2\alpha-J_{xz}\sin2\alpha \tag{6.42}$$

其中，$J_V\in\mathbb{R}_+$ 为多旋翼沿竖直旋转轴 V 的转动惯量（V 即 $\{H\}$ 坐标系的 ox 轴）。该值可以通过图 6-12 所示的悬挂方式，利用上述的测量步骤测得。由式 (6.42) 可以看出，当 $\alpha=0$ 时，V 轴与 $o_{\mathrm{b}}x_{\mathrm{b}}$ 轴重合，则 $J_V=J_{xx}$。同理，当 $\alpha=90°$ 时，$J_V=J_{zz}$。在 α 确定和 J_{xx}、J_{zz} 与 J_V 已知的情况下，惯性积 J_{xz} 表示为

$$J_{xz}=\frac{J_{xx}\cos^2\alpha+J_{zz}\sin^2\alpha-J_V}{\sin2\alpha}. \tag{6.43}$$

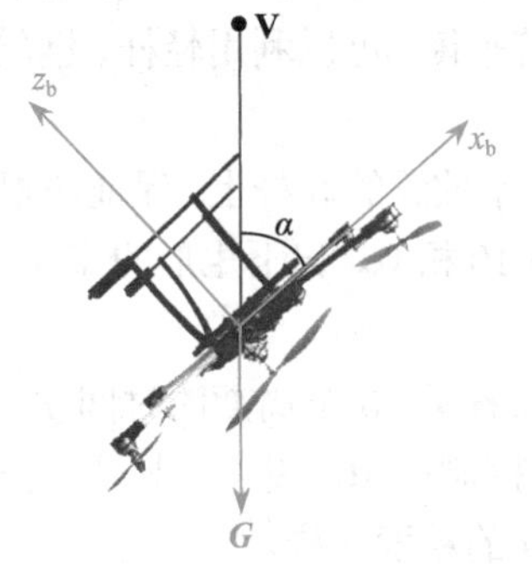

图 6-12 惯性积 J_{xz} 测量侧视图（沿 $o_{\mathrm{b}}y_{\mathrm{b}}$ 轴方向看，两条悬线固定在起落架上）

具体步骤如下。

步骤 8：按照步骤 1~7 测量得到主转动惯量 J_{xx}、J_{yy} 和 J_{zz}。

步骤 9：按图 6-12 所示悬挂多旋翼，记录角度 α，并测得转动惯量 J_V。

步骤 10：利用式 (6.43) 计算 J_{xz} 的值。

步骤 11：选取不同的 α，重复步骤 9 和步骤 10，计算平均值，以减小误差。

步骤 12：改变悬挂方式，重复步骤 9~11，得到 J_{xy} 和 J_{yz}。

6.3.4　动力单元参数测量

在实际中，推动油门控制杆给定一个油门指令之后，除油门值已知外，螺旋桨转速及最终产生的拉力和力矩都是未知的，所以要通过一系列实验确定油门指令和螺旋桨转速的关系，以及螺旋桨转速和拉力、力矩的关系。

1．动力单元组成

动力单元模型如图 6-13 所示。由于动力单元需要相应的控制信号生成系统才能启动，所以需要用到遥控器。在实际测试中，将电调信号线连接到遥控器的油门通道上，推动油门控制杆，得到一个 0~1 之间的输入信号，记为 σ。

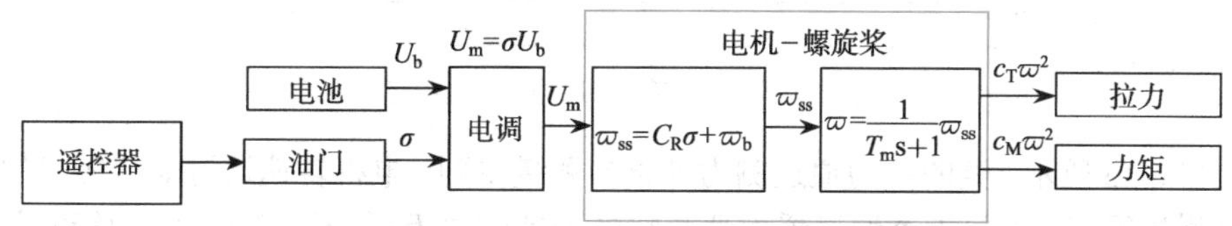

图 6-13　从遥控器到拉力和力矩的信号传递

从油门指令 σ 到电机转速 ϖ 的模型可用式 (6.28) 表示。下面讨论一种系统参数测量的方法。如图 6-14(b) 所示，由于一阶系统在 $t=T_m$ 时的单位阶跃响应值为 0.632，因此时间常数 T_m 可以通过在 $\varpi=0.632\varpi_{ss}$ 时对应的时间来确定。一些遥控器的油门指令 σ 的数值可以直接从遥控屏显上读取。而对于一些没有屏显或没有油门指令显示功能的遥控器，油门指令 σ 的数值可以从油门控制杆上的刻度盘读取。动力系统的测量是建立在电调已经经过油门行程校准的基础上进行的，油门行程校准是为了建立油门指令与电调输出的对应关系。只有经过油门行程校准，电调记录了油门控制杆的最高值与最低值，才能正确输出最大转速和最小转速。

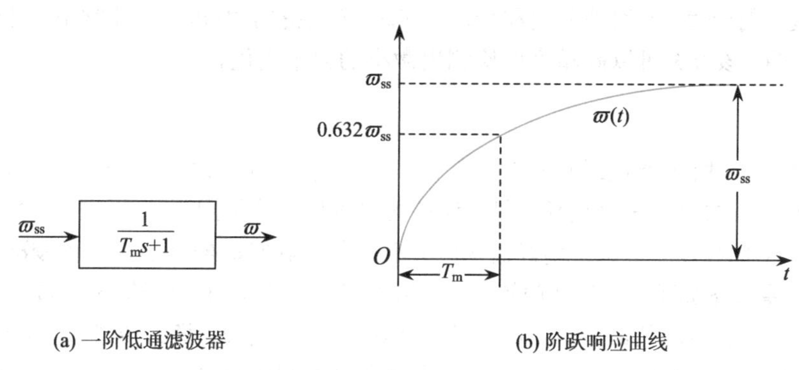

图 6-14　电机惯性环节方块图与阶跃响应曲线

2．测量步骤

在通常情况下，测量螺旋桨的力矩很困难。这是因为螺旋桨转速非常快，而且桨的效率高，阻力小，导致产生的反扭矩非常小。一般而言，反扭矩只有 0.1N·m。也就是说，一根长 1m 的杆产生的力只有 0.1N，超出了一般测力计的灵敏度范围。如图 6-15 所示的装置能够测量动力系统的所有参数，从而解决这个问题。

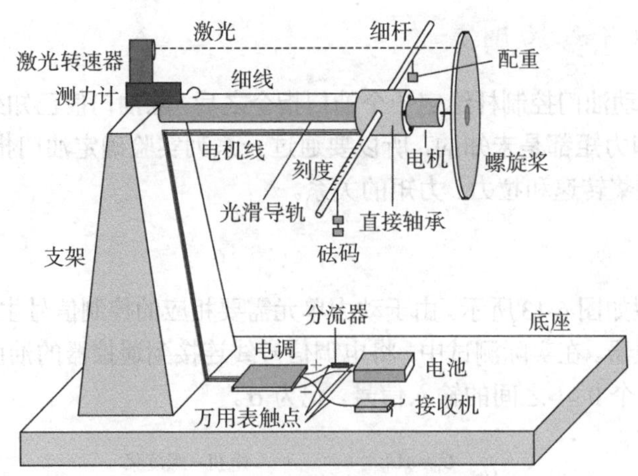

图 6-15 动力单元参数测量的装置

如图 6-15 所示，桨的拉力通过测力计直接测量得到，电机转速通过非接触式的转速计直接测量得到，油门指令通过遥控器直接读取或通过万用表测量得到。力矩测量的具体步骤如下。

步骤 1：当控制信号为零，螺旋桨静止时，调节砝码与配重的位置，使细杆再次保持水平。记录此时砝码的初始位置 p_1。

步骤 2：输入指定的油门指令使电机转动。转动平稳时，反扭矩使细杆倾斜。微调砝码的位置，使细杆再次水平。记下此时砝码的位置 p_2。

步骤 3：假定砝码的质量为 m_{f}，动力单元产生的力矩计算如下：

$$M = (p_2 - p_1)m_{\mathrm{f}}g. \tag{6.44}$$

由式 (6.44) 可知，假设 $m_{\mathrm{f}} = 0.01\mathrm{kg}$，$0.05\mathrm{N{\cdot}m}$ 的力矩将产生力臂差 $\Delta p = p_2 - p_1 = 0.5\mathrm{m}$，该值可以用直尺精确测量得到。选用直线轴承是因为它可以沿着导轨方向（测桨的拉力）和旋转方向（测转矩）光滑地移动和转动；同时，产生的阻力和力矩非常小，可以忽略不计。实验证明，该方案可以高精度地检测出微小的力矩变化。

3. 测量结果

根据图 6-15 所示连接线路与装置。本次测试采用新西达 2212 电机，其 KV 值为 1000RPM/V；电池采用 3S1P 格氏电池，遥控器接收机系统采用华科尔 DEVO-10 套件，螺旋桨采用 APC1047 桨，电调采用好盈 30A 电调，并已做好遥控器油门行程校准。

整体测量方案如下：取某油门指令 σ，用上述系统测量电机转速 ϖ_{ss}、拉力 T 和力矩 M。测量得到足够多的数据后，绘制油门指令–稳态转速曲线、稳态转速–拉力曲线、稳态转速–力矩曲线以及电机响应曲线。然后，用参数拟合可得到 C_{R}、ϖ_{b}、c_{T} 和 c_{M}。阶跃地改变油门指令（直接将电调输入线接到遥控的拨码开关）以激活测力计，通过测力计（可记录数据且与计算机相连）获取拉力的变化曲线。通过分析过渡时间求得时间常数 T_{m}。

从图 6-16 所示曲线可以看出，油门指令–稳态转速曲线并不是在全区间内都呈现线性，这主要由电调的安全策略决定的。电调会被设置一个死区，当油门指令 $\sigma < 0.05$ 时，电调输出的电压为 0，电机转速也为 0。这个设计可以保证油门杆拉到接近最低位置的时候，电机停转，以保证安全性；当 $\sigma > 0.9$ 时，电机转速不再增加，转速接近电机极限，输

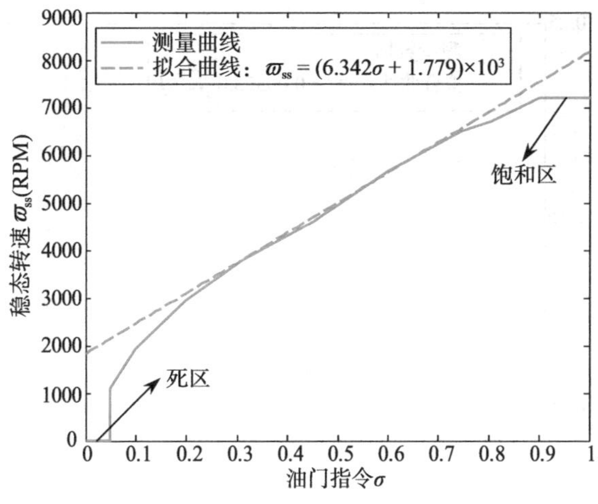

图 6-16 油门指令–稳态转速曲线

出转速（拉力）在安全范围内形成一个饱和区；在 $0.2<\sigma<0.8$ 范围内，油门指令–稳态转速曲线呈现近似线性关系。对该曲线进行线性拟合，得到

$$\varpi_{ss}=6342\sigma+1779. \tag{6.45}$$

观察式 (6.45)，得到 $C_R=6432\text{RPM}$，$\varpi_b=1779\text{RPM}$。注意，转速单位为 RPM。

如图 6-17 所示，应用二次曲线拟合可以得到稳态转速与拉力的关系。从拟合效果来看，拉力与转速确实呈现较好的二次关系，表示为

$$T=0.1984(\varpi_{ss}/1000)^2. \tag{6.46}$$

因此，$c_T=1.984\times10^{-7}\text{N/RPM}^2$。

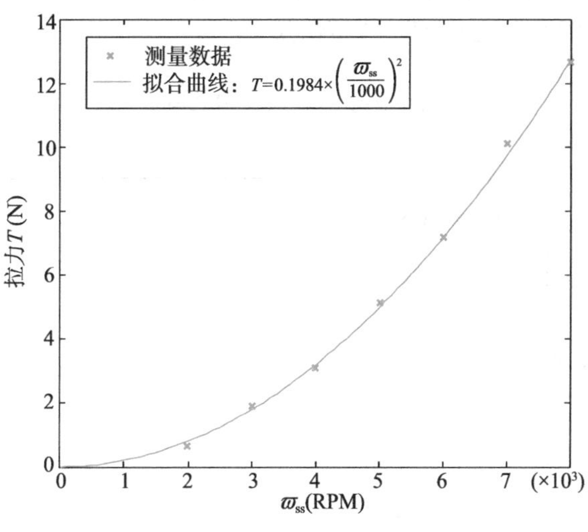

图 6-17 稳态转速–拉力曲线

图 6-18 为稳态转速–力矩曲线，利用二次曲线拟合得到如下方程：

$$M=0.003733(\varpi_{ss}/1000)^2. \tag{6.47}$$

因此，$c_M=3.733\times10^{-9}\text{N·m/RPM}^2$。

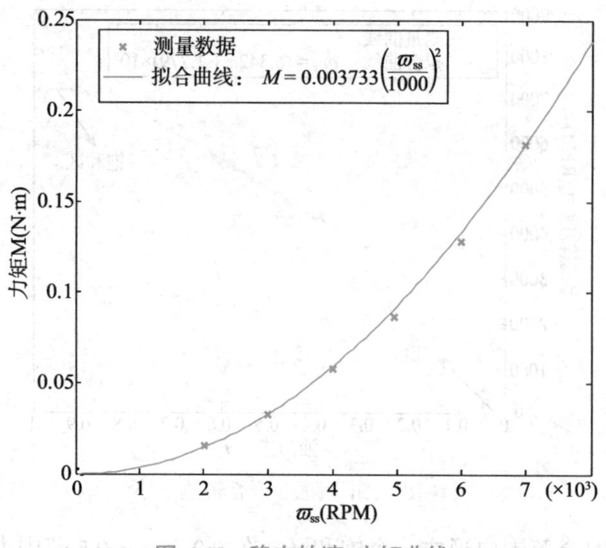

图 6-18　稳态转速–力矩曲线

图 6-19 为电机响应曲线图。将电调信号线接到遥控器的三段开关上（输出值在 0、0.5、1 之间跳变），然后快速改变开关位置，并用测力计记录拉力的变化。比较高端的测力计都带有数据线用于连接电脑，且具有实时显示曲线并导出数据的功能。将电机假设为一阶低通滤波器。一阶低通滤波器的时间常数 T_m 决定了电机的阶跃响应，其值为电机转速从 0 增加到 $0.632\varpi_{ss}$（ϖ_{ss} 为稳态转速）所需要的时间。由于拉力与电机转速呈现平方关系，因此 T_m 的值即为拉力从 0 增加到 $0.4T_{max}$（T_{max} 为稳态拉力）所消耗的时间。首先需要确定拉力的稳态值 T_{max}。在图 6-19 中，$T_{max} = 8.55$N。然后，在曲线上找到 $0.4T_{max}$ 对应的时间 t_e 以及电机开始转动的初始时间 t_s，这里有 $t_e = 0.318$s。当电机转动的初始时刻 t_s 确定时（图 6-19 中，$t_s = 0.22$s），电机的时间常数为

$$T_m = \Delta t = t_e - t_s = 0.098\text{s}. \tag{6.48}$$

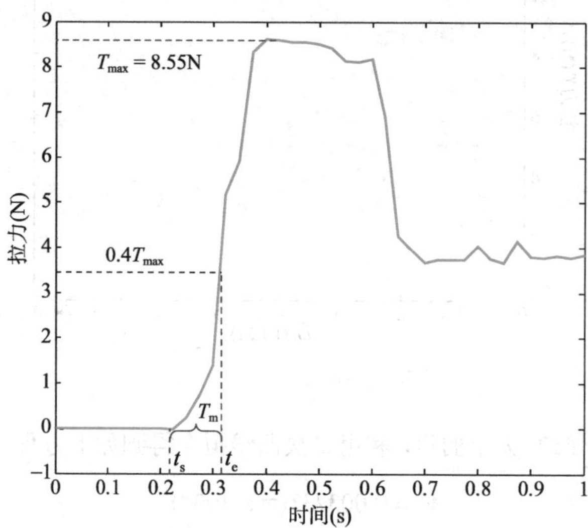

图 6-19　电机响应曲线

本章小结

本章给出了多旋翼飞行控制刚体模型（见式 (6.13) 或式 (6.14) 或式 (6.15)）、控制效率模型（见式 (6.25)）以及动力单元模型（见式 (6.28)），这三者结合起来便是多旋翼控制模型。关于这一部分，感兴趣的读者还可参考文献 [7]、[8] 和 [9]。本章还建立了多旋翼气动阻力模型。对于实际系统，模型参数都需要确定，因此本章最后介绍了获取模型参数的方法。总之，多旋翼的机理建模比较成熟，也在实际中起到了重要作用。然而，高精度控制需要更高精度的模型，如风干扰或者地效作用下的动态模型。

习 题 6

6.1 推导式 (6.8)。

6.2 基于 6.1.3 节，写出图 1.3(b) 和图 1.4 所示多旋翼的控制效率模型。

6.3 建立图 3.6 所示 CyPhy LVL 1 无人机的飞行控制刚体模型并写出控制效率模型。（提示：CyPhy LVL 1 无人机的主要特点在于螺旋桨与机身不平行，意味着拉力方向不再与机体轴平行。）

6.4 测量自己所用手机的转动惯量。

6.5 给定网址 http://rfly.buaa.edu.cn/cources 上的测量数据，利用参数拟合方法确定各参数的值。

参考文献

[1] Blade flapping. [Online], available: http://www.dynamicflight.com/aerodynamics/flapping/. January 22, 2016.

[2] Bristeau P J, Callou F, Vissiere D, Petit N. The navigation and control technology inside the ar. drone micro UAV. In: Proc. the 18th IFAC World Congress. Milano, Italy, 2011, pp 1477-1484.

[3] Mahony R, Kumar V, Corke P. Multirotor aerial vehicles: modeling, estimation, and control of quadrotor. IEEE Robotics & Automation Magazine, 2012, 19(3): 20-32.

[4] Abeywardena D, Kodagoda S, Dissanayake G, Munasinghe R. Improved state estimation in quadrotor MAVs: a novel drift-free velocity estimator. IEEE Robotics & Automation Magazine, 2013, 20(4): 32-39.

[5] Leishman R C, Macdonald J C, Beard R W, McLain T W. Quadrotors and accelerometers: state estimation with an improved dynamic model. IEEE Control Sgstems Magazine, 2014, 34(1): 28-41.

[6] 全权，戴训华，魏子博，王江，蔡开元. 一种测量小型飞行器转动惯量与惯性积的方法，中国：ZL20130479270.0, 2013.

[7] Bresciani T. Modelling, identification and control of a quadrotor helicopter. Dissertation, Lund University, Sweden, 2008.

[8] De Oliveira M. Modeling, identification and control of a quadrotor aircraft. Dissertation, Czech Technical University, 2011.

[9] Pounds P, Mahony R, Corke P. Modelling and control of a large quadrotor robot. Control Engineering Practice, 2010, 18(7): 691-699.

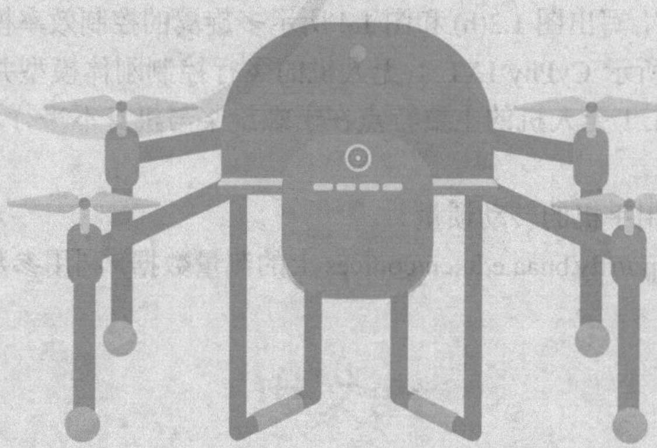

第三篇 感知篇

第7章 Chapter 7 传感器标定和测量模型

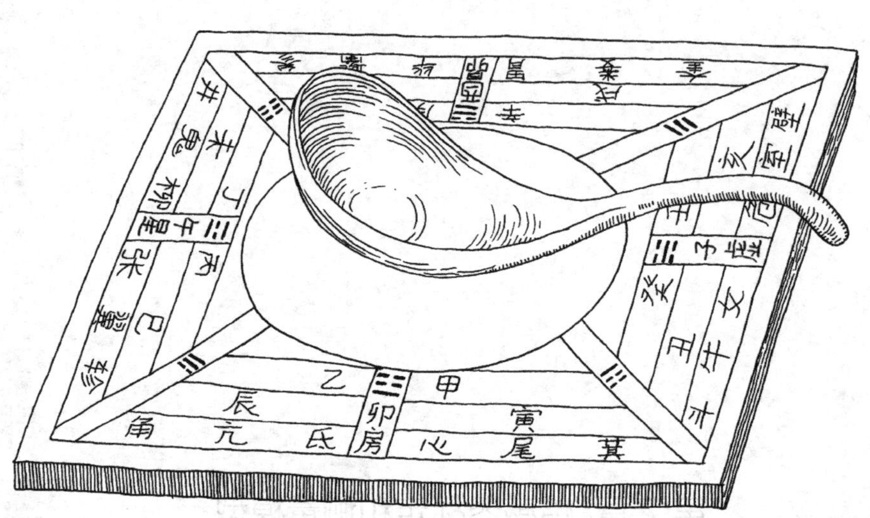

司南

中国古人很早就发明了指南针，为人类开疆拓土进行导航。战国时代中国人就已经开始使用指南针。《韩非子》中说，战国时代已有“司南”（指南针）。宋代沈括《梦溪笔谈》中对于指南针的记载更加详细，还发现了地磁偏角现象。他在《梦溪笔谈》卷二十四中写道：“方家以磁石摩针锋，则能指南，然常微偏东，不全南也。”这是我国和世界上关于地磁偏角的最早记载。公元1492年，哥伦布第一次航行美洲时才发现了地磁偏角，比沈括的发现晚了约400年。中国古代也有不少关于指南针的诗词。宋代彭龟年诗词《寄黄商伯兼简詹元善》的“滔滔迷所往，莫望指南针”，以及文天祥诗词《扬子江》的“臣心一片磁针石，不指南方不肯休”。

多旋翼搭载了多种传感器，如三轴加速度计、三轴陀螺仪、三轴磁力计、超声波测距仪、二维激光扫描测距仪、全球定位系统（Global Positioning System，GPS）接收机和摄像机等。多旋翼的传感器如同人体感官，利用这些传感器，多旋翼可以感知自身位置和姿态。然而，有些基于微机电系统（Micro-Electro-Mechanical System，MEMS）的传感器测量精度低。比如，磁力计容易受到电路板上其他元件的影响而得不到精确的方位信息，甚至导致多旋翼难以可靠飞行。再如，多旋翼不能平稳起飞很可能与传感器未标定有关。因此，标定是多旋翼出厂前的关键步骤。本章将介绍一些不用依靠外部设备的传感器自标定方法。

本章主要回答以下问题：

如何进行传感器标定？传感器测量模型是什么？

上述问题涉及传感器的基本原理、标定方法和测量模型（或者观测模型）。

7.1 三轴加速度计

7.1.1 基本原理

三轴加速度计是一种惯性传感器，能够测量物体的**比力**，即去掉重力后的整体加速度，或者单位质量上作用的非引力 [1,p10],[2]。当加速度计保持静止时，加速度计能够感知重力加速度，而整体加速度为零。在自由落体运动中，整体加速度就是重力加速度，此时三轴加速度计 输出为零。另外，利用三轴加速度计的原理可测量角度。如图 7-1 所示，弹簧压缩量由加速度计与地面的角度决定，比力能通过弹簧压缩长度来测量。因此在没有外力作用的情况下，加速度计能够精确地测量俯仰角和滚转角，且没有累积误差。

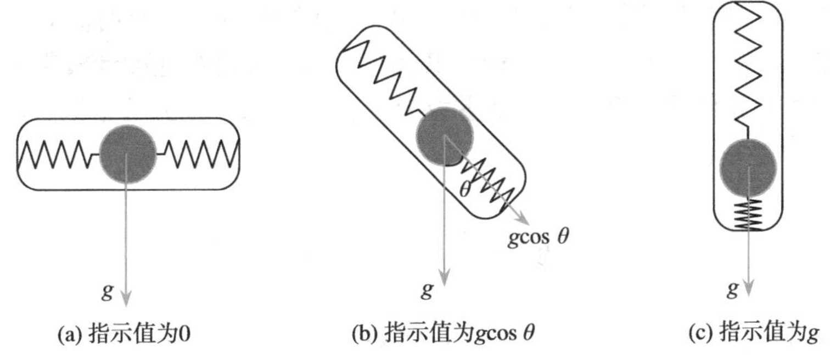

图 7-1 MEMS 加速度计的测量原理

多旋翼飞行器中的加速度计通常基于 MEMS 技术，因此其尺寸可以如手指甲一般大小，而且功耗很低。目前，MEMS 技术广泛应用于智能手机的加速度计 [3,pp31-32]。MEMS 加速度计可以基于压阻效应、压电效应和电容原理，这些效应产生的比力分别正比于电阻、电压和电容，其值可以通过相应的放大电路和滤波电路进行采集。该传感器的缺点是受振动影响大 [4,pp67-75]。

7.1.2 标定

本节内容主要来源于文献 [5]，文中给出的方法仅仅是标定中的一种。

1. 误差模型

令 ${}^{\mathrm{b}}\mathbf{a}_{\mathrm{m}} \in \mathbb{R}^3$ 表示标定后的比力，${}^{\mathrm{b}}\mathbf{a}_{\mathrm{m}}' \in \mathbb{R}^3$ 表示标定前的比力。它们之间有如下关系：

$$ {}^{\mathrm{b}}\mathbf{a}_{\mathrm{m}} = \mathbf{T}_{\mathrm{a}}\mathbf{K}_{\mathrm{a}}\left({}^{\mathrm{b}}\mathbf{a}_{\mathrm{m}}' + \mathbf{b}_{\mathrm{a}}'\right). \tag{7.1} $$

这里，

$$ \mathbf{T}_{\mathrm{a}} = \begin{bmatrix} 1 & \Delta\psi_{\mathrm{a}} & -\Delta\theta_{\mathrm{a}} \\ -\Delta\psi_{\mathrm{a}} & 1 & \Delta\phi_{\mathrm{a}} \\ \Delta\theta_{\mathrm{a}} & -\Delta\phi_{\mathrm{a}} & 1 \end{bmatrix}, \mathbf{K}_{\mathrm{a}} = \begin{bmatrix} s_{\mathrm{ax}} & 0 & 0 \\ 0 & s_{\mathrm{ay}} & 0 \\ 0 & 0 & s_{\mathrm{az}} \end{bmatrix}, \mathbf{b}_{\mathrm{a}}' = \begin{bmatrix} b_{\mathrm{ax}}' \\ b_{\mathrm{ay}}' \\ b_{\mathrm{az}}' \end{bmatrix} \tag{7.2} $$

其中，$\mathbf{T}_{\mathrm{a}} \in \mathbb{R}^{3\times3}$ 表示由于安装误差出现的微小倾斜，$\mathbf{K}_{\mathrm{a}} \in \mathbb{R}^{3\times3}$ 表示尺度因子，$\mathbf{b}_{\mathrm{a}}' \in \mathbb{R}^3$ 表示偏移。

2. 标定原理

为了标定加速度计，需要估计以下未知参数：

$$ \mathbf{\Theta}_{\mathrm{a}} \triangleq \begin{bmatrix} \Delta\psi_{\mathrm{a}} & \Delta\theta_{\mathrm{a}} & \Delta\phi_{\mathrm{a}} & s_{\mathrm{ax}} & s_{\mathrm{ay}} & s_{\mathrm{az}} & b_{\mathrm{ax}}' & b_{\mathrm{ay}}' & b_{\mathrm{az}}' \end{bmatrix}^{\mathrm{T}}. \tag{7.3} $$

模型 (7.1) 右边可以记为如下函数：

$$ \mathbf{h}_{\mathrm{a}}\left(\mathbf{\Theta}_{\mathrm{a}}, {}^{\mathrm{b}}\mathbf{a}_{\mathrm{m}}'\right) \triangleq \mathbf{T}_{\mathrm{a}}\mathbf{K}_{\mathrm{a}}\left({}^{\mathrm{b}}\mathbf{a}_{\mathrm{m}}' + \mathbf{b}_{\mathrm{a}}'\right). \tag{7.4} $$

比力是在固定角度测量多次得到，因此可以忽略其测量噪声。具体地，加速度计以不同角度旋转 $M \in \mathbb{Z}_+$ 次，在每个固定角度下保持静止一段时间。记第 k 个时间间隔内测量得到的比力均值为 ${}^{\mathrm{b}}\mathbf{a}_{\mathrm{m},k}' \in \mathbb{R}^3$（$k = 1,2,\cdots,M$）。其标定原理是**无论加速度计放置的角度如何变化，其比力的模长始终是常值，即当地重力加速度，记为**g。根据这个原理，用以下优化方程来估计未知参数：

$$ \mathbf{\Theta}_{\mathrm{a}}^* = \arg\min_{\mathbf{\Theta}_{\mathrm{a}}} \sum_{k=1}^{M} \left(\left\|\mathbf{h}_{\mathrm{a}}\left(\mathbf{\Theta}_{\mathrm{a}}, {}^{\mathrm{b}}\mathbf{a}_{\mathrm{m},k}'\right)\right\| - g\right)^2. \tag{7.5} $$

从而采用 Levenberg-Marquardt 算法得到最优解 $\mathbf{\Theta}_{\mathrm{a}}^*$。

3. 标定结果

实验数据采集于 PX4 无人机开源项目自驾仪 Pixhawk，将自驾仪与计算机相连，通过串口总线将数据传输到计算机。根据上述优化方法，得到如下标定结果：

$$ \mathbf{T}_{\mathrm{a}} = \begin{bmatrix} 1 & 0.0093 & -0.0136 \\ -0.0093 & 1 & 0.0265 \\ 0.0136 & -0.0265 & 1 \end{bmatrix} $$

$$\mathbf{K}_a = \begin{bmatrix} 1.0203 & 0 & 0 \\ 0 & 1.0201 & 0 \\ 0 & 0 & 1.0201 \end{bmatrix}$$

$$\mathbf{b}'_a = \begin{bmatrix} -2.755 \\ 1.565 \\ -9.942 \end{bmatrix} \times 10^{-5}.$$

定义指标

$$\text{Dist}_a \triangleq \left(\left\| \mathbf{h}_a \left(\boldsymbol{\Theta}_a, {}^b\mathbf{a}'_{m,k} \right) \right\| - g \right)^2 \tag{7.6}$$

来评价优化结果，结果如图 7-2 所示。可见，标定后，指标下降了。

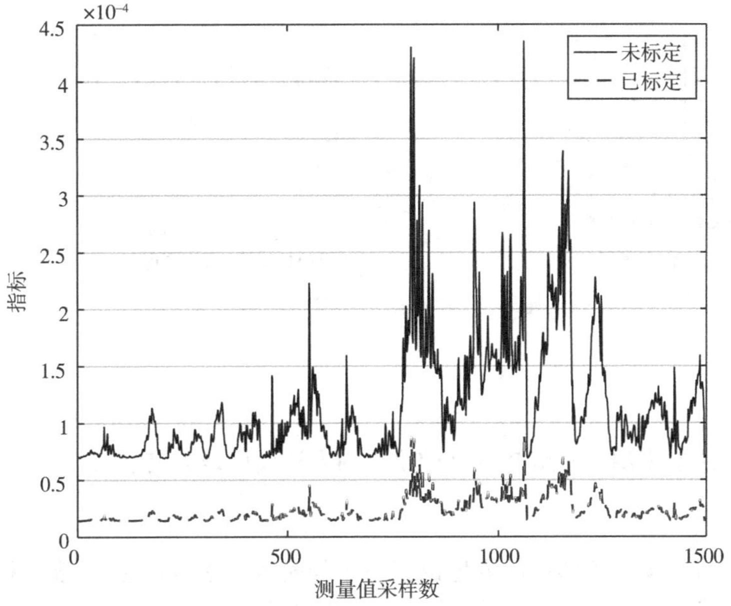

图 7-2 加速度计标定前后的优化结果

7.1.3 测量模型

MEMS 加速度计固连于机体轴，其轴向与机体坐标系一致，测量三个机体轴向的比力分量，表示为

$${}^b\mathbf{a}_m = {}^b\mathbf{a} + \mathbf{b}_a + \mathbf{n}_a. \tag{7.7}$$

其中，${}^b\mathbf{a} \in \mathbb{R}^3$ 表示比力的真值；$\mathbf{b}_a \in \mathbb{R}^3$ 表示漂移误差；$\mathbf{n}_a \in \mathbb{R}^3$ 表示加速度计测量噪声向量，该噪声通常看作高斯白噪声向量。进一步，漂移误差 $\mathbf{b}_a$ 可建模为如下高斯随机游走过程：

$$\dot{\mathbf{b}}_a = \mathbf{n}_{\mathbf{b}_a} \tag{7.8}$$

其中，$\mathbf{n}_{\mathbf{b}_a} \in \mathbb{R}^3$ 通常看作高斯白噪声向量。

7.2 三轴陀螺仪

7.2.1 基本原理

如图 7-3(a) 所示，MEMS 陀螺仪是基于**科里奥利力**工作的传感器。科里奥利力是对直线运动物体相对于旋转坐标系产生偏移的一种直观描述。因为科里奥利力正比于角速度，所以根据电容量的变化可以计算角速度。MEMS 陀螺仪的结构通常设计成如图 7-3(b) 所示的形式，两个质量块的运动速度方向相反，但大小相等。因此它们会产生不同方向的力，从而压迫两块对应的电容极板移动，产生电容差。该电容差正比于角速度。另一方面，单纯的加速度变化将对两块电容极板产生同样的效果，所以不会影响角速度测量。

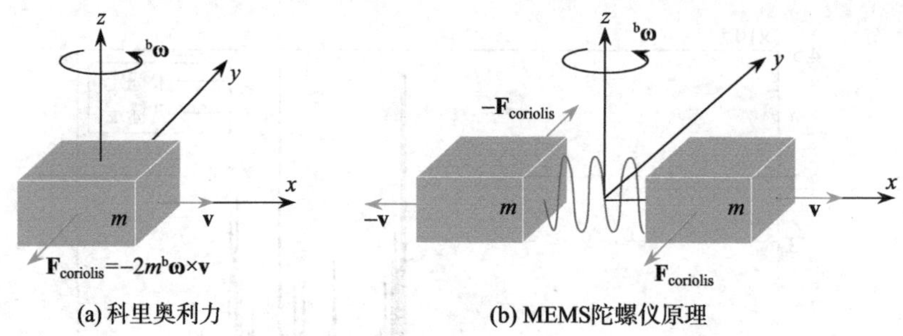

(a) 科里奥利力 (b) MEMS陀螺仪原理

图 7-3 MEMS 陀螺仪的测量原理

7.2.2 标定

本节内容主要来源于文献 [5]，文中给出的方法仅仅是标定中的一种。

1. 误差模型

与加速度计类似，陀螺仪的测量也存在一些偏差。令 ${}^{\mathrm{b}}\boldsymbol{\omega}_{\mathrm{m}} \in \mathbb{R}^3$ 表示标定后的角速度，${}^{\mathrm{b}}\boldsymbol{\omega}'_{\mathrm{m}} \in \mathbb{R}^3$ 表示标定前的角速度。它们之间有如下关系：

$$ {}^{\mathrm{b}}\boldsymbol{\omega}_{\mathrm{m}} = \mathbf{T}_{\mathrm{g}}\mathbf{K}_{\mathrm{g}}\left({}^{\mathrm{b}}\boldsymbol{\omega}'_{\mathrm{m}}+\mathbf{b}'_{\mathrm{g}}\right). \tag{7.9} $$

这里，

$$ \mathbf{T}_{\mathrm{g}} = \begin{bmatrix} 1 & \Delta\psi_{\mathrm{g}} & -\Delta\theta_{\mathrm{g}} \\ -\Delta\psi_{\mathrm{g}} & 1 & \Delta\phi_{\mathrm{g}} \\ \Delta\theta_{\mathrm{g}} & -\Delta\phi_{\mathrm{g}} & 1 \end{bmatrix}, \mathbf{K}_{\mathrm{g}} = \begin{bmatrix} s_{\mathrm{gx}} & 0 & 0 \\ 0 & s_{\mathrm{gy}} & 0 \\ 0 & 0 & s_{\mathrm{gz}} \end{bmatrix}, \mathbf{b}'_{\mathrm{g}} = \begin{bmatrix} b'_{\mathrm{gx}} \\ b'_{\mathrm{gy}} \\ b'_{\mathrm{gz}} \end{bmatrix} \tag{7.10} $$

其中，$\mathbf{T}_{\mathrm{g}} \in \mathbb{R}^{3\times3}$ 表示由于安装误差出现的微小倾斜，$\mathbf{K}_{\mathrm{g}} \in \mathbb{R}^{3\times3}$ 表示尺度因子，$\mathbf{b}'_{\mathrm{g}} \in \mathbb{R}^3$ 表示偏移。

2. 标定原理

为了标定陀螺仪，需要估计以下未知参数：

$$ \boldsymbol{\Theta}_{\mathrm{g}} \triangleq \begin{bmatrix} \Delta\psi_{\mathrm{g}} & \Delta\theta_{\mathrm{g}} & \Delta\phi_{\mathrm{g}} & s_{\mathrm{gx}} & s_{\mathrm{gy}} & s_{\mathrm{gz}} & b'_{\mathrm{gx}} & b'_{\mathrm{gy}} & b'_{\mathrm{gz}} \end{bmatrix}^{\mathrm{T}} \tag{7.11} $$

陀螺仪的标定是在已标定过的加速度计的基础上，标定原理是**角速度积分得到的角度与标定过的加速度计 估计得到的角度进行比较，以此来标定未知参数**。令

$$^{\mathrm{b}}\mathbf{a}_{\mathrm{m},k} \triangleq \begin{bmatrix} a_{x_{\mathrm{b}}\mathrm{m},k} & a_{y_{\mathrm{b}}\mathrm{m},k} & a_{z_{\mathrm{b}}\mathrm{m},k} \end{bmatrix}^{\mathrm{T}} \tag{7.12}$$

为标定后的加速度计第 k 次测量得到的比力，则第 k 次测量得到的欧拉角为

$$\begin{cases} \theta_k = \arcsin\left(\dfrac{a_{x_{\mathrm{b}}\mathrm{m},k}}{g}\right) \\ \phi_k = -\arcsin\left(\dfrac{a_{y_{\mathrm{b}}\mathrm{m},k}}{g\cos\theta_k}\right) \\ \psi_k = 0 \end{cases} \tag{7.13}$$

其中，偏航角设定为零。根据式 (5.45)，相应的四元数为

$$\mathbf{q}_{\mathrm{a},k} = \begin{bmatrix} \cos\dfrac{\phi_k}{2}\cos\dfrac{\theta_k}{2}\cos\dfrac{\psi_k}{2} + \sin\dfrac{\phi_k}{2}\sin\dfrac{\theta_k}{2}\sin\dfrac{\psi_k}{2} \\ \sin\dfrac{\phi_k}{2}\cos\dfrac{\theta_k}{2}\cos\dfrac{\psi_k}{2} - \cos\dfrac{\phi_k}{2}\sin\dfrac{\theta_k}{2}\sin\dfrac{\psi_k}{2} \\ \cos\dfrac{\phi_k}{2}\sin\dfrac{\theta_k}{2}\cos\dfrac{\psi_k}{2} + \sin\dfrac{\phi_k}{2}\cos\dfrac{\theta_k}{2}\sin\dfrac{\psi_k}{2} \\ \cos\dfrac{\phi_k}{2}\cos\dfrac{\theta_k}{2}\sin\dfrac{\psi_k}{2} - \sin\dfrac{\phi_k}{2}\sin\dfrac{\theta_k}{2}\cos\dfrac{\psi_k}{2} \end{bmatrix}. \tag{7.14}$$

为了使陀螺仪的标定过程更加清晰，定义操作 $\mathbf{\Psi}$ 如下：

$$\mathbf{q}'_{\mathrm{a},k+1} = \mathbf{\Psi}\left(\mathbf{\Theta}_{\mathrm{g}}, {^{\mathrm{b}}\boldsymbol{\omega}'_{\mathrm{m},k:k+1}}, \mathbf{q}_{\mathrm{a},k}\right) \tag{7.15}$$

其中，$^{\mathrm{b}}\boldsymbol{\omega}'_{\mathrm{m},k:k+1} \in \mathbb{R}^{3\times N}$ 表示在第 k 次与第 $k+1$ 次加速度测量时刻之间采集到的 N 个角速度，$\mathbf{q}_{\mathrm{a},k}$ 表示根据加速度计及式 (7.13) 和式 (7.14) 解算出来的第 k 次四元数测量值，$\mathbf{q}'_{\mathrm{a},k+1}$ 表示根据 $^{\mathrm{b}}\boldsymbol{\omega}'_{\mathrm{m},k:k+1}$ 和 $\mathbf{q}_{\mathrm{a},k}$ 计算得到的第 $k+1$ 次四元数估计值。根据式 (5.47)，得到欧拉角估计值 θ'_{k+1}、ϕ'_{k+1} 和 ψ'_{k+1}。进一步，比力估计值 $\mathbf{a}'_{k+1}$ 表示为

$$\mathbf{a}'_{k+1} = g\begin{bmatrix} -\sin\theta'_{k+1} \\ \cos\theta'_{k+1}\sin\phi'_{k+1} \\ \cos\theta'_{k+1}\cos\phi'_{k+1} \end{bmatrix}. \tag{7.16}$$

这个过程可以表述为

$$\mathbf{a}'_k = \mathbf{h}_{\mathrm{g}}\left(\mathbf{\Theta}_{\mathrm{g}}, {^{\mathrm{b}}\boldsymbol{\omega}'_{\mathrm{m},k-1:k}}, {^{\mathrm{b}}\mathbf{a}_{\mathrm{m},k-1}}\right) \tag{7.17}$$

其中，函数 $\mathbf{h}_{\mathrm{g}}$ 的作用是根据上一次的比力和角速度信息来估计当前比力。其标定原理进一步表示为：**期望估计值$\mathbf{a}'_k$尽可能地与标定后的加速度计测量值$^{\mathrm{b}}\mathbf{a}_{\mathrm{m},k}$接近**。根据这个原理，给出以下优化问题：

$$\mathbf{\Theta}^*_{\mathrm{g}} = \arg\min_{\mathbf{\Theta}_{\mathrm{g}}} \sum_{k=1}^{M} \left(\mathbf{h}_{\mathrm{g}}\left(\mathbf{\Theta}_{\mathrm{g}}, {^{\mathrm{b}}\boldsymbol{\omega}'_{\mathrm{m},k-1:k}}, {^{\mathrm{b}}\mathbf{a}_{\mathrm{m},k-1}}\right) - {^{\mathrm{b}}\mathbf{a}_{\mathrm{m},k}}\right)^2. \tag{7.18}$$

下面将解释加速度与四元数之间的转换函数 $\boldsymbol{\Psi}$。根据式 (5.51)，有

$$\dot{\mathbf{q}} = \underbrace{\frac{1}{2}\begin{bmatrix} 0 & -\boldsymbol{\omega}^{\mathrm{T}}(t) \\ \boldsymbol{\omega}(t) & -[\boldsymbol{\omega}(t)]_{\times} \end{bmatrix}}_{\mathbf{f}(\mathbf{q},t)}\mathbf{q}. \tag{7.19}$$

基于上述关系，$\mathbf{q}'_{\mathrm{a},k+1}$ 可以通过 ${}^{\mathrm{b}}\boldsymbol{\omega}'_{\mathrm{m},k:k+1}$ 和 $\mathbf{q}_{\mathrm{a},k}$ 估计得到。这里用四阶龙格–库塔方法对函数 $\boldsymbol{\Psi}$ 进行优化。这个模型可以写为

$$\mathbf{q}'_{\mathrm{a},k+1} = \frac{\mathbf{q}_{\mathrm{a},k} + \frac{1}{6}\Delta t\left(\mathbf{k}_1 + 2\mathbf{k}_2 + 2\mathbf{k}_3 + \mathbf{k}_4\right)}{\left\|\mathbf{q}_{\mathrm{a},k} + \frac{1}{6}\Delta t\left(\mathbf{k}_1 + 2\mathbf{k}_2 + 2\mathbf{k}_3 + \mathbf{k}_4\right)\right\|}. \tag{7.20}$$

这里，

$$\begin{cases} \mathbf{k}_i = \mathbf{f}\left(\mathbf{q}^{(i)}, t_k + c_i\Delta t\right), & i = 1,2,3,4 \\ \mathbf{q}^{(1)} = \mathbf{q}_k \\ \mathbf{q}^{(i)} = \mathbf{q}_k + \Delta t\sum\limits_{j=1}^{i-1} a_{ij}\mathbf{k}_j, & i = 2,3,4 \end{cases} \tag{7.21}$$

其中，参数设定为 $c_1 = 0$，$c_2 = 1/2$，$c_3 = 1/2$，$c_4 = 1$，$a_{21} = 1/2$，$a_{31} = 0$，$a_{41} = 0$，$a_{32} = 1/2$，$a_{42} = 0$，$a_{43} = 1$，Δt 表示加速度测量的时间步长，t_k 表示第 k 次测量的时刻。

3. 标定结果

实验数据采集于 PX4 无人机开源项目自驾仪 Pixhawk。将自驾仪与计算机相连，通过串口总线将数据传输到计算机。根据上述优化方法，得到如下标定结果：

$$\mathbf{T}_{\mathrm{g}} = \begin{bmatrix} 1 & 0.1001 & -0.1090 \\ -0.1001 & 1 & 0.1002 \\ 0.1090 & -0.1002 & 1 \end{bmatrix}$$

$$\mathbf{K}_{\mathrm{g}} = \begin{bmatrix} 1 & 0 & 0 \\ 0 & 1 & 0 \\ 0 & 0 & 1 \end{bmatrix}$$

$$\mathbf{b}'_{\mathrm{g}} = \begin{bmatrix} 0.2001 \\ 0.2002 \\ 0.2004 \end{bmatrix} \times 10^{-3}.$$

定义指标

$$Dist_{\mathrm{g}} \triangleq \left(\mathbf{h}_{\mathrm{g}}\left(\boldsymbol{\Theta}_{\mathrm{g}}, {}^{\mathrm{b}}\boldsymbol{\omega}'_{\mathrm{m},k-1:k}, {}^{\mathrm{b}}\mathbf{a}_{k-1}\right) - {}^{\mathrm{b}}\mathbf{a}_k\right)^2 \tag{7.22}$$

来评价优化结果，结果如图 7-4 所示。可见，标定后，指标下降了。

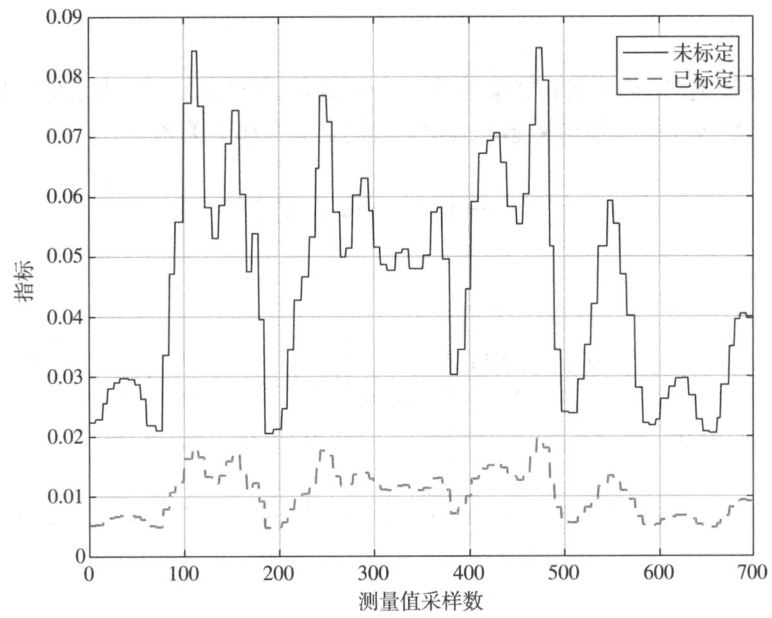

图 7-4　陀螺仪标定前后的优化结果

7.2.3　测量模型

MEMS 陀螺仪固连于机体轴，其轴向与机体坐标系一致。它测量的是三个机体轴方向的角速度，表示为

$$^{\mathrm{b}}\boldsymbol{\omega}_{\mathrm{m}} = {}^{\mathrm{b}}\boldsymbol{\omega} + \mathbf{b}_{\mathrm{g}} + \mathbf{n}_{\mathrm{g}} \tag{7.23}$$

其中，$^{\mathrm{b}}\boldsymbol{\omega} \in \mathbb{R}^3$ 表示角速度的真值；$\mathbf{b}_{\mathrm{g}} \in \mathbb{R}^3$ 表示漂移误差；$\mathbf{n}_{\mathrm{g}} \in \mathbb{R}^3$ 表示陀螺仪测量噪声向量，可以看成高斯白噪声向量。进一步，漂移量可建模为如下高斯随机游走过程：

$$\dot{\mathbf{b}}_{\mathrm{g}} = \mathbf{n}_{\mathbf{b}_{\mathrm{g}}} \tag{7.24}$$

其中，$\mathbf{n}_{\mathbf{b}_{\mathrm{g}}} \in \mathbb{R}^3$ 通常看成高斯白噪声向量。

7.3　三轴磁力计

7.3.1　基本原理

磁力计是提供导航及基于位置服务的重要组成，一般利用**各向异性磁致电阻**或者**霍尔效应**来检测空间中的磁感应强度 [6,pp 130-144]。此外，基于**洛伦兹力**的磁力计在不断研究和发展 [7]。基于洛伦兹力原理，电磁场会激发电磁力，进而改变电路中的电容大小。

7.3.2　标定

本节内容主要来源于文献 [5]，文中给出的方法仅仅是标定中的一种。

1. 误差模型

与加速度计类似，磁力计的测量也存在一些偏差。令 ${}^{\mathrm{b}}\mathbf{m}_{\mathrm{m}} \in \mathbb{R}^3$ 表示标定后的磁感应强度，${}^{\mathrm{b}}\mathbf{m}'_{\mathrm{m}} \in \mathbb{R}^3$ 表示标定前的磁感应强度。它们之间有如下关系：

$$
{}^{\mathrm{b}}\mathbf{m}_{\mathrm{m}} = \mathbf{T}_{\mathrm{m}}\mathbf{K}_{\mathrm{m}}\left({}^{\mathrm{b}}\mathbf{m}'_{\mathrm{m}} + \mathbf{b}'_{\mathrm{m}}\right). \tag{7.25}
$$

这里，

$$
\mathbf{T}_{\mathrm{m}} = \begin{bmatrix} 1 & \Delta\psi_{\mathrm{m}} & -\Delta\theta_{\mathrm{m}} \\ -\Delta\psi_{\mathrm{m}} & 1 & \Delta\phi_{\mathrm{m}} \\ \Delta\theta_{\mathrm{m}} & -\Delta\phi_{\mathrm{m}} & 1 \end{bmatrix}, \mathbf{K}_{\mathrm{m}} = \begin{bmatrix} s_{\mathrm{mx}} & 0 & 0 \\ 0 & s_{\mathrm{my}} & 0 \\ 0 & 0 & s_{\mathrm{mz}} \end{bmatrix}, \mathbf{b}'_{\mathrm{m}} = \begin{bmatrix} b'_{\mathrm{mx}} \\ b'_{\mathrm{my}} \\ b'_{\mathrm{mz}} \end{bmatrix}
$$

其中，$\mathbf{T}_{\mathrm{m}} \in \mathbb{R}^{3\times 3}$ 表示由于安装误差出现的微小倾斜，$\mathbf{K}_{\mathrm{m}} \in \mathbb{R}^{3\times 3}$ 表示尺度因子，$\mathbf{b}'_{\mathrm{m}} \in \mathbb{R}^3$ 表示偏移误差。

2. 标定原理

为了标定磁力计，需要估计以下未知参数：

$$
\boldsymbol{\Theta}_{\mathrm{m}} \triangleq \begin{bmatrix} \Delta\psi_{\mathrm{m}} & \Delta\theta_{\mathrm{m}} & \Delta\phi_{\mathrm{m}} & s_{\mathrm{mx}} & s_{\mathrm{my}} & s_{\mathrm{mz}} & b'_{\mathrm{mx}} & b'_{\mathrm{my}} & b'_{\mathrm{mz}} \end{bmatrix}^{\mathrm{T}} \tag{7.26}
$$

模型 (7.25) 的右边可以记为如下函数：

$$
\mathbf{h}_{\mathrm{m}}\left(\boldsymbol{\Theta}_{\mathrm{m}}, {}^{\mathrm{b}}\mathbf{m}'_{\mathrm{m}}\right) \triangleq \mathbf{T}_{\mathrm{m}}\mathbf{K}_{\mathrm{m}}\left({}^{\mathrm{b}}\mathbf{m}'_{\mathrm{m}} + \mathbf{b}'_{\mathrm{m}}\right). \tag{7.27}
$$

这里忽略了测量噪声，因为磁感应强度是在同一位置测量多次得到。具体地，磁力计以不同角度旋转 $M \in \mathbb{Z}_+$ 次，在每个固定角度下保持静止一段时间。通常，无论磁力计位置放置的角度如何变化，磁感应强度都是常量。为了简便，令 $\left\|{}^{\mathrm{b}}\mathbf{m}_{\mathrm{m},k}\right\|^2 = 1$（$k = 1,2,\cdots,M$）。这里对磁感应强度归一化处理，因此 ${}^{\mathrm{b}}\mathbf{m}_{\mathrm{m},k}$（$k = 1,2,\cdots,M$）分布在单位圆上。其标定原理是**期望找到$\boldsymbol{\Theta}_{\mathrm{m}}$，使得$\left\|\mathbf{T}_{\mathrm{m}}\mathbf{K}_{\mathrm{m}}\left({}^{\mathrm{b}}\mathbf{m}'_{\mathrm{m}} + \mathbf{b}'_{\mathrm{m}}\right)\right\|$尽可能与常数 1 接近**[8]。根据这个原理，有以下优化问题：

$$
\boldsymbol{\Theta}^*_{\mathrm{m}} = \arg\min_{\boldsymbol{\Theta}_{\mathrm{m}}} \sum_{k=1}^{M} \left(\left\|\mathbf{h}_{\mathrm{m}}\left(\boldsymbol{\Theta}_{\mathrm{m}}, {}^{\mathrm{b}}\mathbf{m}'_{\mathrm{m},k}\right)\right\| - 1\right)^2. \tag{7.28}
$$

3. 标定结果

实验数据采集于 PX4 无人机开源项目自驾仪 Pixhawk。将自驾仪与计算机相连，通过串口总线将数据传输到计算机。根据上述优化方法，得到如下标定结果：

$$
\mathbf{T}_{\mathrm{m}} = \begin{bmatrix} 1 & -0.0026 & 0.0516 \\ 0.0026 & 1 & -0.0156 \\ -0.0516 & 0.0156 & 1 \end{bmatrix}
$$

$$\mathbf{K}_\mathrm{m} = \begin{bmatrix} 0.9999 & 0 & 0 \\ 0 & 1 & 0 \\ 0 & 0 & 0.9999 \end{bmatrix}$$

$$\mathbf{b}'_\mathrm{m} = \begin{bmatrix} -0.3223 \\ -0.1280 \\ 0.1589 \end{bmatrix} \times 10^{-5}.$$

定义指标

$$\mathrm{Dist}_\mathrm{m} \triangleq \left(\left\| \mathbf{h}_\mathrm{m} \left(\boldsymbol{\Theta}_\mathrm{m}, {}^\mathrm{b}\mathbf{m}'_{\mathrm{m},k} \right) \right\| - 1 \right)^2 \tag{7.29}$$

来评价优化结果，结果如图 7-5 所示。可见，标定后，指标下降了。

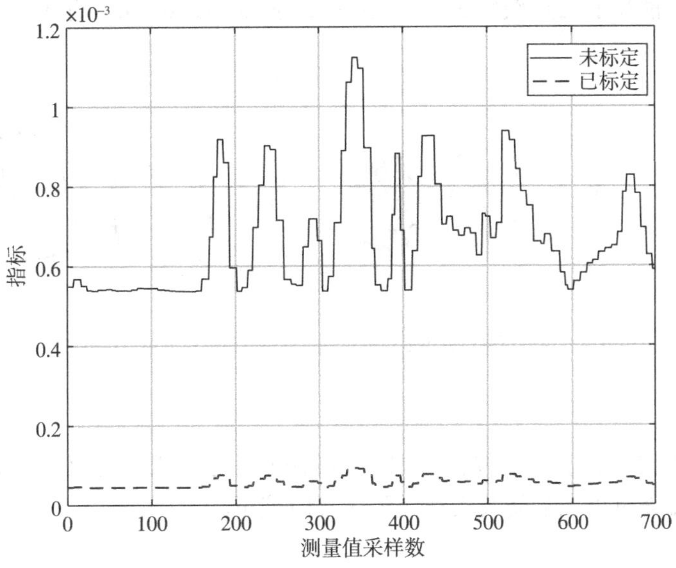

图 7-5 磁力计标定前后的优化结果

4. 测量模型

记磁场矢量为 ${}^\mathrm{e}\mathbf{m} \in \mathbb{R}^3$。磁力计固连于机体轴，其轴向与机体坐标系一致。它测量的是沿着不同方向轴的磁场矢量，记为 ${}^\mathrm{b}\mathbf{m}_\mathrm{m} \in \mathbb{R}^3$。当磁力计水平放置时，在补偿**磁偏角**（参考 9.1.1 节）之后，水平方向的两个磁场分量的矢量和总是指向磁场北极。测量模型为

$${}^\mathrm{b}\mathbf{m}_\mathrm{m} = \mathbf{R}_\mathrm{e}^\mathrm{b} \cdot {}^\mathrm{e}\mathbf{m} + \mathbf{b}_\mathrm{m} + \mathbf{n}_\mathrm{m} \tag{7.30}$$

其中，$\mathbf{R}_\mathrm{e}^\mathrm{b}$ 表示从地球固连坐标系到机体坐标系的旋转矩阵；$\mathbf{b}_\mathrm{m} \in \mathbb{R}^3$ 表示漂移误差；$\mathbf{n}_\mathrm{m} \in \mathbb{R}^3$ 表示磁力计测量噪声向量，可以看成高斯白噪声向量。进一步，漂移误差 $\mathbf{b}_\mathrm{m}$ 可建模为如下高斯随机游走过程：

$$\dot{\mathbf{b}}_\mathrm{m} = \mathbf{n}_{\mathbf{b}_\mathrm{m}} \tag{7.31}$$

其中，$\mathbf{n}_{\mathbf{b}_\mathrm{m}} \in \mathbb{R}^3$ 通常看成高斯白噪声向量。磁力计主要用于测量偏航角。

7.4 超声波测距仪

1. 基本原理

超声波是一种频率超出人耳听觉频率上限的声波（频率大于 20kHz）。由于具有良好的方向性和强大的穿透性，超声波广泛应用于测速、测距等方面。超声波信号由超声波传感器发出，经由障碍反射，最终被另一台超声波传感器接收。到障碍的距离是通过超声波信号发出到接收的时间间隔的一半与空气中声波的传播速度相乘得到的。考虑到不同温度的影响，空气中声波的传播速度也不同，因此计算距离需要根据温度相应地调整。另外，超声波测距仪存在一些不足：它的测量范围小，而且柔软的物体或者与传感器成特定角度的物体可能反射的声波较少，甚至没有反射波（如图 7-6 所示）。

图 7-6 使用超声波测距仪时，声波反射很少或没有的情形

2. 标定

超声波测距仪的测量用于位置控制，细微偏差不会造成多旋翼的性能显著下降，因此该传感器的偏差可以在多旋翼飞行过程中实时校正。

3. 测量模型

超声波测距仪通常用于测量相对高度。该模块通常装在多旋翼的机身底部，朝向下方。其测量的距离记为 $d_{\text{sonar}} \in \mathbb{R}_+ \cup \{0\}$，相对于地面的真实高度记为 $-p_{z_e} \in \mathbb{R}_+ \cup \{0\}$，那么有如下关系：

$$d_{\text{sonar}} = \frac{-1}{\cos\theta\cos\phi} p_{z_e} + n_{d_{\text{sonar}}} \tag{7.32}$$

其中，$\theta, \phi \in \mathbb{R}$ 表示俯仰角和滚转角，$n_{d_{\text{sonar}}} \in \mathbb{R}$ 通常看成高斯白噪声。如果超声测距仪存在漂移，则其测量模型可以扩展成类似 7.1.1 节至 7.1.3 节中的模型。

7.5 气压计

1. 基本原理

如果多旋翼的悬停高度距离地面过大，超声波测距仪就会失效，这时应当使用气压计。气压计通常用来测量大气压力及相应的绝对高度，或者通过两个高度值相减得到相对高度。压电式气压计常常应用在多旋翼飞行器中。

2. 标定

气压计的测量用于位置控制，细微偏差不会造成多旋翼的性能显著下降，因此该传感器的偏差可以在多旋翼飞行过程中实时校正。

3. 测量模型

气压计用来测量绝对高度或相对高度。高度记为

$$d_{\text{baro}} = -p_{z_e} + b_{d_{\text{baro}}} + n_{d_{\text{baro}}} \tag{7.33}$$

其中，$d_{\text{baro}} \in \mathbb{R}_+ \cup \{0\}$ 表示气压计测量得到的高度，$b_{d_{\text{baro}}} \in \mathbb{R}$ 表示漂移，$n_{d_{\text{baro}}} \in \mathbb{R}$ 通常看成高斯白噪声。进一步，$b_{d_{\text{baro}}} \in \mathbb{R}$ 满足

$$\dot{b}_{d_{\text{baro}}} = n_{b_{d_{\text{baro}}}} \tag{7.34}$$

其中，$n_{b_{d_{\text{baro}}}} \in \mathbb{R}$ 通常看成高斯白噪声。

7.6　二维激光测距仪

1. 基本原理

二维激光扫描仪可以作为一种测距仪，利用激光束来测距。最常见的激光测距仪是基于飞行时间测距。一束激光脉冲以狭长的激光束由发射器发射，向待测目标传播，通过测量该激光束经目标反射后返回发射器的时间差来测距。具体原理如图 7-7 所示。

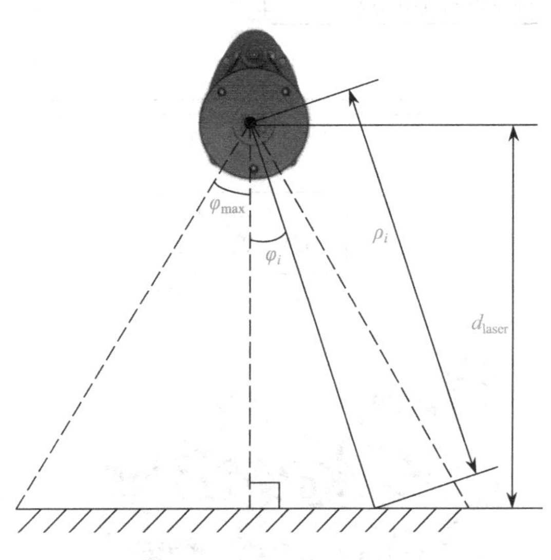

图 7-7　二维激光测距仪测量原理

2. 标定

二维激光测距仪通常用于高度测量和避障，细微偏差不会造成多旋翼的性能显著下降，因此通常认为二维激光测距仪的测量很精确。

3. 测量模型

二维激光测距仪测量的相对地面高度记为 $d_{\text{laser}} \in \mathbb{R}_+ \cup \{0\}$，即

$$d_{\text{laser}} = \frac{1}{M}\sum_{i=1}^{M}\rho_i \cos\varphi_i = \frac{-1}{\cos\theta\cos\phi}p_{z_e} + n_{d_{\text{laser}}} \tag{7.35}$$

其中，θ 和 ϕ 分别表示俯仰角和滚转角，$\rho_i \in \mathbb{R}_+ \cup \{0\}, \varphi_i \in [-\varphi_{\max}, \varphi_{\max}]$ 分别是测距仪的测量值和相应角度，$M \in \mathbb{Z}_+$ 表示传感器采样次数，$n_{d_{\text{laser}}} \in \mathbb{R}$ 通常看成高斯白噪声。

4. 补充：激光雷达 LiDAR

LiDAR（Light Detection and Ranging）即激光探测及测距，是一种光学遥感方法，通常使用一束脉冲激光来测距（距离可变）。当机载激光指向目标物体时，激光束被物体反射，从而被传感器记录来测量距离。如图 7-8 所示，当激光范围数据结合 GPS 接收机和 IMU提供的位置、航向数据以及激光雷达的扫描角和标定数据，就可以得到一群密集且信息丰富的高程点，称为**点云**[9]。激光雷达可以提供更精确的地形地图，有助于紧急情况响应以及其他应用。当没有 GPS 接收机和 IMU 时，仅使用激光雷达的数据，也可以建立三维空间模型，如图 7-9 所示。

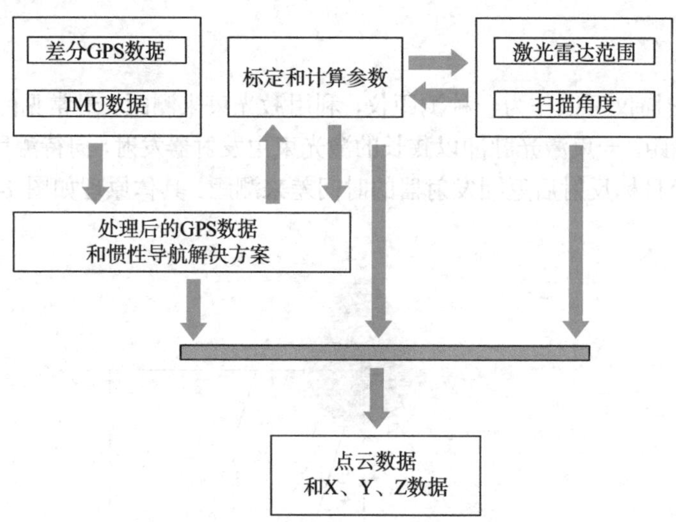

图 7-8 产生点云的过程

图 7-9 在没有 GPS 接收机和惯导的情况下，激光雷达产生的三维空间模型

（图片源于 prweb.com，作者 Wolfgang Juchmann）

激光雷达的性能取决于重量、尺寸、功率、水平视场角、垂直视场角、每秒扫描点的数量、扫描频率、识别精度和频段数量。例如，Velodyne 公司的 VLP-16 只有 0.83kg，其扫描半径是 100m，功率 8W，水平视场角 360°，垂直视场角 ±15°，每秒扫描点的数量最多达到 300000，扫描频率范围为 5~20Hz。由于激光雷达的小型化，它可以应用在多旋翼上，如图 7-10 所示。

图 7-10 Velodyne 公司的激光雷达与装有激光雷达的多旋翼

7.7 全球定位系统

7.7.1 基本原理 [10]

全球定位系统 GPS 是一种全球导航卫星系统①，利用卫星来定位授时，如图 7-11 所示。定位系统中的卫星均带有与其他卫星保持同步的原子时钟，而且这些原子时钟每天都会根据地面真实时间进行修正。同时，地面也会监控 GPS 卫星的精确位置。GPS 接收机上也有时钟，由于与真实时间不同步，它们较不稳定。当 GPS 卫星实时广播它们的当前位置和时间时，GPS 接收机能够接收多组卫星数据。因此，GPS 接收机通过求解方程能够得到其准确位置，而且也能消除误差。

GPS 的绝对精度一般是米级，其观测主要受到以下因素影响：

① 卫星相关误差，包括轨道误差和卫星钟差；

② 传播误差，包括电离层误差、对流层误差和多路径误差；

③ 接收机误差，包括接收机时钟差和观测误差。

从接收机到卫星的距离可以由 GPS 接收机得到的测距码获得。因为存在卫星相关误差、传播误差，所以这个距离叫做**伪距**。基于 C/A 码测量的伪距称为 C/A 码伪距，其精度大约 20m。考虑到电离层、对流层和时钟的影响，伪距定位的基本观测方程表示为

$$\rho = \rho' + c(\delta_t + \delta_T) + \delta_I \tag{7.36}$$

其中，$\rho \in \mathbb{R}_+$ 表示卫星到 GPS 接收机之间的真实距离；$\rho' \in \mathbb{R}_+$ 表示卫星到 GPS 接收机的伪距；$c \in \mathbb{R}_+$ 表示光在空气中的传播速度；$\delta_t \in \mathbb{R}$ 表示卫星导航给出的卫星时钟差；$\delta_I \in \mathbb{R}$ 表示在大气中的传播延迟校正，可以使用合适的数学模型求得；$\delta_T \in \mathbb{R}$ 表示接收机相对于 GPS 时间的误差校正，这个值是未知的。

① 现在也有其他类似的全球导航卫星系统，如北斗（中国）、格洛纳斯（俄罗斯）、伽利略（欧盟）等。

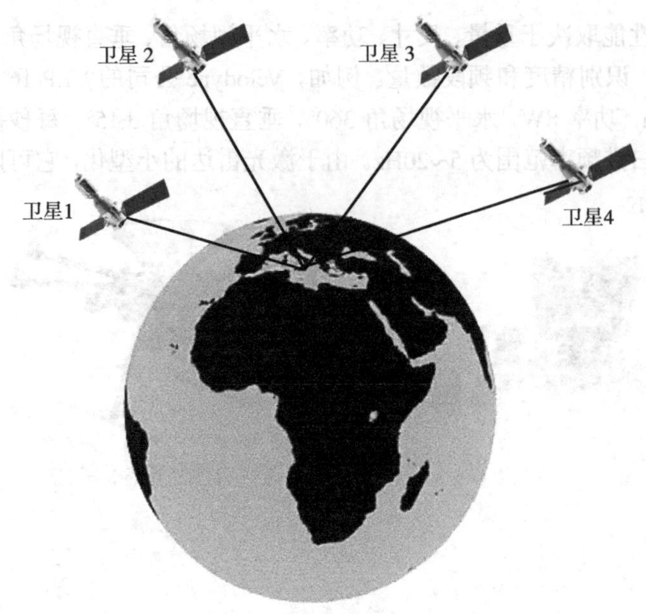

图 7-11 GPS 原理图

假设卫星位置记为 $\mathbf{p}_{\mathrm{s},k} \in \mathbb{R}^3$（$k = 1, \cdots, n_{\mathrm{s}}$），接收机的位置记为 $\mathbf{p}_{\mathrm{r}} \in \mathbb{R}^3$，根据方程(7.36)，有

$$\left\|\mathbf{p}_{\mathrm{s},k} - \mathbf{p}_{\mathrm{r}}\right\| - \delta_I = \rho_k' + c\left(\delta_{t,k} + \delta_T\right), k = 1, \cdots, n_{\mathrm{s}}. \tag{7.37}$$

由于上式中存在 4 个未知参数 $\mathbf{p}_{\mathrm{r}}$、δ_T 需要计算，GPS 接收机至少需要同时接收到 4 颗卫星才可以计算出位置。

差分 GPS 可以通过消除公共误差来提高定位精度，必须使用固定的地面基准参考站。这些基准参考站将广播 GPS 系统自身提供的位置与已知固定位置之差，也会广播卫星测量的伪距和真实伪距之差。结合这个伪距差，用户接收站可以对其接收的伪距信息进行校正。该数字校正值通过数据链发送给小范围内的 GPS 接收机。差分技术可以消除 GPS 公共误差，但是接收机的内部误差不能被消除。载波相位差分技术 RTK 采用了相同的基础理论，但是使用了卫星信号载波相位作为测量信息，忽略其中包含的信息，效果改善明显。例如，C/A 码在 1575.42MHz 的 L1 频段载波上作为 1.023MHz 信号进行传播，而该载波频率对应 19cm 的波长。因此，L1 载波相位测量的 ±1% 的误差对应于 ±1.9mm 误差。

在实际工程中，RTK 系统使用了一个基准站接收机和一些移动组件，基准站不断地发送其观测到的载波相位，移动组件比较其自身测量的相位与基准站接收的相位。目前有很多种可以将修正信号从基站传输给移动站的方法，其中最常用的是使用无线调制解调器，该方法通常使用超高频段，具有实时性、低衰减特性等优点。大部分国家都为 RTK 系统预留了一些频段。虽然 RTK 系统的绝对精度与基站的计算位置精度一样，但是可以精确地给出基站与移动站之间的相对位置。这类系统的典型标称精度为水平方向 1cm±2ppm，竖直方向 1cm±2ppm。

7.7.2 标定

GPS 接收机的测量用于位置控制，位置测量引入些许误差不会导致多旋翼性能大幅下降，因此该传感器的偏差可以在多旋翼飞行过程中实时估计和更新。

7.7.3 测量模型

GPS 接收机固连于多旋翼，测量其相对地球固连坐标系的位置，记为 ${}^{\mathrm{e}}\mathbf{p}\in\mathbb{R}^3$。测量模型描述为

$$ {}^{\mathrm{e}}\mathbf{p}_{\mathrm{GPS}} = {}^{\mathrm{e}}\mathbf{p} + \mathbf{b}_{\mathrm{p}} + \mathbf{n}_{\mathrm{p}} \tag{7.38} $$

其中，${}^{\mathrm{e}}\mathbf{p}_{\mathrm{GPS}}\in\mathbb{R}^3$ 表示测量位置，$\mathbf{b}_{\mathrm{p}}\in\mathbb{R}^3$ 表示漂移，$\mathbf{n}_{\mathrm{p}}\in\mathbb{R}^3$ 通常看成高斯白噪声向量。进一步，$\mathbf{b}_{\mathrm{p}}$ 描述为

$$ \dot{\mathbf{b}}_{\mathrm{p}} = \mathbf{n}_{\mathbf{b}_{\mathrm{p}}} \tag{7.39} $$

其中，$\mathbf{n}_{\mathbf{b}_{\mathrm{p}}}\in\mathbb{R}^3$ 通常看成高斯白噪声向量。通常，这个模型适用于 GPS 和差分 GPS，但是它们各自的精度 $\mathbf{b}_{\mathrm{p}}$ 和 $\mathbf{n}_{\mathrm{p}}$ 不同，而且 GPS 和差分 GPS 的频率可能也不同。除了位置信息，接收机的速度可以通过 GPS 卫星信号多普勒测量载波相位求得 [11,pp140-141]。由于多旋翼的速度常常很低，相比而言，GPS 接收机提供的速度往往不精确。

7.7.4 补充：经纬度距离和航向计算

地理坐标系统是一种通过一系列数字和字母标志来表示地球上任意位置的坐标系统。经纬度就是地理坐标系统的一种表示方法（如图 7-12(a) 所示）。经纬度有如下两种表示方法：① 度分秒表示，如 40°44′55″N、73°59′11″W；② 无符号十进制表示，如 40.7486°、−73.9864°。这里，东和北方向为正，西和南方向为负。

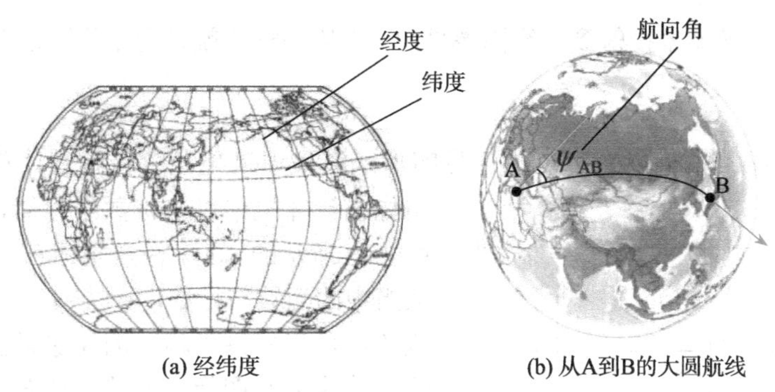

图 7-12　地球的经纬度和大圆航线

文献 [12] 介绍了两个已知点间的距离计算方法。已知 A 点和 B 点的位置分别是 $(\phi_{\mathrm{A}},\lambda_{\mathrm{A}})$ 和 $(\phi_{\mathrm{B}},\lambda_{\mathrm{B}})$，其中，$\phi$ 是经度，λ 是纬度，地球的半径是 R_{E}。采用球面半正矢式，距离计算为

$$ \begin{cases} a_{\mathrm{AB}} = \sin^2\left(\dfrac{\phi_{\mathrm{B}}-\phi_{\mathrm{A}}}{2}\right) + \cos\phi_{\mathrm{A}}\cos\phi_{\mathrm{B}}\sin^2\left(\dfrac{\lambda_{\mathrm{B}}-\lambda_{\mathrm{A}}}{2}\right) \\ c_{\mathrm{AB}} = 2\mathrm{atan2}\left(\sqrt{a_{\mathrm{AB}}},\sqrt{1-a_{\mathrm{AB}}}\right) \\ d_{\mathrm{AB}} = R_{\mathrm{E}}\cdot c_{\mathrm{AB}} \end{cases} \tag{7.40} $$

和

$$\psi_{\mathrm{AB}} = \operatorname{atan2}(\sin(\lambda_{\mathrm{B}} - \lambda_{\mathrm{A}})\cos\phi_{\mathrm{B}}, \cos\phi_{\mathrm{A}}\sin\phi_{\mathrm{B}} - \sin\phi_{\mathrm{A}}\cos\phi_{\mathrm{B}}\cos(\lambda_{\mathrm{B}} - \lambda_{\mathrm{A}})) \tag{7.41}$$

其中，$d_{\mathrm{AB}} \in \mathbb{R}_+ \cup \{0\}$ 表示球面上 A、B 两点之间的最短距离；ψ_{AB} 表示相对于正北的初始方位角，顺时针方向偏转为正，$\operatorname{atan2}(y,x)$ 是有两个参数的反正切函数。在这里，使用反正切函数 $\operatorname{atan2}(y,x)$ 而不是 $\tan(y/x)$ 是为了保留符号信息来得到适合计算角度的象限。还存在其他两点距离计算式，但这里采用的球面半正矢式，精度较好。一般来说，当多旋翼沿大圆航线从 A 到 B 飞行时，其方位是始终变化的，最终方位根据实际距离和纬度而不同。如图 7-12(b) 所示，A 点表示巴格达 (35°N, 45°E)，B 点表示大阪 (35°N, 135°E)，那么，初始方位角是 60°，到达 B 点的方位角变成 120°。多旋翼一般进行短距离飞行，方位的角变化可忽略不计。另一方面，如果给出 A 点的经纬度 $(\phi_{\mathrm{A}}, \lambda_{\mathrm{A}})$，与 B 点的距离为 d_{AB}，初始方位角为 ψ_{AB}，那么 B 点的经纬度可以按照下式计算：

$$\begin{cases} \phi_{\mathrm{B}} = \operatorname{asin}(\sin\phi_{\mathrm{A}}\cos\delta + \sin\phi_{\mathrm{A}}\sin\delta\cos\psi_{\mathrm{AB}}) \\ \lambda_{\mathrm{B}} = \lambda_{\mathrm{A}} + \operatorname{atan2}(\sin\psi_{\mathrm{AB}}\sin\delta\sin\phi_{\mathrm{A}}, \cos\delta - \sin\phi_{\mathrm{A}}\sin\phi_{\mathrm{B}}). \end{cases} \tag{7.42}$$

7.8 摄像机

目前，大量多旋翼将摄像机作为传感器用于测速、目标跟踪和避障等。本节先介绍各种坐标系的定义，然后介绍摄像机线性几何模型 [13]。

7.8.1 基本原理

摄像机将三维场景投射到二维图像平面。下述坐标系就是用来描述这个过程。

1. 图像坐标系

摄像机采集的图像以标准电视信号的形式经高速采集系统传输到计算机中，数字图像在计算机中以二维数组存储，其坐标系如图 7-13 所示的 $o_{\mathrm{p}}uv$，像素坐标 (u,v) 表示像素在数组中的列数与行数，所以 (u,v) 是以像素为单位的图像坐标系坐标。因为像素坐标系并没有给出该像素在图像中的绝对位置，所以需要建立以物理位置表示的图像坐标系 $o_{\mathrm{i}}x_{\mathrm{i}}y_{\mathrm{i}}$。在这个坐标系中，原点是 o_{i}，$o_{\mathrm{i}}x_{\mathrm{i}}$ 和 $o_{\mathrm{i}}y_{\mathrm{i}}$ 轴分别与 $o_{\mathrm{p}}u$ 和 $o_{\mathrm{p}}v$ 轴平行，如图 7-13 所示，原点一般位于图像的中心。

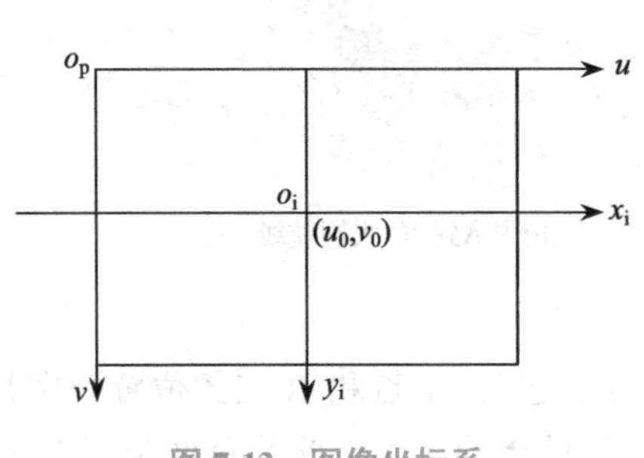

图 7-13 图像坐标系

2. 摄像机坐标系

摄像机几何模型如图 7-14 所示。固定在摄像机上的坐标系 $o_{\mathrm{c}}x_{\mathrm{c}}y_{\mathrm{c}}z_{\mathrm{c}}$ 称为摄像机坐标系。这里，o_{c} 是摄像机**光心**，$o_{\mathrm{c}}x_{\mathrm{c}}$ 轴和 $o_{\mathrm{c}}y_{\mathrm{c}}$ 轴分别平行于 $o_{\mathrm{i}}x_{\mathrm{i}}$ 轴和 $o_{\mathrm{i}}y_{\mathrm{i}}$ 轴，$o_{\mathrm{c}}z_{\mathrm{c}}$ 轴是摄像

机的光轴，并与图像平面垂直，而线段 $o_c o_i$ 的长度就是摄像机**焦距**。

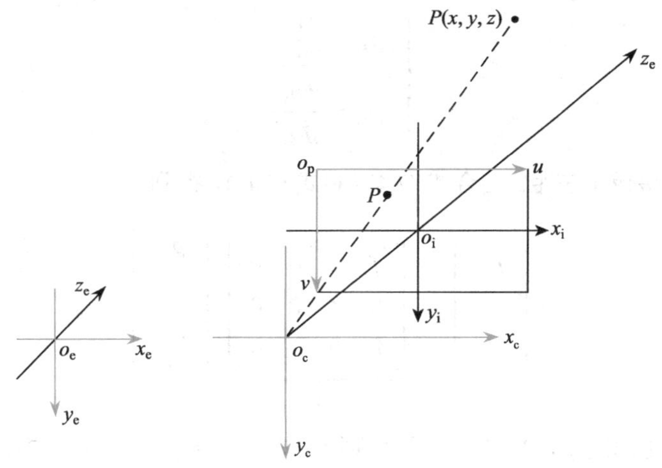

图 7-14 摄像机几何模型

3. 地球固连坐标系

由于摄像机可安放在环境中的任意位置，因此可在环境中自由定义一个基准坐标系来描述摄像机的位置，并用它描述环境中任何物体的位置。该坐标系 $o_e x_e y_e z_e$ 称为地球固连坐标系。在计算机视觉中，摄像机通过成像透射将三维场景投影到二维像平面的投影关系即为摄像机成像模型。该模型能将三维空间中的点与图像平面中的点对应起来。这个模型也叫做**中心摄影**或**透视投影**模型。

7.8.2 测量模型

如图 7-14 所示，$(p_{x_e}, p_{y_e}, p_{z_e})$ 是点 P 在地球固连坐标系中的坐标，$(p_{x_c}, p_{y_c}, p_{z_c})$ 是 P 点在摄像机坐标系中的对应坐标，且 (p_{x_i}, p_{y_i}) 和 (u, v) 分别是 P 点投影在图像中的物理坐标和像素坐标。建立摄像机的线性模型有以下步骤。

1. 从地球固连坐标系到摄像机坐标系的变换

变换的过程可以用旋转矩阵 $\mathbf{R}_e^c$ 和平移向量 $\mathbf{T} \in \mathbb{R}^3$ 表示，记 P 点分别在地球固连坐标系和摄像机坐标系下的坐标表示为 $(p_{x_e}, p_{y_e}, p_{z_e}, 1)$ 和 $(p_{x_c}, p_{y_c}, p_{z_c}, 1)$，则变换过程描述为

$$\begin{bmatrix} p_{x_c} \\ p_{y_c} \\ p_{z_c} \\ 1 \end{bmatrix} = \underbrace{\begin{bmatrix} \mathbf{R}_e^c & \mathbf{T} \\ \mathbf{0}_{1\times 3} & 1 \end{bmatrix}}_{\mathbf{M}_2} \begin{bmatrix} p_{x_e} \\ p_{y_e} \\ p_{z_e} \\ 1 \end{bmatrix} \tag{7.43}$$

其中，$\mathbf{R}_e^c \in \mathbb{R}^{3\times 3}$ 表示从地球固连坐标系到摄像机坐标系的旋转矩阵，$\mathbf{T} \in \mathbb{R}^3$ 表示平移向量，$\mathbf{M}_2 \in \mathbb{R}^{4\times 4}$。

2. 从摄像机坐标系到图像坐标系的变换

摄像机坐标系到图像坐标系的变换过程是一种透视投影关系，基于相似三角形的知

识。在摄像机坐标系中，点坐标表示为

$$\begin{cases} p_{x_\mathrm{i}} = \dfrac{f p_{x_\mathrm{c}}}{p_{z_\mathrm{c}}} \\ p_{y_\mathrm{i}} = \dfrac{f p_{y_\mathrm{c}}}{p_{z_\mathrm{c}}} \end{cases} \tag{7.44}$$

其中，$f \in \mathbb{R}_+$ 是摄像机焦距。结合式 (7.43) 和式 (7.44)，得到

$$s\begin{bmatrix} p_{x_\mathrm{i}} \\ p_{y_\mathrm{i}} \\ 1 \end{bmatrix} = \underbrace{\begin{bmatrix} f & 0 & 0 & 0 \\ 0 & f & 0 & 0 \\ 0 & 0 & 1 & 0 \end{bmatrix}}_{\mathbf{P}} \begin{bmatrix} p_{x_\mathrm{c}} \\ p_{y_\mathrm{c}} \\ p_{z_\mathrm{c}} \\ 1 \end{bmatrix} \tag{7.45}$$

其中，$s = p_{z_\mathrm{c}}$ 是比例因子，$\mathbf{P} \in \mathbb{R}^{3\times 4}$ 是透视投影矩阵。令 (u_0, v_0) 为 o_i 在图像坐标系中的位置（见图 7-13），相邻像素间的距离沿着 $o_\mathrm{i}x_\mathrm{i}$ 和 $o_\mathrm{i}y_\mathrm{i}$ 轴分别表示为 $\mathrm{d}x_\mathrm{i}$ 和 $\mathrm{d}y_\mathrm{i}$，则图像坐标系下像素坐标和物理坐标之间的关系为

$$\begin{cases} u = \dfrac{p_{x_\mathrm{i}}}{\mathrm{d}x_\mathrm{i}} + u_0 \\ v = \dfrac{p_{y_\mathrm{i}}}{\mathrm{d}y_\mathrm{i}} + v_0 \end{cases} \tag{7.46}$$

用齐次坐标表示为

$$\begin{bmatrix} u \\ v \\ 1 \end{bmatrix} = \begin{bmatrix} \dfrac{1}{\mathrm{d}x_\mathrm{i}} & 0 & u_0 \\ 0 & \dfrac{1}{\mathrm{d}y_\mathrm{i}} & v_0 \\ 0 & 0 & 1 \end{bmatrix} \begin{bmatrix} p_{x_\mathrm{i}} \\ p_{y_\mathrm{i}} \\ 1 \end{bmatrix}. \tag{7.47}$$

结合式 (7.43)、式 (7.45) 和式 (7.47)，得到地球固连坐标系和图像坐标系之间的关系为

$$\begin{aligned} s\begin{bmatrix} u \\ v \\ 1 \end{bmatrix} &= \begin{bmatrix} \dfrac{1}{\mathrm{d}x_\mathrm{i}} & 0 & u_0 \\ 0 & \dfrac{1}{\mathrm{d}y_\mathrm{i}} & v_0 \\ 0 & 0 & 1 \end{bmatrix} \begin{bmatrix} f & 0 & 0 & 0 \\ 0 & f & 0 & 0 \\ 0 & 0 & 1 & 0 \end{bmatrix} \begin{bmatrix} \mathbf{R}_\mathrm{e}^\mathrm{c} & \mathbf{T} \\ \mathbf{0}_{1\times 3} & 1 \end{bmatrix} \begin{bmatrix} p_{x_\mathrm{e}} \\ p_{y_\mathrm{e}} \\ p_{z_\mathrm{e}} \\ 1 \end{bmatrix} \\ &= \underbrace{\begin{bmatrix} \underbrace{\begin{bmatrix} \alpha_x & 0 & u_0 \\ 0 & \alpha_y & v_0 \\ 0 & 0 & 1 \end{bmatrix}}_{\mathbf{A}} & \mathbf{0}_{3\times 1} \end{bmatrix}}_{\mathbf{M}_1} \underbrace{\begin{bmatrix} \mathbf{R}_\mathrm{e}^\mathrm{c} & \mathbf{T} \\ \mathbf{0}_{1\times 3} & 1 \end{bmatrix}}_{\mathbf{M}_2} \begin{bmatrix} p_{x_\mathrm{e}} \\ p_{y_\mathrm{e}} \\ p_{z_\mathrm{e}} \\ 1 \end{bmatrix} = \mathbf{M}_1\mathbf{M}_2\mathbf{X}_\mathrm{e} = \mathbf{M}\mathbf{X}_\mathrm{e} \end{aligned} \tag{7.48}$$

其中，$\alpha_x \triangleq f/\mathrm{d}x_\mathrm{i}$ 和 $\alpha_y \triangleq f/\mathrm{d}y_\mathrm{i}$ 是 $o_\mathrm{i}x_\mathrm{i}$ 轴和 $o_\mathrm{i}y_\mathrm{i}$ 轴的**尺度因子**，$\mathbf{M} \in \mathbb{R}^{3\times 4}$ 为**投影矩阵**，$\mathbf{M}_1 \in \mathbb{R}^{4\times 4}$ 与 α_x、α_y、u_0 和 v_0有关。因为 α_x、α_y、u_0 和 v_0 只与摄像机内部参数有关，所以称为**摄像机内部参数**。$\mathbf{M}_2 \in \mathbb{R}^{4\times 4}$ 由摄像机的姿态决定，其参数被称为**摄像机外部参数**。

现在有很多求解摄像机标定参数的方法。基于三维空间中已知几何位置关系的标定物来对摄像机进行标定的结果精度高。一种经典的方法将在 7.8.3 节中介绍，需要摄像机在至少两个方向上采集平面标定物。除此之外，7.8.3 节还将列举一些实用的标定工具箱。

7.8.3 标定

1. 表示方法

如图 7-15 所示，标定板上的三维特征角点记为 $\mathbf{M} \triangleq [p_{x_e} \quad p_{y_e} \quad p_{z_e}]^{\mathrm{T}}$，其图像平面上的二维特征角点记为 $\mathbf{m} \triangleq [u \quad v]^{\mathrm{T}}$。令 $\bar{\mathbf{x}}$ 表示扩维向量（至少增加一维）。例如，齐次坐标 $\overline{\mathbf{M}} \triangleq [p_{x_e} \quad p_{y_e} \quad p_{z_e} \quad 1]^{\mathrm{T}}$ 和 $\overline{\mathbf{m}} \triangleq [u \quad v \quad 1]^{\mathrm{T}}$。基于方程 (7.48)，三维点 $\mathbf{M}$ 和图像点 $\mathbf{m}$ 的投影关系为

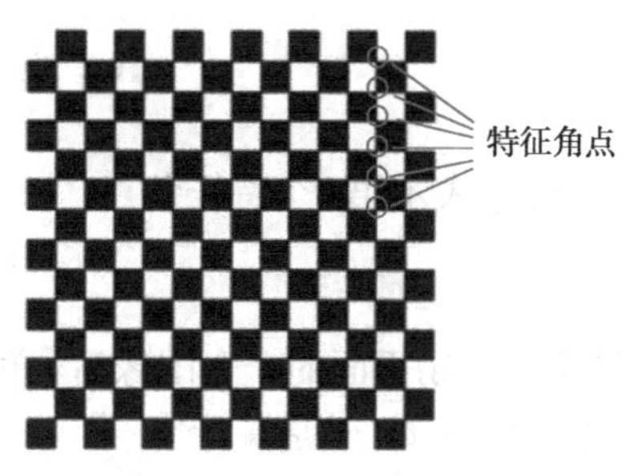

图 7-15 平面标定物

$$s\overline{\mathbf{m}} = \mathbf{A}\left[\mathbf{R}_{\mathrm{e}}^{\mathrm{c}} \quad \mathbf{T}\right]\overline{\mathbf{M}}. \tag{7.49}$$

不失一般性，假设平面位于 $o_e x_e y_e$ 平面，即 $p_{z_e} = 0$。旋转矩阵 $\mathbf{R}_{\mathrm{e}}^{\mathrm{c}}$ 的第 i 列为 $\mathbf{r}_i$，有

$$\begin{aligned} s\begin{bmatrix} u \\ v \\ 1 \end{bmatrix} &= \mathbf{A}\begin{bmatrix} \mathbf{r}_1 & \mathbf{r}_2 & \mathbf{r}_3 & \mathbf{T} \end{bmatrix}\begin{bmatrix} p_{x_e} \\ p_{y_e} \\ 0 \\ 1 \end{bmatrix} \\ &= \mathbf{A}\begin{bmatrix} \mathbf{r}_1 & \mathbf{r}_2 & \mathbf{T} \end{bmatrix}\begin{bmatrix} p_{x_e} \\ p_{y_e} \\ 1 \end{bmatrix}. \end{aligned} \tag{7.50}$$

令

$$\tilde{\mathbf{M}} \triangleq \begin{bmatrix} p_{x_e} & p_{y_e} & 1 \end{bmatrix}^{\mathrm{T}}. \tag{7.51}$$

则

$$\overline{\mathbf{m}} = \mathbf{H}\tilde{\mathbf{M}} \tag{7.52}$$

其中

$$\mathbf{H} = \lambda\mathbf{A}\begin{bmatrix} \mathbf{r}_1 & \mathbf{r}_2 & \mathbf{T} \end{bmatrix} \in \mathbb{R}^{3\times 3}. \tag{7.53}$$

这里 $\lambda = 1/s$ 是一个常数。定义

$$\hat{\mathbf{H}} \triangleq \begin{bmatrix} \hat{\mathbf{h}}_1^{\mathrm{T}} \\ \hat{\mathbf{h}}_2^{\mathrm{T}} \\ \hat{\mathbf{h}}_3^{\mathrm{T}} \end{bmatrix} \tag{7.54}$$

为一个比例因子。那么，在 $\hat{\mathbf{H}}$ 投影下的点满足

$$\hat{\mathbf{m}}_i = \frac{1}{\hat{\mathbf{h}}_3^{\mathrm{T}}\tilde{\mathbf{M}}_i}\begin{bmatrix} \hat{\mathbf{h}}_1^{\mathrm{T}}\tilde{\mathbf{M}}_i \\ \hat{\mathbf{h}}_2^{\mathrm{T}}\tilde{\mathbf{M}}_i \end{bmatrix} \tag{7.55}$$

其中，$\hat{\mathbf{m}}_i, \tilde{\mathbf{M}}_i$（$i=1,2,\cdots$）分别表示第 i 个特征点。期望实际图像坐标与投影计算得到的图像坐标足够接近，即需要解决如下优化问题：

$$\mathbf{H} = \arg\min_{\hat{\mathbf{H}}\in\mathbb{R}^{3\times 3}} \sum_i \|\mathbf{m}_i - \hat{\mathbf{m}}_i\|^2 \tag{7.56}$$

其中，$i\in\mathbb{Z}_+$ 表示第 i 个特征角点。

2. 内部参数标定

给定标定物平面的一个图像后，单应性变换即可给出。根据方程 (7.50)，已知 $\mathbf{r}_1$ 与 $\mathbf{r}_2$ 正交，即 $\mathbf{r}_1^{\mathrm{T}}\mathbf{r}_2=0$，于是满足

$$\begin{cases} \mathbf{h}_1^{\mathrm{T}}\mathbf{B}\mathbf{h}_2 = 0 \\ \mathbf{h}_1^{\mathrm{T}}\mathbf{B}\mathbf{h}_1 = \mathbf{h}_2^{\mathrm{T}}\mathbf{B}\mathbf{h}_2 \end{cases} \tag{7.57}$$

其中，

$$\mathbf{B} = \mathbf{A}^{-\mathrm{T}}\mathbf{A}^{-1} = \begin{bmatrix} B_{11} & B_{12} & B_{13} \\ B_{21} & B_{22} & B_{23} \\ B_{31} & B_{32} & B_{33} \end{bmatrix} = \begin{bmatrix} \frac{1}{\alpha_x^2} & 0 & \frac{-u_0}{\alpha_x^2} \\ 0 & \frac{1}{\alpha_y^2} & -\frac{v_0}{\alpha_y^2} \\ \frac{-u_0}{\alpha_x^2} & -\frac{v_0}{\alpha_y^2} & \frac{u_0^2}{\alpha_x^2}+\frac{v_0^2}{\alpha_y^2}+1 \end{bmatrix}. \tag{7.58}$$

以上为在单应性约束时对摄像机内部参数的两个基本约束。由于单应性矩阵有 8 个自由度，而摄像机外部参数只有 6 个（3 个表示旋转，3 个表示平移），因此只能得到内部参数的两个约束方程。定义

$$\mathbf{b} \triangleq \begin{bmatrix} B_{11} & B_{12} & B_{22} & B_{13} & B_{23} & B_{33} \end{bmatrix}^{\mathrm{T}} \tag{7.59}$$

它满足

$$\begin{bmatrix} 0 & 1 & 0 & 0 & 0 & 0 \end{bmatrix}\mathbf{b} = 0 \tag{7.60}$$

其中，$B_{12}=0$ 已知。令 $\mathbf{H}$ 中的第 i 列为 $\mathbf{h}_i \triangleq [\, h_{i1} \quad h_{i2} \quad h_{i3} \,]^{\mathrm{T}}$，则有

$$\mathbf{h}_i^{\mathrm{T}}\mathbf{B}\mathbf{h}_j = \mathbf{v}_{ij}^{\mathrm{T}}\mathbf{b} \tag{7.61}$$

其中，

$$\mathbf{v}_{ij} = [\, h_{i1}h_{j1} \quad h_{i1}h_{j2}+h_{i2}h_{j1} \quad h_{i2}h_{j2} \quad h_{i3}h_{j1}+h_{i1}h_{j3} \quad h_{i3}h_{j2}+h_{i2}h_{j3} \quad h_{i3}h_{i3} \,]^{\mathrm{T}}. \tag{7.62}$$

根据式 (7.61)，方程 (7.57) 改写为

$$\begin{bmatrix} \mathbf{v}_{12}^{\mathrm{T}} \\ (\mathbf{v}_{11}-\mathbf{v}_{22})^{\mathrm{T}} \end{bmatrix}\mathbf{b} = \mathbf{0}_{2\times 1}. \tag{7.63}$$

如果采集平面标定物的 N 幅图像，可建立 N 个方程

$$\mathbf{V}\mathbf{b} = \mathbf{0}_{2N\times 1} \tag{7.64}$$

其中，$\mathbf{V} \in \mathbb{R}^{2N\times 6}$。如果图像个数 $N \geqslant 2$，那么 $\mathbf{b}$ 可以唯一确定。方程 (7.64) 的解是矩阵 $\mathbf{V}^{\mathrm{T}}\mathbf{V}$ 的最小特征值对应的特征向量。当 $\mathbf{b}$ 求解出来后，所有的摄像机内部参数也就得到，包括 $\mathbf{A}$。一旦 $\mathbf{A}$ 被求出，每幅图像的外部参数很容易求解。根据在式 (7.53) 中 $\mathbf{H}$ 的定义，有

$$\begin{cases} \mathbf{r}_1 = \lambda^{-1}\mathbf{A}^{-1}\mathbf{h}_1 \\ \mathbf{r}_2 = \lambda^{-1}\mathbf{A}^{-1}\mathbf{h}_2 \\ \mathbf{r}_3 = \mathbf{r}_1 \times \mathbf{r}_2 \\ \mathbf{T} = \lambda^{-1}\mathbf{A}^{-1}\mathbf{h}_3 \end{cases} \tag{7.65}$$

其中，$\lambda = \left\|\mathbf{A}^{-1}\mathbf{h}_1\right\| = \left\|\mathbf{A}^{-1}\mathbf{h}_2\right\|$。然而，由于数据中的噪声影响，求出的解不准确，可以通过优化方法提高精度。得到有 M 个角点的 N 幅图像，可以通过下面的优化函数求解：

$$(\mathbf{A}^*, \mathbf{R}_i^*, \mathbf{T}_i^*) = \arg \min_{\mathbf{A},\mathbf{R}_i,\mathbf{T}_i} \sum_{i=1}^{N}\sum_{j=1}^{M} \left\|\mathbf{m}_{ij} - \hat{\mathbf{m}}(\mathbf{A},\mathbf{R}_i,\mathbf{T}_i,\mathbf{M}_j)\right\| \tag{7.66}$$

其中，$\hat{\mathbf{m}}(\mathbf{A},\mathbf{R}_i,\mathbf{T}_i,\mathbf{M}_j)$ 为第 i 幅图像中角点 $\mathbf{M}_j$ 的投影。

7.8.4 工具箱

有些工具箱可以直接用来标定摄像机，如表 7-1 所示。

表 7-1 标定工具箱

工具箱	描 述	网 址
Computer Vision System Toolbox	可以进行相机标定、立体视觉捕捉、三维重建和三维点云计算处理	http://cn.mathworks.com/help/vision/index.html
Camera Calibration Toolbox for MATLAB	MATLAB 的相机标定工具箱，有完整的说明文档，支持鱼眼镜头、反射镜头等	http://www.vision.caltech.edu/bouguetj/calib_doc
Camera Calibration Toolbox for Generic Lenses	MATLAB 的相机标定工具箱，可以标定多种相机	http://www.ee.oulu.fi/˜jkannala/ calibration/calibration.html
The DLR Camera Calibration Toolbox	之前 CalLab 工具箱的升级版，也是一个独立开发的平台程序	http://dlr.de/rmc/rm/en/desktop default.aspx/tabid-3925/6084_read-9201
Fully Automatic Camera and Hand to Eye Calibration	首个同时实现自动标定和通过机器人手臂与外部特征点方法（即手–眼标定方法）的工具箱	http://www2.vision.ee.ethz.ch/software/calibra-tion_toolbox/calibration_toolbox.php
Camera Calibration Toolbox	Windows 应用程序，旨在简化摄像机标定过程，可以从连接到 PC 的摄像机捕获图像，标定摄像机，并计算摄像机的内部和外部参数	http://www0.cs.ucl.ac.uk/staff/Dan.Stoyanov/calib
Omnidirectional Calibration Toolbox	用来标定诸如双曲线、抛物线、折叠、非球面、广角镜头的摄像机	http://www.robots.ox.ac.uk/˜cmei/Toolbox.html
Camera Calibration Toolbox for Generic Multiple Cameras	采用一维靶标的多摄像机标定工具箱，用于标定：① 两个普通摄像机；② 两个鱼眼摄像机；③ 两个混合的摄像机；④ 多台摄像机	http://quanquan.buaa.edu.cn/CalibrationToolbox.html

本章小结

本章介绍了传感器的基本原理。文献 [11, pp 120-142] 也对本章重点介绍的传感器做了非常好的概述。由于在实际测量中总是存在误差，且状态估计只能在多旋翼飞行时才能进行，因此在多旋翼起飞之前应当消除误差。通过传感器的离线标定，可以确定测量模型中的未知参数。本章介绍了三轴加速度计、三轴陀螺仪和三轴磁传感器的测量原理和标定方法。由于这些方法并不需要其他外部设备，因此非常实用。由于传感器安装时不可能都安装在多旋翼的重心位置，因此标定传感器的外部参数还需要继续研究。除了传感器的标定，本章还给出了其测量模型，这些模型将在后面介绍的滤波器设计中被应用。

习题 7

7.1 在加速度计的标定过程中，当式 (7.5) 中的当地重力加速度被设定为 1时，采用优化式 (7.5) 后得到的比力会发生什么变化？

7.2 使用 7.1 节至 7.3 节的方法和网站 http://rfly.buaa.edu.cn/course 提供的数据，标定 IMU。

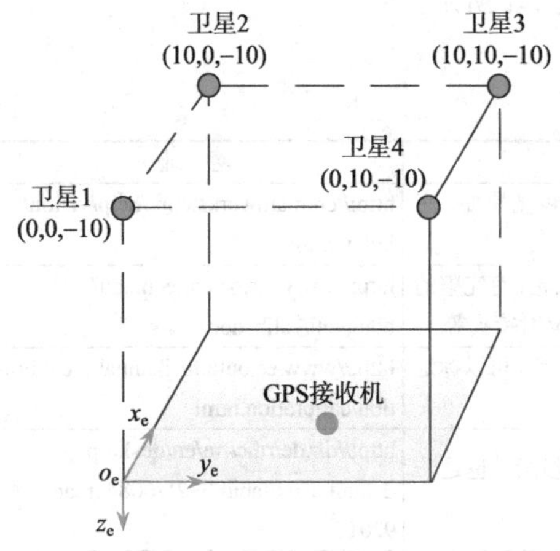

图 7-16 接收机和四颗卫星位置示意图

7.3 分别讨论使用 GPS 和气压计测量高度的方法的优缺点。

7.4 假设 4 个卫星的位置如图 7-16 所示，并有 $\delta_t = \delta_T = \delta_I = 0$。接收机接近地平，到 4 个卫星的距离分别为 $10\sqrt{2}+\varepsilon_1(t)$, $10\sqrt{3}+\varepsilon_2(t)$, $10\sqrt{2}+\varepsilon_3(t)$ 和 $10+\varepsilon_4(t)$。其中，噪声服从 $\varepsilon_i(t) \sim \mathcal{N}(0, 0.01)$（$i = 1,2,3,4$），采样周期为 0.1s。

（1）求解没有噪声的接收位置。

（2）考虑噪声的情况下，求解并画出接收位置与时间的函数。

7.5 使用表 7.1 中的工具箱标定你的手机摄像头的内部参数。

参考文献

[1] Titterton D H, Weston J L. Strapdown inertial navigation technology (Second Edition). The Institution of Engineering and Technology, Stevenage, UK, 2004.

[2] Leishman R C, Macdonald J C, Beard R W, Mclain T W. Quadrotors and accelerometers: state estimation with an improved dynamic model. IEEE Control Systems Magazine, 2014, 34(1): 28-41.

[3] Hol J D. Pose estimation and calibration algorithms for vision and inertial sensors. Dissertation, Linköping University, 2008.

[4] Beeby S, Ensell G, Kraft M, White N. MEMS mechanical sensors. Artech House, London, 2004.

[5] Tedaldi D, Pretto A, Menegatti E. A robust and easy to implement method for IMU calibration without external equipments. In: Pro. IEEE International Conference on Robotics and Automation. Hong Kong, China, 2014, pp 3042-3049.

[6] Ripka P. Magnetic sensors and magnetometers. Artech House, Norwood, 2001.

[7] Rouf V T, Li M, Horsley D A. Area-efficient three axis MEMS Lorentz force magnetometer. IEEE Sensors Journal, 2013, 13(11): 4474-4481.

[8] Dorveaux E, Vissière D, Martin A P, et al. Iterative calibration method for inertial and magnetic sensors. In: Pro. 48th IEEE Conference on Decision and Control Jointly with the 28th Chinese Control Conference. Shanghai, China, 2009, pp 8296-8303.

[9] What is LiDAR [Online], available: http://oceanservice.noaa.gov/facts/lidar.html, December 5, 2016.

[10] Misra P, Enge P. Global positioning system: signals, measurements, and performance. Ganga-Jamuna Press, Lincoln, Massachusetts, 2006.

[11] Beard R W, McLain T W. Small unmanned aircraft: theory and practice. Princeton University Press, Princeton, 2012.

[12] Movable Type Scripts. Calculate distance, bearing and more between latitude/longitude points [Online], available: http://www.movable-type.co.uk/scripts/latlong.html, March 2, 2016.

[13] Forsyth D A, Ponce J. Computer vision: a modern approach, Pearson Education Limited, New York, 2016.

[14] Zhang Z Y. A flexible new technique for camera calibration. IEEE Transactions on Pattern Analysis and Machine Intelligence, 2000, 22(11): 1330-1334.

第8章 Chapter 8 可观性和卡尔曼滤波器

盲人摸象

可观性对应的哲学道理是：观察问题是否客观全面。宋代苏轼诗词《题西林壁》的“横看成岭侧成峰，远近高低各不同。不识庐山真面目，只缘身在此山中。”这首诗描写了变化多姿的庐山风景，并借此表达了一种人生哲理，指出看待问题需要客观全面，摆脱主观陈见，这样才能认识事物的真相。中国古代还有盲人摸象的故事。《大般涅槃经》三二：“其触牙者即言象形如芦菔根，其触耳者言象如箕，其触头者言象如石，其触鼻者言象如杵，其触脚者言象如木臼，其触脊者言象如床，其触腹者言象如瓮，其触尾者言象如绳。”盲人们都坚持自己摸到了大象真正的样子，实际上他们都只是摸到大象的局部，而不清楚其全貌。后来人们就用“盲人摸象”讽喻看待问题以偏概全。类似的成语还包括“管中窥豹”和“坐井观天”。

多旋翼的状态不一定都能直接用传感器测量。比如多旋翼速度很低，其精确值很难直接用速度传感器测量，常见的空速管和 GPS 接收机很难直接用于多旋翼测速。为此，问题归结于如何选择传感器或者多传感器组合来实现特定状态的估计。给定三类传感器：加速度计、GPS 接收机和单目摄像机，哪一类传感器能够稳定地估计多旋翼速度？这个问题涉及系统的**可观性**。可观性用来度量一个系统内部状态是否可观测，即通过系统输出能否反映系统的初始状态。形式上，如果根据一系列输出和控制输入，可以在有限时间内唯一确定系统状态，则该系统可观。进一步将可观性概念推广到社会调研方面，在大数据时代，可以利用网络容易地收集大量可靠的历史数据。那么，基于这些数据，能否观测出与社会民生相关的局部指标信息？如果能够设计出类似的“观测器”，则不仅能避免虚假统计，又能节省大量人力、物力。回到本章主题，只有在验证系统可观之后，观测器设计才有意义。一种常用的观测器是卡尔曼滤波器。

本章主要回答以下问题；

什么是可观性？如何推导卡尔曼滤波器？

上述问题涉及诸如连续时间线性系统、离散时间线性系统和连续时间非线性系统等动态系统的可观性概念及其判据。本章还将详细推导经典卡尔曼滤波器，并简要介绍多速率卡尔曼滤波器、扩展卡尔曼滤波器及隐式扩展卡尔曼滤波器。

8.1 可观性

本节将介绍连续时间线性系统、离散时间线性系统、连续时间非线性系统的可观性及其判据。

8.1.1 线性系统

1. 连续时间线性系统

考虑如下连续时间线性系统：

$$\begin{cases} \dot{\mathbf{x}} = \mathbf{A}\mathbf{x} + \mathbf{B}\mathbf{u} \\ \mathbf{y} = \mathbf{C}^{\mathrm{T}}\mathbf{x} \end{cases} \tag{8.1}$$

其中，$\mathbf{x} \in \mathbb{R}^n$,$\mathbf{y} \in \mathbb{R}^m$ 和 $\mathbf{u} \in \mathbb{R}^m$ 分别表示系统的状态、输出和控制输入；$\mathbf{A} \in \mathbb{R}^{n\times n}$, $\mathbf{B} \in \mathbb{R}^{n\times m}$, $\mathbf{C} \in \mathbb{R}^{n\times m}$ 都是常数矩阵或向量。对于系统 (8.1)，可观性定义如下。

定义 8.1[1,p.153] 对于系统 (8.1)，如果在有限时间 $[t_0,t_\mathrm{f}]$ 内，给定输入值 $\mathbf{u}_{[t_0,t_\mathrm{f}]}$ 和相应的输出值 $\mathbf{y}_{[t_0,t_\mathrm{f}]}$，能够唯一确定该系统的初始状态 $\mathbf{x}(t_0)$，则称此系统可观。

对于系统 (8.1)，不失一般性，取初始时刻 $t_0 = 0$，则系统状态及输出的解为

$$\begin{cases} \mathbf{x}(t) = e^{\mathbf{A}t}\mathbf{x}(0) + \int_0^t e^{\mathbf{A}(t-\tau)}\mathbf{B}\mathbf{u}(\tau)\,\mathrm{d}\tau \\ \mathbf{y}(t) = \mathbf{C}^{\mathrm{T}}e^{\mathbf{A}t}\mathbf{x}(0) + \int_0^t \mathbf{C}^{\mathrm{T}}e^{\mathbf{A}(t-\tau)}\mathbf{B}\mathbf{u}(\tau)\,\mathrm{d}\tau. \end{cases} \tag{8.2}$$

由于矩阵 $\mathbf{A}$、$\mathbf{B}$、$\mathbf{C}^{\mathrm{T}}$ 和系统输入 $\mathbf{u}(t)$ 已知，则式 (8.2) 的积分项完全已知，令

$$\mathbf{y}'(t) = \mathbf{y}(t) - \int_0^t \mathbf{C}^{\mathrm{T}}e^{\mathbf{A}(t-\tau)}\mathbf{B}\mathbf{u}(\tau)\,\mathrm{d}\tau.$$

则式 (8.2) 变为

$$\mathbf{y}'(t) = \mathbf{C}^{\mathrm{T}} e^{\mathbf{A}t} \mathbf{x}(0). \tag{8.3}$$

根据可观性定义可知，问题是能否通过有限时间 $t_0 \leqslant t \leqslant t_f$ 内的输出 $\mathbf{y}'(t)$，唯一确定系统初始状态 $\mathbf{x}(0)$。对式 (8.3) 两端左乘 $e^{\mathbf{A}^{\mathrm{T}}t}\mathbf{C}$ 并积分，得到

$$\int_0^{t_1} e^{\mathbf{A}^{\mathrm{T}}t} \mathbf{C}\mathbf{y}'(t)\,\mathrm{d}t = \mathbf{V}(0,t_1)\,\mathbf{x}(0) \tag{8.4}$$

其中，$\mathbf{V}(0,t_1) = \int_0^{t_1} e^{\mathbf{A}^{\mathrm{T}}t} \mathbf{C}\mathbf{C}^{\mathrm{T}} e^{\mathbf{A}t}\mathrm{d}t$。如果 $\mathbf{V}(0,t_1)$ 非奇异，则 $\mathbf{V}^{-1}(0,t_1)$ 存在。因此，初始状态 $\mathbf{x}(0)$ 可以唯一确定为

$$\mathbf{x}(0) = \mathbf{V}^{-1}(0,t_1) \int_0^{t_1} e^{\mathbf{A}^{\mathrm{T}}t} \mathbf{C}\mathbf{y}'(t)\,\mathrm{d}t \tag{8.5}$$

那么，系统可观。相反，如果 $\mathbf{V}(0,t_1)$ 奇异，意味着式 (8.4) 有无穷解，则不能唯一确定初始状态，即系统不可观。证明存在 $t_1 > 0$，使得 $\mathbf{V}(0,t_1)$ 非奇异的充分必要条件是

$$\operatorname{rank}\mathscr{O}\left(\mathbf{A},\mathbf{C}^{\mathrm{T}}\right) = n \tag{8.6}$$

其中，

$$\mathscr{O}\left(\mathbf{A},\mathbf{C}^{\mathrm{T}}\right) \triangleq \begin{bmatrix} \mathbf{C}^{\mathrm{T}} \\ \mathbf{C}^{\mathrm{T}}\mathbf{A} \\ \vdots \\ \mathbf{C}^{\mathrm{T}}\mathbf{A}^{n-1} \end{bmatrix}. \tag{8.7}$$

该结论可以总结为如下定理。

定理 8.1 [1,p.156] 连续时间线性系统 (8.1) 可观的充分必要条件是可观性矩阵满秩，即 $\operatorname{rank}\mathscr{O}\left(\mathbf{A},\mathbf{C}^{\mathrm{T}}\right) = n$。

接下来给出可观性条件 $\operatorname{rank}\mathscr{O}\left(\mathbf{A},\mathbf{C}^{\mathrm{T}}\right) = n$ 的直观解释。对系统 (8.1) 连续求导，得到

$$\begin{cases} \mathbf{y} = \mathbf{C}^{\mathrm{T}}\mathbf{x} & \\ \dot{\mathbf{y}} = \mathbf{C}^{\mathrm{T}}\mathbf{A}\mathbf{x} + \mathbf{C}^{\mathrm{T}}\mathbf{B}\mathbf{u} & \Rightarrow \dot{\mathbf{y}} - \mathbf{C}^{\mathrm{T}}\mathbf{B}\mathbf{u} = \mathbf{C}^{\mathrm{T}}\mathbf{A}\mathbf{x} \\ \ddot{\mathbf{y}} = \mathbf{C}^{\mathrm{T}}\mathbf{A}^2\mathbf{x} + \mathbf{C}^{\mathrm{T}}\mathbf{A}\mathbf{B}\mathbf{u} + \mathbf{C}^{\mathrm{T}}\mathbf{B}\dot{\mathbf{u}} & \Rightarrow \ddot{\mathbf{y}} - \mathbf{C}^{\mathrm{T}}\mathbf{A}\mathbf{B}\mathbf{u} - \mathbf{C}^{\mathrm{T}}\mathbf{B}\dot{\mathbf{u}} = \mathbf{C}^{\mathrm{T}}\mathbf{A}^2\mathbf{x} \\ \quad\vdots & \\ \mathbf{y}^{(n-1)} = \sum\limits_{k=0}^{n-2}\mathbf{C}^{\mathrm{T}}\mathbf{A}^{n-2-k}\mathbf{B}\mathbf{u}^{(k)} + \mathbf{C}^{\mathrm{T}}\mathbf{A}^{n-1}\mathbf{x} & \Rightarrow \mathbf{y}^{(n-1)} - \sum\limits_{k=0}^{n-2}\mathbf{C}^{\mathrm{T}}\mathbf{A}^{n-2-k}\mathbf{B}\mathbf{u}^{(k)} = \mathbf{C}^{\mathrm{T}}\mathbf{A}^{n-1}\mathbf{x} \end{cases}$$

其中，$(\cdot)^{(k)}$ 表示第 k 阶导数。整理上式，得到

$$\begin{bmatrix} \mathbf{y} \\ \dot{\mathbf{y}} - \mathbf{C}^{\mathrm{T}}\mathbf{B}\mathbf{u} \\ \ddot{\mathbf{y}} - \mathbf{C}^{\mathrm{T}}\mathbf{A}\mathbf{B}\mathbf{u} - \mathbf{C}^{\mathrm{T}}\mathbf{B}\dot{\mathbf{u}} \\ \vdots \\ \mathbf{y}^{(n-1)} - \sum\limits_{k=0}^{n-2}\mathbf{C}^{\mathrm{T}}\mathbf{A}^{n-2-k}\mathbf{B}\mathbf{u}^{(k)} \end{bmatrix} = \mathscr{O}\left(\mathbf{A},\mathbf{C}^{\mathrm{T}}\right)\mathbf{x} \tag{8.8}$$

其中，可观性矩阵 $\mathscr{O}\left(\mathbf{A},\mathbf{C}^{\mathrm{T}}\right)$ 在式 (8.7) 中定义。由于方程 (8.8) 左边已知，如果可观性矩阵满秩，即 $\operatorname{rank}\mathscr{O}\left(\mathbf{A},\mathbf{C}^{\mathrm{T}}\right)=n$，则能够唯一确定状态 $\mathbf{x}$。注意，对式 (8.8) 多求几阶导数，如

$$\mathscr{O}'=\left[\begin{array}{c}\mathscr{O}\left(\mathbf{A},\mathbf{C}^{\mathrm{T}}\right)\\ \mathbf{C}^{\mathrm{T}}\mathbf{A}^{n}\end{array}\right]$$

并不会增加可观性矩阵的秩，因为 $\mathbf{C}^{\mathrm{T}}\mathbf{A}^{n}$ 是可观性矩阵 $\mathscr{O}\left(\mathbf{A},\mathbf{C}^{\mathrm{T}}\right)$ 各分量的线性组合。由凯莱–哈密顿定理 [2,p.338-348] 可知

$$\mathbf{C}^{\mathrm{T}}\mathbf{A}^{n}=\alpha_0\mathbf{C}^{\mathrm{T}}+\alpha_1\mathbf{C}^{\mathrm{T}}\mathbf{A}+\cdots+\alpha_{n-1}\mathbf{C}^{\mathrm{T}}\mathbf{A}^{n-1} \tag{8.9}$$

其中，$\alpha_0,\alpha_1,\cdots,\alpha_{n-1}\in\mathbb{R}$。因此，$\operatorname{rank}\mathscr{O}'=\operatorname{rank}\mathscr{O}\left(\mathbf{A},\mathbf{C}^{\mathrm{T}}\right)$。

下面通过一个例子来理解可观性。

例 8.1 给定两类传感器：GPS 接收机和加速度计。哪一个能够稳定地估计出一维直线运动小车的速度？

首先，考虑用 GPS 接收机估计速度，其简化模型为

$$\left\{\begin{array}{l}\left[\begin{array}{c}\dot{p}\\ \dot{v}\end{array}\right]=\underbrace{\left[\begin{array}{cc}0&1\\0&0\end{array}\right]}_{\mathbf{A}_1}\left[\begin{array}{c}p\\ v\end{array}\right]+\left[\begin{array}{c}0\\ \varepsilon_1\end{array}\right]\\ y=\underbrace{\left[\begin{array}{cc}1&0\end{array}\right]}_{\mathbf{C}_1^{\mathrm{T}}}\left[\begin{array}{c}p\\ v\end{array}\right]\end{array}\right.$$

其中，$p,v\in\mathbb{R}$ 分别表示小车的位置和速度，$\varepsilon_1\in\mathbb{R}$ 表示噪声，$y\in\mathbb{R}$ 表示 GPS 接收机的测量值。根据式 (8.7)，系统可观性矩阵为

$$\mathscr{O}\left(\mathbf{A}_1,\mathbf{C}_1^{\mathrm{T}}\right)=\left[\begin{array}{cc}1&0\\0&1\end{array}\right].$$

因为 $\operatorname{rank}\mathscr{O}\left(\mathbf{A}_1,\mathbf{C}_1^{\mathrm{T}}\right)=2$，由**定理 8.1** 可知，速度可观。因此，GPS 接收机能够稳定地估计小车速度。其实这个结论很好理解，对位置求导就能得到速度。类似地，考虑用加速度计估计速度，其简化模型为

$$\left\{\begin{array}{l}\left[\begin{array}{c}\dot{v}\\ \dot{a}\end{array}\right]=\underbrace{\left[\begin{array}{cc}0&1\\0&0\end{array}\right]}_{\mathbf{A}_2}\left[\begin{array}{c}v\\ a\end{array}\right]+\left[\begin{array}{c}0\\ \varepsilon_2\end{array}\right]\\ y=\underbrace{\left[\begin{array}{cc}0&1\end{array}\right]}_{\mathbf{C}_2^{\mathrm{T}}}\left[\begin{array}{c}v\\ a\end{array}\right]\end{array}\right. \tag{8.10}$$

其中，$v,a\in\mathbb{R}$ 分别表示小车的速度和加速度，$\varepsilon_2\in\mathbb{R}$ 表示噪声。为了简便，$y\in\mathbb{R}$ 表示由加速度计测量得到的加速度。根据式 (8.7)，系统可观性矩阵变为

$$\mathscr{O}\left(\mathbf{A}_2,\mathbf{C}_2^{\mathrm{T}}\right)=\left[\begin{array}{cc}0&1\\0&0\end{array}\right].$$

因为 rank$\mathscr{O}\left(\mathbf{A}_2,\mathbf{C}_2^{\mathrm{T}}\right)\neq 2$，由**定理 8.1** 可知，速度不可观。这个结论可能与一般认知矛盾，因为大家可能认为加速度积分能得到速度。

现在考虑两个自由下落的物体，一个初始速度是 $v_1=0$，另一个初始速度是 $v_2=100\text{m/s}$，它们的加速度都是 $a=9.8\text{m/s}^2$。如果仅仅从加速度信息考虑，无法辨别当前速度。因此，根据定义可知，速度不可观。确切来说，加速度积分能得到速度的前提是初始速度已知，而在积分过程中，观测噪声会产生累积误差，因此速度估计误差会随着时间不断累积。尤其大部分多旋翼采用 MEMS 加速度计，观测噪声很大。因此，基于系统 (8.10) 不能稳定地估计速度。

2. 离散时间线性系统

对于连续时间线性系统 (8.1)，可以通过采样周期 $T_{\mathrm{s}}\in\mathbb{R}_+$ 转化成离散时间线性系统，描述如下：

$$\begin{cases}\mathbf{x}_k=\mathbf{\Phi}\mathbf{x}_{k-1}+\mathbf{u}_{k-1}\\ \mathbf{y}_k=\mathbf{C}^{\mathrm{T}}\mathbf{x}_k\end{cases}\tag{8.11}$$

其中，$\mathbf{\Phi}=e^{\mathbf{A}T_{\mathrm{s}}}$，$\mathbf{u}(t)=\mathbf{u}'_{k-1}$，$t\in[(k-1)T_{\mathrm{s}},kT_{\mathrm{s}}]$，$\mathbf{u}_{k-1}=\int_0^{T_{\mathrm{s}}}e^{\mathbf{A}\tau}\mathbf{B}\mathrm{d}\tau\mathbf{u}'_{k-1}$；$\mathbf{\Phi}\in\mathbb{R}^{n\times n}$，$\mathbf{C}\in\mathbb{R}^{n\times m}$ 是常数矩阵；下标 k 表示第 k 个采样时刻。对于系统 (8.11)，可观性定义如下。

定义 8.2[1,p.170] 对于系统 (8.11)，如果在有限时间 $[k_0,k_{\mathrm{f}}]$ 内，给定输入值 $\mathbf{u}_{[k_0,k_{\mathrm{f}}]}$ 和相应输出值 $\mathbf{y}_{[k_0,k_{\mathrm{f}}]}$，能够唯一确定系统初始状态 $\mathbf{x}_0$，则称此系统可观。

根据方程 (8.11) 可以得到

$$\begin{cases}\mathbf{y}_0=\mathbf{C}^{\mathrm{T}}\mathbf{x}_0 & \\ \mathbf{y}_1=\mathbf{C}^{\mathrm{T}}\mathbf{x}_1=\mathbf{C}^{\mathrm{T}}\mathbf{\Phi}\mathbf{x}_0+\mathbf{C}^{\mathrm{T}}\mathbf{u}_0 & \Rightarrow \mathbf{y}_1-\mathbf{C}^{\mathrm{T}}\mathbf{u}_0=\mathbf{C}^{\mathrm{T}}\mathbf{\Phi}\mathbf{x}_0\\ \mathbf{y}_2=\mathbf{C}^{\mathrm{T}}\mathbf{x}_2=\mathbf{C}^{\mathrm{T}}\mathbf{\Phi}\mathbf{x}_1+\mathbf{C}^{\mathrm{T}}\mathbf{u}_1 & \Rightarrow \mathbf{y}_2-\mathbf{C}^{\mathrm{T}}\mathbf{u}_1-\mathbf{C}^{\mathrm{T}}\mathbf{\Phi}\mathbf{u}_0=\mathbf{C}^{\mathrm{T}}\mathbf{\Phi}^2\mathbf{x}_0\\ \quad\vdots & \\ \mathbf{y}_{n-1}=\sum\limits_{k=0}^{n-2}\mathbf{C}^{\mathrm{T}}\mathbf{\Phi}^{n-2-k}\mathbf{u}_k+\mathbf{C}^{\mathrm{T}}\mathbf{\Phi}^{n-1}\mathbf{x}_0 & \Rightarrow \mathbf{y}_{n-1}-\sum\limits_{k=0}^{n-2}\mathbf{C}^{\mathrm{T}}\mathbf{\Phi}^{n-2-k}\mathbf{u}_k=\mathbf{C}^{\mathrm{T}}\mathbf{\Phi}^{n-1}\mathbf{x}_0.\end{cases}$$

整理上式，得到

$$\begin{bmatrix}\mathbf{y}_0\\ \mathbf{y}_1\\ \vdots\\ \mathbf{y}_{n-1}-\sum\limits_{k=0}^{n-2}\mathbf{C}^{\mathrm{T}}\mathbf{\Phi}^{n-2-k}\mathbf{u}_k\end{bmatrix}=\mathscr{O}\left(\mathbf{\Phi},\mathbf{C}^{\mathrm{T}}\right)\mathbf{x}_0.\tag{8.12}$$

与连续时间线性系统类似，可观性判据表述为如下定理。

定理 8.2[2,p.171] 离散时间线性系统 (8.11) 可观的充分必要条件是

$$\text{rank}\mathscr{O}\left(\mathbf{\Phi},\mathbf{C}^{\mathrm{T}}\right)=n.\tag{8.13}$$

8.1.2 连续时间非线性系统

1．基本定义

相比线性系统，非线性系统的可观性变得更复杂，并且往往只能获得局部意义下的可观性。考虑如下连续时间非线性系统：

$$\begin{cases} \dot{\mathbf{x}} = \mathbf{f}(\mathbf{x}) + \sum_{k=1}^{m} \mathbf{u}_k \mathbf{g}_k(\mathbf{x}) \\ \mathbf{y} = \mathbf{h}(\mathbf{x}) \end{cases} \tag{8.14}$$

其中，$\mathbf{x} \in \mathbb{R}^n, \mathbf{y} \in \mathbb{R}^m$ 分别表示系统的状态和输出；$\mathbf{f}(\mathbf{x}), \mathbf{g}_1(\mathbf{x}), \cdots, \mathbf{g}_m(\mathbf{x})$ 是定义在开集 $\mathscr{X} \subset \mathbb{R}^n$ 上的向量场。定义控制输入 $\mathbf{u} = [u_1 \quad \cdots \quad u_m]^{\mathrm{T}} \in \mathbb{R}^m$。需要考虑的问题是：是否存在充分必要条件，使得系统 (8.14) 局部可观？首先需要介绍一些相关概念。

定义 8.3[3,p.414] 对于连续时间非线性系统 (8.14)，如果存在控制输入 $\mathbf{u}$ 满足

$$\mathbf{y}(\cdot, \mathbf{x}_0, \mathbf{u}) \neq \mathbf{y}(\cdot, \mathbf{x}_1, \mathbf{u})$$

其中，$\mathbf{y}(\cdot, \mathbf{x}_i, \mathbf{u})$（$i = 0,1$）是系统 (8.14) 在初始状态为 $\mathbf{x}(0) = \mathbf{x}_i$（$i = 0,1$）时对应的输出函数，那么状态 $\mathbf{x}_0$ 和 $\mathbf{x}_1$ 是**可分的**。如果存在状态 $\mathbf{x}_0$的一个邻域 $\mathscr{N}$，其中除 $\mathbf{x}_0$ 外的所有状态 $\mathbf{x} \in \mathscr{N}$ 都与状态 $\mathbf{x}_0$ 是可分的，则系统在 $\mathbf{x}_0 \in \mathscr{X}$（局部）**可观**。进一步，如果对于每个状态 $\mathbf{x} \in \mathscr{X}$ 都（局部）可观，则称整个系统（局部）**可观**。

不同于线性系统，非线性系统的可观性有一些特有性质。根据定义 8.3，没有必要让所有的输入 $\mathbf{u}$ 满足上述条件。下面用文献 [3] 中的一个实例来阐明。

例 8.2 考虑单输入单输出双线性系统

$$\begin{cases} \dot{\mathbf{x}} = \mathbf{A}\mathbf{x} + u\mathbf{B}\mathbf{x} \\ \mathbf{y} = \mathbf{C}^{\mathrm{T}}\mathbf{x} \end{cases} \tag{8.15}$$

其中，

$$\mathbf{A} = \begin{bmatrix} 0 & 1 & 0 \\ 0 & 0 & 1 \\ 0 & 0 & 0 \end{bmatrix}, \mathbf{B} = \begin{bmatrix} 0 & 0 & 0 \\ 1 & 0 & 0 \\ 0 & 0 & 0 \end{bmatrix}, \mathbf{C} = \begin{bmatrix} 0 \\ 1 \\ 0 \end{bmatrix} \tag{8.16}$$

考虑如下两种情况：

① 假设控制输入 $u(t) \equiv 0$，系统 (8.15) 变为

$$\begin{cases} \dot{\mathbf{x}} = \mathbf{A}\mathbf{x} \\ \mathbf{y} = \mathbf{C}^{\mathrm{T}}\mathbf{x}. \end{cases}$$

很容易通过判断 $\operatorname{rank}\mathscr{O}\left(\mathbf{A}, \mathbf{C}^{\mathrm{T}}\right) = 2$ 可知系统不可观。令 $\mathbf{x}_0 = \mathbf{0}_{3\times 1}$，有 $y(t) = 0$；令 $\mathbf{x}_1 = [1 \quad 0 \quad 0]^{\mathrm{T}}$，有 $y(t) = \mathbf{C}^{\mathrm{T}} e^{\mathbf{A}t}\mathbf{x}_1 = 0$。由**定义 8.3** 可知，当输入为 $u(t) \equiv 0$ 时，状态 $\mathbf{x}_0$ 和 $\mathbf{x}_1$ 是不可分的，即 $y(\cdot, \mathbf{x}_0, 0) \equiv y(\cdot, \mathbf{x}_1, 0)$。

② 假设控制输入 $u(t) \equiv 1$，系统 (8.15) 变为

$$\begin{cases} \dot{\mathbf{x}} = (\mathbf{A} + \mathbf{B})\mathbf{x} \\ \mathbf{y} = \mathbf{C}^{\mathrm{T}}\mathbf{x}. \end{cases}$$

类似地，通过判断 $\text{rank}\mathscr{O}(\mathbf{A},\mathbf{C}^{\text{T}})$ 可知系统不可观。但是令 $\mathbf{x}_0=\mathbf{0}_{3\times1}$，有 $y=0$；令 $\mathbf{x}_1=[1\quad 0\quad 0]^{\text{T}}$，有 $y\neq 0$。因此在输入为 $u(t)\equiv 1$ 时，状态 $\mathbf{x}_0$ 和 $\mathbf{x}_1$ 是可分的，即 $y(\cdot,\mathbf{x}_0,1)\neq y(\cdot,\mathbf{x}_1,1)$。

从上述分析可以看出，非线性系统的可观性与控制输入有关。一般地，对于任意常值输入 $u(t)\equiv k$，系统状态方程变为

$$\dot{\mathbf{x}}=(\mathbf{A}+k\mathbf{B})\,\mathbf{x}.$$

计算可观性矩阵，得到

$$\mathscr{O}\left(\mathbf{A}+k\mathbf{B},\mathbf{C}^{\text{T}}\right)=\begin{bmatrix}\mathbf{C}^{\text{T}}\\ \mathbf{C}^{\text{T}}(\mathbf{A}+k\mathbf{B})\\ \mathbf{C}^{\text{T}}(\mathbf{A}+k\mathbf{B})^2\end{bmatrix}=\begin{bmatrix}0&1&0\\ k&0&1\\ 0&k&0\end{bmatrix}.$$

可以发现，无论 k 取何值，矩阵 $\mathscr{O}\left(\mathbf{A}+k\mathbf{B},\mathbf{C}^{\text{T}}\right)$ 的第一行和第三行总是线性相关，即 $\text{rank}\mathscr{O}(\mathbf{A}+k\mathbf{B},\mathbf{C}^{\text{T}})<3$，因此在任意常值输入下，系统 (8.15) 不可观。另一方面，根据非线性系统可观性定义 8.3，存在非零状态，使得系统输出为 0，即对于任意输入 $u\equiv k$，集合的状态 $\{\mathbf{x}\in\mathbb{R}^3|\mathscr{O}(\mathbf{A}+k\mathbf{B},\ \mathbf{C}^{\text{T}})\mathbf{x}=0\}=\left\{\mathbf{x}=\alpha[1\quad 0\quad -k]^{\text{T}},\alpha\neq 0\right\}$ 与 $\mathbf{x}_0=\mathbf{0}_{3\times1}$ 是不可分的。因此，任意给定非零初始状态，都存在 k，使得 $\mathbf{x}\neq\alpha[1\quad 0\quad -k]^{\text{T}},\alpha\neq 0$；也就是说，对于任意非零状态 $\mathbf{x}\neq\mathbf{0}_{3\times1}$，存在某些控制输入 $u(t)\equiv k$，满足 $y(\cdot,\mathbf{0}_{3\times1},\mathbf{u})\neq y(\cdot,\mathbf{x},\mathbf{u})$，则状态 $\mathbf{x}_0=\mathbf{0}_{3\times1}$ 和 $\mathbf{x}\neq\mathbf{0}_{3\times1}$ 是可分的，即系统 (8.15)（局部）可观。

这个例子说明，仅通过线性化处理，可观性矩阵可能很难判断非线性系统是否可观。

2. 可观性判据

下面讨论连续时间非线性系统 (8.14) 局部可观的充分条件。考虑一个光滑标量函数 $h(\mathbf{x})$，其梯度定义为

$$\nabla h\triangleq\left(\frac{\partial h}{\partial\mathbf{x}}\right)^{\text{T}}.\tag{8.17}$$

梯度是一个行向量，且第 j 个元素为 $(\nabla h)_j=\partial h/\partial x_j$。类似地，考虑一个向量场 $\mathbf{f}(\mathbf{x})$，其雅可比矩阵定义为

$$\nabla\mathbf{f}\triangleq\frac{\partial\mathbf{f}}{\partial\mathbf{x}}.\tag{8.18}$$

这是一个 $n\times n$ 阶矩阵，且第 ij 个元素为 $(\nabla\mathbf{f})_{ij}=\partial f_i/\partial x_j$。

定义 8.4[3,p.381] 考虑一个光滑标量函数 $h:\mathbb{R}^n\to\mathbb{R}$ 和一个向量场 $\mathbf{f}:\mathbb{R}^n\to\mathbb{R}^n$。定义映射 $\mathbf{x}\mapsto\nabla h(\mathbf{x})\cdot\mathbf{f}(\mathbf{x})$ 为 h 关于 $\mathbf{f}$ 的**李导数**，符号表示为 $L_{\mathbf{f}}h$。李导数 $L_{\mathbf{f}}h$ 可以看成 h 沿向量 $\mathbf{f}$ 的方向导数。

进一步，可以递推得到高阶李导数：

$$\begin{cases}L_{\mathbf{f}}^0h=h\\ L_{\mathbf{f}}^ih=L_{\mathbf{f}}\left(L_{\mathbf{f}}^{i-1}h\right)=\nabla\left(L_{\mathbf{f}}^{i-1}h\right)\mathbf{f}\end{cases}\tag{8.19}$$

其中，$L_{\mathbf{f}}^ih$ 表示李导数 $L_{\mathbf{f}}h$ 的第 i 阶导数。如果 $\mathbf{g}$ 是另一个向量场，则有如下标量函数

$$L_{\mathbf{g}}L_{\mathbf{f}}h=\nabla(L_{\mathbf{f}}h)\,\mathbf{g}.\tag{8.20}$$

首先，对系统 (8.14) 的输出求导，得到

$$\begin{cases} y_j = h_j(\mathbf{x}) \\ \dot{y}_j = (\nabla h_j)(\mathbf{x})\dot{\mathbf{x}} = (L_{\mathbf{f}} h_j)(\mathbf{x}) + \sum_{k=1}^{m} u_k \left(L_{\mathbf{g}_k} h_j\right)(\mathbf{x}) \end{cases} \tag{8.21}$$

其中，李导数 $L_{\mathbf{f}} h_j$ 和 $L_{\mathbf{g}_k} h_j$ 见**定义 8.4**，y_j 和 $h_j(\mathbf{x})$ 分别是 $\mathbf{y}$ 和 $\mathbf{h}(\mathbf{x})$ 的第 j 个分量。再求一阶导数，得到

$$\begin{aligned} \ddot{y}_j = & \left(L_{\mathbf{f}}^2 h_j\right)(\mathbf{x}) + \sum_{k=1}^{m} u_k \left(L_{\mathbf{g}_k} L_{\mathbf{f}} h_j\right)(\mathbf{x}) + \sum_{k=1}^{m} u_k \left(L_{\mathbf{g}_k} h_j\right)(\mathbf{x}) \\ & + \sum_{k=1}^{m} u_k \left(L_{\mathbf{f}} L_{\mathbf{g}_k} h_j\right)(\mathbf{x}) + \sum_{k=1}^{m}\sum_{s=1}^{m} u_k u_s \left(L_{\mathbf{g}_s} L_{\mathbf{g}_k} h_j\right)(\mathbf{x}). \end{aligned} \tag{8.22}$$

由此可见，y_j 的高阶导数的表达式变得很复杂，但其形式清晰。$y_j^{(k)}$ 可以表示为 $(L_{\mathbf{z}_s} L_{\mathbf{z}_{s-1}} \cdots L_{\mathbf{z}_1} h_j)(\mathbf{x})$ 的线性组合，其中 $1 \leqslant s \leqslant k$，$\mathbf{z}_1, \cdots, \mathbf{z}_s$ 来自集合 $\{\mathbf{f}, \mathbf{g}_1, \cdots, \mathbf{g}_m\}$。

定理 8.3[3,p.418] 对于连续时间非线性系统 (8.14)，给定 $\mathbf{x}_0 \in \mathscr{X}$，如果

$$\left(\nabla L_{\mathbf{z}_s} L_{\mathbf{z}_{s-1}} \cdots L_{\mathbf{z}_1} h_j\right)(\mathbf{x}_0), \quad s \geqslant 0, \quad \mathbf{z}_i \in \{\mathbf{f}, \mathbf{g}_1, \cdots, \mathbf{g}_m\} \tag{8.23}$$

存在 n 个线性独立的行向量，则系统在 $\mathbf{x}_0 \in \mathscr{X}$ 处局部可观。

具体的证明过程在文献 [3, p.418] 中可以找到。为了更好地理解该定理，下面列举一些例子。

例 8.3[3,p.418] **线性系统的可观性。**

令 $\mathbf{f}(\mathbf{x}) = \mathbf{A}\mathbf{x}$，$\mathbf{g}_i(\mathbf{x}) = \mathbf{b}_i$，$h_j(\mathbf{x}) = \mathbf{c}_j\mathbf{x}$。其中，$\mathbf{b}_i$ 和 $\mathbf{c}_j$ 分别表示矩阵 $\mathbf{B}$ 和 $\mathbf{C}^{\mathrm{T}}$ 的第 i 行和第 j 行，则当 $s=0$ 时，式 (8.23) 变为

$$(\nabla h_j)(\mathbf{x}) = \mathbf{c}_j, \quad j = 1, \cdots, l.$$

进一步，当 $s=1$ 时，有

$$(L_{\mathbf{f}} h_j)(\mathbf{x}) = \mathbf{c}_j\mathbf{A}\mathbf{x}, \quad (L_{\mathbf{g}_i} h_j)(\mathbf{x}) = \mathbf{c}_j\mathbf{b}_i.$$

因为常数的梯度为零，则非零部分为

$$(\nabla L_{\mathbf{f}} h_j)(\mathbf{x}) = \mathbf{c}_j\mathbf{A}, \quad j = 1, \cdots, l.$$

对式 (8.23) 重复进行李导数求导，常值函数没有任何贡献，因此式 (8.23) 的非零分量形如

$$\mathbf{c}_j\mathbf{A}^k, \quad k \geqslant 0, j = 1, \cdots, l.$$

根据**定理 8.3**，如果上述非零分量中包含 n 个线性独立的行向量，则系统局部可观。结合凯莱–哈密顿定理，只需要考虑如下行向量：

$$\mathbf{c}_j\mathbf{A}^k, \quad k = 0, \cdots, n-1, j = 1, \cdots, l.$$

因此，线性系统可观的充分条件为

$$\operatorname{rank}\begin{bmatrix}\mathbf{C}^{\mathrm{T}}\\ \mathbf{C}^{\mathrm{T}}\mathbf{A}\\ \vdots\\ \mathbf{C}^{\mathrm{T}}\mathbf{A}^{n-1}\end{bmatrix}=n.$$

这个结论与**定理 8.1**是一致的。

例 8.4[5] **非线性系统的可观性。**

根据式 (6.29)~式 (6.31)，多旋翼沿着 $o_{\mathrm{b}}x_{\mathrm{b}}$ 轴的简化气动阻力模型为

$$\underbrace{\begin{bmatrix}\dot{\theta}\\ \dot{v}_{x_{\mathrm{b}}}\\ \dot{k}_{\mathrm{drag}}\end{bmatrix}}_{\dot{\mathbf{x}}}=\underbrace{\begin{bmatrix}0\\ -g\sin\theta-\dfrac{k_{\mathrm{drag}}}{m}v_{x_{\mathrm{b}}}\\ 0\end{bmatrix}}_{\mathbf{f}(\mathbf{x})}+\underbrace{\omega_{y_{\mathrm{b}}}}_{u}\underbrace{\begin{bmatrix}1\\0\\0\end{bmatrix}}_{\mathbf{g}_1} \tag{8.24}$$

其中，θ、$v_{x_{\mathrm{b}}}$、k_{drag}、$\omega_{y_{\mathrm{b}}}$、m 和 g 分别为俯仰角、沿 $o_{\mathrm{b}}x_{\mathrm{b}}$ 轴速度、阻力系数、绕 $o_{\mathrm{b}}y_{\mathrm{b}}$ 轴角速度、多旋翼质量和重力加速度。其观测模型（或者测量模型）为

$$y_1=h_1(\mathbf{x})=-\frac{k_{\mathrm{drag}}}{m}v_{x_{\mathrm{b}}}. \tag{8.25}$$

考虑 $h_1(\mathbf{x})$ 的梯度

$$(\nabla h_1)(\mathbf{x})=\begin{bmatrix}0 & -\dfrac{k_{\mathrm{drag}}}{m} & -\dfrac{v_{x_{\mathrm{b}}}}{m}\end{bmatrix}. \tag{8.26}$$

因为 $\nabla L_{\mathbf{g}_1}h_1(\mathbf{x})=[0\quad 0\quad 0]$，则

$$\begin{aligned}(\nabla L_{\mathbf{f}}h_1)(\mathbf{x})&=\nabla(\nabla h_1\mathbf{f})(\mathbf{x})\\ &=\begin{bmatrix}g\cos\theta\dfrac{k_{\mathrm{drag}}}{m} & \left(\dfrac{k_{\mathrm{drag}}}{m}\right)^2 & \left(\dfrac{g\sin\theta}{m}+\dfrac{2k_{\mathrm{drag}}v_{x_{\mathrm{b}}}}{m^2}\right)\end{bmatrix}.\end{aligned} \tag{8.27}$$

进一步，$\mathbf{f}(\mathbf{x})$ 的二阶李导数为

$$(\nabla L_{\mathbf{f}}L_{\mathbf{f}}h_1)(\mathbf{x})=\begin{bmatrix}-g\cos\theta\left(\dfrac{k_{\mathrm{drag}}}{m}\right)^2 & -\left(\dfrac{k_{\mathrm{drag}}}{m}\right)^3 & \left(-\dfrac{2k_{\mathrm{drag}}g\sin\theta}{m^2}-\dfrac{3k_{\mathrm{drag}}^2v_{x_{\mathrm{b}}}}{m^3}\right)\end{bmatrix}. \tag{8.28}$$

根据式 (8.26)~式 (8.28)，结合**定理 8.3**，得到可观性矩阵

$$\mathscr{O}=\begin{bmatrix}0 & -\dfrac{k_{\mathrm{drag}}}{m} & -\dfrac{v_{x_{\mathrm{b}}}}{m}\\ g\cos\theta\dfrac{k_{\mathrm{drag}}}{m} & \left(\dfrac{k_{\mathrm{drag}}}{m}\right)^2 & \left(\dfrac{g\sin\theta}{m}+\dfrac{2k_{\mathrm{drag}}v_{x_{\mathrm{b}}}}{m^2}\right)\\ -g\cos\theta\left(\dfrac{k_{\mathrm{drag}}}{m}\right)^2 & -\left(\dfrac{k_{\mathrm{drag}}}{m}\right)^3 & \left(-\dfrac{2k_{\mathrm{drag}}g\sin\theta}{m^2}-\dfrac{3k_{\mathrm{drag}}^2v_{x_{\mathrm{b}}}}{m^3}\right)\end{bmatrix}. \tag{8.29}$$

其行列式为

$$\det(\mathscr{O})=\frac{k_{\mathrm{drag}}^3mg\cos\theta\left(-g\sin\theta-\dfrac{k_{\mathrm{drag}}}{m}v_{x_{\mathrm{b}}}\right)}{m^5}.$$

因为 $k_{\text{drag}} \neq 0, \cos\theta \neq 0$，当且仅当

$$-g\sin\theta - \frac{k_{\text{drag}}}{m} v_{x_\text{b}} = 0 \tag{8.30}$$

满足时，$\det(\mathscr{O}) = 0$，此时矩阵 $\mathscr{O}$ 奇异，即系统可能不可观。除此之外，系统局部可观。由于

$$\dot{v}_{x_\text{b}} = -g\sin\theta - \frac{k_{\text{drag}}}{m} v_{x_\text{b}}$$

则条件 (8.30) 满足时，意味着 $\dot{v}_{x_\text{b}} = 0$，即系统处于非加速状态，此时系统可能不可观。另一方面，当 $\dot{v}_{x_\text{b}} \neq 0$ 时，系统可观，可以设计观测器，用加速度计观测 θ、v_{x_b} 和 k_{drag}。

8.2 卡尔曼滤波器

卡尔曼滤波器也称为线性二次型估计，能够从一系列不完全且包含噪声不确定性的观测量中，估计系统的未知状态，其估计精度往往比单纯地基于单一观测量的方法更高。这种滤波器以它的发明者鲁道夫 · E · 卡尔曼（Rudolf E. Kalman）命名。卡尔曼滤波器要求噪声误差满足高斯分布假设，在这个特定情况下能够产生精确的条件概率估计。卡尔曼滤波器算法主要分为两步处理。在预测步骤中，卡尔曼滤波器产生当前状态变量的预测估计，这些估计量包含不确定性。一旦出现下一个观测量（伴随着一定的误差以及随机噪声），之前的估计量会以加权平均的方式更新，其权重值会随着估计的确定性而变化，确定性越大，其权重值越大。卡尔曼滤波器是一种实时的递归滤波器，仅仅利用当前观测量和先验估计量及不确定性矩阵，而不需要增加多余的历史信息 [6]。

8.2.1 目标

在推导卡尔曼滤波器之前，回顾最优估计的一些基本概念。

定义 $\hat{\vartheta}(X_1, X_2, \cdots, X_n)$ 为参数 $\vartheta \in \mathbb{R}$ 的一种估计，其中 $X_1, X_2, \cdots, X_n$ 是测量数据或者经验数据，则变量 $\hat{\vartheta}$ 是一种随机变量。定义如下：

① 无偏估计。若估计值的期望与真值相等，即 $\mathrm{E}(\hat{\vartheta}) = \vartheta$，则意味着为**无偏估计**。

② 最小方差估计。方差定义为

$$\mathrm{Var}(\hat{\vartheta}) \triangleq \mathrm{E}\left[\left(\hat{\vartheta} - \mathrm{E}(\hat{\vartheta})\right)^2\right].$$

在概率理论与统计中，方差用来度量一组数据的分布程度。方差小，说明数据分布集中于期望值；方差大，说明数据分布远离期望值且更分散。如果对于任意估计 $\tilde{\vartheta}(X_1, X_2, \cdots, X_n)$，都满足 $\mathrm{Var}(\hat{\vartheta}) \leqslant \mathrm{Var}(\tilde{\vartheta})$，则称 $\hat{\vartheta}$ 为**最小方差估计**。

③ 最小方差无偏估计。如果 $\hat{\vartheta}$ 既是参数 ϑ 的无偏估计，又是最小方差估计，则 $\hat{\vartheta}$ 是参数 ϑ 的**最小方差无偏估计**。

④ 如果参数 $\boldsymbol{\vartheta} \in \mathbb{R}^n$ 是向量，则估计 $\hat{\boldsymbol{\vartheta}}$ 的方差概念推广到协方差，定义为

$$\mathrm{Cov}\left(\hat{\boldsymbol{\vartheta}}\right) \triangleq \mathrm{E}\left[\left(\hat{\boldsymbol{\vartheta}} - \boldsymbol{\vartheta}\right)\left(\hat{\boldsymbol{\vartheta}} - \boldsymbol{\vartheta}\right)^{\mathrm{T}}\right].$$

基于上述介绍，卡尔曼滤波器是一种递归的线性最小方差无偏估计算法，有 3 个特点：无偏性、估计的方差最小和实时性高。

8.2.2 预备知识 [7,p.21-23]

本节介绍标量对向量和矩阵的微分。这些在卡尔曼滤波器推导过程中会涉及。定义向量 $\mathbf{x} \triangleq [x_1 \quad x_2 \quad \cdots \quad x_n]^{\mathrm{T}} \in \mathbb{R}^n$ 和矩阵 $\mathbf{X} \triangleq [\mathbf{x}_1 \quad \mathbf{x}_2 \quad \cdots \quad \mathbf{x}_m] \in \mathbb{R}^{n\times m}$，$\mathbf{x}_i \in \mathbb{R}^n \ (i=1,\cdots,m)$，则标量 a 对向量 $\mathbf{x}$ 的微分定义为 ①

$$\frac{\partial a}{\partial \mathbf{x}} \triangleq \begin{bmatrix} \frac{\partial a}{\partial x_1} & \frac{\partial a}{\partial x_2} & \cdots & \frac{\partial a}{\partial x_n} \end{bmatrix}^{\mathrm{T}} \in \mathbb{R}^n. \tag{8.31}$$

类似地，标量 a 对矩阵 $\mathbf{X}$ 的梯度定义为

$$\frac{\partial a}{\partial \mathbf{X}} \triangleq \begin{bmatrix} \frac{\partial a}{\partial \mathbf{x}_1} & \frac{\partial a}{\partial \mathbf{x}_2} & \cdots & \frac{\partial a}{\partial \mathbf{x}_m} \end{bmatrix} \in \mathbb{R}^{n\times m}. \tag{8.32}$$

下面简要列出一些结论：

$$\frac{\partial \mathbf{x}^{\mathrm{T}}\mathbf{y}}{\partial \mathbf{x}} = \frac{\partial \mathbf{y}^{\mathrm{T}}\mathbf{x}}{\partial \mathbf{x}} = \mathbf{y} \tag{8.33}$$

$$\frac{\partial \mathbf{x}^{\mathrm{T}}\mathbf{N}\mathbf{x}}{\partial \mathbf{x}} = 2\mathbf{N}\mathbf{x}, \quad \mathbf{N} = \mathbf{N}^{\mathrm{T}} \tag{8.34}$$

$$\frac{\partial}{\partial \mathbf{A}} \mathrm{tr}(\mathbf{AC}) = \mathbf{C}^{\mathrm{T}} \tag{8.35}$$

$$\frac{\partial}{\partial \mathbf{A}} \mathrm{tr}\left(\mathbf{ABA}^{\mathrm{T}}\right) = 2\mathbf{AB}, \mathbf{B} = \mathbf{B}^{\mathrm{T}} \tag{8.36}$$

$$\frac{\partial}{\partial \mathbf{x}} (\mathbf{Hx}-\mathbf{z})^{\mathrm{T}}\mathbf{W}(\mathbf{Hx}-\mathbf{z}) = 2\mathbf{H}^{\mathrm{T}}\mathbf{W}(\mathbf{Hx}-\mathbf{z}), \mathbf{W} = \mathbf{W}^{\mathrm{T}} \tag{8.37}$$

其中，$\mathbf{x}$、$\mathbf{y}$、$\mathbf{z}$、$\mathbf{b}$ 表示向量，$\mathbf{A}$、$\mathbf{B}$、$\mathbf{C}$、$\mathbf{N}$、$\mathbf{H}$、$\mathbf{W}$ 表示矩阵。

8.2.3 理论推导

在离散卡尔曼滤波器的推导中，假设系统的过程模型和观测模型都是离散形式表达，且模型中均包含噪声 [8,p.143-148]。

1. 模型描述

离散时间线性系统模型如下：

$$\begin{cases} \mathbf{x}_k = \mathbf{\Phi}_{k-1}\mathbf{x}_{k-1} + \mathbf{u}_{k-1} + \mathbf{\Gamma}_{k-1}\mathbf{w}_{k-1} \\ \mathbf{z}_k = \mathbf{H}_k\mathbf{x}_k + \mathbf{v}_k \end{cases} \tag{8.38}$$

其中，$\mathbf{x}_k \in \mathbb{R}^n$ 为 k 时刻的状态向量；$\mathbf{z}_k \in \mathbb{R}^m$ 为 k 时刻的观测向量；$\mathbf{u}_{k-1} \in \mathbb{R}^n$ 为 $k-1$ 时刻的控制向量；$\mathbf{\Phi}_{k-1} \in \mathbb{R}^{n\times n}$ 为 $k-1$ 时刻到 k 时刻的系统转移矩阵，且对于系统 (8.11)，$\mathbf{\Phi}_{k-1}$ 是不变的常数矩阵。$\mathbf{w}_{k-1} \in \mathbb{R}^n$为 $k-1$ 时刻的系统噪声；$\mathbf{\Gamma}_{k-1} \in \mathbb{R}^{n\times n}$ 为系统噪声矩阵，表征各噪声分别影响各状态的程度；$\mathbf{H}_k \in \mathbb{R}^{m\times n}$ 为 k 时刻的观测矩阵；$\mathbf{v}_k \in \mathbb{R}^m$ 为 k 时刻的

① 这里的标量对向量的导数为列向量，与文献 [7, pp 21-23] 中的一致。向量对向量的导数是雅可比矩阵。

观测噪声。卡尔曼滤波器要求 $\{\mathbf{w}_k\}$ 和 $\{\mathbf{v}_k\}$ 是互不相关的零均值高斯白噪声序列，即

$$\begin{cases} \mathrm{E}(\mathbf{w}_{k-1}) = \mathbf{0}_{n\times1}, \quad \mathrm{E}(\mathbf{v}_k) = \mathbf{0}_{m\times1}, \quad \mathbf{R}_{\mathbf{wv}}(k,j) = \mathbf{0}_{n\times m} \\ \mathbf{R}_{\mathbf{ww}}(k,j) = \mathrm{E}\left(\mathbf{w}_k\mathbf{w}_j^{\mathrm{T}}\right) = \mathbf{Q}_k\delta_{kj} = \begin{cases} \mathbf{Q}_k, & k=j \\ \mathbf{0}_{n\times n}, & k\neq j \end{cases} \\ \mathbf{R}_{\mathbf{vv}}(k,j) = \mathrm{E}\left(\mathbf{v}_k\mathbf{v}_j^{\mathrm{T}}\right) = \mathbf{R}_k\delta_{kj} = \begin{cases} \mathbf{R}_k, & k=j \\ \mathbf{0}_{m\times m}, & k\neq j \end{cases} \end{cases} \tag{8.39}$$

其中，$\mathbf{Q}_k \in \mathbb{R}^{n\times n}$为系统噪声方差阵，$\mathbf{R}_k \in \mathbb{R}^{m\times m}$ 为观测噪声方差阵。在卡尔曼滤波器中，要求它们至少是**半正定阵**，即

$$\mathbf{Q}_k \geqslant \mathbf{0}_{n\times n}, \quad \mathbf{R}_k > \mathbf{0}_{m\times m} \tag{8.40}$$

其中，$\mathbf{Q}_k \geqslant \mathbf{0}_{n\times n}$ 指的是系统有时可能不包含噪声，$\mathbf{R}_k > \mathbf{0}_{m\times m}$ 指的是每个测量分量都含有噪声。这里 δ_{kj} 是 Kronecker δ 函数，即

$$\delta_{kj} = \begin{cases} 1, & k=j \\ 0, & k\neq j. \end{cases} \tag{8.41}$$

假设初始状态 $\mathbf{x}_0$ 满足

$$\mathrm{E}(\mathbf{x}_0) = \hat{\mathbf{x}}_0, \quad \mathrm{Cov}(\mathbf{x}_0) = \mathbf{P}_0 \tag{8.42}$$

其中，$\hat{\mathbf{x}}_0$ 和 $\mathbf{P}_0$ 为先验已知，且要求 $\mathbf{x}_0, \mathbf{u}_k$ 与 $\mathbf{w}_{k-1}, \mathbf{v}_k$（$k\geqslant 1$）都不相关，即

$$\begin{cases} \mathbf{R}_{\mathbf{xw}}(0,k) = \mathrm{E}\left(\mathbf{x}_0\mathbf{w}_k^{\mathrm{T}}\right) = \mathbf{0}_{n\times n} \\ \mathbf{R}_{\mathbf{xv}}(0,k) = \mathrm{E}\left(\mathbf{x}_0\mathbf{v}_k^{\mathrm{T}}\right) = \mathbf{0}_{n\times m} \\ \mathbf{R}_{\mathbf{uw}}(k,j) = \mathrm{E}\left(\mathbf{u}_k\mathbf{w}_j^{\mathrm{T}}\right) = \mathbf{0}_{n\times n}. \end{cases} \tag{8.43}$$

假设给定观测值 $\mathbf{z}_1, \mathbf{z}_2, \cdots, \mathbf{z}_{k-1}$，并且最优估计 $\hat{\mathbf{x}}_{k-1|k-1}$ 是状态 $\mathbf{x}_{k-1}$ 的最小方差无偏估计，即

$$\mathrm{E}\left(\mathbf{x}_{k-1} - \hat{\mathbf{x}}_{k-1|k-1}\right) = \mathbf{0}_{n\times1}. \tag{8.44}$$

卡尔曼滤波器的最终目的是利用新的观测值 $\mathbf{z}_k$ 寻找 k 时刻状态的最小方差无偏估计 $\hat{\mathbf{x}}_{k|k}$。由于是线性估计器，估计 $\hat{\mathbf{x}}_{k|k}$ 可以表示为先验估计和观测值的线性组合形式

$$\hat{\mathbf{x}}_{k|k} = \mathbf{K}'_k\hat{\mathbf{x}}_{k-1|k-1} + \mathbf{K}_k\mathbf{z}_k + \mathbf{K}''_k\mathbf{u}_{k-1}. \tag{8.45}$$

下面将确定未知参数 $\mathbf{K}'_k \in \mathbb{R}^{n\times n}$，$\mathbf{K}_k \in \mathbb{R}^{n\times m}$，$\mathbf{K}''_k \in \mathbb{R}^{n\times n}$，整个过程也是离散时间卡尔曼滤波器的推导。

2. 参数 $\mathbf{K}'_k$ 和 $\mathbf{K}''_k$ 的推导

根据式 (8.44)，需要确定参数 $\mathbf{K}'_k$ 和 $\mathbf{K}''_k$，使得 $\hat{\mathbf{x}}_{k|k}$ 是 $\mathbf{x}_k$ 的**无偏估计**，即

$$\mathrm{E}\left(\tilde{\mathbf{x}}_{k|k}\right) = \mathbf{0}_{n\times1} \tag{8.46}$$

其中，状态误差定义为

$$\tilde{\mathbf{x}}_{k|k} \triangleq \mathbf{x}_k - \hat{\mathbf{x}}_{k|k}. \tag{8.47}$$

根据式 (8.45) 和式 (8.47)，$\tilde{\mathbf{x}}_{k|k}$ 变为

$$\tilde{\mathbf{x}}_{k|k}=\mathbf{x}_k-\left(\mathbf{K}_k'\hat{\mathbf{x}}_{k-1|k-1}+\mathbf{K}_k\mathbf{z}_k+\mathbf{K}_k''\mathbf{u}_{k-1}\right). \tag{8.48}$$

将式 (8.38) 代入式 (8.48)，得到

$$\begin{aligned}\tilde{\mathbf{x}}_{k|k}=&\left(\boldsymbol{\Phi}_{k-1}\mathbf{x}_{k-1}+\mathbf{u}_{k-1}+\boldsymbol{\Gamma}_{k-1}\mathbf{w}_{k-1}\right)-\mathbf{K}_k'\hat{\mathbf{x}}_{k-1|k-1}\\&-\mathbf{K}_k\left[\mathbf{H}_k\left(\boldsymbol{\Phi}_{k-1}\mathbf{x}_{k-1}+\mathbf{u}_{k-1}+\boldsymbol{\Gamma}_{k-1}\mathbf{w}_{k-1}\right)+\mathbf{v}_k\right]-\mathbf{K}_k''\mathbf{u}_{k-1}.\end{aligned} \tag{8.49}$$

整理式 (8.49)，得到

$$\begin{aligned}\tilde{\mathbf{x}}_{k|k}=&\left(\boldsymbol{\Phi}_{k-1}-\mathbf{K}_k\mathbf{H}_k\boldsymbol{\Phi}_{k-1}\right)\mathbf{x}_{k-1}-\mathbf{K}_k'\hat{\mathbf{x}}_{k-1|k-1}\\&+\left(\boldsymbol{\Gamma}_{k-1}-\mathbf{K}_k\mathbf{H}_k\boldsymbol{\Gamma}_{k-1}\right)\mathbf{w}_{k-1}+\left(\mathbf{I}_n-\mathbf{K}_k\mathbf{H}_k-\mathbf{K}_k''\right)\mathbf{u}_{k-1}-\mathbf{K}_k\mathbf{v}_k.\end{aligned} \tag{8.50}$$

增加一个零项 $\mathbf{K}_k'\mathbf{x}_{k-1}-\mathbf{K}_k'\mathbf{x}_{k-1}=\mathbf{0}_{n\times1}$，式 (8.50) 进一步变为

$$\begin{aligned}\tilde{\mathbf{x}}_{k|k}=&\left(\boldsymbol{\Phi}_{k-1}-\mathbf{K}_k\mathbf{H}_k\boldsymbol{\Phi}_{k-1}-\mathbf{K}_k'\right)\mathbf{x}_{k-1}+\mathbf{K}_k'\left(\mathbf{x}_{k-1}-\hat{\mathbf{x}}_{k-1|k-1}\right)\\&+\left(\boldsymbol{\Gamma}_{k-1}-\mathbf{K}_k\mathbf{H}_k\boldsymbol{\Gamma}_{k-1}\right)\mathbf{w}_{k-1}+\left(\mathbf{I}_n-\mathbf{K}_k\mathbf{H}_k-\mathbf{K}_k''\right)\mathbf{u}_{k-1}-\mathbf{K}_k\mathbf{v}_k.\end{aligned} \tag{8.51}$$

在式 (8.51) 中，状态误差 $\tilde{\mathbf{x}}_{k|k}$ 的期望值为

$$\begin{aligned}\mathrm{E}\left(\tilde{\mathbf{x}}_{k|k}\right)=&\left(\boldsymbol{\Phi}_{k-1}-\mathbf{K}_k\mathbf{H}_k\boldsymbol{\Phi}_{k-1}-\mathbf{K}_k'\right)\mathrm{E}\left(\mathbf{x}_{k-1}\right)+\left(\mathbf{I}_n-\mathbf{K}_k\mathbf{H}_k-\mathbf{K}_k''\right)\mathbf{u}_{k-1}\\&+\mathbf{K}_k'\mathrm{E}\left(\mathbf{x}_{k-1}-\hat{\mathbf{x}}_{k-1|k-1}\right)+\left(\boldsymbol{\Gamma}_{k-1}-\mathbf{K}_k\mathbf{H}_k\boldsymbol{\Gamma}_{k-1}\right)\mathrm{E}\left(\mathbf{w}_{k-1}\right)-\mathbf{K}_k\mathrm{E}\left(\mathbf{v}_k\right).\end{aligned} \tag{8.52}$$

由于式 (8.52) 中满足 $\mathrm{E}\left(\mathbf{x}_{k-1}-\hat{\mathbf{x}}_{k-1|k-1}\right)=\mathbf{0}_{n\times1}$，$\mathrm{E}(\mathbf{v}_k)=\mathbf{0}_{m\times1}$，$\mathrm{E}(\mathbf{w}_{k-1})=\mathbf{0}_{n\times1}$，则当且仅当

$$\left(\boldsymbol{\Phi}_{k-1}-\mathbf{K}_k\mathbf{H}_k\boldsymbol{\Phi}_{k-1}-\mathbf{K}_k'\right)\mathrm{E}\left(\mathbf{x}_{k-1}\right)+\left(\mathbf{I}_n-\mathbf{K}_k\mathbf{H}_k-\mathbf{K}_k''\right)\mathbf{u}_{k-1}=\mathbf{0}_{n\times1} \tag{8.53}$$

成立时，$\mathrm{E}\left(\tilde{\mathbf{x}}_{k|k}\right)=\mathbf{0}_{n\times1}$ 成立。

进一步，由于不能要求 $\mathrm{E}(\mathbf{x}_{k-1})$ 和 $\mathbf{u}_{k-1}$ 任何时刻都为零，如果式 (8.53) 成立，必须满足

$$\left\{\begin{aligned}\boldsymbol{\Phi}_{k-1}-\mathbf{K}_k\mathbf{H}_k\boldsymbol{\Phi}_{k-1}-\mathbf{K}_k'&=\mathbf{0}_{n\times n}\\\mathbf{I}_n-\mathbf{K}_k\mathbf{H}_k-\mathbf{K}_k''&=\mathbf{0}_{n\times n}.\end{aligned}\right. \tag{8.54}$$

根据式 (8.54)，得到 $\mathbf{K}_k'$ 和 $\mathbf{K}_k''$ 的表达式

$$\left\{\begin{aligned}\mathbf{K}_k'&=\boldsymbol{\Phi}_{k-1}-\mathbf{K}_k\mathbf{H}_k\boldsymbol{\Phi}_{k-1}\\\mathbf{K}_k''&=\mathbf{I}_n-\mathbf{K}_k\mathbf{H}_k.\end{aligned}\right. \tag{8.55}$$

换句话说，当 $\mathbf{K}_k'$ 和 $\mathbf{K}_k''$ 的取值满足式 (8.55) 时，有

$$\mathrm{E}\left(\tilde{\mathbf{x}}_{k|k}\right)=\mathbf{0}_{n\times1}.$$

意味着，通过 $\mathbf{K}_k'$ 和 $\mathbf{K}_k''$ 达到了状态 $\mathbf{x}_k$ 的无偏估计目的。将式 (8.55) 代入式 (8.45)，得到

$$\hat{\mathbf{x}}_{k|k}=\hat{\mathbf{x}}_{k|k-1}+\mathbf{K}_k\left(\mathbf{z}_k-\hat{\mathbf{z}}_{k|k-1}\right) \tag{8.56}$$

其中，

$$\left\{\begin{aligned}\hat{\mathbf{x}}_{k|k-1}&\triangleq\boldsymbol{\Phi}_{k-1}\hat{\mathbf{x}}_{k-1|k-1}+\mathbf{u}_{k-1}\\\hat{\mathbf{z}}_{k|k-1}&\triangleq\mathbf{H}_k\hat{\mathbf{x}}_{k|k-1}.\end{aligned}\right. \tag{8.57}$$

结论如下：

① $\hat{\mathbf{x}}_{k|k-1}$ 是在上一时刻状态估计 $\hat{\mathbf{x}}_{k-1|k-1}$ 的基础上对当前时刻状态 $\mathbf{x}_k$ 的一步预测。

② $\hat{\mathbf{z}}_{k|k-1}$ 是在 $\hat{\mathbf{x}}_{k|k-1}$ 的基础上对当前时刻观测量 $\mathbf{z}_k$ 的一步预测，尽管这种预测在概率上是无偏的，但是难免存在偏离。因此，需要利用新的观测 $\mathbf{z}_k$ 与一步预测 $\hat{\mathbf{z}}_{k|k-1}$ 之间的偏差进行状态更新。

3. 参数 $\mathbf{K}_k$ 的推导

至此，式 (8.45) 中的参数 $\mathbf{K}_k'$ 和 $\mathbf{K}_k''$ 已经确定，正如式 (8.55) 所示，它们都与参数 $\mathbf{K}_k$ 有关。根据式 (8.56) 和式 (8.57)，下面确定 $\mathbf{K}_k$，使得 $\hat{\mathbf{x}}_{k|k}$ 是 $\mathbf{x}_k$ 的**最小方差估计**。

利用误差协方差阵的**迹**$\mathrm{tr}\left(\mathbf{P}_{k|k}\right)$ 来度量协方差的大小，其中

$$\mathbf{P}_{k|k} \triangleq \mathrm{E}\left(\tilde{\mathbf{x}}_{k|k}\tilde{\mathbf{x}}_{k|k}^{\mathrm{T}}\right). \tag{8.58}$$

因为

$$\mathrm{tr}\left(\mathbf{P}_{k|k}\right) = \mathrm{E}\left(\mathrm{tr}\left(\tilde{\mathbf{x}}_{k|k}\tilde{\mathbf{x}}_{k|k}^{\mathrm{T}}\right)\right) = \mathrm{E}\left(\tilde{\mathbf{x}}_{k|k}^{\mathrm{T}}\tilde{\mathbf{x}}_{k|k}\right)$$

下面的目标是确定参数 $\mathbf{K}_k$ 最小化 $\mathrm{tr}\left(\mathbf{P}_{k|k}\right)$，其主要分为如下 3 步。

① 为了得到 $\mathbf{K}_k$ 的表达式，得到 $\mathbf{P}_{k|k}$ 与 $\mathbf{K}_k$ 和 $\mathbf{P}_{k|k-1}$ 的关系。状态误差 $\tilde{\mathbf{x}}_{k|k}$ 为

$$\begin{aligned}\tilde{\mathbf{x}}_{k|k} &= \mathbf{x}_k - \hat{\mathbf{x}}_{k|k}\\ &= \mathbf{x}_k - \hat{\mathbf{x}}_{k|k-1} - \mathbf{K}_k\left(\mathbf{z}_k - \mathbf{H}_k\hat{\mathbf{x}}_{k|k-1}\right)\\ &= \tilde{\mathbf{x}}_{k|k-1} - \mathbf{K}_k\left(\mathbf{H}_k\left(\mathbf{x}_k - \hat{\mathbf{x}}_{k|k-1}\right) + \mathbf{v}_k\right)\\ &= \left(\mathbf{I}_n - \mathbf{K}_k\mathbf{H}_k\right)\tilde{\mathbf{x}}_{k|k-1} - \mathbf{K}_k\mathbf{v}_k.\end{aligned} \tag{8.59}$$

根据式 (8.59)，$\tilde{\mathbf{x}}_{k|k}\tilde{\mathbf{x}}_{k|k}^{\mathrm{T}}$ 的表达式变为

$$\begin{aligned}\tilde{\mathbf{x}}_{k|k}\tilde{\mathbf{x}}_{k|k}^{\mathrm{T}} &= \left(\left(\mathbf{I}_n - \mathbf{K}_k\mathbf{H}_k\right)\tilde{\mathbf{x}}_{k|k-1} - \mathbf{K}_k\mathbf{v}_k\right)\left(\tilde{\mathbf{x}}_{k|k-1}^{\mathrm{T}}\left(\mathbf{I}_n - \mathbf{K}_k\mathbf{H}_k\right)^{\mathrm{T}} - \mathbf{v}_k^{\mathrm{T}}\mathbf{K}_k^{\mathrm{T}}\right)\\ &= \left(\mathbf{I}_n - \mathbf{K}_k\mathbf{H}_k\right)\tilde{\mathbf{x}}_{k|k-1}\tilde{\mathbf{x}}_{k|k-1}^{\mathrm{T}}\left(\mathbf{I}_n - \mathbf{K}_k\mathbf{H}_k\right)^{\mathrm{T}} - \left(\mathbf{I}_n - \mathbf{K}_k\mathbf{H}_k\right)\tilde{\mathbf{x}}_{k|k-1}\mathbf{v}_k^{\mathrm{T}}\mathbf{K}_k^{\mathrm{T}}\\ &\quad - \mathbf{K}_k\mathbf{v}_k\tilde{\mathbf{x}}_{k|k-1}^{\mathrm{T}}\left(\mathbf{I}_n - \mathbf{K}_k\mathbf{H}_k\right)^{\mathrm{T}} + \mathbf{K}_k\mathbf{v}_k\mathbf{v}_k^{\mathrm{T}}\mathbf{K}_k^{\mathrm{T}}.\end{aligned} \tag{8.60}$$

由于状态预测 $\tilde{\mathbf{x}}_{k|k-1}$ 是观测量 $\mathbf{z}_1, \mathbf{z}_2, \cdots, \mathbf{z}_{k-1}$ 的线性函数，且与观测噪声 $\mathbf{v}_k$ 无关，则

$$\begin{cases}\mathrm{E}\left(\tilde{\mathbf{x}}_{k|k-1}\mathbf{v}_k^{\mathrm{T}}\right) = \mathbf{0}_{n\times m}\\ \mathrm{E}\left(\mathbf{v}_k\tilde{\mathbf{x}}_{k|k-1}^{\mathrm{T}}\right) = \mathbf{0}_{m\times n}.\end{cases} \tag{8.61}$$

根据式 (8.60) 和式 (8.61)，矩阵 $\mathbf{P}_{k|k}$ 变为

$$\begin{aligned}\mathbf{P}_{k|k} &= \mathrm{E}\left(\tilde{\mathbf{x}}_{k|k}\tilde{\mathbf{x}}_{k|k}^{\mathrm{T}}\right)\\ &= \left(\mathbf{I}_n - \mathbf{K}_k\mathbf{H}_k\right)\mathbf{P}_{k|k-1}\left(\mathbf{I}_n - \mathbf{K}_k\mathbf{H}_k\right)^{\mathrm{T}} + \mathbf{K}_k\mathbf{R}_k\mathbf{K}_k^{\mathrm{T}}\end{aligned} \tag{8.62}$$

其中，$\mathbf{P}_{k|k-1} \triangleq \mathrm{E}\left(\tilde{\mathbf{x}}_{k|k-1}\tilde{\mathbf{x}}_{k|k-1}^{\mathrm{T}}\right), \mathbf{R}_k = \mathrm{E}\left(\mathbf{v}_k\mathbf{v}_k^{\mathrm{T}}\right)$。

② 确定式 (8.60) 中的 $\mathbf{P}_{k|k-1}$，得到$\mathbf{P}_{k|k}$ 与 $\mathbf{K}_k, \mathbf{P}_{k-1|k-1}$ 的关系。状态误差 $\tilde{\mathbf{x}}_{k|k-1}$ 为

$$\begin{aligned}\tilde{\mathbf{x}}_{k|k-1} &= \mathbf{x}_k - \hat{\mathbf{x}}_{k|k-1}\\ &= \mathbf{\Phi}_{k-1}\mathbf{x}_{k-1} + \mathbf{u}_{k-1} + \mathbf{\Gamma}_{k-1}\mathbf{w}_{k-1} - \left(\mathbf{\Phi}_{k-1}\hat{\mathbf{x}}_{k-1|k-1} + \mathbf{u}_{k-1}\right)\\ &= \mathbf{\Phi}_{k-1}\tilde{\mathbf{x}}_{k-1|k-1} + \mathbf{\Gamma}_{k-1}\mathbf{w}_{k-1}.\end{aligned} \tag{8.63}$$

这样，$\tilde{\mathbf{x}}_{k|k-1}\tilde{\mathbf{x}}_{k|k-1}^{\mathrm{T}}$ 的表达式为

$$\begin{aligned}\tilde{\mathbf{x}}_{k|k-1}\tilde{\mathbf{x}}_{k|k-1}^{\mathrm{T}} &= \left(\mathbf{\Phi}_{k-1}\tilde{\mathbf{x}}_{k-1|k-1}+\mathbf{\Gamma}_{k-1}\mathbf{w}_{k-1}\right)\left(\tilde{\mathbf{x}}_{k-1|k-1}^{\mathrm{T}}\mathbf{\Phi}_{k-1}^{\mathrm{T}}+\mathbf{w}_{k-1}^{\mathrm{T}}\mathbf{\Gamma}_{k-1}^{\mathrm{T}}\right)\\ &= \mathbf{\Phi}_{k-1}\tilde{\mathbf{x}}_{k-1|k-1}\tilde{\mathbf{x}}_{k-1|k-1}^{\mathrm{T}}\mathbf{\Phi}_{k-1}^{\mathrm{T}}+\mathbf{\Phi}_{k-1}\tilde{\mathbf{x}}_{k-1|k-1}\mathbf{w}_{k-1}^{\mathrm{T}}\mathbf{\Gamma}_{k-1}^{\mathrm{T}}\\ &\quad+\mathbf{\Gamma}_{k-1}\mathbf{w}_{k-1}\tilde{\mathbf{x}}_{k-1|k-1}^{\mathrm{T}}\mathbf{\Phi}_{k-1}^{\mathrm{T}}+\mathbf{\Gamma}_{k-1}\mathbf{w}_{k-1}\mathbf{w}_{k-1}^{\mathrm{T}}\mathbf{\Gamma}_{k-1}^{\mathrm{T}}.\end{aligned} \tag{8.64}$$

尽管 $\tilde{\mathbf{x}}_{k-1|k-1}$ 与噪声 $\mathbf{w}_0,\cdots,\mathbf{w}_{k-2}$ 相关，但是与 $\mathbf{w}_{k-1}$ 不相关，则

$$\begin{aligned}\mathbf{P}_{k|k-1} &= \mathrm{E}\left(\tilde{\mathbf{x}}_{k|k-1}\tilde{\mathbf{x}}_{k|k-1}^{\mathrm{T}}\right)\\ &= \mathbf{\Phi}_{k-1}\mathbf{P}_{k-1|k-1}\mathbf{\Phi}_{k-1}^{\mathrm{T}}+\mathbf{\Gamma}_{k-1}\mathbf{Q}_{k-1}\mathbf{\Gamma}_{k-1}^{\mathrm{T}}\end{aligned} \tag{8.65}$$

其中，$\mathbf{P}_{k-1|k-1}=\mathrm{E}\left(\tilde{\mathbf{x}}_{k-1|k-1}\tilde{\mathbf{x}}_{k-1|k-1}^{\mathrm{T}}\right),\mathbf{Q}_{k-1}=\mathrm{E}\left(\mathbf{w}_{k-1}\mathbf{w}_{k-1}^{\mathrm{T}}\right)$。将式 (8.65) 代入式 (8.62)，则

$$\mathbf{P}_{k|k}=(\mathbf{I}_n-\mathbf{K}_k\mathbf{H}_k)\left(\mathbf{\Phi}_{k-1}\mathbf{P}_{k-1|k-1}\mathbf{\Phi}_{k-1}^{\mathrm{T}}+\mathbf{\Gamma}_{k-1}\mathbf{Q}_{k-1}\mathbf{\Gamma}_{k-1}^{\mathrm{T}}\right)(\mathbf{I}_n-\mathbf{K}_k\mathbf{H}_k)^{\mathrm{T}}+\mathbf{K}_k\mathbf{R}_k\mathbf{K}_k^{\mathrm{T}}. \tag{8.66}$$

③ 确定式 (8.66) 中的 $\mathbf{K}_k$。选择 $\mathbf{K}_k$ 的原则是最小化 $\mathrm{tr}(\mathbf{P}_{k|k})$。首先，$\mathrm{tr}(\mathbf{P}_{k|k})$ 的表达式如下

$$\begin{aligned}\mathrm{tr}\left(\mathbf{P}_{k|k}\right) &= \mathrm{tr}\left[(\mathbf{I}_n-\mathbf{K}_k\mathbf{H}_k)\mathbf{P}_{k|k-1}(\mathbf{I}_n-\mathbf{K}_k\mathbf{H}_k)^{\mathrm{T}}+\mathbf{K}_k\mathbf{R}_k\mathbf{K}_k^{\mathrm{T}}\right]\\ &= \mathrm{tr}\left(\mathbf{P}_{k|k-1}\right)-2\mathrm{tr}\left(\mathbf{K}_k\mathbf{H}_k\mathbf{P}_{k|k-1}\right)+\mathrm{tr}\left(\mathbf{K}_k\left(\mathbf{H}_k\mathbf{P}_{k|k-1}\mathbf{H}_k^{\mathrm{T}}+\mathbf{R}_k\right)\mathbf{K}_k^{\mathrm{T}}\right).\end{aligned}$$

根据 8.2.2 节的预备知识，对 $\mathbf{K}_k$ 求导，可得

$$\frac{\partial}{\partial\mathbf{K}_k}\mathrm{tr}\left(\mathbf{P}_{k|k}\right)=-2\mathbf{P}_{k|k-1}^{\mathrm{T}}\mathbf{H}_k^{\mathrm{T}}+2\mathbf{K}_k\left(\mathbf{H}_k\mathbf{P}_{k|k-1}\mathbf{H}_k^{\mathrm{T}}+\mathbf{R}_k\right). \tag{8.67}$$

由于 $\mathbf{H}_k\mathbf{P}_{k|k-1}\mathbf{H}_k^{\mathrm{T}}+\mathbf{R}_k$ 是正定矩阵（式 (8.40) 表明 $\mathbf{R}_k>\mathbf{0}_{m\times m}$），则 $\mathbf{K}_k$ 的最优解满足

$$\frac{\partial}{\partial\mathbf{K}_k}\mathrm{tr}\left(\mathbf{P}_{k|k}\right)=\mathbf{0}_{n\times m}.$$

于是

$$\mathbf{K}_k=\mathbf{P}_{k|k-1}\mathbf{H}_k^{\mathrm{T}}\left(\mathbf{H}_k\mathbf{P}_{k|k-1}\mathbf{H}_k^{\mathrm{T}}+\mathbf{R}_k\right)^{-1} \tag{8.68}$$

其中，$\mathbf{K}_k$ 称为**卡尔曼增益**。将式 (8.68) 代入式 (8.62)，得到

$$\begin{aligned}\mathbf{P}_{k|k} &= (\mathbf{I}_n-\mathbf{K}_k\mathbf{H}_k)\mathbf{P}_{k|k-1}(\mathbf{I}_n-\mathbf{K}_k\mathbf{H}_k)^{\mathrm{T}}+\mathbf{K}_k\mathbf{R}_k\mathbf{K}_k^{\mathrm{T}}\\ &= \mathbf{P}_{k|k-1}-\mathbf{K}_k\mathbf{H}_k\mathbf{P}_{k|k-1}-\mathbf{P}_{k|k-1}\mathbf{H}_k^{\mathrm{T}}\mathbf{K}_k^{\mathrm{T}}+\mathbf{K}_k\left(\mathbf{H}_k\mathbf{P}_{k|k-1}\mathbf{H}_k^{\mathrm{T}}+\mathbf{R}_k\right)\mathbf{K}_k^{\mathrm{T}}\\ &= (\mathbf{I}_n-\mathbf{K}_k\mathbf{H}_k)\mathbf{P}_{k|k-1}-\mathbf{P}_{k|k-1}\mathbf{H}_k^{\mathrm{T}}\mathbf{K}_k^{\mathrm{T}}\\ &\quad+\mathbf{P}_{k|k-1}\mathbf{H}_k^{\mathrm{T}}\underbrace{\left(\mathbf{H}_k\mathbf{P}_{k|k-1}\mathbf{H}_k^{\mathrm{T}}+\mathbf{R}_k\right)^{-1}\left(\mathbf{H}_k\mathbf{P}_{k|k-1}\mathbf{H}_k^{\mathrm{T}}+\mathbf{R}_k\right)}_{=\mathbf{I}_m}\mathbf{K}_k^{\mathrm{T}}\\ &= (\mathbf{I}_n-\mathbf{K}_k\mathbf{H}_k)\mathbf{P}_{k|k-1}.\end{aligned} \tag{8.69}$$

4. 卡尔曼滤波器算法总结

将上面推导加以归纳，得到卡尔曼滤波器算法如下。

（1）步骤 1

过程模型:

$$\mathbf{x}_k = \boldsymbol{\Phi}_{k-1}\mathbf{x}_{k-1} + \mathbf{u}_{k-1} + \boldsymbol{\Gamma}_{k-1}\mathbf{w}_{k-1},\ \mathbf{w}_k \sim \mathcal{N}\left(\mathbf{0}_{n\times 1}, \mathbf{Q}_k\right) \tag{8.70}$$

观测模型：

$$\mathbf{z}_k = \mathbf{H}_k\mathbf{x}_k + \mathbf{v}_k,\ \mathbf{v}_k \sim \mathcal{N}\left(\mathbf{0}_{m\times 1}, \mathbf{R}_k\right) \tag{8.71}$$

其中，$\mathbf{w}_k$ 和 $\mathbf{v}_k$ 是互不相关的零均值高斯白噪声，它们的噪声方差阵分别为 $\mathbf{Q}_k$ 和 $\mathbf{R}_k$。

（2）步骤 2

初始状态：

$$\begin{cases} \hat{\mathbf{x}}_0 = \mathrm{E}\left(\mathbf{x}_0\right) \\ \mathbf{P}_0 = \mathrm{E}\left[\left(\mathbf{x}_0 - \mathrm{E}\left(\mathbf{x}_0\right)\right)\left(\mathbf{x}_0 - \mathrm{E}\left(\mathbf{x}_0\right)\right)^{\mathrm{T}}\right]. \end{cases} \tag{8.72}$$

（3）步骤 3

当 $k=0$ 时，取 $\mathbf{P}_{0|0} = \mathbf{P}_0, \hat{\mathbf{x}}_{0|0} = \hat{\mathbf{x}}_0$。

（4）步骤 4

$k = k+1$。

（5）步骤 5

状态估计预测：

$$\hat{\mathbf{x}}_{k|k-1} = \boldsymbol{\Phi}_{k-1}\hat{\mathbf{x}}_{k-1|k-1} + \mathbf{u}_{k-1}. \tag{8.73}$$

（6）步骤 6

误差协方差预测：

$$\mathbf{P}_{k|k-1} = \boldsymbol{\Phi}_{k-1}\mathbf{P}_{k-1|k-1}\boldsymbol{\Phi}_{k-1}^{\mathrm{T}} + \boldsymbol{\Gamma}_{k-1}\mathbf{Q}_{k-1}\boldsymbol{\Gamma}_{k-1}^{\mathrm{T}}. \tag{8.74}$$

（7）步骤 7

卡尔曼增益矩阵：

$$\mathbf{K}_k = \mathbf{P}_{k|k-1}\mathbf{H}_k^{\mathrm{T}}\left(\mathbf{H}_k\mathbf{P}_{k|k-1}\mathbf{H}_k^{\mathrm{T}} + \mathbf{R}_k\right)^{-1}. \tag{8.75}$$

（8）步骤 8

状态估计更新：

$$\hat{\mathbf{x}}_{k|k} = \hat{\mathbf{x}}_{k|k-1} + \mathbf{K}_k\left(\mathbf{z}_k - \hat{\mathbf{z}}_{k|k-1}\right) \tag{8.76}$$

其中，$\hat{\mathbf{z}}_{k|k-1} = \mathbf{H}_k\hat{\mathbf{x}}_{k|k-1}$。

（9）步骤 9

误差协方差更新：

$$\mathbf{P}_{k|k} = \left(\mathbf{I}_n - \mathbf{K}_k\mathbf{H}_k\right)\mathbf{P}_{k|k-1}. \tag{8.77}$$

（10）步骤 10

返回步骤 4。

卡尔曼滤波器是一种时域递归算法，根据上一时刻的状态估计值和当前观测值来估计当前状态，不需存储大量的先验数据，易于计算机实现。该算法的实质是最小化状态估计误差协方差矩阵 $\mathbf{P}_{k|k}$ 的迹。图 8-1 给出了卡尔曼滤波器算法结构示意，在实际应用中需

要考虑如何确定初值 $\hat{\mathbf{x}}_0$ 和 $\mathbf{P}_0$。初值 $\hat{\mathbf{x}}_0$ 可以凭经验得到，但 $\mathbf{P}_0$ 无法直接获得，只能根据初始的若干观测量统计得到。只要滤波器稳定，则稳定的滤波结果将不依赖 $\hat{\mathbf{x}}_0$ 和 $\mathbf{P}_0$ 的选取。

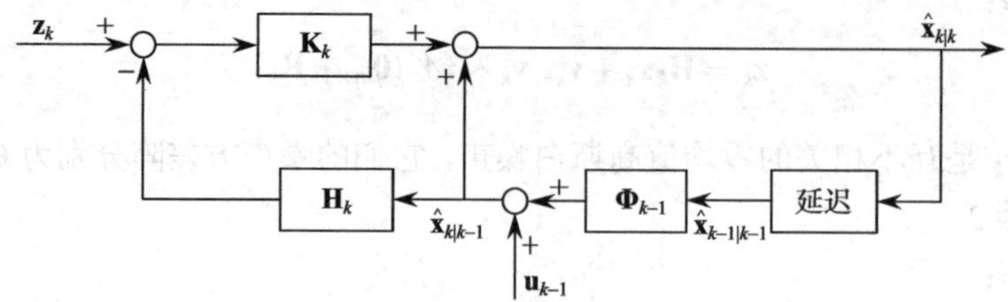

图 8-1　卡尔曼滤波算法结构图

为了更好地理解卡尔曼滤波器，说明如下：

① 卡尔曼滤波器在进行滤波器估计的同时还产生了误差协方差阵 $\mathbf{P}_{k|k}$，用于表征估计精度和传感器的健康评估。

② 一般来说，在采样周期合理的情况下，连续系统可观，离散化后的系统也会可观。如果采样周期选择不当，系统可能失去可控性和可观性。因此，原则上应当检查离散化系统的可观性。

③ $\mathbf{H}_k\mathbf{P}_{k|k-1}\mathbf{H}_k^{\mathrm{T}}+\mathbf{R}_k$ 要求非奇异，否则表达式 $\mathbf{K}_k=\mathbf{P}_{k|k-1}\mathbf{H}_k^{\mathrm{T}}\left(\mathbf{H}_k\mathbf{P}_{k|k-1}\mathbf{H}_k^{\mathrm{T}}+\mathbf{R}_k\right)^{-1}$ 没有意义。在一般情况下，$\mathbf{R}_k$ 非奇异，说明观测总是有一定噪声，因此 $\mathbf{H}_k\mathbf{P}_{k|k-1}\mathbf{H}_k^{\mathrm{T}}+\mathbf{R}_k$ 总是非奇异的。

④ 如果系统 $(\mathbf{\Phi}_{k-1},\mathbf{H}_k)$ 不可观，即 $\operatorname{rank}\mathscr{O}(\mathbf{\Phi}_{k-1},\mathbf{H}_k)\neq n$，卡尔曼滤波器仍然可以运行，只是不可观的模态没有更新，仅执行递推步骤。考虑极端的情况，如果 $\mathbf{H}_k=\mathbf{0}_{m\times n}$，即整个系统完全不可观，则 $\mathbf{K}_k=\mathbf{0}_{n\times m}$，这意味着

$$\begin{cases}\hat{\mathbf{x}}_{k|k}=\mathbf{\Phi}_{k-1}\hat{\mathbf{x}}_{k-1|k-1}+\mathbf{u}_{k-1}\\ \mathbf{P}_{k|k}=\mathbf{\Phi}_{k-1}\mathbf{P}_{k-1|k-1}\mathbf{\Phi}_{k-1}^{\mathrm{T}}+\mathbf{\Gamma}_{k-1}\mathbf{Q}_{k-1}\mathbf{\Gamma}_{k-1}^{\mathrm{T}}\end{cases}\tag{8.78}$$

即状态之间仅仅进行递推而已。

8.2.4　多速率卡尔曼滤波器

8.2.3 节介绍了经典卡尔曼滤波器，也就是**单速率采样系统**。采样系统是离散化实际系统的连续信号而得到的，当各采样器或保持器以不同的采样周期进行采样或保持时，就形成了**多速率采样系统**。多速率卡尔曼滤波器算法是多速率采样系统中对多源观测进行融合的重要手段 [9, 10]。多速率采样系统可按采样间隔分为均匀和非均匀两类。对于均匀采样系统，所有的采样周期可以假设为基本采样周期的整数倍，因此存在一个公倍数。对于非均匀采样系统，数据在时间轴上分布不均匀，不存在周期性。非均匀采样更复杂，是更为一般化的问题。为了简便，在实际应用中，非均匀采样问题常常可以近似为均匀采样问题。

一类均匀采样的离散时间线性系统与系统 (8.38) 相同，不同之处在于观测模型会根据传感器不同而变化。为了简便，假设系统基本采样周期为 T_0，不同传感器的采样周期

分别为 T_i（$i=1,2$），它们都是 T_0 的整数倍，即 $T_i=n_iT_0, n_i\in\mathbb{Z}_+$（$i=1,2$）。它们的观测矩阵为 $\mathbf{H}_{ik}\in\mathbb{R}^{m_i\times n}$，噪声方差阵为 $\mathbf{R}_{ik}\in\mathbb{R}^{m_i\times m_i}$（$i=1,2$）。令 αT_0 表示各观测数据的采样周期 T_i（$i=1,2$）的最小公倍数，$\alpha\in\mathbb{Z}_+$。当没有观测量时，认为 $\mathbf{H}_k=\mathbf{0}_{1\times n}$，为了保证算法不发生奇异问题，此时方差设置为 $\mathbf{R}_k=1$。最终，观测矩阵 $\mathbf{H}_k$ 和观测噪声方差阵 $\mathbf{R}_k$ 均以 αT_0 为周期变化，即

$$\mathbf{H}_k\triangleq\begin{cases}\mathbf{H}_{ik}, & \mathrm{mod}(k,n_i)=0\,\&\,\mathrm{mod}(k,\alpha)\neq 0\\ \begin{bmatrix}\mathbf{H}_{1k}\\ \mathbf{H}_{2k}\end{bmatrix}, & \mathrm{mod}(k,\alpha)=0\\ \mathbf{0}_{1\times n}, & \text{其他}\end{cases}\tag{8.79}$$

以及

$$\mathbf{R}_k\triangleq\begin{cases}\mathbf{R}_{ik}, & \mathrm{mod}(k,n_i)=0\,\&\,\mathrm{mod}(k,\alpha)\neq 0\\ \mathrm{diag}(\mathbf{R}_{1k},\mathbf{R}_{2k}), & \mathrm{mod}(k,\alpha)=0\\ 1, & \text{其他}\end{cases}\tag{8.80}$$

其中，表达式 $\mathrm{mod}(a,b)$ 是求余操作，即 a 除以 b 之后的余数。这时，观测输出为

$$\mathbf{z}_k\triangleq\begin{cases}\mathbf{z}_{ik}, & \mathrm{mod}(k,n_i)=0\,\&\,\mathrm{mod}(k,\alpha)\neq 0\\ \begin{bmatrix}\mathbf{z}_{1k}\\ \mathbf{z}_{2k}\end{bmatrix}, & \mathrm{mod}(k,\alpha)=0\\ 0, & \text{其他.}\end{cases}\tag{8.81}$$

在整个过程中，观测矩阵 $\mathbf{H}_k$、观测噪声方差阵 $\mathbf{R}_k$ 和观测量 $\mathbf{z}_k$ 的维数不断变化，而 $\hat{\mathbf{x}}_{k|k}$ 和 $\mathbf{P}_{k|k}$ 的维数保持不变，只根据每一步的信息更新，其预测更新过程与经典的卡尔曼滤波器相同。

8.3 扩展卡尔曼滤波器

卡尔曼滤波器是一种高效的递归滤波器，能够从一系列包含噪声的观测量中估计线性系统的内部状态。然而，卡尔曼滤波器的局限在于要求噪声符合高斯分布，且只适用于线性系统。实际情况下，大多数状态估计问题涉及非线性问题。因此，非线性系统的状态估计变得更加困难，由此产生很多估计方法。本节将介绍常见的扩展卡尔曼滤波器 [11,p.123-320]，它虽然不是最优的算法，但是多年来已经在许多非线性系统中成功应用。

8.3.1 基本原理

扩展卡尔曼滤波器算法的主要思想是忽略高阶项，对非线性函数进行线性化近似。通过对非线性函数的泰勒展开式进行一阶线性截断，将非线性问题转化为线性问题。由于线性化过程带来额外误差，扩展卡尔曼滤波器是一种次优滤波器。

8.3.2 理论推导

非线性系统离散形式的模型表示为

$$\begin{cases}\mathbf{x}_k=\mathbf{f}\left(\mathbf{x}_{k-1},\mathbf{u}_{k-1},\mathbf{w}_{k-1}\right)\\ \mathbf{z}_k=\mathbf{h}\left(\mathbf{x}_k,\mathbf{v}_k\right)\end{cases} \tag{8.82}$$

其中，$\mathbf{f}:\mathbb{R}^n\times\mathbb{R}^m\times\mathbb{R}^n\to\mathbb{R}^n$ 和 $\mathbf{h}:\mathbb{R}^n\times\mathbb{R}^m\to\mathbb{R}^m$ 是非线性函数；$\mathbf{w}_{k-1}$ 和 $\mathbf{v}_k$ 分别是系统噪声和观测噪声，它们是互不相关的零均值高斯白噪声，且噪声方差阵分别为 $\mathbf{Q}_k$ 和 $\mathbf{R}_k$。它们的统计特性与式 (8.39) 相同。在扩展卡尔曼滤波器推导过程中，将 $\mathbf{f}\left(\mathbf{x}_{k-1},\mathbf{u}_{k-1},\mathbf{w}_{k-1}\right)$ 和 $\mathbf{h}\left(\mathbf{x}_k,\mathbf{v}_k\right)$ 分别进行泰勒级数展开。假设已知 $k-1$ 时刻的状态估计值 $\hat{\mathbf{x}}_{k-1|k-1}$ 和误差协方差阵 $\mathbf{P}_{k-1|k-1}$，忽略高阶项，得到 $\mathbf{f}\left(\mathbf{x}_{k-1},\mathbf{u}_{k-1},\mathbf{w}_{k-1}\right)$ 在 $\hat{\mathbf{x}}_{k-1|k-1}$ 附近的泰勒级数形式

$$\begin{aligned}\mathbf{f}\left(\mathbf{x}_{k-1},\mathbf{u}_{k-1},\mathbf{w}_{k-1}\right)=&\,\mathbf{f}\left(\hat{\mathbf{x}}_{k-1|k-1},\mathbf{u}_{k-1},\mathbf{0}_{n\times1}\right)\\&+\left.\frac{\partial\mathbf{f}\left(\mathbf{x},\mathbf{u}_{k-1},\mathbf{w}\right)}{\partial\mathbf{x}}\right|_{\mathbf{x}=\hat{\mathbf{x}}_{k-1|k-1},\mathbf{w}=\mathbf{0}_{n\times1}}\left(\mathbf{x}_{k-1}-\hat{\mathbf{x}}_{k-1|k-1}\right)\\&+\left.\frac{\partial\mathbf{f}\left(\mathbf{x},\mathbf{u}_{k-1},\mathbf{w}\right)}{\partial\mathbf{w}}\right|_{\mathbf{x}=\hat{\mathbf{x}}_{k-1|k-1},\mathbf{w}=\mathbf{0}_{n\times1}}\mathbf{w}_{k-1}.\end{aligned} \tag{8.83}$$

类似地，

$$\begin{aligned}\mathbf{h}\left(\mathbf{x}_k,\mathbf{v}_k\right)=&\,\mathbf{h}\left(\hat{\mathbf{x}}_{k|k-1},\mathbf{0}_{m\times1}\right)\\&+\left.\frac{\partial\mathbf{h}(\mathbf{x},\mathbf{v})}{\partial\mathbf{x}}\right|_{\mathbf{x}=\hat{\mathbf{x}}_{k|k-1},\mathbf{v}=\mathbf{0}_{m\times1}}\left(\mathbf{x}_k-\hat{\mathbf{x}}_{k|k-1}\right)\\&+\left.\frac{\partial\mathbf{h}(\mathbf{x},\mathbf{v})}{\partial\mathbf{v}}\right|_{\mathbf{x}=\hat{\mathbf{x}}_{k|k-1},\mathbf{v}=\mathbf{0}_{m\times1}}\mathbf{v}_k.\end{aligned} \tag{8.84}$$

注意到 $\mathbf{h}\left(\mathbf{x}_k,\mathbf{v}_k\right)$ 在 $\hat{\mathbf{x}}_{k|k-1}$ 而不是在 $\hat{\mathbf{x}}_{k-1|k-1}$ 处线性化。为了简化扩展卡尔曼滤波器算法的表达式，定义

$$\begin{cases}\boldsymbol{\Phi}_{k-1}\triangleq\left.\dfrac{\partial\mathbf{f}\left(\mathbf{x},\mathbf{u}_{k-1},\mathbf{w}\right)}{\partial\mathbf{x}}\right|_{\mathbf{x}=\hat{\mathbf{x}}_{k-1|k-1},\mathbf{w}=\mathbf{0}_{n\times1}}\\ \mathbf{H}_k\triangleq\left.\frac{\partial\mathbf{h}(\mathbf{x},\mathbf{v})}{\partial\mathbf{x}}\right|_{\mathbf{x}=\hat{\mathbf{x}}_{k|k-1},\mathbf{v}=\mathbf{0}_{m\times1}}\\ \boldsymbol{\Gamma}_{k-1}\triangleq\left.\dfrac{\partial\mathbf{f}\left(\mathbf{x},\mathbf{u}_{k-1},\mathbf{w}\right)}{\partial\mathbf{w}}\right|_{\mathbf{x}=\hat{\mathbf{x}}_{k-1|k-1},\mathbf{w}=\mathbf{0}_{n\times1}}\\ \mathbf{u}'_{k-1}\triangleq\mathbf{f}\left(\hat{\mathbf{x}}_{k-1|k-1},\mathbf{u}_{k-1},\mathbf{0}_{n\times1}\right)-\boldsymbol{\Phi}_{k-1}\hat{\mathbf{x}}_{k-1|k-1}\\ \mathbf{z}'_k\triangleq\mathbf{z}_k-\mathbf{h}\left(\hat{\mathbf{x}}_{k|k-1},\mathbf{0}_{m\times1}\right)+\mathbf{H}_k\hat{\mathbf{x}}_{k|k-1}\\ \mathbf{v}'_k\triangleq\left.\frac{\partial\mathbf{h}(\mathbf{x},\mathbf{v})}{\partial\mathbf{v}}\right|_{\mathbf{x}=\hat{\mathbf{x}}_{k|k-1},\mathbf{v}=\mathbf{0}_{m\times1}}\mathbf{v}_k.\end{cases} \tag{8.85}$$

根据上述定义，得到简化后的系统模型

$$\begin{cases}\mathbf{x}_k=\boldsymbol{\Phi}_{k-1}\mathbf{x}_{k-1}+\mathbf{u}'_{k-1}+\boldsymbol{\Gamma}_{k-1}\mathbf{w}_{k-1}\\ \mathbf{z}'_k=\mathbf{H}_k\mathbf{x}_k+\mathbf{v}'_k\end{cases} \tag{8.86}$$

这里，$\mathbf{v}'_k$ 的统计特性为 $\mathrm{E}\left(\mathbf{v}'_k\right)=\mathbf{0}_{m\times1}$，且

$$\mathbf{R}_{\mathbf{v}'\mathbf{v}'}(k,j)\triangleq\mathrm{E}\left(\mathbf{v}'_k\mathbf{v}'^{\mathrm{T}}_j\right)=\begin{cases}\mathbf{R}'_k, & k=j\\ \mathbf{0}_{m\times m}, & k\neq j\end{cases}$$

其中，

$$\mathbf{R}_k' \triangleq \left.\frac{\partial \mathbf{h}(\mathbf{x},\mathbf{v})}{\partial \mathbf{v}}\right|_{\mathbf{x}=\hat{\mathbf{x}}_{k|k-1},\mathbf{v}=\mathbf{0}_{m\times 1}} \mathbf{R}_k \left(\left.\frac{\partial \mathbf{h}(\mathbf{x},\mathbf{v})}{\partial \mathbf{v}}\right|_{\mathbf{x}=\hat{\mathbf{x}}_{k|k-1},\mathbf{v}=\mathbf{0}_{m\times 1}}\right)^{\mathrm{T}}. \tag{8.87}$$

扩展卡尔曼滤波器算法的过程如下。

（1）步骤 1

过程模型：

$$\mathbf{x}_k = \mathbf{f}(\mathbf{x}_{k-1},\mathbf{u}_{k-1},\mathbf{w}_{k-1}),\ \mathbf{w}_k \sim \mathcal{N}(\mathbf{0}_{n\times 1},\mathbf{Q}_k) \tag{8.88}$$

观测模型：

$$\mathbf{z}_k = \mathbf{h}(\mathbf{x}_k,\mathbf{v}_k),\ \mathbf{v}_k \sim \mathcal{N}(\mathbf{0}_{m\times 1},\mathbf{R}_k) \tag{8.89}$$

其中，$\mathbf{w}_k$ 和 $\mathbf{v}_k$ 是互不相关的零均值高斯白噪声，它们的方差阵分别为 $\mathbf{Q}_k$ 和 $\mathbf{R}_k$，而 $\mathbf{\Phi}_{k-1}$、$\mathbf{H}_k$、$\mathbf{\Gamma}_{k-1}$ 和 $\mathbf{z}_k'$ 的定义见式 (8.85)。

（2）步骤 2

初始状态：

$$\begin{cases} \hat{\mathbf{x}}_0 = \mathrm{E}(\mathbf{x}_0) \\ \mathbf{P}_0 = \mathrm{E}\left[(\mathbf{x}_0 - \mathrm{E}(\mathbf{x}_0))(\mathbf{x}_0 - \mathrm{E}(\mathbf{x}_0))^{\mathrm{T}}\right]. \end{cases} \tag{8.90}$$

（3）步骤 3

当 $k=0$ 时，取 $\mathbf{P}_{0|0}=\mathbf{P}_0$，$\hat{\mathbf{x}}_{0|0}=\hat{\mathbf{x}}_0$。

（4）步骤 4

$k=k+1$。

（5）步骤 5

状态估计预测：

$$\hat{\mathbf{x}}_{k|k-1} = \mathbf{f}\left(\hat{\mathbf{x}}_{k-1|k-1},\mathbf{u}_{k-1},\mathbf{0}_{n\times 1}\right). \tag{8.91}$$

（6）步骤 6

误差协方差预测：

$$\mathbf{P}_{k|k-1} = \mathbf{\Phi}_{k-1}\mathbf{P}_{k-1|k-1}\mathbf{\Phi}_{k-1}^{\mathrm{T}} + \mathbf{\Gamma}_{k-1}\mathbf{Q}_{k-1}\mathbf{\Gamma}_{k-1}^{\mathrm{T}}. \tag{8.92}$$

（7）步骤 7

卡尔曼增益矩阵：

$$\mathbf{K}_k = \mathbf{P}_{k|k-1}\mathbf{H}_k^{\mathrm{T}}\left(\mathbf{H}_k\mathbf{P}_{k|k-1}\mathbf{H}_k^{\mathrm{T}} + \mathbf{R}_k'\right)^{-1} \tag{8.93}$$

其中，$\mathbf{R}_k'$ 的定义见式 (8.87)。

（8）步骤 8

状态估计更新：

$$\hat{\mathbf{x}}_{k|k} = \hat{\mathbf{x}}_{k|k-1} + \mathbf{K}_k\left(\mathbf{z}_k' - \hat{\mathbf{z}}_{k|k-1}\right) \tag{8.94}$$

其中，$\hat{\mathbf{z}}_{k|k-1} = \mathbf{H}_k\hat{\mathbf{x}}_{k|k-1}$。

（9）步骤 9

误差协方差更新：

$$\mathbf{P}_{k|k} = (\mathbf{I}_n - \mathbf{K}_k\mathbf{H}_k)\mathbf{P}_{k|k-1}. \tag{8.95}$$

（10）步骤 10

返回步骤 4。

8.3.3 隐式扩展卡尔曼滤波器

在有些情况下，非线性系统的观测模型是隐式的，如

$$\mathbf{0}_{m\times 1}=\mathbf{h}\left(\mathbf{x}_k,\mathbf{z}_k,\mathbf{v}_k\right),\ \mathbf{v}_k\sim\mathscr{N}\left(\mathbf{0}_{m\times 1},\mathbf{R}_k\right). \tag{8.96}$$

这时，隐式扩展卡尔曼滤波器算法的过程如下。

（1）步骤 1

状态估计预测：

$$\hat{\mathbf{x}}_{k|k-1}=\mathbf{f}\left(\hat{\mathbf{x}}_{k-1|k-1},\mathbf{u}_{k-1},\mathbf{0}_{n\times 1}\right). \tag{8.97}$$

（2）步骤 2

误差协方差预测：

$$\mathbf{P}_{k|k-1}=\mathbf{\Phi}_{k-1}\mathbf{P}_{k-1|k-1}\mathbf{\Phi}_{k-1}^{\mathrm{T}}+\mathbf{\Gamma}_{k-1}\mathbf{Q}_{k-1}\mathbf{\Gamma}_{k-1}^{\mathrm{T}}. \tag{8.98}$$

（3）步骤 3

卡尔曼增益矩阵：

$$\mathbf{K}_k=\mathbf{P}_{k|k-1}\mathbf{H}_k'^{\mathrm{T}}\left(\mathbf{H}_k'\mathbf{P}_{k|k-1}\mathbf{H}_k'^{\mathrm{T}}+\mathbf{R}_k''\right)^{-1} \tag{8.99}$$

其中，

$$\begin{aligned}\mathbf{H}_k'&=\left.\frac{\partial\mathbf{h}(\mathbf{x},\mathbf{z},\mathbf{v})}{\partial\mathbf{x}}\right|_{\mathbf{x}=\hat{\mathbf{x}}_{k|k-1},\mathbf{z}=\mathbf{z}_k,\mathbf{v}=\mathbf{0}_{m\times 1}}\\ \mathbf{R}_k''&=\left(\left.\frac{\partial\mathbf{h}(\mathbf{x},\mathbf{z},\mathbf{v})}{\partial\mathbf{z}}\right|_{\mathbf{x}=\hat{\mathbf{x}}_{k|k-1},\mathbf{z}=\mathbf{z}_k,\mathbf{v}=\mathbf{0}_{m\times 1}}\right)\mathbf{R}_k\left(\left.\frac{\partial\mathbf{h}(\mathbf{x},\mathbf{z},\mathbf{v})}{\partial\mathbf{z}}\right|_{\mathbf{x}=\hat{\mathbf{x}}_{k|k-1},\mathbf{z}=\mathbf{z}_k,\mathbf{v}=\mathbf{0}_{m\times 1}}\right)^{\mathrm{T}}.\end{aligned}$$

（4）步骤 4

状态估计更新：

$$\hat{\mathbf{x}}_{k|k}=\hat{\mathbf{x}}_{k|k-1}-\mathbf{K}_k\mathbf{h}\left(\hat{\mathbf{x}}_{k|k-1},\mathbf{z}_k,\mathbf{0}_{m\times 1}\right). \tag{8.100}$$

（5）步骤 5

误差协方差更新：

$$\mathbf{P}_{k|k}=\left(\mathbf{I}_n-\mathbf{K}_k\mathbf{H}_k'\right)\mathbf{P}_{k|k-1}\left(\mathbf{I}_n-\mathbf{K}_k\mathbf{H}_k'\right)^{\mathrm{T}}+\mathbf{K}_k\mathbf{R}_k''\mathbf{K}_k^{\mathrm{T}}. \tag{8.101}$$

（6）步骤 6

返回步骤 1。

有关隐式扩展卡尔曼滤波器的细节请参考文献 [12]，相关公式的推导留作本章习题。

本章小结

本章介绍了可观性的概念，以及如何检验线性系统和非线性系统的可观性，可以判断利用系统模型和传感器观测能否将期望的状态观测出来。没有系统可观性的保证，卡尔曼滤波器将不起作用。实际中，如何选取传感器和布置传感器等工作大部分依靠工程实践经验来完成。这类问题从理论上可以进行**可观度**研究，即系统可观测程度方面的研究 [13]。卡尔曼滤波器的研究可以考虑更加实际的情况，如维数较高的模型如何降低计算量，如何降低对噪声特性的依赖，处理未知延迟和非均匀采样等。

习 题 8

8.1 根据**定理 8.3**，检验**例 8.2** 中双线性系统的可观性。

8.2 完成式 (8.26)~式 (8.30) 的完整推导过程。

8.3 给定常数 x 的一系列观测值 $x(k)$，该序列的噪声假设为互不相关的零均值高斯白噪声，且方差为 r_0。设计卡尔曼滤波器，来估计常数 $x \in \mathbb{R}$。

8.4 参考文献 [12]，给出隐式扩展卡尔曼滤波器的详细推导过程。

8.5 设计卡尔曼滤波器，用于观测延迟的线性离散时不变系统

$$\begin{cases} \mathbf{x}_k = \mathbf{\Phi}_{k-1}\mathbf{x}_{k-1} + \mathbf{u}_{k-1} + \mathbf{\Gamma}_{k-1}\mathbf{w}_{k-1} \\ \mathbf{z}_k = \mathbf{H}_k\mathbf{x}_{k-d} + \mathbf{v}_k \end{cases} \tag{8.102}$$

其中，$k \in \mathbb{Z}_+$ 是离散时刻，$d \in \mathbb{Z}_+$ 表示测量延迟，$\mathbf{x}_k$、$\mathbf{z}_k$、$\mathbf{\Phi}_{k-1}$、$\mathbf{u}_{k-1}$、$\mathbf{\Gamma}_{k-1}$、$\mathbf{H}_k$、$\mathbf{w}_{k-1}$ 和 $\mathbf{v}_k$ 的定义与系统 (8.38) 中的相同。

参考文献

[1] Chen C T. Linear system theory and design (Third Edition). Oxford University Press, New York, USA, 1999.

[2] Banerjee S, Roy A. Linear algebra and matrix analysis for statistics. CRC Press, London, 2014.

[3] Vidyasagar M. Nonlinear systems analysis. Society for Industrial and Applied Mathematics, Philadelphia, 2002.

[4] Hermann R, Krener A J. Nonlinear controllability and observability. IEEE Transactions on Automatic Control, 1977, 22(5): 728-740.

[5] Leishman R C, Macdonald J C, Beard R W, McLain T W. Quadrotors and accelerometers: state estimation with an improved dynamic model. IEEE Control Systems Magazine, 2014, 34(1): 28-41.

[6] Kalman R E. A new approach to linear filtering and prediction problems. Transactions of the ASME-Journal of Basic Engineering, 1960, 82(1): 35-45.

[7] Gelb A (Ed.). Applied optimal estimation. MIT press, Cambridge, MA, 1974.

[8] Crassidis J L, Junkins J L. Optimal estimation of dynamic systems. CRC press, Boca Raton, 2011.

[9] Cristi R, Tummala M. Multirate, multiresolution, recursive Kalman filter. Signal Processing, 2000, 80(9): 1945-1958.

[10] Sun S L, Deng Z L. Multi-sensor optimal information fusion Kalman filter. Automatica, 2004, 40(6): 1017-1023.

[11] Simon D. Optimal state estimation: Kalman, H infinity, and nonlinear approaches. John Wiley & Sons, New Jersey, 2006.

[12] Soatto S, Frezza R, Perona P. Motion estimation via dynamic vision. IEEE Transactions on Automatic Control, 1996, 41(3): 393-413.

[13] Müller P C, Weber H I. Analysis and optimization of certain qualities of controllability and observability for linear dynamical systems. Automatica, 1972, 8(3): 237-246.

第 9 章 Chapter 9

状态估计

兼听则明

中国古人早就认识到信息融合的重要性。《管子 · 君臣上》中说：“夫民别而听之则愚，合而听之则圣。”《孙子 · 谋攻篇》中说：“知己知彼，百战不殆；不知彼而知己，一胜一负；不知彼，不知己，每战必殆。”意思是说，在军事斗争中，了解敌人的同时也了解自己，百战都不会有危险；不了解敌人但是了解自己，胜败的机率各半；既不了解敌人也不了解自己，那么每战都会有危险。《资治通鉴 · 唐太宗贞观二年》中说：“上（唐太宗）问 魏徵 曰：‘人主何为而明，何为而暗？’对曰：‘兼听则明，偏信则暗。’” 中国成语“兼听则明，偏信则暗”。意思是多方面听取他人建议，才能明辨是非；如果只听信某方面的话，就会分不清是非。明代许仲琳《封神演义 · 第五十三回》中说：“为将之道：身临战场，务要眼观四处，耳听八方。”

状态估计是控制与决策的基础，具有十分重要的作用。多旋翼的传感器如同人体感官，能够提供必要的信息。为了降低成本，多旋翼大多选择精度低的廉价传感器。这些传感器能够直接测量加速度、角速度和绝对位置等信息，但是存在大量测量噪声。一方面，有些信息无法直接测量得到，如速度、姿态角、障碍物位置等，它们需要被估计出来；另一方面，传感器的信息存在冗余，如加速度计和 GPS 接收机都能提供位置相关的信息。因此，有必要融合多传感器的冗余信息来提高状态估计的精确性和鲁棒性。

本章主要回答以下问题：

如何对多旋翼传感器信息进行融合？

上述问题涉及姿态估计、位置估计、速度估计和障碍估计等。

9.1 姿态估计

姿态估计的主要目的是估计姿态角，并以欧拉角、旋转矩阵或者四元数等形式表达。姿态信息主要利用三轴加速度计、三轴陀螺仪和三轴磁力计的数据，通过互补滤波器或卡尔曼滤波器获得。三轴陀螺仪的动态响应快，测量精度高，但求解姿态角时需要对角速度积分，会产生累积误差。三轴加速度计和三轴磁力计可以得到稳定的姿态角，无累积误差，但动态响应特性较差，测量噪声较大。为了融合这些传感器信息，本节提供三种方法，即线性互补滤波器 [1]、非线性互补滤波器 [2] 和卡尔曼滤波器。在讨论这些方法之前先介绍欧拉角的测量原理。

9.1.1 欧拉角的测量原理

1. 俯仰角和滚转角测量原理

根据第 6 章的气动阻力模型 (6.33)，忽略速度与角速度的交叉项，比力 $^{\mathrm{b}}\mathbf{a}$ 满足

$$\begin{bmatrix} a_{x_{\mathrm{b}}} \\ a_{y_{\mathrm{b}}} \end{bmatrix} = \begin{bmatrix} \dot{v}_{x_{\mathrm{b}}} + g\sin\theta \\ \dot{v}_{y_{\mathrm{b}}} - g\cos\theta\sin\phi \end{bmatrix} = \begin{bmatrix} -\dfrac{k_{\mathrm{drag}}}{m} v_{x_{\mathrm{b}}} \\ -\dfrac{k_{\mathrm{drag}}}{m} v_{y_{\mathrm{b}}} \end{bmatrix} \tag{9.1}$$

其中，$^{\mathrm{b}}\mathbf{a} = [a_{x_{\mathrm{b}}} \quad a_{y_{\mathrm{b}}} \quad a_{z_{\mathrm{b}}}]^{\mathrm{T}}$，则 $v_{x_{\mathrm{b}}}, v_{y_{\mathrm{b}}} \in \mathbb{R}$ 的拉氏变换为

$$\begin{cases} v_{x_{\mathrm{b}}}(s) = -\dfrac{g}{s + \dfrac{k_{\mathrm{drag}}}{m}} (\sin\theta)(s) \\ v_{y_{\mathrm{b}}}(s) = \dfrac{g}{s + \dfrac{k_{\mathrm{drag}}}{m}} (\cos\theta\sin\phi)(s). \end{cases}$$

进一步，得到 $a_{x_{\mathrm{b}}}, a_{y_{\mathrm{b}}} \in \mathbb{R}$ 的拉氏变换为

$$\begin{bmatrix} a_{x_{\mathrm{b}}}(s) \\ a_{y_{\mathrm{b}}}(s) \end{bmatrix} = \begin{bmatrix} gH(s)(\sin\theta)(s) \\ -gH(s)(\cos\theta\sin\phi)(s) \end{bmatrix}$$

其中，$H(s)=\frac{k_{\mathrm{drag}}}{m}\Big/\left(s+\frac{k_{\mathrm{drag}}}{m}\right)$ 是低通滤波器，且满足 $H(0)=1$。沿 $o_{\mathrm{b}}x_{\mathrm{b}}$ 和 $o_{\mathrm{b}}y_{\mathrm{b}}$ 轴的低频比力分量近似为

$$\begin{cases} a_{x_{\mathrm{b}}} \approx g\sin\theta \\ a_{y_{\mathrm{b}}} \approx -g\cos\theta\sin\phi. \end{cases}$$

三轴加速度计固连在多旋翼机体，其坐标轴与机体坐标系一致。因此，低频的俯仰角和滚转角观测量可以由加速度计测量值近似得到，即

$$\begin{cases} \theta_{\mathrm{m}} = \arcsin\left(\dfrac{a_{x_{\mathrm{b}}\mathrm{m}}}{g}\right) \\ \phi_{\mathrm{m}} = -\arcsin\left(\dfrac{a_{y_{\mathrm{b}}\mathrm{m}}}{g\cos\theta_{\mathrm{m}}}\right) \end{cases} \tag{9.2}$$

其中，${}^{\mathrm{b}}\mathbf{a}_{\mathrm{m}} = [a_{x_{\mathrm{b}}\mathrm{m}} \quad a_{y_{\mathrm{b}}\mathrm{m}} \quad a_{z_{\mathrm{b}}\mathrm{m}}]^{\mathrm{T}}$ 表示加速度计 测量值。

另外，说明如下：

① 为了得到更精确的角度信息，需要消除加速度计的慢时变漂移。

② 如果机体振动很大，则 $a_{x_{\mathrm{b}}\mathrm{m}}$ 和 $a_{y_{\mathrm{b}}\mathrm{m}}$ 将被噪声严重污染，将进一步影响角度 θ_{m} 和 ϕ_{m} 的估计。因此，机体的减振很重要。

③ 式 (9.2) 的测量原理仅仅适用于桨盘水平的情况。在这种情况下，螺旋桨拉力 f 仅仅与 $o_{\mathrm{b}}z_{\mathrm{b}}$ 轴平行，而没有在 $o_{\mathrm{b}}x_{\mathrm{b}}$ 和 $o_{\mathrm{b}}y_{\mathrm{b}}$ 轴上产生分力。然而，在桨盘倾斜的情况下（见图 3.6），螺旋桨拉力将在 $o_{\mathrm{b}}x_{\mathrm{b}}$、$o_{\mathrm{b}}y_{\mathrm{b}}$ 和 $o_{\mathrm{b}}z_{\mathrm{b}}$ 轴上都产生分力。这时，比力表示为

$$\begin{bmatrix} a_{x_{\mathrm{b}}} \\ a_{y_{\mathrm{b}}} \end{bmatrix} = \begin{bmatrix} -\dfrac{k_{\mathrm{drag}}}{m}v_{x_{\mathrm{b}}} - \dfrac{f_{x_{\mathrm{b}}}}{m} \\ -\dfrac{k_{\mathrm{drag}}}{m}v_{y_{\mathrm{b}}} - \dfrac{f_{y_{\mathrm{b}}}}{m} \end{bmatrix} \tag{9.3}$$

其中，$f_{x_{\mathrm{b}}}, f_{y_{\mathrm{b}}} \in \mathbb{R}_+$ 表示螺旋桨拉力分别在 $o_{\mathrm{b}}x_{\mathrm{b}}$ 和 $o_{\mathrm{b}}y_{\mathrm{b}}$ 轴上产生的分力。因此，低频的俯仰角和滚转角表示为

$$\begin{cases} \theta_{\mathrm{m}} = \arcsin\left(\dfrac{a_{x_{\mathrm{b}}\mathrm{m}} + \dfrac{f_{x_{\mathrm{b}}}}{m}}{g}\right) \\ \phi_{\mathrm{m}} = -\arcsin\left(\dfrac{a_{y_{\mathrm{b}}\mathrm{m}} + \dfrac{f_{y_{\mathrm{b}}}}{m}}{g\cos\theta_{\mathrm{m}}}\right) \end{cases} \tag{9.4}$$

其中，分力 $f_{x_{\mathrm{b}}}$ 和 $f_{y_{\mathrm{b}}}$ 的大小很难获得。如果按照式 (9.2) 求取 θ_{m} 和 ϕ_{m}，结果将出现偏差。

④ 考虑到低通滤波器 $H(s)$ 满足 $H(s)\approx 1$，因此只能得到低频的俯仰角和滚转角。文献 [3] 表明，一架质量为 $m=2.75\mathrm{kg}$ 的四旋翼，其阻力系数 $k_{\mathrm{drag}}=0.77$，利用加速度计估计姿态角，至少需要 10s 才能达到稳态的 95%。可见，该方法对于角度快速变化的情况不适用。在 9.3.2 节中，将考虑桨叶挥舞效应，得到一种更精确的俯仰角和滚转角测量方法 [3,4]。

2．偏航角测量原理

地磁场可以用图 9-1 所示的偶极子模型近似表示。可以看出，地球北半球的地磁场都是向下指北，地球南半球的地磁场都是向上指北，赤道处地磁场水平指北。总之，地磁场始终指向磁场北极，即地磁北极位置，但与正北方向大约有 11.5° 的偏差。在地磁北极附近的不同位置，可能与正北方向相差高达 25°，这种差异叫做**磁偏角**，可以通过与地理位置的对照表查找得到。精确找到正北的关键在于以下两个步骤 [5]。

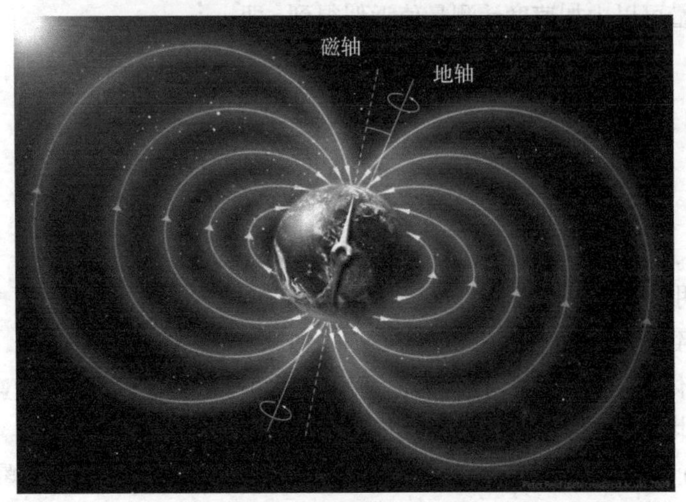

图 9-1　地磁场示意图（感谢爱丁堡大学 Peter Reid 提供图片）

（1）确定磁场方向在水平面的向量，求出方位角

假设磁力计测量值为 ${}^{\mathrm{b}}\mathbf{m}_{\mathrm{m}}=[m_{x_{\mathrm{b}}}\quad m_{y_{\mathrm{b}}}\quad m_{z_{\mathrm{b}}}]^{\mathrm{T}}$。考虑到磁力计可能不是水平放置，所以需要利用两轴倾角传感器测量得到的俯仰角与滚转角，将磁力计测量值投影到水平面。因此

$$\begin{cases}\overline{m}_{x_{\mathrm{e}}}=m_{x_{\mathrm{b}}}\cos\theta_{\mathrm{m}}+m_{y_{\mathrm{b}}}\sin\phi_{\mathrm{m}}\sin\theta_{\mathrm{m}}+m_{z_{\mathrm{b}}}\cos\phi_{\mathrm{m}}\sin\theta_{\mathrm{m}}\\ \overline{m}_{y_{\mathrm{e}}}=m_{y_{\mathrm{b}}}\cos\phi_{\mathrm{m}}-m_{z_{\mathrm{b}}}\sin\phi_{\mathrm{m}}\end{cases}\tag{9.5}$$

其中，$\overline{m}_{x_{\mathrm{e}}},\overline{m}_{y_{\mathrm{e}}}\in\mathbb{R}$ 表示磁力计读数在水平面的投影。定义 $\psi_{\mathrm{mag}}\in[0,2\pi]$，则

$$\psi_{\mathrm{mag}}=\begin{cases}\pi-\tan^{-1}\left(\dfrac{\overline{m}_{y_{\mathrm{e}}}}{\overline{m}_{x_{\mathrm{e}}}}\right), & \overline{m}_{x_{\mathrm{e}}}<0\\ 2\pi-\tan^{-1}\left(\dfrac{\overline{m}_{y_{\mathrm{e}}}}{\overline{m}_{x_{\mathrm{e}}}}\right), & \overline{m}_{x_{\mathrm{e}}}>0,\quad \overline{m}_{y_{\mathrm{e}}}>0\\ -\tan^{-1}\left(\dfrac{\overline{m}_{y_{\mathrm{e}}}}{\overline{m}_{x_{\mathrm{e}}}}\right), & \overline{m}_{x_{\mathrm{e}}}>0,\quad \overline{m}_{y_{\mathrm{e}}}<0\\ \pi/2, & \overline{m}_{x_{\mathrm{e}}}=0,\quad \overline{m}_{y_{\mathrm{e}}}<0\\ 3\pi/2, & \overline{m}_{x_{\mathrm{e}}}=0,\quad \overline{m}_{y_{\mathrm{e}}}>0\end{cases}.$$

如果限定 $\psi_{\mathrm{mag}}\in[-\pi,\pi]$，则

$$\psi_{\mathrm{mag}}=\arctan2\left(\overline{m}_{y_{\mathrm{e}}},\overline{m}_{x_{\mathrm{e}}}\right).\tag{9.6}$$

当机头顺时针方向转动时，偏航角规定为正。该算法可以通过电子罗盘实现。电子罗盘主要包括三轴磁力计、两轴倾角传感器和微控制器。

（2）加上或减去磁偏角来修正偏航角

当多旋翼处于半自主控制模式时，可以将地球固连坐标系 $o_{\mathrm{e}}x_{\mathrm{e}}$ 轴指向本地磁场方向，如图 9-2 所示。可以看出，本地磁场偏西，但是对于飞控手的遥控没有影响。当处于全自主控制模式时，为了与地球的经纬度一致，需要将 $o_{\mathrm{e}}x_{\mathrm{e}}$ 轴指向正北。这时，需要在已知磁场方位上加上或减去磁偏角，修正到正北方向。图 9-3 是 2015 年世界磁偏角等值线分布图。比如，北京磁偏角约为 6° 偏西，因此在北京磁场方向加上 6° 的磁偏角，才能找到正北方。

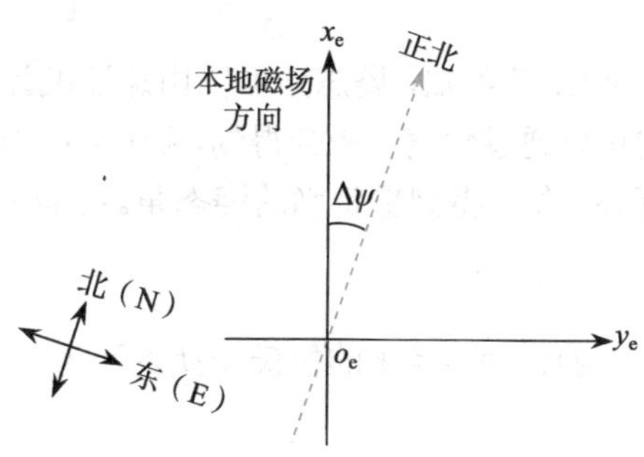

图 9-2 本地磁场和正北方向

除了磁力计外，大尺寸多旋翼可以使用带双天线的 GPS 接收系统来估计偏航角，这两个天线分别安装在机头和机尾。然而，由于受到 GPS 接收机测量精度的限制，这种方法很难应用在小尺寸多旋翼上。因此，偏航角测量主要依靠磁力计。

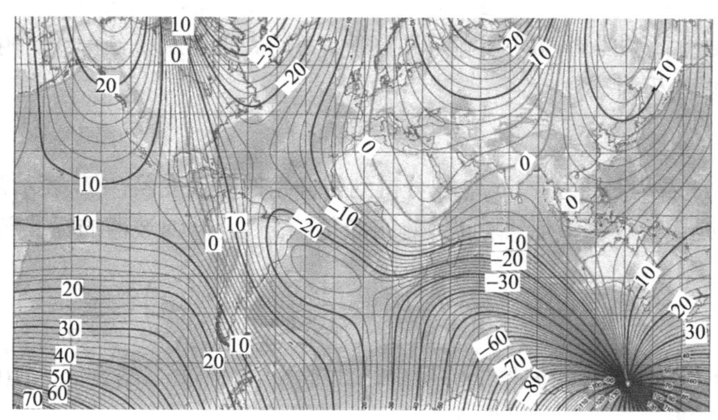

图 9-3 2015 年世界磁偏角分布图（图片源于 http://www.ngdc.noaa.gov/geomag/WMM/image.shtml）

9.1.2 线性互补滤波器

1. 模型

根据式 (5.5)，姿态变化率 $\dot{\theta}$、$\dot{\phi}$、$\dot{\psi}$ 与角速度 ${}^{\mathrm{b}}\boldsymbol{\omega}$ 有如下关系：

$$\begin{bmatrix}\dot{\phi}\\ \dot{\theta}\\ \dot{\psi}\end{bmatrix}=\begin{bmatrix}1 & \tan\theta\sin\phi & \tan\theta\cos\phi\\ 0 & \cos\phi & -\sin\phi\\ 0 & \sin\phi/\cos\theta & \cos\phi/\cos\theta\end{bmatrix}\begin{bmatrix}\omega_{x_{\mathrm{b}}}\\ \omega_{y_{\mathrm{b}}}\\ \omega_{z_{\mathrm{b}}}\end{bmatrix}. \tag{9.7}$$

由于多旋翼工作过程中的 θ 和 ϕ 很小，则上式近似为

$$\begin{bmatrix} \dot{\phi} \\ \dot{\theta} \\ \dot{\psi} \end{bmatrix} \approx \begin{bmatrix} \omega_{x_\mathrm{b}} \\ \omega_{y_\mathrm{b}} \\ \omega_{z_\mathrm{b}} \end{bmatrix}. \tag{9.8}$$

由 9.1.1 节可知，姿态角可以由加速度计 和磁力计测量得到，漂移小，但噪声大。姿态角也可以通过角速度积分得到，噪声小，但是漂移大。互补滤波器的基本思想是利用各自的互补特征，得到更精确的姿态角。下面以俯仰角为例，详细推导线性互补滤波器。

2．俯仰角

俯仰角 $\theta \in \mathbb{R}$ 的拉氏变换表示为

$$\theta(s) = \frac{1}{\tau s+1}\theta(s) + \frac{\tau s}{\tau s+1}\theta(s) \tag{9.9}$$

其中，$1/(1+\tau s)$ 表示低通滤波器的传递函数；$\tau \in \mathbb{R}_+$ 表示时间常数；$\tau s/(1+\tau s) = 1-(1+\tau s)^{-1}$ 表示高通滤波器的传递函数。考虑到加速度计测量得到的俯仰角无漂移，但噪声大，为了简便，俯仰角测量值建模为

$$\theta_\mathrm{m} = \theta + n_\theta \tag{9.10}$$

其中，$n_\theta \in \mathbb{R}$ 表示高频噪声，θ表示俯仰角真值。考虑到角速度积分得到的俯仰角噪声小，但漂移大，可以建模为

$$\frac{\omega_{y_\mathrm{b}\mathrm{m}}(s)}{s} = \theta(s) + c\frac{1}{s} \tag{9.11}$$

其中，$\omega_{y_\mathrm{b}\mathrm{m}}(s)/s$ 表示对角速率 $\omega_{y_\mathrm{b}\mathrm{m}}$ 积分得到俯仰角的拉氏变换，c/s 表示常值漂移的拉氏变换，$\omega_{y_\mathrm{b}\mathrm{m}}$ 是陀螺仪测量值。因此针对俯仰角，线性互补滤波器的标准形式表示为

$$\hat{\theta}(s) = \frac{1}{\tau s+1}\theta_\mathrm{m}(s) + \frac{\tau s}{\tau s+1}\left(\frac{1}{s}\omega_{y_\mathrm{b}\mathrm{m}}(s)\right). \tag{9.12}$$

下面将给出线性互补滤波器能够精确估计姿态角的解释。结合式 (9.10) 和式 (9.11)，将式 (9.12) 整理为

$$\hat{\theta}(s) = \theta(s) + \left(\frac{1}{\tau s+1}n_\theta(s) + \frac{\tau s}{\tau s+1}c\frac{1}{s}\right) \tag{9.13}$$

可以看出，高频噪声 n_θ 通过低通滤波器 $1/(1+\tau s)$ 基本上衰减为 0，而低频信号 c/s 通过高通滤波器 $\tau s/(1+\tau s)$ 也基本衰减为 0。因此可以认为，$\hat{\theta}(s) \approx \theta(s)$。在整个过程中，低通滤波器将 θ_m 无漂移的优势保留下来，而高通滤波器将 $\omega_{y_\mathrm{b}\mathrm{m}}(s)/s$ 噪声小的优势保留下来。整个流程如图 9-4 所示。

为了用计算机实现滤波器算法 (9.12)，需要将滤波器转换为离散时间差分形式。通过一阶向后差分法 [6,pp275-322]，将 s 表示为 $s = \left(1-z^{-1}\right)/T_\mathrm{s}$，其中 $T_\mathrm{s} \in \mathbb{R}_+$ 表示滤波器采用的采样周期。这时，式 (9.12) 变为

$$\hat{\theta}(z) = \frac{1}{\tau\frac{1-z^{-1}}{T_\mathrm{s}}+1}\theta_\mathrm{m}(z) + \frac{\tau}{\tau\frac{1-z^{-1}}{T_\mathrm{s}}+1}\omega_{y_\mathrm{b}\mathrm{m}}(z). \tag{9.14}$$

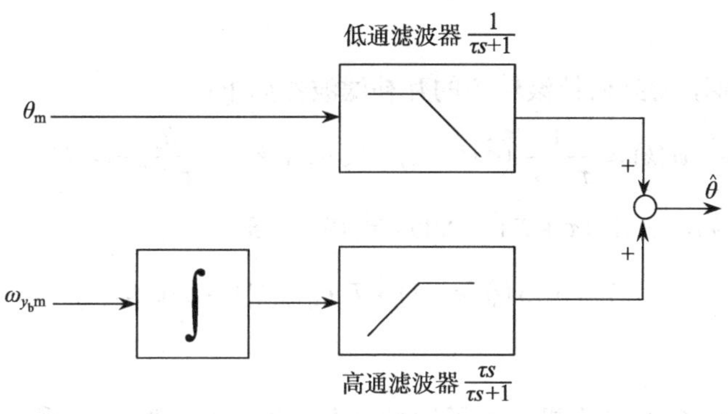

图 9-4 互补滤波器结构

将上式转化为离散时间差分形式，得到

$$\hat{\theta}(k)=\frac{\tau}{\tau+T_s}\left(\hat{\theta}(k-1)+T_s\omega_{y_b m}(k)\right)+\frac{T_s}{\tau+T_s}\theta_m(k). \tag{9.15}$$

如果取 $\tau/(\tau+T_s)=0.95$，则 $T_s/(\tau+T_s)=0.05$。这样，俯仰角的互补滤波器写成

$$\hat{\theta}(k)=0.95\left(\hat{\theta}(k-1)+T_s\omega_{y_b m}(k)\right)+0.05\theta_m(k). \tag{9.16}$$

为此，我们做了一个验证实验，即利用 Pixhawk 自驾仪采集的数据，结合互补滤波器 (9.16) 来估计俯仰角。实验结果如图 9-5 所示，acc、wx 和 cf 分别表示利用加速度估计的俯仰角、角速度直接积分后的俯仰角和互补滤波后的俯仰角。不难看出，通过互补滤波器，可以得到准确、平滑的俯仰角估计值，而对角速度直接积分的结果发散。除了采用一阶向后差分法来离散化之外，还可以选择其他差分方法，如双线性变换方法（也叫突斯汀变换）。

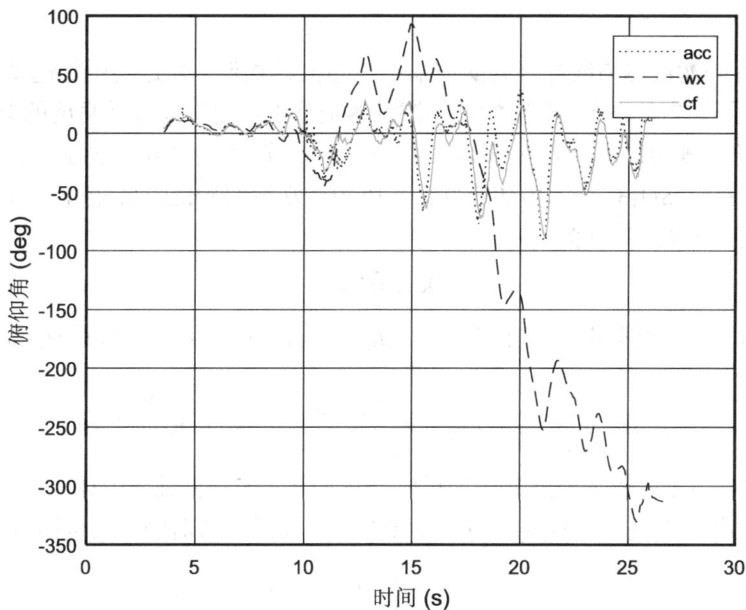

图 9-5 线性互补滤波器估计俯仰角实验结果

3. 滚转角

与俯仰角类似，得到估计滚转角的互补滤波器如下：

$$\hat{\phi}(k)=\frac{\tau}{\tau+T_{\mathrm{s}}}\left(\hat{\phi}(k-1)+T_{\mathrm{s}}\omega_{x_{\mathrm{b}}\mathrm{m}}(k)\right)+\frac{T_{\mathrm{s}}}{\tau+T_{\mathrm{s}}}\phi_{\mathrm{m}}(k). \tag{9.17}$$

取 $\tau/(\tau+T_{\mathrm{s}})=0.95$，则 $T_{\mathrm{s}}/(\tau+T_{\mathrm{s}})=0.05$。式 (9.17) 变为

$$\hat{\phi}(k)=0.95\left(\hat{\phi}(k-1)+T_{\mathrm{s}}\omega_{x_{\mathrm{b}}\mathrm{m}}(k)\right)+0.05\phi_{\mathrm{m}}(k). \tag{9.18}$$

4. 偏航角

偏航角可以由 GPS 接收机和电子罗盘提供，分别表示为 ψ_{GPS} 和 ψ_{mag}。一种简单的方法是定义偏航角 ψ_{m} 为两者的加权和，即

$$\psi_{\mathrm{m}}=\left(1-\alpha_{\psi}\right)\psi_{\mathrm{GPS}}+\alpha_{\psi}\psi_{\mathrm{mag}} \tag{9.19}$$

其中，$\alpha_{\psi}\in[0,1]$ 是加权因子。考虑到电子罗盘和陀螺仪的采样频率高于 GPS 接收机，可以采取以下方式获取偏航角：

$$\psi_{\mathrm{m}}(k)=\begin{cases}\left(1-\alpha_{\psi}\right)\psi_{\mathrm{GPS}}(k)+\alpha_{\psi}\psi_{\mathrm{mag}}(k), & \psi_{\mathrm{GPS}}\text{更新时}\\ \psi_{\mathrm{mag}}(k), & \text{其他}.\end{cases} \tag{9.20}$$

得到ψ_{m}之后，得到偏航角估计为

$$\hat{\psi}(k)=\frac{\tau}{\tau+T_{\mathrm{s}}}\left(\hat{\psi}(k-1)+T_{\mathrm{s}}\omega_{z_{\mathrm{b}}\mathrm{m}}(k)\right)+\frac{T_{\mathrm{s}}}{\tau+T_{\mathrm{s}}}\psi_{\mathrm{m}}(k). \tag{9.21}$$

取 $\tau/(\tau+T_{\mathrm{s}})=0.95$，则 $T_{\mathrm{s}}/(\tau+T_{\mathrm{s}})=0.05$。偏航角的互补滤波器表示为

$$\hat{\psi}(k)=0.95\left(\hat{\psi}(k-1)+T_{\mathrm{s}}\omega_{z_{\mathrm{b}}\mathrm{m}}(k)\right)+0.05\psi_{\mathrm{m}}(k). \tag{9.22}$$

9.1.3 非线性互补滤波器

非线性互补滤波器与线性互补滤波器的思想大体相似，都是利用加速度计和陀螺仪的互补特征，不同之处在于，非线性互补滤波器是基于角速度和旋转角度的非线性关系。

作如下符号规定：$\mathbf{R}\in SO(3)$表示实际的旋转矩阵，$\hat{\mathbf{R}}\in SO(3)$ 表示互补滤波器得到的旋转矩阵，$\mathbf{R}_{\mathrm{m}}\in SO(3)$ 表示由加速度计和磁力计观测得到的旋转矩阵，$\tilde{\mathbf{R}}\in SO(3)$ 表示 $\mathbf{R}_{\mathrm{m}}$ 与 $\hat{\mathbf{R}}$ 之间的误差，定义为

$$\tilde{\mathbf{R}}=\hat{\mathbf{R}}^{\mathrm{T}}\mathbf{R}_{\mathrm{m}} \tag{9.23}$$

其中，矩阵 $\mathbf{R}_{\mathrm{m}}$ 可以根据式 (5.9) 和得到的 $(\theta_{\mathrm{m}},\phi_{\mathrm{m}},\psi_{\mathrm{m}})$ 来获取，也可以根据以下优化问题得到：

$$\mathbf{R}_{\mathrm{m}}=\arg\min_{\mathbf{R}\in SO(3)}\left(\lambda_1\left\|\mathbf{e}_3-\mathbf{R}\frac{{}^{\mathrm{b}}\mathbf{a}_{\mathrm{m}}}{\|{}^{\mathrm{b}}\mathbf{a}_{\mathrm{m}}\|}\right\|+\lambda_2\left\|\mathbf{v}_{\mathrm{m}}^{*}-\mathbf{R}\frac{{}^{\mathrm{b}}\mathbf{m}_{\mathrm{m}}}{\|{}^{\mathrm{b}}\mathbf{m}_{\mathrm{m}}\|}\right\|\right) \tag{9.24}$$

其中，${}^{\mathrm{b}}\mathbf{a}_{\mathrm{m}}\in\mathbb{R}^3$ 表示三轴加速度计的测量值；${}^{\mathrm{b}}\mathbf{m}_{\mathrm{m}}\in\mathbb{R}^3$ 表示三轴磁力计的测量值；$\mathbf{v}_{\mathrm{m}}^{*}\in\mathbb{R}^3$ 表示已知的当地磁场方向；$\lambda_1,\lambda_2\geqslant 0$ 为调节权重，根据传感器的可信度而定。定义

$$\mathbf{x}\triangleq\left[\begin{array}{ccc}x_1 & x_2 & x_3\end{array}\right]^{\mathrm{T}}\in\mathbb{R}^3,[\mathbf{x}]_{\times}\triangleq\left[\begin{array}{ccc}0 & -x_3 & x_2\\ x_3 & 0 & -x_1\\ -x_2 & x_1 & 0\end{array}\right],\mathrm{vex}\left([\mathbf{x}]_{\times}\right)\triangleq\mathbf{x}. \tag{9.25}$$

根据非线性互补滤波器的原理，旋转矩阵可以按照如下形式的滤波器得到：

$$\dot{\hat{\mathbf{R}}} = \left[\mathbf{R}_{\mathrm{m}}{}^{\mathrm{b}}\boldsymbol{\omega}_{\mathrm{m}} + k_p\hat{\mathbf{R}}\boldsymbol{\xi}\right]_{\times}\hat{\mathbf{R}} \tag{9.26}$$

其中，$\boldsymbol{\xi} \triangleq \mathrm{vex}\left(\frac{1}{2}\left(\tilde{\mathbf{R}} - \tilde{\mathbf{R}}^{\mathrm{T}}\right)\right)$，$k_p \in \mathbb{R}_+$ 为反馈增益。实际过程中，陀螺仪测量的角速度存在漂移，因此需要估计漂移量并消除。这时，滤波器设计为

$$\left\{\begin{array}{l} \dot{\hat{\mathbf{R}}} = \left[\mathbf{R}_{\mathrm{m}}\left({}^{\mathrm{b}}\boldsymbol{\omega}_{\mathrm{m}} - \hat{\mathbf{b}}_{\mathrm{g}}\right) + k_p\hat{\mathbf{R}}\boldsymbol{\xi}\right]_{\times}\hat{\mathbf{R}} \\ \dot{\hat{\mathbf{b}}}_{\mathrm{g}} = -k_i\boldsymbol{\xi} \end{array}\right. \tag{9.27}$$

其中，$k_i, k_p \in \mathbb{R}_+$。该算法具体的证明过程可参考文献 [2]。根据得到的旋转矩阵，按照式 (5.11) 给出的方法反解出姿态角。

9.1.4 卡尔曼滤波器

从 9.1.3 节可以看出，非线性互补滤波器所用的状态量有 9 维，甚至高达 12 维，而且参数选取不能保证最优。为此，考虑采用卡尔曼滤波器来估计姿态角 [7]。根据式 (5.9)，选取矩阵 $\left(\mathbf{R}_{\mathrm{b}}^{\mathrm{e}}\right)^{\mathrm{T}}$ 的第三列作为状态变量 $\mathbf{x} \in \mathbb{R}^3$，即

$$\mathbf{x} = \begin{bmatrix} -\sin\theta \\ \sin\phi\cos\theta \\ \cos\phi\cos\theta \end{bmatrix}. \tag{9.28}$$

为了简便，令 $\mathbf{R} = \mathbf{R}_{\mathrm{b}}^{\mathrm{e}}$。由于旋转矩阵 $\mathbf{R}$ 满足 $\dot{\mathbf{R}} = \mathbf{R}\left[{}^{\mathrm{b}}\boldsymbol{\omega}\right]_{\times}$，则 $\dot{\mathbf{R}}^{\mathrm{T}} = -\left[{}^{\mathrm{b}}\boldsymbol{\omega}\right]_{\times}\mathbf{R}^{\mathrm{T}}$。于是，过程模型表示为

$$\dot{\mathbf{x}} = -\left[{}^{\mathrm{b}}\boldsymbol{\omega}\right]_{\times}\mathbf{x} \tag{9.29}$$

其观测模型为

$$\mathbf{C}^{\mathrm{T}} \cdot {}^{\mathrm{b}}\mathbf{a}_{\mathrm{m}} = -g\mathbf{C}^{\mathrm{T}}\mathbf{x} + \mathbf{n}_{\mathrm{a}} \tag{9.30}$$

其中，$\mathbf{C} = \left[\,\mathbf{I}_2 \quad \mathbf{0}_{2\times1}\,\right]^{\mathrm{T}} \in \mathbb{R}^{3\times2}$，$\mathbf{n}_{\mathrm{a}} \in \mathbb{R}^2$ 是噪声。进一步，结合式 (7.23) 和式 (7.24)，考虑陀螺仪的漂移，卡尔曼滤波器的过程模型可表示为

$$\left\{\begin{array}{l} \dot{\mathbf{x}} = -\left[{}^{\mathrm{b}}\boldsymbol{\omega}_{\mathrm{m}} - \mathbf{b}_{\mathrm{g}} - \mathbf{n}_{\mathrm{g}}\right]_{\times}\mathbf{x} \\ \dot{\mathbf{b}}_{\mathrm{g}} = \mathbf{n}_{\mathbf{b}_{\mathrm{g}}} \end{array}\right. \tag{9.31}$$

其观测模型为

$$\mathbf{C}^{\mathrm{T}} \cdot {}^{\mathrm{b}}\mathbf{a}_{\mathrm{m}} = -g\mathbf{C}^{\mathrm{T}}\mathbf{x} + \mathbf{n}_{\mathrm{a}}. \tag{9.32}$$

通过卡尔曼滤波器可以得到状态变量 $\mathbf{x}$ 的估计，进一步得到 $\hat{\theta}$ 和 $\hat{\phi}$，而偏航角可以通过其他方式估计。

式 (5.51) 给出了四元数变化率与机体角速度的线性关系，结合卡尔曼滤波器，可以估计姿态角。卡尔曼滤波器的模型建立如下：

$$\dot{\mathbf{q}} = \frac{1}{2}\begin{bmatrix} 0 & -{}^{\mathrm{b}}\boldsymbol{\omega}^{\mathrm{T}} \\ {}^{\mathrm{b}}\boldsymbol{\omega} & -\left[{}^{\mathrm{b}}\boldsymbol{\omega}\right]_{\times} \end{bmatrix}\mathbf{q} \tag{9.33}$$

其观测方程建立如下：

$$\mathbf{q}_{\mathrm{m}} = \mathbf{q} + \mathbf{n}_{\mathrm{q}} \tag{9.34}$$

其中，$\mathbf{q}_{\mathrm{m}}$ 在获得 $\hat{\theta}_{\mathrm{m}}$、$\hat{\phi}_{\mathrm{m}}$ 和 $\hat{\psi}_{\mathrm{m}}$ 之后根据式 (5.45) 得到，$\mathbf{n}_{\mathrm{q}} \in \mathbb{R}^4$ 被认为是噪声向量。

9.2 位置估计

位置信息包括二维位置和高度信息，对于多旋翼导航十分重要。GPS 接收机、摄像机、气压计和激光测距仪等都能提供位置信息。由于单一传感器仅能提供部分信息，而且大多数时候这些信息的噪声很大，因此需要利用信息融合技术来获取更精确的位置信息。本节将简要介绍两种常见的位置估计方法，即基于 GPS 的位置估计和基于 SLAM 的位置估计。

9.2.1 基于 GPS 的位置估计

基于 GPS 的位置估计常常使用 IMU、GPS 接收机和气压计。卡尔曼滤波器结合多旋翼运动学模型，融合不同传感器的信息来估计位置。

定义多旋翼的绝对位置为${}^{\mathrm{e}}\mathbf{p} \triangleq [p_{x_{\mathrm{e}}} \quad p_{y_{\mathrm{e}}} \quad p_{z_{\mathrm{e}}}]^{\mathrm{T}} \in \mathbb{R}^3$，其在地球固连坐标系中的速度为 ${}^{\mathrm{e}}\mathbf{v} \in \mathbb{R}^3$。除了这些状态变量之外，还包括加速度计和气压计的偏移。这些偏移都是简单的高斯随机游走过程。这时忽略速度和角速度的交叉项，其过程模型为

$$\begin{cases} {}^{\mathrm{e}}\dot{\mathbf{p}} &= {}^{\mathrm{e}}\mathbf{v} \\ {}^{\mathrm{e}}\dot{\mathbf{v}} &= \mathbf{R}\left({}^{\mathrm{b}}\mathbf{a}_{\mathrm{m}} - \mathbf{b}_{\mathrm{a}} - \mathbf{n}_{\mathrm{a}}\right) + g\mathbf{e}_3 \\ \dot{\mathbf{b}}_{\mathrm{a}} &= \mathbf{n}_{\mathbf{b}_{\mathrm{a}}} \\ \dot{b}_{d_{\mathrm{baro}}} &= n_{b_{d_{\mathrm{baro}}}} \end{cases} \tag{9.35}$$

其中，$\mathbf{b}_{\mathrm{a}} \in \mathbb{R}^3$ 和 $b_{d_{\mathrm{baro}}} \in \mathbb{R}$ 分别是加速度和高度的偏移。

GPS 接收机能够提供二维位置信息，气压计能够提供高度信息，根据第 7 章所述传感器测量模型，其观测模型为

$$\begin{cases} p_{x\mathrm{GPS}} = p_{x_{\mathrm{e}}} + n_{p_{x\mathrm{GPS}}} \\ p_{y\mathrm{GPS}} = p_{y_{\mathrm{e}}} + n_{p_{y\mathrm{GPS}}} \\ d_{\mathrm{baro}} = -p_{z_{\mathrm{e}}} + b_{d_{\mathrm{baro}}} + n_{d_{\mathrm{baro}}} \end{cases} \tag{9.36}$$

其中，$\left(p_{x\mathrm{GPS}}, p_{y\mathrm{GPS}}\right)$ 是 GPS 接收机测量的二维位置，$d_{\mathrm{baro}} \in \mathbb{R}$ 是气压计测量的高度，$n_{p_x\mathrm{GPS}}$、$n_{p_y\mathrm{GPS}}$ 和 $n_{d_{\mathrm{baro}}} \in \mathbb{R}$ 是对应观测噪声。由于 GPS 接收机和气压计的采样频率不同，需要利用第 8 章所述多速率卡尔曼滤波器。实际环境中有很多因素会对信号接收产生干扰，造成 GPS 接收机丢星问题。7.7.1 节讲过，如果同时接收卫星数目少于 4 颗，GPS 接收机将无法定位。为了减少 GPS 接收机丢星对导航带来的影响，可以直接利用 GPS 伪距信息而非 GPS 接收机的二维位置，设计 GPS 和惯导的紧耦合卡尔曼滤波器 [8]。

9.2.2 基于 SLAM 的位置估计

SLAM（Simultaneous Localization And Mapping）也称为同步定位与建图技术。SLAM 问题可以描述为机器人在估计自身位置的同时建造未知环境的增量式地图，实现机器人的自主定位和导航。相关文献可以参考 [9] 和 [10]。SLAM 技术可以基于不同类型的传感器，包括距离传感器，如超声波测距仪和激光扫描测距仪，也可以基于方位传感器，如摄像机等；也有一些传感器融合的方案，如融合距离传感器和三维摄像机等方位传感器。表 9-1 和表 9-2 给出了一些 SLAM 系统和相关数据库，以帮助读者更好理解。

对于多旋翼，下面简要介绍基于激光的 SLAM 和基于单目视觉的 SLAM 算法。

1. 基于激光的 SLAM

表 9-1 中提到的大部分算法多适用于二维平面环境中的机器人，而多旋翼仅仅适合某些特殊条件。比如，要求多旋翼定高飞行，特别是在走廊类型的空间中飞行，即要求空间的水平截面是相同的，这样才能应用二维 SLAM 算法。在文献 [11] 中，利用扩展卡尔曼滤波器实现二维激光 SLAM 系统，利用地面机器人的平面运动，实时更新机器人的位置和地图地标。在实际应用中，需要考虑姿态变化导致的扫描平面非水平现象，文献 [12] 为多旋翼提供了一种补偿姿态变化的算法。如果飞行空间增大，需要重建地图，存储的地图地标会更多，计算量变得更复杂。这也是目前 SLAM 一个具有挑战性的问题。如果多旋翼在复杂的三维空间飞行，则需要采用三维 SLAM 算法，可以采用三维激光扫描仪或者激光雷达（LiDAR），通过扩展二维 SLAM 算法得到三维 SLAM 算法 [13,14]。相比全自主飞行，定点悬停飞行的难度要小得多，因为存储的地图地标较少。

例如，利用现有的维多利亚公园数据 ①，结合二维激光 SLAM 算法，进行 MATLAB 仿真实验，具体源代码可以在文献 [15] 中下载，实验结果如图 9-6 所示。图中，圆点代表地图地标，线条代表运动估计的轨迹。利用 IMU 和二维激光扫描仪的数据，不断地检测、更新地图地标位置，进一步跟踪定位。

2. 基于单目视觉的 SLAM

单目视觉 SLAM 包括两个核心步骤：跟踪和建图。在跟踪过程中，根据场景的结构信息求取摄像机位置与姿态；而在建图过程中，根据求取的摄像机位置与姿态重建场景的三维结构。跟踪和建图任务交替进行，跟踪依赖于建图得到的场景结构信息，建图反过来依赖于跟踪求取的运动信息。这种方法称为连续帧 SLAM。2007 年，文献 [16] 中提出单目视觉 SLAM 算法，即用单个摄像头进行同步定位与建图，其文章和源代码可以在文献 [17] 中下载。摄像机往往是在三维结构已知的场景中运动，因此建图任务对于实时性的要求并不高。另外，得益于多核 CPU 和并行运算技术，运算能力大幅提升，进一步使得将跟踪和建图任务分别用两个线程单独处理的思路成为可能。它们在双核处理器中以不同频率运行，跟踪线程高频地工作，以保证实时性，而建图线程低频地工作来获取高精度的场景结构，使得摄像机跟踪算法的鲁棒性和精确性显著提升。这种方法称为关键帧 SLAM。2007 年，文献 [18] 首次提出了一套完善的利用关键帧 SLAM 算法的系统 PTAM（Parallel Tracking And Mapping，并行跟踪与建图），相关源代码可以在文献 [19] 中下载。正因其更好的性能，

① http://www-personal.acfr.usyd.edu.au/nebot/victoria_park.htm

表 9-1　开源 SLAM 算法

作者	描　述	网　址
CyrillStachniss, Udo Frese, Giorgio Grisetti	OpenSLAM：一个提供给 SLAM 研究者分享自己算法的平台	http://openslam.org
Kai O. Arras	用于机器人定位与建图的 MATLAB 工具箱	http://www.cas.kth.se/toolbox
Tim Bailey	利用 MATLAB 实现 EKF、UKF、FastSLAM 1 和 FastSLAM 2 等算法	https://openslam.informatik.uni-freiburg.de/bailey-slam.html
Mark A. Paskin	利用细化节点树滤波实现 Java 和 MATLAB 混合编程的 SLAM 算法	http://ai.stanford.edu/~paskin/slam
Andrew Davison	提供 SLAM 算法设计与实现的开源 C++ 库	http://www.doc.ic.ac.uk/~ajd/Scene/index.html
Jose Neira	提供简单的 SLAM 模拟器	http://webdiis.unizar.es/~neira/software/slam/slamsim.htm
Dirk Hahnel	用 C 语言实现基于网格的 FastSLAM	http://dblp.uni-trier.de/pers/hd /h/H=auml= hnel:Dirk.html
Various authors	来自 2002 年在瑞典举办的 SLAM 主题暑期学校时候的 MATLAB 代码	http://www.cas.kth.se/SLAM/ schedule.html

表 9-2　SLAM 相关数据库

名称	描　述	网　址
Robotic 3D Scan Repository	机器人实验中的三维点云数据，机器人运行的日志文件以及机器人技术社区的标准三维数据集	http://kos.informatik.uni-osnabrueck.de/3Dscans/
KITTI Vision Benchmark Suite	针对自动驾驶平台的大量室外数据集	http://www.cvlibs.net/datasets/kitti/index.php
Radish (The Robotics Data Set Repository)	来自真实和模拟实验的标准机器人数据集，包括环境地图	http://radish.sourceforge.net
IJRR (The International Journal of Robotics Research)	IJRR 提供研究文章的相关网页，其中包含大量的结果数据和视频	http://www.ijrr.org

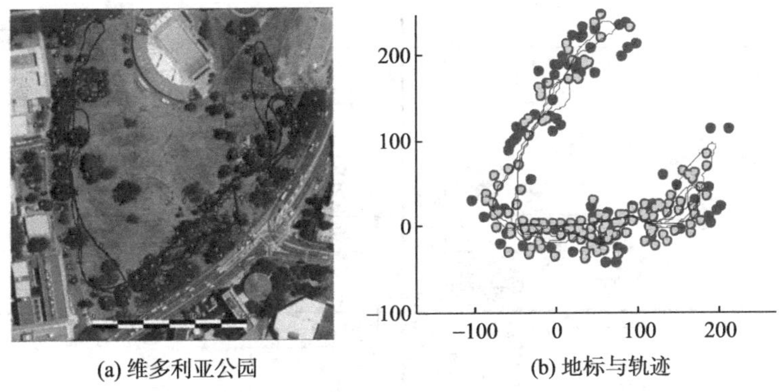

(a) 维多利亚公园 (b) 地标与轨迹

图 9-6 激光 SLAM 实验结果

目前微小型无人机多采用关键帧 SLAM 或者 PTAM 技术。文献 [20] 采用 1.6GHz 英特尔凌动处理器和像素为 752×480 的单目摄像机实现了 PTAM 技术，建图过程可以达到 10Hz。本节结合网上的开源代码，在乌班图系统下运行 PTAM 算法，利用双核处理器处理 640×480 像素的灰度图像。当摄像机平稳运动时，可以达到很好的效果。

图 9-7 为初始化平面，利用两个关键帧之间的点匹配关系优化出一个虚拟平面。图中的小圆点都是场景获得的地标点。这些点构成了地图，每帧处理都会有新的地标点更新。图 9-8 所示为 PTAM 算法运行过程中所构建的地图。可以看出，地图由很多点组成，这些就是运动过程中稳定跟踪的匹配点对。另外，用相互垂直的三轴坐标系表示摄像机的姿态。实验中，摄像机运动轨迹大致为椭圆，由图 9-8 可以看出，摄像机位姿得到了较好地估计。然而，在一些极端情况，如遮挡或者相机运动速度快的情况下，PTAM 方法可能会计算超出时限，从而失效。

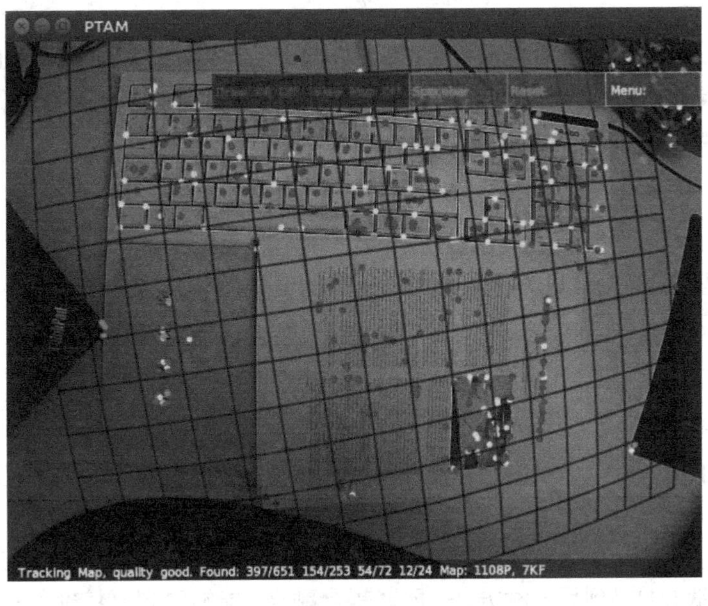

图 9-7 PTAM 算法初始平面

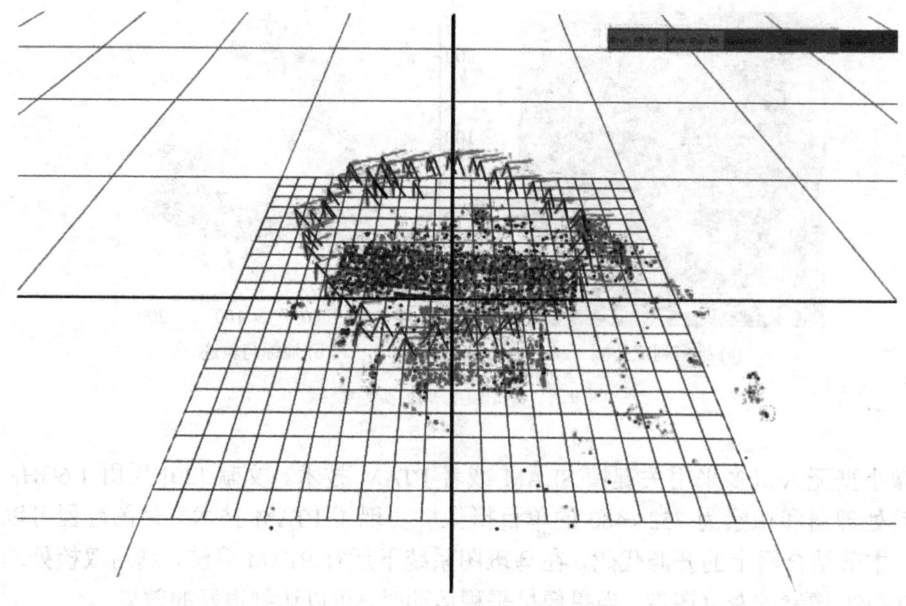

图 9-8 PTAM 算法更新的地图

单目视觉系统无法获得绝对尺度信息，但是可以结合 IMU 和高度传感器，通过卡尔曼滤波器，将摄像机的运动信息恢复。以文献 [20]为例，建立卡尔曼滤波器的过程模型②如下：

$$\begin{cases} \dot{p}_{z_\mathrm{e}} = v_{z_\mathrm{e}} \\ \dot{v}_{z_\mathrm{e}} = a_{z_\mathrm{e}\mathrm{m}} + n_{a_{z_\mathrm{e}}} + g \\ \dot{\lambda} = n_\lambda \\ \dot{b}_{d_\mathrm{baro}} = n_{b_{d_\mathrm{baro}}} \end{cases} \tag{9.37}$$

其中，$p_{z_\mathrm{e}}, v_{z_\mathrm{e}}, \lambda, b_{d_\mathrm{baro}} \in \mathbb{R}$ 分别表示高度、高度方向上的速度、尺度因子和气压计偏移，$n_{a_{z_\mathrm{e}}}$，$n_\lambda, n_{b_{d_\mathrm{baro}}} \in \mathbb{R}$ 表示相应的高斯噪声。一般来说，加速度计只提供机体坐标系下的加速度信息，要得到地球固连坐标系下的加速度，可采用

$$a_{z_\mathrm{e}\mathrm{m}} = -\sin\theta \cdot a_{x_\mathrm{b}\mathrm{m}} + \sin\phi\cos\theta \cdot a_{y_\mathrm{b}\mathrm{m}} + \cos\phi\cos\theta \cdot a_{z_\mathrm{b}\mathrm{m}}. \tag{9.38}$$

假设 SLAM 提供的高度信息为 $p_{z\mathrm{SLAM}}$，气压表的读数为 d_baro。因此，卡尔曼滤波器的观测模型为

$$\begin{cases} p_{z\mathrm{SLAM}} = \lambda \cdot p_{z_\mathrm{e}} + n_{p_z\mathrm{SLAM}} \\ d_\mathrm{baro} = -p_{z_\mathrm{e}} + b_{d_\mathrm{baro}} + n_{d_\mathrm{baro}} \end{cases} \tag{9.39}$$

在低空或者室内环境中，可以用超声波测量高度信息，数据更准确，进而得到的尺度因子也更准确。

以上所述其实是一种**松耦合**的解决方法，单独利用视觉处理模块解决尺度意义上的位姿估计。文献 [21]提到另一种方法，即**紧耦合**融合，能够得到更精确鲁棒的估计。

② 在本书中，重力方向定义为沿着 $o_\mathrm{e}z_\mathrm{e}$ 轴正方向，因此本式与文献 [20] 中的有区别。

9.3 速度估计

对于多旋翼，飞行安全至关重要，这就要求能够在任何情况下都能实现精确鲁棒的速度估计。速度反馈能够增加阻尼，多旋翼悬停稳定性和操控性需要保证。在不同的情况下，常用的速度估计方法有 SLAM、GPS 和光流。也有研究者考虑多旋翼的特性，基于气动阻力模型来估计速度。本节主要介绍基于光流的速度估计和基于气动阻力模型的速度估计方法。

9.3.1 基于光流的速度估计方法

1. 光流

如图 9-9 所示，**光流**是视域中由于摄像机和场景的相对运动导致观测目标、表面或边缘的表观运动模式。图像序列有助于对瞬时图像速度或离散图像位移进行估计。

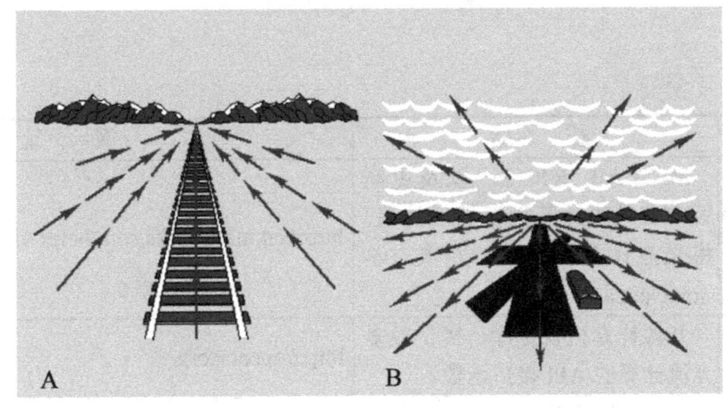

图 9-9 光流示意图（图片源于 James Jerome Gibson 的书籍《The Ecological Approach to Visual Perception》。A 图表示远离群山时的光流，B 图表示靠近群山时的光流）

假定图像点 (x,y) 在 t 时刻的灰度为 $I(x,y,t)\in\mathbb{R}$，经过时间间隔 $\mathrm{d}t$ 后，两帧图像中对应点的坐标位置分别变化 $\mathrm{d}x$ 和 $\mathrm{d}y$。因此，给出如下亮度一致性约束方程：

$$I(x+\mathrm{d}x,y+\mathrm{d}y,t+\mathrm{d}t)=I(x,y,t). \tag{9.40}$$

假设图像运动足够缓慢，可以将上式左边在 (x,y,t) 处进行泰勒级数展开，即

$$I(x+\mathrm{d}x,y+\mathrm{d}y,t+\mathrm{d}t)=I(x,y,t)+\frac{\partial I}{\partial x}\mathrm{d}x+\frac{\partial I}{\partial y}\mathrm{d}y+\frac{\partial I}{\partial t}\mathrm{d}t+\varepsilon \tag{9.41}$$

其中，$\varepsilon\in\mathbb{R}$ 是关于 $\mathrm{d}x$、$\mathrm{d}y$ 和 $\mathrm{d}t$ 的二阶及更高阶项。由于忽略 ε，根据式 (9.40) 和式 (9.41)，得到

$$\frac{\partial I}{\partial x}\mathrm{d}x+\frac{\partial I}{\partial y}\mathrm{d}y+\frac{\partial I}{\partial t}\mathrm{d}t=0 \tag{9.42}$$

整理得到

$$I_x v_x+I_y v_y+I_t=0 \tag{9.43}$$

其中，$v_x\triangleq \mathrm{d}x/\mathrm{d}t$，$v_y\triangleq \mathrm{d}y/\mathrm{d}t$ 分别表示图像点 (x,y) 在 t 时刻的光流在 x 和 y 方向上的分量，$I_x\triangleq\partial I/\partial x$，$I_y\triangleq\partial I/\partial y$，$I_t\triangleq\partial I/\partial t$ 分别表示图像灰度相对于 (x,y,t) 的偏导。式 (9.43)

也叫**光流约束方程**，它将图像灰度的时空梯度与光流两个分量联系起来，是所有基于梯度的光流计算方法的基础。

约束方程 (9.43) 中存在两个未知量，因此不能唯一确定光流。这种不确定性问题称为光流法中的**孔径问题**。如图 9-10 所示，条纹矩形平板以对角移动、垂直移动或水平移动（也就是 A、B、C 三种不同的运动），通过小孔的观测结果都相同。因此，为了得到光流信息，需要增加其他约束条件。常见的光流计算方法有 Horn-Schunck 方法 [22]、Lucas-Kanade 方法 [23] 和鲁棒计算方法。现在有很多计算机视觉相关的工具箱或开源库，里面有大量计算光流场的工具箱或者应用程序接口，应用起来简单、方便，具体如表 9-3 所示。

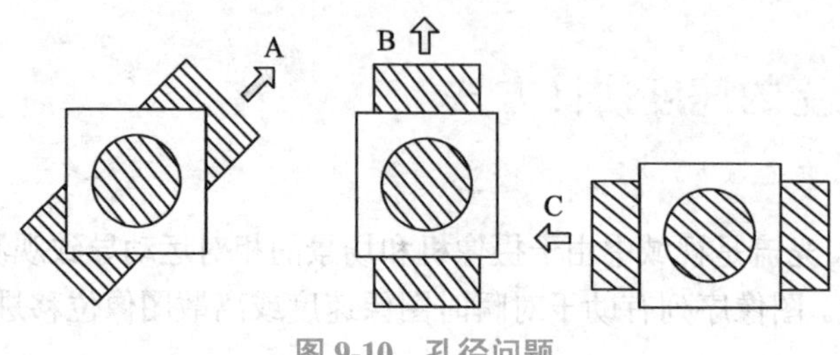

图 9-10　孔径问题

表 9-3　光流计算相关工具箱

工具箱	描　述	网　址
Computer Vision System Toolbox	MATLAB R2012a 以及更高版本自带的计算机视觉工具箱，将光流计算封装成一个类 vision.OpticalFlow	http://cn.mathworks.com/help/ vision/index.html
OpenCV	开源计算机视觉库，提供很多光流计算的 API 接口函数	http://opencv.org
Machine Vision Toolbox	侧重机器视觉、三维视觉方面的视觉工具箱	http://www.petercorke.com/Ma chine_Vision_Toolbox.html
VLFeat	计算机视觉/图像处理开源项目，使用 C 语言编写，提供 C 语言和 MATLAB 两种接口，实现大量计算机视觉算法	http://www.vlfeat.org/download. html
Peter Kovesi′s Toolbox	全部由 MATLAB 的 m 文件实现计算机视觉算法，支持 Octave	http://www.peterkovesi.com/ matlabfns

2. 基于光流的速度估计

建立如图 9-11 所示的坐标系，其中 d_{sonar}表示相机中心 o_{b} 距离地面点 $\mathbf{p}$ 的距离，点 $\mathbf{p}$ 所处的平面是 $x_{\text{e}}o_{\text{e}}y_{\text{e}}$。单目摄像机固连于飞行器质心，镜头垂直于机身向下安装。为了简便，假设摄像机坐标系与机体坐标系重合，用 $o_{\text{b}}x_{\text{b}}y_{\text{b}}z_{\text{b}}$ 表示，地面近似为平面，记为 $p_{z_{\text{e}}}=0$。

令 ${}^{\text{b}}\mathbf{p}\triangleq[p_{x_{\text{b}}}\quad p_{y_{\text{b}}}\quad p_{z_{\text{b}}}]^{\text{T}}$ 表示机体坐标系下地面点 $\mathbf{p}$ 的坐标，其归一化图像坐标为

$$\bar{\mathbf{p}}\triangleq\begin{bmatrix}\bar{p}_x\\ \bar{p}_y\end{bmatrix}=\begin{bmatrix}\dfrac{p_{x_{\text{b}}}}{p_{z_{\text{b}}}}\\ \dfrac{p_{y_{\text{b}}}}{p_{z_{\text{b}}}}\end{bmatrix}. \tag{9.44}$$

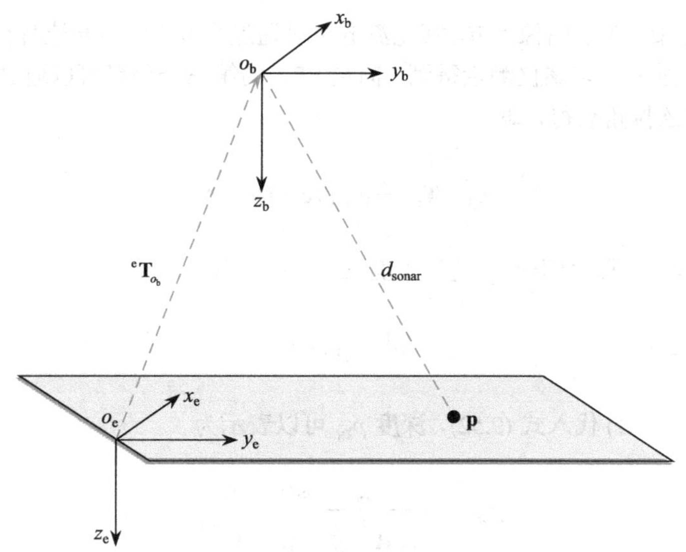

图 9-11 机体坐标系 $o_bx_by_bz_b$ 和惯性坐标系 $o_ex_ey_ez_e$ 下的点 $\mathbf{p}$

进一步，等号两边对时间求导，得到

$$\begin{bmatrix} \dot{\bar{p}}_x \\ \dot{\bar{p}}_y \end{bmatrix} = \begin{bmatrix} \dfrac{\dot{p}_{x_b} - \bar{p}_x \dot{p}_{z_b}}{p_{z_b}} \\ \dfrac{\dot{p}_{y_b} - \bar{p}_y \dot{p}_{z_b}}{p_{z_b}} \end{bmatrix}. \tag{9.45}$$

由于地面点 $\mathbf{p}$ 满足

$${}^{e}\mathbf{p} = \mathbf{R} \cdot {}^{b}\mathbf{p} + {}^{e}\mathbf{T}_{o_b} \tag{9.46}$$

而且 ${}^{e}\mathbf{p}$ 为常数，那么对式 (9.46) 求导，得到

$$\mathbf{0}_{3\times 1} = \dot{\mathbf{R}} \cdot {}^{b}\mathbf{p} + \mathbf{R} \cdot {}^{b}\dot{\mathbf{p}} + {}^{e}\mathbf{v} \tag{9.47}$$

其中，${}^{e}\dot{\mathbf{T}}_{o_b} = {}^{e}\mathbf{v}$。旋转矩阵 $\mathbf{R}$ 满足 $\dot{\mathbf{R}} = \mathbf{R} \cdot \left[{}^{b}\boldsymbol{\omega}\right]_{\times}$，式 (9.47) 变为

$${}^{b}\dot{\mathbf{p}} = -{}^{b}\mathbf{v} - \left[{}^{b}\boldsymbol{\omega}\right]_{\times} \cdot {}^{b}\mathbf{p} \tag{9.48}$$

其中，${}^{b}\mathbf{v} = \mathbf{R}^{\mathrm{T}} \cdot {}^{e}\mathbf{v}$。将式 (9.48) 进一步整理为

$$\begin{cases} \dot{p}_{x_b} = -v_{x_b} - \omega_{y_b} p_{z_b} + \omega_{z_b} p_{y_b} \\ \dot{p}_{y_b} = -v_{y_b} - \omega_{z_b} p_{x_b} + \omega_{x_b} p_{z_b} \\ \dot{p}_{z_b} = -v_{z_b} - \omega_{x_b} p_{y_b} + \omega_{y_b} p_{x_b}. \end{cases} \tag{9.49}$$

将式 (9.49) 代入式 (9.45)，可得

$$\underbrace{\begin{bmatrix} \dot{\bar{p}}_x \\ \dot{\bar{p}}_y \end{bmatrix}}_{\dot{\bar{\mathbf{p}}}} = \underbrace{\frac{1}{p_{z_b}} \begin{bmatrix} -1 & 0 & \bar{p}_x \\ 0 & -1 & \bar{p}_y \end{bmatrix}}_{\mathbf{A}(\bar{\mathbf{p}})} {}^{b}\mathbf{v} + \underbrace{\begin{bmatrix} \bar{p}_x\bar{p}_y & -\left(1+\bar{p}_x^2\right) & \bar{p}_y \\ \left(1+\bar{p}_y^2\right) & -\bar{p}_x\bar{p}_y & -\bar{p}_x \end{bmatrix}}_{\mathbf{B}(\bar{\mathbf{p}})} {}^{b}\boldsymbol{\omega}. \tag{9.50}$$

在式 (9.50) 中，对于图像点 $\bar{\mathbf{p}}$，其光流 $\dot{\bar{\mathbf{p}}}$ 可以通过表 9-3 中的光流解算方法获得，角速度 ${}^{\mathrm{b}}\boldsymbol{\omega}$ 可以通过三轴陀螺仪测量得到，向量 ${}^{\mathrm{e}}\mathbf{T}_{o_{\mathrm{b}}}$ 的第三个分量可以通过超声波测距仪测量值 d_{sonar} 和欧拉角获得，即

$$\mathbf{e}_3^{\mathrm{T}} \cdot {}^{\mathrm{e}}\mathbf{T}_{o_{\mathrm{b}}} = d_{\mathrm{sonar}} \cos\theta \cos\phi \tag{9.51}$$

其中，$\mathbf{e}_3 = [0 \quad 0 \quad 1]^{\mathrm{T}}$。由于点 $\mathbf{p}$ 处于平面 $x_{\mathrm{e}}o_{\mathrm{e}}y_{\mathrm{e}}$ 中，则

$$\mathbf{e}_3^{\mathrm{T}} \cdot {}^{\mathrm{e}}\mathbf{p} = 0. \tag{9.52}$$

将式 (9.46) 和式 (9.51) 代入式 (9.52)，深度 $p_{z_{\mathrm{b}}}$ 可以表示为

$$p_{z_{\mathrm{b}}} = -\frac{d_{\mathrm{sonar}} \cos\theta \cos\phi}{\mathbf{e}_3^{\mathrm{T}} \mathbf{R} \begin{bmatrix} \bar{p}_x & \bar{p}_y & 1 \end{bmatrix}^{\mathrm{T}}}. \tag{9.53}$$

假设 $M \in \mathbb{Z}_+$ 个点对应的 $\left(\bar{\mathbf{p}}_i, \dot{\bar{\mathbf{p}}}_i\right)$（$i = 1, 2, \cdots, M$）。根据式 (9.50)，关于 ${}^{\mathrm{b}}\mathbf{v}$ 的方程为

$$\underbrace{\begin{bmatrix} \dot{\bar{\mathbf{p}}}_1 \\ \vdots \\ \dot{\bar{\mathbf{p}}}_M \end{bmatrix}}_{\bar{\mathbf{p}}_a} = \underbrace{\begin{bmatrix} \mathbf{A}(\bar{\mathbf{p}}_1) \\ \vdots \\ \mathbf{A}(\bar{\mathbf{p}}_M) \end{bmatrix}}_{\mathbf{A}_a} \cdot {}^{\mathrm{b}}\mathbf{v} + \underbrace{\begin{bmatrix} \mathbf{B}(\bar{\mathbf{p}}_1) \\ \vdots \\ \mathbf{B}(\bar{\mathbf{p}}_M) \end{bmatrix}}_{\mathbf{B}_a} \cdot {}^{\mathrm{b}}\boldsymbol{\omega}. \tag{9.54}$$

这时，${}^{\mathrm{b}}\mathbf{v}$ 的估计采用以下方式得到

$${}^{\mathrm{b}}\hat{\mathbf{v}} = \left(\mathbf{A}_a^{\mathrm{T}} \mathbf{A}_a\right)^{-1} \mathbf{A}_a^{\mathrm{T}} \left[\bar{\mathbf{p}}_a - \mathbf{B}_a \left({}^{\mathrm{b}}\boldsymbol{\omega}_{\mathrm{m}} - \hat{\mathbf{b}}_{\mathrm{g}}\right)\right] \tag{9.55}$$

其中，${}^{\mathrm{b}}\boldsymbol{\omega}_{\mathrm{m}} - \hat{\mathbf{b}}_{\mathrm{g}}$ 为消除偏移后的角速度。

至此，可以通过光流估计出多旋翼速度，但是需要考虑如下 4 个问题：① 由于摄像机、高度传感器和陀螺仪的采样周期常常不同，需要考虑时间对准问题；② 镜头畸变带来的问题；③ 地面不平整或背景在移动等问题；④ 光流误匹配的处理。

9.3.2 基于气动阻力模型的速度估计方法

本节将介绍基于气动阻力模型的速度估计，根据 6.2.2 节的模型 (6.32)，得到多旋翼气动阻力模型为

$$\begin{cases} \dot{v}_{x_{\mathrm{b}}} = -g\sin\theta - \dfrac{k_{\mathrm{drag}}}{m} v_{x_{\mathrm{b}}} + n_{\mathrm{a}_x} \\ \dot{v}_{y_{\mathrm{b}}} = g\cos\theta\sin\phi - \dfrac{k_{\mathrm{drag}}}{m} v_{y_{\mathrm{b}}} + n_{\mathrm{a}_y} \end{cases} \tag{9.56}$$

其中，$n_{\mathrm{a}_x}, n_{\mathrm{a}_y} \in \mathbb{R}$ 表示相应的噪声，$\dot{v}_{x_{\mathrm{b}}}, \dot{v}_{y_{\mathrm{b}}} \in \mathbb{R}$ 表示在机体坐标系下的加速度。这里忽略了速度与角速度的交叉项。结合陀螺仪测量模型 (7.23)、式 (7.24) 以及式 (9.56)，建立卡

尔曼滤波器的过程模型：

$$
\begin{cases}
\dot{\phi} &= (\omega_{x_\mathrm{b}\mathrm{m}} - b_{\mathrm{g}_x} - n_{\mathrm{g}_x}) + \left(\omega_{y_\mathrm{b}\mathrm{m}} - b_{\mathrm{g}_y} - n_{\mathrm{g}_y}\right)\tan\theta\sin\phi + (\omega_{z_\mathrm{b}\mathrm{m}} - b_{\mathrm{g}_z} - n_{\mathrm{g}_z})\tan\theta\cos\phi \\
\dot{\theta} &= \left(\omega_{y_\mathrm{b}\mathrm{m}} - b_{\mathrm{g}_y} - n_{\mathrm{g}_y}\right)\cos\phi - (\omega_{z_\mathrm{b}\mathrm{m}} - b_{\mathrm{g}_z} - n_{\mathrm{g}_z})\sin\phi \\
\dot{b}_{\mathrm{g}_x} &= n_{b_{\mathrm{g}_x}} \\
\dot{b}_{\mathrm{g}_y} &= n_{b_{\mathrm{g}_y}} \\
\dot{b}_{\mathrm{g}_z} &= n_{b_{\mathrm{g}_z}} \\
\dot{v}_{x_\mathrm{b}} &= -g\sin\theta - \dfrac{k_{\mathrm{drag}}}{m}v_{x_\mathrm{b}} + n_{\mathrm{a}_x} \\
\dot{v}_{y_\mathrm{b}} &= g\cos\theta\sin\phi - \dfrac{k_{\mathrm{drag}}}{m}v_{y_\mathrm{b}} + n_{\mathrm{a}_y}.
\end{cases}
\tag{9.57}
$$

以上模型中，角速度的真值采用如下模型表示：

$$
{}^{\mathrm{b}}\boldsymbol{\omega} = {}^{\mathrm{b}}\boldsymbol{\omega}_{\mathrm{m}} - \mathbf{b}_{\mathrm{g}} - \mathbf{n}_{\mathrm{g}} \tag{9.58}
$$

其中，$\mathbf{b}_{\mathrm{g}} \triangleq [b_{\mathrm{g}_x} \quad b_{\mathrm{g}_y} \quad b_{\mathrm{g}_z}]^{\mathrm{T}}$，$\mathbf{n}_{\mathrm{g}} \triangleq [n_{\mathrm{g}_x} \quad n_{\mathrm{g}_y} \quad n_{\mathrm{g}_z}]^{\mathrm{T}}$，$\mathbf{n}_{\mathbf{b}_{\mathrm{g}}} \triangleq [n_{b_{\mathrm{g}_x}} \quad n_{b_{\mathrm{g}_y}} \quad n_{b_{\mathrm{g}_z}}]^{\mathrm{T}}$。

观测模型为

$$
\begin{cases}
a_{x_\mathrm{b}\mathrm{m}} = -\dfrac{k_{\mathrm{drag}}}{m}v_{x_\mathrm{b}} + n_{\mathrm{a}_x\mathrm{m}} \\
a_{y_\mathrm{b}\mathrm{m}} = -\dfrac{k_{\mathrm{drag}}}{m}v_{y_\mathrm{b}} + n_{\mathrm{a}_y\mathrm{m}}
\end{cases}
\tag{9.59}
$$

其中，$a_{x_\mathrm{b}\mathrm{m}}$ 和 $a_{y_\mathrm{b}\mathrm{m}}$分别表示加速度计 在 $o_\mathrm{b}x_\mathrm{b}$ 和 $o_\mathrm{b}y_\mathrm{b}$轴上的比力，$n_{\mathrm{a}_x\mathrm{m}}$ 和 $n_{\mathrm{a}_y\mathrm{m}}$ 为相应的噪声。该方法具体可参考文献 [4]。以上模型是非线性的，需要采用扩展卡尔曼滤波器。文献 [3] 给出了更简单的线性模型，如下所示：

$$
\begin{cases}
\dot{\phi} &= \omega_{x_\mathrm{b}\mathrm{m}} - b_{\mathrm{g}_x} - n_{\mathrm{g}_x} \\
\dot{\theta} &= \omega_{y_\mathrm{b}\mathrm{m}} - b_{\mathrm{g}_y} - n_{\mathrm{g}_y} \\
\dot{b}_{\mathrm{g}_x} &= n_{b_{\mathrm{g}_x}} \\
\dot{b}_{\mathrm{g}_y} &= n_{b_{\mathrm{g}_y}} \\
\dot{v}_{x_\mathrm{b}} &= -g\theta - \dfrac{k_{\mathrm{drag}}}{m}v_{x_\mathrm{b}} + n_{\mathrm{a}_x} \\
\dot{v}_{y_\mathrm{b}} &= g\phi - \dfrac{k_{\mathrm{drag}}}{m}v_{y_\mathrm{b}} + n_{\mathrm{a}_y}
\end{cases}
\tag{9.60}
$$

其中，模型 (9.57) 中的高阶小项被忽略了。根据式 (9.59)，相应的观测模型为

$$
\begin{cases}
a_{x_\mathrm{b}\mathrm{m}} = -\dfrac{k_{\mathrm{drag}}}{m}v_{x_\mathrm{b}} + n_{\mathrm{a}_x\mathrm{m}} \\
a_{y_\mathrm{b}\mathrm{m}} = -\dfrac{k_{\mathrm{drag}}}{m}v_{y_\mathrm{b}} + n_{\mathrm{a}_y\mathrm{m}}.
\end{cases}
\tag{9.61}
$$

上述滤波器模型是线性的，可以使用卡尔曼滤波器。文献 [3] 中的实验表明，该滤波器可以获得更精确的俯仰角和滚转角，还能实时获取速度信息。

目前，存在很多基于光流或者气动阻力模型的速度估计的方案。AR.Drone 是首次采用光流法估计速度的商业级多旋翼产品，而且考虑到气动阻力模型。在文献 [24] 中仅仅

用这样一段话描述 ③:“当加速度计等惯导标定后，采用互补滤波器估计姿态和消除陀螺仪的漂移；接着结合垂直动态观测器提供的速度和高度估计，消除漂移后的陀螺仪可以用来视觉速度估计；通过视觉得到的速度又进一步用来消除加速度计的漂移，从而提高姿态估计的精确性；最终，利用消除漂移后的加速度计和气动模型来估计机体速度。”

为什么基于光流估计的速度只用于校正加速度，而不是作为最终的速度估计值？答案可能是基于光流的速度估计方法时间延迟相当小，但是估计结果对周围场景敏感，因此其估计结果不可靠。正如文献 [24] 中的图 2 所示，基于光流的速度估计值存在一些毛刺。为了不影响最终的速度估计值，基于光流的速度估计只用于校正加速度信息。接着，利用校正后的加速度信息与气动阻力模型来估计速度。在这种情况下，即使校正后的加速度信息有时不精确，或者没有及时更新，也能使用 IMU 来得到光滑的速度估计值。

9.4 障碍估计

避障在物体运动过程中十分重要，目前针对移动机器人和飞行器已经提出了一些避障方法。本节主要讨论基于光流原理进行避障 [25]，首先从光流信息中恢复碰撞时间，然后利用碰撞时间指导多旋翼避障。在计算碰撞时间之前，一般需要先计算延伸焦点。

9.4.1 延伸焦点计算

为了避障，首先需要计算碰撞时间来估计距离障碍物的相对深度。当前视摄像机平动时，光流图像上有这个特点：图像上的光流从延伸焦点开始向外发散，在延伸焦点处的光流为零，而其周围点光流都是向外扩散，且距离延伸焦点越远，光流越大；而且以延伸焦点所在的列为界，其左侧光流的水平分量向左，右侧光流的水平分量向右，如图 9-12 所示。

由式 (9.50) 可知，运动的平移分量和旋转分量产生的光流是线性可分的，并且场景的深度只与平移分量有关，与旋转分量无关。多旋翼的角速度可以通过陀螺仪获得，因此可以假设为已知，则运动方程 (9.50) 变为

$$\Delta\bar{\mathbf{p}} = \mathbf{A}(\bar{\mathbf{p}}) \cdot {}^{\mathrm{b}}\mathbf{v} \tag{9.62}$$

其中，

$$\Delta\bar{\mathbf{p}} \triangleq \dot{\bar{\mathbf{p}}} - \mathbf{B}(\bar{\mathbf{p}}) \cdot {}^{\mathrm{b}}\boldsymbol{\omega} \tag{9.63}$$

进一步，令 $\Delta\bar{\mathbf{p}} \triangleq [\Delta\bar{p}_x \quad \Delta\bar{p}_y]^{\mathrm{T}}$，整理式 (9.62)，得到

$$\frac{\Delta\bar{p}_x}{\Delta\bar{p}_y} = \frac{\bar{p}_x - c_x}{\bar{p}_y - c_y} \tag{9.64}$$

---

③ 原文为：After inertial sensors calibration, sensors are used inside a complementary filter to estimate the attitude and de-bias the gyros; the de-biased gyros are used for vision velocity information combined with the velocity and altitude estimates from a vertical dynamics observer; the velocity from the computer vision algorithm is used to de-bias the accelerometers, the estimated bias is used to increase the accuracy of the attitude estimation algorithm; eventually the de-biased accelerometer gives a precise body velocity from an aerodynamics model.

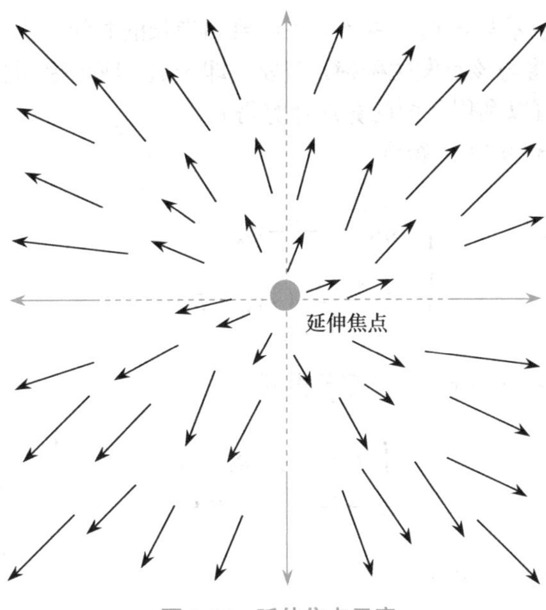

图 9-12 延伸焦点示意

其中，$c_x \triangleq v_{x_b}/v_{z_b}$，$c_y \triangleq v_{y_b}/v_{z_b}$，与图像点位置无关，点 (c_x, c_y) 就是延伸焦点。理论上，任意给定两组点 $(\Delta\bar{p}_{x,1}, \Delta\bar{p}_{y,1}, \bar{p}_{x,1}, \bar{p}_{y,1})$ 和 $(\Delta\bar{p}_{x,2}, \Delta\bar{p}_{y,2}, \bar{p}_{x,2}, \bar{p}_{y,2})$，根据式 (9.64) 可以确定延伸焦点。实际上，由于光流和角速度都可能带有一定噪声，因此需要通过多个点对应直线的共同交点来求解。假定 p_i（$i = 1, 2, \cdots, N$）为选定的点，则

$$\underbrace{\begin{bmatrix} \Delta\bar{p}_{y,1} & -\Delta\bar{p}_{x,1} \\ \Delta\bar{p}_{y,2} & -\Delta\bar{p}_{x,2} \\ \vdots & \vdots \\ \Delta\bar{p}_{y,N} & -\Delta\bar{p}_{x,N} \end{bmatrix}}_{\mathbf{A}} \begin{bmatrix} c_x \\ c_y \end{bmatrix} = \underbrace{\begin{bmatrix} \bar{p}_{x,1}\Delta\bar{p}_{y,1} - \bar{p}_{y,1}\Delta\bar{p}_{x,1} \\ \bar{p}_{x,2}\Delta\bar{p}_{y,2} - \bar{p}_{y,2}\Delta\bar{p}_{x,2} \\ \vdots \\ \bar{p}_{x,N}\Delta\bar{p}_{y,N} - \bar{p}_{y,N}\Delta\bar{p}_{x,N} \end{bmatrix}}_{\mathbf{b}}. \tag{9.65}$$

上式可以通过最小二乘法求解，得到

$$\begin{bmatrix} \hat{c}_x \\ \hat{c}_y \end{bmatrix} = \left(\mathbf{A}^{\mathrm{T}}\mathbf{A}\right)^{-1}\mathbf{A}^{\mathrm{T}}\mathbf{b}. \tag{9.66}$$

9.4.2 碰撞时间计算

一般来说，从单目图像序列中无法恢复场景的绝对深度，但是可以估计碰撞时间。碰撞时间是以时间单位表示的相对深度，场景中某一点的碰撞时间是指当飞行器保持当前的速度不变时到达该点所需要的时间。碰撞时间定义为

$$t_{\mathrm{TTC}} \triangleq \frac{p_{z_b}}{v_{z_b}}. \tag{9.67}$$

若某点的 t_{TTC} 较大，表示与该点发生碰撞还需要相当长的时间，可以不需采取避障动作。若 t_{TTC} 很小，表明即将与该点发生碰撞，需要立即规避，应该控制朝向 t_{TTC} 较大的方向运动。碰撞时间 t_{TTC}可以利用下面的算法计算得到。

结合式 (9.50) 和式 (9.63)，得到

$$\begin{cases} \Delta\overline{p}_x = \dfrac{1}{p_{z_\mathrm{b}}}\left(-v_{x_\mathrm{b}} + \overline{p}_x v_{z_\mathrm{b}}\right) \\ \Delta\overline{p}_y = \dfrac{1}{p_{z_\mathrm{b}}}\left(-v_{y_\mathrm{b}} + \overline{p}_y v_{z_\mathrm{b}}\right). \end{cases} \tag{9.68}$$

根据定义 $c_x \triangleq v_{x_\mathrm{b}}/v_{z_\mathrm{b}}$ 和 $c_y \triangleq v_{y_\mathrm{b}}/v_{z_\mathrm{b}}$，整理得到

$$\begin{cases} \Delta\overline{p}_x t_{\mathrm{TTC}} = \overline{p}_x - c_x \\ \Delta\overline{p}_y t_{\mathrm{TTC}} = \overline{p}_y - c_y \end{cases} \tag{9.69}$$

那么，t_{TTC} 的最小二乘解表示为

$$\hat{t}_{\mathrm{TTC}} = \sqrt{\frac{\left(\overline{p}_x - \hat{c}_x\right)^2 + \left(\overline{p}_y - \hat{c}_y\right)^2}{\Delta\overline{p}_x^2 + \Delta\overline{p}_y^2}} \tag{9.70}$$

其中，$(\hat{c}_x, \hat{c}_y)$ 是根据式 (9.66) 估计出来的延伸焦点坐标 (c_x, c_y)。

我们进行了真实实验来验证上述避障算法，实验采用的摄像机帧率为 30Hz。首先将 640×480 像素的灰度图像分割成 16×16 的网格，即只需跟踪 16×16 个方形网格点来确定光流场，可以简化运算。在光流得知的情况下计算求解延伸焦点，并实时在带有光流场的图片上显示，如图 9-13(a) 所示。可以看出，光流的方向大概一致，且远离延伸焦点的位置光流值较大。在延伸焦点和光流信息已知的情况下，可以求解每个点的碰撞时间，结果如图 9-13(b) 所示。在光流越大的位置处，其碰撞时间越小，说明距离越近，符合实际情况。然而，计算不总是与实际情况一致，在图中存在很多误匹配点对，因此基于光流避障的鲁棒性问题有待进一步研究。

(a) 光流

(b) 碰撞时间

图 9-13　光流及碰撞时间示意图

本章小结

状态估计是控制与决策的基础。实际上，它的问题更加复杂，有待深入研究。如果状态估计准确且鲁棒，控制器设计会变得非常简单，控制性能也会得到明显改观。目前，状态估计和环境感知仍然是多旋翼领域研究的热点，特别是以 SLAM 和光流方法为主流手段的视觉技术。从应用角度，人们希望视觉能帮助多旋翼更好地跟踪目标、避开障碍或者作为视觉里程计等 [26–28]。然而，视觉技术的鲁棒性是一个需要持久研究的问题。一种方法就是多传感器融合。

除了以上介绍的内容，状态估计还需要考虑更多实际问题 [29]：

① 处理性能。由于处理器运算能力有限，提供给状态估计的计算时间有限，如何高效利用计算资源是要考虑的首要问题。

② 异常数据。传感器失效或异常经常在多旋翼飞行过程中发生，如何在运动估计中检测并处理失效数据也是需要考虑的问题。APM 自驾仪中有 90% 的代码是在检测并处理这些异常数据。这也是一个可靠飞行控制系统应该具备的。

③ 测量延时。实际中，传感器的采样频率各不相同，也不可能是整倍数的关系。不仅如此，测量本身也存在未知延迟。

习题 9

9.1 式 (9.12) 给出了俯仰角的互补滤波器。通过一阶向后差分进行离散化处理后得到式 (9.14)。除一阶向后差分法外，还有其他方法，如双线性变换（也叫突斯汀方法）。在双线性变换中，$s=\dfrac{2}{T_{\rm s}}\dfrac{1-z^{-1}}{1+z^{-1}}$。请参考一阶向后差分方法的离散化差分形式推导过程，给出双线性变换的离散化差分形式。

9.2 自行从网站 http://rfly.buaa.edu.cn/course 下载 IMU 数据，用 C/C++/MATLAB 实现滚转角的互补滤波算法。

9.3 观测器的稳定性很重要。在 9.1.3 节中，式 (9.27) 给出了姿态角的非线性互补滤波。请参考文献 [2] 并证明该非线性互补滤波的稳定性。

9.4 9.2.1 节基于 GPS 的位置估计设计了卡尔曼滤波方程，但是其可观性未知。请参考第 8 章的可观性部分，验证该卡尔曼滤波方程的可观性。

9.5 请参考第 8 章，验证 9.2.2 节所述卡尔曼滤波方程 (9.37)~(9.39) 的可观性。

9.6 由于环境复杂，GPS 接收机丢星现象很常见。如果 GPS 接收机只能接收到少于 4 颗的卫星信号，GPS 定位失效。为了减少 GPS 接收机丢星造成的影响，考虑紧耦合卡尔曼滤波算法，请参考文献 [8] 并给出 GPS 接收机的紧耦合观测模型。

9.7 9.2.1 节采用 GPS 接收机和气压计来估计位置信息，但是实际中存在风干扰和丢星问题。请设计卡尔曼滤波器来估计高度。

9.8 下载网站 https://svn.openslam.org 上提供的 MATLAB 源程序和维多利亚公园数据，验证二维激光 SLAM 算法。

9.9　9.2.1 节给出了基于光流的速度估计原理。另外，直接光流法也能用于速度估计，请参考文献 [30] 并给出速度估计的具体步骤。

参考文献

[1] Jung D, Tsiotras P. Inertial attitude and position reference system development for a small UAV. In: AIAA Infortech at Aerospace 2007 Conference and Exhibit, Rohnert Park, California, 7-10 May, pp 2007-2763.

[2] Mahony R, Hamel T, Pflimlin J M. Nonlinear complementary filters on the special orthogonal group. IEEE Transactions on Automatic Control, 2008, 53(5): 1203-1218.

[3] Leishman R C, Macdonald J C, Beard R W, et al. Quadrotors and accelerometers: state estimation with an improved dynamic model. IEEE Control Systems Magazine, 2014, 34(1): 28-41.

[4] Abeywardena D, Kodagoda S, Dissanayake G, et al. Improved state estimation in quadrotor MAVs: a novel drift-free velocity estimator. IEEE Robotics and Automation Magazine, 2013, 20(4): 32-39.

[5] Caruso M J, Missous M. Applications of magnetoresistive sensors in navigation systems. Progress in Technology, 1998, 72: 159-168.

[6] Perdikaris G A. Computer controlled systems. Springer-Netherlands, Berlin, 1991.

[7] Kang C W, Park C G. Attitude estimation with accelerometers and gyros using fuzzy tuned Kalman filter. In: Pro. IEEE European Control Conference, Hungary, Aug, 2009, pp 3713-3718.

[8] Wendel J, Trommer G F. Tightly coupled GPS/INS integration for missile applications. Aerospace Science and Technology, 2004, 8(7): 627-634.

[9] Durrant-Whyte H, Bailey T. Simultaneous localization and mapping: part I. IEEE Robotics and Automation Magazine, 2006, 13(2): 99-110.

[10] Bailey T, Durrant-Whyte H. Simultaneous localization and mapping (SLAM): part II. IEEE Robotics and Automation Magazine, 2006, 13(3): 108-117.

[11] Riisgard S, Blas M R. SLAM for dummies: a tutorial approach to simultaneous localization and mapping [Online], available: ftp://revistafal.com/pub/alfredo/ROBOTICS/RatSLAM/1aslam_blas_repo.pdf, January 25, 2016.

[12] Wang F, Cui J Q, Chen B M, et al. A comprehensive UAV indoor navigation system based on vision optical flow and laser FastSLAM. Acta Automatica Sinica, 2013, 39(11): 1889-1899.

[13] Brenneke C, Wulf O, Wagner B. Using 3D laser range data for SLAM in outdoor environments. In: Pro. IEEE International Conference on Intelligent Robots and Systems. Las Vegas, USA: 2003, pp 188-193.

[14] Cole D M, Newman P M. Using laser range data for 3D SLAM in outdoor environments. In: Pro. IEEE International Conference on Robotics and Automation. Florida, USA: 2006, pp 1556-1563.

[15] Kim C, Sakthivel R, Chung W K. Unscented FastSLAM: a robust and efficient solution to the SLAM problem. IEEE Transactions on Robotics, 2008, 24(4): 808-820.

[16] Davison A J, Reid I D, Molton N D, et al. MonoSLAM: real-time single camera SLAM. IEEE Transactions on Pattern Analysis and Machine Intelligence, 2007, 29(6): 1052-1067.

[17] Andrew D. SceneLib Homepage [Online], available: http://www.doc.ic.ac.uk/~ajd/Scene/index.html, January 21, 2016.

[18] Klein G, Murray D. Parallel tracking and mapping for small AR workspaces. In: 6th IEEE and ACM International Symposium on Mixed and Augmented Reality, Nara, Japan: 2007, pp 225-234.

[19] Klein G. Parallel tracking and mapping for small AR workspaces-source code [Online], available:

http://www.robots.ox.ac.uk/~gk/PTAM/, January 21, 2016.

[20] Achtelik M, Achtelik M, Weiss S, et al. Onboard IMU and monocular vision based control for MAVs in unknown in-and outdoor environments. In: Pro. IEEE International Conference on Robotics and Automation. Shanghai, China: 2011, pp 3056-3063.

[21] Shen S J, Michael N, Kumar V. Tightly-coupled monocular visual-inertial fusion for autonomous flight of rotorcraft MAVs. In: IEEE International Conference on Robotics and Automation. Washington, USA: 2015, pp 5303-5310.

[22] Horn B K, Schunck B G. Determining optical flow. Artificial Intelligence, 1981, 17(1-3): 185-203.

[23] Lucas B D, Kanade T. An iterative image registration technique with an application to stereo vision. In: Pro. 7th International Joint Conference on Artificial Intelligence. Vancouver, BC, Canada: 1981, pp 674-679.

[24] Bristeau P J, Callou F, Vissière D, et al. The navigation and control technology inside the ar. drone micro uav. In: 18th IFAC World Congress. 2011, 18(1): 1477-1484.

[25] Green W E, Oh P Y. Optic-flow-based collision avoidance. IEEE Robotics and Automation Magazine, 2008, 15(1): 96-103.

[26] Nistér D, Naroditsky O, Bergen J. Visual odometry. In: Pro. IEEE Computer Society Conference on Computer Vision and Pattern Recognition. Washington, USA: 2004, pp 652-659.

[27] Scaramuzza D, Fraundorfer F. Visual odometry: part I - the first 30 years and fundamentals. IEEE Robotics and Automation Magazine, 2011, 18(4): 80-92.

[28] Fraundorfer F, Scaramuzza D. Visual odometry: part II - matching, robustness, and applications. IEEE Robotics and Automation Magazine, 2012, 19(2): 78-90.

[29] Riseborough P. Application of data fusion to aerial robotics [Online], available: http://thirty5tech.com/vid/watch/Z3Qpi1Rx6HM, January 21, 2016.

[30] Horn B K P, Weldon Jr E J. Direct methods for recovering motion. International Journal of Computer Vision, 1988, 2(1): 51-76.

第四篇 控制篇

第 10 章 Chapter 10
稳定性和可控性

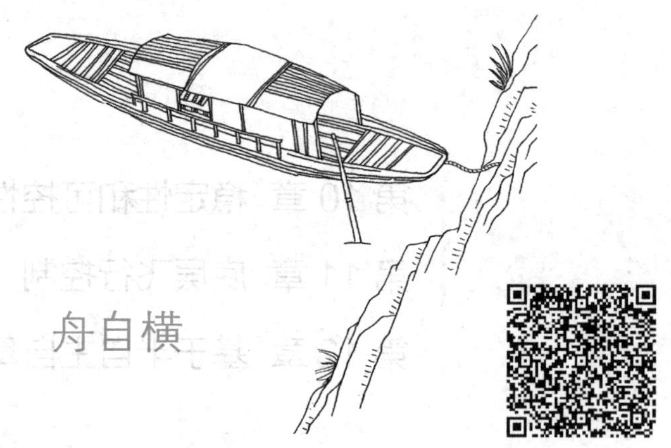

中国古人很早观察到了稳定性的现象。唐代诗人韦应物的《滁州西涧》：“春潮带雨晚来急，野渡无人舟自横。” 宋代诗人寇准的《春日登楼怀归》：“野水无人渡，孤舟尽日横”。两首诗都描绘了郊野的渡口拴着无人的小船，横在水里，随波荡漾。为什么在河中荡漾的船总是要横在河里呢?这里有一个稳定性问题。唐代诗人韦应物对船体稳定性问题的观察，比起西方精确描述的出现要早1200 多年。实验和理论分析表明，船底椭圆长轴与来流垂直时为稳定的平衡位置。因此，小船会自己“横”在水面。

稳定性和可控性是动态系统的基本属性。多旋翼飞行器在没有反馈控制时是不稳定的，因此需要自驾仪的控制来保证其稳定性，进而可以在没有外界控制输入的情况下实现自动悬停。然而，如果多旋翼在某平衡点处不可控，意味着自驾仪采用任何控制方法都无法实现平衡点的镇定控制。与一般系统不同的是，多旋翼飞行器的控制输入大小受到约束，而且其每组旋翼系统只能提供单一方向的拉力。在这种情况下，控制输入受到单一方向约束的系统的可控性称为**正可控性**。如果多旋翼系统不可控，意味着采用任何控制器（如容错/损控制器）都是徒劳的。可控性主要回答下列问题：多旋翼系统是否可控？然而，对于多旋翼飞行器来说，仅仅有可控性是不够的。为了更好地分析多旋翼系统的可控性，本章引入可控度的概念来定量化描述一个系统可控的程度。对于同样的系统，当控制约束变化时，其可控度随之改变。可控度可以辅助设计者选择合适的容错控制策略，也可以用来评估系统的抗风能力。

本章主要回答以下问题：

多旋翼为什么不稳定？多旋翼的可控度如何？

本章将主要从稳定性定义、稳定性判据、可控性的基本概念以及多旋翼可控性四方面进行介绍。

10.1 稳定性定义

图 10-1 给出了一个简单的例子来介绍稳定性。直观地，图 10-1(a) 所示的小球在底部是稳定的。如果小球不在底部，它会一直来回滚动，直到稳定在底部为止；图 10-1(b) 所示的小球在顶部是不稳定的，因为碰一下小球，它就会滚到底部，再也回不到顶部。在现实生活中还有其他稳定性，如社会稳定、经济稳定、运动员表现稳定等。那么，这些稳定是否有统一的定义呢？我们将在本节中给出答案。

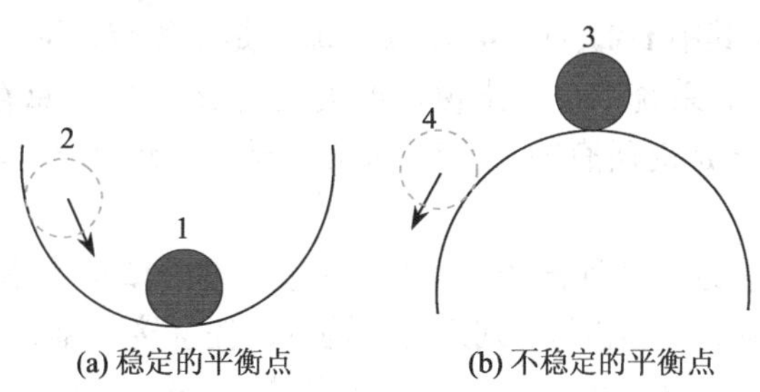

图 10-1 稳定和不稳定

这里，我们考虑动态系统关于**平衡点**的稳定性。稳定是关于平衡点的概念。例如，图 10-1 中的小球在位置 1 处是稳定的，而在位置 3 处是不稳定的。理论上，在位置 3 也可以把球放稳，但是球对扰动的鲁棒性差。这有点像把鸡蛋竖直立在桌子上的感觉。因为小球不能停留在位置 2 和位置 4，它们不是平衡点，所以讨论这两个位置处的稳定性没有意义。有了平衡点就可以讨论关于该平衡点的稳定性了。下面举例说明稳定性的内涵。社会稳定是指，假如百姓安居乐业被认为是一种平衡的社会状态，如果有人破坏它，这种破坏消失后，社会又能恢复成原来安居乐业的社会状态。同样，运动员表现稳定是指，该运动员训练时的竞技状态被认为是一种平衡的状态，无论场内外环境如何变化，他的表现与常规的竞技状态相差很小。而飞行器的稳定性是指，在外界干扰消失后，飞行器能自动恢复到原来平衡状态的特性。如果飞行器不能恢复到平衡点，说明飞行器是不稳定的。下面在以上概念的基础上，给出稳定性的严格定义。

一个带输入的非线性动态系统通常可以用如下非线性微分方程描述：

$$\dot{\mathbf{x}}=\mathbf{f}(t,\mathbf{x},\mathbf{u}) \tag{10.1}$$

其中，$\mathbf{x}\in\mathbb{R}^n$ 是状态，$\mathbf{u}\in\mathbb{R}^m$ 表示控制输入。实际中，控制输入 $\mathbf{u}$ 是状态 $\mathbf{x}$ 与时间 $t\in\mathbb{R}$ 的函数，表示为

$$\mathbf{u}=\mathbf{g}(t,\mathbf{x}). \tag{10.2}$$

根据式 (10.1) 和式 (10.2)，得到

$$\begin{aligned}\dot{\mathbf{x}}&=\mathbf{f}(t,\mathbf{x},\mathbf{g}(t,\mathbf{x}))\\&\triangleq\mathbf{f}_{\mathrm{c}}(t,\mathbf{x})\end{aligned} \tag{10.3}$$

其平衡点 $\mathbf{x}^*$ 必须满足下列方程：

$$\dot{\mathbf{x}}^*=\mathbf{f}_{\mathrm{c}}(t,\mathbf{x}^*)=\mathbf{0}_{n\times1} \tag{10.4}$$

因为不同系统的平衡点是不同的，为了统一，定义误差向量 $\tilde{\mathbf{x}}\triangleq\mathbf{x}-\mathbf{x}^*$，则

$$\dot{\tilde{\mathbf{x}}}=\tilde{\mathbf{f}}_{\mathrm{c}}(t,\tilde{\mathbf{x}}) \tag{10.5}$$

其中，$\tilde{\mathbf{f}}_{\mathrm{c}}(t,\tilde{\mathbf{x}})\triangleq\mathbf{f}_{\mathrm{c}}(t,\tilde{\mathbf{x}}+\mathbf{x}^*)-\mathbf{f}_{\mathrm{c}}(t,\mathbf{x}^*)$，满足 $\tilde{\mathbf{f}}_{\mathrm{c}}(t,\mathbf{0}_{n\times1})\equiv\mathbf{0}_{n\times1}$。系统 (10.5) 的平衡点为 $\tilde{\mathbf{x}}=\mathbf{0}_{n\times1}$。不失一般性，统一对形如

$$\dot{\mathbf{x}}=\mathbf{f}(\mathbf{x}) \tag{10.6}$$

的微分方程进行讨论，其中 $\mathbf{f}(\mathbf{0}_{n\times1})=\mathbf{0}_{n\times1}$，$\mathbf{x}=\mathbf{0}_{n\times1}$ 是平衡点，并且系统是**时不变系统**。

定义 10.1[1,p.48] 对系统 (10.6) 来说，如果任给 $R\in\mathbb{R}_+$，总存在 $r\in\mathbb{R}_+$，使得当 $\|\mathbf{x}(0)\|<r$ 时，$\|\mathbf{x}(t)\|<R$ 对所有的 $t\in\mathbb{R}_+$ 成立，那么平衡点 $\mathbf{x}=\mathbf{0}_{n\times1}$ 是**稳定**的，否则平衡点是**不稳定**的。

这个稳定性定义又称为李雅普诺夫意义上的稳定性，或称为**李雅普诺夫稳定**，表示只要系统初始状态与原点足够接近，则系统轨迹可以任意接近原点。

定义 10.2[1,p.50] 对系统 (10.6) 来说，如果平衡点 $\mathbf{x}=\mathbf{0}_{n\times1}$ 是稳定的，而且存在 $r\in\mathbb{R}_+$，使得当 $\|\mathbf{x}(0)\|<r$ 时，$\lim_{t\to\infty}\|\mathbf{x}(t)\|=0$，那么平衡点 $\mathbf{x}=\mathbf{0}_{n\times1}$ 称为**渐近稳定**的。

对于**定义 10.1**，系统轨迹可能收敛不到原点；而在**定义 10.2**下，初始状态靠近原点，则轨迹最终会收敛到原点。那么，轨迹如何收敛到原点呢？这样就有了定义 10.3。

定义 10.3[1,p.51] 对于系统 (10.6)，如果存在正数 $\alpha,\lambda\in\mathbb{R}_+$，使得 $\forall t\in\mathbb{R}_+,\|\mathbf{x}(t)\|\leqslant\alpha\|\mathbf{x}(0)\|e^{-\lambda t}$ 在原点的邻域内成立，那么平衡点 $\mathbf{x}=\mathbf{0}_{n\times1}$ 称为**指数稳定**的。

这三个定义的关系是：**定义 10.3** $\subset$ **定义 10.2** $\subset$ **定义 10.1**。局部稳定与初始状态相关，即与 $\|\mathbf{x}(0)\|<r$ 中的 $r\in\mathbb{R}_+$ 相关；而全局稳定与初始状态无关，或者说 $r=\infty$。

10.2　稳定性判据

10.2.1　多旋翼的稳定性

首先，根据式 (6.13) 中的姿态控制模型来分析多旋翼的姿态稳定性。因为 $-{}^{\mathrm{b}}\boldsymbol{\omega}\times\left(\mathbf{J}{}^{\mathrm{b}}\boldsymbol{\omega}\right)+\mathbf{G}_a$ 项影响较小，并且俯仰角和滚转角通常很小，因此姿态模型化简为

$$\begin{cases}\dot{\boldsymbol{\Theta}}={}^{\mathrm{b}}\boldsymbol{\omega}\\ {}^{\mathrm{b}}\dot{\boldsymbol{\omega}}=\mathbf{J}^{-1}\boldsymbol{\tau}\end{cases}\tag{10.7}$$

考虑到多旋翼的每个螺旋桨都固连在机体坐标系，在不存在主动控制的情况下，控制力矩不会改变。因此当控制力矩为零时，姿态控制模型 (10.7) 变为

$$\begin{cases}\dot{\boldsymbol{\Theta}}={}^{\mathrm{b}}\boldsymbol{\omega}\\ {}^{\mathrm{b}}\dot{\boldsymbol{\omega}}=\mathbf{0}_{3\times1}\end{cases}\tag{10.8}$$

那么，闭环系统可以表示为

$$\dot{\mathbf{z}}=\mathbf{A}\mathbf{z}\tag{10.9}$$

其中，

$$\mathbf{A}=\begin{bmatrix}\mathbf{0}_{3\times3} & \mathbf{I}_3\\ \mathbf{0}_{3\times3} & \mathbf{0}_{3\times3}\end{bmatrix},\quad \mathbf{z}=\begin{bmatrix}\boldsymbol{\Theta}\\ {}^{\mathrm{b}}\boldsymbol{\omega}\end{bmatrix}.$$

系统 (10.9) 的解为 $\mathbf{z}(t)=e^{\mathbf{A}t}\mathbf{z}(0)$，并且 $\mathbf{A}$ 的特征根的实部均为 0。因此，多旋翼的姿态在平衡点 $\boldsymbol{\Theta}=\mathbf{0}_{3\times1}$，${}^{\mathrm{b}}\boldsymbol{\omega}=\mathbf{0}_{3\times1}$ 处是不稳定的 (见参考文献 [2, p. 130])。

从物理上看，无论螺旋桨如何摆放，多旋翼在悬停状态下都是不稳定的。多旋翼的主要受力为螺旋桨的拉力和飞行器自身的重力，因此在不加控制的情况下，这两个力不会因多旋翼姿态的变化而变化，即没有姿态反馈，所以无法消除外界扰动，这不像固定翼飞行器。固定翼不仅受到螺旋桨的拉力和重力，还受到空气的阻力和升力，其中升力跟自身的姿态是相关的。固定翼飞行器的受力随着姿态的变化而变化，因此形成一种反馈调节姿态。这就是为什么多旋翼需要自驾仪才能够实现悬停控制，而固定翼飞行器航模在前飞时可以不需要自驾仪。

10.2.2　稳定性的一些结果

1. 不变集原理

为了使本章的内容能够自包含，本节首先介绍不变集原理，这一部分内容可以参考文献 [1, p 69]。不变集原理经常用来证明动态系统的稳定性。

定义 10.4　如果从集合 $\mathscr{S}$ 中一个点出发的系统轨线永远停留在 $\mathscr{S}$ 中，那么集合 $\mathscr{S}$ 称为动态系统的一个**不变集**。

下面先讨论局部不变集原理，然后讨论全局不变集原理。

定理 10.1（局部不变集原理）　考虑系统 (10.6)，如果存在具有一阶连续偏导数的标量函数 $V(\mathbf{x})$，使得

（1）对于任意 $l \in \mathbb{R}_+$，由 $V(\mathbf{x}) < l$ 定义的 Ω_l 为一个有界区域；

（2）$\dot{V}(\mathbf{x}) = \left(\dfrac{\partial V(\mathbf{x})}{\partial \mathbf{x}}\right)^{\mathrm{T}} \mathbf{f}(\mathbf{x}) \leqslant 0$，$\mathbf{x} \in \Omega_l$。

设 $\mathscr{R}$ 为 Ω_l 内使 $\dot{V}(\mathbf{x}) = 0$ 的所有点的集合，$\mathscr{M}$ 为 $\mathscr{R}$ 中的最大不变集，那么当 $t \to \infty$ 时，从 Ω_l 出发的每一个解 $\mathbf{x}(t)$ 都趋于 $\mathscr{M}$。

在上述定理中，“最大”一词是指在集合论意义下的最大，即 $\mathscr{M}$ 是 $\mathscr{R}$ 内所有不变集（即平衡点或极限环）的并集。如果 $\mathscr{R}$ 本身是不变的（即一旦 $\dot{V}(t) = 0$，此后 $\dot{V}(t) \equiv 0$），那么 $\mathscr{M} = \mathscr{R}$。注意，虽然通常将 V 看成李雅普诺夫函数，但是这里并不要求它正定。另外，条件“$V(\mathbf{x}) < l$ 定义的 Ω_l 为一个有界区域”很重要，下面给出例子说明这个条件的重要性

$$\begin{cases} \dot{x}_1 = -x_1^2 \\ \dot{x}_2 = -x_2^2 \end{cases}$$

令 $V(\mathbf{x}) = x_1 + x_2$，则 $\dot{V}(\mathbf{x}) \leqslant -x_1^2 - x_2^2$。因为 $V(\mathbf{x}) < l$ 是无界的，因此当 $t \to \infty$ 时，解不会趋于$\mathbf{0}$。当初值非零时，这个例子中系统的解会趋于无穷。

定理 10.2（全局不变集原理） 考虑系统 (10.6)，如果存在具有一阶连续偏导数的标量函数 $V(\mathbf{x})$，使得

（1）当 $\|\mathbf{x}\| \to \infty$ 时，有 $V(\mathbf{x}) \to \infty$。

（2）$\dot{V}(\mathbf{x}) = \left(\dfrac{\partial V(\mathbf{x})}{\partial \mathbf{x}}\right)^{\mathrm{T}} \mathbf{f}(\mathbf{x}) \leqslant 0$ 对所有 $\mathbf{x}$ 成立。

设 $\mathscr{R}$ 为 Ω_l 内使 $\dot{V}(\mathbf{x}) = 0$ 的所有点的集合，$\mathscr{M}$ 为 $\mathscr{R}$ 中的最大不变集，那么当 $t \to \infty$ 时，所有状态全局渐近收敛于 $\mathscr{M}$。

鉴于这个定理的重要性，下面给出一个例子来说明它的使用。

例 10.1[1,p.74] **一类二阶非线性系统的稳定性**。考虑如下所示二阶系统

$$\ddot{x} + b(\dot{x}) + c(x) = 0 \tag{10.10}$$

其中，$b(\dot{x})$ 和 $c(x)$ 为连续函数，满足以下符号条件：

$$\begin{cases} \dot{x}b(\dot{x}) > 0, & \dot{x} \neq 0 \\ xc(x) > 0, & x \neq 0 \end{cases}. \tag{10.11}$$

考虑到连续性，由 b 和 c 满足的符号条件 (10.11) 可知 $b(0) = 0$ 和 $c(0) = 0$。对于这个系统，设计一个正定函数为

$$V = \frac{1}{2}\dot{x}^2 + \int_0^x c(y)\,\mathrm{d}y. \tag{10.12}$$

沿式 (10.10)，对 V 求导，得到

$$\dot{V} = \dot{x}\ddot{x} + c(x)\dot{x} = -\dot{x}b(\dot{x}) - \dot{x}c(x) + c(x)\dot{x} = -\dot{x}b(\dot{x}) \leqslant 0.$$

进一步，由条件 (10.11) 可知，$\dot{x}b(\dot{x}) = 0$ 仅当 $\dot{x} = 0$ 时成立。因此，$\dot{x} = 0$ 可推出 $\ddot{x} = -c(x)$，而它当 $x \neq 0$ 时是非零的。因此，系统不可能“停”在 $x = 0$ 外的任何一个点。换言之，由 $\dot{x} = 0$ 定义的 $\mathscr{R}$ 包含的最大不变集 $\mathscr{M}$ 只含一个点，即 $x = 0$，$\dot{x} = 0$。根据局部不变集定理，原点是局部渐近稳定点。

2. 简单系统的稳定性判据

本节仅考虑一些简单系统的稳定性判据。这些结论将在后面几章动态系统的稳定性分析中用到。考虑如下二阶动态系统:

$$\begin{cases} \dot{\mathbf{x}} = \mathbf{v} \\ \dot{\mathbf{v}} = \mathbf{u} \end{cases} \tag{10.13}$$

其中，$\mathbf{x},\mathbf{v},\mathbf{u} \in \mathbb{R}^n$，并且 $\mathbf{u} \triangleq -k_1(\mathbf{v}-\dot{\mathbf{x}}_\mathrm{d}) - k_2(\mathbf{x}-\mathbf{x}_\mathrm{d})$ 表示比例–微分控制（PD 控制）。定义

$$\begin{cases} \tilde{\mathbf{x}} \triangleq \mathbf{x} - \mathbf{x}_\mathrm{d} \\ \tilde{\mathbf{v}} \triangleq \mathbf{v} - \dot{\mathbf{x}}_\mathrm{d} \end{cases}.$$

那么，式 (10.13) 变为

$$\begin{cases} \dot{\tilde{\mathbf{x}}} = \tilde{\mathbf{v}} \\ \dot{\tilde{\mathbf{v}}} = -k_1\tilde{\mathbf{v}} - k_2\tilde{\mathbf{x}} \end{cases}. \tag{10.14}$$

令 $\mathbf{z} \triangleq [\tilde{\mathbf{x}}^\mathrm{T}\ \tilde{\mathbf{v}}^\mathrm{T}]^\mathrm{T} \in \mathbb{R}^{2n}$，系统 (10.14) 表示为

$$\dot{\mathbf{z}} = \mathbf{A}\mathbf{z} \tag{10.15}$$

其中，

$$\mathbf{A} = \begin{bmatrix} \mathbf{0}_{n\times n} & \mathbf{I}_n \\ -k_2\mathbf{I}_n & -k_1\mathbf{I}_n \end{bmatrix}.$$

定理 10.3 对于系统 (10.13)，如果 $k_1,k_2>0$, 那么 $\lim_{t\to\infty}\|\mathbf{z}(t)\| = 0$。进一步，$\mathbf{z} = \mathbf{0}_{2n\times 1}$ 是全局指数稳定的。

证明:

系统 (10.15) 的解为

$$\mathbf{z}(t) = e^{\mathbf{A}t}\mathbf{z}(0) \tag{10.16}$$

如果 $k_1,k_2>0$, 那么矩阵 $\mathbf{A}$ 的所有特征值的实部为负值，意味着 $\lim_{t\to\infty}\|\mathbf{z}(t)\| = 0$ (见参考文献 [2, p.130])。由式 (10.16) 可知，$\mathbf{z} = \mathbf{0}_{2n\times 1}$ 是全局指数稳定的。□

定理 10.3 的结论是众所周知的 [2,p.130]。在实际中，控制输入都受到约束。下面考虑加控制饱和后，闭环系统 (10.14) 的稳定性。考虑如下动态方程:

$$\begin{cases} \dot{\mathbf{x}} = \mathbf{v} \\ \dot{\mathbf{v}} = \mathrm{sat}_\mathrm{gd}(\mathbf{u},a) \end{cases}. \tag{10.17}$$

其中，$\mathbf{u} = -k_1\tilde{\mathbf{v}} - k_2\tilde{\mathbf{x}}$。饱和函数定义如下:

$$\mathrm{sat}_\mathrm{gd}(\mathbf{u},a) \triangleq \begin{cases} \mathbf{u}, & \|\mathbf{u}\|_\infty \leqslant a \\ a\dfrac{\mathbf{u}}{\|\mathbf{u}\|_\infty}, & \|\mathbf{u}\|_\infty > a \end{cases} \tag{10.18}$$

其中，$a \in \mathbb{R}_+$，$\mathbf{u} \triangleq [u_1 \cdots u_n]^\mathrm{T} \in \mathbb{R}^n$，$\|\mathbf{u}\|_\infty \triangleq \max(|u_1|,\cdots,|u_n|)$。饱和函数 $\mathrm{sat}_\mathrm{gd}(\mathbf{u},a)$ 和向量 $\mathbf{u}$

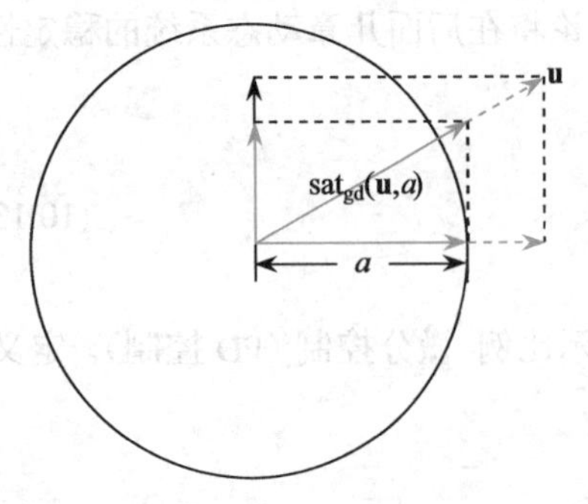

图 10-2 保方向饱和函数

的方向始终相同，因此称 $\mathrm{sat_{gd}}(\mathbf{u},a)$ 为**保方向饱和函数**（如图 10-2 所示）。加入保方向饱和 $\mathrm{sat_{gd}}(\cdot)$ 的目的是防止 $-k_1\tilde{\mathbf{v}}-k_2\tilde{\mathbf{x}}$ 太大，导致控制器饱和，同时保证控制量的方向与原控制量方向一致。饱和函数等价于

$$\mathrm{sat_{gd}}(\mathbf{u},a)=\kappa_a(\mathbf{u})\mathbf{u}$$

其中，

$$\kappa_a(\mathbf{u})\triangleq\begin{cases}1, & \|\mathbf{u}\|_\infty\leqslant a\\ \dfrac{a}{\|\mathbf{u}\|_\infty}, & \|\mathbf{u}\|_\infty>a\end{cases}.$$

明显，$0<\kappa_a(\mathbf{u})\leqslant 1$。

下面考察系统 (10.17) 的收敛性。

定理 10.4 对于系统 (10.17)，如果 $k_1,k_2>0$，那么对于任何初值 $\mathbf{z}(0)$，有 $\lim_{t\to\infty}\|\mathbf{z}(t)\|=0$。进一步，$\mathbf{z}=\mathbf{0}_{2n\times 1}$ 是局部指数稳定的。

证明：

首先，系统 (10.17) 可改写为

$$\begin{cases}\dot{\tilde{\mathbf{x}}}=\tilde{\mathbf{v}}\\ \dot{\tilde{\mathbf{v}}}=\kappa_a(\mathbf{u})\mathbf{u}\end{cases}\tag{10.19}$$

其中，$\mathbf{u}=-k_1\tilde{\mathbf{v}}-k_2\tilde{\mathbf{x}}$。容易看出，$\kappa_a(\mathbf{u})\mathbf{u}$ 是沿着由 $\mathbf{u}(t)$ 定义的光滑曲线 C_u 的连续向量域，$\kappa_a(\mathbf{u})\mathbf{u}$ 沿着 C_u 的线积分为 $\int_{C_u}\kappa_a(\mathbf{u})\mathbf{u}^{\mathrm{T}}\mathrm{d}\mathbf{u}$。因此，定义如下李雅普诺夫函数：

$$V=\frac{1}{2}\tilde{\mathbf{v}}^{\mathrm{T}}\tilde{\mathbf{v}}+\frac{1}{k_2}\int_{C_u}\kappa_a(\mathbf{u})\mathbf{u}^{\mathrm{T}}\mathrm{d}\mathbf{u}\tag{10.20}$$

其中，$\mathbf{u}\triangleq[u_1\ \cdots\ u_n]^{\mathrm{T}}$，$\mathrm{d}\mathbf{u}\triangleq[\mathrm{d}u_1\ \cdots\ \mathrm{d}u_n]^{\mathrm{T}}$。因此，若 V 有界，可推出 $\tilde{\mathbf{x}}$ 和 $\tilde{\mathbf{v}}$ 有界。根据托马斯微积分 [3,p.911]，可以得到

$$V=\frac{1}{2}\tilde{\mathbf{v}}^{\mathrm{T}}\tilde{\mathbf{v}}+\frac{1}{k_2}\int_0^t\kappa_a(\mathbf{u})\mathbf{u}^{\mathrm{T}}\dot{\mathbf{u}}\mathrm{d}t.$$

V 沿系统 (10.19) 求导，得到

$$\begin{aligned}\dot{V}&=\tilde{\mathbf{v}}^{\mathrm{T}}\dot{\tilde{\mathbf{v}}}+\frac{1}{k_2}\kappa_a(\mathbf{u})\mathbf{u}^{\mathrm{T}}\dot{\mathbf{u}}\\&=\tilde{\mathbf{v}}^{\mathrm{T}}\kappa_a(\mathbf{u})\mathbf{u}+\frac{1}{k_2}\kappa_a(\mathbf{u})\mathbf{u}^{\mathrm{T}}(-k_1\kappa_a(\mathbf{u})\mathbf{u}-k_2\tilde{\mathbf{v}})\\&=-\frac{k_1}{k_2}\kappa_a^2(\mathbf{u})\mathbf{u}^{\mathrm{T}}\mathbf{u}\leqslant 0.\end{aligned}$$

进一步，当且仅当 $\mathbf{u}=\mathbf{0}_{n\times 1}$ 时，$\dot{V}=0$。现在，可以根据 $\mathbf{u}=\mathbf{0}_{n\times 1}$ 推出 $-k_1\tilde{\mathbf{v}}-k_2\tilde{\mathbf{x}}=\mathbf{0}_{n\times 1}$。因此，根据式 (10.19) 可得

$$\dot{\tilde{\mathbf{x}}}=-\frac{k_2}{k_1}\tilde{\mathbf{x}}.\tag{10.21}$$

系统 (10.21) 不可能“停”在除了 $\tilde{\mathbf{x}}=\mathbf{0}_{n\times 1}$ 之外的平衡点处。由 $-k_1\tilde{\mathbf{v}}-k_2\tilde{\mathbf{x}}=\mathbf{0}_{n\times 1}$，可知 $\tilde{\mathbf{v}}=\mathbf{0}_{n\times 1}$。换句话说，由 $\mathbf{u}=\mathbf{0}_{n\times 1}$ 定义的 $\mathscr{R}$ 包含的最大不变集 $\mathscr{M}$ 只含一个点，即

$\tilde{\mathbf{x}}=\mathbf{0}_{n\times1}$，$\tilde{\mathbf{v}}=\mathbf{0}_{n\times1}$。根据局部不变集原理，$\mathbf{z}=\mathbf{0}_{2n\times1}$ 局部渐近稳定。进一步，当 $\|\mathbf{z}\|\to\infty$ 时，$\|V\|\to\infty$。根据全局不变集原理，$\mathbf{z}=\mathbf{0}_{2n\times1}$ 全局渐近稳定。在平衡点 $\mathbf{z}=\mathbf{0}_{2n\times1}$ 的邻域中，系统 (10.19) 与系统 (10.14) 等价。根据**定理 10.3**，$\mathbf{z}=\mathbf{0}_{2n\times1}$ 局部指数稳定。□

下面将解释 PID 控制为什么能够消除常值扰动，并能跟踪常值信号。为了让本章自包含，首先介绍**芭芭拉引理**。

芭芭拉引理 [1,p.123] 如果连续可微函数 $\mathbf{f}(t)$ 当 $t\to\infty$ 时有界，并且 $\dot{\mathbf{f}}(t)$ 一致连续，那么当 $t\to\infty$ 时，$\dot{\mathbf{f}}(t)\to 0$。

考虑下列系统：

$$\begin{cases}\dot{\mathbf{x}}=\mathbf{v}\\ \dot{\mathbf{v}}=\mathbf{u}+\mathbf{d}\\ \mathbf{y}=\mathbf{C}^{\mathrm{T}}\mathbf{x}\end{cases} \tag{10.22}$$

其中，$\mathbf{d}\in\mathbb{R}^n$ 表示常值外部扰动，$\mathbf{y}\in\mathbb{R}^n$ 表示输出，$\mathbf{C}\in\mathbb{R}^{n\times n}$ 表示输出矩阵。控制目标是让输出信号 $\mathbf{y}$ 跟踪期望的信号 $\mathbf{y}_{\mathrm{d}}\in\mathbb{R}^n$，设计 PID 控制器

$$\mathbf{u}=-k_1\mathbf{v}-k_2\mathbf{x}-k_3\int\tilde{\mathbf{y}} \tag{10.23}$$

其中，$k_1,k_2,k_3\in\mathbb{R}$，$\tilde{\mathbf{y}}\triangleq\mathbf{y}-\mathbf{y}_{\mathrm{d}}$。我们有如下结论。

定理 10.5 对于系统 (10.22)，设计 PID 控制器 (10.23)。如果 $\mathbf{d}$ 和 $\mathbf{y}_{\mathrm{d}}$ 为常数，并且矩阵

$$\mathbf{A}=\begin{bmatrix}\mathbf{0}_{n\times n} & \mathbf{C}^{\mathrm{T}} & \mathbf{0}_{n\times n}\\ \mathbf{0}_{n\times n} & \mathbf{0}_{n\times n} & \mathbf{I}_n\\ -k_3\mathbf{I}_n & -k_2\mathbf{I}_n & -k_1\mathbf{I}_n\end{bmatrix}$$

是稳定的（矩阵 $\mathbf{A}$ 的所有特征根都具有负实部），那么，$\lim_{t\to\infty}\|\tilde{\mathbf{y}}(t)\|=0$，并且所有状态是有界的。

证明：

令 $\mathbf{e}_{\mathrm{i}}\triangleq\int\tilde{\mathbf{y}}$，则

$$\dot{\mathbf{e}}_{\mathrm{i}}=\tilde{\mathbf{y}}. \tag{10.24}$$

结合系统 (10.22)，得到

$$\dot{\mathbf{x}}_{\mathrm{a}}=\mathbf{A}\mathbf{x}_{\mathrm{a}}+\mathbf{d}_{\mathrm{a}} \tag{10.25}$$

其中，$\mathbf{x}_{\mathrm{a}}\triangleq[\mathbf{e}_{\mathrm{i}}^{\mathrm{T}}\ \ \mathbf{x}^{\mathrm{T}}\ \ \mathbf{v}^{\mathrm{T}}]^{\mathrm{T}}$，$\mathbf{d}_{\mathrm{a}}\triangleq[-\mathbf{y}_{\mathrm{d}}^{\mathrm{T}}\ \ \mathbf{0}_{1\times n}\ \ \mathbf{d}^{\mathrm{T}}]^{\mathrm{T}}$。因为 $\mathbf{A}$ 的所有特征根都在左半平面，而 $\mathbf{d}_{\mathrm{a}}$ 为常值信号，$\mathbf{x}_{\mathrm{a}}$ 趋于一个常值信号，并且所有状态是有界的；作为 $\mathbf{x}_{\mathrm{a}}$ 的一个元素，误差信号 $\mathbf{e}_{\mathrm{i}}$ 趋于常数，并且 $\ddot{\mathbf{e}}_{\mathrm{i}}=\dot{\tilde{\mathbf{y}}}=\dot{\mathbf{y}}-\dot{\mathbf{y}}_{\mathrm{d}}$ 有界，因此 $\dot{\mathbf{e}}_{\mathrm{i}}$ 一致连续。根据**芭芭拉引理**，$\dot{\mathbf{e}}_{\mathrm{i}}$ 最后趋于零。回顾关系式 (10.24)，进一步得到

$$\|\tilde{\mathbf{y}}\|=\|\dot{\mathbf{e}}_{\mathrm{i}}\|.$$

于是有 $\lim_{t\to\infty}\|\tilde{\mathbf{y}}(t)\|=0$。□

10.3 可控性基本概念

10.3.1 经典可控性

可控性是现代控制理论中最基本的概念之一，并且是一个设计控制系统时的重要工具。可控性 [4] 的概念由鲁道夫 · E · 卡尔曼（Rudolf E. Kalman）首次提出，并且通过验证可控性矩阵是否满秩来验证系统是否可控这个二值问题。考虑如下线性时不变系统：

$$\dot{\mathbf{x}} = \mathbf{A}\mathbf{x} + \mathbf{B}\mathbf{u} \tag{10.26}$$

其中，$\mathbf{x} \in \mathbb{R}^n$，$\mathbf{A} \in \mathbb{R}^{n\times n}$，$\mathbf{B} \in \mathbb{R}^{n\times m}$，$\mathbf{u} \in \mathbb{R}^m$。

定义 10.5[2] 若对状态空间的任一状态 $\mathbf{x}(t_0)$，存在一个定义在有限时间 $t_1 > t_0$ 上的容许控制 $\mathbf{u}_{[t_0,t_1]}$，能使状态 $\mathbf{x}(t_0)$ 转移到零，则称系统 (10.26) 是**可控的**；反之，称系统 (10.26) 是**不可控**。

这里定义的可控性也称为 **0-可控性**。可以证明，0-可控性与定义为在有限时间内将任意 $\mathbf{x}(t_0)$ 转移到 $\mathbf{x}(t_1)$ 的可控性等价。因此，本章仅考虑 0-可控性。系统 (10.26) 全局可控的充要条件是可控性矩阵

$$\mathscr{C}(\mathbf{A},\mathbf{B}) \triangleq \begin{bmatrix} \mathbf{B} & \mathbf{AB} & \cdots & \mathbf{A}^{n-1}\mathbf{B} \end{bmatrix} \tag{10.27}$$

满秩，即 $\text{rank}\mathscr{C}(\mathbf{A},\mathbf{B}) = n$。

例 10.2 判断系统 (10.26) 的可控性，其中

$$\mathbf{A} = \begin{bmatrix} -1 & 0 \\ 0 & -1 \end{bmatrix}, \quad \mathbf{B} = \begin{bmatrix} 0 \\ 0 \end{bmatrix}. \tag{10.28}$$

按照可控性矩阵的定义 (10.27)，可控性矩阵为

$$\mathscr{C}(\mathbf{A},\mathbf{B}) = \begin{bmatrix} 0 & 0 \\ 0 & 0 \end{bmatrix}. \tag{10.29}$$

因此，组合 $(\mathbf{A},\mathbf{B})$ 是不可控的。这个也很好理解，无论 $u(t)$ 取何值，$\mathbf{B}u(t) \equiv \mathbf{0}_{2\times1}$。然而，系统 (10.26) 的解为

$$\mathbf{x}(t) = \begin{bmatrix} e^{-t} & 0 \\ 0 & e^{-t} \end{bmatrix} \mathbf{x}(0) \tag{10.30}$$

则 $\lim_{t\to\infty} \|\mathbf{x}(t)\| = 0$。虽然任意 $\mathbf{x}(t_0)$ 最终都趋向于零，但是收敛时间是无限的。因此，根据**定义 10.5**，系统 (10.26) 不可控。然而，对于离散系统，即使 $\mathbf{B}u(k) \equiv \mathbf{0}_{2\times1}$，有的系统仍然可以趋于零，而且是在有限步内可达到。因此，离散系统分别定义了**可控性**和**可达性**。离散系统的可控性与连续系统可控性类似，而离散系统的可达性要求从状态空间的任何状态转移到任何状态，不仅仅是零点。

10.3.2 正可控性

线性系统经典控制理论通常要求原点 $\mathbf{u} = \mathbf{0}_{m\times1}$ 是控制约束集的**内点**①，即形如 $\mathbf{u} \in$

① 对一个点来说，如果存在以该点为中心的邻域包含于集合 $\mathscr{S}$，则称该点是集合 $\mathscr{S}$ 的一个内点。

$[-1,1]^m \subset \mathbb{R}^m$ 的形式。然而，在实际工程中，原点不一定是控制约束集的内点。图 10-3(b) 给出了一个简单的例子来说明这种情况。本节考虑控制输入受到正约束的情况，如多旋翼的每个螺旋桨只能产生的单个方向的拉力（向上或向下）。因此，旋翼拉力受到的约束为 $\mathbf{u} \in [0,K]^{n_r}$，其中 $K \in \mathbb{R}_+$。在这种正约束情况下，仅仅用式 (10.27) 这个条件来判断动态系统 (10.26) 的可控性是不够的，因为这时原点 $\mathbf{u} = \mathbf{0}_{n_r \times 1}$ 并不是集合 $[0,K]^{n_r}$ 的内点。本章称这类约束为**正约束**，针对这种约束的可控性称为**正可控性**。

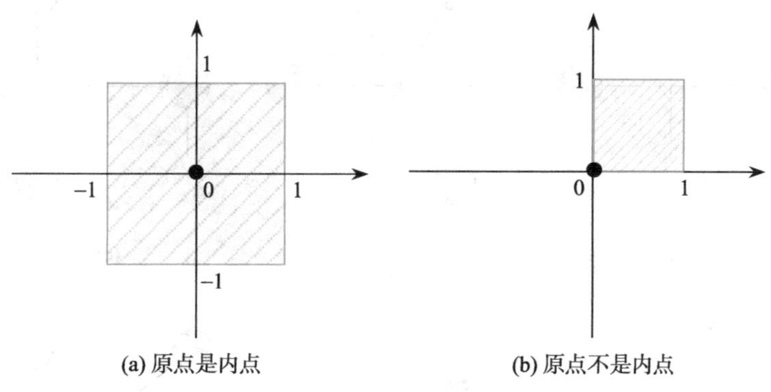

(a) 原点是内点　　(b) 原点不是内点

图 10-3　内点

定义 10.6[5]　系统 (10.26) 在 $\mathbf{u} \in \Omega$ 约束下是**完全可控**的，如果对于每一对状态点 $\mathbf{x}_0, \mathbf{x}_1 \in \mathbb{R}^n$，都存在定义在有界时间段 $[t_0,t_1]$ 上的有界容许控制 $\mathbf{u}_{[t_0,t_1]} \in \Omega$，将 $\mathbf{x}_0$ 控制到 $\mathbf{x}_1$；否则，称系统 (10.26) 是**不可控**的。

定义 10.7[5]　系统 (10.26) 在 $\mathbf{u} \in \Omega$ 约束下是 **0-可控**的，如果存在包含原点的开集 $\mathscr{V} \subset \mathbb{R}^n$，那么可以在有限的时间内，在有界容许控制量控制下，将 $\mathscr{V}$ 中的任意点 $\mathbf{x}_0 \in \mathscr{V}$ 控制到 $\mathbf{x}_1 = \mathbf{0}_{n \times 1}$。

控制量受约束的线性系统可控性理论由以下定理给出：

定理 10.6[5]　如存在 $\mathbf{u} \in \Omega$，使得 $\mathbf{Bu} = \mathbf{0}$，并且 $CH(\Omega)$②在 $\mathbb{R}^m$ 中具有非空的内点，则系统 (10.26) 可控的充要条件是：

（1）可控性矩阵 $\mathscr{C}(\mathbf{A},\mathbf{B})$ 的秩为 n。

（2）不存在 $\mathbf{A}^{\mathrm{T}}$ 的实特征向量 $\mathbf{v}$，使得 $\mathbf{v}^{\mathrm{T}}\mathbf{Bu} \leqslant 0$ 对所有的 $\mathbf{u} \in \Omega$ 成立。

下面的例子将解释为何**定理 10.6** 中必须要有条件（2）。首先，考虑一个简单的系统

$$\dot{x} = x + u, \quad u \leqslant 0. \tag{10.31}$$

根据经典可控性理论，该系统是可控的。然而，如果系统初始状态 $x_0 < 0$，那么不管 x_0 距离零点有多近，系统状态 $x \to -\infty$。这是因为 $x + u < 0$ 恒成立。同样，假设存在 $\mathbf{A}^{\mathrm{T}}$ 的实特征向量 $\mathbf{v}_0$ 满足不等式 $\mathbf{v}_0^{\mathrm{T}}\mathbf{Bu} \leqslant 0$ 对所有的 $\mathbf{u} \in \Omega$ 成立，并且等式 $\mathbf{A}^{\mathrm{T}}\mathbf{v}_0 = \lambda \mathbf{v}_0$ 恒成立，那么

$$\mathbf{v}_0^{\mathrm{T}}\dot{\mathbf{x}} = \mathbf{v}_0^{\mathrm{T}}\mathbf{A}\mathbf{x} + \mathbf{v}_0^{\mathrm{T}}\mathbf{Bu} \xRightarrow{y=\mathbf{v}_0^{\mathrm{T}}\mathbf{x}} \dot{y} = \lambda y + \mathbf{v}_0^{\mathrm{T}}\mathbf{Bu}.$$

因为 $\mathbf{v}_0^{\mathrm{T}}\mathbf{Bu} \leqslant \mathbf{0}$ 对所有的 $\mathbf{u} \in \Omega$ 成立，如果 $\lambda > 0$，$y_0 < 0$，那么当 $t \to \infty$ 时，状态 $y(t) \to -\infty$。

② $CH(\Omega)$ 是集合 Ω 的凸闭包，是 $\mathbb{R}^m$ 中所有包含集合 Ω 的凸集的交集。

10.4 多旋翼的可控性

本节主要分析实际中常用的一类多旋翼，如图 10-4 所示。

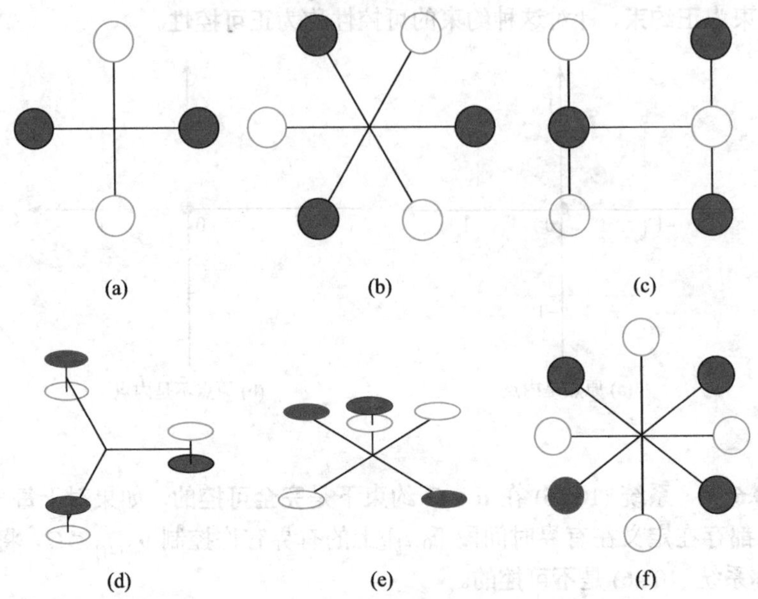

图 10-4 不同布局的多旋翼（蓝色圆盘表示螺旋桨顺时针旋转，实心圆盘表示螺旋桨逆时针旋转）

10.4.1 多旋翼模型建立

根据文献 [6]，多旋翼飞行器在悬停状态下的线性动态模型如下：

$$\dot{\mathbf{x}} = \mathbf{A}\mathbf{x} + \mathbf{B}\underbrace{\left(\mathbf{u}_f - \mathbf{g}\right)}_{\mathbf{u}} \tag{10.32}$$

其中，

$$\left\{\begin{aligned}
\mathbf{x} &= \left[p_{z_\mathrm{e}}\ \phi\ \theta\ \psi\ v_{z_\mathrm{e}}\ \omega_{x_\mathrm{b}}\ \omega_{y_\mathrm{b}}\ \omega_{z_\mathrm{b}}\right]^\mathrm{T} \in \mathbb{R}^8 \\
\mathbf{u}_f &= [f\ \tau_x\ \tau_y\ \tau_z]^\mathrm{T} \in \mathbb{R}^4 \\
\mathbf{g} &= [mg\ 0\ 0\ 0]^\mathrm{T} \in \mathbb{R}^4 \\
\mathbf{A} &= \begin{bmatrix} \mathbf{0}_{4\times4} & \mathbf{I}_4 \\ \mathbf{0}_{4\times4} & \mathbf{0}_{4\times4} \end{bmatrix} \in \mathbb{R}^{8\times8} \\
\mathbf{B} &= \begin{bmatrix} \mathbf{0}_{4\times4} \\ \mathbf{J}_f^{-1} \end{bmatrix} \in \mathbb{R}^{8\times4} \\
\mathbf{J}_f &= \mathrm{diag}\left(-m, J_{xx}, J_{yy}, J_{zz}\right) \in \mathbb{R}^{4\times4}
\end{aligned}\right. \tag{10.33}$$

为了方便后面表示，$\mathbf{J}_f$ 中的第一个元素是 $-m$，而不是 m。在实际中，由于每个螺旋桨只能提供单方向的拉力（垂直于机身向上或者向下），如 $T_i \in [0, K_i]$ $(i = 1, \cdots, n_\mathrm{r})$，所以

螺旋桨的拉力向量 $\mathbf{f}=[T_1\ \cdots\ T_{n_r}]^{\mathrm{T}}$ 受到如下约束：

$$\mathbf{f}\in\mathscr{U}_f=\Pi_{i=1}^{n_r}[0,K_i] \tag{10.34}$$

其中，$K_i\in\mathbb{R}_+$（$i=1,\cdots,n_r$）。根据多旋翼系统几何布局，旋翼拉力 T_i（$i=1,\cdots,n_r$）与系统总拉力/力矩 $\mathbf{u}_f$ 之间的映射关系为

$$\mathbf{u}_f=\mathbf{B}_f\mathbf{f} \tag{10.35}$$

其中矩阵 $\mathbf{B}_f\in\mathbb{R}^{4\times n_r}$ 是控制效率矩阵。根据式 (6.25)，控制效率矩阵 $\mathbf{B}_f$ 的参数化表示形式如下：

$$\mathbf{B}_f=\begin{bmatrix}\eta_1 & \cdots & \eta_{n_r}\\ -\eta_1 d_1\sin\varphi_1 & \cdots & -\eta_{n_r}d_{n_r}\sin\varphi_{n_r}\\ \eta_1 d_1\cos\varphi_1 & \cdots & \eta_{n_r}d_{n_r}\cos\varphi_{n_r}\\ \eta_1 k_\mu\sigma_1 & \cdots & \eta_{n_r}k_\mu\sigma_{n_r}\end{bmatrix} \tag{10.36}$$

其中，$\eta_i\in[0,1]$（$i=1,\cdots,n_r$）用来表征动力系统的受损/失效系数，$k_\mu=c_M/c_T$ 是旋翼反扭矩与拉力的比例系数。如果第 i 号动力单元（包含一个螺旋桨、一个电调和一个电机）或电池失效，则 $\eta_i=0$；如果第 i 号动力单元或电池完全健康，则 $\eta_i=1$。本节主要分析系统 (10.32) 的可控性问题。

经典线性可控性理论要求原点是控制约束集 $\mathscr{U}$ 的内点，那么系统可控的充要条件是可控性矩阵 $\mathscr{C}(\mathbf{A},\mathbf{B})$ 满秩 [5]。然而，对系统 (10.32) 来说，当存在动力单元失效时，原点并不总是控制约束集 $\mathscr{U}$ 的内点。因此，可控性矩阵 $\mathscr{C}(\mathbf{A},\mathbf{B})$ 满秩并不能判断系统 (10.32) 的可控性。

10.4.2 经典可控性分析

对于系统 (10.32)，如果采用经典的可控性分析方法，需要对系统进行改写。首先，将重力 $\mathbf{g}$ 分配到各动力单元上。如果采用伪逆法控制分配，有

$$\mathbf{g}=\mathbf{B}_f\mathbf{f}' \tag{10.37}$$

其中，$\mathbf{f}'=\mathbf{B}_f^{\mathrm{T}}\left(\mathbf{B}_f\mathbf{B}_f^{\mathrm{T}}\right)^{-1}\mathbf{g}$。基于式 (10.37)，将式 (10.32) 重新写为

$$\begin{aligned}\dot{\mathbf{x}}&=\mathbf{A}\mathbf{x}+\mathbf{B}\left(\mathbf{B}_f\mathbf{f}-\mathbf{g}\right)\\&=\mathbf{A}\mathbf{x}+\mathbf{B}\left(\mathbf{B}_f\mathbf{f}-\mathbf{B}_f\mathbf{f}'\right)\\&=\mathbf{A}\mathbf{x}+\mathbf{B}'\mathbf{f}_u\end{aligned} \tag{10.38}$$

其中，$\mathbf{f}_u=\mathbf{f}-\mathbf{f}'$，$\mathbf{B}'=\mathbf{B}\mathbf{B}_f\in\mathbb{R}^{8\times n_r}$。基于控制分配，得到系统抵消重力所需要提供的直接控制量 $\mathbf{f}'$。根据式 (10.34)，得到系统剩余控制量的约束范围

$$\mathbf{f}_u\in\mathscr{U}_{f_u}=\Pi_{i=1}^{n_r}\left[-f_i',K_i-f_i'\right] \tag{10.39}$$

其中，$f_i'\in\mathbb{R}$ 为 $\mathbf{f}'$ 的第 i 个元素。如果控制量约束集 $\mathscr{U}_{f_u}$ 满足零点是约束集内点的要求，就可以通过可控性判定矩阵

$$\mathscr{C}\left(\mathbf{A},\mathbf{B}'\right)=\left[\begin{array}{cccc}\mathbf{B}' & \mathbf{A}\mathbf{B}' & \cdots & \mathbf{A}^7\mathbf{B}'\end{array}\right] \tag{10.40}$$

是否满秩来判定系统 (10.32) 的可控性。

如上所述，经典可控性判定方法需要常值干扰 $\mathbf{g}$ 和控制效率矩阵 $\mathbf{B}_f$ 已知，并且依赖于控制分配方法。在实际中，通过观测器在线获得的干扰估计值是一直在变化的，并且控制效率矩阵 $\mathbf{B}_f$ 在系统存在动力单元失效时也不是固定的，无法事先通过控制分配的方式获得系统控制量的约束集（如式 (10.39) 所示）。下面将给出一种基于正可控性理论的新的可控性分析方法。

10.4.3 正可控性分析

设计者在设计系统时，可能遇到这样的情况：一个系统可控，将其中一个执行器的位置改变 $\varepsilon \in \mathbb{R}_+$ 后，不管 ε 有多小，系统将变得不可控。在这种情况下，系统即使理论上可控，但是由于系统难以控制，所以没有意义。在实际中，设计者通常需要知道系统的可控度，从而根据可控度大小去配置动力单元的数量和位置，使得系统容易控制。一个可控度高的系统，从某种意义上来说，更容易通过控制达到期望的性能。自从鲁道夫 · E · 卡尔曼（Rudolf E. Kalman）首次提出可控度 [7] 以来，出现了大量关于可控度的研究 [8–10]。可控度在飞行控制中也具有非常重要的价值 [11]。本章主要关注多旋翼飞行器在动力单元健康和存在失效情况下的可控度。容错控制 [12–16] 可以在系统存在故障的情况下保持或稍微偏离系统的控制目标。实际上，并不是所有的故障都可以用容错控制策略来补偿。如果一个故障发生后系统仍然可控，但是可控的程度不高，则该故障的影响在实际中并不容易甚至不可能被容错控制策略补偿 [17,18]。因此，系统在特定故障下的可控度可以用来指导飞行控制系统的设计。通过评估系统在不同飞行故障模态下的可控度，可以选择合适的容错控制器来应对故障 [19]。

本章将针对系统 (10.32) 提出一种基于**剩余控制能力**的可控度。首先，根据式 (10.34) 和式 (10.35)，得到 $\mathbf{u}_f$ 的约束如下：

$$\Omega = \left\{\mathbf{u}_f | \mathbf{u}_f = \mathbf{B}_f \mathbf{f}, \mathbf{f} \in \mathscr{U}_f\right\}. \tag{10.41}$$

控制量 $\mathbf{u}$ 的约束集如下：

$$\mathscr{U} = \left\{\mathbf{u} | \mathbf{u} = \mathbf{u}_f - \mathbf{g}, \mathbf{u}_f \in \Omega\right\}. \tag{10.42}$$

根据式 (10.34)、式 (10.41) 和式 (10.42)，可知 $\mathscr{U}_f$、Ω、$\mathscr{U}$ 均为闭凸集。

根据**定义 10.5**，系统 (10.32) 在约束集 $\mathscr{U} \subset \mathbb{R}^4$ 下可控，必须满足下列条件：对任意一对状态点 $\mathbf{x}_0 \in \mathbb{R}^8$，$\mathbf{x}_1 \in \mathbb{R}^8$，存在定义在 $[0, t_1]$ 上的有界的容许控制量 $\mathbf{u}(t) \in \mathscr{U}$，可以将系统状态从 $\mathbf{x}_0$ 控制到 $\mathbf{x}_1$，并且系统 (10.32) 的解 $\mathbf{x}(t, \mathbf{u}(\cdot))$ 必须满足边界条件：$\mathbf{x}(0, \mathbf{u}(\cdot)) = \mathbf{x}_0$，$\mathbf{x}(t_1, \mathbf{u}(\cdot)) = \mathbf{x}_1$。

本节将基于正可控性理论 [5] 为系统 (10.32) 给出一种可控性判定策略。将**定理 10.6** 直接应用到系统 (10.32) 中，得到如下定理。

定理 10.7 系统 (10.32) 可控的充要条件为：

（1）$\operatorname{rank} \mathscr{C}(\mathbf{A}, \mathbf{B}) = 8$，其中 $\mathscr{C}(\mathbf{A}, \mathbf{B}) = [\mathbf{B}\ \mathbf{A}\mathbf{B} \cdots \mathbf{A}^7\mathbf{B}]$。

（2）不存在 $\mathbf{A}^{\mathrm{T}}$ 的实特征向量 $\mathbf{v}$，使得 $\mathbf{v}^{\mathrm{T}}\mathbf{B}\mathbf{u} \leqslant 0$ 对所有的 $\mathbf{u} \in \mathscr{U}$ 成立。

下面将定义一种简单、实用的指标来验证定理 10.7 中的条件（2）。首先定义一个指标

$$\rho(\boldsymbol{\alpha},\partial\Omega)\triangleq\begin{cases}\min\{\|\boldsymbol{\alpha}-\boldsymbol{\beta}\|:\boldsymbol{\alpha}\in\Omega,\boldsymbol{\beta}\in\partial\Omega\}\\-\min\{\|\boldsymbol{\alpha}-\boldsymbol{\beta}\|:\boldsymbol{\alpha}\in\Omega^C,\boldsymbol{\beta}\in\partial\Omega\}\end{cases}\tag{10.43}$$

其中，$\partial\Omega$ 是集合 Ω 的边界，Ω^C 是集合 Ω 的补集。如果 $\rho(\boldsymbol{\alpha},\partial\Omega)\leqslant 0$，那么 $\boldsymbol{\alpha}\in\Omega^C\cup\partial\Omega$，表明 $\boldsymbol{\alpha}$ 不是 Ω 的一个内点。反之，$\boldsymbol{\alpha}$ 是 Ω 的一个内点。根据式 (10.43)，如果 $\mathbf{g}$ 是 Ω 的内点，则

$$\rho(\mathbf{g},\partial\Omega)=\min\left\{\left\|\mathbf{g}-\mathbf{u}_f\right\|,\mathbf{u}_f\in\partial\Omega\right\}$$

并且 $\rho(\mathbf{g},\partial\Omega)$ 可以看成控制量可达集合 Ω 内部以 $\mathbf{g}$ 为球心的最大内接球的半径。假设 Ω 为图 10-5 所示的二维不规则图形，$\mathbf{g}$ 为 Ω 内的一个点，$\rho(\mathbf{g},\partial\Omega)$ 为二维不规则图形内以 $\mathbf{g}$ 为中心的最小内接圆的半径。在实际中，$\rho(\mathbf{g},\partial\Omega)$ 是系统能够在所有方向产生的拉力/力矩的最大值，因此它是保证多旋翼系统在有动力系统故障/失效时的可控性的一个重要指标。指标 $\rho(\mathbf{g},\partial\Omega)$ 可以看成系统 (10.32) 的剩余控制能力指标。在这里，剩余控制能力是系统 (10.32) 总控制力和力矩向量 $\mathbf{u}_f$ 在抵消干扰 $\mathbf{g}$ 之后剩余的控制能力。系统 (10.32) 的剩余控制能力指标可以由 $\rho(\mathbf{g},\partial\Omega)$ 得到。

从式 (10.42) 可以看出，集合 $\mathscr{U}$ 中的所有元素实际上是将集合 Ω 中的所有元素按照向量 $\mathbf{g}$ 进行了平移（如图 10-6 所示）。因为向量平移不改变集合 Ω 中元素的相对位置，所以 $\rho(\mathbf{0}_{8\times1},\partial\mathscr{U})$ 的值与 $\rho(\mathbf{g},\partial\Omega)$ 的值是相等的。Ω 是控制可达集，比 $\mathscr{U}$ 更直观，所以系统 (10.32) 的剩余控制能力指标定义为 $\rho(\mathbf{g},\partial\Omega)$。

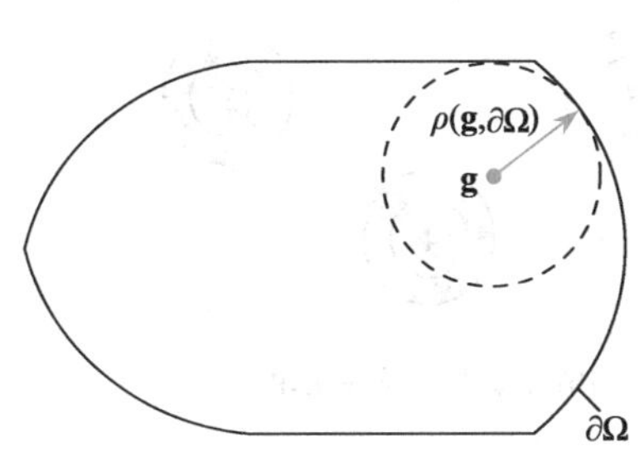

图 10-5 点 g 距离集合 Ω 边界的距离

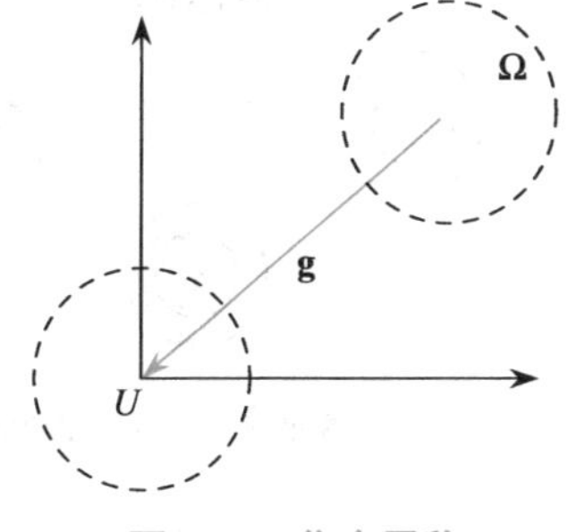

图 10-6 集合平移

根据定义 (10.43)，得到下列引理。

引理 10.1[20] 对于系统 (10.32) 来说，下面三个命题等价：

（1）不存在 $\mathbf{A}^{\mathrm{T}}$ 的实特征向量 $\mathbf{v}$，使得 $\mathbf{v}^{\mathrm{T}}\mathbf{Bu}\leqslant 0$ 对所有的 $\mathbf{u}\in\mathscr{U}$ 成立，或者使得 $\mathbf{v}^{\mathrm{T}}\mathbf{B}\left(\mathbf{u}_f-\mathbf{g}\right)\leqslant 0$ 对所有的 $\mathbf{u}_f\in\Omega$ 成立。

（2）$\mathbf{g}$ 是 Ω 的内点。

（3）$\rho(\mathbf{g},\partial\Omega)>0$。

证明 详见 10.5 节。□

根据引理 10.1，定理 10.7 中的条件（2），可以根据 $\rho(\mathbf{g},\partial\Omega)$ 的值来验证，于是得到系统 (10.32) 可控的新的充要条件如下：

定理 10.8 系统 (10.32) 可控的充要条件是 $\rho(\mathbf{g},\partial\Omega)>0$。

证明　由于 $(\mathbf{A},\mathbf{B})$ 的结构简单，可以验证 $\operatorname{rank}\mathscr{C}(\mathbf{A},\mathbf{B})=8$。这样，**定理 10.7** 中的条件（1）满足。根据**引理 10.1**，**定理 10.8** 可以直接由**定理 10.7** 推出。□

实际上，**定理 10.8** 是文献 [5] 中定理 1.4 的一个引理。为了让本章自包含并且更容易理解，将文献 [5] 中定理 1.4 的条件 (1.6) 扩展为本章中的**定理 10.8**，这都归功于系统系数矩阵 $(\mathbf{A},\mathbf{B})$ 的简单形式以及控制约束集 $\mathscr{U}$ 的凸性。因此，系统 (10.32) 的可控性只由 $\rho(\mathbf{g},\partial\Omega)$ 决定。如果 $\rho(\mathbf{g},\partial\Omega)>0$，系统 (10.32) 可控；如果 $\rho(\mathbf{g},\partial\Omega)<0$，系统 (10.32) 不可控，并且 $\rho(\mathbf{g},\partial\Omega)$ 越大，说明系统越可控。这样可以量化可控性，并且针对多旋翼系统给出其可控性验证流程，具体请参见文献 [20]。

10.4.4　多旋翼系统可控性

1. 一类六旋翼的可控性分析

本节将根据文献 [20] 给出的可控性验证流程，分析一类如图 10-7 所示的六旋翼飞行器在有旋翼故障/失效时的可控性，从而表明可控性验证方法的有效性。PNPNPN 用来表示标准布局，P 表示旋翼顺时针旋转，N 表示旋翼逆时针旋转。六旋翼的参数如表 10-1 所示。

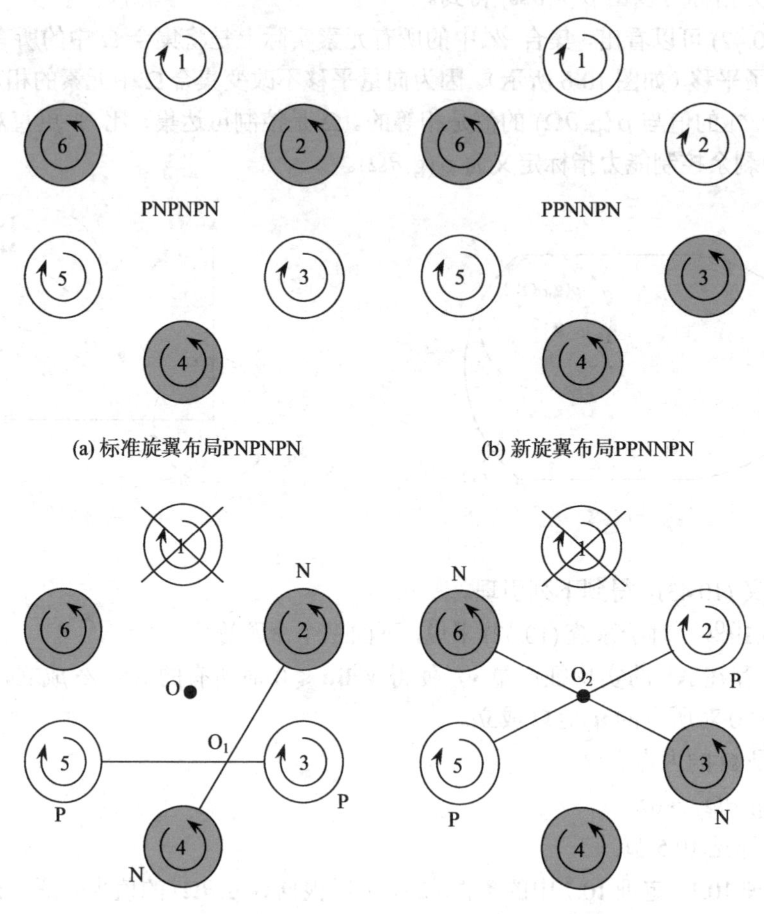

(a) 标准旋翼布局PNPNPN　　(b) 新旋翼布局PPNNPN

(c) PNPNPN型六旋翼1号动力单元失效　　(d) PPNNPN型六旋翼1号动力单元失效

图 10-7　对称十字形布局

表 10-1 六旋翼的参数

参 数	数 值	单 位	参 数	数 值	单 位
m	1.535	kg	J_{xx}	0.0411	$kg\cdot m^2$
g	9.80	m/s^2	J_{yy}	0.0478	$kg\cdot m^2$
d	0.275	m	J_{zz}	0.0599	$kg\cdot m^2$
$K_i\ (i=1,\cdots,6)$	6.125	N	k_μ	0.1	-

六旋翼飞行器具备标准的对称十字形布局，如图 10-7(a) 所示。依据式 (10.36)，PNPNPN 型六旋翼的控制效率矩阵 $\mathbf{B}_f$ 如下：

$$\mathbf{B}_f=\begin{bmatrix}\eta_1 & \eta_2 & \eta_3 & \eta_4 & \eta_5 & \eta_6\\ 0 & -\frac{\sqrt{3}}{2}\eta_2 d & -\frac{\sqrt{3}}{2}\eta_3 d & 0 & \frac{\sqrt{3}}{2}\eta_5 d & \frac{\sqrt{3}}{2}\eta_6 d\\ \eta_1 d & \frac{1}{2}\eta_2 d & -\frac{1}{2}\eta_3 d & -\eta_4 d & -\frac{1}{2}\eta_5 d & \frac{1}{2}\eta_6 d\\ -\eta_1 k_\mu & \eta_2 k_\mu & -\eta_3 k_\mu & \eta_4 k_\mu & -\eta_5 k_\mu & \eta_6 k_\mu\end{bmatrix} \tag{10.44}$$

PPNNPN 型六旋翼的控制效率矩阵 $\mathbf{B}_f$ 如下：

$$\mathbf{B}_f=\begin{bmatrix}\eta_1 & \eta_2 & \eta_3 & \eta_4 & \eta_5 & \eta_6\\ 0 & -\frac{\sqrt{3}}{2}\eta_2 d & -\frac{\sqrt{3}}{2}\eta_3 d & 0 & \frac{\sqrt{3}}{2}\eta_5 d & \frac{\sqrt{3}}{2}\eta_6 d\\ \eta_1 d & \frac{1}{2}\eta_2 d & -\frac{1}{2}\eta_3 d & -\eta_4 d & -\frac{1}{2}\eta_5 d & \frac{1}{2}\eta_6 d\\ -\eta_1 k_\mu & -\eta_2 k_\mu & \eta_3 k_\mu & \eta_4 k_\mu & -\eta_5 k_\mu & \eta_6 k_\mu\end{bmatrix}. \tag{10.45}$$

根据文献 [20] 中的可控度计算流程，PNPNPN 型六旋翼在有一个动力单元失效时的可控性分析结果如表 10-2 所示。虽然可控性矩阵满秩，但是 PNPNPN 型六旋翼在有一个动力单元失效时，系统不可控。文献 [21] 给出了一种新型的 PPNNPN 型六旋翼布局（如图 10-7(b) 所示）。这种布局在某些特殊旋翼失效时，系统仍然可控。PPNNPN 型六旋翼在有一个动力单元失效时的可控性分析结果如表 10-2 所示。

表 10-2 六旋翼（PNPNPN 和 PPNNPN 布局）有一个动力单元失效时的可控性

旋翼失效	$\mathscr{C}(\mathbf{A},\mathbf{B})$ 的秩	PNPNPN		PPNNPN	
		剩余控制能力指标	可控性	剩余控制能力指标	可控性
无故障/失效	8	1.4861	可控	1.1295	可控
$\eta_1=0$	8	0	不可控	0.7221	可控
$\eta_2=0$	8	0	不可控	0.4510	可控
$\eta_3=0$	8	0	不可控	0.4510	可控
$\eta_4=0$	8	0	不可控	0.7221	可控
$\eta_5=0$	8	0	不可控	0	不可控
$\eta_6=0$	8	0	不可控	0	不可控

从表 10-2 可以看出，PNPNPN 型六旋翼在没有旋翼失效时的剩余控制能力指标值为 1.4861，而 PPNNPN 型六旋翼在没有旋翼失效时的剩余控制能力指标为 1.1295。因此得

出结论：使用 PPNNPN 型六旋翼布局可以提高飞行器的容错能力，但是降低了无故障时系统的剩余控制能力指标。这个结论与文献 [21] 是一致的，容错能力与控制能力不可兼得，此消彼长。PPNNPN 型六旋翼在存在一个动力单元失效时，并不总是可控的。根据表 10-2，如果 PPNNPN 型六旋翼的 5 号或 6 号动力单元失效，则系统不可控。因此，在为多旋翼设计容错控制策略之前，必须分析系统的可控性。另外，可控性验证流程也可以用来分析不同旋翼故障系数 η_i（$i \in \{1,\cdots,6\}$）时六旋翼的可控性。假设 η_1, η_2, η_5 在 $[0,1] \subset \mathbb{R}$ 之间变化，也就是说，1 号、2 号和 5 号动力单元有损坏，导致其效率降低，可控性分析结果详见图 10-8。当 η_1、η_2 和 η_5 在图 10-8 中的网格区域（网格点间隔为 0.04）时系统可控。图 10-8 中网格区域边界上的剩余控制能力指标值为零。

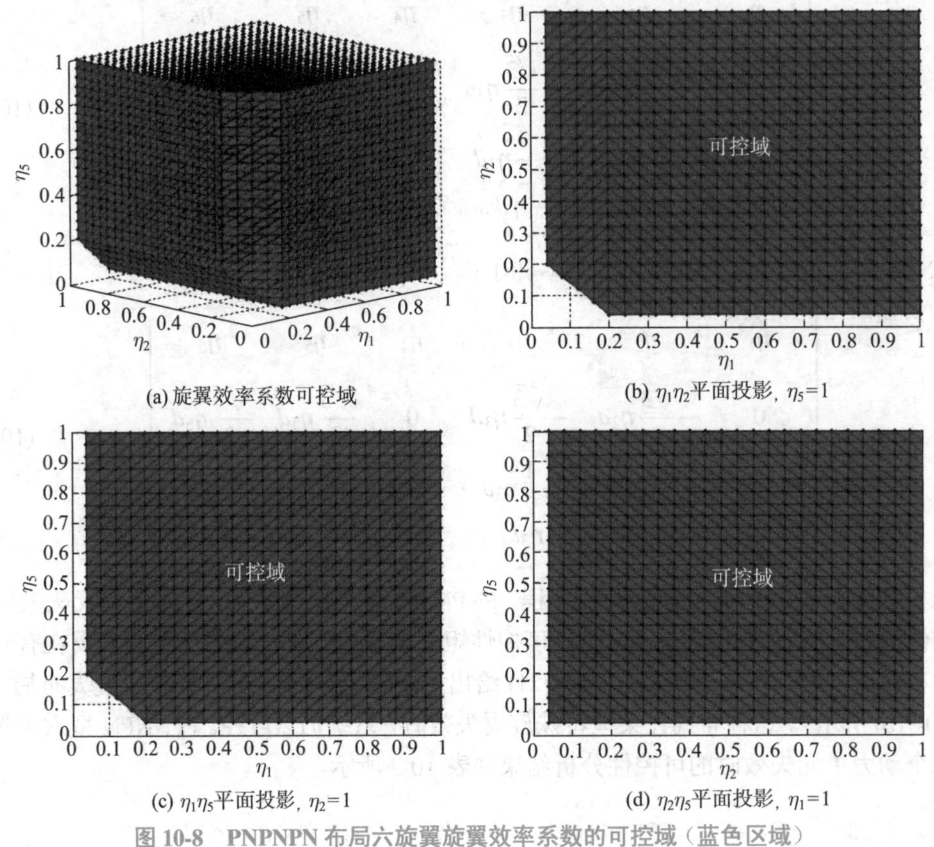

(a) 旋翼效率系数可控域

(b) $\eta_1\eta_2$平面投影，$\eta_5=1$

(c) $\eta_1\eta_5$平面投影，$\eta_2=1$

(d) $\eta_2\eta_5$平面投影，$\eta_1=1$

图 10-8 PNPNPN 布局六旋翼旋翼效率系数的可控域（蓝色区域）

下面将深入分析 PNPNPN 型与 PPNNPN 型六旋翼的布局的物理特性。对于 PPNNPN 型，如果有一个动力单元（5 号和 6 号动力单元除外）失效，剩余的五个动力单元仍然可以构成一个基本的四旋翼布局（如图 10-7(d) 所示），并且这个四旋翼布局关于中心对称。相反，如果 PNPNPN 型六旋翼有一个动力单元失效，虽然剩余的五个动力单元仍然可以构成一个基本的四旋翼布局，但是这个四旋翼布局并不是关于中心对称的（如图 10-7(c) 所示）。或者说，如果 4 号动力单元也停机，剩余的动力单元构成 PPNN 布局的四旋翼，这种四旋翼在悬停时是不可控的（具体分析过程留作本章练习题）。因此，PPNNPN 型系统在大多数动力单元失效时，仍然能够提供控制飞行器所需要的推力和力矩，PNPNPN 型系统却不行。

2. 降级系统的可控性

本节考虑一种 PNPNPN 型的六旋翼飞行器。根据文献 [19]，当 PNPNPN 型六旋翼飞行器有一个动力单元失效时，系统不可控。然而，六旋翼可以放弃偏航状态的控制来实现安全着陆[19]。不考虑式 (10.32) 中的偏航角和偏航角速率，得到降级系统方程如下：

$$\dot{\bar{\mathbf{x}}} = \overline{\mathbf{A}}\bar{\mathbf{x}} + \overline{\mathbf{B}}\underbrace{(\bar{\mathbf{u}}_f - \bar{\mathbf{g}})}_{\mathbf{u}} \tag{10.46}$$

其中，

$$\begin{cases} \bar{\mathbf{x}} &= \left[p_{z_\mathrm{e}}\ \phi\ \theta\ v_{z_\mathrm{e}}\ \omega_{x_\mathrm{b}}\ \omega_{y_\mathrm{b}}\right]^\mathrm{T} \in \mathbb{R}^6 \\ \bar{\mathbf{u}}_f &= [f\ \tau_x\ \tau_y]^\mathrm{T} \in \mathbb{R}^3 \\ \bar{\mathbf{g}} &= [mg\ 0\ 0]^\mathrm{T} \in \mathbb{R}^3 \\ \overline{\mathbf{A}} &= \begin{bmatrix} \mathbf{0}_{3\times3} & \mathbf{I}_3 \\ \mathbf{0}_{3\times3} & \mathbf{0}_{3\times3} \end{bmatrix} \in \mathbb{R}^{6\times6} \\ \overline{\mathbf{B}} &= \begin{bmatrix} \mathbf{0}_{3\times3} \\ \overline{\mathbf{J}}_f^{-1} \end{bmatrix} \in \mathbb{R}^{8\times4} \\ \overline{\mathbf{J}}_f &= \mathrm{diag}\left(-m, J_{xx}, J_{yy}\right) \end{cases} . \tag{10.47}$$

飞行器每个动力单元的拉力都受到如下约束：

$$\mathbf{f} \in \mathscr{U}_f = [0, K_i]^6 \tag{10.48}$$

其中，K_i（$i = 1, \cdots, 6$）为每个旋翼所能提供的最大拉力。旋翼拉力 $\mathbf{f}$ 与 $\bar{\mathbf{u}}_f$ 之间的映射关系为

$$\bar{\mathbf{u}}_f = \overline{\mathbf{B}}_f \mathbf{f} \in \overline{\Omega} \tag{10.49}$$

其中，$\mathbf{f} = [T_1\ \cdots\ T_6]^\mathrm{T}$，矩阵 $\overline{\mathbf{B}}_f \in \mathbb{R}^{3\times6}$ 为

$$\overline{\mathbf{B}}_f = \begin{bmatrix} \eta_1 c_\mathrm{T} & \eta_2 c_\mathrm{T} & \eta_3 c_\mathrm{T} & \eta_4 c_\mathrm{T} & \eta_5 c_\mathrm{T} & \eta_6 c_\mathrm{T} \\ 0 & -\frac{\sqrt{3}}{2}\eta_2 d c_\mathrm{T} & -\frac{\sqrt{3}}{2}\eta_3 d c_\mathrm{T} & 0 & \frac{\sqrt{3}}{2}\eta_5 d c_\mathrm{T} & \frac{\sqrt{3}}{2}\eta_6 d c_\mathrm{T} \\ \eta_1 d c_\mathrm{T} & \frac{1}{2}\eta_2 d c_\mathrm{T} & -\frac{1}{2}\eta_3 d c_\mathrm{T} & -\eta_4 d c_\mathrm{T} & -\frac{1}{2}\eta_5 d c_\mathrm{T} & \frac{1}{2}\eta_6 d c_\mathrm{T} \end{bmatrix}. \tag{10.50}$$

这里，参数 $\eta_i \in [0,1]$（$i = 1, \cdots, 6$）用来表征旋翼系统故障/失效系数。如果第 i 号动力单元或电池失效，则 $\eta_i = 0$。如果系统 (10.46) 可控，可以设计降级控制策略，保证飞行器水平，并实现安全着陆。

下面将利用文献 [20] 中给出的剩余控制能力指标，判定系统 (10.46) 的可控性。采用表 10-1 所示的六旋翼飞行器参数，假设 2 号动力单元失效，系统 (10.46) 的剩余控制能力指标 $\rho\left(\bar{\mathbf{g}}, \partial\overline{\Omega}\right)$ 为 1.2882，是可控的，可以采用降级控制策略控制飞行器安全着陆。然而，当表 10-1 中的参数变化时，系统 (10.46) 在 2 号动力单元失效时不一定可控。本章假设每个旋翼的最大拉力 $K = \gamma mg, \gamma \in [0,1]$，然后计算系统 (10.46) 的剩余控制能力指标如表 10-3 所示。从表中可以看出，当 $K < 0.3mg$ 时，系统 (10.46) 不可控。虽然剩余的五个动力

单元提供的拉力可以抵消六旋翼的重力，但是无法采用降级控制策略控制飞行器安全着陆；当 $K \geqslant 0.60mg$ 时，系统可控度不再变化。具体降级控制策略可参考文献 [20] 和 [22]。

表 10-3　不同 γ 时的剩余控制能力指标

γ	$\rho(\bar{\mathbf{g}},\partial\bar{\Omega})$	γ	$\rho(\bar{\mathbf{g}},\partial\bar{\Omega})$
0.05	-0.1791	0.55	1.9704
0.10	-0.3583	0.60	2.0491
0.15	-0.1025	0.65	2.0491
0.20	0	0.70	2.0491
0.25	0	0.75	2.0491
0.30	0.4098	0.80	2.0491
0.35	0.8197	0.85	2.0491
0.40	1.2295	0.90	2.0491
0.45	1.6122	0.95	2.0491
0.50	1.7913	1.00	2.0491

10.4.5　进一步说明

除了以上内容，还有如下说明：

① 除了与多旋翼布局相关，可控性还与控制约束相关。在文献 [19] 中，PNPNPN 型六旋翼飞行器有一个动力单元失效后，剩下的五个动力单元的最大拉力需要满足 $K \geqslant 5mg/18\,(\approx 0.3mg)$，才能够保证多旋翼安全着陆。另一方面，如表 10-3 所示，$K \geqslant 0.3mg$（数值计算结果）可以用来指导六旋翼飞行器降级系统（五个动力单元一起工作）的设计。上面这两个分析结果是一致的。

② 有研究者针对四旋翼进行了一些极限情况下的控制[23]，如令四旋翼分别停机一到三个螺旋桨。这似乎与前面的分析结果矛盾。按以上可控性分析，四旋翼在有动力单元失效时是不可控的，也就是说，四旋翼不能定点定姿悬停。然而这并不能说明四旋翼不能停在空中。论文 [23] 为四旋翼设计了新的平衡状态，在新的平衡状态下是可控的。因此，再次说明，讨论可控性一定要明确平衡态，然后得到系统的模型。

10.5　附录：引理 10.1 的证明

为了让本部分自包含，首先介绍下列引理。

引理 10.2[24]　如果集合 Ω 是集合 $\mathbb{R}^4$ 中的一个非空凸集合，$\mathbf{u}_{f0}$ 不是集合 Ω 的一个内点，那么不存在非零向量 $\mathbf{k}$，使得 $\mathbf{k}^{\mathrm{T}}(\mathbf{u}_f-\mathbf{u}_{f0}) \leqslant 0$ 对任意的 $\mathbf{u}_f \in cl(\Omega)$ 都成立。其中，$cl(\Omega)$ 是集合 Ω 的闭包。

引理 10.1 的证明。

（1）⇒（2）：假设条件（1）成立。明显，可知矩阵 $\mathbf{A}^{\mathrm{T}}$ 的特征值全为 0。通过求解线性方程 $\mathbf{A}^{\mathrm{T}}\mathbf{v} = \mathbf{0}_{8\times1}$，矩阵 $\mathbf{A}^{\mathrm{T}}$ 的所有特征向量由下式表示

$$\mathbf{v} = [0\,0\,0\,0\,k_1\,k_2\,k_3\,k_4]^{\mathrm{T}} \tag{10.51}$$

其中，$\mathbf{v}\neq\mathbf{0}_{8\times1}$，$\mathbf{k}=[k_1\ k_2\ k_3\ k_4]^{\mathrm{T}}\in\mathbb{R}^4$，并且 $\mathbf{k}\neq\mathbf{0}_{4\times1}$。因此，得到

$$\mathbf{v}^{\mathrm{T}}\mathbf{B}\mathbf{u}=-k_1\frac{f-mg}{m}+k_2\frac{\tau_x}{J_{xx}}+k_3\frac{\tau_y}{J_{yy}}+k_4\frac{\tau_z}{J_{zz}}. \tag{10.52}$$

根据引理 10.2，如果 $\mathbf{g}$ 不是集合 Ω 的一个内点，则 $\mathbf{u}=\mathbf{0}_{4\times1}$ 不是集合 $\mathscr{U}$ 的一个内点。因此，存在一个非零向量 $\mathbf{k}_u=[k_{u1}\ k_{u2}\ k_{u3}\ k_{u4}]^{\mathrm{T}}$，使得不等式

$$\mathbf{k}_u^{\mathrm{T}}\mathbf{u}=k_{u1}(f-mg)+k_{u2}\tau_x+k_{u3}\tau_y+k_{u4}\tau_z\leqslant 0$$

对所有的 $\mathbf{u}\in\mathscr{U}$ 成立。令

$$\mathbf{k}=\begin{bmatrix}-k_{u1}m & k_{u2}J_{xx} & k_{u3}J_{yy} & k_{u4}J_{zz}\end{bmatrix}^{\mathrm{T}}. \tag{10.53}$$

则根据式 (10.52)，$\mathbf{v}^{\mathrm{T}}\mathbf{B}\mathbf{u}\leqslant 0$ 对所有的 $\mathbf{u}\in\mathscr{U}$ 成立，这与引理 10.1 矛盾。

（2）⇒（1）：用反证法证明。式 (10.51) 给出了矩阵 $\mathbf{A}^{\mathrm{T}}$ 的所有特征向量。因此，根据式 (10.33) 和式 (10.51)，有

$$\mathbf{v}^{\mathrm{T}}\mathbf{B}\mathbf{u}=\mathbf{k}^{\mathrm{T}}\mathbf{J}_f^{-1}\mathbf{u}$$

其中，$\mathbf{k}\neq\mathbf{0}_{4\times1}$。因此，下列两个命题是等价的：

① 不存在方程 (10.51) 所示的非零的 $\mathbf{v}\in\mathbb{R}^8$，使得 $\mathbf{v}^{\mathrm{T}}\mathbf{B}\mathbf{u}\leqslant 0$ 对所有的 $\mathbf{u}\in\mathscr{U}$ 成立；

② 不存在非零向量 $\mathbf{k}\in\mathbb{R}^4$，使得 $\mathbf{k}^{\mathrm{T}}\mathbf{J}_f^{-1}\mathbf{u}$ 对所有的 $\mathbf{u}\in\mathscr{U}$ 成立。假设条件（2）成立，那么 $\mathbf{u}=\mathbf{0}_{4\times1}$ 是集合 $\mathscr{U}$ 的内点，因此集合 $\mathscr{U}$ 中存在一个围绕点 $\mathbf{u}=\mathbf{0}_{4\times1}$ 的邻域 $\mathscr{B}(\mathbf{0}_{4\times1},u_{\mathrm{r}})$。这里 $u_{\mathrm{r}}\in\mathbb{R}_+$ 是一个很小的常数。

假设条件（1）不成立，那么存在一个非零向量 $\mathbf{k}\neq\mathbf{0}_{4\times1}$，使得 $\mathbf{k}^{\mathrm{T}}\mathbf{J}_f^{-1}\mathbf{u}\leqslant 0$ 对所有的 $\mathbf{u}\in\mathscr{U}$ 成立。不失一般性，假设 $\mathbf{k}=[k_1\ *\ *\ *]^{\mathrm{T}}$，其中 $k_1\neq 0$，$*$ 表示任意实数。令 $\mathbf{u}_1=[\varepsilon\ 0\ 0\ 0]^{\mathrm{T}}$，$\mathbf{u}_2=[-\varepsilon\ 0\ 0\ 0]^{\mathrm{T}}$，其中 $\varepsilon\in\mathbb{R}_+$。如果 ε 足够小，那么 $\mathbf{u}_1,\mathbf{u}_2\in\mathscr{B}(\mathbf{0}_{4\times1},u_{\mathrm{r}})$。由于 $\mathbf{k}^{\mathrm{T}}\mathbf{J}_f^{-1}\mathbf{u}\leqslant 0$ 对所有的 $\mathbf{u}\in\mathscr{B}(\mathbf{0}_{4\times1},u_{\mathrm{r}})$ 成立，所以有 $\mathbf{k}^{\mathrm{T}}\mathbf{J}_f^{-1}\mathbf{u}_1\leqslant 0$，$\mathbf{k}^{\mathrm{T}}\mathbf{J}_f^{-1}\mathbf{u}_2\leqslant 0$。根据方程 (10.33)，有

$$-\frac{k_1\varepsilon}{m}\leqslant 0,\quad \frac{k_1\varepsilon}{m}\leqslant 0.$$

由此推导出 $k_1=0$，与 $k_1\neq 0$ 矛盾。因此，条件（1）成立。

（2）⇔（3）：根据 $\rho(\mathbf{g},\partial\Omega)$ 的定义，如果 $\rho(\mathbf{g},\partial\Omega)\leqslant 0$，那么 $\mathbf{g}$ 不是集合 Ω 的内点；如果 $\rho(\mathbf{g},\partial\Omega)>0$，则 $\mathbf{g}$ 是集合 Ω 的内点。

到此，证明完成。□

本章小结

在实际飞行器设计过程中，通常是先设计多旋翼的布局、结构以及动力系统，然后设计飞行控制器。按照这个顺序设计，得到的多旋翼可能很难控制，甚至不能控制。本章给出的例子表明，即使多旋翼提供的拉力能够抵消重力，多旋翼系统也可能不可控。回顾图 1-4 所示复合多旋翼的设计，动态较慢的动力单元提供主要拉力，动态较快的动力单元控制姿态。与用四个动态响应慢的动力单元相比，这种设计可以提高多旋翼的可控度。另

外，如果将风的影响看成系统干扰，则可控度可以用来度量一架多旋翼的抗风性能。基于可控度，可以在原型机生产之前就评估设计结果，从而节约资源。除此之外，可控度可以用来评估飞行中的多旋翼是否安全，即保证系统具有足够的可控性。如果系统的可控度低于一定阈值，那么多旋翼需要切换到一个更可控的飞行模式。

习题 10

10.1 考虑如下系统：

$$\begin{cases} \dot{x}_1 = x_1\left(x_1^2 + x_2^2 - 2\right) - 4x_1x_2^2 \\ \dot{x}_2 = 4x_1^2x_2 + x_2\left(x_1^2 + x_2^2 - 2\right) \end{cases}$$

利用**局部不变集原理**，证明原点渐近稳定。

10.2 考虑系统

$$\dot{\mathbf{x}} = \begin{bmatrix} 0 & 1 \\ 0 & 0 \end{bmatrix}\mathbf{x} + \begin{bmatrix} 0 \\ 1 \end{bmatrix}u$$

对下面两种情况仿真：

（1）目标状态 $\mathbf{x} = [0 \quad 0]^{\mathrm{T}}$，初始状态 $\mathbf{x}_0 = [1000 \quad 0]^{\mathrm{T}}$，饱和控制器为 $u = [-2 \quad -1]\mathbf{x} \in [-1,1]$，对闭环系统仿真并给出仿真结果。

（2）目标状态 $\mathbf{x} = [0 \quad 0]^{\mathrm{T}}$，初始状态 $\mathbf{x}_0 = [1000 \quad 0]^{\mathrm{T}}$，饱和控制器为 $u = \mathrm{sat_{gd}}([-2 \quad -1]\mathbf{x}, 1)$，对闭环系统仿真并给出仿真结果。

进一步比较两种结果，并说明保方向饱和函数的优势。

10.3 （1）分析下列系统的可控性：

$$\dot{\mathbf{x}} = \mathbf{A}\mathbf{x} + \mathbf{B}u, \quad u \in \mathbb{R}$$

其中，

$$\mathbf{A} = \begin{bmatrix} 0 & 1 \\ 0 & 0 \end{bmatrix}, \quad \mathbf{B} = \begin{bmatrix} 1 \\ 0 \end{bmatrix}.$$

（2）分析下列系统的可控性：

$$\dot{\mathbf{x}} = \begin{bmatrix} 0 & 1 \\ -\lambda & 0 \end{bmatrix}\mathbf{x} + \begin{bmatrix} 1 \\ 0 \end{bmatrix}u$$

其中，$\lambda \in \mathbb{R}_+, u \in [0,\infty)$。

10.4 利用经典可控性理论分析由式 (10.32)、式 (10.33) 和式 (10.44) 所示的 PNPNPN 布局六旋翼飞行器的可控性。

10.5 利用计算剩余控制能力指标的方法判断图 1-21 所示 PPNN 布局四旋翼的可控性。其中，四旋翼的物理参数由表 10-1 给出。剩余控制能力指标工具箱见网页 http://rfly.buaa.edu.cn/course。

参考文献

[1] Slotine J J, Li W. Applied nonlinear control. Prentice Hall, New Jersey, USA, 1991.

[2] Chen C T. Linear system theory and design (Third Edition). Oxford University Press, New York, USA, 1999.

[3] Thomas G B, Weir M D, Hass J. Thomas′ calculus (Twelfth Edition). Pearson Addison Wesley, Boston, USA, 2009.

[4] Kalman R E. On the general theory of control systems. In: Proc. 1st World Congress of the International Federation of Automatic Control, 1960, pp 481-493.

[5] Brammer R F. Controllability in linear autonomous systems with positive controllers. SIAM Journal on Control and Optimization, 1972, 10(2):779-805.

[6] 杜光勋. 多旋翼系统可控性度量问题研究. 学位论文, 北京航空航天大学, 2015.

[7] Kalman R E, Ho Y C, and Narendra KS. Controllability of linear dynamical systems. Control of Differential Equations, 1962, 1(2): 189-213.

[8] Johnson C D. Optimization of a certain quality of complete controllability and observability for linear dynamical systems. Journal of Basic Engineering, 1969, 91: 228-238.

[9] Hadman A M A, and Nayfeh A H. Measures of modal controllability and observability for first-and second-order linear system. Journal of Guidance, Control, and Dynamics, 1989, 12(3): 421-428.

[10] Viswanathan C N, Longman R W, Likins P W. A degree of controllability definitions: fundamental concepts and application to modal systems. Journal of Guidance, Control, and Dynamics, 1984, 7(2): 222-230.

[11] 杜光勋, 全权. 输入受限系统的可控度及其在飞行控制中的应用. 系统科学与数学, 2014, 34(12): 1578-1594.

[12] Pachter M, Huang Y S. Fault tolerant flight control. Journal of Guidance, Control, and Dynamics, 2003, 26(1): 151–160.

[13] Cieslak J, Henry D, Zolghadri A, Goupil P. Development of an active fault-tolerant flight control strategy. Journal of Guidance, Control, and Dynamics, 2008, 31(1): 135-147.

[14] Zhang Y M, Jiang J. Bibliographical review on reconfigurable fault-tolerant control systems. Annual Reviews in Control, 2008, 32(2): 229-252.

[15] Ducard G. Fault-tolerant flight control and guidance systems: Practical methods for small unmanned aerial vehicles. Springer-Verlag, London, 2009.

[16] Du G X, Quan Q, and Cai K Y. Additive-state-decomposition-based dynamic inversion stabilized control of a hexacopter subject to unknown propeller damages. In: Proc. 32nd Chinese Control Conference, Xi′an China, July, 2013, pp 6231-6236.

[17] Wu N E, Zhou K, Salomon G. Control reconfigurability of linear time-invariant systems. Automatica, 2000, 36(11): 1767-1771.

[18] Yang Z. Reconfigurability analysis for a class of linear hybrid systems. In: Proc. 6th IFAC SAFEPROCESS′06. Beijing, China, 2006.

[19] Du G X, Quan Q, and Cai K Y. Controllability analysis and degraded control for a class of hexacopters subject to rotor failures. Journal of Intelligent & Robotic Systems, 2015, 78(1): 143-157.

[20] Du G X, Quan Q, Cai K Y. Controllability analysis for multirotor helicopter rotor degradation and failure. Journal of Guidance Control, and Dynamics, 2015, 38(5): 978-984.

[21] Schneider T, Ducard G, Rudin K, and Strupler P. Fault-tolerant control allocation for multirotor he-

licopters using parametric programming. In: International Micro Air Vehicle Conference and Flight Competition, Braunschweig, Germany, July, 2012.

[22] 全权，杜光勋，杨斌先，蔡开元. 一种六旋翼飞行器有一个电机停机时的安全着陆方法. 中国：ZL201310479270.0,2012.

[23] Mueller M W, and D'Andrea R. Stability and control of a quadrocopter despite the complete loss of one, two, or three propellers. In: IEEE International Conference on Robotics and Automation, Hong Kong, China, 2014, pp 45-52.

[24] Goodwin G, Seron M, and Doná J. Constrained control and estimation: an optimisation approach. Springer-Verlag, London, 2005.

第 11 章 Chapter 11
底层飞行控制

都江堰

中国古人很早就开始利用自动控制思想了。例如，位于中国四川省岷江的都江堰是建于公元前256—251 年的灌溉基础设施。它是由战国时期秦国的工程师李冰设计制造的。这是世界上唯一仍在使用的系统，两千年来一直灌溉着超过 5300 平方千米的土地。它主要由分水鱼嘴、飞沙堰和宝瓶口组成，三部分相互协调配合，来保护农田，防止洪水，保证水源。利用自然地貌，该系统可以自动分流，自动排沙，控制水流量。清代诗人黄俞的诗《都江堰》："岷江遥从天际来，神功凿破古离堆。恩波浩渺连三楚，惠泽膏流润九垓。劈斧岩前飞瀑雨，伏龙潭底响轻雷。筑堤不敢辞劳苦，竹石经营取次裁。"

控制是一门使能科学，它的精髓是反馈。反馈控制可以使不稳定的多旋翼变得稳定。然而仅有稳定是不够的，还需要很好的控制效果，如快速、无超调、能够容忍不确定等。因此，有效的控制非常重要。实际中，传统的 PID 控制律基本可以解决多旋翼控制的大部分问题。因此，本章主要介绍 PID 控制方法在位置控制和姿态控制中的应用。另外，针对不同的姿态表示，还将分别介绍基于欧拉角和旋转矩阵的姿态控制方法。不同的控制方法有其自身的优势。本章主要回答以下问题：

如何控制多旋翼的电机，使多旋翼能够飞到目标位置？

本章将从多旋翼底层飞行控制框架、模型化简、位置控制、姿态控制、控制分配和电机控制六方面展开论述，并最终通过综合仿真验证控制算法的有效性。

11.1 多旋翼底层飞行控制框架

如图 11-1 所示，多旋翼的底层飞行控制分为四个层次，分别为位置控制、姿态控制、控制分配和电机控制。

① 位置控制：利用期望的位置 $\mathbf{p}_{\mathrm{d}}$ 解算期望的滚转角 ϕ_{d}、期望的俯仰角 θ_{d} 和期望的总拉力 f_{d}。

② 姿态控制：利用期望的姿态角 ϕ_{d}、θ_{d} 和 ψ_{d} 解算出期望的力矩 $\boldsymbol{\tau}_{\mathrm{d}}$。

③ 控制分配：将期望的螺旋桨转速 $\varpi_{\mathrm{d},k}$（$k=1,2,\cdots,n_r$）分配到 n_{r} 个电机，得到期望的输入 f_{d} 和 $\boldsymbol{\tau}_{\mathrm{d}}$。

④ 电机控制：利用 $\varpi_{\mathrm{d},k}$（$k=1,2,\cdots,n_{\mathrm{r}}$）解算出每个电机的期望油门指令 $\sigma_{\mathrm{d},k}$。

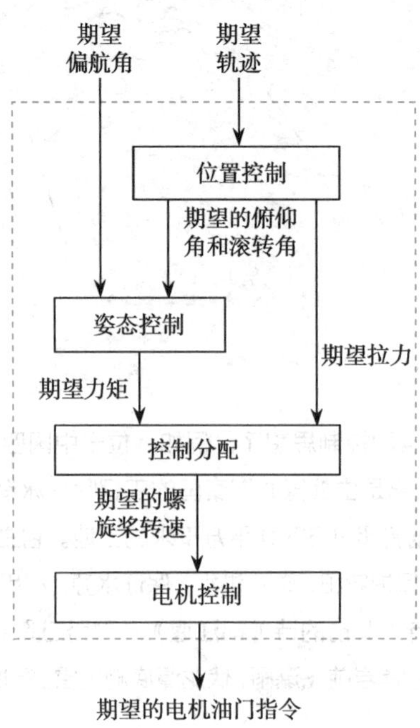

图 11-1 多旋翼底层飞行控制框架

闭环控制框架如图 11-2 所示。多旋翼是一个欠驱动系统，有 6 个输出（位置 $\mathbf{p}\in\mathbb{R}^3$ 和姿态 $\mathbf{\Theta}\in\mathbb{R}^3$），但是只有 4 个独立输入（总拉力 $f\in\mathbb{R}$ 和三轴力矩 $\boldsymbol{\tau}\in\mathbb{R}^3$）。因此，多旋翼只能跟踪 4 个期望指令（$\mathbf{p}_\mathrm{d}\in\mathbb{R}^3,\boldsymbol{\psi}_\mathrm{d}\in\mathbb{R}$），剩余的变量（$\phi_\mathrm{d},\theta_\mathrm{d}\in\mathbb{R}$）由期望指令 $\mathbf{p}_\mathrm{d}$ 和 $\boldsymbol{\psi}_\mathrm{d}$ 确定。

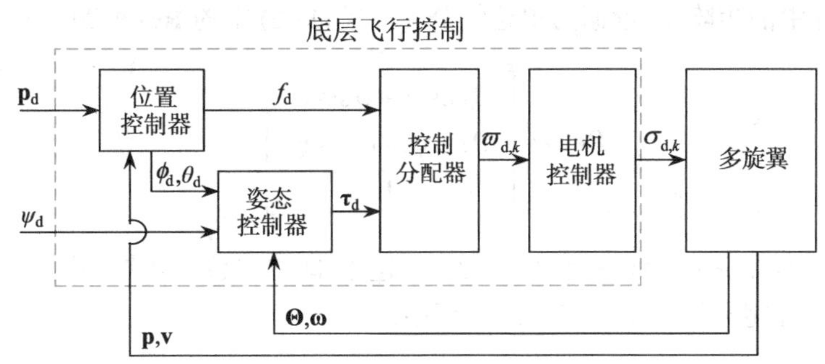

图 11-2 多旋翼底层飞行控制的闭环结构

11.2 简化的线性模型

多旋翼的非线性模型已经在第 6 章建立。为了便于控制器设计，需要对非线性模型进行适当的简化和线性化处理。基于第 6 章介绍的非线性模型 (6.13)，忽略 $-{}^\mathrm{b}\boldsymbol{\omega}\times\left(\mathbf{J}\cdot{}^\mathrm{b}\boldsymbol{\omega}\right)+\mathbf{G}_\mathrm{a}$，得到如下简化模型：

$$
\begin{aligned}
{}^\mathrm{e}\dot{\mathbf{p}} &= {}^\mathrm{e}\mathbf{v} &(11.1)\\
{}^\mathrm{e}\dot{\mathbf{v}} &= g\mathbf{e}_3-\frac{f}{m}\mathbf{R}_\mathrm{b}^\mathrm{e}\mathbf{e}_3 &(11.2)\\
\dot{\mathbf{\Theta}} &= \mathbf{W}\cdot{}^\mathrm{b}\boldsymbol{\omega} &(11.3)\\
\mathbf{J}\cdot{}^\mathrm{b}\dot{\boldsymbol{\omega}} &= \boldsymbol{\tau}. &(11.4)
\end{aligned}
$$

位置方程 (11.1) 和 (11.2) 进一步写为

$$
\begin{cases}
\ddot{p}_{x_\mathrm{e}} = -\dfrac{f}{m}(\sin\psi\sin\phi+\cos\psi\sin\theta\cos\phi)\\
\ddot{p}_{y_\mathrm{e}} = -\dfrac{f}{m}(-\cos\psi\sin\phi+\cos\phi\sin\theta\sin\psi)\\
\ddot{p}_{z_\mathrm{e}} = g-\dfrac{f}{m}\cos\theta\cos\phi
\end{cases} \tag{11.5}
$$

其中，${}^\mathrm{e}\mathbf{p}\triangleq[p_{x_\mathrm{e}}\ p_{y_\mathrm{e}}\ p_{z_\mathrm{e}}]^\mathrm{T}\in\mathbb{R}^3$。对于姿态运动学方程 (11.3)，除了用欧拉角表示外，还可以采用旋转矩阵表示，即式 (6.14)。这两种表示方式在姿态控制中都有考虑。下文为了简便，将省略上、下标，即默认 $\mathbf{p}={}^\mathrm{e}\mathbf{p}$，$\mathbf{v}={}^\mathrm{e}\mathbf{v}$，$\boldsymbol{\omega}={}^\mathrm{b}\boldsymbol{\omega}$，$\mathbf{R}=\mathbf{R}_\mathrm{b}^\mathrm{e}$，具体定义可参见第 6 章，且有 $\mathbf{p}\triangleq[p_x\ p_y\ p_z]^\mathrm{T}$，$\mathbf{v}\triangleq[v_x\ v_y\ v_z]^\mathrm{T}$。

从方程 (11.1)~(11.4) 可见，多旋翼飞行控制系统是一个典型的非线性系统，这使得多旋翼的分析和控制器设计十分复杂。此外，多旋翼还具有欠驱动、强耦合、阶数高的特点。因此，需要根据多旋翼的飞行特点对非线性模型进行化简，然后基于简化的系统模型

设计控制器。假设多旋翼的飞行特点是俯仰角和滚转角都非常小，总拉力约等于多旋翼的重力。这些假设进一步可写为

$$\sin\phi \approx \phi, \quad \cos\phi \approx 1, \quad \sin\theta \approx \theta, \quad \cos\theta \approx 1, \quad f \approx mg. \tag{11.6}$$

此时，式 (11.3) 中的矩阵 $\mathbf{W}$ 近似为单位矩阵 $\mathbf{I}_3$，式 (11.2) 中的 $\mathbf{Re}_3$ 变为

$$\mathbf{Re}_3 \approx \begin{bmatrix} \theta\cos\psi + \phi\sin\psi \\ \theta\sin\psi - \phi\cos\psi \\ 1 \end{bmatrix}.$$

最终，原始模型 (11.1)~(11.4) 解耦为三个线性模型，即水平位置通道模型、高度通道模型和姿态模型。下面将分别介绍这三个线性模型。

1. 水平位置通道模型

根据小角度假设 (11.6)，忽略高阶项，式 (11.5) 中的前两个式子简化为

$$\begin{cases} \dot{\mathbf{p}}_\mathrm{h} = \mathbf{v}_\mathrm{h} \\ \dot{\mathbf{v}}_\mathrm{h} = -g\mathbf{A}_\psi\mathbf{\Theta}_\mathrm{h} \end{cases} \tag{11.7}$$

其中，

$$\mathbf{p}_\mathrm{h} = \begin{bmatrix} p_x \\ p_y \end{bmatrix}, \quad \mathbf{R}_\psi = \begin{bmatrix} \cos\psi & -\sin\psi \\ \sin\psi & \cos\psi \end{bmatrix}, \quad \mathbf{A}_\psi = \mathbf{R}_\psi \begin{bmatrix} 0 & 1 \\ -1 & 0 \end{bmatrix}, \quad \mathbf{\Theta}_\mathrm{h} = \begin{bmatrix} \phi \\ \theta \end{bmatrix}.$$

在水平位置通道模型 (11.7) 中，因为 $-g\mathbf{A}_\psi$ 已知，$-g\mathbf{A}_\psi\mathbf{\Theta}_\mathrm{h}$ 可以看成输入，$\mathbf{p}_\mathrm{h}$ 看成输出，所以，水平位置通道模型 (11.7) 实质上是一个线性模型。

2. 高度通道模型

根据小角度假设 (11.6)，式 (11.5) 中的第三个式子简化为

$$\begin{cases} \dot{p}_z = v_z \\ \dot{v}_z = g - \dfrac{f}{m}. \end{cases} \tag{11.8}$$

与水平位置通道模型的化简不同，$g - f/m$ 不是高阶无穷小，因此不可以被忽略，否则高度通道没有输入了。显然，高度通道模型 (11.8) 也是一个线性模型。

3. 姿态模型

联立式 (11.3) 和式 (11.4)，可得如下姿态模型：

$$\begin{cases} \dot{\mathbf{\Theta}} = \boldsymbol{\omega} \\ \mathbf{J}\dot{\boldsymbol{\omega}} = \boldsymbol{\tau}. \end{cases} \tag{11.9}$$

这也是一个线性模型。

11.3　位置控制

控制器中使用的反馈值是估计值，如 $\hat{\mathbf{p}}$ 和 $\hat{\mathbf{\Theta}}$。为了简便，根据**分离原理**①，可以用真值 $\mathbf{p}$ 和 $\mathbf{\Theta}$ 取代估计值。

11.3.1　基本概念

为了更好地帮助读者了解位置控制，下面先介绍几个基本概念。如图 11-3 所示，根据给定位置 $\mathbf{p}_{\mathrm{d}}$ 的不同，位置控制可以分为三类：定点控制、轨迹跟踪和路径跟随。

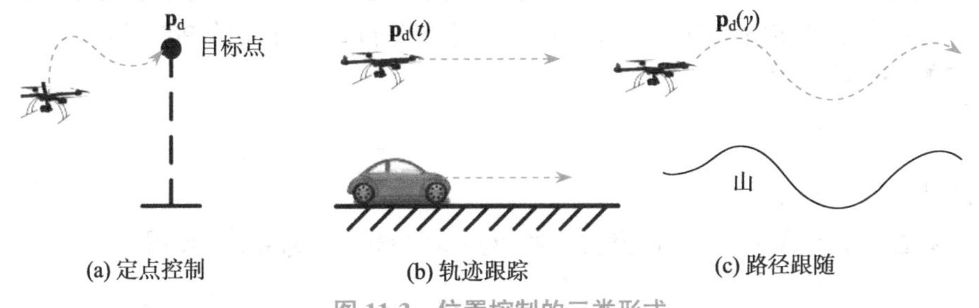

图 11-3　位置控制的三类形式

① 定点控制。期望位置 $\mathbf{p}_{\mathrm{d}} \in \mathbb{R}^3$ 是一个定点。控制目标是设计控制器，使得当 $t \to \infty$ 时，$\|\mathbf{p}(t) - \mathbf{p}_{\mathrm{d}}\| \to 0$ 或 $\mathbf{p}(t) - \mathbf{p}_{\mathrm{d}} \to \mathscr{B}(\mathbf{0}_{3\times1}, \delta)$②，其中 $\delta \in \mathbb{R}_+ \cup \{0\}$。这里假定多旋翼能够飞到给定位置，而不考虑飞行轨迹。实际中，多数应用属于该方式，如图 11-3(a) 所示。

② 轨迹跟踪[2,3]。期望轨迹 $\mathbf{p}_{\mathrm{d}} : [0, \infty) \to \mathbb{R}^3$ 是一条与时间相关的轨迹。控制目标是设计控制器，使得当 $t \to \infty$ 时，$\|\mathbf{p}(t) - \mathbf{p}_{\mathrm{d}}(t)\| \to 0$ 或 $\mathbf{p}(t) - \mathbf{p}_{\mathrm{d}}(t) \to \mathscr{B}(\mathbf{0}_{3\times1}, \delta)$，其中 $\delta \in \mathbb{R}_+ \cup \{0\}$。这类应用包括：已知行驶的汽车轨迹，给定汽车上方一条轨迹，让多旋翼跟踪该轨迹，如图 11-3(b) 所示。

③ 路径跟随③。期望路径 $\mathbf{p}_{\mathrm{d}}(\gamma(t)) \in \mathbb{R}^3$ 是一条由参数 γ 而不是时间 t 直接决定的路径。控制目标是设计控制器，使得当 $t \to \infty$ 时，$\|\mathbf{p}(t) - \mathbf{p}_{\mathrm{d}}(\gamma(t))\| \to 0$ 或 $\mathbf{p}(t) - \mathbf{p}_{\mathrm{d}}(\gamma(t)) \to \mathscr{B}(\mathbf{0}_{3\times1}, \delta)$，其中 $\delta \in \mathbb{R}_+ \cup \{0\}$。这类应用包括：已知山脉的地形，给定山脉上方随地形起伏的路径，让多旋翼沿该路径飞行，如图 11-3(c) 所示。

从直观上看，**轨迹跟踪**问题和**路径跟随**问题的区别在于描述轨迹或路径的曲线是否与时间相关。对于轨迹跟踪问题，期望轨迹是一条与时间相关的曲线，而路径跟随的期望路径独立于时间变量。路径跟随也称为 **3D 跟踪**；轨迹跟踪也称为 **4D 跟踪**，相比 3D 跟踪，增加了时间维度。当 $\gamma(t) = t$ 时，路径跟随问题退化成轨迹跟踪问题。当 $\mathbf{p}_{\mathrm{d}}(t) \equiv$ 常数时，轨迹跟踪问题进一步退化成**定点控制**问题。换句话说，路径跟随增加时间约束之后退化为轨迹跟踪，轨迹跟踪增加期望轨迹约束后退化为定点控制。因此，定点控制问题是轨迹跟踪问题的特例，而轨迹跟踪问题是路径跟随问题的特例。本章主要聚焦定点控制问

① 将控制器设计分解成状态估计和确定性反馈控制两部分分别进行设计的一种原理。应用分离原理时，先根据观测数据估计系统的状态，再把估计值看成真实值，按照确定性系统设计控制器 [1,p.255]。

② $\mathscr{B}(\mathbf{o}, \delta) \triangleq \{\boldsymbol{\xi} \in \mathbb{R}^3 \mid \|\boldsymbol{\xi} - \mathbf{o}\| \leqslant \delta\}$，$\mathbf{x}(t) \to \mathscr{B}(\mathbf{o}, \delta)$ 表示 $\min\limits_{\mathbf{y} \in \mathscr{B}(\mathbf{o}, \delta)} \|\mathbf{x}(t) - \mathbf{y}\| \to 0$。

③ 此处仅考虑参数化路径跟随。

题和轨迹跟踪问题。实际中，路径跟随问题可以转化成轨迹跟踪问题（见第 13 章）或者定点控制问题，本章将不对此展开。对路径跟随感兴趣的读者可参考文献 [4]、[5] 和 [6]。

位置控制器的输出是期望的姿态。根据姿态表示，可将位置控制分为两类：

① 欧拉角作为输出。针对线性系统 (11.7) 和 (11.8) 设计控制器，最终产生期望的欧拉角 ϕ_{d}、θ_{d} 和拉力 f_{d}。

② 旋转矩阵作为输出。针对非线性耦合系统 (11.1) 和 (11.2) 设计控制器，最终产生期望的旋转矩阵 $\mathbf{R}_{\mathrm{d}}$ 和拉力 f_{d}。

11.3.2 欧拉角作为输出

针对线性位置模型 (11.7) 和 (11.8)，对水平位置通道和高度通道分别设计 PID 控制器。下面将首先设计传统 PID 控制器，然后讨论开源自驾仪使用的 PID 控制器，最后考虑加饱和的 PID 控制器。

1. 传统 PID 控制器

（1）水平位置通道

针对线性位置模型 (11.7)，希望设计期望姿态角 $\mathbf{\Theta}_{\mathrm{hd}} = [\phi_{\mathrm{d}}\ \theta_{\mathrm{d}}]^{\mathrm{T}}$，使得

$$\lim_{t\to\infty}\left\|\mathbf{e}_{\mathbf{p}_{\mathrm{h}}}(t)\right\| = 0$$

其中，$\mathbf{e}_{\mathbf{p}_{\mathrm{h}}} \triangleq \mathbf{p}_{\mathrm{h}} - \mathbf{p}_{\mathrm{hd}}$。首先，期望的过渡过程如下：

$$\ddot{\mathbf{e}}_{\mathbf{p}_{\mathrm{h}}} = -\mathbf{K}_{\mathbf{p}_{\mathrm{h}}\mathrm{d}}\dot{\mathbf{e}}_{\mathbf{p}_{\mathrm{h}}} - \mathbf{K}_{\mathbf{p}_{\mathrm{h}}\mathrm{p}}\mathbf{e}_{\mathbf{p}_{\mathrm{h}}} \tag{11.10}$$

其中，$\mathbf{K}_{\mathbf{p}_{\mathrm{h}}\mathrm{d}}, \mathbf{K}_{\mathbf{p}_{\mathrm{h}}\mathrm{p}} \in \mathbb{R}^{2\times 2}\bigcap\mathscr{D}\bigcap\mathscr{P}$。然后，根据第 10 章的稳定性定理可知，$\lim_{t\to\infty}\left\|\mathbf{e}_{\mathbf{p}_{\mathrm{h}}}(t)\right\| = 0$。为了实现动态 (11.10)，加速度 $\ddot{\mathbf{p}}_{\mathrm{h}}$ 需要满足

$$\ddot{\mathbf{p}}_{\mathrm{h}} = \ddot{\mathbf{p}}_{\mathrm{hd}} - \mathbf{K}_{\mathbf{p}_{\mathrm{h}}\mathrm{d}}\dot{\mathbf{e}}_{\mathbf{p}_{\mathrm{h}}} - \mathbf{K}_{\mathbf{p}_{\mathrm{h}}\mathrm{p}}\mathbf{e}_{\mathbf{p}_{\mathrm{h}}} \tag{11.11}$$

联立式 (11.7) 和式 (11.11)，可得

$$-g\mathbf{A}_{\psi}\mathbf{\Theta}_{\mathrm{hd}} = \ddot{\mathbf{p}}_{\mathrm{hd}} - \mathbf{K}_{\mathbf{p}_{\mathrm{h}}\mathrm{d}}\dot{\mathbf{e}}_{\mathbf{p}_{\mathrm{h}}} - \mathbf{K}_{\mathbf{p}_{\mathrm{h}}\mathrm{p}}\mathbf{e}_{\mathbf{p}_{\mathrm{h}}} \tag{11.12}$$

根据上式，$\mathbf{\Theta}_{\mathrm{hd}}$ 可显式地写为

$$\mathbf{\Theta}_{\mathrm{hd}} = -g^{-1}\mathbf{A}_{\psi}^{-1}\left(\ddot{\mathbf{p}}_{\mathrm{hd}} - \mathbf{K}_{\mathbf{p}_{\mathrm{h}}\mathrm{d}}\dot{\mathbf{e}}_{\mathbf{p}_{\mathrm{h}}} - \mathbf{K}_{\mathbf{p}_{\mathrm{h}}\mathrm{p}}\mathbf{e}_{\mathbf{p}_{\mathrm{h}}}\right) \tag{11.13}$$

如果在式 (11.7) 中，$\mathbf{\Theta}_{\mathrm{h}} = \mathbf{\Theta}_{\mathrm{hd}}$，那么 $\lim_{t\to\infty}\left\|\mathbf{e}_{\mathbf{p}_{\mathrm{h}}}(t)\right\| = 0$。特殊地，考虑定点控制时，$\dot{\mathbf{p}}_{\mathrm{hd}} = \ddot{\mathbf{p}}_{\mathrm{hd}} = \mathbf{0}_{2\times 1}$，式 (11.13) 变为

$$\mathbf{\Theta}_{\mathrm{hd}} = -g^{-1}\mathbf{A}_{\psi}^{-1}\left(-\mathbf{K}_{\mathbf{p}_{\mathrm{h}}\mathrm{d}}\dot{\mathbf{p}}_{\mathrm{h}} - \mathbf{K}_{\mathbf{p}_{\mathrm{h}}\mathrm{p}}\left(\mathbf{p}_{\mathrm{h}} - \mathbf{p}_{\mathrm{hd}}\right)\right). \tag{11.14}$$

（2）高度通道

类似地，针对高度通道模型 (11.8)，控制目标为

$$\lim_{t\to\infty}\left|e_{p_z}(t)\right| = 0$$

其中，$e_{p_z} \triangleq p_z - p_{z_d}$。首先，期望的过渡过程如下：

$$\ddot{e}_{p_z} = -k_{p_z\mathrm{d}}\dot{e}_{p_z} - k_{p_z\mathrm{p}}e_{p_z} \tag{11.15}$$

其中，$k_{p_z\mathrm{d}}, k_{p_z\mathrm{p}} \in \mathbb{R}_+$。根据第 10 章所述的稳定性理论，可知 $\lim_{t\to\infty} |e_{p_z}(t)| = 0$。为了实现动态 (11.15)，希望加速度 $\ddot{p}_z$ 满足

$$\ddot{p}_z = \ddot{p}_{z_d} - k_{p_z\mathrm{d}}\dot{e}_{p_z} - k_{p_z\mathrm{p}}e_{p_z} \tag{11.16}$$

联立式 (11.8) 和式 (11.16)，可得

$$g - \frac{f_\mathrm{d}}{m} = \ddot{p}_{z_d} - k_{p_z\mathrm{d}}\dot{e}_{p_z} - k_{p_z\mathrm{p}}e_{p_z} \tag{11.17}$$

其中，f_d 是期望的拉力。根据上式，f_d 可显式地写为

$$f_\mathrm{d} = mg - m\left(\ddot{p}_{z_d} - k_{p_z\mathrm{d}}\dot{e}_{p_z} - k_{p_z\mathrm{p}}e_{p_z}\right) \tag{11.18}$$

如果在式 (11.8) 中，$f = f_\mathrm{d}$，那么 $\lim_{t\to\infty} |e_{p_z}(t)| = 0$。特别地，当考虑定点控制时，$\dot{p}_{z_d} = \ddot{p}_{z_d} = 0$，式 (11.18) 变为

$$f_\mathrm{d} = mg - m\left(-k_{p_z\mathrm{d}}\dot{p}_z - k_{p_z\mathrm{p}}\left(p_z - p_{z_d}\right)\right). \tag{11.19}$$

2. 开源自驾仪中的 PID 控制器

下面给出目前的 APM (ArduPilot Mega) 开源自驾仪的位置控制器设计思路。

（1）水平位置通道

为了使 $\lim_{t\to\infty} \|\mathbf{e}_{\mathbf{p}_\mathrm{h}}(t)\| = 0$，针对

$$\dot{\mathbf{p}}_\mathrm{h} = \mathbf{v}_\mathrm{h} \tag{11.20}$$

设计 $\mathbf{v}_\mathrm{h}$ 的期望值 $\mathbf{v}_\mathrm{hd}$ 如下所示：

$$\mathbf{v}_\mathrm{hd} = \mathbf{K}_{\mathbf{p}_\mathrm{h}}(\mathbf{p}_\mathrm{hd} - \mathbf{p}_\mathrm{h}) \tag{11.21}$$

其中，$\mathbf{K}_{\mathbf{p}_\mathrm{h}} \in \mathbb{R}^{2\times2} \cap \mathscr{D} \cap \mathscr{P}$。在 $\dot{\mathbf{p}}_\mathrm{hd} = \mathbf{0}_{2\times1}$ 的假设下，如果 $\lim_{t\to\infty} \|\mathbf{e}_{\mathbf{v}_\mathrm{h}}(t)\| = 0$，那么 $\lim_{t\to\infty} \|\mathbf{e}_{\mathbf{p}_\mathrm{h}}(t)\| = 0$，其中 $\mathbf{e}_{\mathbf{v}_\mathrm{h}} \triangleq \mathbf{v}_\mathrm{h} - \mathbf{v}_\mathrm{hd}$。式 (11.20) 和式 (11.21) 构成水平位置控制环。接下来的任务是针对

$$\dot{\mathbf{v}}_\mathrm{h} = -g\mathbf{A}_\psi\boldsymbol{\Theta}_\mathrm{h} \tag{11.22}$$

设计 $\boldsymbol{\Theta}_\mathrm{h}$ 的期望 $\boldsymbol{\Theta}_\mathrm{hd}$。类似于式 (11.12)，采用如下 PID 控制器：

$$-g\mathbf{A}_\psi\boldsymbol{\Theta}_\mathrm{hd} = -\mathbf{K}_{\mathbf{v}_\mathrm{h}\mathrm{p}}\mathbf{e}_{\mathbf{v}_\mathrm{h}} - \mathbf{K}_{\mathbf{v}_\mathrm{h}\mathrm{i}}\int\mathbf{e}_{\mathbf{v}_\mathrm{h}} - \mathbf{K}_{\mathbf{v}_\mathrm{h}\mathrm{d}}\dot{\mathbf{e}}_{\mathbf{v}_\mathrm{h}} \tag{11.23}$$

其中，$\mathbf{K}_{\mathbf{v}_\mathrm{h}\mathrm{p}}, \mathbf{K}_{\mathbf{v}_\mathrm{h}\mathrm{i}}, \mathbf{K}_{\mathbf{v}_\mathrm{h}\mathrm{d}} \in \mathbb{R}^{2\times2} \cap \mathscr{D}$。在 $\dot{\mathbf{v}}_\mathrm{hd} = \mathbf{0}_{2\times1}$ 的假设下，如果 $\lim_{t\to\infty} \|\boldsymbol{\Theta}_\mathrm{h}(t) - \boldsymbol{\Theta}_\mathrm{hd}(t)\| = 0$，那么 $\lim_{t\to\infty} \|\mathbf{e}_{\mathbf{v}_\mathrm{h}}(t)\| = 0$。由式 (11.23) 推导出期望的姿态角如下：

$$\boldsymbol{\Theta}_\mathrm{hd} = g^{-1}\mathbf{A}_\psi^{-1}\left(\mathbf{K}_{\mathbf{v}_\mathrm{h}\mathrm{p}}\mathbf{e}_{\mathbf{v}_\mathrm{h}} + \mathbf{K}_{\mathbf{v}_\mathrm{h}\mathrm{i}}\int\mathbf{e}_{\mathbf{v}_\mathrm{h}} + \mathbf{K}_{\mathbf{v}_\mathrm{h}\mathrm{d}}\dot{\mathbf{e}}_{\mathbf{v}_\mathrm{h}}\right). \tag{11.24}$$

当设计合理的姿态控制器，使得 $\lim_{t\to\infty}\|\boldsymbol{\Theta}_{\text{h}}(t)-\boldsymbol{\Theta}_{\text{hd}}(t)\|=0$ 时，水平位置通道 (11.7) 能够保证 $\lim_{t\to\infty}\|\mathbf{e}_{\mathbf{p}_{\text{h}}}(t)\|=0$。式 (11.22) 和式 (11.24) 构成了水平速度控制环。当考虑定点控制时，式 (11.24) 中 $\dot{\mathbf{p}}_{\text{hd}}=\ddot{\mathbf{p}}_{\text{hd}}=\mathbf{0}_{2\times1}$。为了避免微分带来的噪声，可以去掉微分项 $\mathbf{K}_{\text{hd}}\dot{\mathbf{e}}_{\mathbf{v}_{\text{h}}}$。至此，水平位置通道的控制器设计结束，其由式 (11.21) 和式 (11.24) 构成。

经常有人会问，为什么式 (11.21) 是 P 控制器，而式 (11.24) 是 PID 控制器？这是因为通道 (11.20) 是一个运动学模型，没有干扰，因此 P 控制器 (11.21) 已经足够了；而通道 (11.22) 是一个动力学模型，会受到各种干扰影响，因此需要 PID 控制器 (11.24) 来补偿干扰。类似的原理同样适用于下文中的高度通道和姿态通道。

（2）高度通道

为了使 $\lim_{t\to\infty}|e_{p_z}(t)|=0$，先针对

$$\dot{p}_z=v_z \tag{11.25}$$

设计 v_z 期望值 $v_{z\text{d}}$ 如下所示：

$$v_{z\text{d}}=-k_{p_z}(p_z-p_{z\text{d}}) \tag{11.26}$$

其中，$k_{p_z}\in\mathbb{R}_+$。在 $\dot{p}_{z\text{d}}=0$ 的假设下，如果 $\lim_{t\to\infty}|e_{v_z}(t)|=0$，那么 $\lim_{t\to\infty}|e_{p_z}(t)|=0$，其中 $e_{v_z}\triangleq v_z-v_{z\text{d}}$。实际上，式 (11.25) 和式 (11.26) 构成了高度控制环。接下来的任务是针对

$$\dot{v}_z=g-\frac{f}{m} \tag{11.27}$$

设计期望的拉力 f_{d}。类似于式 (11.17)，采用如下 PID 控制器：

$$g-\frac{f_{\text{d}}}{m}=-k_{v_z\text{p}}e_{v_z}-k_{v_z\text{i}}\int e_{v_z}-k_{v_z\text{d}}\dot{e}_{v_z} \tag{11.28}$$

其中，$k_{v_z\text{p}},k_{v_z\text{i}},k_{v_z\text{d}}\in\mathbb{R}$。在 $\dot{v}_{z\text{d}}=0$ 的假设下，如果 $\lim_{t\to\infty}|f(t)-f_{\text{d}}(t)|=0$，那么 $\lim_{t\to\infty}|e_{v_z}(t)|=0$。由式 (11.28)，推出期望的拉力 f_{d} 如下所示：

$$f_{\text{d}}=m\left(g+k_{v_z\text{p}}e_{v_z}+k_{v_z\text{i}}\int e_{v_z}+k_{v_z\text{d}}\dot{e}_{v_z}\right). \tag{11.29}$$

实际上，式 (11.27) 和式 (11.29) 构成了高度速度控制环。当考虑定点控制时，式 (11.29) 中 $\dot{p}_{z\text{d}}=\ddot{p}_{z\text{d}}=0$。为了避免微分带来的噪声，去掉微分项 $k_{v_z\text{d}}\dot{e}_{v_z}$。至此，高度通道控制器设计完成，其由式 (11.26) 和式 (11.29) 构成。

3. 加饱和的 PID 控制器

到目前为止，位置控制问题看似已经解决，期望的俯仰角和滚转角已经找到。然而实际执行过程中可能会出现问题。因为在实际中，$p_x-p_{x_{\text{d}}}$ 或 $p_y-p_{y_{\text{d}}}$ 可能很大，如 $\|\mathbf{e}_{\mathbf{p}_{\text{h}}}(0)\|=100\text{km}$，导致生成无法接受的 θ_{d} 和 ϕ_{d}，进而小角度假设被破坏，式 (11.7) 将不再成立。姿态控制器采用这些无法接受的期望俯仰角和滚转角可能导致多旋翼坠机。因此，需要考虑加饱和的 PID 控制器。

（1）水平位置通道

考虑饱和之后，传统 PID 控制器 (11.14) 变为

$$\boldsymbol{\Theta}_{\mathrm{hd}} = \mathrm{sat}_{\mathrm{gd}}\left(g^{-1}\mathbf{A}_{\psi}^{-1}\left(\mathbf{K}_{\mathbf{p}_{\mathrm{h}}\mathrm{d}}\dot{\mathbf{p}}_{\mathrm{h}} + \mathbf{K}_{\mathbf{p}_{\mathrm{h}}\mathrm{p}}\left(\mathbf{p}_{\mathrm{h}} - \mathbf{p}_{\mathrm{hd}}\right)\right), a_0\right) \tag{11.30}$$

其中，$a_0 \in \mathbb{R}_+$。保方向饱和函数 $\mathrm{sat}_{\mathrm{gd}}(\mathbf{x}, a)$ 的定义见式 (10.18)。饱和系统的稳定性证明可以参考 10.2.2 节。类似地，开源自驾仪中的 PID 控制器变为

$$\begin{cases} \mathbf{e}_{\mathbf{v}_{\mathrm{h}}} = \mathrm{sat}_{\mathrm{gd}}\left(\mathbf{v}_{\mathrm{h}} - \mathbf{v}_{\mathrm{hd}}, a_1\right) \\ \boldsymbol{\Theta}_{\mathrm{hd}} = \mathrm{sat}_{\mathrm{gd}}\left(g^{-1}\mathbf{A}_{\psi}^{-1}\left(\mathbf{K}_{\mathbf{v}_{\mathrm{h}}\mathrm{p}}\mathbf{e}_{\mathbf{v}_{\mathrm{h}}} + \mathbf{K}_{\mathbf{v}_{\mathrm{h}}\mathrm{i}}\int \mathbf{e}_{\mathbf{v}_{\mathrm{h}}} + \mathbf{K}_{\mathbf{v}_{\mathrm{h}}\mathrm{d}}\dot{\mathbf{e}}_{\mathbf{v}_{\mathrm{h}}}\right), a_2\right) \end{cases} \tag{11.31}$$

其中，$a_1, a_2 \in \mathbb{R}_+$。与饱和相关的参数 $a_0, a_1, a_2 \in \mathbb{R}_+$ 可根据实际要求确定。比如，如果 $\theta_{\mathrm{d}}, \phi_{\mathrm{d}} \in [-\theta_{\max}, \theta_{\max}]$，那么饱和水平位置控制器 (11.31) 变为

$$\boldsymbol{\Theta}_{\mathrm{hd}} = \mathrm{sat}_{\mathrm{gd}}\left(g^{-1}\mathbf{A}_{\psi}^{-1}\left(\mathbf{K}_{\mathbf{v}_{\mathrm{h}}\mathrm{p}}\mathbf{e}_{\mathbf{v}_{h}} + \mathbf{K}_{\mathbf{v}_{\mathrm{h}}\mathrm{i}}\int \mathbf{e}_{\mathbf{v}_{\mathrm{h}}} + \mathbf{K}_{\mathbf{v}_{\mathrm{h}}\mathrm{d}}\dot{\mathbf{e}}_{\mathbf{v}_{h}}\right), \theta_{\max}\right). \tag{11.32}$$

下面讨论保方向饱和函数 $\mathrm{sat}_{\mathrm{gd}}(\mathbf{x}, a)$ 与传统的饱和函数 $\mathrm{sat}(\mathbf{x}, a)$ 的区别。传统的饱和函数定义如下：

$$\mathrm{sat}(\mathbf{x}, a) \triangleq \begin{bmatrix} \mathrm{sat}(x_1, a) \\ \vdots \\ \mathrm{sat}(x_n, a) \end{bmatrix}, \quad \mathrm{sat}(x_k, a) \triangleq \begin{cases} x_k, & |x_k| \leqslant a \\ a \cdot \mathrm{sign}(x_k), & |x_k| > a \end{cases}$$

它的方向可能与 $\mathbf{x}$ 的方向不同。而保方向饱和函数 $\mathrm{sat}_{\mathrm{gd}}(\mathbf{x}, a)$ 不仅可以限制最终向量中每个分量的绝对值不大于 a，还可以保证其方向与 $\mathbf{x}$ 相同。如在图 11-4 中，当 $\mathbf{p}_{\mathrm{h}} = [0\ \ 0]^{\mathrm{T}}$，$\mathbf{p}_{\mathrm{hd}} = [100\ 10]^{\mathrm{T}}$ 时，有 $\mathrm{sat}_{\mathrm{gd}}(\mathbf{p}_{\mathrm{hd}} - \mathbf{p}_{\mathrm{h}}, 20) = [20\ 2]^{\mathrm{T}}$，但是 $\mathrm{sat}(\mathbf{p}_{\mathrm{hd}} - \mathbf{p}_{\mathrm{h}}, 20) = [20\ 10]^{\mathrm{T}}$。这时，$\mathrm{sat}_{\mathrm{gd}}(\mathbf{p}_{\mathrm{hd}} - \mathbf{p}_{\mathrm{h}}, 20)$ 依然在 $\mathbf{p}_{\mathrm{h}}$ 到 $\mathbf{p}_{\mathrm{hd}}$ 的直线路径上，而 $\mathrm{sat}(\mathbf{p}_{\mathrm{hd}} - \mathbf{p}_{\mathrm{h}}, 20)$ 偏离了直线路径。后者会导致多旋翼不沿直线飞行，从而耗费更多能量。

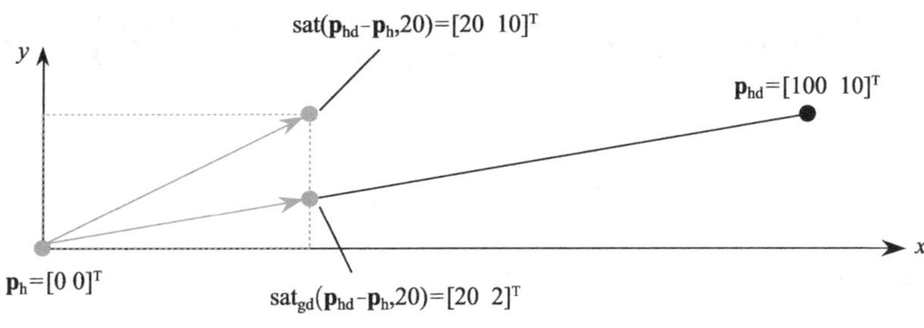

图 11-4　两种饱和函数的结果对比

下面通过仿真来研究基于这两种饱和函数的飞行轨迹。仿真的初值取为 $\mathbf{p}_{\mathrm{h}}(0) = [0\ \ 0]^{\mathrm{T}}$，目标位置为 $\mathbf{p}_{\mathrm{hd}} = [4\ 6]^{\mathrm{T}}$。控制器 (11.31) 中与饱和相关的参数设置为 $a_1 = 3$，$a_2 = 12\pi/180$。从仿真结果图 11-5 可知：保方向饱和函数可以保证多旋翼沿直线飞行，而传统饱和函数不行。

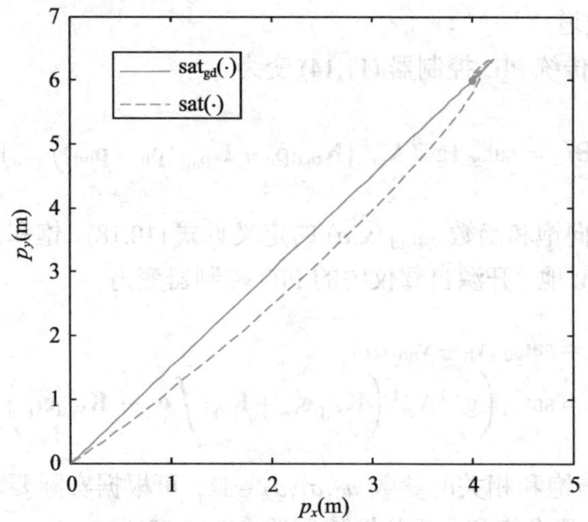

图 11-5 基于两种饱和函数的 PID 控制器作用下的多旋翼水平面运动轨迹

（2）高度通道

为了避免油门指令超出范围，高度通道控制器同样需要加入饱和，因此传统 PID 控制器 (11.19) 变为

$$f_{\rm d} = {\rm sat_{gd}}\left(m\left(g + k_{p_z{\rm d}}\dot{p}_z + k_{p_z{\rm p}}\left(p_z - p_{z_{\rm d}}\right)\right), a_3\right) \tag{11.33}$$

其中，$a_3 \in \mathbb{R}_+$。类似地，开源自驾仪的 PID 控制器 (11.29) 变为

$$\begin{cases} e_{v_z} = {\rm sat_{gd}}\left(v_z - v_{z{\rm d}}, a_4\right) \\ f_{\rm d} = {\rm sat_{gd}}\left(m\left(g + k_{v_z{\rm p}}e_{v_z} + k_{v_z{\rm i}}\int e_{v_z} + k_{v_z{\rm d}}\dot{e}_{v_z}\right), a_5\right) \end{cases} \tag{11.34}$$

其中，$a_4, a_5 \in \mathbb{R}_+$。对于标量，保方向饱和函数与传统饱和函数的作用相同。进一步，如果 $f_{\rm d} \in [f_{\min}, f_{\max}]$，则饱和控制器 (11.34) 变为

$$f_{\rm d} = {\rm sat_{gd}}\left(m\left(g + k_{v_z{\rm p}}e_{v_z} + k_{v_z{\rm i}}\int e_{v_z} + k_{v_z{\rm d}}\dot{e}_{v_z}\right) - \frac{f_{\min}+f_{\max}}{2}, \frac{f_{\max}-f_{\min}}{2}\right) + \frac{f_{\min}+f_{\max}}{2}. \tag{11.35}$$

11.3.3 旋转矩阵作为输出

基于旋转矩阵描述的姿态运动学方程 (11.3) 为

$$\dot{\mathbf{R}} = \mathbf{R}\left[{}^{\rm b}\boldsymbol{\omega}\right]_{\times} \tag{11.36}$$

其中，$\mathbf{R} \in SO(3)$ 是旋转矩阵。系统 (11.36) 的期望姿态控制指令是 $\mathbf{R}_{\rm d}$。因此，位置控制器最好可以直接给出期望的旋转矩阵 $\mathbf{R}_{\rm d}$，对应的闭环控制框图如图 11-6 所示。下面将重点分析如何获得 $\mathbf{R}_{\rm d}$。

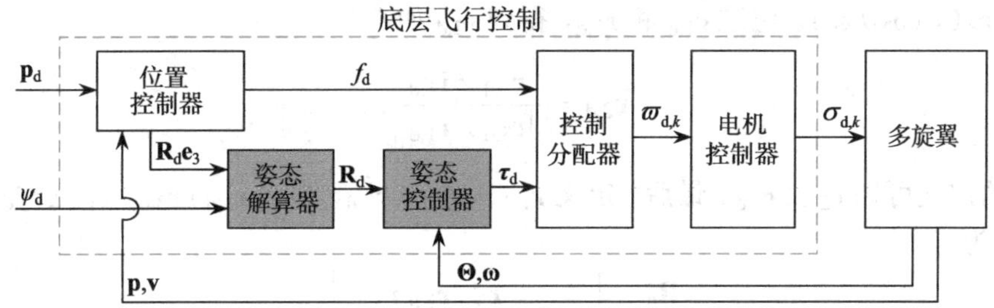

图 11-6　基于旋转矩阵的多旋翼闭环控制框图

1. 期望的旋转矩阵 $\mathbf{R}_\mathrm{d}$

定义 $\mathbf{R} \triangleq [\mathbf{r}_1\ \ \mathbf{r}_2\ \ \mathbf{r}_3]$ 和 $\mathbf{R}_\mathrm{d} \triangleq [\mathbf{r}_{1,\mathrm{d}}\ \ \mathbf{r}_{2,\mathrm{d}}\ \ \mathbf{r}_{3,\mathrm{d}}]$。根据非线性模型 (11.1) 和 (11.2)，期望的 f_d 和 $\mathbf{R}_\mathrm{d}$ 需满足

$$g\mathbf{e}_3 - \frac{f_\mathrm{d}}{m}\mathbf{r}_{3,\mathrm{d}} = \mathbf{a}_\mathrm{d} \tag{11.37}$$

其中，$\mathbf{r}_{3,\mathrm{d}} = \mathbf{R}_\mathrm{d}\mathbf{e}_3$，而 $\mathbf{a}_\mathrm{d}$ 是期望的加速度，由下式获得：

$$\mathbf{a}_\mathrm{d} = \begin{bmatrix} \mathrm{sat}_\mathrm{gd}\left(\left(-\mathbf{K}_{\mathbf{v}_\mathrm{h}\mathrm{p}}\mathbf{e}_{\mathbf{v}_\mathrm{h}} - \mathbf{K}_{\mathbf{v}_\mathrm{h}\mathrm{i}}\displaystyle\int \mathbf{e}_{\mathbf{v}_\mathrm{h}} - \mathbf{K}_{\mathbf{v}_\mathrm{h}\mathrm{d}}\dot{\mathbf{e}}_{\mathbf{v}_\mathrm{h}}\right), a_6\right) \\ \mathrm{sat}_\mathrm{gd}\left(\left(-k_{v_z\mathrm{p}}e_{v_z} - k_{v_z\mathrm{i}}\int e_{v_z} - k_{v_z\mathrm{d}}\dot{e}_{v_z}\right), a_7\right) \end{bmatrix}$$

其中，$\mathbf{e}_{\mathbf{v}_\mathrm{h}} = \mathrm{sat}_\mathrm{gd}(\mathbf{v}_\mathrm{h} - \mathbf{v}_\mathrm{hd}, a_8)$，$e_{v_z} = \mathrm{sat}_\mathrm{gd}(v_z - v_{z\mathrm{d}}, a_9)$，$a_6, a_7, a_8, a_9 \in \mathbb{R}_+$。在实际中，加速度加饱和限制可以使最终的旋转矩阵更具有控制的可行性。由式 (11.37) 可得

$$\mathbf{r}_{3,\mathrm{d}} = \frac{m(g\mathbf{e}_3 - \mathbf{a}_\mathrm{d})}{f_\mathrm{d}}. \tag{11.38}$$

因为 $\mathbf{r}_{3,\mathrm{d}}$ 是正交矩阵的一列，满足 $\mathbf{r}_{3,\mathrm{d}}^\mathrm{T}\mathbf{r}_{3,\mathrm{d}} = 1$，因此

$$\mathbf{r}_{3,\mathrm{d}} = \frac{g\mathbf{e}_3 - \mathbf{a}_\mathrm{d}}{\|g\mathbf{e}_3 - \mathbf{a}_\mathrm{d}\|}. \tag{11.39}$$

至此，向量 $\mathbf{r}_{3,\mathrm{d}}$ 确定。下面介绍两种获得 $\mathbf{R}_\mathrm{d}$ 的方法。一种基于小角度假设，另一种同样适用于大角度飞行。

（1）小角度情况 [7]

为了获得 $\mathbf{R}_\mathrm{d}$，必须确定 $\mathbf{r}_{1,\mathrm{d}}$ 和 $\mathbf{r}_{2,\mathrm{d}}$ 中的一个。根据旋转矩阵的定义，$\mathbf{r}_1 \in \mathbb{R}^3$ 为

$$\mathbf{r}_1 = \begin{bmatrix} \cos\theta\cos\psi \\ \cos\theta\sin\psi \\ -\sin\theta \end{bmatrix}.$$

通过使用小角度假设，对应的期望向量 $\mathbf{r}_{1,\mathrm{d}}$ 近似为

$$\bar{\mathbf{r}}_{1,\mathrm{d}} = \begin{bmatrix} \cos\psi_\mathrm{d} \\ \sin\psi_\mathrm{d} \\ 0 \end{bmatrix}$$

其中，$\theta \approx 0$，$\cos\theta \approx 1$。通过 $\bar{\mathbf{r}}_{1,\mathrm{d}}$ 和 $\mathbf{r}_{3,\mathrm{d}}$，得到 $\mathbf{r}_{2,\mathrm{d}}$ 如下：

$$\mathbf{r}_{2,\mathrm{d}} = \frac{\mathbf{r}_{3,\mathrm{d}} \times \bar{\mathbf{r}}_{1,\mathrm{d}}}{\left\|\mathbf{r}_{3,\mathrm{d}} \times \bar{\mathbf{r}}_{1,\mathrm{d}}\right\|}.$$

由叉乘的定义可知 $\mathbf{r}_{2,\mathrm{d}} \perp \mathbf{r}_{3,\mathrm{d}}$。最后，定义 $\mathbf{r}_{1,\mathrm{d}} = \mathbf{r}_{2,\mathrm{d}} \times \mathbf{r}_{3,\mathrm{d}}$，那么 $\mathbf{r}_{1,\mathrm{d}} \perp \mathbf{r}_{3,\mathrm{d}}$，$\mathbf{r}_{1,\mathrm{d}} \perp \mathbf{r}_{2,\mathrm{d}}$。至此，可得 $\mathbf{R}_\mathrm{d}$ 为

$$\mathbf{R}_\mathrm{d} = \begin{bmatrix} \mathbf{r}_{2,\mathrm{d}} \times \mathbf{r}_{3,\mathrm{d}} & \mathbf{r}_{2,\mathrm{d}} & \mathbf{r}_{3,\mathrm{d}} \end{bmatrix} \tag{11.40}$$

满足 $\mathbf{R}_\mathrm{d}^\mathrm{T}\mathbf{R}_\mathrm{d} = \mathbf{I}_3$。不同地，如果直接定义

$$\mathbf{R}_\mathrm{d} = \begin{bmatrix} \bar{\mathbf{r}}_{1,\mathrm{d}} & \mathbf{r}_{3,\mathrm{d}} \times \bar{\mathbf{r}}_{1,\mathrm{d}} & \mathbf{r}_{3,\mathrm{d}} \end{bmatrix}$$

会破坏正交矩阵的性质，即 $\mathbf{R}_\mathrm{d}^\mathrm{T}\mathbf{R}_\mathrm{d} = \mathbf{I}_3$ 不再成立。

（2）大角度情况

根据式 (5.9)，向量 $\mathbf{r}_{3,\mathrm{d}}$ 表示为

$$\mathbf{r}_{3,\mathrm{d}} = \begin{bmatrix} \cos\psi_\mathrm{d}\sin\theta_\mathrm{d}\cos\phi_\mathrm{d} + \sin\psi_\mathrm{d}\sin\phi_\mathrm{d} \\ \sin\psi_\mathrm{d}\sin\theta_\mathrm{d}\cos\phi_\mathrm{d} - \cos\psi_\mathrm{d}\sin\phi_\mathrm{d} \\ \cos\phi_\mathrm{d}\cos\theta_\mathrm{d} \end{bmatrix} = \begin{bmatrix} a_{11} \\ a_{12} \\ a_{13} \end{bmatrix}. \tag{11.41}$$

因为向量 $\mathbf{r}_{3,\mathrm{d}}$ 已由前面的控制器设计所决定，即 a_{11}、a_{12} 和 a_{13} 已知，由式 (11.41) 可得

$$\begin{cases} \sin\phi_\mathrm{d} = \sin\psi_\mathrm{d} \cdot a_{11} - \cos\psi_\mathrm{d} \cdot a_{12} \\ \sin\theta_\mathrm{d}\cos\phi_\mathrm{d} = \cos\psi_\mathrm{d} \cdot a_{11} + \sin\psi_\mathrm{d} \cdot a_{12} \\ \cos\phi_\mathrm{d}\cos\theta_\mathrm{d} = a_{13}. \end{cases} \tag{11.42}$$

式 (11.42) 的解为

$$\begin{cases} \theta_\mathrm{d} = \theta_{\mathrm{d},0} \text{ 或 } \theta_{\mathrm{d},1} \\ \phi_\mathrm{d} = \phi_{\mathrm{d},0} \text{ 或 } \phi_{\mathrm{d},1} \end{cases} \tag{11.43}$$

其中，

$$\begin{cases} \theta_{\mathrm{d},0} = \operatorname{arctan2}(\cos\psi_\mathrm{d} \cdot a_{11} + \sin\psi_\mathrm{d} \cdot a_{12}, a_{13}) \\ \theta_{\mathrm{d},1} = \operatorname{arctan2}(-\cos\psi_\mathrm{d} \cdot a_{11} - \sin\psi_\mathrm{d} \cdot a_{12}, -a_{13}) \\ \phi_{\mathrm{d},0} = \arcsin(\sin\psi_\mathrm{d} \cdot a_{11} - \cos\psi_\mathrm{d} \cdot a_{12}) \\ \phi_{\mathrm{d},1} = \phi_{d,0} - \operatorname{sign}(\phi_{\mathrm{d},0})\pi. \end{cases} \tag{11.44}$$

尽管在式 (11.44) 中，每个欧拉角有两个可能的取值，大多数情况下其真值可由式 (11.41) 唯一确定，然而存在一些例外。比如，当 $\psi_\mathrm{d} = 0$，$\mathbf{r}_{3,\mathrm{d}} = [0\ 0\ -1]^\mathrm{T}$ 时，最终结果包含两种情况：$\theta_\mathrm{d} = 0, \phi_\mathrm{d} = \pi$；$\theta_\mathrm{d} = \pi, \phi_\mathrm{d} = 0$。这两种情况对应的旋转矩阵分别为

$$\mathbf{R}_\mathrm{d} = \begin{bmatrix} 1 & 0 & 0 \\ 0 & -1 & 0 \\ 0 & 0 & -1 \end{bmatrix} \text{ 和 } \mathbf{R}_\mathrm{d} = \begin{bmatrix} -1 & 0 & 0 \\ 0 & 1 & 0 \\ 0 & 0 & -1 \end{bmatrix}.$$

实际中，由于旋转具有连续性，靠近前一时刻姿态（$\theta_\mathrm{d}(t-\Delta t)$，$\phi_\mathrm{d}(t-\Delta t)$，$\Delta t \in \mathbb{R}_+$ 是一个小量）的值将被选为真值。进一步，把期望的欧拉角 ϕ_d、θ_d 和 ψ_d 代入式 (5.9)，可得 $\mathbf{R}_\mathrm{d}$。

2. 期望的拉力 f_{d}

因为 f_{d} 和 $\mathbf{r}_{3,\mathrm{d}}$ 相互耦合，给式 (11.37) 两边分别左乘 $\mathbf{r}_{3,\mathrm{d}}^{\mathrm{T}}$，可得

$$f_{\mathrm{d}} = m\mathbf{r}_{3,\mathrm{d}}^{\mathrm{T}}(g\mathbf{e}_3 - \mathbf{a}_{\mathrm{d}}) \tag{11.45}$$

其中，$\mathbf{r}_{3,\mathrm{d}}$ 由式 (11.39) 得到，且 $\mathbf{r}_{3,\mathrm{d}}^{\mathrm{T}}\mathbf{r}_{3,\mathrm{d}} = 1$。如果 f_{d} 受限为 $f_{\mathrm{d}} \in [f_{\min}, f_{\max}]$，则高度控制器相应地变为

$$f_{\mathrm{d}} = \mathrm{sat}_{\mathrm{gd}}\left(m\mathbf{r}_{3,\mathrm{d}}^{\mathrm{T}}(g\mathbf{e}_3 - \mathbf{a}_{\mathrm{d}}) - \frac{f_{\min}+f_{\max}}{2}, \frac{f_{\max}-f_{\min}}{2}\right) + \frac{f_{\min}+f_{\max}}{2}. \tag{11.46}$$

11.4 姿态控制

多旋翼采用内外环控制。外环控制器为内环控制器提供指令，即把水平位置通道控制器的输出作为姿态控制系统的参考值。这里将 $\boldsymbol{\Theta}_{\mathrm{hd}}$ 或者 $\mathbf{R}_{\mathrm{d}}$ 作为参考值。后续的姿态控制的目标是实现 $\lim_{t\to\infty}\|\boldsymbol{\Theta}_{\mathrm{h}}(t) - \boldsymbol{\Theta}_{\mathrm{hd}}(t)\| = 0$，或者 $\lim_{t\to\infty}\|\mathbf{R}^{\mathrm{T}}\mathbf{R}_{\mathrm{d}} - \mathbf{I}_3\| = 0$。不仅如此，一般要求姿态环的收敛速度比水平位置通道动态 (11.7) 快 4~10 倍，或者内环的带宽比外环高 4~10 倍。从水平位置通道看来，可以认为姿态控制目标 $\boldsymbol{\Theta}_{\mathrm{h}}(t) = \boldsymbol{\Theta}_{\mathrm{hd}}(t)$ 或 $\mathbf{R}(t) = \mathbf{R}_{\mathrm{d}}(t)$ 已经被实现。因此，剩余的控制目标传给姿态控制。只要姿态控制被很好地实现，水平位置跟踪的问题就可以解决。下面介绍姿态控制器设计。

11.4.1 基本概念

多旋翼姿态控制是位置控制的基础。目前，常见的刚体姿态表示方法为欧拉角和旋转矩阵。这两种表示方法的优缺点总结在表 11-1 中。

表 11-1　两种姿态表示对比

姿态表示	优　点	缺　点
欧拉角	无冗余参数；物理意义明确	俯仰角为 90° 时，存在奇异问题；存在大量超越函数运算；万向节死锁
旋转矩阵	无奇异；无超越函数运算；可用于连续旋转表示；全局且唯一；便于插值	六个冗余参数

本节针对这两种姿态表示，设计两种姿态跟踪控制器。首先，针对欧拉角表示，在小角度假设的条件下设计 PID 控制器；然后，针对旋转矩阵表示，设计基于姿态误差矩阵的姿态控制器。实际中，需要根据具体要求选择合适的姿态表示及对应的姿态控制器。

11.4.2 基于欧拉角的姿态控制

下面针对姿态模型 (11.9) 进行控制器设计。姿态控制的目标是：已知参考姿态角 $\boldsymbol{\Theta}_{\mathrm{d}} = [\boldsymbol{\Theta}_{\mathrm{hd}}^{\mathrm{T}}\ \psi_{\mathrm{d}}]^{\mathrm{T}}$，设计控制器 $\boldsymbol{\tau} \in \mathbb{R}^3$，使得 $\lim_{t\to\infty}\|\mathbf{e}_{\boldsymbol{\Theta}}(t)\| = 0$，其中 $\mathbf{e}_{\boldsymbol{\Theta}} \triangleq \boldsymbol{\Theta} - \boldsymbol{\Theta}_{\mathrm{d}}$。这里，$\boldsymbol{\Theta}_{\mathrm{hd}}$ 由位置控制给定，ψ_{d} 由任务规划给定。为了达到这个目的，先针对

$$\dot{\boldsymbol{\Theta}} = \boldsymbol{\omega} \tag{11.47}$$

设计角速度的期望 $\boldsymbol{\omega}_{\mathrm{d}}$ 为

$$\boldsymbol{\omega}_{\mathrm{d}} = -\mathbf{K}_{\boldsymbol{\Theta}}\mathbf{e}_{\boldsymbol{\Theta}} \tag{11.48}$$

其中，$\mathbf{K}_{\boldsymbol{\Theta}} \in \mathbb{R}^{3\times3} \bigcap \mathscr{D} \bigcap \mathscr{P}$。式 (11.47) 和式 (11.48) 构成了角度控制环。假设 $\dot{\boldsymbol{\Theta}}_{\mathrm{d}} = \mathbf{0}_{3\times1}$，$\lim_{t\to\infty}\|\mathbf{e}_{\boldsymbol{\omega}}(t)\| = 0$ 使得 $\lim_{t\to\infty}\|\mathbf{e}_{\boldsymbol{\Theta}}(t)\| = 0$，其中 $\mathbf{e}_{\boldsymbol{\omega}} \triangleq \boldsymbol{\omega} - \boldsymbol{\omega}_{\mathrm{d}}$。接下来的任务是针对

$$\mathbf{J}\dot{\boldsymbol{\omega}} = \boldsymbol{\tau} \tag{11.49}$$

设计期望的力矩 $\boldsymbol{\tau}_{\mathrm{d}}$，使得 $\lim_{t\to\infty}\|\mathbf{e}_{\boldsymbol{\omega}}(t)\| = 0$。PID 控制器设计为

$$\boldsymbol{\tau}_{\mathrm{d}} = -\mathbf{K}_{\boldsymbol{\omega}_{\mathrm{p}}}\mathbf{e}_{\boldsymbol{\omega}} - \mathbf{K}_{\boldsymbol{\omega}_{\mathrm{i}}}\int\mathbf{e}_{\boldsymbol{\omega}} - \mathbf{K}_{\boldsymbol{\omega}_{\mathrm{d}}}\dot{\mathbf{e}}_{\boldsymbol{\omega}} \tag{11.50}$$

其中，$\mathbf{K}_{\boldsymbol{\omega}_{\mathrm{p}}}, \mathbf{K}_{\boldsymbol{\omega}_{\mathrm{i}}}, \mathbf{K}_{\boldsymbol{\omega}_{\mathrm{d}}} \in \mathbb{R}^{3\times3} \bigcap \mathscr{D}$。式 (11.49) 和式 (11.50) 构成了角速度控制环。在 $\dot{\boldsymbol{\omega}}_{\mathrm{d}} = \mathbf{0}_{3\times1}$ 的假设下，$\lim_{t\to\infty}\|\boldsymbol{\tau}(t) - \boldsymbol{\tau}_{\mathrm{d}}(t)\| = 0$ 使得 $\lim_{t\to\infty}\|\mathbf{e}_{\boldsymbol{\omega}}(t)\| = 0$。为了避免微分带来的噪声，可以去掉微分项 $\mathbf{K}_{\boldsymbol{\omega}_{\mathrm{d}}}\dot{\mathbf{e}}_{\boldsymbol{\omega}}$。至此，基于欧拉角的姿态控制器设计完成，由式 (11.48) 和式 (11.50) 构成。在实际中，姿态控制同样需要考虑饱和。类似于位置控制，姿态 PID 控制器变为

$$\begin{cases} \mathbf{e}_{\boldsymbol{\omega}} = \mathrm{sat}_{\mathrm{gd}}(\boldsymbol{\omega} - \boldsymbol{\omega}_{\mathrm{d}}, a_{10}) \\ \boldsymbol{\tau}_{\mathrm{d}} = \mathrm{sat}_{\mathrm{gd}}\left(-\mathbf{K}_{\boldsymbol{\omega}_{\mathrm{p}}}\mathbf{e}_{\boldsymbol{\omega}} - \mathbf{K}_{\boldsymbol{\omega}_{\mathrm{i}}}\int\mathbf{e}_{\boldsymbol{\omega}} - \mathbf{K}_{\boldsymbol{\omega}_{\mathrm{d}}}\dot{\mathbf{e}}_{\boldsymbol{\omega}}, a_{11}\right) \end{cases} \tag{11.51}$$

其中，$a_{10}, a_{11} \in \mathbb{R}_+$。与饱和相关的参数 $a_{10}, a_{11} \in \mathbb{R}_+$ 可根据实际要求来确定。此外，如果力矩每个通道都在 $\tau_{\mathrm{d}} \in [-\tau_{\max}, \tau_{\max}]$ 内，那么饱和姿态控制器 (11.51) 变为

$$\boldsymbol{\tau}_{\mathrm{d}} = \mathrm{sat}_{\mathrm{gd}}\left(-\mathbf{K}_{\boldsymbol{\omega}_{\mathrm{p}}}\mathbf{e}_{\boldsymbol{\omega}} - \mathbf{K}_{\boldsymbol{\omega}_{\mathrm{i}}}\int\mathbf{e}_{\boldsymbol{\omega}} - \mathbf{K}_{\boldsymbol{\omega}_{\mathrm{d}}}\dot{\mathbf{e}}_{\boldsymbol{\omega}}, \tau_{\max}\right). \tag{11.52}$$

11.4.3 基于旋转矩阵的姿态控制

下面介绍基于旋转矩阵的姿态控制器设计。根据旋转矩阵 $\mathbf{R}$ 和期望旋转矩阵 $\mathbf{R}_{\mathrm{d}}$，定义姿态误差矩阵为

$$\tilde{\mathbf{R}} = \mathbf{R}^{\mathrm{T}}\mathbf{R}_{\mathrm{d}}.$$

由上述定义可知：当且仅当 $\mathbf{R} = \mathbf{R}_{\mathrm{d}}$ 时，有 $\tilde{\mathbf{R}} = \mathbf{I}_3$。基于以上分析，得到基于旋转矩阵的姿态控制目标为 $\lim_{t\to\infty}\left\|\tilde{\mathbf{R}}(t) - \mathbf{I}_3\right\| = 0$。

下面针对姿态运动学方程 (11.36) 和姿态动力学方程 (11.4) 进行姿态控制器设计。首先定义姿态跟踪误差为

$$\mathbf{e}_{\mathbf{R}} \triangleq \frac{1}{2}\mathrm{vex}\left(\mathbf{R}_{\mathrm{d}}^{\mathrm{T}}\mathbf{R} - \mathbf{R}^{\mathrm{T}}\mathbf{R}_{\mathrm{d}}\right). \tag{11.53}$$

角速度跟踪误差定义为

$$\mathbf{e}_{\boldsymbol{\omega}} \triangleq \boldsymbol{\omega} - \mathbf{R}^{\mathrm{T}}\mathbf{R}_{\mathrm{d}}\boldsymbol{\omega}_{\mathrm{d}}. \tag{11.54}$$

小角度假设下，$\boldsymbol{\omega}_{\mathrm{d}} = \dot{\boldsymbol{\Theta}}_{\mathrm{d}}$ 为期望的角速度，一般情况下可忽略，则 $\mathbf{e}_{\boldsymbol{\omega}} = \boldsymbol{\omega}$。基于以上定义，可以设计如下 PD 控制器：

$$\boldsymbol{\tau}_{\mathrm{d}} = -\mathbf{K}_{\mathbf{R}}\mathbf{e}_{\mathbf{R}} - \mathbf{K}_{\boldsymbol{\omega}}\mathbf{e}_{\boldsymbol{\omega}} \tag{11.55}$$

其中，$\mathbf{K_R},\mathbf{K}_{\boldsymbol{\omega}} \in \mathbb{R}^{3\times3}\bigcap\mathscr{P}$。上面设计的 PD 控制器只可以在悬停位置的小范围内保证系统稳定。为了获得更大范围的稳定性，通过引入误差校正项，设计非线性控制器为

$$\boldsymbol{\tau}_{\mathrm{d}} = -\mathbf{K_R e_R} - \mathbf{K}_{\boldsymbol{\omega}}\mathbf{e}_{\boldsymbol{\omega}} - \mathbf{J}\left([\boldsymbol{\omega}]_{\times}\mathbf{R}^{\mathrm{T}}\mathbf{R}_{\mathrm{d}}\boldsymbol{\omega}_{\mathrm{d}} - \mathbf{R}^{\mathrm{T}}\mathbf{R}_{\mathrm{d}}\dot{\boldsymbol{\omega}}_{\mathrm{d}}\right). \tag{11.56}$$

此控制器可以保证在几乎任意旋转情况下，系统指数稳定，详细证明见参考文献 [7]。实际中，控制器 (11.56) 的最后一项的值通常很小，直接忽略也可以获得满意的性能。然而，对于大机动飞行中最后一项的值很大，必须予以考虑。对多旋翼大机动飞行感兴趣的读者还可参考文献 [8] 和 [9]。

11.4.4 鲁棒姿态控制

1. 问题描述

实际中，姿态控制系统会受到外界扰动以及自身参数不确定的影响，因此将姿态模型重新写为

$$\begin{cases} \dot{\boldsymbol{\Theta}} = \boldsymbol{\omega} \\ \mathbf{J}\dot{\boldsymbol{\omega}} = \boldsymbol{\tau} + \mathbf{d} \end{cases} \tag{11.57}$$

其中，$\mathbf{d} \in \mathbb{R}^3$ 表示外部扰动，它可能与状态和输入相关。实际中，$\mathbf{J} \in \mathbb{R}^{3\times3}\bigcap\mathscr{P}$ 是存在不确定的，或者 $\mathbf{J}$ 在飞行过程中会不断变化。比如植保多旋翼，随着喷洒过程的进行，农药不断减少，转动惯量不断减小。因此，如何设计控制器使得姿态环能够抗干扰是一个不可忽视的问题。抗扰动控制的方法很多 [10−12]，下面介绍一种基于加性状态分解的动态逆方法 [13]。

2. 加性分解

首先介绍加性分解。在控制领域常用的分解是将一个系统分解为两个或两个以上低阶系统，此处称其为**低阶子系统分解**。加性分解是将一个系统分解为两个或两个以上与原系统同维度的子系统。以系统 P 为例，将其解耦为两个子系统：P_{p} 和 P_{s}。其中，$\dim(P_{\mathrm{p}}) = n_{\mathrm{p}}$，$\dim(P_{\mathrm{s}}) = n_{\mathrm{s}}$。低阶子系统分解满足 $n = n_{\mathrm{p}} + n_{\mathrm{s}}$和$P = P_{\mathrm{p}} \oplus P_{\mathrm{s}}$, 加性分解满足 $n = n_{\mathrm{p}} = n_{\mathrm{s}}$和$P = P_{\mathrm{p}} + P_{\mathrm{s}}$。

（1）一个动态控制系统中的加性分解

考虑如下**原始系统**：

$$\dot{\mathbf{x}} = \mathbf{f}(t,\mathbf{x},\mathbf{u}), \quad \mathbf{x}(0) = \mathbf{x}_0 \tag{11.58}$$

其中，$\mathbf{x} \in \mathbb{R}^n$。首先，引入一个与原系统维数相同的**主系统**

$$\dot{\mathbf{x}}_{\mathrm{p}} = \mathbf{f}_{\mathrm{p}}\left(t,\mathbf{x}_{\mathrm{p}},\mathbf{u}_{\mathrm{p}}\right), \quad \mathbf{x}_{\mathrm{p}}(0) = \mathbf{x}_{\mathrm{p},0} \tag{11.59}$$

其中，$\mathbf{x}_{\mathrm{p}} \in \mathbb{R}^n$。由原系统和主系统推导出如下**辅系统**

$$\dot{\mathbf{x}} - \dot{\mathbf{x}}_{\mathrm{p}} = \mathbf{f}(t,\mathbf{x},\mathbf{u}) - \mathbf{f}_{\mathrm{p}}\left(t,\mathbf{x}_{\mathrm{p}},\mathbf{u}_{\mathrm{p}}\right), \quad \mathbf{x}(0) = \mathbf{x}_0.$$

定义新变量

$$\mathbf{x}_{\mathrm{s}} \triangleq \mathbf{x} - \mathbf{x}_{\mathrm{p}}, \quad \mathbf{u}_{\mathrm{s}} \triangleq \mathbf{u} - \mathbf{u}_{\mathrm{p}} \tag{11.60}$$

那么，辅系统进一步写为

$$\begin{cases} \dot{\mathbf{x}}_{\mathrm{s}} = \mathbf{f}\left(t, \mathbf{x}_{\mathrm{p}} + \mathbf{x}_{\mathrm{s}}, \mathbf{u}_{\mathrm{p}} + \mathbf{u}_{\mathrm{s}}\right) - \mathbf{f}_{\mathrm{p}}\left(t, \mathbf{x}_{\mathrm{p}}, \mathbf{u}_{\mathrm{p}}\right) \\ \mathbf{x}_{\mathrm{s}}(0) = \mathbf{x}_0 - \mathbf{x}_{\mathrm{p},0}. \end{cases} \tag{11.61}$$

从定义 (11.60) 可得

$$\mathbf{x}(t) = \mathbf{x}_{\mathrm{p}}(t) + \mathbf{x}_{\mathrm{s}}(t), \quad t \geqslant 0.$$

分解过程如图 11-7 所示。

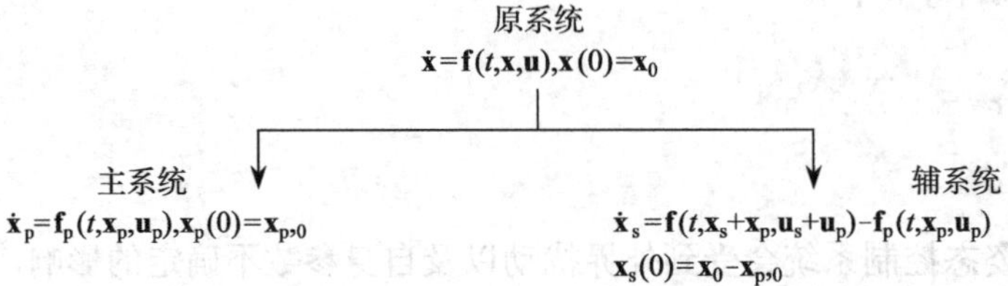

图 11-7　一个动态控制系统的加性分解产生一个主系统和一个辅系统

（2）例子

例 11.1　实际上，现有文献中已经隐含地出现过加性分解的思想。一个例子是跟踪控制设计需要根据参考系统推导出误差动态。假设参考系统（主系统）如下

$$\dot{\mathbf{x}}_{\mathrm{r}} = \mathbf{f}(t, \mathbf{x}_{\mathrm{r}}, \mathbf{u}_{\mathrm{r}}), \mathbf{x}_{\mathrm{r}}(0) = \mathbf{x}_{\mathrm{r},0}.$$

基于参考系统，误差动态（辅系统）推导如下：

$$\dot{\mathbf{x}}_{\mathrm{e}} = \mathbf{f}(t, \mathbf{x}_{\mathrm{e}} + \mathbf{x}_{\mathrm{r}}, \mathbf{u}) - \boldsymbol{f}(t, \mathbf{x}_{\mathrm{r}}, \mathbf{u}_{\mathrm{r}}), \mathbf{x}_{\mathrm{e}}(0) = \mathbf{x}_0 - \mathbf{x}_{\mathrm{r},0}$$

其中，$\mathbf{x}_{\mathrm{e}} \triangleq \mathbf{x} - \mathbf{x}_{\mathrm{r}}$。当采用自适应控制时，常用这种方法将一个跟踪问题转化为一个镇定控制问题。

例 11.2　原系统如下：

$$\begin{cases} \dot{\mathbf{x}}(t) = [\mathbf{A} + \Delta\mathbf{A}(t)]\mathbf{x}(t) + \mathbf{A}_{\mathrm{d}}\mathbf{x}(t-T) + \mathbf{B}\mathbf{r}(t) \\ \mathbf{e}(t) = -[\mathbf{C} + \Delta\mathbf{C}(t)]\mathbf{x}(\mathbf{t}) + \mathbf{r}(\mathbf{t}) \\ \mathbf{x}(\theta) = \boldsymbol{\varphi}(\theta), \quad \theta \in [-T, 0]. \end{cases} \tag{11.62}$$

设计主系统如下：

$$\begin{cases} \dot{\mathbf{x}}_{\mathrm{p}}(t) = \mathbf{A}\mathbf{x}_{\mathrm{p}} + \mathbf{A}_{\mathrm{d}}\mathbf{x}_{\mathrm{p}}(t-T) + \mathbf{B}\mathbf{r}(t) \\ \mathbf{e}_{\mathrm{p}}(t) = -\mathbf{C}\mathbf{x}_{\mathrm{p}} + \mathbf{r}(t) \\ \mathbf{x}_{\mathrm{p}}(\theta) = \boldsymbol{\varphi}(\theta), \quad \theta \in [-T, 0]. \end{cases} \tag{11.63}$$

由规则 (11.61)，可得辅系统为

$$\begin{cases} \dot{\mathbf{x}}_{\mathrm{s}}(t) = [\mathbf{A} + \Delta\mathbf{A}(t)]\mathbf{x}_{\mathrm{s}}(t) + \mathbf{A}_{\mathrm{d}}\mathbf{x}_{\mathrm{s}}(t-T) + \Delta\mathbf{A}(t)\mathbf{x}_{\mathrm{p}}(t) \\ \mathbf{e}_{\mathrm{s}}(t) = -[\mathbf{C} + \Delta\mathbf{C}(t)]\mathbf{x}_{\mathrm{s}}(t) - \Delta\mathbf{C}(t)\mathbf{x}_{\mathrm{p}}(t) \\ \mathbf{x}_{\mathrm{s}}(\theta) = \mathbf{0}, \quad \theta \in [-T, 0]. \end{cases} \tag{11.64}$$

通过加性分解，$\mathbf{e}(t)=\mathbf{e}_{\mathrm{p}}(t)+\mathbf{e}_{\mathrm{s}}(t)$。因为 $\|\mathbf{e}(t)\|\leqslant\|\mathbf{e}_{\mathrm{p}}(t)\|+\|\mathbf{e}_{\mathrm{s}}(t)\|$，所以可以通过分别分析 $\mathbf{e}_{\mathrm{p}}(t)$ 和 $\mathbf{e}_{\mathrm{s}}(t)$ 来分析 $\mathbf{e}(t)$。如果 $\mathbf{e}_{\mathrm{p}}(t)$ 和 $\mathbf{e}_{\mathrm{s}}(t)$ 有界且很小，那么 $\mathbf{e}(t)$ 也有界且很小。可以看出，主系统 (11.63) 是一个线性时不变系统，并且独立于辅系统 (11.64)，因此可以采取多种方法对其进行分析，比如传递函数。然而传递函数不可以直接应用于原系统 (11.62)，因为原系统是时变的。想要深入了解本例，请参考文献 [14]。

例 11.3 考虑一类如下非线性系统：

$$\begin{cases}\dot{\mathbf{x}}=\mathbf{A}\mathbf{x}+\mathbf{B}\mathbf{u}+\boldsymbol{\phi}(\mathbf{y})+\mathbf{d},\mathbf{x}(0)=\mathbf{x}_0\\ \mathbf{y}=\mathbf{C}^{\mathrm{T}}\mathbf{x}\end{cases}\tag{11.65}$$

其中，$\mathbf{x}$、$\mathbf{y}$ 和 $\mathbf{u}$ 分别代表状态、输出和输入，函数 $\boldsymbol{\phi}(\cdot)$ 是非线性的。控制目标是设计 $\mathbf{u}$，使得 $\lim_{t\to\infty}\|\mathbf{y}(t)-\mathbf{r}(t)\|=0$。选择系统 (11.65) 作为原系统，设计如下主系统：

$$\begin{cases}\dot{\mathbf{x}}_{\mathrm{p}}=\mathbf{A}\mathbf{x}_{\mathrm{p}}+\mathbf{B}\mathbf{u}_{\mathrm{p}}+\boldsymbol{\phi}(\mathbf{r})+\mathbf{d},\mathbf{x}_{\mathrm{p}}(0)=\mathbf{x}_0\\ \mathbf{y}_{\mathrm{p}}=\mathbf{C}^{\mathrm{T}}\mathbf{x}_{\mathrm{p}}\end{cases}\tag{11.66}$$

根据规则 (11.61)，可得辅系统如下：

$$\begin{cases}\dot{\mathbf{x}}_{\mathrm{s}}=\mathbf{A}\mathbf{x}_{\mathrm{s}}+\mathbf{B}\mathbf{u}_{\mathrm{s}}+\boldsymbol{\phi}\left(\mathbf{y}_{\mathrm{p}}+\mathbf{C}^{\mathrm{T}}\mathbf{x}_{\mathrm{s}}\right)-\boldsymbol{\phi}(\mathbf{r}),\quad \mathbf{x}_{\mathrm{s}}(0)=\mathbf{0}\\ \mathbf{y}_{\mathrm{s}}=\mathbf{C}^{\mathrm{T}}\mathbf{x}_{\mathrm{s}}\end{cases}\tag{11.67}$$

其中，$\mathbf{u}_{\mathrm{s}}\triangleq\mathbf{u}-\mathbf{u}_{\mathrm{p}}$。则 $\mathbf{x}=\mathbf{x}_{\mathrm{p}}+\mathbf{x}_{\mathrm{s}}$，$\mathbf{y}=\mathbf{y}_{\mathrm{p}}+\mathbf{y}_{\mathrm{s}}$，$\mathbf{u}=\mathbf{u}_{\mathrm{p}}+\mathbf{u}_{\mathrm{s}}$。控制任务 $\mathbf{y}_{\mathrm{p}}-\mathbf{r}\to\mathbf{0}$ 被分配给线性时不变系统 (11.66)（线性时不变系统比非线性系统简单）；另一方面，任务 $\mathbf{x}_{\mathrm{s}}\to\mathbf{0}$ 被分配给非线性系统 (11.67)（镇定控制问题比跟踪问题简单）。如果实现了这两个任务，那么 $\mathbf{y}=\mathbf{y}_{\mathrm{p}}+\mathbf{y}_{\mathrm{s}}\to\mathbf{r}$。基本思路是将非线性系统分解为两个子系统，分别负责更简单的子任务。然后，针对两个子任务设计控制器，并最终组合起来，实现原始的控制任务。分解过程如图 11-8 所示。想要深入了解本例，请参考文献 [15]、[16] 和 [17]。

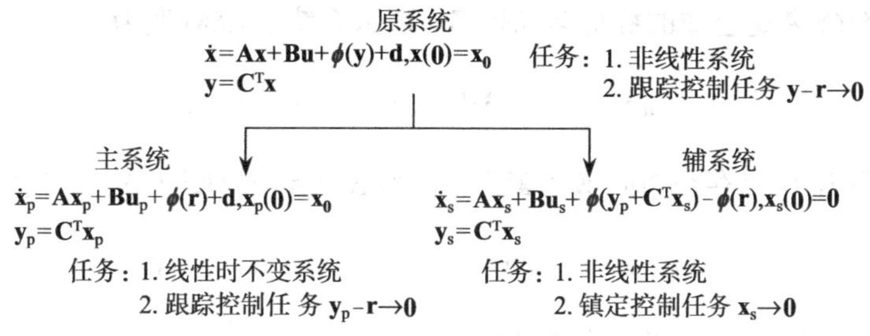

图 11-8 基于加性分解的跟踪控制

（3）与叠加原理的比较

叠加原理④广泛应用于物理学和工程学。**叠加原理**是指对于任何线性系统，在给定地点与时间，由两个或多个激励产生的合成响应是由每个激励单独产生的响应的代数和。

对于如下简单线性系统：

$$\dot{\mathbf{x}}=\mathbf{A}\mathbf{x}+\mathbf{B}(\mathbf{u}_1+\mathbf{u}_2),\quad \mathbf{x}(0)=\mathbf{0}$$

④ 叠加原理首次由霍普金森在研究电解质时提出 [18]。早期论文 [19]、[20] 和 [21] 提供了正式的介绍。

叠加原理意味着 $\mathbf{x}=\mathbf{x}_{\mathrm{p}}+\mathbf{x}_{\mathrm{s}}$，其中

$$\dot{\mathbf{x}}_{\mathrm{p}}=\mathbf{A}\mathbf{x}_{\mathrm{p}}+\mathbf{B}\mathbf{u}_{1},\quad \mathbf{x}_{\mathrm{p}}(0)=\mathbf{0}$$
$$\dot{\mathbf{x}}_{\mathrm{s}}=\mathbf{A}\mathbf{x}_{\mathrm{s}}+\mathbf{B}\mathbf{u}_{2},\quad \mathbf{x}_{\mathrm{s}}(0)=\mathbf{0}.$$

表 11-2 叠加原理与加性分解对比

	适用系统	重点
叠加原理	线性	叠加
加性分解	线性 \ 非线性	分解

显然，这个结果也可以由加性分解推导得出。此外，叠加原理和加性分解还有如表 11-2 所示的关系。由表 11-2 可知，加性分解不仅适用于线性系统，也适用于非线性系统。

（4）其他

加性分解也适用于镇定控制 [13]。此外，加性分解还可以扩展到加性输出分解 [22]，在第 12 章中会用到加性输出分解。

3．基于加性分解的动态逆控制 [13]

系统 (11.57) 进一步表示为

$$\begin{cases}\dot{\mathbf{x}}=\mathbf{A}_0\mathbf{x}+\mathbf{B}\left(\mathbf{J}^{-1}\boldsymbol{\tau}+\mathbf{J}^{-1}\mathbf{d}\right)\\ \mathbf{y}=\mathbf{C}^{\mathrm{T}}\mathbf{x}\end{cases}\tag{11.68}$$

其中，

$$\mathbf{x}=\begin{bmatrix}\boldsymbol{\Theta}\\ \boldsymbol{\omega}\end{bmatrix},\quad \mathbf{A}_0=\begin{bmatrix}\mathbf{0}_{3\times3} & \mathbf{I}_3\\ \mathbf{0}_{3\times3} & \mathbf{0}_{3\times3}\end{bmatrix},\quad \mathbf{B}=\begin{bmatrix}\mathbf{0}_{3\times3}\\ \mathbf{I}_3\end{bmatrix}.$$

输出矩阵 $\mathbf{C}\in\mathbb{R}^{6\times3}$ 将在下文指定。控制目标是设计控制器 $\boldsymbol{\tau}\in\mathbb{R}^3$，使得 $\lim_{t\to\infty}\|\mathbf{y}(t)-\mathbf{y}_{\mathrm{d}}(t)\|=0$，其中 $\mathbf{y}_{\mathrm{d}}\in\mathbb{R}^3$ 是期望输出。设计如下控制器：

$$\boldsymbol{\tau}=\mathbf{J}_0\left(\mathbf{K}^{\mathrm{T}}\mathbf{x}+\mathbf{u}\right)$$

其中，$\mathbf{J}_0\in\mathbb{R}^{3\times3}\cap\mathscr{P}$ 是已知的标称转动惯量，那么系统 (11.68) 变为

$$\dot{\mathbf{x}}=\mathbf{A}_0\mathbf{x}+\mathbf{B}\left(\mathbf{J}^{-1}\mathbf{J}_0\mathbf{K}^{\mathrm{T}}\mathbf{x}+\mathbf{J}^{-1}\mathbf{J}_0\mathbf{u}+\mathbf{J}^{-1}\mathbf{d}\right).\tag{11.69}$$

因为 $(\mathbf{A}_0,\mathbf{B})$ 可控，所以存在矩阵 $\mathbf{K}\in\mathbb{R}^{6\times3}$，使得 $\mathbf{A}\triangleq\mathbf{A}_0+\mathbf{B}\mathbf{K}^{\mathrm{T}}$ 稳定，式 (11.69) 可写为

$$\dot{\mathbf{x}}=\mathbf{A}\mathbf{x}+\mathbf{B}\left(\mathbf{J}^{-1}\mathbf{J}_0\mathbf{u}+\left(\mathbf{J}^{-1}\mathbf{J}_0-\mathbf{I}_3\right)\mathbf{K}^{\mathrm{T}}\mathbf{x}+\mathbf{J}^{-1}\mathbf{d}\right).\tag{11.70}$$

将系统 (11.70) 看成原系统，设计主系统如下：

$$\begin{cases}\dot{\mathbf{x}}_{\mathrm{p}}=\mathbf{A}\mathbf{x}_{\mathrm{p}}+\mathbf{B}\mathbf{u}\\ \mathbf{y}_{\mathrm{p}}=\mathbf{C}^{\mathrm{T}}\mathbf{x}_{\mathrm{p}},\quad \mathbf{x}_{\mathrm{p}}(0)=\mathbf{0}_{6\times1}.\end{cases}\tag{11.71}$$

辅系统由式 (11.70) 减去式 (11.71)，得到

$$\begin{cases}\dot{\mathbf{x}}_{\mathrm{s}}=\mathbf{A}\mathbf{x}_{\mathrm{s}}+\mathbf{B}\left(\left(\mathbf{J}^{-1}\mathbf{J}_0-\mathbf{I}_3\right)\mathbf{u}+\left(\mathbf{J}^{-1}\mathbf{J}_0-\mathbf{I}_3\right)\mathbf{K}^{\mathrm{T}}\mathbf{x}+\mathbf{J}^{-1}\mathbf{d}\right)\\ \mathbf{y}_{\mathrm{s}}=\mathbf{C}^{\mathrm{T}}\mathbf{x}_{\mathrm{s}},\quad \mathbf{x}_{\mathrm{s}}(0)=\mathbf{x}_0\end{cases}$$

由加性状态分解可知

$$\begin{cases} \mathbf{x} = \mathbf{x}_\mathrm{p} + \mathbf{x}_\mathrm{s} \\ \mathbf{y} = \mathbf{y}_\mathrm{p} + \mathbf{y}_\mathrm{s} \end{cases}$$

这样，将系统 (11.70) 重写为

$$\begin{cases} \dot{\mathbf{x}}_\mathrm{p} = \mathbf{A}\mathbf{x}_\mathrm{p} + \mathbf{B}\mathbf{u} \\ \mathbf{y} = \mathbf{C}^\mathrm{T}\mathbf{x}_\mathrm{p} + \mathbf{d}_\mathrm{l}. \end{cases} \tag{11.72}$$

其中，$\mathbf{d}_\mathrm{l} = \mathbf{y}_\mathrm{s}$ 是集总扰动。因为 $\mathbf{y}_\mathrm{p} = \mathbf{C}^\mathrm{T}\mathbf{x}_\mathrm{p}$ 和输出 $\mathbf{y}$ 已知，则集总扰动 $\mathbf{d}_\mathrm{l}$ 可以通过 $\mathbf{d}_\mathrm{l} = \mathbf{y} - \mathbf{y}_\mathrm{p}$ 获得。因此，系统 (11.72) 完全已知。

从输入和输出关系可知系统 (11.70) 和 (11.72) 是等价的。基于系统 (11.72)，进一步设计动态逆控制器，使得 $\lim_{t\to\infty} \|\mathbf{y}(t) - \mathbf{y}_\mathrm{d}(\mathbf{t})\| = 0$。将系统 (11.72) 写成传递函数形式

$$\mathbf{y}(s) = \mathbf{G}(s)\mathbf{u}(s) + \mathbf{d}_\mathrm{l}(s) \tag{11.73}$$

其中，$\mathbf{G}(s) = \mathbf{C}^\mathrm{T}(s\mathbf{I}_6 - \mathbf{A})^{-1}\mathbf{B}$ 表示传递函数。为了让输出 $\mathbf{y}(t)$ 快速跟踪 $\mathbf{y}_\mathrm{d}(t)$，可以设计动态逆控制器的拉普拉斯传递函数

$$\mathbf{u}(s) = \mathbf{G}^{-1}(s)(\mathbf{Q}_1(s)\mathbf{y}_\mathrm{d}(s) - \mathbf{Q}_2(s)\mathbf{d}_\mathrm{l}(s)) \tag{11.74}$$

其中，$\mathbf{Q}_1(s)$ 和 $\mathbf{Q}_2(s)$ 是低通滤波器矩阵，是为了保证 $\mathbf{G}^{-1}(s)\mathbf{Q}_1(s)$ 和 $\mathbf{G}^{-1}(s)\mathbf{Q}_2(s)$ 的分母阶数不小于其分子阶数。将控制器 (11.74) 代入式 (11.73)，得到

$$\mathbf{y}(s) = \mathbf{Q}_1(s)\mathbf{y}_\mathrm{d}(s) + (\mathbf{I}_3 - \mathbf{Q}_2(s))\mathbf{d}_\mathrm{l}(s).$$

在一个信号中，低频成分占主要，所以 $\mathbf{Q}_1(s)\mathbf{y}_\mathrm{d}(s)$ 可以较好地保留 $\mathbf{y}_\mathrm{d}(s)$，而 $(\mathbf{I}_3 - \mathbf{Q}_2(s))\mathbf{d}_\mathrm{l}(s)$ 可以极大地衰减 $\mathbf{d}_\mathrm{l}(s)$，因此实现跟踪目标。

4. 设计示例 1

为了简化 $\mathbf{Q}(s)$，设计输出矩阵为 $\mathbf{C} = [c_1\mathbf{I}_3 \quad c_2\mathbf{I}_3]^\mathrm{T}$。这样，$\mathbf{G}(s)$ 的相对阶⑤为 1。如果 $\mathbf{A}$ 的特征根设计为 $-a \pm a\mathrm{j}$，那么

$$\mathbf{G}(s) = \mathrm{diag}(g(s), g(s), g(s))$$

其中，$a \in \mathbb{R}_+$，且

$$g(s) = \frac{c_2 s + c_1}{s^2 + 2as + 2a^2}.$$

为了简便，让 $\mathbf{Q}(s) = \mathbf{Q}_1(s) = \mathbf{Q}_2(s)$。因为 $g(s)$ 是相对阶为一的传递函数，所以设计一阶低通滤波器矩阵如下

$$\mathbf{Q}(s) = \mathrm{diag}(q(s), q(s), q(s)).$$

这里，$q(s)$ 可以简单地设计为

$$q(s) = \frac{1}{\varepsilon s + 1}$$

⑤ 一个传递函数的相对阶是其分母阶数减去分子阶数的差。

其中，$\varepsilon \in \mathbb{R}_+$。可以得到

$$\mathbf{G}^{-1}(s)\mathbf{Q}(s) = \operatorname{diag}\left(\frac{s^2+2as+2a^2}{(c_2s+c_1)(\varepsilon s+1)}, \frac{s^2+2as+2a^2}{(c_2s+c_1)(\varepsilon s+1)}, \frac{s^2+2as+2a^2}{(c_2s+c_1)(\varepsilon s+1)}\right).$$

5. 设计示例 2

不同的 $\mathbf{K}$、$\mathbf{C}$ 以及 $\mathbf{Q}_1(s)$、$\mathbf{Q}_2(s)$ 可以得到不同的控制性能。在文献 [13] 中，为了解决四旋翼的姿态镇定问题，即设计控制器 $\boldsymbol{\tau}$，使得 $\lim_{t\to\infty}\|\mathbf{x}(t)\| = 0$，给出了一种特殊的配置，得到如下 PI 控制器：

$$\mathbf{u}(s) = -\frac{1}{\varepsilon}\left(\mathbf{C}^{\mathrm{T}}\mathbf{B}\right)^{-1}\mathbf{C}^{\mathrm{T}}\mathbf{x}(s) - \frac{1}{\varepsilon s}\boldsymbol{\Lambda}\left(\mathbf{C}^{\mathrm{T}}\mathbf{B}\right)^{-1}\mathbf{C}^{\mathrm{T}}\mathbf{x}(s) \tag{11.75}$$

其中，$\boldsymbol{\Lambda}$ 和 $\mathbf{C}$ 满足关系 $\mathbf{C}^{\mathrm{T}}\mathbf{A} = -\boldsymbol{\Lambda}\mathbf{C}^{\mathrm{T}}$，$\boldsymbol{\Lambda} \in \mathbb{R}^{3\times3}$。设计过程中，令

$$\mathbf{Q}(s) = \mathbf{Q}_1(s) = \mathbf{Q}_2(s) = \frac{1}{\varepsilon s+1}\mathbf{I}_3.$$

设计步骤如下 [13]。

第一步：选择 6 个具有负实部的特征根 $-\lambda_i < 0$（$i = 1,\cdots,6$）。通过极点配置，设计控制增益矩阵 $\mathbf{K}$，使得 $\mathbf{A} \triangleq \mathbf{A}_0 + \mathbf{B}\mathbf{K}^{\mathrm{T}}$ 具有选择的 6 个特征根。

第二步：定义 $\mathbf{C} = [\mathbf{c}_1\ \mathbf{c}_2\ \mathbf{c}_3] \in \mathbb{R}^{6\times3}$，其中 $\mathbf{c}_i \in \mathbb{R}^6$ 是矩阵 $\mathbf{A}^{\mathrm{T}}$ 特征根 $-\lambda_i < 0, i = 1,2,3$ 对应的独立单位特征向量。如果 $\det\left(\mathbf{C}^{\mathrm{T}}\mathbf{B}\right) = 0$，那么跳到第一步重新选择特征根。

第三步：设计控制器 (11.75)，其中 $\boldsymbol{\Lambda} = \operatorname{diag}(\lambda_1, \lambda_2, \lambda_3)$。

第四步：选择合适的 ε。

该闭环系统的稳定性在文献 [13] 给出了证明，只要 $\varepsilon \in \mathbb{R}_+$ 足够小，就能保证 $\lim_{t\to\infty}\|\mathbf{x}(t)\| = 0$。然而，$\varepsilon$ 不能设置得太小，否则对输入时滞将会很敏感。因此在设计步骤中是"选择合适的 ε"。以上控制方法在 Quanser Qball-X4（由 Quanser 公司开发的四旋翼）上进行了实验测试。实验采用 Quanser 提供的位置控制器，而姿态控制采用本章提出的方法。已知 Qball-X4 的标称转动惯量 $\mathbf{J}_0 = \operatorname{diag}(0.03, 0.03, 0.04)\ \mathrm{kg\cdot m^2}$。为了测试算法的鲁棒性，在飞行器下方加入约为飞机 10% 重量的负载（如图 11-9 所示），它将改变飞行器的重量和转动惯量。所设计的控制器能保证多旋翼的姿态稳定性能，如图 11-9 所示。具体视频可由 https://www.youtube.com/watch?v=XE4plSkHYxc 或 http://rfly.buaa.edu.cn 获得。

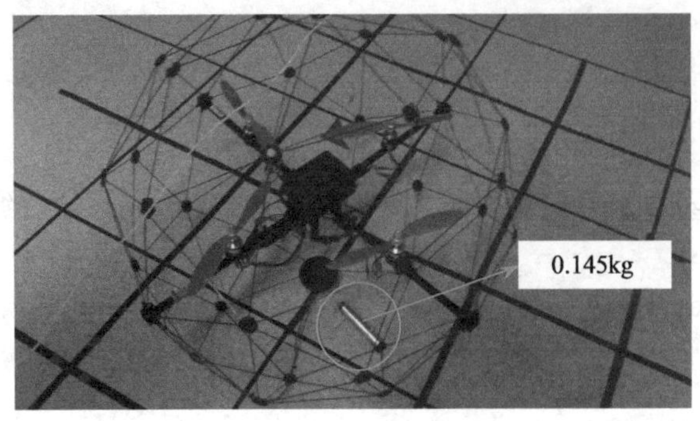

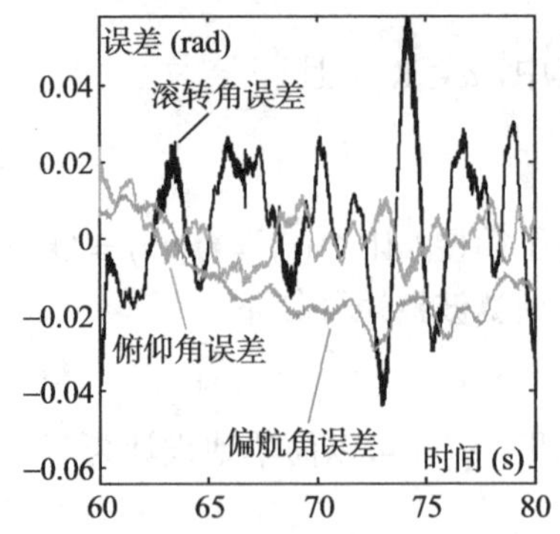

图 11-9　配备 0.145 kg 负载的 Quanser Qball-X4 四旋翼 (左)，采用基于加性分解的动态逆控制时对应的姿态控制效果 (右)

11.5 控制分配

11.5.1 基本概念

控制分配最先在飞行控制系统设计中提出，目前已推广至许多实际工程中。其基本思想是将控制指令依据某些优化目标分配给执行机构，并确保满足执行机构的约束条件。控制分配算法的研究经历了从简单到复杂、从静态优化到动态优化、从单目标优化到多目标优化的发展过程 [23,24]。从数学的角度，控制分配就是用于求解具有约束的方程组的方法。其输入是需要产生的伪控制指令，由 $\mathbf{u}_\text{v}(t) \in \mathbb{R}^n$ 表示；其输出是各执行机构的真实控制输入 $\boldsymbol{\delta} = [\delta_1 \cdots \delta_m]^\text{T} \in \mathbb{R}^m$。简单来说，控制分配问题可描述为：给定 $\mathbf{u}_\text{v}(t)$，寻找 $\boldsymbol{\delta}(t)$，使得

$$\mathbf{u}_\text{v}(t) = \mathbf{g}(\boldsymbol{\delta}(t)) \tag{11.76}$$

其中，$\mathbf{g}: \mathbb{R}^m \to \mathbb{R}^n$ 为被控系统中执行机构控制输入到伪控制输入的映射。特别地，线性控制分配问题基于

$$\mathbf{u}_\text{v}(t) = \mathbf{B}\boldsymbol{\delta}(t) \tag{11.77}$$

其中，$\mathbf{B} \in \mathbb{R}^{m\times n}$ 为已知的控制效率矩阵。实际系统中的执行机构受到结构约束和载荷约束等。因此，执行机构的控制输入 δ_k（$k = 1,\cdots,m$）需满足

$$\begin{cases} \delta_{\min,k} \leqslant \delta_k \leqslant \delta_{\max,k} \\ \dot{\delta}_{\min,k} \leqslant \dot{\delta}_k \leqslant \dot{\delta}_{\max,k}, \quad k = 1,\cdots,m \end{cases} \tag{11.78}$$

其中，$\delta_{\min,k}$、$\delta_{\max,k}$ 及 $\dot{\delta}_{\min,k}$、$\dot{\delta}_{\max,k}$ 分别为执行机构 δ_k 的最小、最大位置约束以及最小、最大速率约束。

多旋翼拥有多个动力单元，这样就产生了多种动力单元组合方式，所以必须通过控制分配，给出最终合理、可行的组合方式。控制分配模块位于位姿控制模块之后，执行机构之前。其输入为位姿控制模块输出的伪控制量，即一个总拉力和三轴力矩。它经过控制分配器处理、产生运动指令，输出给动力单元，然后各动力单元跟踪这些运动指令，获得期望的力和力矩。采用控制分配器的优点在于：① 从安全的角度出发，控制分配使得多旋翼可以适应不同的飞行任务和飞行条件，在有动力单元出现故障失效时，剩余动力单元能够重新进行控制分配来完成多旋翼的控制，提高系统的鲁棒性；② 从设计的角度出发，控制分配只关心如何将需要的控制量最优分配给动力单元，简化了控制器设计。

11.5.2 控制分配在自驾仪中的实现

十字形四旋翼和多旋翼的控制效率模型分别如式 (6.22) 和式 (6.25) 所示。对于四旋翼来说，$\mathbf{M}_4 \in \mathbb{R}^{4\times 4}$ 可逆，可直接通过矩阵求逆得到控制分配矩阵

$$\mathbf{P}_4 = \mathbf{M}_4^{-1}$$

其中，$\mathbf{P}_4 \in \mathbb{R}^{4\times 4}$。这种分配是唯一的。然而，对于螺旋桨数大于四的多旋翼，分配不唯一。在开源自驾仪中，一般通过求**伪逆**得到控制分配矩阵，即

$$\mathbf{P}_{n_\text{r}} = \mathbf{M}_{n_\text{r}}^\dagger = \mathbf{M}_{n_\text{r}}^\text{T}\left(\mathbf{M}_{n_\text{r}}\mathbf{M}_{n_\text{r}}^\text{T}\right)^{-1} \tag{11.79}$$

其中，$\mathbf{P}_{n_\mathrm{r}} \in \mathbb{R}^{n_\mathrm{r}\times 4}$，$\mathbf{M}_{n_\mathrm{r}} \in \mathbb{R}^{4\times n_\mathrm{r}}$。得到期望拉力 f_d 和期望力矩 $\boldsymbol{\tau}_\mathrm{d}$ 后，进一步可以得到期望的螺旋桨转速

$$\begin{bmatrix} \varpi_{\mathrm{d},1}^2 \\ \varpi_{\mathrm{d},2}^2 \\ \vdots \\ \varpi_{\mathrm{d},n_\mathrm{r}}^2 \end{bmatrix} = \mathbf{P}_{n_\mathrm{r}} \begin{bmatrix} f_\mathrm{d} \\ \boldsymbol{\tau}_\mathrm{d} \end{bmatrix}. \tag{11.80}$$

在实际分配过程中，某些螺旋桨转速可能超过饱和值。因此，好的控制分配算法十分重要。此外，$\mathbf{M}_{n_\mathrm{r}}$ 中的某些参数未知，即 c_T、c_M、d_i（$i=1,\cdots,n_\mathrm{r}$）（具体定义参见 6.1.3 节）未知时，如何进行控制分配呢？要说明这个问题，首先将一个标准多旋翼的控制效率矩阵定义为如下函数矩阵：

$$\mathbf{M}_{n_\mathrm{r}}(c_\mathrm{T},c_\mathrm{M},d) = \begin{bmatrix} c_\mathrm{T} & c_\mathrm{T} & \cdots & c_\mathrm{T} \\ -dc_\mathrm{T}\sin\varphi_1 & -dc_\mathrm{T}\sin\varphi_2 & \cdots & -dc_\mathrm{T}\sin\varphi_{n_r} \\ dc_\mathrm{T}\cos\varphi_1 & dc_\mathrm{T}\cos\varphi_2 & \cdots & dc_\mathrm{T}\cos\varphi_{n_r} \\ c_\mathrm{M}\sigma_1 & c_\mathrm{M}\sigma_2 & \cdots & c_\mathrm{M}\sigma_{n_r} \end{bmatrix}.$$

它满足

$$\mathbf{M}_{n_\mathrm{r}}(c_\mathrm{T},c_\mathrm{M},d) = \mathbf{P}_\mathrm{a}\mathbf{M}_{n_\mathrm{r}}(1,1,1)$$

其中，$\mathbf{P}_\mathrm{a} = \mathrm{diag}(c_\mathrm{T}, dc_\mathrm{T}, dc_\mathrm{T}, c_\mathrm{M})$。因此，有如下关系：

$$\mathbf{M}_{n_\mathrm{r}}^{\dagger}(c_\mathrm{T},c_\mathrm{M},d) = \mathbf{M}_{n_\mathrm{r}}^{\dagger}(1,1,1)\mathbf{P}_\mathrm{a}^{-1}.$$

以图 11-10 所示的六旋翼为例，$\mathbf{M}_6(c_\mathrm{T},c_\mathrm{M},d)$ 可以表示为

$$\mathbf{M}_6(c_\mathrm{T},c_\mathrm{M},d) = \begin{bmatrix} c_\mathrm{T} & c_\mathrm{T} & c_\mathrm{T} & c_\mathrm{T} & c_\mathrm{T} & c_\mathrm{T} \\ 0 & -\frac{\sqrt{3}dc_\mathrm{T}}{2} & -\frac{\sqrt{3}dc_\mathrm{T}}{2} & 0 & \frac{\sqrt{3}dc_\mathrm{T}}{2} & \frac{\sqrt{3}dc_\mathrm{T}}{2} \\ dc_\mathrm{T} & \frac{dc_\mathrm{T}}{2} & -\frac{dc_\mathrm{T}}{2} & -dc_\mathrm{T} & -\frac{dc_\mathrm{T}}{2} & \frac{dc_\mathrm{T}}{2} \\ c_\mathrm{M} & -c_\mathrm{M} & c_\mathrm{M} & -c_\mathrm{M} & c_\mathrm{M} & -c_\mathrm{M} \end{bmatrix}.$$

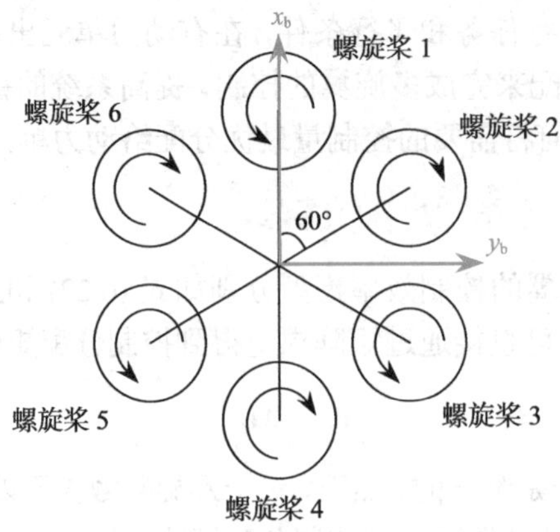

图 11-10　十字形的六旋翼

于是

$$\mathbf{M}_6^{\dagger}(1,1,1)=\frac{1}{6}\begin{bmatrix} 1 & 0 & 2 & 1 \\ 1 & -\sqrt{3} & 1 & -1 \\ 1 & -\sqrt{3} & -1 & 1 \\ 1 & 0 & -2 & -1 \\ 1 & \sqrt{3} & -1 & 1 \\ 1 & \sqrt{3} & 1 & -1 \end{bmatrix}.$$

因此，

$$\begin{bmatrix} \varpi_{\mathrm{d},1}^2 \\ \varpi_{\mathrm{d},2}^2 \\ \vdots \\ \varpi_{\mathrm{d},6}^2 \end{bmatrix} = \mathbf{M}_6^{\dagger}(1,1,1)\mathbf{P}_{\mathrm{a}}^{-1}\begin{bmatrix} f_{\mathrm{d}} \\ \boldsymbol{\tau}_{\mathrm{d}} \end{bmatrix} = \mathbf{M}_6^{\dagger}(1,1,1)\begin{bmatrix} f_{\mathrm{d}}/c_{\mathrm{T}} \\ \tau_{\mathrm{d}x}/(dc_{\mathrm{T}}) \\ \tau_{\mathrm{d}y}/(dc_{\mathrm{T}}) \\ \tau_{\mathrm{d}z}/c_{\mathrm{M}} \end{bmatrix}. \tag{11.81}$$

在大多数自驾仪中，控制器 f_{d} 和 $\boldsymbol{\tau}_{\mathrm{d}}$ 都是 PID 控制器，可以通过调节 PID 参数来补偿未知量 c_{T}、c_{M} 和 d。

11.6 电机控制

电机驱动螺旋桨最终控制多旋翼，因此高性能的电机速度控制至关重要。电机的快响应动态会产生高性能的姿态控制和位置控制效果。由于螺旋桨固连在电机转子上，所以螺旋桨转速与电机转子的转速相同。假设螺旋桨转速为 ϖ_k（$k=1,2,\cdots,n_{\mathrm{r}}$）。大多数多旋翼都配置无刷直流电机，其利用反电势力来感知转子的整流，并利用高频脉宽调制模块来控制电机的电压。

下面给出基于电机油门指令的电机控制器设计。控制目标为：设计每个电机的油门指令 $\sigma_{\mathrm{d},k}$，使得 $\lim_{t\to\infty}\left|\varpi_k(t)-\varpi_{\mathrm{d},k}(t)\right|=0$（$k=1,\cdots,n_{\mathrm{r}}$）。

11.6.1 闭环控制

以油门指令作为输入的动力单元模型为式 (6.28)，即

$$\varpi_k=\frac{1}{T_{\mathrm{m}}s+1}(C_{\mathrm{R}}\sigma_k+\varpi_{\mathrm{b}}) \tag{11.82}$$

其中，油门指令 $\sigma_k\in[0,1]$ 为输入，螺旋桨转速 $\varpi_k\in\mathbb{R}$（$k=1,2,\cdots,n_{\mathrm{r}}$）为输出。电机控制的目标是使控制误差 $\tilde{\varpi}_k\triangleq\varpi_k-\varpi_{\mathrm{d},k}$ 最小化，设计控制器为

$$\sigma_{\mathrm{d},k}=-k_{\varpi_{\mathrm{p}}}\tilde{\varpi}_k-k_{\varpi_{\mathrm{i}}}\int\tilde{\varpi}_k-k_{\varpi_{\mathrm{d}}}\dot{\tilde{\varpi}}_k \tag{11.83}$$

其中，$k_{\varpi_{\mathrm{p}}}, k_{\varpi_{\mathrm{i}}}$，$k_{\varpi_{\mathrm{d}}}\in\mathbb{R}(k=1,2,\cdots,n_{\mathrm{r}})$。此时，再令 $\sigma_k=\sigma_{\mathrm{d},k}$（$k=1,2,\cdots,n_{\mathrm{r}}$）。

11.6.2 开环控制

大多数自驾仪采用开环控制，当获得 f_{d} 和 $\boldsymbol{\tau}_{\mathrm{d}}$ 之后，期望的螺旋桨转速 $\varpi_{\mathrm{d},k}$（$k=1,2,\cdots,n_{\mathrm{r}}$）可通过控制分配获得，它与电机油门指令成比例。因此，设计控制器如下所

示：

$$\sigma_{\mathrm{d},k} = a\varpi_{\mathrm{d},k} + b \tag{11.84}$$

其中，未知参数 a 和 b 可以通过位置和姿态控制器中的 PID 参数来补偿。此时，再令 $\sigma_k = \sigma_{\mathrm{d},k}$（$k = 1,2,\cdots,n_{\mathrm{r}}$）。

11.7 综合仿真

11.7.1 控制目标和系统参数设置

为了展示所设计控制器的有效性，利用 MATLAB 进行仿真，分别采用 11.7.2 节和 11.7.3 节中的控制方案来实现同一个控制任务：以初始位置作为中心点，四旋翼从中心点出发，在水平 xy 面飞出一个正方形的轨迹，最后回到中心点并保持悬停。

仿真中采用的四旋翼布局是十字形。为了尽可能贴近实际，考虑了系统输入饱和、动力单元死区和电机动态等因素。系统参数选择如表 11-3 所示。

表 11-3　四旋翼系统参数

参数	值	参数	值
g	9.8100(m/s^2)	J_{yy}	0.0095(kg·m^2)
d	0.2223(m)	J_{zz}	0.0186(kg·m^2)
m	1.0230(kg)	T_{m}	0.0760(s)
c_{T}	1.4865e-07(N/RPM^2)	C_{R}	80.5840(RPM)
c_{M}	2.9250e-09(N·m/RPM^2)	ϖ_{b}	976.2000(RPM)
J_{xx}	0.0095(kg·m^2)		

系统初值选择为：$\boldsymbol{\varpi}(0) = [4000\ 4000\ 4000\ 4000]^{\mathrm{T}}$ (RPM), $\mathbf{p}(0) = [0\ 0\ -3]^{\mathrm{T}}$ (m), $\mathbf{v}(0) = [0\ 0\ 0]^{\mathrm{T}}$ (m/s), $\boldsymbol{\Theta}(0) = [0\ 0\ 0]^{\mathrm{T}}$ (deg), $\boldsymbol{\omega}(0) = [0\ 0\ 0]^{\mathrm{T}}$ (deg/s)。期望的航迹指令由时间序列给出，具体如表 11-4 所示。

表 11-4　期望航迹指令时间序列

时间 (s)	$p_{x_{\mathrm{d}}}$(m)	$p_{y_{\mathrm{d}}}$(m)	$p_{z_{\mathrm{d}}}$(m)	ψ_{d}(deg)
0	0	0	−3	0
5	10	0	−3	0
10	0	10	−3	0
15	−10	0	−3	0
20	0	−10	−3	0
25	10	0	−3	0
30	0	0	−3	0

11.7.2 基于欧拉角的姿态控制结合基于欧拉角的位置控制

基于欧拉角的姿态控制结合基于欧拉角的位置控制，简写为 EBAC+EBPC。选择姿态控制器 (11.52)，水平位置控制器 (11.32) 和高度控制器 (11.35) 与四旋翼非线性模型构成闭环系统。控制器参数选择如表 11-5 和表 11-6 所示。

表 11-5　姿态控制器参数

	K_{Θ}	K_{ω_p}	K_{ω_i}	K_{ω_d}
滚转通道	2	2	0	0.8
俯仰通道	2	2	0	0.8
偏航通道	3	3	0	2.5

表 11-6　位置控制器参数

	K_p	K_{vp}	K_{vi}	K_{vd}
X 通道	0.5	1	0.05	0.2
Y 通道	0.5	1	0.05	0.2
Z 通道	4	4	2	4

仿真结果如图 11-11~11-13 所示。图 11-11 显示了 12 个状态的响应曲线，可见位置和角度都能很好地跟踪期望指令，跟踪误差在可接受的范围内。跟踪滞后是由电机动态

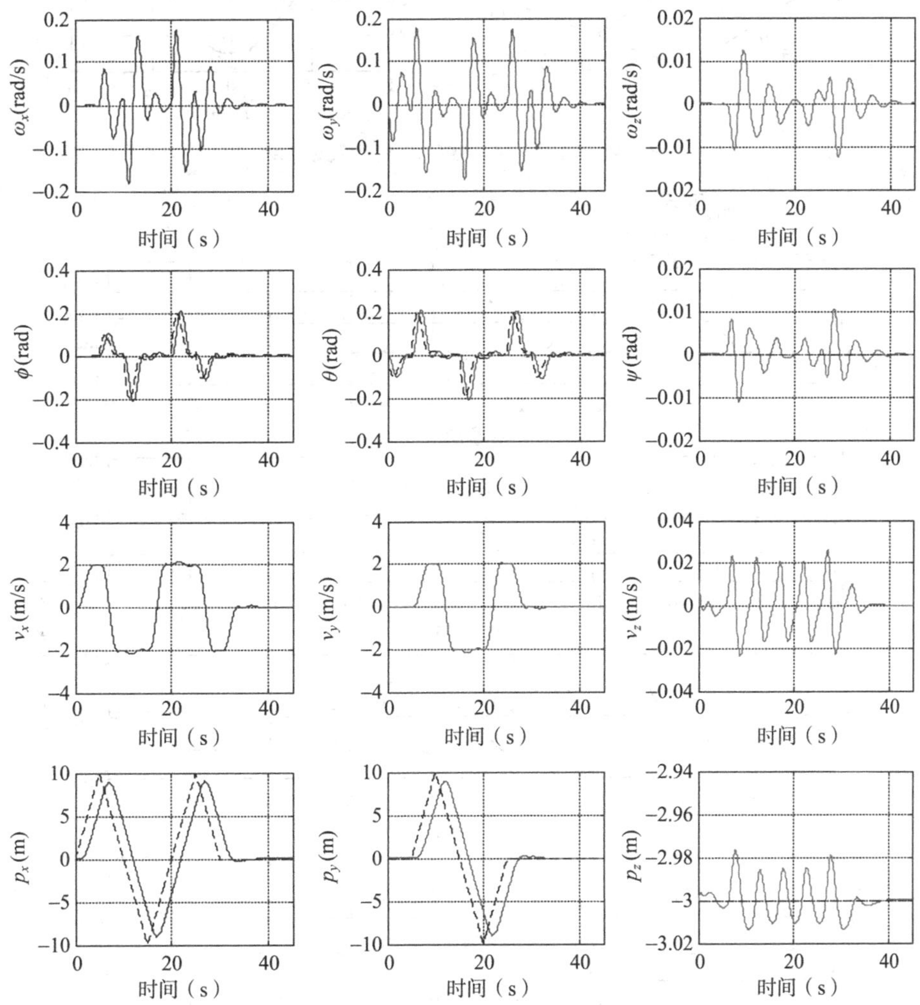

图 11-11　EBAC+EBPC 的状态响应

引起的。角度跟踪较快，位置跟踪比角度跟踪稍慢。速度和角速度的变化范围都是可以接受的。图 11-12 分别从三维空间和二维平面两个角度展示了航迹跟踪的结果，可见跟踪误差很小。图 11-13 显示了对应的油门指令和螺旋桨转速。在机动过程中，油门指令有规律地变化，在悬停时，油门指令保持在一个可以平衡重力的定值。螺旋桨转速与油门指令有类似的波动变化。

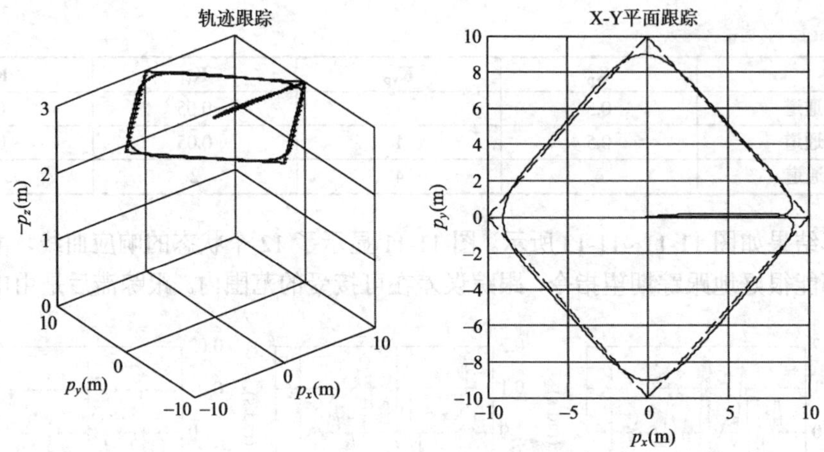

图 11-12 EBAC+EBPC 的轨迹跟踪效果

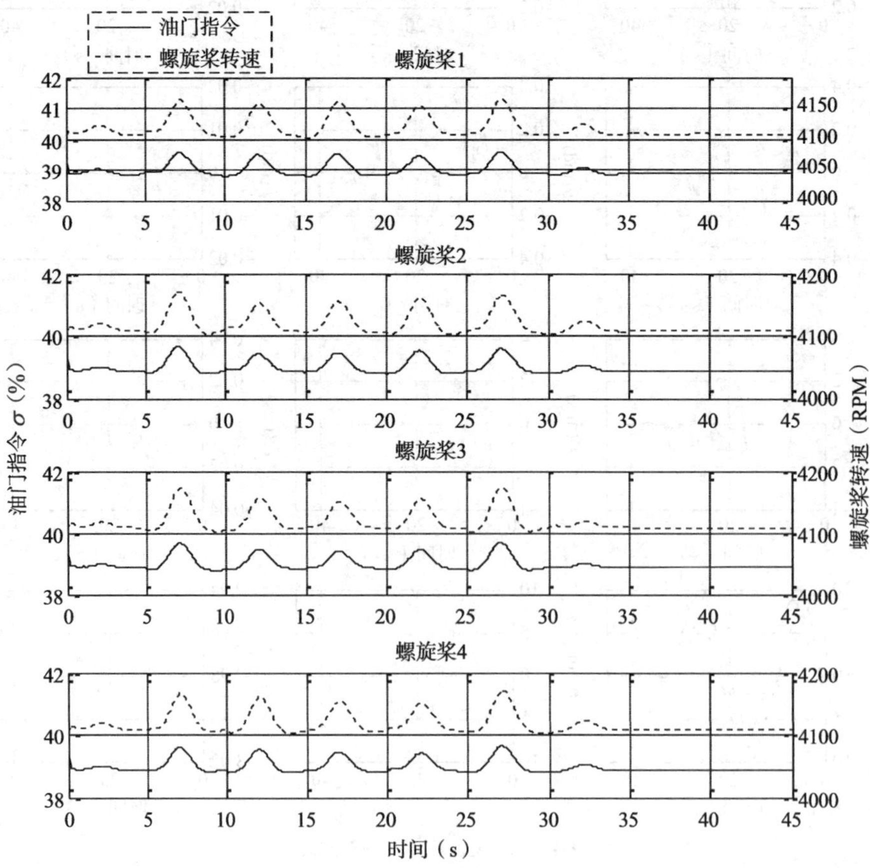

图 11-13 EBAC+EBPC 的油门指令和螺旋桨转速

11.7.3　基于旋转矩阵的姿态控制结合基于旋转矩阵的位置控制

基于旋转矩阵的姿态控制结合基于旋转矩阵的位置控制简写为 RBAC+RBPC。选择姿态控制器 (11.55)、位置控制器 (11.40) 及 (11.46) 与四旋翼非线性模型构成闭环系统。姿态控制器参数选择为：$\mathbf{K_R} = \mathrm{diag}(1,1,1)$, $\mathbf{K}_{\boldsymbol{\omega}} = \mathrm{diag}(1,1,2.5)$。位置控制器参数选择如表 11-7 所示。

表 11-7　位置控制器参数

	$\mathbf{K_p}$	$\mathbf{K_{vp}}$	$\mathbf{K_{vi}}$	$\mathbf{K_{vd}}$
X 通道	0.5	1	0	0
Y 通道	0.5	1	0	0
Z 通道	3.5	3	1	2

仿真结果如图 11-14~图 11-16 所示，与 11.7.2 节的仿真结果类似，控制器可以实现控制任务。

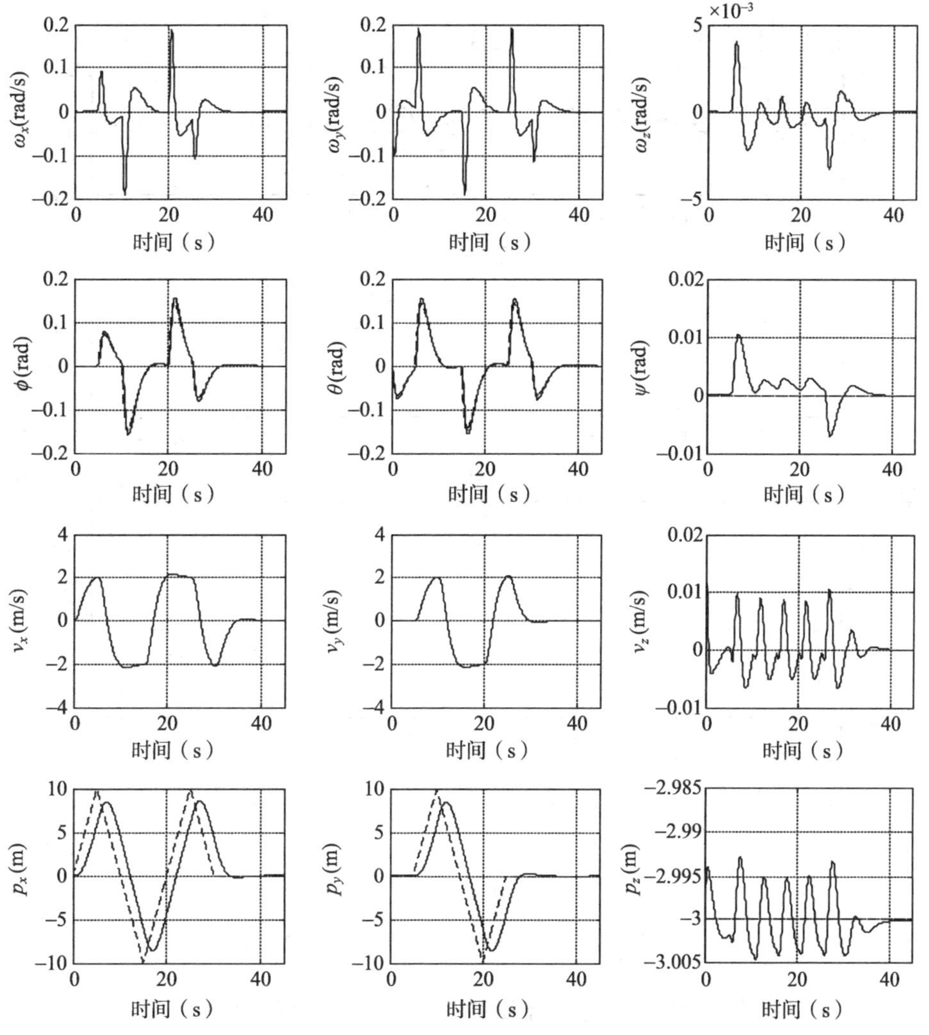

图 11-14　RBAC+RBPC 的状态响应

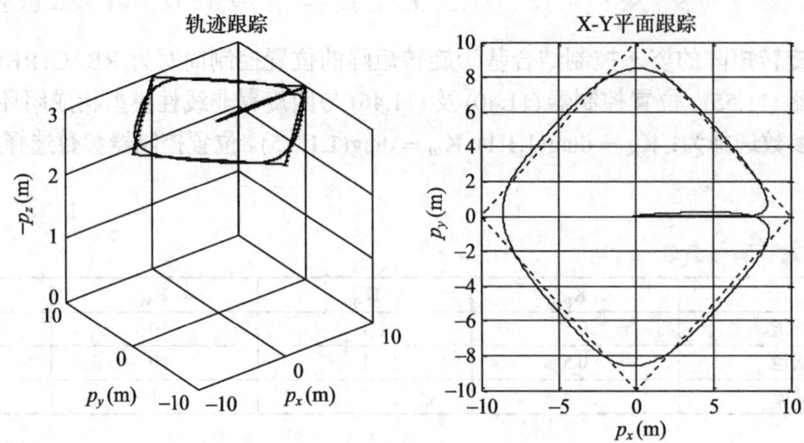

图 11-15 RBAC+RBPC 的轨迹跟踪效果

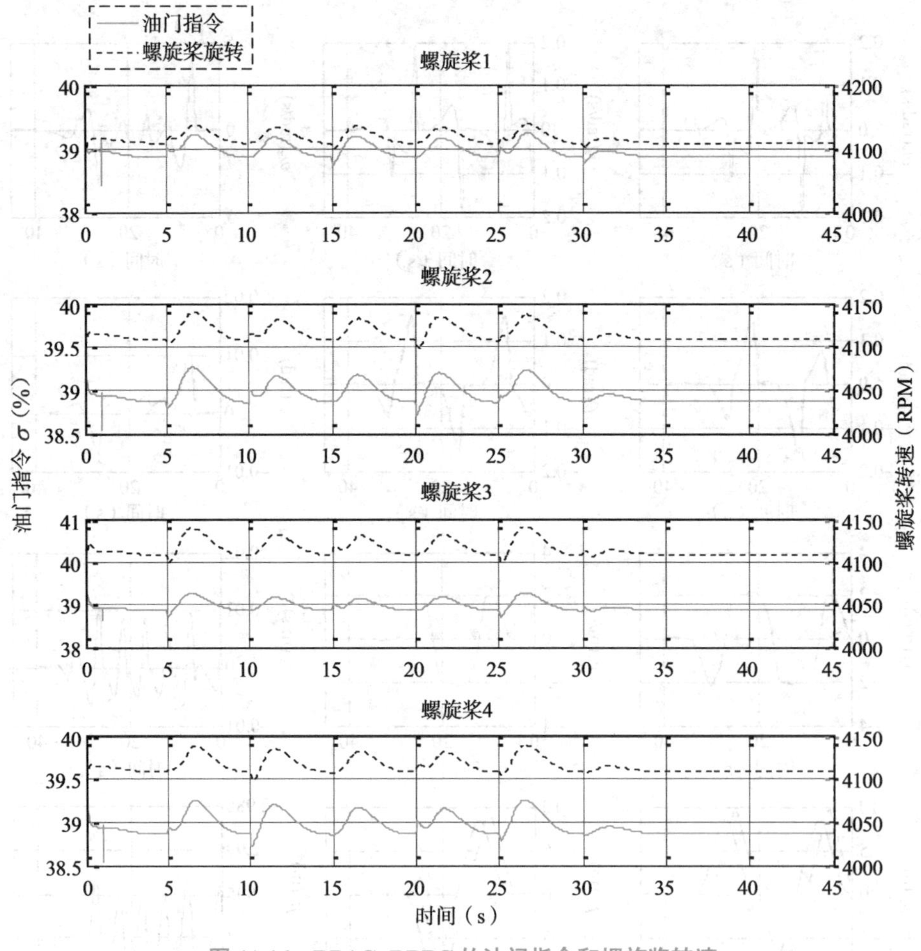

图 11-16 RBAC+RBPC 的油门指令和螺旋桨转速

基于旋转矩阵的控制器相比于基于欧拉角的控制器的优势是可以避免奇异问题，实现全姿态飞行。因此，可以实现大机动动作，如空中筋斗、垂直面画圆等。采用姿态控制

器 (11.56)，位置控制器 (11.40) 及 (11.46) 与四旋翼非线性模型构成闭环系统，可实现大机动飞行。相关仿真参见论文 [7]。另一方面，对于一般的控制任务，基于旋转矩阵的控制器和基于欧拉角的控制器的控制效果类似。

11.7.4　鲁棒姿态控制

对 11.4.4 节的设计示例进行仿真，参数选择为 $\mathbf{J}_0=\mathrm{diag}(0.03,0.03,0.04)\left(\mathrm{kg}\cdot\mathrm{m}^2\right)$, $\mathbf{d}=[0.5\ 0.5\ 0.5]^{\mathrm{T}}(\mathrm{N}{\cdot}\mathrm{m})$, $a=5$, $c_1=10$, $c_2=1$, $\varepsilon=0.01,0.1,1$，求出对应的 $\mathbf{K}=[-50\mathbf{I}_3\ -10\mathbf{I}_3]^{\mathrm{T}}$。期望控制指令选为 $\boldsymbol{y}_{\mathrm{d}}=[(10\pi/180)c_1\ (10\pi/180)c_1\ (10\pi/180)c_1]^{\mathrm{T}}$，等价于 $\boldsymbol{\Theta}_{\mathrm{d}}=[10\pi/180\ 10\pi/180\ 10\pi/180]^{\mathrm{T}}$，因为 $\boldsymbol{y}_{\mathrm{d}}=c_1\boldsymbol{\Theta}_{\mathrm{d}}+c_2\boldsymbol{\omega}_{\mathrm{d}}$。这表明三个期望的姿态角均为 10°。仿真结果如图 11-17 所示，分别展示了 $\varepsilon=0.01$ 或 0.1 或 1 三种情况下的系统响应，最终系统状态都能达到期望指令，系统控制输入 $\boldsymbol{\tau}$ 最终稳定在 $[-0.5\ -0.5\ -0.5]^{\mathrm{T}}(\mathrm{N}{\cdot}\mathrm{m})$，抵消了干扰 $\mathbf{d}$。对比可知，ε 越小，角度和角速度收敛得越快。

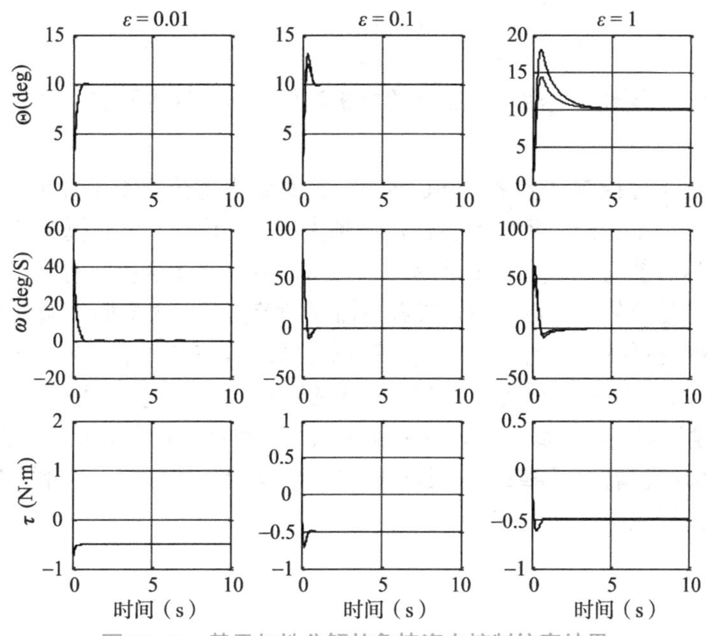

图 11-17　基于加性分解的鲁棒姿态控制仿真结果

本章小结

多旋翼控制器的设计基于特定的控制要求，在不同的控制要求下需要选用不同的数学模型和对应的控制方法。从本章的论述可知，多旋翼控制模型有多种数学表示，每种表示有各自的使用范围及优缺点。此外，飞行控制一般采用内外环结构，最终的控制系统包含多个闭环反馈。为了简化控制器设计，在基于欧拉角的控制器设计中，多旋翼控制目标被分解成如图 11-18 所示的很多个子目标。只要子目标能够一一实现，最终的目标就能实

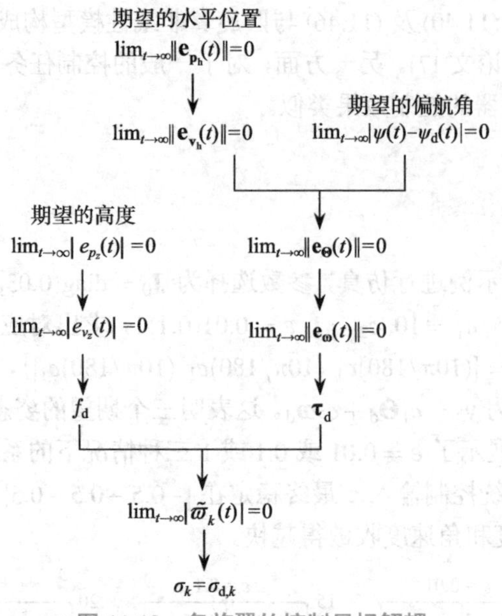

图 11-18 多旋翼的控制目标解耦

现。最终的目标是得到产生期望角速度的电机油门指令。这也回答了本章开头提出的问题。

多旋翼底层飞行控制大多采用 PID 控制，这对绝大部分需求来说足够了。然而对于更高的飞行要求是不够的。我们希望稳定域越大越好，这样，多旋翼在存在干扰的情况下飞行也可以尽可能稳定。为了满足易用性，飞行控制器还需要具有自适应特性，即大多数情况下，需要调节的参数较少，或者不需要调节参数。大多数多旋翼都需要减振和降低能耗。此外，抗风性对于大多数多旋翼也是必要的。在航空摄影中，无云台的多旋翼需要高精度悬停。如果多旋翼被用来进行特技飞行，就需要大机动飞行的能力。因此，人们会问：如何设计多旋翼的底层飞行控制器来获得尽可能大的稳定域，减少多旋翼振动、节能、抗风，实现高精度悬停或者大机动飞行呢？实际上，一个好的控制器需要实现稳定性和飞行性能的折衷。

习 题 11

11.1 证明由位置模型 (11.7) 和 (11.8) 和控制器 (11.30) 和 (11.33) 组成的闭环系统的稳定性。

11.2 多旋翼有多种控制分配方法。除了本章提到的伪逆法，请给出其他几种控制分配方法，并介绍优缺点。

11.3 除了欧拉角和旋转矩阵，还存在另一种姿态表示方式，叫做四元数。根据基于四元数的姿态模型，即式 (6.4) 和式 (6.9)，设计一个姿态控制器 $\boldsymbol{\tau}_\mathrm{d}\in\mathbb{R}^3$ 来跟踪姿态指令 $\mathbf{q}_\mathrm{d}=\left[q_{0\mathrm{d}}\ \mathbf{q}_{\mathrm{vd}}^\mathrm{T}\right]$，按照如下步骤操作：

（1）定义一个基于单位四元数的姿态跟踪误差 $\tilde{\mathbf{q}}=\mathbf{q}_\mathrm{d}^{-1}\otimes\mathbf{q}$，其中 $\otimes$ 表示四元数乘法，$\mathbf{q}_\mathrm{d}^{-1}$ 是单位四元数的逆。请参考 5.2.3 节。

（2）推导如下基于四元数的姿态误差系统：

$$\begin{cases}\dot{\tilde{q}}_0=-\dfrac{1}{2}\tilde{\mathbf{q}}_{\mathrm{v}}^{\mathrm{T}}\tilde{\boldsymbol{\omega}}\\ \dot{\tilde{\mathbf{q}}}_{\mathrm{v}}=\dfrac{1}{2}\left(\tilde{q}_0\mathbf{I}_3+[\tilde{\mathbf{q}}_{\mathrm{v}}]_{\times}\right)\tilde{\boldsymbol{\omega}}\\ \dot{\tilde{\boldsymbol{\omega}}}=\mathbf{J}^{-1}\boldsymbol{\tau}-\left(\tilde{\mathbf{R}}\dot{\boldsymbol{\omega}}_d-[\tilde{\boldsymbol{\omega}}]_{\times}\tilde{\mathbf{R}}\boldsymbol{\omega}_{\mathrm{d}}\right).\end{cases}$$

（3）设计一个控制器，使基于四元数的多旋翼姿态跟踪满足 $\lim_{t\to\infty}\|\tilde{\mathbf{q}}_{\mathrm{v}}(t)\|=0$（提示：李雅普诺夫函数可以设计为 $V_q=(1-\tilde{q}_0)^2+\tilde{\mathbf{q}}_{\mathrm{v}}^{\mathrm{T}}\tilde{\mathbf{q}}_{\mathrm{v}}$）。

11.4　多旋翼的控制效率矩阵为式 (6.23)，自驾仪中控制分配的实现可见 11.5.2 节。在初始条件 $\mathbf{J}=\mathbf{J}_0$，$m=m_0$，$d=d_0$，$c_{\mathrm{T}}=c_{\mathrm{T}_0}$，$c_{\mathrm{M}}=c_{\mathrm{M}_0}$ 下，假设设计 PD 控制器 f_0 和 $\boldsymbol{\tau}_0$ 为

$$\begin{bmatrix} f_0\\ \tau_{x,0}\\ \tau_{y,0}\\ \tau_{z,0}\end{bmatrix}=\begin{bmatrix} f_0^*+k_{z,\mathrm{p},0}\left(p_z-p_{z_{\mathrm{d}}}\right)+k_{z,\mathrm{d},0}\dot{v}_z\\ k_{\tau_x,\mathrm{p},0}\left(\phi-\phi_{\mathrm{d}}\right)+k_{\tau_x,\mathrm{d},0}\omega_x\\ k_{\tau_y,\mathrm{p},0}\left(\theta-\theta_{\mathrm{d}}\right)+k_{\tau_y,\mathrm{d},0}\omega_y\\ k_{\tau_z,\mathrm{p},0}\left(\psi-\psi_{\mathrm{d}}\right)+k_{\tau_z,\mathrm{d},0}\omega_z\end{bmatrix}.$$

当参数变为 $\mathbf{J}=\mathbf{J}_1,m=m_1,d=d_1,c_{\mathrm{T}}=c_{\mathrm{T}_1},c_{\mathrm{M}}=c_{\mathrm{M}_1}$ 时，如何改变 PD 控制器的参数，即 $k_{z,\mathrm{p},0}$、$k_{z,\mathrm{d},0}$、$k_{\tau_x,\mathrm{p},0}$、$k_{\tau_x,\mathrm{d},0}$、$k_{\tau_y,\mathrm{p},0}$、$k_{\tau_y,\mathrm{d},0}$、$k_{\tau_z,\mathrm{p},0}$和$k_{\tau_z,\mathrm{d},0}$ 来实现相同的控制性能？

参考文献

[1] Chen C T. Linear system theory and design (Third Edition). Oxford University Press, New York, USA, 1999.

[2] Hoffmann G M, Waslander S L, Tomlin C J. Quadrotor helicopter trajectory tracking control. In: Proc. AIAA Guidance, Navigation and Control Conference and Exhibit. Honolulu, 2008, AIAA 2008-7410.

[3] Zuo Z. Trajectory tracking control design with command-filtered compensation for a quadrotor. IET Control Theory & Applications, 2010, 4(11): 2343-2355.

[4] Cabecinhas D, Cunha R, Silvestre C. A globally stabilizing path following controller for rotorcraft with wind disturbance rejection. IEEE Transactions on Control Systems Technology, 2015, 23(2): 708-714.

[5] Aguiar A P, Hespanha J P. Trajectory-tracking and path-following of underactuated autonomous vehicles with parametric modeling uncertainty. IEEE Transactions on Automatic Control, 2007, 52(8): 1362-1379.

[6] Roza A, Maggiore M. Path following controller for a quadrotor helicopter. In: Proc. American Control Conference. Montreal, 2012, pp 4655-4660.

[7] Lee T, Leoky M, McClamroch N H. Geometric tracking control of a quadrotor UAV on SE (3). In: Proc. 49th IEEE Conference on Decision and Control. Atlanta, 2010, pp 5420-5425.

[8] Mellinger D, Michael N, Kumar V. Trajectory generation and control for precise aggressive maneuvers with quadrotors. In: Proc. International Symposium on Experimental Robotics. Marrakech and Essaouira, 2014, pp 361-373.

[9] Yu Y, Yang S, Wang M, et al. High performance full attitude control of a quadrotor on SO (3). In: Proc. IEEE International Conference on Robotics and Automation, Seattle, USA, 2015, pp 1698-1703.

[10] Chen W H. Disturbance observer based control for nonlinear systems. IEEE/ASME Transactions on Mechatronics, 2004, 9(4): 706-710.

[11] Han J Q. From PID to active disturbance rejection control. IEEE Transactions on Industrial Electronics, 2009, 56(3): 900-906.

[12] Zhang R F, Quan Q, Cai K Y. Attitude control of a quadrotor aircraft subject to a class of time-varying disturbances. IET Control Theory & Applications, 2011, 5(9): 1140-1146.

[13] Quan Q, Du G X, and Cai K Y. Proportional-integral stabilizing control of a class of MIMO systems subject to nonparametric uncertainties by additive-state-decomposition dynamic inversion design. IEEE/ASME Transactions on Mechatronics, 2016, 21(2): 1092-1101.

[14] Quan Q, Cai K Y. Additive decomposition and its applications to internal-model-based tracking. In: Proc. Joint 48th IEEE Conference on Decision and Control and 28th Chinese Control Conference. Shanghai, China, 2009, pp 817-822.

[15] Quan Q, Lin H, Cai K Y. Output feedback tracking control by additive state decomposition for a class of uncertain systems. Interational Journal of Systems Science, 2014, 45(9): 1799-1813.

[16] Quan Q, Cai K Y, Lin H. Additive-state-decomposition-based tracking control framework for a class of nonminimum phase systems with measurable nonlinearities and unknown disturbances. International Journal of Robust and Nonlinear Control, 2015, 25(2): 163-178.

[17] Wei Z B, Quan Q, Cai K Y. Output feedback ILC for a class of nonminimum phase nonlinear systems with input saturation: an additive-state-decomposition-based method. IEEE Transactions on Automatic Control, 2017, 62(1): 502-508.

[18] Murnaghan F D. The Boltzmann-Hopkinson principle of superposition as applied to dielectrics. Journal of the AIEE, 1928, 47(1): 41-43.

[19] Bromwich T J. Normal coordinates in dynamical systems. Proceedings of the London Society, 1917, s2-15(1): 401-448.

[20] Carson J R. On a general expansion theorem for the transient oscillations of a connected system. Physical Review, 1917, 10(3): 217-225.

[21] Carson J R. Theory of the transient oscillations of electrical networks and transmission systems. Transactions of the American Institute of Electrical Engineers, 1919, 38(1): 345-427.

[22] Quan Q, Cai K Y. Additive-output-decomposition-based dynamic inversion tracking control for a class of uncertain linear time-invariant systems. In: Proc. 51st IEEE Conference on Decision and Control. Maui, 2012, pp 2866-2871.

[23] Harkegard O, Glad S T. Resolving actuator redundancy—optimal control vs. control allocation. Automatica, 2005, 41(1): 137-144.

[24] Johansen T A, Fossen T I. Control allocation—a survey. Automatica, 2013, 49(5): 1087-1103.

第 12 章 Chapter 12 基于半自主自驾仪的位置控制

中国古人很早就明白了学习他人的实践经验是获得知识的重要手段。荀子的《劝学》："吾尝终日而思矣，不如须臾之所学也；吾尝跂而望矣，不如登高之博见也。登高而招，臂非加长也，而见者远；顺风而呼，声非加疾也，而闻者彰。假舆马者，非利足也，而致千里；假舟楫（船桨）者，非能水也，而绝江河。君子生非异也，善假于物也。"另外，工欲善其事必先利其器出自《论语 · 卫灵公》。这表明工匠想要使他的工作做好，一定要先让工具锋利。这与"磨刀不误砍柴功"的道理是一致的，反映了基础工具的重要性。

登高望远

飞控手经常能够操控基于半自主自驾仪的多旋翼，来完成农药喷洒和电力线巡检等任务。在执行这些任务时，他们大多并不了解自驾仪内部的控制算法，但这不影响完成任务。实际上，大部分人很难从底层的电机控制开始一步一步地构建出一个自驾仪。另一方面，很多团队或公司已经开发了开源的半自主自驾仪，或通过软件开发包来提供半自主自驾仪（见表 1-3）。因此，直接基于现有的半自主自驾仪进行二次开发更实用。这样不仅可以避免直接改动飞控的底层源代码所带来的麻烦和困难，还可以利用一些可靠的非开源的商业自驾仪来完成任务，大大简化了整个设计工作。

本章主要回答以下问题：

如何基于半自主自驾仪来控制多旋翼，使其能够跟踪给定的目标位置？

本章将主要从问题描述、系统辨识和控制器设计三方面来回答这个问题。

12.1 问题描述

对多旋翼来说，一般需要设计控制器来直接控制螺旋桨转速 $\varpi_k\ (k=1,2,\cdots,n_r)$，从而产生一个拉力和三个力矩，实现多旋翼的位置控制。本章通过遥控指令 $u_\theta, u_\phi, u_{\omega_z}, u_T \in \mathbb{R}$ 来直接控制多旋翼的位置。半自主自驾仪一般有三种常用的模式：自稳模式、定高模式以及定点模式。这些模式的具体介绍见 13.2.1 节。本章基于自稳模式（常用模式中最基础的模式）设计位置控制器。

12.1.1 带有半自主自驾仪的多旋翼控制结构

带有半自主自驾仪的多旋翼控制结构如图 12-1 所示。遥控指令能直接控制多旋翼的以下状态变量：垂直速度 v_{z_e}，姿态角速度 ω_{z_b}，姿态角 θ 和 ϕ（或者多旋翼机体坐标系下的速度 v_{x_b} 和 v_{y_b}）。进一步，可以通过这些变量控制多旋翼的位置 $(p_{x_e}, p_{y_e}, p_{z_e})$ 以及偏航角 ψ。

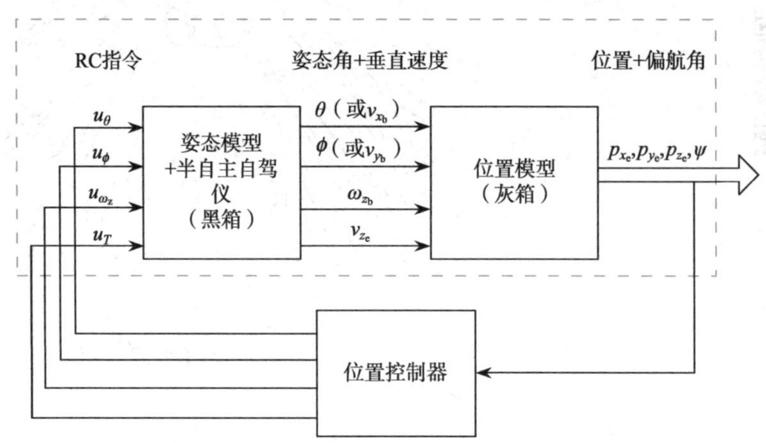

图 12-1　基于半自主自驾仪的位置控制闭环框图

12.1.2 三通道模型

回顾第 11 章，为了便于设计控制器，利用线性化方法对多旋翼的非线性模型进行简化处理。也就是说，图 12-1 所示的系统可以分为三个通道：从 u_T 到 p_{z_e} 的高度通道，从 u_{ω_z} 到 ψ 的偏航通道，以及从 $\mathbf{u}_\mathrm{h}$ 到 $\mathbf{p}_\mathrm{h}$ 的水平位置通道。其中 $\mathbf{u}_\mathrm{h}=[u_\phi \quad u_\theta]^\mathrm{T}$，$\mathbf{p}_\mathrm{h}=[p_{x_\mathrm{e}} \quad p_{y_\mathrm{e}}]^\mathrm{T}$。在半自主自驾仪的控制下，这些通道的模型表示如下。

假设 12.1　高度通道的模型为

$$\begin{cases} \dot{p}_{z_\mathrm{e}}=v_{z_\mathrm{e}} \\ \dot{v}_{z_\mathrm{e}}=-k_{v_z}v_{z_\mathrm{e}}-k_{u_T}u_T \end{cases} \tag{12.1}$$

其中，$k_{v_z},k_{u_T}\in\mathbb{R}_+$ 是由所选半自主自驾仪决定的参数。可以认为，这些参数是未知的。

假设 12.2　偏航通道的模型为

$$\begin{cases} \dot{\psi}=\omega_z \\ \dot{\omega}_z=-k_{\omega_z}\omega_z+k_{u_{\omega_z}}u_{\omega_z} \end{cases} \tag{12.2}$$

其中，$k_{\omega_z},k_{u_{\omega_z}}\in\mathbb{R}_+$ 是由所选半自主自驾仪决定的参数。可以认为，这些参数是未知的。

假设 12.3　水平位置通道的模型为

$$\begin{cases} \dot{\mathbf{p}}_\mathrm{h}=\mathbf{R}_\psi\mathbf{v}_{\mathrm{h_b}} \\ \dot{\mathbf{v}}_{\mathrm{h_b}}=-\mathbf{K}_{\mathbf{v}_{\mathrm{h_b}}}\mathbf{v}_{\mathrm{h_b}}-g\begin{bmatrix}0 & 1\\ -1 & 0\end{bmatrix}\boldsymbol{\Theta}_\mathrm{h} \\ \dot{\boldsymbol{\Theta}}_\mathrm{h}=\boldsymbol{\omega}_{\mathrm{h_b}} \\ \dot{\boldsymbol{\omega}}_{\mathrm{h_b}}=-\mathbf{K}_{\boldsymbol{\Theta}_\mathrm{h}}\boldsymbol{\Theta}_\mathrm{h}-\mathbf{K}_{\boldsymbol{\omega}_{\mathrm{h_b}}}\boldsymbol{\omega}_{\mathrm{h_b}}+\mathbf{K}_{\mathbf{u}_\mathrm{h}}\mathbf{u}_\mathrm{h} \end{cases} \tag{12.3}$$

其中，$\mathbf{v}_{\mathrm{h_b}}=[v_{x_\mathrm{b}} \quad v_{y_\mathrm{b}}]^\mathrm{T}$，$\boldsymbol{\Theta}_\mathrm{h}=[\phi \quad \theta]^\mathrm{T}$，$\boldsymbol{\omega}_{\mathrm{h_b}}=[\omega_{x_\mathrm{b}} \quad \omega_{y_\mathrm{b}}]^\mathrm{T}$。另外，$\mathbf{K}_{\mathbf{v}_{\mathrm{h_b}}}$，$\mathbf{K}_{\boldsymbol{\Theta}_\mathrm{h}}$，$\mathbf{K}_{\boldsymbol{\omega}_{\mathrm{h_b}}}$，$\mathbf{K}_{\mathbf{u}_\mathrm{h}}\in\mathbb{R}^{2\times2}\cap\mathscr{P}\cap\mathscr{D}$ 是由所选半自主自驾仪决定的参数。可以认为，这些参数是未知的。旋转矩阵 $\mathbf{R}_\psi$ 的定义与公式 (11.7) 相同。注意，如果半自主自驾仪没有考虑水平方向的速度反馈，则该通道仅含有空气阻尼，也就是说，此时 $\mathbf{K}_{\mathbf{v}_{\mathrm{h_b}}}\approx\mathbf{0}_{2\times2}$，否则 $\mathbf{K}_{\mathbf{v}_{\mathrm{h_b}}}$ 应为一个合理的阻尼系数。

假设 12.3 成立的前提是 $\dot{\psi}\approx0$。由于 $\mathbf{v}_\mathrm{h}=\mathbf{R}_\psi\mathbf{v}_{\mathrm{h_b}}$，则

$$\dot{\mathbf{v}}_{\mathrm{h_b}}=\mathbf{R}_\psi^\mathrm{T}(\dot{\mathbf{v}}_\mathrm{h}-\dot{\mathbf{R}}_\psi\mathbf{v}_{\mathrm{h_b}}). \tag{12.4}$$

当不考虑半自主自驾仪时，根据式 (11.7)，进一步得到

$$\dot{\mathbf{v}}_{\mathrm{h_b}}=-\mathbf{R}_\psi^\mathrm{T}\dot{\mathbf{R}}_\psi\mathbf{v}_{\mathrm{h_b}}-g\begin{bmatrix}0 & 1\\ -1 & 0\end{bmatrix}\boldsymbol{\Theta}_\mathrm{h}. \tag{12.5}$$

如果 $\dot{\psi}\approx0$，那么

$$\dot{\mathbf{v}}_{\mathrm{h_b}}=-g\begin{bmatrix}0 & 1\\ -1 & 0\end{bmatrix}\boldsymbol{\Theta}_\mathrm{h} \tag{12.6}$$

否则需要考虑项 $-\mathbf{R}_\psi^\mathrm{T}\dot{\mathbf{R}}_\psi\mathbf{v}_{\mathrm{h_b}}$。

12.1.3 位置控制的目标

根据式 (12.1)~式 (12.3)，从遥控指令 u_θ、u_ϕ、u_T、u_{ω_z} 到变量 θ（或 v_{x_b}）、ϕ（或 v_{y_b}）、v_{z_e}、ω_z 的通道是各自稳定的，因为半自主自驾仪的控制器为这些通道设计了阻尼器，从而使多旋翼变得容易控制。然而，因为从 θ（或 v_{x_b}）、ϕ（或 v_{y_b}）、v_{z_e}、ω_z 到 p_{x_e}、p_{y_e}、p_{z_e}、ψ 的通道仍然分别是开环的，所以半自主自驾仪不能完成位置控制。这意味着仅仅利用半自主自驾仪的控制器无法控制四旋翼的位置。因此，本章的目标是基于**假设 12.1~假设 12.3** 来设计额外的位置控制器从而完成如下任务：对于一个给定的期望轨迹 $\mathbf{p}_\mathrm{d}(t)$ 和期望偏航 $\psi_\mathrm{d}(t)$，设计输入 u_θ、u_ϕ、u_{ω_z} 和 u_T，使得当 $t\to\infty$ 时，让四旋翼的输出满足 $\|\mathbf{x}(t)-\mathbf{x}_\mathrm{d}(t)\|\to 0$ 或 $\mathbf{x}(t)-\mathbf{x}_\mathrm{d}(t)\to\mathscr{B}(\mathbf{0}_{4\times 1},\delta)$，其中 $\mathbf{x}=[\mathbf{p}^\mathrm{T}\quad \psi]^\mathrm{T}$，$\mathbf{x}_\mathrm{d}=[\mathbf{p}_\mathrm{d}^\mathrm{T}\quad \psi_\mathrm{d}]^\mathrm{T}$，$\delta\in\mathbb{R}_+$。

一方面，对于设计者来说，半自主自驾仪的内部是“黑箱”；另一方面，由于多旋翼的控制模型结构已知，但参数未知，所以多旋翼的模型是“灰箱”。因此，需要通过系统辨识来分析“黑箱”和“灰箱”中的模型，然后针对辨识出来的模型进行控制器设计。

12.2 系统辨识

12.1.2 节建立了多旋翼各通道的线性模型，这些模型会在控制器设计时用到。因为辨识的目的是为了获取传递函数的参数，所以各通道的线性模型为系统辨识提供了先验知识。这里，用传递函数来描述各通道从输入到输出的动态过程，这些传递函数的形式可以根据线性模型得到。因此，本节将对多旋翼的高度通道模型、偏航通道模型和水平位置通道模型分别进行系统辨识。在具体工作之前，先介绍系统辨识及其常用工具。

12.2.1 系统辨识步骤和工具

系统辨识是根据系统的观测数据来建立动态系统的数学模型的方法。

1. 系统辨识步骤 [1,pp.13-14]

系统辨识的步骤如图 12-2 所示，主要包含以下 6 方面：先验知识、实验设计、数据采集、模型选择、模型计算和模型检验。

① 先验知识：包括关于系统特性、数据采集方法以及待辨识系统其他方面的已有知识。这些知识对选择备选模型、设计实验、决定计算方法和检验准则等都有重要作用。由于辨识目的不同，即使是对同一系统进行辨识，其应用的先验知识也可能有很大差别。

② 实验设计：目的是获得系统的输入/输出数据，并使其能在已知的条件下尽可能反映系统的性能。在输入/输出数据的采集过程中，有时需要针对辨识过程进行特殊的实验设计。在实验中，可能需要用户确定测量哪些信号，以及什么时候测量这些信号。如图 12-3(a) 所示，目前有两类实验设计方法：开环实验和闭环实验。一些系统是不稳定的，它们需要在反馈控制器的控制下工作，因此这些系统的输入信号由控制器决定（见图 12-3(b)）。而在开环实验中，输入信号可以任意选择，因此开环实验相比于闭环实验能获得更多的系统信息。显然，如果系统可以在脱离控制器的情况下工作，那么开环实验是更好的选择。

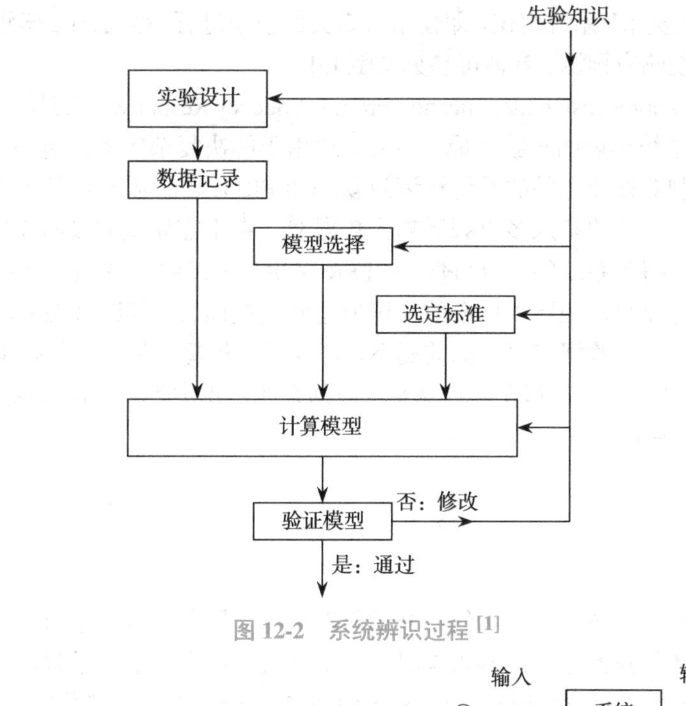

图 12-2 系统辨识过程 [1]

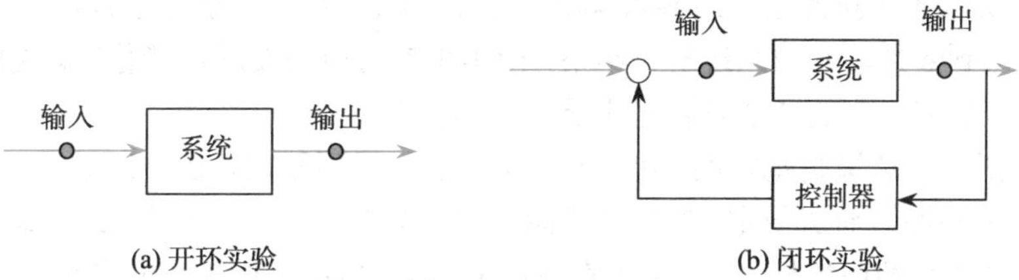

输入 系统 输出

(a) 开环实验

输入 系统 输出 控制器

(b) 闭环实验

图 12-3 两类实验设计方法

③ 数据采集：通过设计合理的实验来获得输入/输出数据。

④ 模型选择：选择一系列备选模型，通过后续的验证，从中确定最合适的模型。通过数学建模，可以得到一个未知参数的参数化模型，然后通过参数辨识方法计算出模型中的未知参数。

⑤ 模型计算：采用合适的优化方法来计算备选模型的未知参数。

⑥ 模型检验：建立一个标准来检验备选模型与计算出的参数是否满足设计要求。通常，该标准的确定依赖于观测到的数据、先验知识以及待辨识模型的用途。如果模型及其参数可以通过检验，则可以将其作为最终辨识出来的模型，否则需要重复上述步骤，直至模型通过检验。

2. 系统辨识工具箱

① MATLAB 系统辨识工具箱：提供了 MATLAB 函数、Simulink 函数模块以及一个可利用测得的输入/输出数据构造动态系统的应用程序 [2]。用户可以得到利用物理规律很难进行建模的系统的动态模型，可以用系统的时域或频域输入/输出数据来辨识其连续或离散的传递函数、过程模型、状态空间模型等。该工具箱还提供了很多辨识方法，如极大似然法、预测误差最小化方法、子空间辨识方法等。如果考虑非线性系统的辨识，还可以使用 Hammerstein-Weiner 模型、带有小波网络的非线性 ARX 模型以及其他非线性模型。该

工具箱同时提供“灰箱”系统辨识，即使用自定义的模型进行参数估计。辨识出来的模型可用于建模及系统响应预测。具体可参见文献 [3]。

② CIFER（Comprehensive Identification From FrEquency Response）工具箱：基于综合频域响应方法进行系统辨识的一款集成工具箱，适用于解决复杂的系统辨识问题，尤其是与飞机建模与控制器设计相关的系统辨识问题。CIFER 方法的基本原理是通过高质量地提取一组完备的非参数的多入多出频域响应数据 [4]，在不需先验假设的前提下，直接由这些响应数据提取得到系统的耦合特性。CIFER 采用先进的线性调频 Z 变换以及组合优化窗技术作为理论基础。相比于标准的快速傅里叶变换而言，其频域响应质量有显著的提高。在完整频域响应数据集已知的前提下，可以用多种复杂的非线性搜索算法来提取状态空间模型。因此，该工具箱在多种真实飞机的系统辨识中得到广泛应用，具体可参见网站介绍 [4] 和相关书籍 [5]。

12.2.2 系统辨识中用到的模型

1. 概要

本节先介绍高度通道的辨识，然后介绍偏航通道。只有在这两个通道稳定后，水平位置通道的实验才能获得较好的输入/输出数据。因此，水平位置通道将在最后介绍。注意，如果想得到效果较好的系统辨识结果，待辨识的通道需要尽可能稳定。因此，在实验设计阶段，分析待辨识的通道是否稳定显得尤为重要。

如果待辨识的通道是稳定的，可以直接辨识；如果不稳定，必须先引入一个 P 或 PD 镇定控制器来确保该通道稳定，然后参考图 12-4，为该通道设计实验。比如式 (12.1) 中的高度通道，如果从油门摇杆量 u_T 到垂直速度 v_{z_e} 是稳定的，则在辨识前不需要设计控制器。然而，如果考虑从油门摇杆量 u_T 到垂直位置 p_{z_e} 构成的通道，在系统辨识前最好设计一个控制器。因为从垂直速度 v_{z_e} 到垂直位置 p_{z_e} 存在积分环节，所以从油门摇杆量 u_T 到垂直位置 p_{z_e} 构成的通道是不稳定的，辨识此通道前需要附加一个 P 控制器。这里要说明的是，并不需要反复调节控制器参数使系统性能变好，只需达到镇定系统的效果即可。至于具体选择什么样的控制器，可以通过先验知识确定出来。最终，把带有镇定控制器的系统整体作为新的辨识对象。

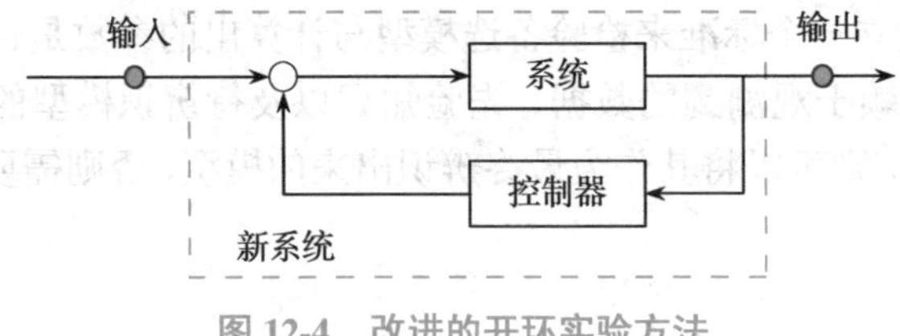

图 12-4 改进的开环实验方法

2. 高度通道

半自主自驾仪的高度通道一般以控制垂直方向的速度为主，即遥控指令 u_T 控制的是 v_{z_e}。当 $u_T = 0$ 时，可以使多旋翼保持当前高度。根据先验知识可知，带有半自主飞控的高度通道可以由式 (12.1) 表达。那么，根据式 (12.1)，相应的传递函数模型记为

$$p_{z_e}(s) = G_{p_z u_T}(s) u_T(s) \tag{12.7}$$

其中，$G_{p_z u_T}(s)$ 是一个不稳定的传递函数，因为它包含了一个一阶积分环节。该通道不适合进行直接辨识，因此需要一个 P 控制器，其形式如下：

$$u_T = k_{p_z} p_{z_e} + u_{p_z} \tag{12.8}$$

其中，$k_{p_z} \in \mathbb{R}_+$，而 $u_{p_z} \in \mathbb{R}$ 定义为新的输入。注意，通道 (12.1) 的输入系数是负的，即 $-k_{u_T}$，所以控制器的形式才如式 (12.8) 所示。在该控制器作用下，通道 (12.1) 表达为

$$\begin{cases} \dot{p}_{z_e} = v_{z_e} \\ \dot{v}_{z_e} = -k_{u_T} k_{p_z} p_{z_e} - k_{v_z} v_{z_e} - k_{u_T} u_{p_z} \end{cases} \tag{12.9}$$

相应的传递函数为

$$p_{z_e}(s) = G_{p_z u_{p_z}}(s) u_{p_z}(s). \tag{12.10}$$

这里，从 u_{p_z} 到 p_{z_e} 的通道是一个待辨识的参数化模型。当记录该模型的数据时，高度数据（即该通道的输出）p_{z_e} 是由高度传感器测量得到的，如气压计或超声波测距仪。同时，新的输入 u_{p_z}（即该通道的输入）也要记录。这时，具体的模型参数就可以通过系统辨识工具箱得到了，实施过程在 12.4 节介绍。需要说明的是，如果垂直速度 v_{z_e} 是可以直接测量的，那么从 u_T 到 v_{z_e} 的通道是稳定的，不需要额外设计控制器就可以直接辨识。此时，该通道相应的传递函数为

$$v_{z_e}(s) = G_{v_{z_e} u_T}(s) u_T(s) \tag{12.11}$$

进而有

$$p_{z_e}(s) = \frac{1}{s} G_{v_{z_e} u_T}(s) u_T(s) \tag{12.12}$$

3. 偏航通道

在半自主自驾仪的反馈控制器基础上，偏航通道可以由式 (12.2) 表达，相应的传递函数为

$$\psi(s) = G_{\psi u_{\omega_z}}(s) u_{\omega_z}(s) \tag{12.13}$$

其中，$G_{\psi u_{\omega_z}}(s)$ 是一个含有一阶积分环节的传递函数。该通道需要用 P 控制器进行镇定。控制器形式如下：

$$u_{\omega_z} = -k_\psi \psi + u_\psi \tag{12.14}$$

其中，$k_\psi \in \mathbb{R}_+$，$u_\psi \in \mathbb{R}$ 为新的输入。那么，系统 (12.2) 变为

$$\begin{cases} \dot{\psi} = \omega_z \\ \dot{\omega}_z = -k_{u_{\omega_z}} k_\psi \psi - k_{\omega_z} \omega_z + k_{u_{\omega_z}} u_\psi \end{cases} \tag{12.15}$$

而相应的传递函数变为

$$\psi(s) = G_{\psi u_\psi}(s) u_\psi(s). \tag{12.16}$$

辨识过程中需要同时记录偏航角 ψ 以及新输入 u_ψ。磁力计和动作捕捉系统可以用来测量偏航角 ψ。此时，模型参数可以通过系统辨识工具箱获得，具体的实施过程见 12.4 节。

注意，如果能直接测量到 ω_z，那么从 u_{ω_z} 到 ω_z 的通道是稳定的，所以对此通道可以直接辨识，不需要额外设计控制器。在这种情况下，该通道相应的传递函数为

$$\omega_z(s) = G_{\omega_z u_{\omega_z}}(s) u_{\omega_z}(s) \tag{12.17}$$

进而有

$$\psi(s) = \frac{1}{s} G_{\omega_z u_{\omega_z}}(s) u_{\omega_z}(s). \tag{12.18}$$

4. 水平位置通道

半自主自驾仪会通过自身的角度传感器对姿态角 θ 和 ϕ 进行反馈，使水平指令 u_θ、u_ϕ 到 θ、ϕ 的通道是稳定的。该通道可以由式 (12.3) 来表达，这是先验知识。

水平位置通道的辨识是在对高度通道和偏航通道实现了控制后进行的，因此在控制器的作用下，偏航通道满足 $\psi \approx \psi_\mathrm{d}$。为了得到更好的辨识结果，通常将偏航角控制到合理的期望偏航角 ψ_d 上（最好设定为 $\psi_\mathrm{d} = 0$），因此可将 ψ_d 看成一个常数。那么，$\mathbf{R}_\psi$ 为一个常数矩阵。根据式 (12.3)，该通道用如下传递函数形式表达：

$$\begin{aligned} \mathbf{p}_\mathrm{h}(s) &= \mathrm{diag}\left(\frac{1}{s}, \frac{1}{s}\right) \mathbf{R}_\psi \mathbf{G}_{\mathbf{v}_{\mathrm{h_b}} \mathbf{u}_\mathrm{h}}(s) \mathbf{u}_\mathrm{h}(s) \\ &= \mathbf{R}_\psi \mathrm{diag}\left(\frac{1}{s}, \frac{1}{s}\right) \mathbf{G}_{\mathbf{v}_{\mathrm{h_b}} \mathbf{u}_\mathrm{h}}(s) \mathbf{u}_\mathrm{h}(s) \end{aligned} \tag{12.19}$$

其中，$\mathbf{G}_{\mathbf{v}_{\mathrm{h_b}} \mathbf{u}_\mathrm{h}}(s)$ 是一个待辨识的参数模型。由于存在 $\mathbf{R}_\psi$ 引入的耦合，水平位置通道较其他两个通道控制难度更大。因此，下面将为水平位置通道设计速度控制器。

如果半自主自驾仪考虑了速度反馈，并且 $\mathbf{K}_{\mathbf{v}_{\mathrm{h_b}}}$ 设置合理，那么传递函数 $\mathbf{G}_{\mathbf{v}_{\mathrm{h_b}} \mathbf{u}_\mathrm{h}}(s)$ 是稳定的，可以直接进行系统辨识。如果没有引入速度反馈，根据 12.1 节中的内容，有 $\mathbf{K}_{\mathbf{v}_{\mathrm{h_b}}} \approx \mathbf{0}_{2\times 2}$，那么 $\mathbf{G}_{\mathbf{v}_{\mathrm{h_b}} \mathbf{u}_\mathrm{h}}(s)$ 含有一阶积分环节，所以是不稳定的。因此，在进行系统辨识之前，需要设计一个控制器来镇定这个系统。控制器形式如下：

$$\mathbf{u}_\mathrm{h} = -\mathbf{K}'_{\mathbf{v}_{\mathrm{h_b}}} \mathbf{v}_{\mathrm{h_b}} + \mathbf{u}_{\mathbf{v}_\mathrm{h}} \tag{12.20}$$

其中，$\mathbf{u}_{\mathbf{v}_\mathrm{h}} = [u_{v_y} \quad u_{v_x}]^\mathrm{T}$ 是一个新输入，$\mathbf{K}'_{\mathbf{v}_{\mathrm{h_b}}} \in \mathbb{R}^{2\times 2} \cap \mathscr{D} \cap \mathscr{P}$。将控制器 (12.20) 代入通道 (12.3)，得到

$$\begin{cases} \dot{\mathbf{v}}_{\mathrm{h_b}} = -\mathbf{K}_{\mathbf{v}_{\mathrm{h_b}}} \mathbf{v}_{\mathrm{h_b}} - g \begin{bmatrix} 0 & 1 \\ -1 & 0 \end{bmatrix} \boldsymbol{\Theta}_\mathrm{h} \\ \dot{\boldsymbol{\Theta}}_\mathrm{h} = \boldsymbol{\omega}_{\mathrm{h_b}} \\ \dot{\boldsymbol{\omega}}_{\mathrm{h_b}} = -\mathbf{K}_{\mathbf{u}_\mathrm{h}} \mathbf{K}'_{\mathbf{v}_{\mathrm{h_b}}} \mathbf{v}_{\mathrm{h_b}} - \mathbf{K}_{\boldsymbol{\Theta}_\mathrm{h}} \boldsymbol{\Theta}_\mathrm{h} - \mathbf{K}_{\boldsymbol{\omega}_{\mathrm{h_b}}} \boldsymbol{\omega}_{\mathrm{h_b}} + \mathbf{K}_{\mathbf{u}_\mathrm{h}} \mathbf{u}_{\mathbf{v}_\mathrm{h}} \end{cases}. \tag{12.21}$$

系统对应的传递函数为

$$\mathbf{v}_{\mathrm{h_b}}(s) = \mathbf{G}_{\mathbf{v}_{\mathrm{h_b}} \mathbf{u}_{\mathbf{v}_\mathrm{h}}}(s) \mathbf{u}_{\mathbf{v}_\mathrm{h}}(s) \tag{12.22}$$

水平位置可以由全球定位系统（Global Positioning System，GPS）接收机或室内定位系统（如室内运动捕捉系统）进行测量。速度信息可由 GPS 接收机直接输出，或通过对 GPS 接收机给出的位置信息进行滤波得到。同时，新输入 $\mathbf{u}_{\mathbf{v}_\mathrm{h}}$ 也需要记录下来。模型参数可以利用系统辨识工具箱得到，其具体实施过程参见 12.4 节。实际上，期望的水平速度 $\mathbf{v}_{\mathrm{h_b d}}$ 可以由期望的水平位置 $\mathbf{p}_{\mathrm{h_e d}}$ 间接得到，因此它是控制器设计的间接目标，详情参见 12.4.3 节。

12.3 位置控制器的设计

我们的目的是设计一个控制器，使得输出能跟踪期望的输入指令。在通常情况下，选择 PID 控制器，因为它能够用于各通道的跟踪控制。如果系统模型可以足够精确地被辨识出来，那么选择其他控制器可达到更好的控制效果。这里介绍一种跟踪控制器的设计方法，它是一种基于加性输出分解的动态逆控制方法 [6]。通过加性输出分解，带有不确定性的原系统被分解成两个子系统，一个是接近原系统但不含有不确定性的主系统，另一个是含有不确定性的辅系统，并且原系统的输出等于这两个系统输出的和。如果将辅系统的输出视为一个集总扰动，原系统的输出就等于确定的主系统的输出与该集总扰动之和。这时，可用动态逆方法来抑制该集总扰动，并使得原系统的输出精确地跟踪输入指令 [6]。

12.3.1 PID 控制器

下面设计的 PID 控制器用来确保当 $t\to\infty$ 时，$\|\mathbf{x}(t)-\mathbf{x}_{\rm d}(t)\|\to 0$ 或者 $\mathbf{x}(t)-\mathbf{x}_{\rm d}(t)\to\mathscr{B}(\mathbf{0}_{4\times1},\delta)$ 成立，并不需要进行系统辨识。

1. 高度通道

直接为高度通道 (12.1) 设计 PID 控制器如下：

$$u_T=-k_{p_z\rm p}(p_{z_{\rm e}}-p_{z_{\rm e}\rm d})-k_{p_z\rm d}(\dot{p}_{z_{\rm e}}-\dot{p}_{z_{\rm e}\rm d})-k_{p_z\rm i}\int(p_{z_{\rm e}}-p_{z_{\rm e}\rm d}) \tag{12.23}$$

其中，$p_{z_{\rm e}\rm d}\in\mathbb{R}$ 为期望高度，$k_{p_z\rm p},k_{p_z\rm d},k_{p_z\rm i}\in\mathbb{R}$ 是需要调节的控制器系数。

2. 偏航通道

为偏航通道 (12.2) 设计 PID 控制器如下：

$$u_{\omega_z}=-k_{\psi\rm p}(\psi-\psi_{\rm d})-k_{\psi\rm d}(\omega_z-\dot{\psi}_{\rm d})-k_{\psi\rm i}\int(\psi-\psi_{\rm d}) \tag{12.24}$$

其中，$\psi_{\rm d}\in\mathbb{R}$ 是期望的偏航角，$k_{\psi\rm p},k_{\psi\rm d},k_{\psi\rm i}\in\mathbb{R}$ 是需要调节的控制器系数。

3. 水平位置通道

为水平位置通道 (12.3) 设计 PID 控制器如下：

$$\mathbf{u}_{\rm h}=-\mathbf{K}_{\rm hp}\mathbf{R}_{\psi}^{-1}(\mathbf{p}_{\rm h}-\mathbf{p}_{\rm hd})-\mathbf{K}_{\rm hd}\mathbf{R}_{\psi}^{-1}(\dot{\mathbf{p}}_{\rm h}-\dot{\mathbf{p}}_{\rm hd})-\mathbf{K}_{\rm hi}\int\mathbf{R}_{\psi}^{-1}(\mathbf{p}_{\rm h}-\mathbf{p}_{\rm hd}) \tag{12.25}$$

其中，$\mathbf{p}_{\rm hd}\in\mathbb{R}^2$ 是期望的水平位置，$\mathbf{K}_{\rm hp},\mathbf{K}_{\rm hd},\mathbf{K}_{\rm hi}\in\mathbb{R}^{2\times2}$ 是需要调节的控制器系数。

设计 PID 控制器的优势在于其不需要对系统建模或者系统辨识，并且控制器结构简单。然而，当控制器设计完成后，控制器的参数需要在实验中反复调节，并且可能较难达到理想的过渡过程。特别地，对于各通道之间存在强耦合或者偏航角随时间变化的多旋翼而言，参数调节是非常困难的。

12.3.2 基于加性输出分解的动态逆控制器

如果要提高多旋翼的位置控制性能，可以基于动态逆方法来对系统辨识得到的多旋翼模型进行控制器设计。

1. 高度通道

在为该通道设计完成 P 控制器后，其模型可以由式 (12.10) 表达，然后可以辨识得到 $\hat{G}_{p_z u_{p_z}}(s)$，它与 $G_{p_z u_{p_z}}(s)$ 比较接近。下面按照如下步骤来设计控制器 u_{p_z}。首先，选择如下主系统：

$$p_{z\mathrm{ep}}(s) = \hat{G}_{p_z u_{p_z}}(s)\, u_{p_z\mathrm{p}}(s). \tag{12.26}$$

然后，根据加性输出分解方法 [6]，式 (12.10) 减去式 (12.26)，得到辅系统

$$p_{z\mathrm{es}}(s) = G_{p_z u_{p_z}}(s)\, u_{p_z}(s) - \hat{G}_{p_z u_{p_z}}(s)\, u_{p_z\mathrm{p}}(s) \tag{12.27}$$

其中，$p_{z\mathrm{es}} = p_{z\mathrm{e}} - p_{z\mathrm{ep}}$。令 $u_{p_z\mathrm{p}} = u_{p_z}$，$p_{z\mathrm{es}} = d_{p_z 1}$，则

$$\begin{cases} p_{z\mathrm{ep}}(s) = \hat{G}_{p_z u_{p_z}}(s)\, u_{p_z}(s) \\ p_{z\mathrm{e}}(s) = p_{z\mathrm{ep}}(s) + d_{p_z 1}(s) \end{cases} \tag{12.28}$$

其中，$d_{p_z 1}(s) = \left(G_{p_z u_{p_z}}(s) - \hat{G}_{p_z u_{p_z}}(s)\right) u_{p_z}(s)$ 称为**集总扰动**。集总扰动 $d_{p_z 1}$ 包括不确定性以及输入。另一方面，由于 $\hat{G}_{p_z u_{p_z}}(s)\, u_{p_z}(s)$ 和输出 $p_{z\mathrm{e}}(s)$ 已知，因此集总扰动 $d_{p_z 1}$ 的观测值表示为

$$\hat{d}_{p_z 1}(s) = p_{z\mathrm{e}}(s) - \hat{G}_{p_z u_{p_z}}(s)\, u_{p_z}(s) \tag{12.29}$$

显然，$\hat{d}_{p_z 1} \equiv d_{p_z 1}$。已知系统 (12.10) 与系统 (12.28) 的输入相同，因此系统 (12.28) 是系统 (12.10) 的输入/输出等效系统。根据加性输出分解方法，原系统 (12.10) 可被当做一个受到集总干扰的主系统。对于系统 (12.28) 而言，由于采用了动态逆控制设计，主系统传递函数 $\hat{G}_{p_z u_{p_z}}(s)$ 必须满足最小相位要求。因此，高度通道跟踪控制器设计如下：

$$u_{p_z}(s) = \hat{G}^{-1}_{p_z u_{p_z}}(s)\left(p_{z\mathrm{ed}}(s) - d_{p_z 1}(s)\right). \tag{12.30}$$

然而，$\hat{G}^{-1}_{p_z u_{p_z}}(s)$ 分子阶数大于分母阶数，不是**正则**①的，所以物理上不可实现。需加入低通滤波器，使得 $Q_{p_z u_{p_z}}(s)\, \hat{G}^{-1}_{p_z u_{p_z}}(s)$ 正则或严格正则，因此控制器变为

$$u_{p_z}(s) = Q_{p_z u_{p_z}}(s)\, \hat{G}^{-1}_{p_z u_{p_z}}(s)\left(p_{z\mathrm{ed}}(s) - d_{p_z 1}(s)\right) \tag{12.31}$$

其中，$Q_{p_z u_{p_z}}(0) = 1$。闭环系统如图 12-5 所示。

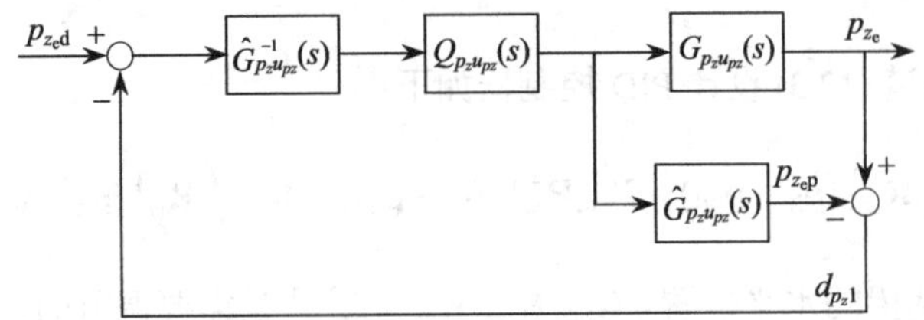

图 12-5 基于加性输出分解方法的控制器设计

① 控制理论中，正则传递函数指的是分子阶数不超过分母阶数的一类传递函数。严格正则传递函数要求分子阶数少于分母阶数。

定理 12.1 假定系统 (12.10) 满足以下条件：

（1）$\hat{G}_{p_z u_{p_z}}(s)$ 为最小相位系统②；

（2）$Q_{p_z u_{p_z}}(s)$ 和 $G_{p_z u_{p_z}}(s)$ 稳定，且有 $Q_{p_z u_{p_z}}(0)=1$；

（3）$\sup_\omega \left|\left(1-G_{p_z u_{p_z}}(j\omega)\hat{G}^{-1}_{p_z u_{p_z}}(j\omega)\right)Q_{p_z u_{p_z}}(j\omega)\right|<1$；

（4）$p_{z_{\rm e}{\rm d}}$ 是常数。

那么，u_{p_z} 是有界的，且 $\lim_{t\to\infty}\left|e_{p_z}(t)\right|=0$，其中 $e_{p_z}=p_{z_{\rm e}}-p_{z_{\rm e}{\rm d}}$。

证明：

为了表述方便，证明中省略拉普拉斯算子 s，证明过程分三步。**第一步**，根据条件（1）、（2）、（3），可知传递函数：

$$\bar{G}\triangleq\left[1-Q_{p_z u_{p_z}}\left(1-G_{p_z u_{p_z}}\hat{G}^{-1}_{p_z u_{p_z}}\right)\right]^{-1} \tag{12.32}$$

稳定；**第二步**，结合第一步和条件（4），得到 u_{p_z} 有界；**第三步**，结合第一步和条件（4），得到 $\lim_{t\to\infty}\left|e_{p_z}(t)\right|=0$。具体证明过程如下所述。

第一步：由于 $\hat{G}_{p_z u_{p_z}}(s)$ 是最小相位系统且 $Q_{p_z u_{p_z}}$ 和 $G_{p_z u_{p_z}}$ 稳定，因此 $1-G_{p_z u_{p_z}}\hat{G}^{-1}_{p_z u_{p_z}}$ 和 $Q_{p_z u_{p_z}}$ 也是稳定的。根据小增益定理 [7,pp.96-98]，条件（3）满足，可推出 $\bar{G}$ 稳定。

第二步：由于 $\hat{d}_{p_z 1}\equiv d_{p_z 1}=\left(G_{p_z u_{p_z}}-\hat{G}_{p_z u_{p_z}}\right)u_{p_z}$，控制器 (12.31) 写为

$$u_{p_z}=Q_{p_z u_{p_z}}\hat{G}^{-1}_{p_z u_{p_z}}\left[p_{z_{\rm e}{\rm d}}-\left(G_{p_z u_{p_z}}-\hat{G}_{p_z u_{p_z}}\right)u_{p_z}\right]$$

整理得

$$\begin{aligned}u_{p_z}&=\left[\hat{G}_{p_z u_{p_z}}-Q_{p_z u_{p_z}}\left(G_{p_z u_{p_z}}-\hat{G}_{p_z u_{p_z}}\right)\right]^{-1}Q_{p_z u_{p_z}}p_{z_{\rm e}{\rm d}}\\&=\hat{G}^{-1}_{p_z u_{p_z}}\bar{G}Q_{p_z u_{p_z}}p_{z_{\rm e}{\rm d}}\end{aligned} \tag{12.33}$$

由于 $\hat{G}_{p_z u_{p_z}}$ 是最小相位，所以 $\hat{G}^{-1}_{p_z u_{p_z}}$ 指数稳定。根据第一步的结论，可知 $\bar{G}$ 稳定，因此 $\hat{G}^{-1}_{p_z u_{p_z}}\bar{G}Q_{p_z u_{p_z}}$ 也是稳定的。此外，由于 $p_{z_{\rm e}{\rm d}}$ 是常数且有界，根据式 (12.33) 可知控制输入 u_{p_z} 有界。

第三步：引入控制器 (12.31)，则跟踪误差表示如下：

$$e_{p_z}=\left(G_{p_z u_{p_z}}\hat{G}^{-1}_{p_z u_{p_z}}\bar{G}Q_{p_z u_{p_z}}-1\right)p_{z_{\rm e}{\rm d}} \tag{12.34}$$

进一步，跟踪误差可表示为

$$e_{p_z}=\rho p_{z_{\rm e}{\rm d}} \tag{12.35}$$

其中

$$\rho=\underbrace{\left[1-\left(1-G_{p_z u_{p_z}}\hat{G}^{-1}_{p_z u_{p_z}}\right)Q_{p_z u_{p_z}}\right]^{-1}}_{\rho_1}\underbrace{\left(1-Q_{p_z u_{p_z}}\right)}_{\rho_2} \tag{12.36}$$

由于 $p_{z_{\rm e}{\rm d}}$ 是常值且 $Q_{p_z u_{p_z}}(0)=1$，因此 $\mathscr{L}^{-1}\left[\rho_2 p_{z_{\rm e}{\rm d}}(s)\right]$ 为脉冲信号。其中，$\mathscr{L}^{-1}$ 表示拉普拉斯逆变换。根据 $e_{p_z}=\rho_1\rho_2 p_{z_{\rm e}{\rm d}}$ 以及第一步的结论可知 ρ_1 稳定，则 $\lim_{t\to\infty}\left|e_{p_z}(t)\right|=0$。□

② 如果一个系统的传递函数的所有零点都在左半平面，则称该系统为最小相位系统。

2. 偏航通道

针对系统 (12.15)，通过与高度通道类似的设计方法，对偏航通道设计控制器如下：

$$u_{\psi}(s)=Q_{\psi u_{\psi}}(s)\hat{G}_{\psi u_{\psi}}^{-1}(s)\left(\psi_{\mathrm{d}}(s)-d_{\psi 1}(s)\right) \tag{12.37}$$

其中，$d_{\psi 1}(s)=\psi(s)-\hat{G}_{\psi u_{\psi}}(s)u_{\psi}(s)$。

3. 水平位置通道

针对系统 (12.21)，通过与高度通道类似的设计方法，对水平位置通道设计控制器如下：

$$\mathbf{u}_{\mathbf{v}_{\mathrm{h}}}(s)=\mathbf{Q}_{\mathbf{v}_{\mathrm{h_b}}\mathbf{u}_{\mathbf{v}_{\mathrm{h}}}}(s)\hat{\mathbf{G}}_{\mathbf{v}_{\mathrm{h_b}}\mathbf{u}_{\mathbf{v}_{\mathrm{h}}}}^{-1}(s)\left(\mathbf{v}_{\mathrm{h_b}\mathrm{d}}(s)-\mathbf{d}_{\mathbf{v}_{\mathrm{h}}1}(s)\right) \tag{12.38}$$

其中，$\mathbf{d}_{\mathbf{v}_{\mathrm{h}}1}(s)=\mathbf{v}_{\mathrm{h_b}}(s)-\hat{\mathbf{G}}_{\mathbf{v}_{\mathrm{h_b}}\mathbf{u}_{\mathbf{v}_{\mathrm{h}}}}(s)\mathbf{u}_{\mathbf{v}_{\mathrm{h}}}(s)$。由于 $\mathbf{v}_{\mathrm{h_b}}$ 的记法过于冗余，这里用 $\mathbf{d}_{\mathbf{v}_{\mathrm{h}}1}$ 代替 $\mathbf{d}_{\mathbf{v}_{\mathrm{h_b}}1}$。

12.4 仿真

本节将在一个带有半自主自驾仪的多旋翼仿真平台上进行系统辨识（见 12.2 节）和控制器设计（见 12.3 节）。本节采用的仿真平台可以从文献 [8] 中得到，平台使用基于 AR. Drone 四旋翼搭建的六自由度仿真模型。该仿真模型还考虑了四旋翼的饱和、测量噪声等特性。

12.4.1 系统辨识

系统辨识的仿真模型如图 12-6 所示。注意，控制器设计和系统辨识使用的数据来自传感器测量得到的测量值，传感器测量误差范围是 0.01m 和 0.01rad。

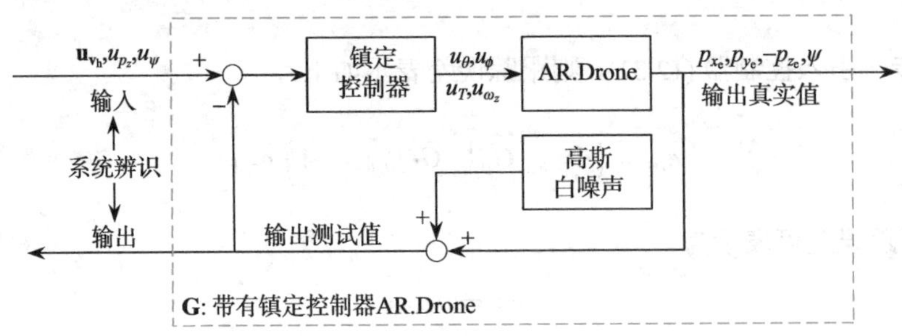

图 12-6 系统辨识仿真实验

1. 先验知识

根据先验知识，多旋翼模型由式 (12.1)~式 (12.3) 确定。这里选用**拟合度**③作为模型验证的标准。

③ 拟合度由 $1-\|\mathbf{y}-\hat{\mathbf{y}}\|/\|\mathbf{y}-\bar{\mathbf{y}}\|$ 计算得到，其中 $\mathbf{y}$、$\hat{\mathbf{y}}$ 和 $\bar{\mathbf{y}}$ 分别为输出实际值、输出估计值和输出平均值。当拟合度接近 100% 时，辨识结果接近理想值。

2. 实验设计

在做系统辨识之前，首先为各通道引入相应的控制器使系统稳定。高度与偏航通道（z 和 ψ 通道）的控制器可根据式 (12.8) 和式 (12.14) 设计。注意，高度通道的传感器输出值为 $z=-p_{z_e}$。水平位置通道的控制器可根据式 (12.20) 设计。这里，期望的偏航角 ψ_d 设为 0。此时在偏航控制器的控制下，$\mathbf{R}_\psi \approx \mathbf{I}_2$。因此，水平位置通道的 x、y 方向可解耦，即 $u_{\mathbf{v}_x}$ 通过俯仰角 θ 控制 $\mathbf{v}_{x_e}$，而 $\mathbf{u}_{v_y}$ 通过滚转角 ϕ 控制 $\mathbf{v}_{y_e}$，此时式 (12.22) 解耦，并可以表示为

$$\mathbf{v}_{h_b}(s) = \mathbf{G}_{\mathbf{v}_{h_b}\mathbf{u}_{\mathbf{v}_h}}(s)\,\mathbf{u}_{\mathbf{v}_h}(s) = \begin{bmatrix} G_{v_x u_{v_x}}(s)\,u_{v_x}(s) \\ G_{v_y u_{v_y}}(s)\,u_{v_y}(s) \end{bmatrix}. \tag{12.39}$$

选取一组参数

$$\mathbf{K}'_{\mathbf{v}_{h_b}} = \mathrm{diag}(0.1, 0.1) \tag{12.40}$$

加入镇定控制器后，分别对各通道输入阶跃信号，同时令其他通道的输入为零，得到各通道的阶跃响应如图 12-7 所示。注意，z 通道的纵坐标对应的是多旋翼的高度，即 $-p_{z_e}$。

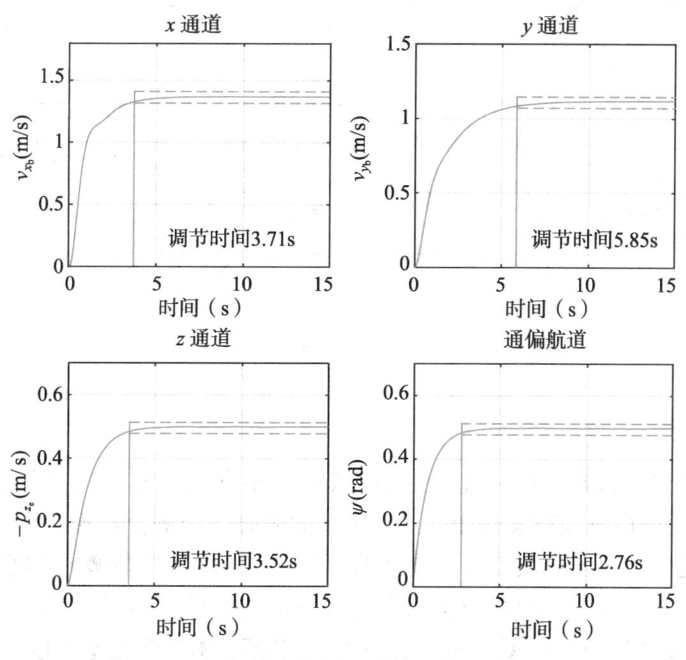

图 12-7　加入镇定控制器后各通道的阶跃响应

3. 数据记录

进一步，为了激励各通道，还需要生成伪随机二进制序列 [1,pp.418-422]。设定的伪随机二进制序列振幅应避免在系统辨识过程中出现饱和。然后，记录下 4 个新输入的伪随机二进制序列 u_{v_x}、u_{v_y}、u_{p_z} 和 u_ψ，以及对应的输出测量值 $\hat{v}_{x_e}$、$\hat{v}_{y_e}$、$\hat{p}_{z_e}$ 和 $\hat{\psi}$，一起作为系统辨识需要使用的时域数据集。输出测量值中包含由传感器产生的高斯白噪声（见图 12-6）。用于系统辨识的 4 个通道的输入/输出数据如图 12-8 所示。

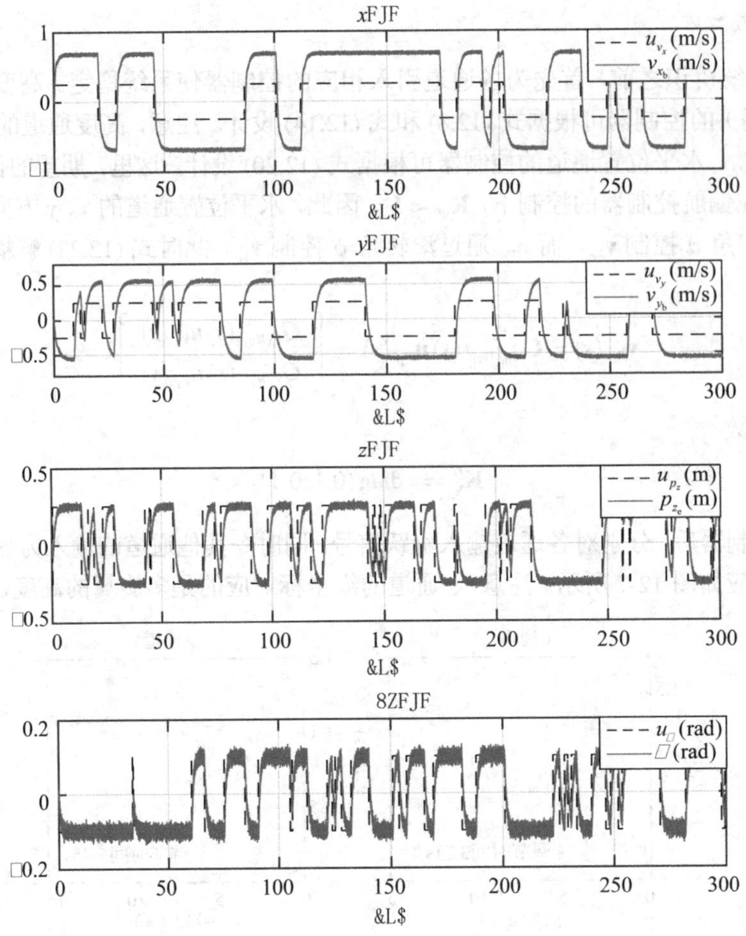

图 12-8　用于系统辨识的输入/输出数据

4．模型选择

根据先验知识，候选模型为式 (12.10)、式 (12.16) 和式 (12.22) 所示的传递函数。待辨识的传递函数的分母阶数可参考 12.2.2 节所示的先验知识进行选择，并可通过不断调整获得最佳值。通常，分子阶数可以从较低的阶数选起，然后逐渐增加，直到取得最佳值。这样，在辨识过程中可以尽可能避免出现非最小相位模型。阶数选取的原则如下：

① 能使辨识结果通过模型验证，如 12.2.1 节所示。本节选用拟合度作为验证准则。

② 由于非最小相位系统很难设计控制器，因此希望辨识结果为最小相位系统。

③ 在当前两个条件都满足时，传递函数阶数的选取应尽可能小。

5．模型计算

采用 12.2.1 节介绍的 MATLAB 自带的系统辨识工具箱中的线性系统时域辨识工具对产生的仿真数据进行辨识，如图 12-9 所示。在工具箱中，Import data 选择为 Time domain data，Process 选择为 Remove means，再选择 Estimate 为 Transfer Function Models，然后开始辨识。

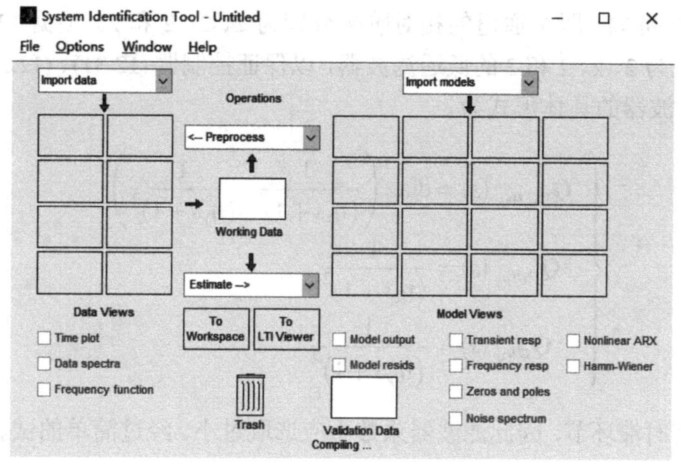

图 12-9 系统辨识工具箱

6. 模型验证

辨识结果如下：

$$
\begin{cases}
\hat{G}_{v_x u_{v_x}}(s) = \dfrac{15.48s+29.9}{s^3+4.642s^2+16.09s+10.91} \\
\hat{G}_{v_y u_{v_y}}(s) = \dfrac{7.086s+17.02}{s^3+4.742s^2+15.49s+7.063} \\
\hat{G}_{p_z u_{p_z}}(s) = -\dfrac{6.25}{s^2+7.077s+6.249} \\
\hat{G}_{\psi u_\psi}(s) = \dfrac{1.277s+3.506}{s^2+4.045s+3.522}
\end{cases}
\tag{12.41}
$$

四个通道的辨识拟合度分别达到了 98.56%、98.08%、95.84% 和 90.40%。辨识结果能够通过验证，因此式 (12.41) 中的传递函数可被选作最终的系统模型。注意，仿真中并不含有噪声及其他扰动，所以高拟合度可以保证辨识出的系统能够很好地反映原系统动态。然而，在实际中，系统含有扰动和噪声，因此一般拟合度在 70% 以上即可。

至此，完成系统辨识的全过程。下面根据式 (12.41) 得到辨识信息设计动态逆控制器。

12.4.2 控制

如图 12-10 所示，根据 12.3 节介绍的基于加性输出分解的动态逆控制方法设计控制器，$\mathbf{G}$ 表示带有镇定控制器的 AR. Drone 四旋翼模型，$\hat{\mathbf{G}}$ 表示对应的辨识模型，$\hat{\mathbf{G}}^{-1}\mathbf{Q}$ 表示动态逆控制器。

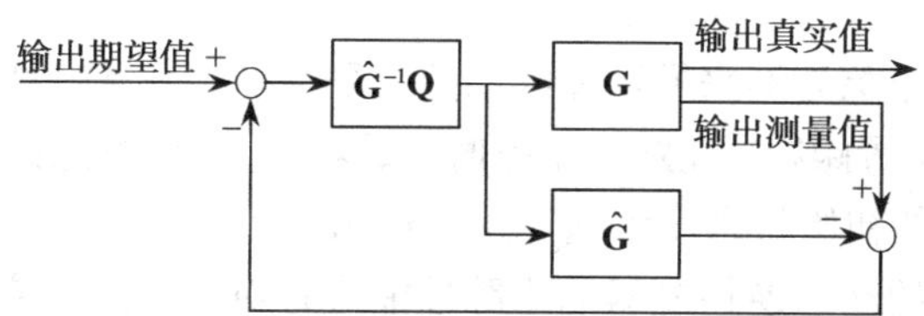

图 12-10 基于加性输出分解的动态逆控制器的仿真结构

由式 (12.41) 可知，四个通道的相对阶数分别为 2、2、2 和 2。根据 12.3.2 节的内容，需要引入阶数也为 2、2、2 和 2 的低通滤波器，以保证控制器 (12.31)、(12.37) 和 (12.38) 可以实现。低通滤波器的具体形式为

$$\begin{cases} \mathbf{Q}_{\mathbf{v}_{\mathrm{h_b}}\mathbf{u}_{\mathbf{v}_\mathrm{h}}}(s) = \operatorname{diag}\left(\dfrac{1}{(\eta_x s+1)^2}, \dfrac{1}{(\eta_y s+1)^2}\right) \\ \mathbf{Q}_{p_z u_{p_z}}(s) = \dfrac{1}{(\eta_z s+1)^2} \\ \mathbf{Q}_{\psi u_\psi}(s) = \dfrac{1}{(\eta_\psi s+1)^2} \end{cases}. \tag{12.42}$$

由于仿真中含有时滞环节，因此滤波器系数不应选取过小。经过简单的试验，滤波器系数分别选取为

$$\eta_x = 0.2, \quad \eta_y = 0.2, \quad \eta_z = 0.3, \quad \eta_\psi = 0.3 \tag{12.43}$$

按照 12.3 节所述设计控制器后，四个通道相应的阶跃响如图 12-11 所示。

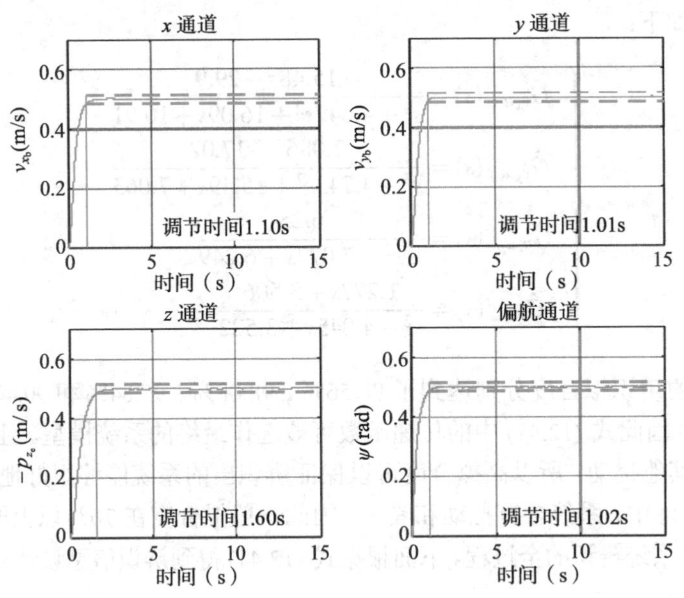

图 12-11　实验中加入动态逆后各通道的跟踪效果

从图 12-11 可以看出，调节过程有显著改善。调节时间大大缩短，同时 x 和 y 通道的稳态误差消失了。

12.4.3　跟踪性能对比

下面以一个航路跟踪为例来展示最终的控制器性能。令 AR. Drone 四旋翼的高度保持不变，仅考虑水平位置跟踪。在跟踪航路时，要求 $\psi_\mathrm{d}=0$，并跟踪虚线所示的轨迹。同时，AR. Drone 四旋翼的初始状态设为 $p_{x_\mathrm{e}}(0)=p_{y_\mathrm{e}}(0)=0$，$\psi(0)=\pi/6$。这里对镇定控制器与基于加性输出分解的动态逆控制器的跟踪性能进行对比。镇定控制器由式 (12.23)~式 (12.25) 确定。基于加性输出分解的动态逆控制器由式 (12.31)、式 (12.37) 和式 (12.38) 确

定，辨识系统和滤波器分别由式 (12.41) 和式 (12.42) 给出。注意，水平位置通道用基于加性输出分解的动态逆控制器来控制水平速度，而不是水平位置，因此期望的水平速度可根据期望水平位置与当前位置计算得到。首先，过渡过程若满足

$$\dot{\mathbf{p}}_{\mathrm{h}} - \dot{\mathbf{p}}_{\mathrm{hd}} = -\mathbf{K}_{\mathbf{p}_{\mathrm{h}}}(\mathbf{p}_{\mathrm{h}} - \mathbf{p}_{\mathrm{hd}}) \tag{12.44}$$

其中，$\mathbf{K}_{\mathbf{p}_{\mathrm{h}}} \in \mathbb{R}^{2\times 2} \cap \mathscr{D} \cap \mathscr{P}$，则有 $\lim_{t\to\infty} \|\mathbf{p}_{\mathrm{h}}(t) - \mathbf{p}_{\mathrm{hd}}(t)\| = 0$。根据式 (12.3)，有 $\dot{\mathbf{p}}_{\mathrm{h}} = \mathbf{R}_{\psi}\mathbf{v}_{\mathrm{h_b}}$，因此期望的水平速度应满足

$$\mathbf{R}_{\psi}\mathbf{v}_{\mathrm{h_b d}} = \dot{\mathbf{p}}_{\mathrm{hd}} - \mathbf{K}_{\mathbf{p}_{\mathrm{h}}}(\mathbf{p}_{\mathrm{h}} - \mathbf{p}_{\mathrm{hd}}). \tag{12.45}$$

进一步，由于 $\dot{\mathbf{p}}_{\mathrm{hd}}$ 很小，于是期望的水平速度简化为

$$\mathbf{v}_{\mathrm{h_b d}} = -\mathbf{R}_{\psi}^{-1}\mathbf{K}_{\mathbf{p}_{\mathrm{h}}}(\mathbf{p}_{\mathrm{h}} - \mathbf{p}_{\mathrm{hd}}). \tag{12.46}$$

在仿真中，令 $\mathbf{K}_{\mathbf{p}_{\mathrm{h}}} = \mathrm{diag}(1,1)$。利用 $\mathbf{v}_{\mathrm{h_b d}}$，可以设计基于加性输出分解的动态逆控制器。为了比较不同控制器的跟踪性能，再设计如下 PD 控制器：

$$\mathbf{u}_{\mathrm{h}} = -\mathbf{K}_{\mathrm{hp}}\mathbf{R}_{\psi}^{-1}(\mathbf{p}_{\mathrm{h}} - \mathbf{p}_{\mathrm{hd}}) - \mathbf{K}_{\mathrm{hd}}\mathbf{R}_{\psi}^{-1}(\dot{\mathbf{p}}_{\mathrm{h}} - \dot{\mathbf{p}}_{\mathrm{hd}}) \tag{12.47}$$

其中，$\mathbf{K}_{\mathrm{hp}} \in \mathbb{R}^{2\times 2} \cap \mathscr{D}$。仿真中，设置 $\mathbf{K}_{\mathrm{hp}} = \mathrm{diag}(1,1)$，$\mathbf{K}_{\mathrm{hd}} = \mathrm{diag}(0.1,0.1)$。在此仿真中，PD 控制器即可满足控制要求，因此可省略式 (12.25) 中的积分项。

水平位置的跟踪性能如图 12-12 所示，三个通道的跟踪误差如图 12-13 所示。由图 12-13 可知，当期望轨迹变化时，动态逆控制器的动态特性优于 PD 控制器。因此，从图 12-12 可以看出动态逆控制器具有良好的跟踪性能。相比于 PD 控制器，动态逆控制器的跟踪轨迹略微滞后，这是因为式 (12.46) 中的增益 $\mathbf{K}_{\mathbf{p}_{\mathrm{h}}}$ 不够大。如果增大 $\mathbf{K}_{\mathbf{p}_{\mathrm{h}}}$，跟踪的时滞问题可显著改善，但是相应的动态特性会变差。因此，用户可根据实际需求调节动态逆控制器的 $\mathbf{K}_{\mathbf{p}_{\mathrm{h}}}$。

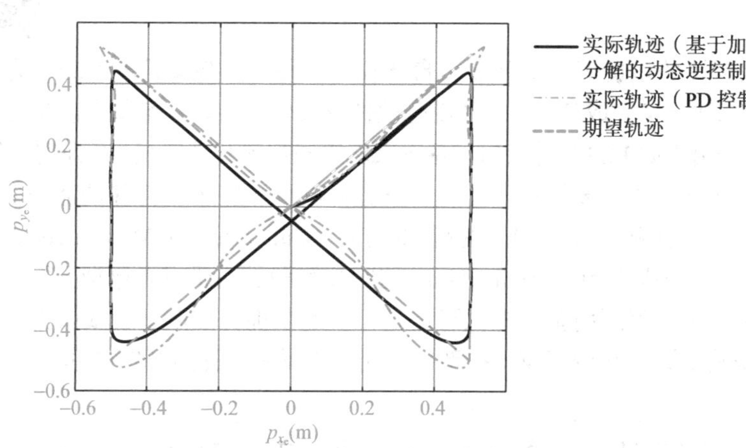

图 12-12 水平位置的跟踪效果对比

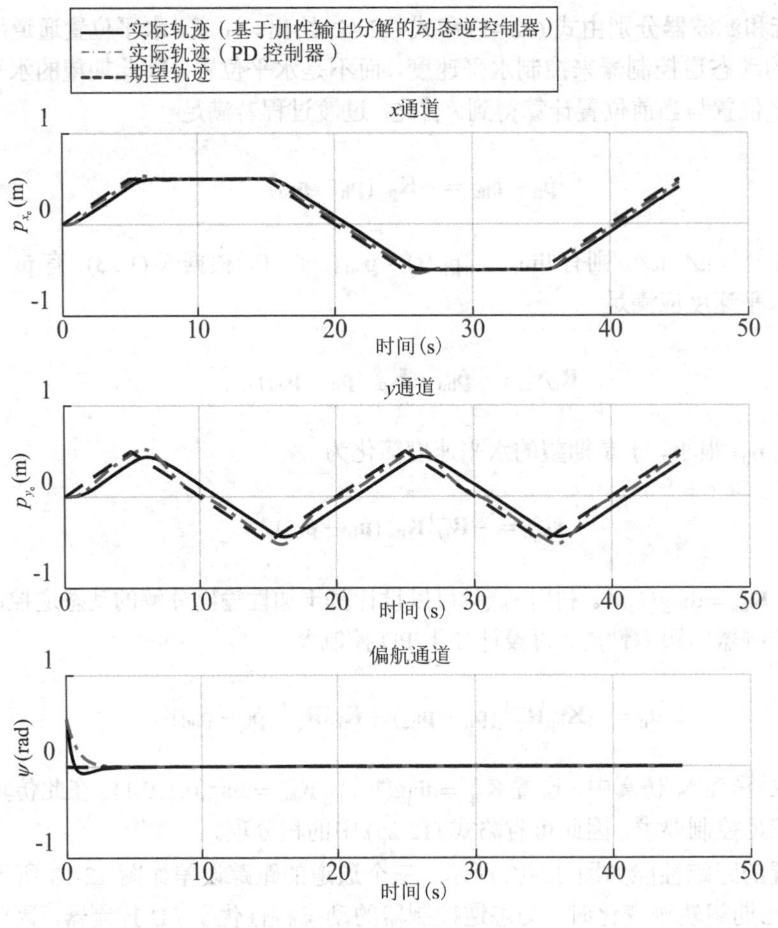

图 12-13　三个通道的跟踪效果对比

本章小结

目前，越来越多的多旋翼厂商开放了自驾仪的软件开发包（见表 1-3）。基于这些自驾仪，可以通过二次开发完成任务。即使没有软件开发包，如果多旋翼能够被通用的遥控器控制，也可以采用诸如 PCTX 等接口设备④来连接遥控器和计算机，从而用计算机直接控制多旋翼 [9]。另一方面，多旋翼厂商为开发者提供了一些带有特殊功能的多旋翼，如由深圳大疆创新科技有限公司（DJI）⑤提供的带有“Guidance”的 Matrice 100、Ascending Technlogies GmbH 公司提供的 Hummingbird，这些都有利于科研或者原型开发。未来多旋翼的发展趋势将是多旋翼厂商负责提供稳定且可靠的多旋翼控制平台或操作系统，开发者需要做的就是基于这个平台开发一些新的应用，从而大大提高开发效率。

④ PCTX 是一个可以连通计算机与遥控器的接口，从而可以使用计算机上的软件来控制多旋翼。具体可参考 http://www.endurance-rc.com/pctx.php。

⑤ 基于 DJI 提供的软件开发包，开发者可根据需要，定制飞行控制平台和开发系统。具体可参考 http://www.dji.com/product/matrice100。

习题 12

12.1 考虑系统

$$\begin{cases} \dot{\mathbf{x}}(t) = \mathbf{A}\mathbf{x}(t) + \mathbf{b}u(t) + \boldsymbol{\phi}[y(t)] \\ \mathbf{y}(t) = \mathbf{c}^{\mathrm{T}}\mathbf{x}(t), \quad \mathbf{x}(0) = \mathbf{0}_{3\times 1} \end{cases} \tag{12.48}$$

其中，

$$\mathbf{A} = \begin{bmatrix} 0 & 1 & 0 \\ 0 & 0 & 1 \\ -3 & -1 & -3 \end{bmatrix}, \quad \mathbf{b} = \begin{bmatrix} 0 \\ 0 \\ 1 \end{bmatrix}, \quad \mathbf{c} = \begin{bmatrix} 1 \\ 0 \\ 0 \end{bmatrix}, \quad \boldsymbol{\phi}(y) = \begin{bmatrix} 1-\cos y \\ 0 \\ \sin y \end{bmatrix}. \tag{12.49}$$

假设仅输出 y 可测量，设计 PID 跟踪控制器，使输出 y 跟踪期望轨迹 $y_{\mathrm{d}}(t) \equiv 1$。其中，PID 控制器的形式如下所示：

$$u = -k_{\mathrm{p}}(y - y_{\mathrm{d}}) - k_{\mathrm{d}}(\dot{y} - \dot{y}_{\mathrm{d}}) - k_{\mathrm{i}}\int(y - y_{\mathrm{d}}). \tag{12.50}$$

12.2 结合 12.1 节中设计的控制器，通过系统辨识，写出系统 (12.48) 在 $(\mathbf{x},u) = (\mathbf{0}_{3\times 1},0)$ 处的线性模型。系统辨识的输入/输出分别是控制器的输入和系统的输出。

12.3 基于 12.2 节辨识得到的模型，为系统 (12.48) 设计基于加性输出分解的动态逆跟踪控制器，使输出 y 跟踪期望轨迹 $y_{\mathrm{d}}(t) \equiv 1$。

12.4 为系统 (12.48) 设计基于加性输出分解的动态逆控制器，这时系统参数如下：

$$\mathbf{A} = \begin{bmatrix} 0 & 1 & 0 \\ 0 & 0 & 1 \\ -3 & -1 & -3 \end{bmatrix}, \quad \mathbf{b} = \begin{bmatrix} 0 \\ 0 \\ 1 \end{bmatrix}, \quad \mathbf{c} = \begin{bmatrix} -1 \\ 0 \\ 1 \end{bmatrix}, \quad \boldsymbol{\phi}(y) = \begin{bmatrix} 1-\cos y \\ 0 \\ \sin y \end{bmatrix}. \tag{12.51}$$

注意，这是一个非最小相位系统。（提示：设计控制器之前需先进行系统辨识，得到系统的近似线性模型。）

12.5 当偏航角 ψ 迅速变化时，水平位置通道的 PID 控制器应当如何设计？（提示：将期望速度作为控制目标。）

参考文献

[1] Ljung L. System identification. Birkhauser, Boston, 1998.

[2] System identification toolbox [Online], available: http://www.mathworks.com/help/ident/index.html, January 20, 2016.

[3] Ljung L. System identification toolbox: user′s guide. MathWorks, Natick, 1995.

[4] Flight control: CIFER [Online], available: http://uarc.ucsc.edu/flight-control/cifer/index.shtml, January 20, 2016.

[5] Tischler M B, Remple R K. Aircraft and rotorcraft system identification, second edition. American Institute of Aeronautics and Astronautics, New York, 2006.

[6] Quan Q, Cai K Y. Additive-output-decomposition-based dynamic inversion tracking control for a class of uncertain linear time-invariant systems. In: Proc. IEEE Conf. on Decision and Control, Hawaii, 2012, pp 2866-2871.

[7] Green M, Limebeer D J N. Linear robust control. Prentice Hall, New Jersey, 1995.

[8] Zander J. AR_Drone_Simulink [Online], available: https://github.com/justynazander/AR_Drone_Simulink, January 20, 2016.

[9] How J P, Bethke B, Frank A, Dale D, Vian J. Real-time indoor autonomous vehicle test environment. IEEE Control Systems Magazine, 2008, 28(2):51-64.

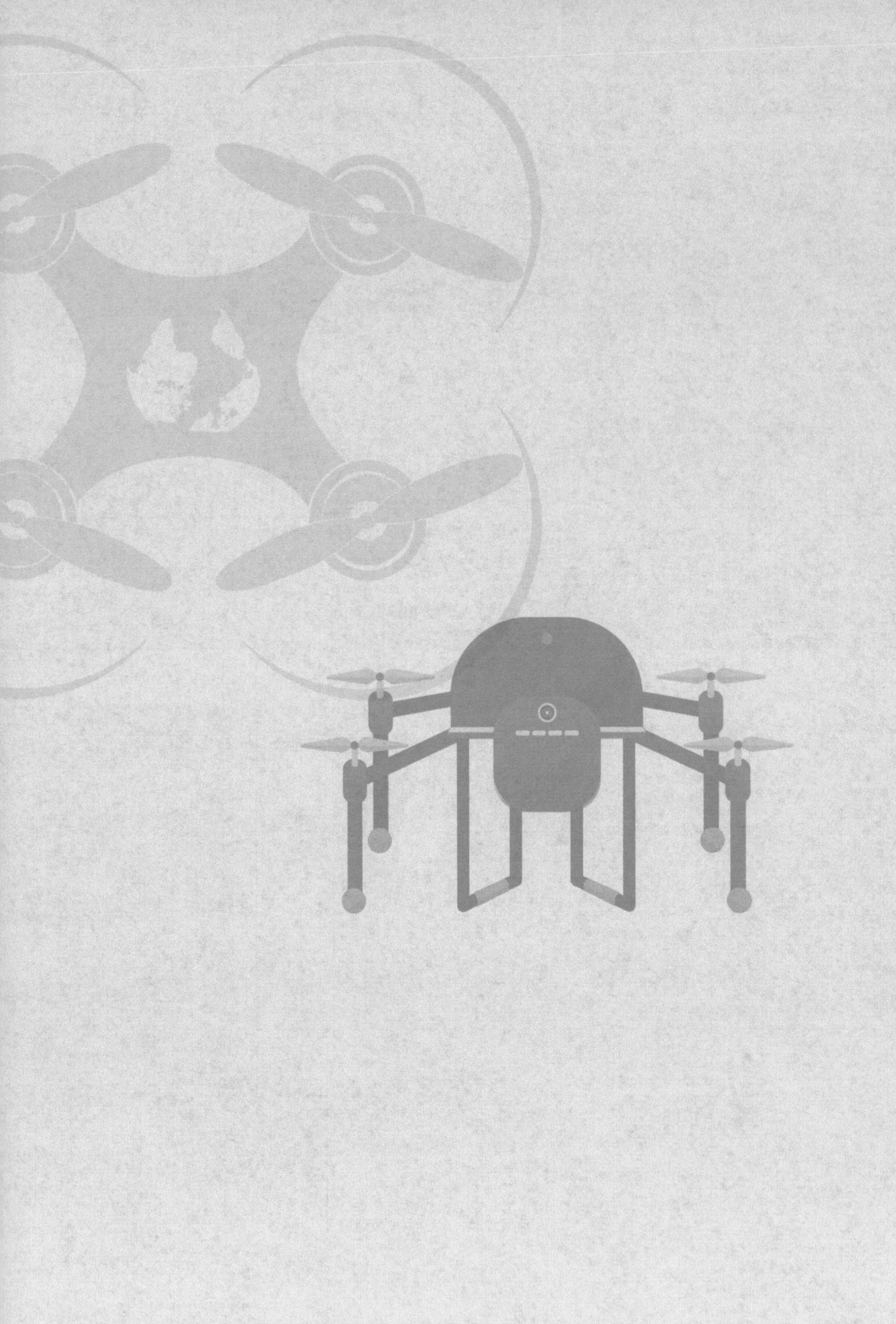

第五篇　决策篇

第 13 章 Chapter 13 任务决策

围棋

中国古人行军打仗，非常注意谋略，出了不少著名的军事家。汉高祖刘邦称赞张良说：“夫运筹帷幄之中，决胜千里之外，吾不如子房。”意思是说，张良在军帐中运用计谋，就能决定千里之外战斗的胜利。后来人们就用"运筹帷幄"表示善于策划用兵，指挥战争的人。关于决策还有一个有趣的成语“老马识途”。比喻有经验的人熟悉情况，能在某个方面起到指引的作用。该成语来自《韩非子 · 说林上》：“管仲、隰朋从桓公伐孤竹，春往冬返，迷惑失道。管仲曰：‘老马之智可用也。’乃放老马而随之，遂得道。”大概的意思是齐桓公出兵攻打入侵燕国的山戎，春天去冬天回，却迷路了。管仲说年纪大的马经验可以派上用场，放出了老马，齐国的军队跟随老马果然找到了出路。

飞行控制系统或者自驾仪不仅包括底层飞行控制（见第 11 章），还包括顶层决策模块。前者旨在解决多旋翼“怎样飞到期望位置”的问题，后者解决“如何确定期望位置”的问题。决策过程主要包括任务决策和失效保护。本章只研究任务决策，即研究一个能实时生成离散航路点序列或者连续期望轨迹的算法，使得多旋翼能够跟随航路点序列或者连续轨迹。目前，大部分多旋翼产品和开源自驾仪都支持两种顶层控制模式，即全自主控制和半自主控制。在不同的控制模式下，任务决策有不同的功能。

本章主要回答以下问题：

多旋翼在全自主控制和半自主控制下的任务决策机制分别是什么？

为了清晰地解释多旋翼的任务决策机制，本章将先介绍全自主控制，包括多旋翼的任务规划和路径规划，考虑路径跟随和避障问题；然后介绍半自主控制，包括遥控和自动控制，并总结和分析二者之间的切换逻辑。

13.1 全自主控制

13.1.1 总体介绍

在全自主控制下，自驾仪中的控制算法能自主地控制多旋翼完成起飞、降落和点到点飞行。如图 13-1 所示，全自主控制由任务规划、路径规划和底层飞行控制组成，其中，任务规划和路径规划属于顶层决策模块。由于底层飞行控制在第 11 章已经介绍，本章主要关注顶层任务决策模块。

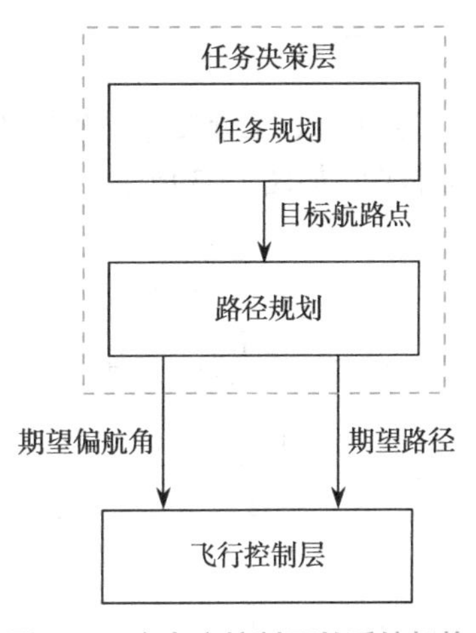

图 13-1 全自主控制下的系统架构

1. 任务规划

在实际工程中，任务规划通常由飞控手离线完成。通常，任务规划过程由任务阶段划分和航路点任务分配两个步骤组成。以 APM 自驾仪为例（如图 13-2 所示），任务阶段划分是指在多旋翼起飞前，指定期望的航路点 $\mathbf{p}_{\mathrm{wp},k}$（$k=1,\cdots,n_{\mathrm{wp}}$）。在某些情况下，多旋翼机头默认指向下一个航路点，也就是指定航路点后，期望的偏航角 ψ_{d} 随之而定。然而，在一些特殊情况下，飞控手不仅要指定期望航路点，还要指定期望偏航角 ψ_{d} 为确定值。

这里介绍两种需要指定偏航角 ψ_{d} 的情形。第一种情形是期望的机头方向需平行于航路。例如，在复杂地形勘测领域进行轨迹跟踪时，多旋翼机头方向与速度方向保持一致，可以达到更好的勘测侦查效果 [1]。第二种情形是期望的机头方向需一直指向目标。例如，在对一个高塔进行三维重建时，多旋翼绕高塔飞行，需要机头方向一直指向高塔，使前视摄像头能够捕获高塔的完整信息。

2. 路径规划

路径规划旨在两个航路点之间产生一条可飞路径。可飞路径可以是一条连续的轨迹

$\mathbf{p}_d(t)$，也可以是一个离散的目标航路点序列 $\mathbf{p}_{d,k}$。在目前的开源自驾仪中，很少将避障或躲避危险考虑到路径规划中。在地面站中，一般把航路点序列用直线连接起来构成飞行路径，此时目标航路点 $\mathbf{p}_{d,k}=\mathbf{p}_{wp,k}$（见图 13-2）。不同于这种简单的路径生成方法，本章提出一种实用的路径规划方法。该方法基于人工势场法 [2] 的思想，同时考虑了路径跟随和避障。

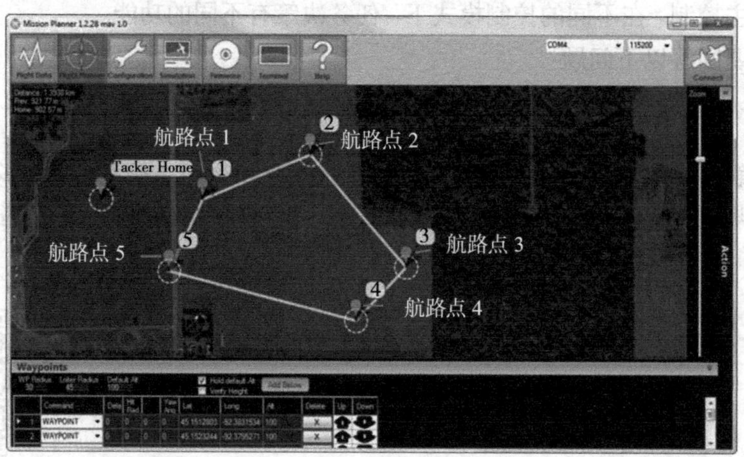

图 13-2　Mission Planner 地面站中的路径规划界面

3. 底层飞行控制

第 11 章详细介绍了多旋翼的底层飞行控制，这里仅给出全自主控制下多旋翼的闭环控制框图，如图 13-3 所示。

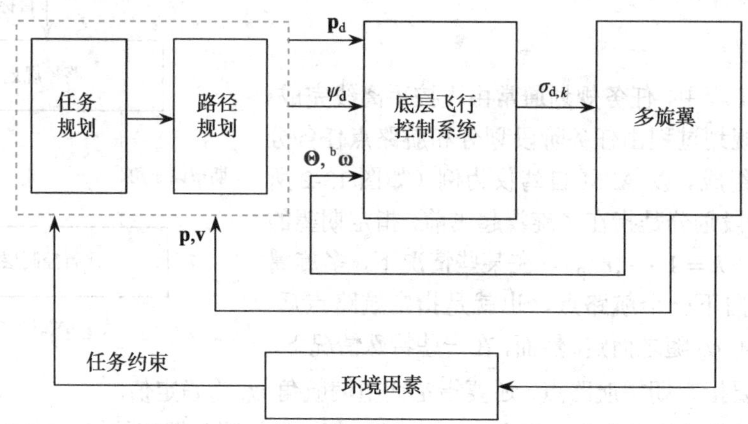

图 13-3　多旋翼全自主控制下的闭环控制框图

13.1.2　任务规划

任务规划通常是任务导向的。目前，将多旋翼应用到农业领域是一个有前景的发展趋势 [3,pp.85-87]。因此，简单起见，针对植保多旋翼遍历矩形农田这一应用场景，设计一个简单的任务规划算法。

1. 任务需求

（1）已知条件

① 如图 13-4 所示，期望航路点 $\mathbf{p}_{\mathrm{wp},0}, \mathbf{p}_{\mathrm{wp},1},\cdots, \mathbf{p}_{\mathrm{wp},k}, \cdots, \mathbf{p}_{\mathrm{wp},n_{\mathrm{wp}}} \in \mathbb{R}^3$（$k=0,\cdots,n_{\mathrm{wp}}$）已知。

② 多旋翼的实时位置信息 $\mathbf{p} \in \mathbb{R}^3$ 和电池电量信息已知。

（2）任务需求

① 如图 13-4 所示，多旋翼从基地 $\mathbf{p}_{\mathrm{wp},0}$ 起飞，按 S 形遍历完所有期望航路点。

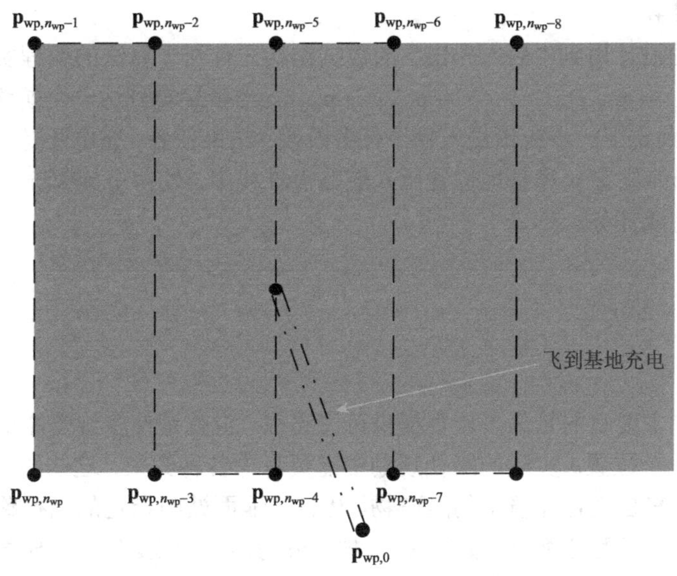

图 13-4　农田遍历任务规划示意图

② 期望偏航角 ψ_{d} 设定为使机头始终指向下一个航路点。

③ 检测到电池电量低于阈值时，多旋翼能记录下当前位置并返回基地充电。充电完成后，多旋翼能首先飞到先前位置，然后继续遍历剩余的航路点。

④ 遍历完所有航路点后，多旋翼返回基地 $\mathbf{p}_{\mathrm{wp},0}$。

2. 算法设计

令 $\mathbf{p}_{\mathrm{wp,cur}}$ 表示多旋翼当前时刻的目标航路点，算法描述如下。

步骤 1：确定农田坐标。

步骤 2：根据农田坐标和任务要求生成期望航路点 $\mathbf{p}_{\mathrm{wp},0}, \mathbf{p}_{\mathrm{wp},1},\cdots, \mathbf{p}_{\mathrm{wp},k},\cdots, \mathbf{p}_{\mathrm{wp},n_{\mathrm{wp}}}$（$k=0,\cdots,n_{\mathrm{wp}}$），其中 $\mathbf{p}_{\mathrm{wp},0}$ 表示基地坐标位置。

步骤 3：令 $k=n_{\mathrm{wp}}$，$\mathbf{p}_{\mathrm{wp,cur}}=\mathbf{p}_{\mathrm{wp},k}$，$\varepsilon>0$。

步骤 4：周期性地更新多旋翼位置信息 $\mathbf{p}$ 和电量信息。如果信息更新完成，执行步骤 5；否则，继续执行本步骤。

步骤 5：如果 $\left\|\mathbf{p}_{\mathrm{wp,cur}}-\mathbf{p}\right\| \leqslant \varepsilon$，执行步骤 6；否则，跳转至步骤 7。

步骤 6：如果 $\mathbf{p}_{\mathrm{wp,cur}}=\mathbf{p}_{\mathrm{wp},0}$ 且 $k=0$，则结束任务。如果 $\mathbf{p}_{\mathrm{wp,cur}}=\mathbf{p}_{\mathrm{wp},0}$ 且 $k\neq 0$，则充电。充电完成后，多旋翼处于待起飞状态，等待飞控手的起飞指令。一旦接收到起飞

指令，算法执行 $k=k-1,\mathbf{p}_{\mathrm{wp,cur}}=\mathbf{p}_{\mathrm{wp},k}$ 并跳回步骤 4。如果 $\mathbf{p}_{\mathrm{wp,cur}}\neq\mathbf{p}_{\mathrm{wp,0}}$，算法执行 $k=k-1,\mathbf{p}_{\mathrm{wp,cur}}=\mathbf{p}_{\mathrm{wp},k}$，并执行步骤 7。

步骤 7: 如果电量低于阈值，并且当前的期望航路点 $\mathbf{p}_{\mathrm{wp,cur}}\neq\mathbf{p}_{\mathrm{wp,0}}$，则执行以下指令：

$$\begin{cases} k=k+1, \quad \mathbf{p}_{\mathrm{wp},k}=\mathbf{p} \\ k=k+1, \quad \mathbf{p}_{\mathrm{wp},k}=\mathbf{p}_{\mathrm{wp,0}} \\ \mathbf{p}_{\mathrm{wp,cur}}=\mathbf{p}_{\mathrm{wp},k}. \end{cases}$$

否则，跳回步骤 4。

上述算法的设计用到“后入先出”的数据结构，有利于算法的编程实现。期望的飞行路径为 $\mathbf{p}_{\mathrm{wp},n_{\mathrm{wp}}}\to\mathbf{p}_{\mathrm{wp},n_{\mathrm{wp}}-1}\to\cdots\to\mathbf{p}_{\mathrm{wp},1}\to\mathbf{p}_{\mathrm{wp},0}$。当多旋翼到达一个航路点时，算法执行步骤 6，进而确定下一步应该进入哪个任务阶段：结束任务、充电还是飞向下一个航路点。步骤 7 将当前位置 $\mathbf{p}$ 和基地位置压入航路点堆栈中，使得多旋翼充完电后能飞回原来的位置继续完成任务。

13.1.3 路径规划

1. 基本概念

路径规划的主要目的是为多旋翼提供可飞路径，也就是使多旋翼能更加便利地从一个位置飞到另一个位置。实际的路径规划中需要考虑各种约束，这些约束大部分来自多旋翼自身，其余来自飞行环境中的障碍物。因此，地面站中指定的飞行路径可能会违反这些约束，变成不可飞路径。一般地，路径规划分为两个阶段。第一个阶段是生成一个航路点序列，并用线段将航路点连接起来构成初始的航路，也叫做全局路径规划 [4,pp.10-12]。第二个阶段是根据多旋翼的运动学和动力学约束以及局部环境条件，将初始航路改进为可飞路径，也叫做局部路径规划。

多旋翼的路径规划最重要的两个约束是：路径必须是可飞的和安全的。可飞路径能满足多旋翼运动学和动力学约束以及机动性。多旋翼的安全性与避障有关，包括路径中固定的和移动的障碍物。由于多旋翼通常低速低空飞行，其飞行空域中出现障碍物的情况是相当普遍的。基于这点考虑，本章将设计集直线路径跟随和避障为一体的路径规划算法，算法中引入饱和函数，使得规划出的路径满足多旋翼的机动性约束。该算法的设计思想与经典的人工势场法相似。人工势场法最先在文献 [5] 中提出，利用人工势场来描述多旋翼的飞行空域，给目标航路点和期望路径分配吸引势，同时给障碍物分配排斥势，多旋翼将会在目标航路点和期望路径的吸引力以及障碍物的排斥力共同作用下飞行，表现为沿着期望路径飞向目标航路点，同时避开路径上的障碍物。为了使设计的算法与现有的自驾仪兼容，本章算法的输出将表示为位置控制器的期望位置。这样，算法输出的期望位置可以直接发送到自驾仪的底层飞行控制系统，引导多旋翼完成复杂的任务。

2. 直线路径跟随

当多旋翼为农作物喷洒农药或者巡逻电线时，常常要求多旋翼能沿着直线飞行。为简单起见，将多旋翼建模为满足牛顿第二定律的质点模型：

$$\begin{cases} \dot{\mathbf{p}} = \mathbf{v} \\ \dot{\mathbf{v}} = \mathbf{u} \end{cases} \tag{13.1}$$

其中，$\mathbf{u} \in \mathbb{R}^3$ 表示虚拟控制输入（加速度），$\mathbf{v} \in \mathbb{R}^3$ 表示多旋翼的速度，$\mathbf{p}$ 表示多旋翼的当前位置。

（1）问题描述

令 $\mathbf{p} \in \mathbb{R}^3$ 表示多旋翼的当前位置，$\mathbf{p}_{\mathrm{wp}} \in \mathbb{R}^3$ 表示目标航路点，$\mathbf{p}_{\mathrm{wp,last}} \in \mathbb{R}^3$ 表示上一个航路点。设计虚拟控制输入 $\mathbf{u}$ 引导多旋翼跟随过 $\mathbf{p}_{\mathrm{wp,last}} \in \mathbb{R}^3$ 和 $\mathbf{p}_{\mathrm{wp}} \in \mathbb{R}^3$ 的直线路径，直至到达目标航路点 $\mathbf{p}_{\mathrm{wp}}$。

（2）主要结果

如图 13-5 所示，当前位置 $\mathbf{p}$ 和期望路径之间的距离等于 $\left\|\mathbf{p} - \mathbf{p}_{\mathrm{wp,perp}}\right\|$，其中 $\mathbf{p}_{\mathrm{wp,perp}}$ 是垂足，表示为 [6]

$$\mathbf{p}_{\mathrm{wp,perp}} = \mathbf{p}_{\mathrm{wp}} + (\mathbf{p}_{\mathrm{wp,last}} - \mathbf{p}_{\mathrm{wp}}) \frac{(\mathbf{p} - \mathbf{p}_{\mathrm{wp}})^{\mathrm{T}} (\mathbf{p}_{\mathrm{wp,last}} - \mathbf{p}_{\mathrm{wp}})}{\left\|\mathbf{p}_{\mathrm{wp}} - \mathbf{p}_{\mathrm{wp,last}}\right\|^2}.$$

得到下面的方程

$$\mathbf{p} - \mathbf{p}_{\mathrm{wp,perp}} = \mathbf{A} \left(\mathbf{p} - \mathbf{p}_{\mathrm{wp}}\right) \tag{13.2}$$

这里，

$$\mathbf{A} = \mathbf{I}_3 - \frac{(\mathbf{p}_{\mathrm{wp,last}} - \mathbf{p}_{\mathrm{wp}})(\mathbf{p}_{\mathrm{wp,last}} - \mathbf{p}_{\mathrm{wp}})^{\mathrm{T}}}{\left\|\mathbf{p}_{\mathrm{wp}} - \mathbf{p}_{\mathrm{wp,last}}\right\|^2}$$

其中，$\mathbf{A}$ 是一个半正定矩阵。方程 $\mathbf{A}(\mathbf{p} - \mathbf{p}_{\mathrm{wp}}) = \mathbf{0}_{3\times 1}$ 表示 $\mathbf{p}$ 位于 $\mathbf{p}_{\mathrm{wp,last}}$ 和 $\mathbf{p}_{\mathrm{wp}}$ 之间的直线上。

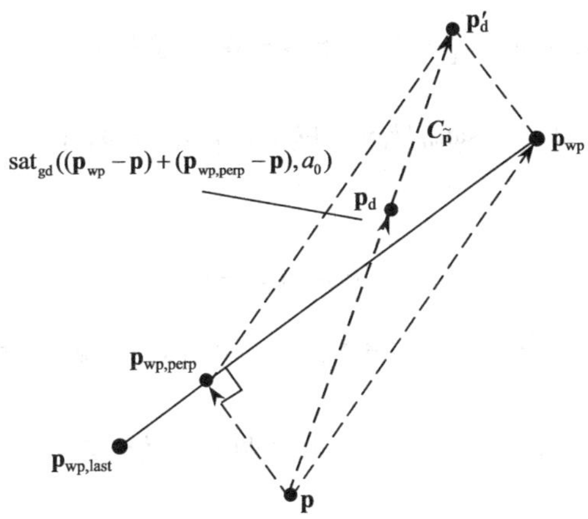

图 13-5 直线路径跟随中期望位置的物理意义

定理 13.1 假设设计虚拟控制输入为

$$\mathbf{u} = -\frac{1}{k_2} \mathrm{sat_{gd}} \left(k_0 \tilde{\mathbf{p}}_{\mathrm{wp}} + k_1 \mathbf{A} \tilde{\mathbf{p}}_{\mathrm{wp}}, a_0\right) - \frac{1}{k_2} \mathbf{v} \tag{13.3}$$

其中，$\tilde{\mathbf{p}}_{\mathrm{wp}} \triangleq \mathbf{p} - \mathbf{p}_{\mathrm{wp}}$，$k_0, k_1 \in \{0\} \cup \mathbb{R}_+$，$k_2 \in \mathbb{R}_+$，$a_0 \in \mathbb{R}_+$。那么，$\lim_{t\to\infty} \left\|(k_0 \mathbf{I}_3 + k_1 \mathbf{A}) \tilde{\mathbf{p}}_{\mathrm{wp}}(t)\right\| = 0$。

证明

若定义李雅普诺夫函数为

$$V_1 = \underbrace{k_0\tilde{\mathbf{p}}_{\text{wp}}^{\text{T}}\tilde{\mathbf{p}}_{\text{wp}}}_{\text{靠近目标航路点}} + \underbrace{k_1\tilde{\mathbf{p}}_{\text{wp}}^{\text{T}}\mathbf{A}\tilde{\mathbf{p}}_{\text{wp}}}_{\text{靠近期望路径}} + \frac{k_2}{2}\mathbf{v}^{\text{T}}\mathbf{v} \tag{13.4}$$

其中，$k_0,k_1,k_2 \in \{0\}\cup\mathbb{R}_+$，那么 $V_1 \to 0$ 意味着多旋翼能同时靠近目标航路点和期望路径。这里需要考虑控制量的饱和，因此需要对李雅普诺夫函数进行修改。

定义 $\text{sat}_{\text{gd}}(k_0\tilde{\mathbf{p}}_{\text{wp}}+k_1\mathbf{A}\tilde{\mathbf{p}}_{\text{wp}},a_0)$ 为沿着 $C_{\tilde{\mathbf{p}}}$ 分布的向量场，其中 $C_{\tilde{\mathbf{p}}}$ 表示由 $\tilde{\mathbf{p}}_{\text{wp}}$ 参数化的平滑曲线。于是，修改李雅普诺夫函数 (13.4) 为

$$V_1' = \int_{C_{\tilde{\mathbf{p}}}} \text{sat}_{\text{gd}}\left(k_0\tilde{\mathbf{p}}_{\text{wp}}+k_1\mathbf{A}\tilde{\mathbf{p}}_{\text{wp}},a_0\right)^{\text{T}}\text{d}\tilde{\mathbf{p}}_{\text{wp}} + \frac{k_2}{2}\mathbf{v}^{\text{T}}\mathbf{v}$$

其中，$a_0 \in \mathbb{R}_+$。饱和函数 $\text{sat}_{\text{gd}}(\mathbf{s},a_0)$ 的定义见方程 (10.18)。与**定理 10.4**的证明类似，这里沿系统 (13.1) 的解对李雅普诺夫函数 V_1' 求导，得到

$$\dot{V}_1' = \text{sat}_{\text{gd}}\left(k_0\tilde{\mathbf{p}}_{\text{wp}}+k_1\mathbf{A}\tilde{\mathbf{p}}_{\text{wp}},a_0\right)^{\text{T}}\mathbf{v} + k_2\mathbf{v}^{\text{T}}\mathbf{u}$$

如果虚拟控制输入满足

$$\mathbf{u} = -\frac{1}{k_2}\text{sat}_{\text{gd}}\left(k_0\tilde{\mathbf{p}}_{\text{wp}}+k_1\mathbf{A}\tilde{\mathbf{p}}_{\text{wp}},a_0\right) - \frac{1}{k_2}\mathbf{v} \tag{13.5}$$

那么，$\dot{V}_1'$ 化简为

$$\dot{V}_1' = -\mathbf{v}^{\text{T}}\mathbf{v}$$

进一步，当且仅当 $\mathbf{v} = \mathbf{0}_{3\times1}$ 时，$\dot{V}_1' = 0$。方程 $\mathbf{v} = \mathbf{0}_{3\times1}$ 意味着

$$-\frac{1}{k_2}\text{sat}_{\text{gd}}\left(k_0\tilde{\mathbf{p}}_{\text{wp}}+k_1\mathbf{A}\tilde{\mathbf{p}}_{\text{wp}},a_0\right) = \mathbf{0}_{3\times1} \tag{13.6}$$

于是

$$\left(k_0\mathbf{I}_3+k_1\mathbf{A}\right)\tilde{\mathbf{p}}_{\text{wp}} = \mathbf{0}_{3\times1}. \tag{13.7}$$

因此，根据**不变集原理**（见第 10 章），系统将全局收敛到状态 $(\mathbf{p},\mathbf{v})$，其中 $\mathbf{p}$ 是方程 (13.7) 的解，而 $\mathbf{v} = \mathbf{0}_{3\times1}$。□

方程 (13.6) 中的参数 k_0，k_1 和 k_2 可以用来调节收敛到期望路径的速度和收敛到目标航路点的速度。

① 如果 $k_0 = 1$，$k_1 = 0$，$k_2 \in \mathbb{R}_+$，系统将全局收敛到 $\left(\mathbf{p}_{\text{wp}},\mathbf{0}_{3\times1}\right)$，意味着 $\lim_{t\to\infty}\|\mathbf{v}(t)\| = 0$，$\lim_{t\to\infty}\left\|\tilde{\mathbf{p}}_{\text{wp}}(t)\right\| = 0$。在这种情况下，多旋翼将直接飞向 $\mathbf{p}_{\text{wp}}$。

② 如果 $k_0 = 0$，$k_1 = 1$，$k_2 \in \mathbb{R}_+$，系统将全局收敛到 $\left(\mathbf{p}_{\text{p}},\mathbf{0}_{3\times1}\right)$。其中，$\mathbf{p}_{\text{p}}$ 满足等式 $\mathbf{A}\left(\mathbf{p}_{\text{p}}-\mathbf{p}_{\text{wp}}\right) = \mathbf{0}_{3\times1}$。根据方程 (13.2)，$\mathbf{p}_{\text{p}}$ 满足 $\mathbf{A}\tilde{\mathbf{p}}_{\text{wp}} \equiv \mathbf{0}_{3\times1}$ 意味着 $\mathbf{p}_{\text{p}}$ 位于期望路径上，即 $\lim_{t\to\infty}\left\|\mathbf{A}\tilde{\mathbf{p}}_{\text{wp}}(t)\right\| = 0$，$\lim_{t\to\infty}\|\mathbf{v}(t)\| = 0$。在这种情况下，多旋翼将直接飞向期望路径。

③ 如果 $k_0,k_1,k_2 \in \mathbb{R}_+$，多旋翼将同时靠近目标航路点 $\mathbf{p}_{\text{wp}}$ 和期望路径。显然，k_0/k_1 越大，多旋翼靠近 $\mathbf{p}_{\text{wp}}$ 越快；反之，则靠近期望路径更快。

根据上述分析可知，控制器 (13.5) 能解决直线路径跟随问题，并且可以写成 PD 控制器的形式

$$\mathbf{u} = -\frac{1}{k_2}(\mathbf{p} - \mathbf{p}_{\mathrm{d}}) - \frac{1}{k_2}\mathbf{v}$$

其中，

$$\mathbf{p}_{\mathrm{d}} = \mathbf{p} + \mathrm{sat}_{\mathrm{gd}}\left(k_0\left(\mathbf{p}_{\mathrm{wp}} - \mathbf{p}\right) + k_1\left(\mathbf{p}_{\mathrm{wp,perp}} - \mathbf{p}\right), a_0\right).$$

以上推导过程用到了方程 (13.2)。为了更好地理解 $\mathbf{p}_{\mathrm{d}}$ 的物理意义，令 $k_0 = k_1 = 1$, 则化简 $\mathbf{p}_{\mathrm{d}}$ 为

$$\mathbf{p}_{\mathrm{d}} = \mathbf{p} + \mathrm{sat}_{\mathrm{gd}}\left(\left(\mathbf{p}_{\mathrm{wp}} - \mathbf{p}\right) + \left(\mathbf{p}_{\mathrm{wp,perp}} - \mathbf{p}\right), a_0\right)$$

其中，$\mathbf{p}_{\mathrm{d}}$ 的物理意义见图 13-5。此时，局部期望位置 $\mathbf{p}_{\mathrm{d}}$ 可以作为底层飞行控制系统的输入实时地发送到自驾仪的底层飞行控制系统，使多旋翼实现路径跟随。本章提供的方案具有实用意义，因为路径跟随功能可以在视为“黑盒”的半自主自驾仪上开发，即具有 SDK 的商业化自驾仪。

（3）仿真

这里给出一个仿真实例说明算法的有效性。令 $\mathbf{p}_{\mathrm{wp,last}} = [-8 \quad -8]^{\mathrm{T}}$，$\mathbf{p}_{\mathrm{wp}} = [8 \quad 8]^{\mathrm{T}}$，$a_0 = 3$，$a_1 = 10$，$k_0 = k_1 = 1$。人工势场如图 13-6(a) 所示，每个箭头代表一个势场力。根据箭头的方向，可以预测多旋翼将靠近期望路径，并飞向目标航路点 $\mathbf{p}_{\mathrm{wp}}$。为了研究参数和收敛性之间的关系，固定 $k_0 = 0.1$，分别令 $k_1 = 0.5$，$k_1 = 1.0$，$k_1 = 2.0$。如果令 $\mathbf{p}_0 = [-2 \quad -8]^{\mathrm{T}}$，算法将生成三条从 $\mathbf{p}_0$ 出发在 $\mathbf{p}_{\mathrm{wp}}$ 结束的飞行路径。仿真飞行路径如图 13-6(b) 所示。可见，k_1 越大，多旋翼靠近期望路径越快。这与**定理 13.1**结论一致。

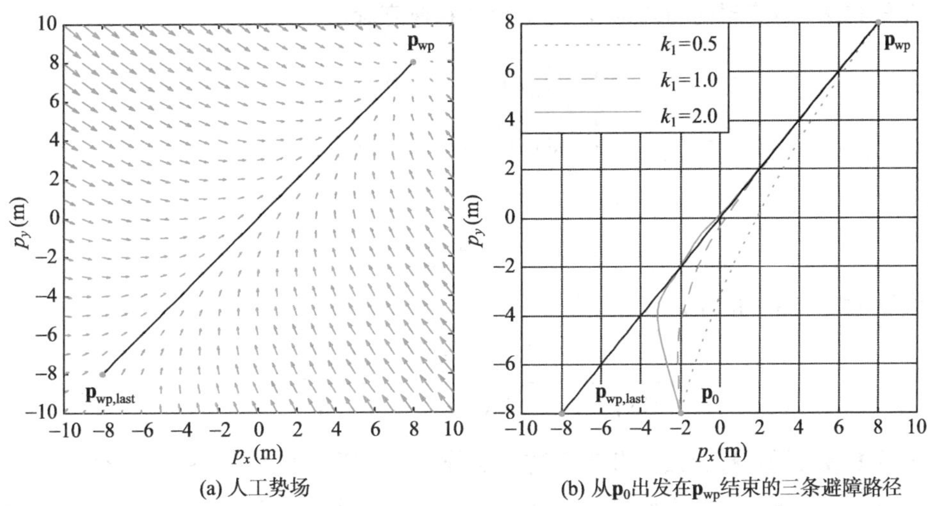

(a) 人工势场 (b) 从 $\mathbf{p}_0$ 出发在 $\mathbf{p}_{\mathrm{wp}}$ 结束的三条避障路径

图 13-6 直线路径跟随算法仿真结果

3. 避障

在实际工程中，多旋翼需具有避开静态障碍物和移动障碍物的能力。因此，本节将基于已知的航路点和障碍物位置，设计一个防碰撞算法。

（1）问题描述

令 $\mathbf{p}\in\mathbb{R}^3$ 表示多旋翼的当前位置，$\mathbf{p}_{\text{wp}}\in\mathbb{R}^3$ 表示目标航路点。根据质点模型 (13.1)，设计虚拟控制输入 $\mathbf{u}$ 引导多旋翼飞向目标航路点 $\mathbf{p}_{\text{wp}}\in\mathbb{R}^3$，同时能避开位于 $\mathbf{p}_{\text{o}}\in\mathbb{R}^3$ 处且覆盖半径为 $r_{\text{o}}\in\mathbb{R}_+$ 的障碍物。

定义 $\boldsymbol{\xi}\triangleq\mathbf{p}+k_0\mathbf{v}$，其中 $k_0\in\mathbb{R}_+$。根据式 (13.1)，可得

$$\dot{\boldsymbol{\xi}}=\bar{\mathbf{u}}$$

其中，

$$\bar{\mathbf{u}}\triangleq\mathbf{v}+k_0\mathbf{u} \tag{13.8}$$

此外，定义滤波误差

$$\begin{cases}\tilde{\boldsymbol{\xi}}_{\text{wp}}\triangleq\boldsymbol{\xi}-\boldsymbol{\xi}_{\text{wp}}\\ \tilde{\boldsymbol{\xi}}_{\text{o}}\triangleq\boldsymbol{\xi}-\boldsymbol{\xi}_{\text{o}}\end{cases}$$

这里

$$\begin{cases}\boldsymbol{\xi}_{\text{wp}}\triangleq\mathbf{p}_{\text{wp}}+k_0\mathbf{v}_{\text{wp}}\\ \boldsymbol{\xi}_{\text{o}}\triangleq\mathbf{p}_{\text{o}}+k_0\mathbf{v}_{\text{o}}\end{cases}.$$

其中 $\mathbf{v}_{\text{wp}},\mathbf{v}_{\text{o}}\in\mathbb{R}^3$。根据上述定义，当 $t\to\infty$ 时，如果 $\left\|\tilde{\boldsymbol{\xi}}_{\text{wp}}(t)\right\|\to0$，那么 $\left\|\tilde{\mathbf{p}}_{\text{wp}}(t)\right\|\to0$。为简单起见，提出以下 3 个假设。

假设 13.1 目标航路点和障碍物的速度满足 $\mathbf{v}_{\text{wp}}=\mathbf{v}_{\text{o}}=\mathbf{0}_{3\times1}$。

假设 13.2 多旋翼的初始位置 $\mathbf{p}(0)\in\mathbb{R}^3$ 和速度满足

$$\begin{cases}\left\|\tilde{\boldsymbol{\xi}}_{\text{o}}(0)\right\|-r_{\text{o}}'>0\\ \left\|\mathbf{p}(0)-\mathbf{p}_{\text{o}}\right\|-r_{\text{o}}>0\end{cases}$$

其中，

$$r_{\text{o}}'=r_{\text{o}}+k_0a_0.$$

假设 13.3 目标航路点 $\mathbf{p}_{\text{wp}}$ 满足

$$\frac{1}{\left\|\left(\mathbf{p}_{\text{wp}}-\mathbf{p}_{\text{o}}\right)+k_0\left(\mathbf{v}_{\text{wp}}-\mathbf{v}_{\text{o}}\right)\right\|-r_{\text{o}}'}\approx0.$$

假设 13.1表示目标航路点和障碍物都是静态的。**假设 13.2**表示初始时刻多旋翼不位于障碍物的覆盖半径内，且速度很小，或者是受限的。根据**假设 13.1**，可知**假设 13.3**表示目标航路点 $\mathbf{p}_{\text{wp}}$ 应该距障碍物有一定距离。

（2）主要结果

定理 13.2 根据**假设 13.1**~**假设 13.3**，设计虚拟控制输入为

$$\mathbf{u}=-\frac{1}{k_0}\mathbf{v}-\frac{1}{k_0}\text{sat}_{\text{gd}}\left(a\tilde{\boldsymbol{\xi}}_{\text{wp}}-b\tilde{\boldsymbol{\xi}}_{\text{o}},a_0\right). \tag{13.9}$$

这里

$$a = k_1,\quad b = k_2 \frac{1}{\left(\left\|\tilde{\boldsymbol{\xi}}_{\rm o}\right\| - r'_{\rm o}\right)^2} \frac{1}{\left\|\tilde{\boldsymbol{\xi}}_{\rm o}\right\|}$$

其中，$k_1, k_2 \in \mathbb{R}_+$。那么，对于几乎所有的 $\tilde{\mathbf{p}}_{\rm wp}(0)$，都有 $\lim_{t\to\infty}\left\|\tilde{\mathbf{p}}_{\rm wp}(t)\right\| = 0$，并且 $\|\mathbf{p}_{\rm o} - \mathbf{p}(t)\| \geqslant r_{\rm o}$①。

证明

根据假设 13.1，滤波误差的一阶导数为

$$\begin{cases} \dot{\tilde{\boldsymbol{\xi}}}_{\rm wp} = \bar{\mathbf{u}} \\ \dot{\tilde{\boldsymbol{\xi}}}_{\rm o} = \bar{\mathbf{u}} \end{cases} \tag{13.10}$$

为了研究多旋翼到达目标航路点的收敛性和避障行为，设计如下函数：

$$V_2 = \underbrace{\frac{k_1}{2}\tilde{\boldsymbol{\xi}}_{\rm wp}^{\rm T}\tilde{\boldsymbol{\xi}}_{\rm wp}}_{\text{靠近目标航路点}} + \underbrace{k_2\frac{1}{\left\|\tilde{\boldsymbol{\xi}}_{\rm o}\right\| - r'_{\rm o}}}_{\text{避开障碍物}} \tag{13.11}$$

其中，$k_1, k_2 \in \mathbb{R}_+$。根据**假设 13.2**，方程 (13.11) 中的“避开障碍物”项在初始时刻是有界的。如果定义的函数 V_2 能保持有界，那么

$$\left\|\tilde{\boldsymbol{\xi}}_{\rm o}\right\| - r'_{\rm o} \neq 0$$

即

$$\left\|\tilde{\boldsymbol{\xi}}_{\rm o}\right\| > r'_{\rm o}$$

沿系统 (13.10) 的解对函数 V_2 求导，可得

$$\begin{aligned} \dot{V}_2 &= k_1\tilde{\boldsymbol{\xi}}_{\rm wp}^{\rm T}\bar{\mathbf{u}} - k_2\frac{1}{\left(\left\|\tilde{\boldsymbol{\xi}}_{\rm o}\right\| - r'_{\rm o}\right)^2}\frac{\tilde{\boldsymbol{\xi}}_{\rm o}^{\rm T}}{\left\|\tilde{\boldsymbol{\xi}}_{\rm o}\right\|}\bar{\mathbf{u}} \\ &= \left(a\tilde{\boldsymbol{\xi}}_{\rm wp} - b\tilde{\boldsymbol{\xi}}_{\rm o}\right)^{\rm T}\bar{\mathbf{u}} \end{aligned}$$

因为虚拟控制输入满足

$$\bar{\mathbf{u}} = -\text{sat}_{\rm gd}\left(a\tilde{\boldsymbol{\xi}}_{\rm wp} - b\tilde{\boldsymbol{\xi}}_{\rm o}, a_0\right) \tag{13.12}$$

所以 $\dot{V}_2$ 变为

$$\dot{V}_2 = -\left(a\tilde{\boldsymbol{\xi}}_{\rm wp} - b\tilde{\boldsymbol{\xi}}_{\rm o}\right)^{\rm T}\text{sat}_{\rm gd}\left(a\tilde{\boldsymbol{\xi}}_{\rm wp} - b\tilde{\boldsymbol{\xi}}_{\rm o}, a_0\right) \leqslant 0$$

其中，

$$a = k_1,\quad b = k_2\frac{1}{\left(\left\|\tilde{\boldsymbol{\xi}}_{\rm o}\right\| - r'_{\rm o}\right)^2}\frac{1}{\left\|\tilde{\boldsymbol{\xi}}_{\rm o}\right\|}.$$

---

① $\mathbf{p}_{\rm wp}$ 是依概率 1 几乎稳定的平衡点，其他平衡点依概率 1 不稳定。

首先分析多旋翼能避开障碍物的原因。由于 $V_2(0)>0$ 且 $\dot{V}_2\leqslant 0$，函数 V_2 满足 $V_2(t)\leqslant V_2(0)$, $t\in[0,\infty)$，意味着

$$\frac{1}{\left\|\tilde{\boldsymbol{\xi}}_{\rm o}\right\|-r'_{\rm o}}\leqslant\frac{1}{k_2}V_2(0)<\infty.$$

上式可重写为

$$0<\frac{k_2}{V_2(0)}\leqslant\left\|\tilde{\boldsymbol{\xi}}_{\rm o}\right\|-r'_{\rm o}.$$

可得 $\left\|\tilde{\boldsymbol{\xi}}_{\rm o}\right\|>r'_{\rm o}$。接下来定义 $\tilde{\mathbf{p}}_{\rm o}\triangleq\mathbf{p}-\mathbf{p}_{\rm o}$，并将证明 $\left\|\tilde{\boldsymbol{\xi}}_{\rm o}\right\|>r'_{\rm o}$ 是 $\|\tilde{\mathbf{p}}_{\rm o}\|>r_{\rm o}$ 的充分条件。根据 $\tilde{\boldsymbol{\xi}}_{\rm o}$ 的定义，可得

$$\tilde{\boldsymbol{\xi}}_{\rm o}=\tilde{\mathbf{p}}_{\rm o}+k_0\dot{\tilde{\mathbf{p}}}_{\rm o}.$$

进一步可得

$$\begin{aligned}\|\tilde{\boldsymbol{\xi}}_{\rm o}\|&=\|\tilde{\mathbf{p}}_{\rm o}+k_0\mathbf{v}\|\\&\leqslant\|\tilde{\mathbf{p}}_{\rm o}\|+\|k_0\mathbf{v}\|.\end{aligned}\tag{13.13}$$

依照式 (13.1) 和式 (13.9) 可以得到

$$\dot{\mathbf{v}}=-\frac{1}{k_0}\mathbf{v}-\frac{1}{k_0}\text{sat}_{\text{gd}}\left(a\tilde{\boldsymbol{\xi}}_{\rm wp}-b\tilde{\boldsymbol{\xi}}_{\rm o},a_0\right).\tag{13.14}$$

这样速度的解为

$$\mathbf{v}(t)=-\frac{1}{k_0}\int_0^t\mathrm{e}^{-\frac{1}{k_0}(t-s)}\text{sat}_{\text{gd}}\left(a\tilde{\boldsymbol{\xi}}_{\rm wp}-b\tilde{\boldsymbol{\xi}}_{\rm o},a_0\right)\mathrm{d}s.\tag{13.15}$$

进一步可以得到

$$\|\mathbf{v}\|\leqslant a_0.\tag{13.16}$$

因为 $r'_{\rm o}=r_{\rm o}+k_0a$，所以根据 (13.13) 可以得到

$$\|\tilde{\mathbf{p}}_{\rm o}(t)\|>r_{\rm o}.\tag{13.17}$$

这意味着多旋翼在方程 (13.12) 所示的控制器下能避开障碍物。根据方程 (13.8) 和 (13.12)，虚拟控制输入进一步写为

$$\mathbf{u}=-\frac{1}{k_0}\mathbf{v}-\frac{1}{k_0}\text{sat}_{\text{gd}}\left(a\tilde{\boldsymbol{\xi}}_{\rm wp}-b\tilde{\boldsymbol{\xi}}_{\rm o},a_0\right).\tag{13.18}$$

再分析多旋翼能抵达目标航路点 $\mathbf{p}_{\rm wp}$ 的原因。当且仅当 $\bar{\mathbf{u}}=\mathbf{0}_{3\times1}$ 时，$\dot{V}_2=0$。这意味着

$$a\left(\mathbf{p}-\mathbf{p}_{\rm wp}+k_0\mathbf{v}\right)+b\left(\mathbf{p}-\mathbf{p}_{\rm o}+k_0\mathbf{v}\right)=\mathbf{0}_{3\times1}.\tag{13.19}$$

由于

$$\dot{\mathbf{v}}=-\frac{1}{k_0}\mathbf{v}-\frac{1}{k_0}\bar{\mathbf{u}}$$

系统不会陷入 $\mathbf{v}=\mathbf{0}_{3\times1}$ 以外的平衡点。因此，根据方程 (13.19)，不变集原理预示系统将全局收敛到 $(\mathbf{p},\mathbf{v})$，其中，$\mathbf{p}$ 是方程

$$a\left(\mathbf{p}-\mathbf{p}_{\rm wp}\right)+b\left(\mathbf{p}-\mathbf{p}_{\rm o}\right)=\mathbf{0}_{3\times1}\tag{13.20}$$

的解，$\mathbf{v}=\mathbf{0}_{3\times1}$。参数 $k_0,k_1,k_2\in\{0\}\cup\mathbb{R}_+$ 用来调节收敛到目标航路点和避开障碍物的快慢。

根据方程 (13.20)，平衡点显然位于过 $\mathbf{p}_{\rm wp}$ 和 $\mathbf{p}_{\rm o}$ 的直线上。如图 13-7(a) 所示，将直线分为射线 A、线段 B 和射线 C，将吸引势分配给目标航路点 $\mathbf{p}_{\rm wp}$，排斥势分配给障碍物 $\mathbf{p}_{\rm o}$。

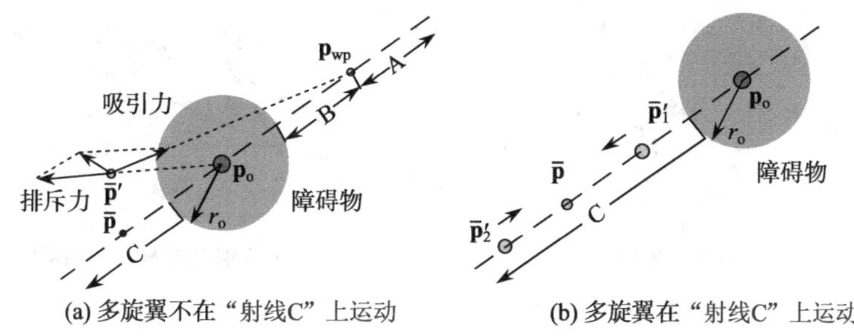

(a) 多旋翼不在“射线C”上运动 (b) 多旋翼在“射线C”上运动

图 13-7 平衡点示意图

事实上，系统存在两个平衡点，一个位于射线 A，另一个位于射线 C。根据**假设 13.3**，射线 A 上的平衡点是 $\mathbf{p}=\mathbf{p}_{\rm wp}$。下面讨论 $\mathbf{p}_{\rm wp}$ 的局部稳定性。根据**假设 13.3**，系统在 $\mathbf{p}_{\rm wp}$ 附近的误差动态方程为

$$\begin{cases}\dot{\tilde{\mathbf{p}}}=\mathbf{v}\\ \dot{\mathbf{v}}=-\dfrac{1}{k_0}\mathbf{v}-\dfrac{k_1}{k_0}\tilde{\mathbf{p}}\end{cases}.$$

因此，平衡点 $\mathbf{p}_{\rm wp}$ 是局部指数稳定的。

不失一般性，如图 13-7(a) 所示，假设射线 C 上存在另一个解 $\mathbf{p}=\bar{\mathbf{p}}_1'$。一方面，如果多旋翼偏离了射线 C，如到达位置 $\mathbf{p}=\bar{\mathbf{p}}'$，那么吸引力和排斥力的合力将使得多旋翼进一步远离射线 C。另一方面，如图 13-7(b) 所示，当多旋翼沿着射线 C 靠近障碍物时，如到达位置 $\mathbf{p}=\bar{\mathbf{p}}_1'$，由于方程 (13.18) 中 $1/\left(\left\|\tilde{\boldsymbol{\xi}}_{\rm o}\right\|-r_{\rm o}'\right)^2$ 项的存在，排斥力将迅速增大，相对较大的排斥力将把多旋翼推回位置 $\bar{\mathbf{p}}$。相反，如果多旋翼到达位置 $\mathbf{p}=\bar{\mathbf{p}}_2'$，排斥力迅速减小，相对较大的吸引力将把多旋翼拉回位置 $\bar{\mathbf{p}}$。然而，实际中多旋翼不可能严格地位于一条直线上，也就是射线 C 在三维空间的测度为零或概率为零。因此，平衡点 $\bar{\mathbf{p}}$ 是依概率 1 不稳定的，即相对于射线 C 的任何小的偏离都会使多旋翼远离 $\bar{\mathbf{p}}$。综上所述，位于射线 A 上的解 $\mathbf{p}=\mathbf{p}_{\rm wp}$ 是唯一稳定的平衡点。这个平衡点也叫做依概率 1 全局渐近稳定的平衡点，即对于几乎所有的 $\tilde{\mathbf{p}}_{\rm wp}(0)$，都有 $\lim_{t\to\infty}\left\|\tilde{\mathbf{p}}_{\rm wp}(t)\right\|=0$。□

根据上述分析可知，控制器 (13.18) 能解决避障问题，并可以写成 PD 控制器的形式

$$\mathbf{u}=-\frac{1}{k_0}(\mathbf{p}-\mathbf{p}_{\rm d})-\frac{1}{k_0}\mathbf{v}$$

其中，

$$\mathbf{p}_{\rm d}=\mathbf{p}+\mathrm{sat}_{\rm gd}\left(-a\tilde{\boldsymbol{\xi}}_{\rm wp}+b\tilde{\boldsymbol{\xi}}_{\rm o},a_0\right). \tag{13.21}$$

为了更好地理解 $\mathbf{p}_{\rm d}$ 的物理意义，令 $k_0=k_1=k_2=1$，$\mathbf{v}=\mathbf{0}_{3\times1}$，则 $\mathbf{p}_{\rm d}$ 将化简为

$$\mathbf{p}_{\rm d}=\mathbf{p}+\mathrm{sat}_{\rm gd}\left(\mathbf{p}_{\rm wp}-\mathbf{p}-\frac{1}{(\|\tilde{\mathbf{p}}_{\rm o}\|-r_{\rm o}')^2}\frac{1}{\|\tilde{\mathbf{p}}_{\rm o}\|}(\mathbf{p}_{\rm o}-\mathbf{p}),a_0\right).$$

这里，$\mathbf{p}_d$ 的物理意义如图 13-8(b) 所示，其中

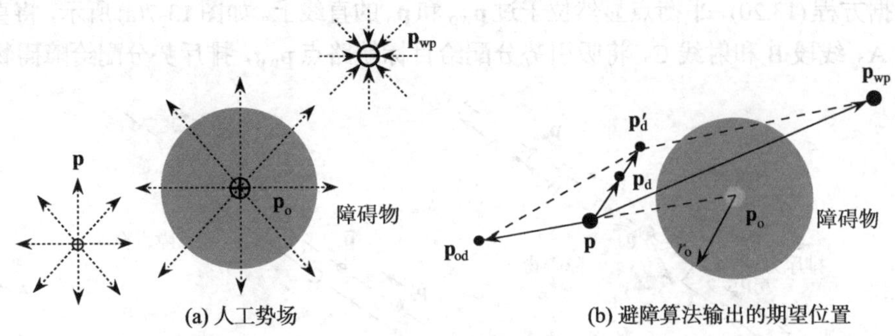

图 13-8　避障算法中局部路径规划示意图

$$\begin{cases} \mathbf{p}_{od} - \mathbf{p} = -\dfrac{1}{(\|\tilde{\mathbf{p}}_o\| - r'_o)^2} \dfrac{1}{\|\tilde{\mathbf{p}}_o\|} (\mathbf{p}_o - \mathbf{p}) \\ \mathbf{p}'_d - \mathbf{p} = \mathbf{p}_{wp} - \mathbf{p} + \mathbf{p}_{od} - \mathbf{p}. \end{cases}$$

这里，$\mathbf{p}_{od}$ 表示由排斥势场产生的虚拟目标航路点，$\mathbf{p}'_d$ 表示饱和函数作用前的局部期望位置。

方程 (13.21) 所示的局部期望位置 $\mathbf{p}_d$ 可以实时作为底层位置控制器的输入，使多旋翼实现避障。

（3）仿真

这里给出一个仿真实例，说明算法的有效性。令 $\mathbf{p}_o = [0\ \ 0]^T$，$r_o = 2$，$\mathbf{p}_{wp} = [8\ \ 8]^T$，$a_0 = 1.5$，$k_0 = 2$，$k_1 = 0.5$，$k_2 = 10$。人工势场如图 13-9(a) 所示，障碍物周围环绕着排斥势场，并将吸引势场分配给目标航路点。根据箭头的方向可以预测，多旋翼将避开障碍物并飞向目标航路点 $\mathbf{p}_{wp}$。为了研究参数和收敛性之间的关系，固定 $k_0 = 2$，$k_1 = 0.5$，分别令 $k_2 = 5$，$k_2 = 10$，$k_2 = 30$。如果令 $\mathbf{p}_0 = [-10\ \ -7]^T$，算法将生成三条从 $\mathbf{p}_0$ 出发，在 $\mathbf{p}_{wp}$ 结束的飞行路径。仿真避障路径如图 13-9(b) 所示，k_2 越大，多旋翼越早地避开障碍物。

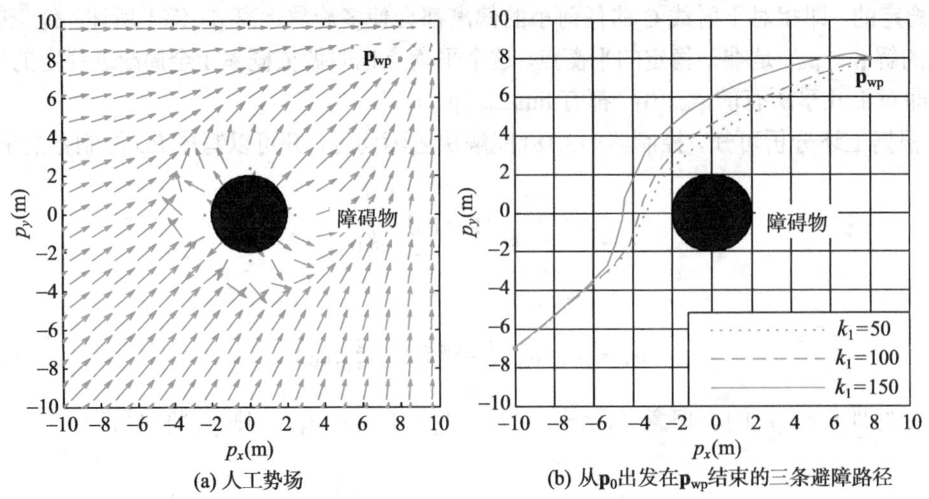

图 13-9　避障算法仿真结果

除了本章提出的方法外，还可参考文献 [7] 和文献 [8] 提出的一些关于防碰撞的方法。

4. 综合

实际中，当多旋翼为农作物喷洒农药时，不仅要求多旋翼能够沿着直线飞行，还要求多旋翼能够避障。这个问题可以描述为：令 $\mathbf{p}\in\mathbb{R}^3$ 表示多旋翼的当前位置，$\mathbf{p}_{\mathrm{wp}}\in\mathbb{R}^3$ 表示目标航路点，$\mathbf{p}_{\mathrm{wp,last}}\in\mathbb{R}^3$ 表示上一个航路点。设计局部路径规划算法，实时地生成局部期望位置 $\mathbf{p}_{\mathrm{d}}\in\mathbb{R}^3$，引导多旋翼过 $\mathbf{p}_{\mathrm{wp,last}}\in\mathbb{R}^3$ 和 $\mathbf{p}_{\mathrm{wp}}\in\mathbb{R}^3$ 的直线飞行直到抵达目标航路点 $\mathbf{p}_{\mathrm{wp}}$，同时引导多旋翼避开环境中位于 $\mathbf{p}_{\mathrm{o},i}\in\mathbb{R}^3$（$i=1,\cdots,m_{\mathrm{o}}$）且影响半径为 $r_{\mathrm{o},i}\in\mathbb{R}_+$ 的 m_{o} 个障碍物。

全局势场可通过叠加期望路径、目标航路点和障碍物的势场获得。根据势场的叠加结果，将局部期望位置 $\mathbf{p}_{\mathrm{d}}\in\mathbb{R}^3$ 表示为

$$\mathbf{p}_{\mathrm{d}}=\mathbf{p}+\mathbf{p}_{\mathrm{d,waypoint,path}}+\mathbf{p}_{\mathrm{d,waypoint,obstacle}}$$

这里，

$$\begin{cases}\mathbf{p}_{\mathrm{d,waypoint,path}}=\mathrm{sat}_{\mathrm{gd}}\left(k_1(\mathbf{p}_{\mathrm{wp}}-\mathbf{p})+k_2(\mathbf{p}_{\mathrm{wp,perp}}-\mathbf{p}),a_0\right)\\ \mathbf{p}_{\mathrm{wp,perp}}=\mathbf{p}_{\mathrm{wp}}+\left(\mathbf{p}_{\mathrm{wp,last}}-\mathbf{p}_{\mathrm{wp}}\right)\dfrac{\left(\mathbf{p}-\mathbf{p}_{\mathrm{wp}}\right)^{\mathrm{T}}\left(\mathbf{p}_{\mathrm{wp,last}}-\mathbf{p}_{\mathrm{wp}}\right)}{\left\|\mathbf{p}_{\mathrm{wp}}-\mathbf{p}_{\mathrm{wp,last}}\right\|^2}\\ \mathbf{p}_{\mathrm{d,waypoint,obstacle}}=\mathrm{sat}_{\mathrm{gd}}\left(k_3\left(\mathbf{p}_{\mathrm{wp}}-\mathbf{p}-k_0\mathbf{v}\right)+\sum\limits_{i=1}^{m_{\mathrm{o}}}b_i\left(\mathbf{p}-\mathbf{p}_{\mathrm{o},i}+k_0\mathbf{v}\right),a_0\right)\\ b_i=k_4\dfrac{1}{\left(\left\|\mathbf{p}-\mathbf{p}_{\mathrm{o},i}+k_0\mathbf{v}\right\|-r_{\mathrm{o},i}-k_0a_0\right)^2}\dfrac{1}{\left\|\mathbf{p}-\mathbf{p}_{\mathrm{o},i}+k_0\mathbf{v}\right\|},\quad i=1,\cdots,m_{\mathrm{o}}\end{cases}$$

其中，$k_0,k_1,k_2,k_3,k_4\in\{0\}\cup\mathbb{R}_+$。对于偏航角，可以规定机头始终指向下一个航路点，定义

$$\mathbf{e}_{\mathbf{p}}\triangleq\mathbf{p}-\mathbf{p}_{\mathrm{d}}$$

那么

$$\psi_{\mathrm{d}}=\mathrm{atan2}\left(-e_{\mathbf{p},1},-e_{\mathbf{p},2}\right)$$

其中，$e_{\mathbf{p},i}$ 是 $\mathbf{e}_{\mathbf{p}}$ 的第 i 个元素。

本章提出的直线路径跟随和避障算法简单、实用，且能有效地生成平滑的可飞路径，但是在避障方面还存在一些问题。当目标航路点离障碍物较近的时候，多旋翼可能无法抵达目标航路点。当环境中存在多个相近的障碍物，并且这些障碍物的排斥力合力与目标航路点的吸引力大小相等而方向相反时，多旋翼可能陷入局部稳定点而无法逃离。针对这些问题，文献 [9-11] 提出了一些解决方法。总之，本章提出的算法在障碍物比较稀疏的环境中是适用的。

13.2 半自主控制

在半自主控制方式中，自驾仪能够实现多旋翼飞行器的姿态稳定或悬停，飞控手通过遥控器手动地实现位置控制。这种控制方式下，地面站不是必需的。因此，多旋翼的控

制量由两部分叠加起来，一部分是遥控器输出的控制量，另一部分是自驾仪中的自动控制器输出的控制量。事实上，半自主控制由遥控和自动控制组成。处于半自主控制下的多旋翼要么受遥控器控制，要么受自动控制器控制。通常，根据自动控制器实现的功能层次，半自主控制分为三种模式：自稳模式、定高模式和定点模式。

13.2.1 半自主控制的三种模式

1. 自稳模式

自稳模式允许飞控手利用遥控器手动控制多旋翼，遥控器摇杆功能和死区如图 13-10 所示。在该模式下，飞行器能够自动平衡滚转/俯仰轴，以保持多旋翼的姿态稳定。在遥控器控制下，飞控手利用遥控器的滚转/俯仰摇杆控制多旋翼飞往期望方向。当飞控手释放滚转/俯仰摇杆时，多旋翼的控制将自动地由自动控制器接管，可以稳定地控制多旋翼的姿态，但位置仍然会漂移。在此过程中，飞控手需要不断地向多旋翼发送滚转、俯仰和油门指令，以保持定点悬停，因为多旋翼会受风的干扰而偏离位置。油门指令可以控制多旋翼的平均电机转速，使多旋翼保持在当前高度。如果飞控手把油门控制摇杆推到最低位置，电机将以最低转速转动，此时如果多旋翼在飞行，多旋翼将失控并坠机。此外，当飞控手释放偏航摇杆时，多旋翼将保持在当前机头指向。

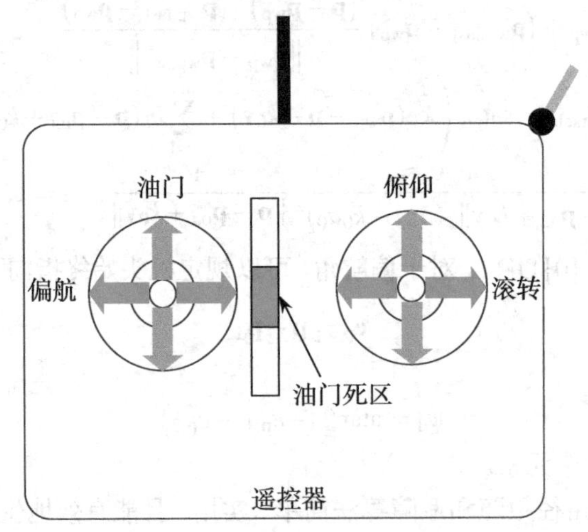

图 13-10　遥控器摇杆功能和死区

2. 定高模式

在定高模式下，当允许正常控制滚转、俯仰和偏航轴时，多旋翼能够保持高度稳定。当油门摇杆在中间附近时（40%~60%），多旋翼的控制将由自动控制器接管，自动给定油门指令，使多旋翼能够保持当前的高度，但是水平位置仍然会漂移。自动控制器不仅能控制高度，也能控制姿态。飞控手需要不断地向多旋翼发送滚转和俯仰指令使多旋翼定点悬停。一旦油门摇杆偏离中间位置（如低于 40% 或高于 60%），多旋翼的控制将由遥控器接管。此时多旋翼爬升或下降取决于油门控制摇杆的偏向。当油门控制摇杆推到最低位置时，多旋翼将以最大容许速度下降。当油门控制摇杆位于最高位置时，多旋翼将以最大容许速度爬升。在高度保持模式下，自驾仪需要搭载高度测量传感器，如气压计或超声波测距模块。

3. 定点模式

定点模式能够保持多旋翼的姿态、位置和机头指向稳定。当飞控手释放滚转/俯仰和偏航摇杆，并将油门摇杆推到中间死区位置时，多旋翼的控制将由自动控制器接管，并能保持当前水平位置、机头指向和高度。精确的 GPS 位置信息和偏航角信息以及机身低振动对实现良好的定点悬停非常重要。飞控手可以推动控制摇杆，使遥控器接管多旋翼的控制，从而控制多旋翼的位置。飞控手可以推动滚转/俯仰摇杆控制水平位置，释放摇杆后，多旋翼会减速而停止。飞控手可以像定高模式一样推动油门摇杆以控制高度，也可以推动偏航控制摇杆以控制航向。在定点模式下，自驾仪除了需要高度测量传感器外，还需要搭载位置传感器，如 GPS 接收机或视觉定位摄像机。

根据上述分析可知，在半自主控制方式下，多旋翼总是在遥控和自动控制之间自动切换。注意，遥控的优先级高于自主控制。这意味着如果激活遥控模式，自动控制器与多旋翼的连接将断开，只有当某个（某些）摇杆位于中间位置附近时，对应通道的自动控制器才会接管多旋翼的控制。

13.2.2 遥控

定义 $(\cdot)_{\mathrm{d}}$ 和 $(\cdot)_{\mathrm{drc}}$ 分别表示期望值和遥控器指令值。根据第 12 章中的符号定义，为简单起见，令 $\theta_{\mathrm{drc}}=u_{\theta}$，$\phi_{\mathrm{drc}}=u_{\phi}$，$\dot{\psi}_{\mathrm{drc}}=u_{\omega_z}$，$f_{\mathrm{drc}}=u_T$。在半自主控制方式下，油门/偏航摇杆和滚转/俯仰摇杆分别用来指定期望总拉力 $f_{\mathrm{d}}=f_{\mathrm{drc}}$，期望偏航角速率 $\dot{\psi}_{\mathrm{d}}=\dot{\psi}_{\mathrm{drc}}$，期望俯仰角 $\theta_{\mathrm{d}}=\theta_{\mathrm{drc}}$ 和期望滚转角 $\phi_{\mathrm{d}}=\phi_{\mathrm{drc}}$。在直接式油门遥控器中，当不推动油门摇杆时，摇杆可以停在任意位置，并且总拉力与油门摇杆的偏移量成正比。对于油门摇杆，摇杆偏移量与总拉力之间的关系如图 13-11 所示。这里，$\sigma_{\mathrm{drc}}\in[0,1]$ 是油门控制摇杆或油门指令的偏移量，$\sigma_{\mathrm{drc}}=0.5$ 表示油门摇杆的中间位置。如果 $\sigma_{\mathrm{drc}}\in[0.4,0.6]$，那么 $f_{\mathrm{drc}}(\sigma_{\mathrm{drc}})=0$，然后自动控制器开始引入高度反馈进行高度保持。在这里，前馈控制 mg 设定由自动控制器给出，所以 f_{drc} 从 $-mg$ 开始（见图 13-11）。死区用来消除油门摇杆微弱变化带来的影响。同样，其他摇杆也有死区。

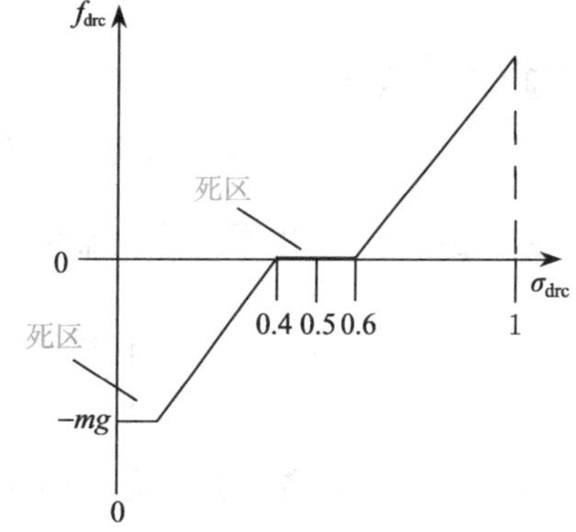

图 13-11 油门指令与总拉力的关系函数

此外，一些多旋翼产品（如大疆精灵系列四旋翼）采用增量式油门遥控方式控制多旋翼的总拉力。增量式油门有两个特点：一是释放油门摇杆时，摇杆能自动回到中间位置；二是油门摇杆的偏移量正比于期望的垂直方向速度 $v_{z\mathrm{d}}$ 或总拉力变化率，而不是期望总拉力。为简单起见，本章仅讨论直接式油门控制方式，这也是大部分开源自驾仪采用的方式。

13.2.3 自动控制

当所有摇杆都位于中间位置附近时，自动控制器将接管多旋翼的控制（见图 13-10）。

事实上，无论半自主控制处于哪一种模式，自驾仪的决策模块都会生成期望的悬停位置 $\mathbf{p}_{\mathrm{dac}}$ 和偏航角 ψ_{dac}，自驾仪的状态估计模块都会生成位置估计量 $\hat{\mathbf{p}} = [\hat{p}_x \quad \hat{p}_y \quad \hat{p}_z]^{\mathrm{T}}$ 和姿态估计量 $\hat{\mathbf{\Theta}} = [\hat{\phi} \quad \hat{\theta} \quad \hat{\psi}]^{\mathrm{T}}$。自驾仪的控制目标是使多旋翼的位置和偏航角满足 $\lim_{t\to\infty} \|\hat{\mathbf{p}}(t) - \mathbf{p}_{\mathrm{dac}}(t)\| = 0$ 和 $\lim_{t\to\infty} |\hat{\psi}(t) - \psi_{\mathrm{dac}}(t)| = 0$，因此，自动控制器在半自主控制的三个模式下的结构是相同的。然而，由于三个模式（自稳模式、定高模式和定点模式）采用不同的传感器，因此运动信息的估计精度有所不同。下面介绍这三个模式的工作原理。注意，本章介绍的只是实现三个模式的方式之一。

1. 自稳模式

自稳模式根据期望位置 $\mathbf{p}_{\mathrm{d}} = \hat{\mathbf{p}}$ 和期望偏航角 $\psi_{\mathrm{d}} = \hat{\psi}$ 生成期望总拉力和力矩。如图 13-12 所示，自驾仪根据遥控器指令生成期望位置 $\mathbf{p}_{\mathrm{d}}$ 和期望偏航角 ψ_{d}。

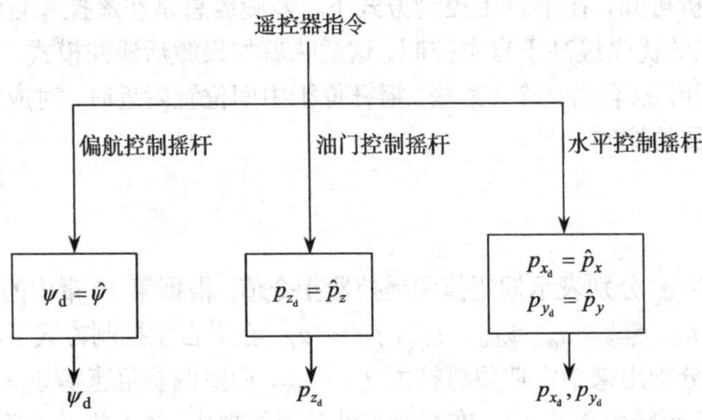

图 13-12　自稳模式下期望位置和偏航角的生成原理

回顾第 11 章介绍的控制器 (11.14) 和 (11.19)，水平通道控制器为

$$\mathbf{\Theta}_{\mathrm{hd}} = -g^{-1}\mathbf{A}_{\psi}^{-1}\left(-\mathbf{K}_{\mathbf{p}\mathrm{hd}}\dot{\hat{\mathbf{p}}}_{\mathrm{h}} - \mathbf{K}_{\mathbf{p}\mathrm{hp}}\left(\hat{\mathbf{p}}_{\mathrm{h}} - \mathbf{p}_{\mathrm{hd}}\right)\right)$$

高度通道控制器为

$$f_{\mathrm{d}} = mg - m\left(-k_{p_z\mathrm{d}}\dot{\hat{p}}_z - k_{p_z\mathrm{p}}\left(\hat{p}_z - p_{z_{\mathrm{d}}}\right)\right).$$

由于 $\mathbf{p}_{\mathrm{d}} = \hat{\mathbf{p}}$，水平通道控制器和高度通道控制器变为

$$\begin{cases} \mathbf{\Theta}_{\mathrm{hd}} = g^{-1}\mathbf{A}_{\psi}^{-1}\mathbf{K}_{\mathbf{p}\mathrm{hd}}\dot{\hat{\mathbf{p}}}_{\mathrm{h}} \\ f_{\mathrm{d}} = mg + mk_{p_z\mathrm{d}}\dot{\hat{p}}_z \end{cases}.$$

由于 $\dot{\hat{\mathbf{p}}}_{\mathrm{h}}$ 不可获取或者不够精确，或者磁力计不可用，通常令 $\mathbf{\Theta}_{\mathrm{hd}} = [\phi_{\mathrm{d}} \quad \theta_{\mathrm{d}}]^{\mathrm{T}} = \mathbf{0}_{2\times 1}$。这意味着自动控制器能够使多旋翼保持水平。此外，自动控制器并不能保持高度。这是因为控制器只是把高度通道的速度控制到零。一个简单的偏航通道控制器具有以下形式：

$$\tau_z = -k_{\psi}(\hat{\psi} - \psi_{\mathrm{d}}) - k_{\dot{\psi}}\dot{\psi}.$$

由于磁力计对环境噪声敏感，使得偏航角估计量 $\hat{\psi}$ 不精确，并可能带有慢变漂移。因此，如果在偏航通道引入偏航角估计量作为反馈，多旋翼机头将发生振荡。然而，由陀螺仪测量的偏航角速率相当精确，因此一个防止机头振荡的简单方法是控制偏航角速率到零，这可以通过设置 $\psi_{\mathrm{d}}=\hat{\psi}$ 实现。这样，偏航通道控制器变为

$$\tau_z=-k_{\dot{\psi}}\dot{\psi}.$$

由于缺少位置信息反馈，自稳模式不能使多旋翼稳定悬停。这个模式通常在没有 GPS 接收机和高度测量传感器或者这些传感器失效的时候使用。

2. 定高模式

定高模式根据期望高度 $p_{z_{\mathrm{d}}}=p_{z_{\mathrm{dold}}}$，期望水平位置 $\mathbf{p}_{\mathrm{hd}}=\hat{\mathbf{p}}_{\mathrm{h}}$ 和期望偏航角 $\psi_{\mathrm{d}}=\hat{\psi}$ 生成期望总拉力和力矩。这里，$\mathbf{p}_{\mathrm{hd}}=\hat{\mathbf{p}}_{\mathrm{h}}$ 意味着 $\theta_{\mathrm{d}}=\phi_{\mathrm{d}}=0$。

如图 13-13 所示，将油门摇杆回到中间位置的时刻记为 $t_{z_{\mathrm{d}}}$，将该时刻的高度估计量 $\hat{p}_z\left(t_{z_{\mathrm{d}}}\right)$ 记为 $p_{z_{\mathrm{dold}}}=\hat{p}_z\left(t_{z_{\mathrm{d}}}\right)$。与此同时，定高模式将多旋翼的高度保持在 $p_{z_{\mathrm{d}}}=p_{z_{\mathrm{dold}}}$。与自稳模式一样，由于缺少水平位置信息反馈，定高模式也不能使多旋翼稳定悬停。定高模式通常在高度测量传感器可用，而位置传感器或磁力计不可用的时候使用。

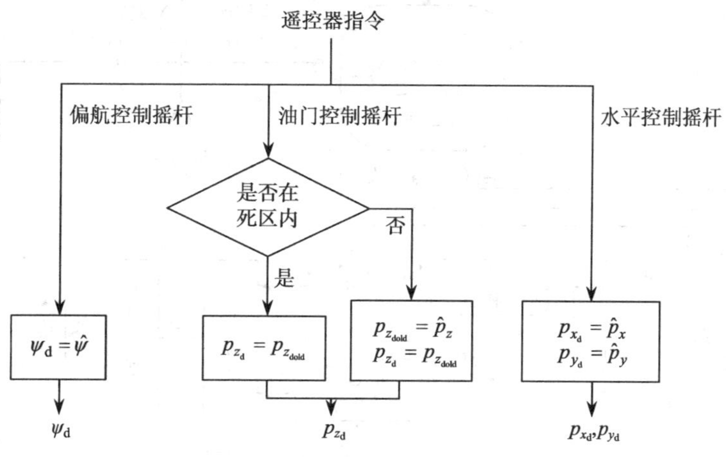

图 13-13 定高模式下期望位置和偏航角的生成原理

3. 定点模式

如图 13-14 所示，定点模式根据期望的位置 $\mathbf{p}_{\mathrm{d}}=\mathbf{p}_{\mathrm{dold}}$ 和偏航角 $\psi_{\mathrm{d}}=\psi_{\mathrm{dold}}$ 生成期望总拉力和力矩。4 个摇杆回到中间位置的时刻分别记为 $t_{\psi_{\mathrm{d}}}$、$t_{z_{\mathrm{d}}}$、$t_{x_{\mathrm{d}}}$、$t_{y_{\mathrm{d}}}$，这些时刻的估计量分别记为 $\psi_{\mathrm{dold}}=\hat{\psi}\left(t_{\psi_{\mathrm{d}}}\right)$, $p_{z_{\mathrm{dold}}}=\hat{p}_z\left(t_{z_{\mathrm{d}}}\right)$, $p_{x_{\mathrm{dold}}}=\hat{p}_x\left(t_{x_{\mathrm{d}}}\right)$, $p_{y_{\mathrm{dold}}}=\hat{p}_y\left(t_{y_{\mathrm{d}}}\right)$。定点模式将控制多旋翼悬停在 $\mathbf{p}_{\mathrm{d}}=\mathbf{p}_{\mathrm{dold}}$，并保持偏航角为 $\psi_{\mathrm{d}}=\psi_{\mathrm{dold}}$。定点模式通常在高度测量传感器和位置传感器都可用的时候使用。

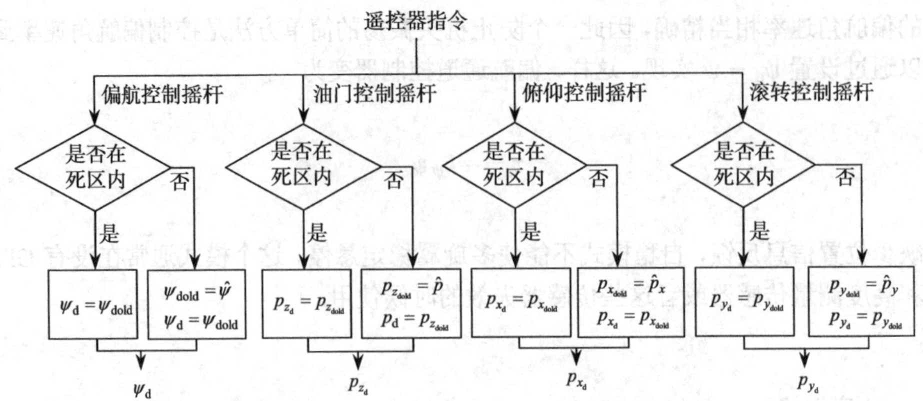

图 13-14　定点模式下期望位置和偏航角的生成原理

13.2.4　遥控和自动控制间的切换逻辑

半自主控制的闭环控制框图如图 13-15 所示。下面基于图 13-15 对遥控和自动控制间的切换逻辑进行分析。

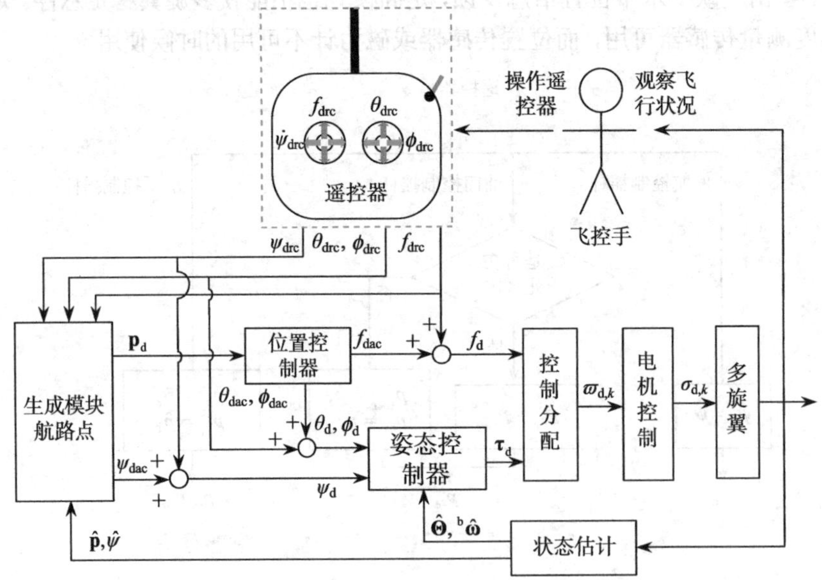

图 13-15　半自主控制下的闭环控制框图

1．偏航指令切换逻辑

如图 13-15 所示，在半自主控制方式下，总偏航角指令为

$$\psi_{\mathrm{d}} = \psi_{\mathrm{dac}} + \psi_{\mathrm{drc}}$$

其中，ψ_{dac} 由自驾仪中的自动控制器生成，而 ψ_{drc} 代表来自遥控器的指令。正如 13.2.3 节所述，$\psi_{\mathrm{dac}} = \hat{\psi}$ 或者 $\psi_{\mathrm{dac}} = \psi_{\mathrm{dold}}$ 取决于多旋翼处于哪种模式（自稳模式、定高模式或定

点模式）。遥控器指令 ψ_{drc} 可以表示为

$$\psi_{\mathrm{drc}} = \dot{\psi}_{\mathrm{drc}}\Delta t$$

其中，$\dot{\psi}_{\mathrm{drc}}$ 是偏航控制指令；Δt 是指令周期，也可以认为是可调增益。

当偏航摇杆位于中间位置时，$\dot{\psi}_{\mathrm{drc}} = 0$，从而 $\psi_{\mathrm{drc}} = 0$。自驾仪将根据多旋翼所处的模式把偏航角控制到 ψ_{dac}。如果偏航摇杆偏离中间位置，那么 $\psi_{\mathrm{dac}} = \hat{\psi}$，此时遥控器将完全接管偏航通道的控制。

2. 油门指令切换逻辑

根据图 13-15，总拉力指令为

$$f_{\mathrm{d}} = f_{\mathrm{dac}} + f_{\mathrm{drc}}(\sigma_{\mathrm{drc}})$$

其中，f_{dac} 由自驾仪中的自动控制器生成，$f_{\mathrm{drc}}(\sigma_{\mathrm{drc}})$ 代表来自遥控器的指令。更准确地说法，航路点生成模块根据多旋翼当前所处的模式（自稳模式、定高模式和定点模式）生成期望位置，然后自驾仪中的位置控制器生成 f_{dac}。遥控器指令函数 $f_{\mathrm{drc}}(\sigma_{\mathrm{drc}})$ 见图 13-11。

当油门摇杆在中间位置时，$f_{\mathrm{drc}}(\sigma_{\mathrm{drc}}) = 0$，自驾仪根据总拉力 f_{dac} 控制高度。一旦油门摇杆偏离中间位置，$p_{z_{\mathrm{d}}} = \hat{p}_z$，自动控制器中高度反馈失效，只存在速度反馈，此时遥控器将完全接管多旋翼高度通道的控制。

3. 滚转/俯仰指令切换逻辑

根据图 13-15，总滚转/俯仰指令为

$$\begin{cases} \phi_{\mathrm{d}} = \phi_{\mathrm{dac}} + \phi_{\mathrm{drc}} \\ \theta_{\mathrm{d}} = \theta_{\mathrm{dac}} + \theta_{\mathrm{drc}} \end{cases}$$

其中，ϕ_{dac} 和 θ_{dac} 由自驾仪中的自动控制器生成；ϕ_{drc} 和 θ_{drc} 代表来自遥控器的指令。与油门指令 f_{dac} 相似，滚转/俯仰指令 ϕ_{dac} 和 θ_{dac} 也是由自驾仪中的位置控制器生成的。

以俯仰摇杆为例，当摇杆位于中间位置时，$\theta_{\mathrm{drc}} = 0$，自驾仪将根据多旋翼所处的模式将俯仰角控制到 θ_{dac}。一旦俯仰摇杆偏离中间位置，$p_{x_{\mathrm{d}}} = \hat{p}_x$，自动控制器中的水平位置反馈失效，只存在速度反馈，此时遥控器将完全接管多旋翼水平通道的控制。

本章小结

单架多旋翼的任务规划或者自动飞行控制相对简单。近年来，已有不少研究者在可控的实验环境中实现了多机协同控制。与单机相比，多机协同控制能够更高效地完成任务。在实际工程中，全自主任务决策更利于实现多架多旋翼的操纵。要在实际中实现多机完全自由工作，下面的先决条件需要满足：① 每架多旋翼都必须足够可靠；② 每架多旋翼的位置和姿态都必须精确估计；③ 多旋翼必须具有足够长的续航时间，并搭载电池管理系统进行电池健康评估；④ 修建全自动的快速充电站。

习 题 13

13.1　13.1.3 节介绍了直线路径跟随算法，参照该算法，设计一个路径跟随算法，使得多旋翼沿水平圆飞行。假定圆半径 $r_c \in \mathbb{R}_+$，圆心 $\mathbf{p}_c \in \mathbb{R}^2$。

13.2　令多旋翼初始位置为 $\mathbf{p}_{\text{wp,last}} = [-8 \quad -8 \quad 0]^{\text{T}}$，目标位置为 $\mathbf{p}_{\text{wp}} = [8 \quad 8 \quad 10]^{\text{T}}$。假设圆柱形障碍物的半径 $r_o = 4$，轴线由通过 $\mathbf{p}_{o,1} = [0 \quad 0 \quad -3]^{\text{T}}$ 和 $\mathbf{p}_{o,2} = [0 \quad 0 \quad 3]^{\text{T}}$ 的直线确定。请仿真实现路径跟随和避障算法。

13.3　如图 13-16 所示，要求多旋翼在二维矩形区域内飞行且不飞出边界，这就是所谓的**地理围栏技术**。如果将多旋翼看成质点，那么

$$\begin{cases} \dot{\mathbf{p}} = \mathbf{v} \\ \dot{\mathbf{v}} = \mathbf{u}_{\text{ac}} + \mathbf{u}_{\text{rc}} \end{cases}$$

其中，$\mathbf{p}, \mathbf{v} \in \mathbb{R}^2$ 分别代表多旋翼的位置和速度，$\mathbf{u}_{\text{ac}} \in \mathbb{R}^2$ 是能保持多旋翼在矩形区域内的辅助力，$\mathbf{u}_{\text{rc}} \in \mathbb{R}^2$ 是来自飞控手的控制指令。参照 13.1.3 节介绍的基于人工势场法的设计思路，设计 $\mathbf{u}_{\text{ac}}$ 实现地理围栏技术。

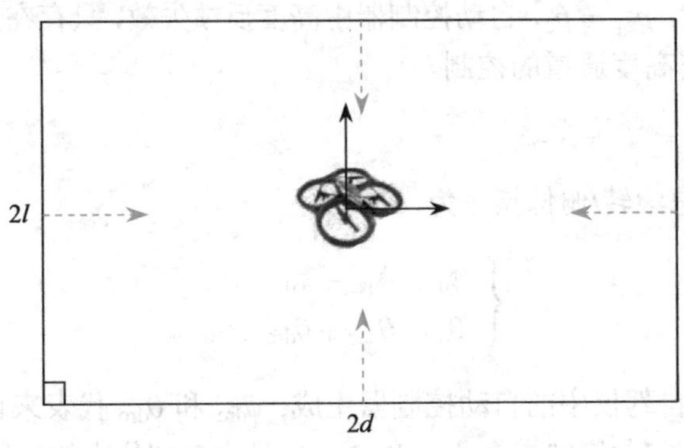

图 13-16　地理围栏示意图

13.4　如果磁干扰较大，偏航角的估计将会振荡。此时，处于自稳模式、定高模式和定点模式的多旋翼分别会出现什么现象？请解释原因。

13.5　13.2.4 节介绍了直接式油门遥控器的油门指令切换逻辑，请设计出增量式油门遥控器的油门指令切换逻辑。

参考文献

[1] 张辉, 魏子博, 全权, 蔡开元. Ardrone 四旋翼建模与基于加性输出分解方法的轨迹跟踪. 第 32 届中国控制会议 (CCC) 西安, 中国, 2013, pp 4946-4951.

[2] Gilbert E G, Johnson D W. Distance functions and their application to robot path planning in the presence of obstacles. IEEE Robotics & Automation Magazine, 1985, 1(1): 21-30.

[3] Barnhart R K, Hottman S B, Marshall D M, Shappee E. Introduction to unmanned aircraft systems. CRC Press, Boca Raton, USA, 2011.

[4] Tsourdos A, White B, Shanmugavel M. Cooperative path planning of unmanned aerial vehicles. John Wiley & Sons, New York, USA, 2010.

[5] Khatib O. Real-time obstacle avoidance for manipulators and mobile robots. The International Journal of Robotics Research, 1986, 5(1): 90-98.

[6] Weisstein, E W. The Wolfram MathWorld. Point-line distance 3-Dimensional [Online], available: http://mathworld.wolfram.com/Point-LineDistance3-Dimensional.html, May 14, 2016.

[7] Hoffmann G M, Tomlin C J. Decentralized cooperative collision avoidance for acceleration constrained vehicles. In: Proc. 47th IEEE Conference on Decision and Control. Cancun, Mexico, 2008, pp 4357-4363.

[8] Alonso-Mora J, Naegeli T, Siegwart R, et al. Collision avoidance for aerial vehicles in multi-agent scenarios. Autonomous Robots, 2015, 39(1): 101-121.

[9] Vadakkepat P, Tan K C, Wang M L. Evolutionary artificial potential fields and their application in real time robot path planning. In: Proc. IEEE Congress on Evolutionary Computation. San Diego, USA, 2000, pp 256-263.

[10] Warren C W. Multiple robot path coordination using artificial potential fields. In: Proc. IEEE International Conference on Robotics and Automation. Cincinnati, USA, 1990, pp 500-505.

[11] Luh G C, Liu W W. Motion planning for mobile robots in dynamic environments using a potential field immune network. Journal of Systems and Control Engineering, 2007, 221(7): 1033-1045.

第14章 Chapter 14 健康评估和失效保护

未雨绸缪

中国古成语中有不少强调安全，做好预防和预案的例子。“未雨绸缪”出于《诗经·幽风·鸱鸮》：“迨天之未阴雨，彻彼桑土，绸缪牖户”。意思是说：趁着还没有下雨的时候，赶快用桑根的皮把鸟巢的空隙缠紧，只有坚固了鸟巢，才不怕人的侵害。这也是体现安全问题重于预防的基本策略。左丘明《左传·襄公十一年》：“居安思危，思则有备，有备无患，敢以此规。”也体现了这个道理。《礼记·中庸》中有“凡事预则立，不预则废。”表示无论做什么事，事先只要有准备，就能得到成功，否则就会失败。除了预防，还要再过程中重视一些小问题，即“防微杜渐”。该成语出于《元史·张桢传》“有不尽者亦宜防微杜渐而禁于未然”。这就是我们常说的从微小事抓起，重视事故苗头，把事故消灭在萌芽中。

多旋翼出现诸如通信故障、传感器失效、动力系统异常等失效是不可避免的。这些失效可能导致任务中断、多旋翼坠机，甚至人员伤亡。为了保障飞行安全，多旋翼的决策模块应当阻止或减轻失效带来的不良影响。为了达到上述目的，需要根据机载组件的健康评估结果定义多旋翼不同的飞行模式。具体来讲，如果多旋翼的关键组件在起飞前存在安全风险，计划飞行任务就应当立即中止。如果多旋翼的关键组件在飞行过程中发生故障或异常，多旋翼应当立刻返航或着陆。

本章主要阐述与多旋翼安全性相关的问题，主要回答以下问题：

影响安全的事件有哪些？如何处理这些事件？

为了回答以上问题，本章将介绍多旋翼潜在的安全问题、健康评估方法、失效保护建议以及一个失效保护决策设计的例子。

14.1　决策的目的和意义

研究多旋翼决策（以飞行模式的形式体现）的目的和重要性包括以下四点。

1. 使飞行过程可以受飞控手控制

由于多旋翼需要与飞控手交互，故将多旋翼的行为划分成不同的飞行模式，这能够让飞控手方便地掌握多旋翼在飞行过程中的行为，并确定多旋翼接下来的动作。

2. 适应不同的飞行任务

① 因地效原因，多旋翼模型在起飞、降落和常规飞行时均存在差别，可以针对不同的飞行模式分配不同的控制器。② 对于半自主多旋翼控制方式，可以将多旋翼的控制在遥控和自动控制之间切换。

3. 适应不同的异常情况

在多旋翼飞行时，传感器、通信、动力系统等都可能出现失效的情况。如果失效，多旋翼需要切换到合适的控制目标和相应的控制器，这需要通过模式切换来保障多旋翼安全。这也与飞控手的操作经验一致。

4. 更好地映射出用户需求

通过模式切换，可以更形象化地显示多旋翼的工作状态，并且通过模式之间的切换更好地实现用户的需求，同时方便地解释需求。

14.2　安全问题

首先介绍引起飞行事故的主要失效类型，这里分别考虑通信故障、传感器失效和动力系统异常三种情况。

14.2.1 通信故障

通信故障主要是指遥控器与多旋翼之间、地面站与多旋翼之间无法正常通信，主要分为以下 3 方面。

1. 遥控器未校准（也称为未标定）

遥控器未校准是指多旋翼在第一次飞行之前，飞控手未对遥控器校准，即没有让多旋翼"知道"遥控器每个摇杆的具体作用。若未对遥控器校准，在多旋翼飞行过程中，其飞行控制系统无法识别用户的指令，而错误的指令识别会导致飞行事故。

2. 遥控器失联

遥控器失联是指在多旋翼起飞前或飞行过程中，遥控器和遥控器信号接收机无法正常通信。若使用遥控器控制多旋翼飞行，遥控器失联将导致多旋翼不受控制，产生安全问题。导致遥控器失联的原因包括（但不限于）：① 飞控手关掉遥控器；② 多旋翼飞出遥控器的信号范围；③ 遥控器或者多旋翼遥控器信号接收机断电或失效；④ 自驾仪与遥控器信号接收机的连接线损坏。

3. 地面站失联

地面站失联是指在多旋翼起飞前或飞行过程中，地面站与多旋翼无法正常通信。若多旋翼需要完成设定任务，则地面站失联将导致多旋翼无法获取任务点，使任务无法完成。导致地面站失联的原因包括（但不限于）：① 飞控手关掉地面站；② 多旋翼飞出地面站的信号范围；③ 地面站或多旋翼地面站信号接收机断电或失效；④ 自驾仪与地面站信号接收机的连接线损坏。

14.2.2 传感器失效

传感器失效是指多旋翼上的机载传感器测量不准确或无法正常工作，主要包括以下 4 方面。

1. 气压计失效

气压计失效会使多旋翼无法准确地测量飞行高度。导致气压计失效的原因包括（但不限于）：① 气压计硬件失效；② 气压计和其他高度测量传感器（超声波测距模块等）对高度的测量结果不一致。

2. 磁罗盘失效

磁罗盘失效会使多旋翼无法控制飞机朝向，即无法有效控制偏航通道。导致磁罗盘失效的原因包括（但不限于）：① 磁罗盘硬件失效；② 磁罗盘未校准；③ 磁罗盘偏移量过高，通常是因为在磁罗盘附近存在金属物体；④ 区域磁场过高或过低（高于或低于期望值的 35%）；⑤ 自驾仪中磁罗盘指向与外置磁罗盘（可能是单独的模块，也可能是与 GPS 封装在一起的模块）指向不同（指向偏差大于 45°，通常是因为外在磁罗盘未校准）。

3. GPS 失效

GPS 失效是指 GPS 接收机无法精确测量位置信息，导致多旋翼无法完成设定航路或者定点悬停。在失去了 GPS 接收机提供的位置信息之后，多旋翼仅能依靠惯性传感器推算出几秒较为精确的位置信息，之后会发生较大的位置测量误差。

4. 惯导系统失效

惯导系统是一种连续估算移动物体位置、方向和速度的导航设备，其功能主要借助计算机、运动传感器（加速度计）和旋转传感器（陀螺仪）实现，并且不需要外界参考[1]。在本章中，惯导系统失效主要是指加速度计和陀螺仪的异常，意味着惯导系统无法精确测量姿态角和姿态角速度。导致惯导系统失效的原因包括（但不限于）：① 惯导系统未校准，主要是指加速度计未校准，表现在多旋翼上不同的加速度计对同一测量值测量不一致；② 加速度计或陀螺仪硬件失效，主要表现在加速度计或陀螺仪对同一测量值测量不一致；③ 陀螺仪校准失败，主要是指陀螺仪在校准时无法获取偏移量，可能是由陀螺仪校准时移动多旋翼导致的。陀螺仪的硬件故障也会导致校准失败，可能使陀螺仪测量值测量不一致。

14.2.3 动力系统异常

动力系统异常主要指电池失效，或者由电调、电机和桨的硬件故障导致的动力单元失效。

1. 电池失效

电池失效通常是指由于电池电量不足或者电池寿命减少导致的多旋翼供电不足，主要表现为三方面：① 电池电量降低、输出电压降低，无法正常驱动电机；② 电池内阻增高，导致电池寿命减少；③ 过度充电、过度放电、低电池电压下放电和低温条件都会降低电池容量。

2. 电调失效

电调失效主要表现为两方面：① 电调无法正确识别自驾仪或遥控器给出的 PWM 指令；② 电调无法按期望指令正确地驱动电机。

3. 电机失效

电机失效主要表现为在一定的输入电压下，输出不正确的转速。

4. 螺旋桨故障

桨的故障主要表现为在桨叶松动、磨损或折断等。

动力系统失效通常发生在飞控手不正当操作导致摔机之后，电机和桨被强烈碰撞，硬件遭到破坏，也可能出现电机和电调的连接线接触不良等问题。其次，由于大机动飞行和电机堵转会使工作电流过高，以致损坏电器元件和相关的焊点，也会导致动力系统失效。再次，某些元器件的使用时间已超过设计寿命，也会导致动力系统失效。在电机工作时，温度过高可能出现**消磁现象**[2,pp.43-49],[3,pp.99-102]，也会使得电机在飞行过程中发生失效。

14.3 健康评估

健康评估[4,5]是指评估系统当前的工作状态是否正常，以及系统在未来一定时间段内是否存在异常或潜在的故障。健康评估是监测多旋翼安全问题的重要手段，主要包括两方面：飞行前健康检查（离线）和飞行中健康监测（在线）。

14.3.1 飞行前的健康检查

飞行前健康检查主要是指多旋翼在飞行前对机载各主要部件及多旋翼参数进行健康检查，查看各部件是否正常工作。健康检查范围如表 14-1 所示。

表 14-1 飞行前健康检查表

序 号	检查项	对应安全问题
1	遥控器是否已校准	通信故障
2	遥控器连接是否正常	通信故障
3	气压计是否存在硬件故障	传感器失效
4	磁罗盘是否存在硬件故障	传感器失效
5	磁罗盘是否已校准	传感器失效
6	GPS 信号是否正常	传感器失效
7	惯导系统是否已校准	传感器失效
8	加速度计是否存在硬件故障	传感器失效
9	陀螺仪是否存在硬件故障	传感器失效
10	电池电压检查	动力系统异常
11	多旋翼关键参数是否设置正确	参数配置错误[1]

[1] 参数配置错误主要是指用户对自驾仪参数的错误配置，如姿态角的 PID 控制器参数。

在用户尝试解锁多旋翼时，自驾仪自动对表 14-1 中的 11 项进行健康检查。若有一项不通过，则自驾仪通过 LED 灯给出相应的警告信息。若地面站与多旋翼已连接，会在地面站提示自检未通过信息及原因。

14.3.2 飞行中的健康监测

在多旋翼飞行过程中，多旋翼的通信、传感器、动力单元和电池需要实现实时在线的健康监测。

1. 通信实时健康监测

通信实时健康监测主要是指监测遥控器与多旋翼是否正常通信。当多旋翼沿设定航路完成任务时，还要监测多旋翼与地面站是否正常通信。若多旋翼持续 x 秒（如 5 秒）未收到来自遥控器的信号，则认为遥控器与多旋翼失去连接；针对地面站与多旋翼的通信健康监测，若多旋翼持续 x 秒（如 5 秒）无法接收地面站发出的航路点位置，则认为地面站与多旋翼失去连接。

2. 传感器实时健康监测

传感器实时健康监测主要是指实时监测气压计、磁罗盘、GPS 和惯导系统是否正常工作。传感器的实时健康监测通常要求多旋翼处于稳定状态，如 APM 自驾仪中的定点模式，因为多旋翼在悬停状态下各传感器输出应趋于稳定。当多旋翼处于稳定状态时，若气压计所获高度值出现较大范围的波动，导致多旋翼无法定高，则需要考虑气压计不健康的可能性。若多旋翼出现自转现象，则需要考虑磁罗盘不健康的可能性。若多旋翼出现较大振动，则需要考虑惯导系统不健康的可能性。网站 http://ardupilot.org 给出了磁罗盘和 GPS 健康监测的方法，以下简要介绍。

（1）磁罗盘健康监测

① 多旋翼返回的 mag_field 值可以反映来自动力系统的磁场干扰。因为电流能够改变磁场，所以当动力系统工作时，该值发生波动。具体地，当多旋翼改变油门指令时，出现以下 3 种情况：若波动控制在 10%～20%，则认为磁罗盘工作正常，没有受到干扰；若波动为 30%～60%，则认为磁罗盘受到一定干扰，可能正常工作，也可能出现异常；若为 60% 以上，则认为磁罗盘受到严重干扰，磁罗盘失效。

② 磁罗盘的各方向的补偿量应该为 $-400\sim400$；若不在此范围之内，则认为磁罗盘存在问题。在 APM 自驾仪中，反映补偿量的参数为 COMPASS_OFS_X、COMPASS_OFS_Y 和 COMPASS_OFS_Z。

（2）GPS 健康监测

对于 GPS 的健康监测，在多旋翼飞行过程中，利用扩展卡尔曼滤波结合惯性测量单元测量数据估计的多旋翼位置，与 GPS 测量到的多旋翼位置相比较。当两个位置的差值小于参数 EKF_POS_GATE 时，认为 GPS 健康，否则认为不健康。

另外，文献 [6] 给出了利用状态估计残差来判定传感器是否健康的方法。这里，假设多旋翼模型为

$$\begin{cases} \mathbf{x}_{k+1} = \mathbf{f}(\mathbf{x}_k) + \mathbf{B}\mathbf{u}_k + \boldsymbol{\Gamma}\mathbf{w}_k \\ \mathbf{y}_k = \mathbf{C}^{\mathrm{T}}\mathbf{x}_k + \mathbf{v}_k \end{cases} \tag{14.1}$$

其中，$\mathbf{x}$ 表示多旋翼状态，$\mathbf{u}$ 为多旋翼输入，$\mathbf{w}$ 为系统噪声，$\boldsymbol{\Gamma}$ 为噪声驱动矩阵，$\mathbf{v}$ 为测量噪声。对于传感器故障，可以设计观测器或者滤波器，如图 14-1 所示。这里的观测器可以是卡尔曼滤波器。定义估计残差为

$$\mathbf{r}_k \triangleq \mathbf{y}_k - \hat{\mathbf{y}}_k. \tag{14.2}$$

若第 i 个传感器的输出残差 $r_{i,k}$ 对应的平均值或标准差超过设定的失效阈值，则需要考虑第 i 个传感器存在故障的可能性。其他相关方法可参考文献 [7] 和 [8]。

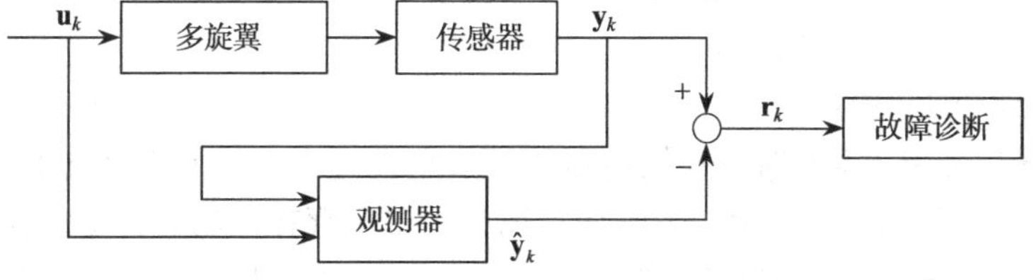

图 14-1　基于观测器的传感器故障诊断示意图

3. 动力系统实时健康监测

(1) 电机和桨的健康监测

① 基于扩展卡尔曼滤波器的多旋翼动力单元健康监测方法。假设多旋翼具有式 (14.1) 所示模型。为了度量失效，定义效率矩阵

$$\mathbf{\Lambda}=\operatorname{diag}(\eta_1,\eta_2,\cdots,\eta_n) \tag{14.3}$$

其中，$\eta_i\in[0,1]$ 表示第 i 个动力单元的效率值，它可以表示电机、桨、电调以及电池性能的总体效果。特别地，$\eta_i=1$，表示第 i 个动力单元完全健康；$\eta_i=0$，表示第 i 个动力单元完全失效；$\eta_i\in(0,1)$，表示第 i 个动力单元的效率下降。基于此，式 (14.1) 改写为

$$\begin{cases}\mathbf{x}_{k+1}=\mathbf{f}(\mathbf{x}_k)+\mathbf{B}\mathbf{\Lambda}_k\mathbf{u}_k+\mathbf{\Gamma}\mathbf{w}_k\\ \mathbf{y}_k=\mathbf{C}^{\mathrm{T}}\mathbf{x}_k+\mathbf{v}_k\end{cases}. \tag{14.4}$$

因此，动力单元的实时健康监测归结于对 η_i 的实时估计。定义 $\boldsymbol{\eta}=[\eta_1\quad\eta_2\quad\cdots\quad\eta_n]^{\mathrm{T}}$，假定 $\boldsymbol{\eta}$ 满足

$$\begin{cases}\boldsymbol{\eta}_{k+1}=\boldsymbol{\eta}_k+\boldsymbol{\xi}_k+\boldsymbol{\varepsilon}_{1,k}\\ \boldsymbol{\xi}_{k+1}=\boldsymbol{\xi}_k+\boldsymbol{\varepsilon}_{2,k}\end{cases} \tag{14.5}$$

其中，$\boldsymbol{\varepsilon}_{1,k}$ 和 $\boldsymbol{\varepsilon}_{2,k}$ 为高斯白噪声。系统状态的实时估计可以由扩展卡尔曼滤波器以及由系统状态方程 (14.4) 扩展的增广系统实现。该增广系统可写为

$$\begin{cases}\begin{bmatrix}\mathbf{x}_{k+1}\\ \boldsymbol{\eta}_{k+1}\\ \boldsymbol{\xi}_{k+1}\end{bmatrix}=\begin{bmatrix}\mathbf{f}(\mathbf{x}_k)+\mathbf{B}\mathbf{\Lambda}_k\mathbf{u}_k+\mathbf{\Gamma}\mathbf{w}_k\\ \boldsymbol{\eta}_k+\boldsymbol{\xi}_k+\boldsymbol{\varepsilon}_{1,k}\\ \boldsymbol{\xi}_k+\boldsymbol{\varepsilon}_{2,k}\end{bmatrix}\\ \mathbf{y}_k=\begin{bmatrix}\mathbf{C}^{\mathrm{T}} & \mathbf{0}\end{bmatrix}\begin{bmatrix}\mathbf{x}_{k+1}\\ \boldsymbol{\eta}_{k+1}\\ \boldsymbol{\xi}_{k+1}\end{bmatrix}+\mathbf{v}_k\end{cases}. \tag{14.6}$$

进一步，可利用扩展卡尔曼滤波得出 η_i 的实时估计值。注意，使用该方法，要首先满足可观性条件。

② 基于振动信号的动力单元健康监测方法。本方法是利用多旋翼机身的振动信号获取信号特征，并利用该特征进行动力单元的健康监测。由 2.3.3 节的**动平衡**可知，当多旋翼的动力单元（如螺旋桨或电机）不健康时，多旋翼将无法保持动平衡，且机身的振动信号与正常状态下的不同。因此，通过分析振动数据的特征可以检测出动力单元的故障。该方法的具体细节可以参见文献 [9]。

(2) 飞控板电压健康监测

在多旋翼起飞前，需要对飞控板电压进行安全性检查。若飞控板电压在设定电压区间之内，则认为飞控板电压正常，否则认为飞控板电压存在问题。若飞控板通过 USB 供电，则认为是计算机的 USB 接口存在问题。若飞控板由电池供电，则需要重视，应认真检查多旋翼的飞控板电压。在多旋翼起飞之后，需要对飞控板电压和电池状态进行实时

评估。若飞控板电压的变化控制在指定电压范围内，则认为飞控板电压正常，否则认为飞控板电压异常。

（3）电池健康监测

在多旋翼起飞前，需要对电池电压进行安全性检查。若电池电压低于设定阈值，则认为电池电量低，电池不健康。在多旋翼起飞之后，需要对电池状态进行实时评估。在一般情况下，若监测到电池电压低于设定值超过一定时间（几秒钟），则认为电池实时电量低，电池不健康。另一种方法是利用电压电流实时计算的电池剩余电量。若计算结果低于配置的最大保留容量值，则认为电池电量低，电池不健康。然而，在多旋翼飞行过程中，通过电池电压来估计电池状态存在一定的困难。首先，电池电压并不能直接、精确地反映电池的放电状态，因为两者是非线性关系，而且极小的电池电压测量误差就会产生较大的电池电量估计误差 [10]。其次，因为电池剩余电量的计算实际上是一个开环过程，而电压和电流的测量存在噪声，所以会导致电池剩余电量的计算存在累积误差。因此，在电池研究领域，常用电池荷电状态的概念来表征电池的充放电状态。

在电池放电过程中，电池荷电状态和电池阻抗的变化满足

$$\begin{cases} S_{k+1} = S_k - \dfrac{I_k \cdot T_s}{Q_{\max}} + w_{1,k} \\ R_{k+1} = R_k + w_{2,k} \end{cases} \tag{14.7}$$

其中，$S \in \mathbb{R}_+$ 为电池的电池荷电状态值，$I \in \mathbb{R}$ 为放电电流（单位：A），$R \in \mathbb{R}_+$ 为电池阻抗 (单位：Ω)，$Q_{\max} \in \mathbb{R}_+$ 为电池容量的标称值（单位：Ah），$T_s \in \mathbb{R}_+$ 为采样时间（单位：h），$w \in \mathbb{R}$ 为系统噪声。进一步，设计测量方程为

$$V_k = \mathrm{OCV}(S_k) - I_k \cdot R_k + C + v_k \tag{14.8}$$

其中，$V \in \mathbb{R}$ 为电池终端电压（单位：V），$C \in \mathbb{R}_+$ 为恒定误差偏移量，$v \in \mathbb{R}$ 为测量噪声，$\mathrm{OCV}(S)$ 为电池的开路电压–荷电状态变化曲线。通常，开路电压–荷电状态变化曲线由电池充放电测试实验得出。基于式 (14.7) 和式 (14.8)，利用扩展卡尔曼滤波或无迹卡尔曼滤波，可以有效地估计出实时的电池荷电状态和电池阻抗，反映电池的实时电量和健康状态。这里只给出了此类方法的简单描述。本方法的详细实施过程可参考文献 [10] 和 [11]，其他类似方法可参考文献 [12-14]。除电池阻抗以外，其他数学指标也可用来评价电池健康。例如，文献 [5] 以**率模可靠度**为健康指标，评价锂电池的健康状态，并预测其剩余充电周期数。

14.4　失效保护建议

多旋翼在飞行前会对关键部件进行健康检查，若检查不通过，则禁止用户对多旋翼进行解锁。在飞行过程中，多旋翼也会对关键部件设置失效保护，防止因关键部件失效而导致多旋翼失去控制。因此，自驾仪设计需要考虑关键部件的失效保护。本节介绍多旋翼多种失效保护建议，其中大部分内容参考了文献 [15]。

14.4.1 通信失效保护

通信失效保护包含遥控器失效保护和地面站失效保护。在多旋翼飞行过程中，若遥控器或地面站失联，建议执行以下保护措施：

① 若多旋翼已经锁定，则保持原有状态。

② 若多旋翼油门控制摇杆位于底端或已经着陆，则立即锁定多旋翼①。

③ 若多旋翼装有 GPS 接收机，且离起飞点的直线距离超过设定阈值（APM 自驾仪中的设置为 2m），则多旋翼立即返航②。

④ 若多旋翼未装有 GPS 接收机，或者离起飞点的直线距离小于设定阈值（APM 自驾仪中的设置为 2m），则多旋翼直接着陆③。

⑤ 若遥控器与机上信号接收器通信恢复（或地面站与机上信号接收器通信恢复），则建议多旋翼仍然执行已切换的保护措施，而不继续执行失联前的任务④。然而，如果掰动遥控器上的飞行模式开关，飞控手仍可获得多旋翼的控制权。

14.4.2 传感器失效保护

传感器失效保护包含气压计失效保护、磁罗盘失效保护、GPS 失效保护和惯导系统失效保护。

① 气压计失效保护。若多旋翼处于半自主控制方式，根据用户配置，建议多旋翼从定点模式或定高模式转换为自稳模式⑤ 或直接着陆；若多旋翼处于全自主控制方式，则建议多旋翼直接着陆。

② 磁罗盘失效保护。若多旋翼处于半自主控制方式，根据用户配置，建议多旋翼从定点模式转换为定高模式或直接着陆；若多旋翼处于全自主控制方式，则建议多旋翼直接着陆。

③ GPS 失效保护。若多旋翼处于半自主控制方式，根据用户配置，建议多旋翼从定点模式转换为定高模式或直接着陆；若多旋翼处于全自主控制方式，则建议多旋翼直接着陆。

④ 惯导系统失效保护。无论多旋翼处于半自主控制方式还是全自主控制方式，建议多旋翼都以逐渐减少油门指令的方式实现紧急着陆。

14.4.3 动力系统失效保护

若多旋翼监测到动力系统异常，应采取下述措施：

① 若多旋翼已经锁定，则保持原有状态。

② 若多旋翼油门控制摇杆位于底端或已经着陆，则立即锁定多旋翼。

③ 若多旋翼装有 GPS 接收机，且离起飞点的直线距离超过设定阈值（APM 自驾仪中的设置为 2m），且电池电压高于设定阈值（或者有其他指标显示电池电量足够支持多旋翼返航），则多旋翼返航。

---

① 这意味着飞控手已经放弃多旋翼的控制。

② 这意味着多旋翼没有到达起飞点，故多旋翼执行返航。

③ 这意味着多旋翼已到达起飞点，故多旋翼执行降落。

④ 这主要是因为飞控手会在遥控器失联后，可能将油门摇杆或者其他控制摇杆放在错误的位置。特别是对于初学者，他们会在遥控器失联后慌乱。错误的油门位置会在遥控器连接恢复后导致多旋翼速度突变，进而导致事故的发生。

⑤ 定点模式、定高模式和自稳模式的解释参见 13.2 节。

④ 在其他情况下，则建议多旋翼直接着陆。

若多旋翼监测到某一个动力单元（包含螺旋桨、电机和电调）失效，则多旋翼可能失去悬停状态的可控性，具体可参见第 10 章的内容。这时，建议多旋翼立即切换到降级控制策略，以放弃控制偏航的方式 [16] 或采用文献 [17] 给出的方法，实现多旋翼的紧急着陆。如果多旋翼在悬停状态时存在可控性，一般可以采取控制重构 [18,19]，或者将损伤看成扰动，进行鲁棒镇定控制 [16,20]。

14.5 半自主自驾仪安全逻辑设计

本节利用扩展有限状态机方法实现半自主自驾仪的安全逻辑设计。状态机是一个可用来刻画离散事件系统或混杂系统的数学模型。一般地，假定以下条件成立 [21,22]：① 系统具有有限个状态；② 系统在一定状态下的行为应是同一的；③ 系统在任何时间段内总停留在某一状态上；④ 系统状态切换的条件是有限的；⑤ 系统状态切换是系统对一系列事件的反映；⑥ 可忽略系统状态切换所用的时间。为了将扩展有限状态机模型应用到自驾仪设计上，需要事先定义多旋翼的状态、飞行模式以及可能发生的事件。基于此，建立状态转换条件，以保障飞行安全。需要指出的是，扩展有限状态机不仅能实现失效保护，还能使用户清晰地观察和理解决策过程。

14.5.1 需求描述

1. 系统组成

这里主要考虑半自主自驾仪的设计。该自驾仪上的主要传感器包括 GPS 接收机、磁罗盘、惯导系统和气压计。此时，多旋翼仅利用遥控器进行控制，而不使用地面站。

2. 功能需求

① 用户可通过遥控器解锁多旋翼，允许其起飞；用户可手动控制多旋翼着陆并锁定，使其不能飞行。

② 用户可通过遥控器控制多旋翼的飞行、返航及自动着陆。

③ 在 GPS 接收机、磁罗盘和气压计均健康的情况下，多旋翼可以定点悬停（APM 中的定点模式）。

④ 若 GPS 接收机或磁罗盘未安装或存在不健康，多旋翼可以实现高度保持（APM 中的定高模式）。

⑤ 若气压计不健康，多旋翼可以实现姿态自稳定（APM 中的自稳模式）。

3. 安全需求

本部分主要是指 14.4 节提到的使用半自主控制方式下的失效保护。

14.5.2 多旋翼状态和飞行模式定义

多旋翼从起飞到着陆的整个过程可以分成三种多旋翼状态及三种飞行模式，这些状态及模式组成了逻辑设计的基础。三种多旋翼状态如下。

① 断电状态，指多旋翼断开电源（主要指动力电源）的状态。在此状态下，用户可以对多旋翼进行硬件拆卸、改装和替换。

② 待命状态。当多旋翼连接上电源模块，则立即进入待命状态。在本状态下，多旋翼起初未解锁，用户可以在该状态下手动尝试解锁多旋翼；之后，多旋翼会进行安全检查，并根据检查结果跳入下一状态。

③ 地面错误状态，表示多旋翼发生了安全问题。在此状态下，蜂鸣器发出警报，提醒用户系统发生错误。

三种飞行模式如下。

① 手动飞行模式。手动飞行模式可以让飞控手手动控制多旋翼，进一步包括三个子模式：定点模式、定高模式和自稳模式。一般情况下，多旋翼若处于手动飞行模式，则默认为定点模式。若多旋翼未安装“GPS+磁罗盘”或者“GPS+磁罗盘”不健康，则飞行模式降级到定高模式；若多旋翼的气压计不健康，则飞行模式进一步降级到自稳模式。

② 返航模式。在该模式下，多旋翼会从当前位置返回到飞机起飞位置，并在此处悬停。在此过程中，若多旋翼与起飞位置的相对高度高于预设高度（APM 自驾仪中默认的相对高度为 15m），多旋翼会保持当前高度并返回起飞位置；否则，多旋翼会在返回起始点前先上升到预设高度。

③ 自动着陆模式。在该模式下，多旋翼通过调整油门指令，并结合估计高度，实现多旋翼自动着陆⑥。

14.5.3 事件定义

人工输入事件（Manual Input Events，MIE）和飞行器自触发事件（Automatic Trigger Events，ATE）这两类事件均能导致多旋翼状态和飞行模式转换。

1. 人工输入事件

人工输入事件主要是指飞控手利用遥控器发出的指令，包括以下内容。

（1）MIE1：解锁和锁定指令

该指令通过操纵遥控器的摇杆实现。首先，定义遥控器摇杆的三个位置，如图 14-2 所示。当遥控器的两个摇杆都处于中间位置时，$\mathrm{MIE1}=-1$；当遥控器的油门/偏航控制摇杆处于左下角位置，而另一个控制摇杆处于右下角位置时，$\mathrm{MIE1}=1$；当遥控器的油门/偏航控制摇杆处于右下角位置，而另一个摇杆处于左下角位置时，$\mathrm{MIE1}=0$。基于这三个位置，定义解锁和锁定指令。如图 14-2(a) 所示，两个连续的指令 $-1\rightarrow1\rightarrow-1$ 表示解锁指令。在解锁多旋翼之后，遥控器能够控制电机。如图 14-2(b) 所示，两个连续的指令 $-1\rightarrow0\rightarrow-1$ 表示锁定指令，可以锁定多旋翼且遥控器不能再控制电机。简单起见，令 $\mathrm{MIE1}=1$ 表示解锁指令，$\mathrm{MIE1}=0$ 表示锁定指令。

⑥ 即使气压计出现失效，短时间内的高度估计值是可以接受的。类似地，若相关传感器出现异常，对应滤波器产生的估计值也可以在短时间内使用。

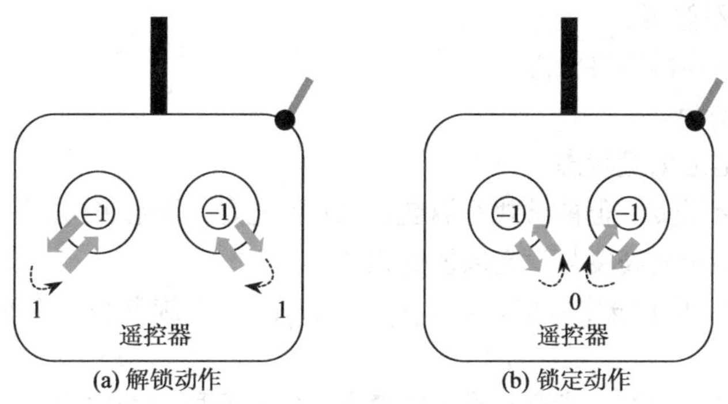

图 14-2　解锁/锁定指令示意图

（2）MIE2：人工操作指令

1：切换到手动飞行模式；2：切换到返航模式；3：切换到自动着陆模式。该指令通过遥控器上的飞行模式开关（三段拨动开关）进行切换操作，如图 14-3 所示。当多旋翼开机时，会短暂地设定 MIE2 = 0，这样切换将会根据三段拨动开关的位置相应地触发（检测到信号上升沿）。

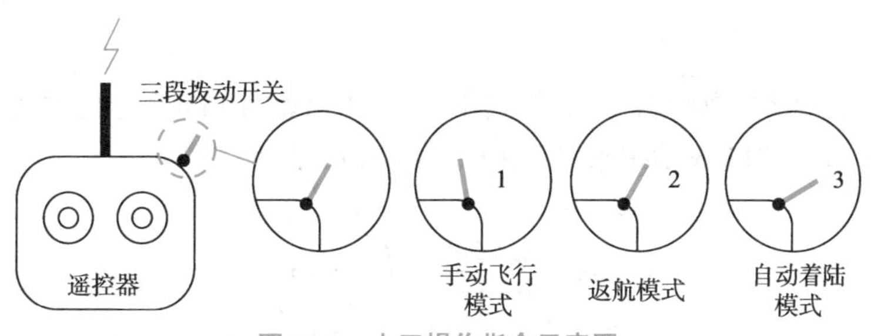

图 14-3　人工操作指令示意图

（3）MIE3：开启或关闭多旋翼电源

1：开启；0：关闭。

（4）MIE4：切断电源进行多旋翼维护

1：维护完成；0：维护中。

2. 飞行器自触发事件

飞行器自触发事件与飞控手操作无关，主要取决于机上各部件的工作状态及多旋翼状态。

（1）ATE1：惯导系统健康状态

1：健康；0：不健康。

（2）ATE2：GPS 健康状态

1：健康；0：不健康。

（3）ATE3：气压计健康状态

1：健康；0：不健康。

（4）ATE4：磁罗盘健康状态

1：健康；0：不健康。

（5）ATE5：动力单元健康状态

1：健康；0：不健康。

（6）ATE6：遥控器连接状态

1：正常；0：异常。

（7）ATE7：电池电量状态

1：充足；0：不充足，但能够执行返航；−1：不充足，且无法执行返航。

（8）ATE8：多旋翼高度与设定阈值的比较

1：多旋翼高度低于设定阈值，即 $-p_{z_e} < -p_{z_T}$；0：多旋翼高度不低于设定阈值，即 $-p_{z_e} \geqslant -p_{z_T}$。

（9）ATE9：多旋翼油门指令与设定阈值在一定时间段内的比较

1：多旋翼油门指令小于设定阈值，即当 $t > t_T$ 时，$\sigma_{drc} < \sigma_{drcT}$；0：其他情况。

（10）ATE10：多旋翼到起飞点的距离与设定阈值的比较

1：多旋翼到起飞点的距离大于设定阈值，即 $d > d_T$；0：多旋翼到起飞点的距离不大于设定阈值，即 $d \leqslant d_T$。

以上部件的健康状态可以由 14.3 节的健康监测方法给出。

14.5.4 自驾仪逻辑设计

结合已定义的多旋翼状态、飞行模式和事件，给出如图 14-4 所示的扩展有限状态机。其中，Ci（$i=1,\cdots,21$）表示相应的转移条件。转移条件描述如下：

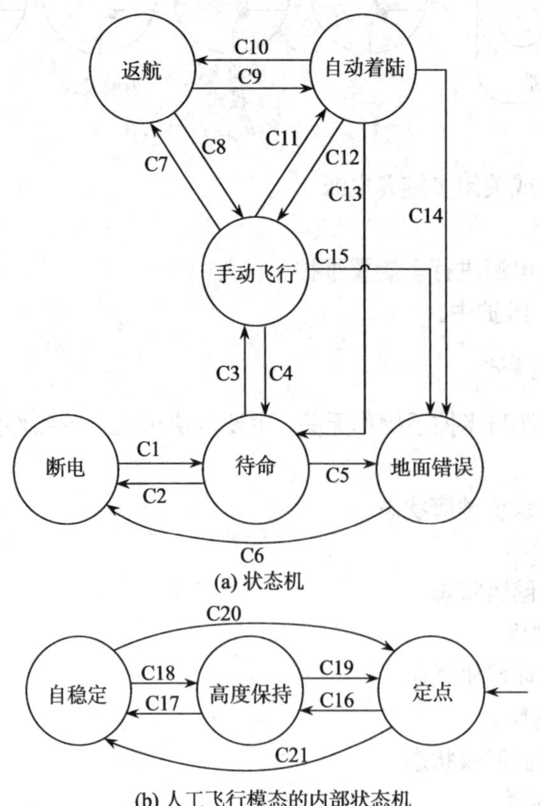

图 14-4 多旋翼扩展有限状态机模型

C1：MIE3=1

C2：MIE3=0

C3：

$$(\text{MIE1}=1)\&(\text{MIE2}=1)\&(\text{ATE1}=1)\&(\text{ATE5}=1)\&(\text{ATE6}=1)\&(\text{ATE7}=1)$$

该条件描述多旋翼的成功解锁条件。若多旋翼同时满足以下条件：① 飞控手发出解锁指令（MIE1 = 1）；② 多旋翼进行自检，且惯导系统和动力单元均健康（ATE1 = 1 & ATE5 = 1）；③ 遥控器连接正常（ATE6 = 1）；④ 电池电量充足（ATE7 = 1）；⑤ 飞行模式开关处于手动飞行模式（MIE2 = 1）。那么，多旋翼成功解锁，并从待命状态切换到手动飞行模式。

C4：

$$[(\text{MIE1}=0\&\text{ATE8}=1)|(\text{ATE9}=1)]\&(\text{ATE1}=1)\&(\text{ATE5}=1)\&(\text{ATE6}=1)$$

该条件描述多旋翼锁定条件，包括手动锁定和自动锁定两种情况。手动锁定要满足飞控手手动完成锁定动作（MIE1 = 0），且要求多旋翼位于地面上或小于设定高度阈值（ATE8 = 1）；自动锁定是指多旋翼油门指令在一定时间内小于设定阈值时（ATE9 = 1）自动锁定。在这种情形下，还要求惯导系统和动力单元均健康（ATE1 = 1 & ATE5 = 1），且遥控器连接正常（ATE6 = 1），则多旋翼从手动飞行模式切换到待命状态。若存在惯导系统或动力单元不健康的情况，或遥控器连接异常，则从手动飞行模式切换到地面错误状态，详见 C15。

C5：

$$(\text{MIE1}=1)\&[(\text{ATE1}=0)|(\text{ATE5}=0)|(\text{ATE6}=0)|(\text{ATE7}=0|\text{ATE7}=-1)]$$

该条件描述多旋翼的不成功解锁条件。当飞控手发出解锁指令（MIE1 = 1）时，多旋翼进行自检。若惯导系统存在不健康（ATE1 = 0），或动力单元不健康（ATE5 = 0），或遥控器连接异常（ATE6 = 0），或电池电量不充足（ATE7 = 0|ATE7 = −1），则多旋翼不能成功解锁，从待命状态切换到地面错误状态。

C6：

$$\text{MIE4}=1$$

该条件是指多旋翼由于需要更换不健康部件，或者进行人工健康检查而切断电源。

C7：

$$\begin{aligned}&(\text{ATE1}=1\&\text{ATE2}=1\&\text{ATE3}=1\&\text{ATE4}=1\&\text{ATE5}=1\&\text{ATE10}=1)\&\\&[(\text{MIE2}=2\&\text{ATE7}\geqslant 0)|(\text{ATE6}=0\&\text{ATE7}\geqslant 0)|(\text{ATE7}=0)]\end{aligned}$$

该条件描述多旋翼从手动飞行模式切换到返航模式。当以下三种情形之一为真时，该条件发生：① 飞控手利用遥控器手动将多旋翼切换到返航模式（MIE2 = 2），且电池电量充足（ATE7 ⩾ 0）；② 遥控器连接异常（ATE6 = 0），且电池电量充足（ATE7 ⩾ 0）；③ 电池电量不足，但能够执行返航（ATE7 = 0）。同时，该条件还需满足惯导系统、GPS、气压计、磁罗盘和动力单元均健康（ATE1 = 1&ATE2 = 1&ATE3 = 1&ATE4 = 1&ATE5 = 1），且多旋翼距起飞点距离大于设定阈值（ATE10 = 1）。

C8：

$$(\text{MIE2}=1)\&(\text{ATE1}=1\&\text{ATE5}=1)\&(\text{ATE6}=1)\&(\text{ATE7}=1)$$

该条件描述多旋翼在返航过程中，飞控手利用遥控器手动将多旋翼切换到手动飞行模式（MIE2 = 1）。在此条件下，需要惯导系统和动力单元均健康（ATE1 = 1&ATE5 = 1），遥控器连接正常（ATE6 = 1），以及电池电量充足（ATE7 = 1）。这里，若多旋翼通信恢复，则仍然处于返航模式。只有当飞控手手动将飞行模式开关掰到其他位置，再掰回手动飞行模式，才能重新获取多旋翼的控制权。

C9：

$$(\text{MIE2}=3)|(\text{ATE1}=0|\text{ATE2}=0|\text{ATE3}=0|\\ \text{ATE4}=0|\text{ATE5}=0)|(\text{ATE7}=-1)|(\text{ATE10}=0)$$

该条件描述多旋翼从返航模式切换到自动着陆模式。当以下四种情形之一为真时，该条件发生：① 飞控手利用遥控器手动将多旋翼切换到自动着陆模式（MIE2 = 3）；② 惯导系统、GPS、气压计、磁罗盘或动力单元存在不健康（ATE1 = 0|ATE2 = 0|ATE3 = 0|ATE4 = 0|ATE5 = 0）；③ 电池电量无法执行返航（ATE7 = −1）；④ 多旋翼距起飞点的距离不大于设定阈值时（ATE10 = 1）。

C10：

$$(\text{MIE2}=2)\&(\text{ATE1}=1\&\text{ATE2}=1\&\text{ATE3}=1\&\\ \text{ATE4}=1\&\text{ATE5}=1)\&(\text{ATE7}\geqslant 0)\&(\text{ATE10}=1)$$

该条件是指飞控手利用遥控器手动将多旋翼切换到返航模式（MIE2 = 2），需要同时满足 3 个条件：① 惯导系统、GPS、气压计、磁罗盘和动力单元均健康（ATE1 = 1&ATE2 = 1&ATE3 = 1&ATE4 = 1&ATE5 = 1）；② 电池电量充足（ATE7 ⩾ 0）；③ 多旋翼距起飞点的距离大于设定阈值（ATE10 = 1）。

C11：

$$(\text{MIE2}=3)|(\text{ATE7}=-1)|(\text{ATE1}=0|\text{ATE5}=0)|\\ [(\text{ATE6}=0)\&(\text{ATE7}\geqslant 0)\&(\text{ATE2}=0|\text{ATE4}=0|\text{ATE10}=0)]$$

该条件描述从手动飞行模式切换到自动着陆模式。当以下四种情形之一为真时，该条件发生：① 飞控手手动切换到自动着陆模式（MIE2 = 3）；② 电池电量突然下降且无法执行返航（ATE7 = −1）；③ 惯导系统或动力单元存在健康问题（ATE1 = 0|ATE5 = 0）；④ 遥控器连接异常（ATE6 = 0），且电池电量充足（ATE7 ⩾ 0），且多旋翼距起飞点的距离不大于设定阈值（ATE10 = 0），或者 GPS 或磁罗盘不健康 (ATE2 = 0|ATE4 = 0)。

C12：

$$(\text{MIE2}=1)\&(\text{ATE1}=1\&\text{ATE5}=1)\&(\text{ATE6}=1)\&(\text{ATE7}=1)$$

该条件描述多旋翼在自动着陆过程中，飞控手利用遥控器手动将多旋翼切换到手动飞行模式（MIE2 = 1），同时需要惯导系统和动力单元均健康（ATE1 = 1&ATE5 = 1），遥控器连接正常（ATE6 = 1），以及电池电量充足（ATE7 = 1）。这里，若多旋翼通信恢复，则仍然处于自动着陆模式。只有当飞控手手动将飞行模式开关掰到其他位置，再掰回手动飞行模式，才能重新获取多旋翼的控制权。

C13：

$$(\mathrm{ATE8}=1|\mathrm{ATE9}=1)\&(\mathrm{ATE1}=1\&\mathrm{ATE5}=1\&\mathrm{ATE6}=1)$$

该条件是指多旋翼在自动着陆过程中，成功着陆并锁定，同时从自动着陆模式切换到待命状态。当以下两个条件之一为真时，该条件发生：① 多旋翼垂直方向的高度小于设定阈值（ATE8 = 1）；② 多旋翼油门指令在一定时间段内小于设定阈值（ATE9 = 1）。同时，需满足惯导系统、气压计和动力单元均健康（ATE1 = 1&ATE5 = 1），且遥控器连接正常（ATE6 = 1）。

C14：

$$(\mathrm{ATE8}=1|\mathrm{ATE9}=1)\&(\mathrm{ATE1}=0|\mathrm{ATE5}=0|\mathrm{ATE6}=0)$$

该条件是指多旋翼在自动降落过程中，成功着陆并锁定，且从自动着陆模式切换到地面错误状态。当以下两个条件之一为真时，该条件发生：① 多旋翼垂直方向的高度低于设定阈值（ATE8 = 1）；② 多旋翼油门指令在一定时间段内小于设定阈值（ATE9 = 1）。同时，需满足惯导系统或动力单元不健康（ATE1 = 0|ATE5 = 0）或遥控器连接异常（ATE6 = 0）。

C15：

$$[(\mathrm{MIE1}=0\&\mathrm{ATE8}=1)|(\mathrm{ATE9}=1)]\&(\mathrm{ATE1}=0|\mathrm{ATE5}=0|\mathrm{ATE6}=0)$$

该条件描述多旋翼锁定条件，包括手动锁定和自动锁定两种情况。手动锁定要满足飞控手手动完成锁定动作（MIE1 = 0），且要求多旋翼位于地面上或低于设定高度（ATE8 = 1）；自动锁定是指多旋翼油门指令在一定时间段内小于设定阈值时（ATE9 = 1）自动锁定。在这种情形下，如果若惯导系统或动力单元不健康（ATE1 = 0|ATE5 = 0）或遥控器连接异常（ATE6 = 0），则多旋翼从手动飞行模式切换到地面错误状态。

针对手动飞行模式中的三个子模式，同样给出切换条件。

C16：

$$\mathrm{ATE2}=0|\mathrm{ATE4}=0$$

该条件是指当 GPS 或磁罗盘不健康（ATE2 = 0|ATE4 = 0）时，飞行模式从定点模式切换到定高模式。

C17：

$$\mathrm{ATE3}=0$$

该条件是指当气压计不健康时（ATE3 = 0），飞行模式从定高模式切换到自稳模式。

C18:

$$ATE3 = 1\&(ATE2 = 0|ATE4 = 0)$$

该条件是指当气压计健康（ATE3 = 1），但 GPS 或磁罗盘不健康（ATE2 = 0|ATE4 = 0）时，飞行模式从自稳模式切换到定高模式。

C19:

$$ATE2 = 1\&ATE4 = 1$$

该条件是指当 GPS 和磁罗盘均健康时（ATE2 = 1&ATE4 = 1），飞行模式从定高模式切换到定点模式。

C20:

$$ATE2 = 1\&ATE3 = 1\&ATE4 = 1$$

该条件是指 GPS、磁罗盘和气压计均健康时（ATE2 = 1&ATE3 = 1&ATE4 = 1），飞行模式从自稳模式切换到定点模式。

C21:

$$ATE3 = 0$$

该条件是指当气压计不健康时（ATE3 = 0），飞行模式从定点模式切换到自稳模式。

表 14-2 为功能需求–决策实现对照表；表 14-3 为安全需求–决策实现对照表，表明安全需求都能实现。然而，即使列出表格或做了扩展有限状态机的仿真，也不能保证扩展有限状态机的逻辑实现是完全正确的。因此，需要使用更多的科学方法来设计安全决策逻辑。例如，基于离散事件系统理论，文字化描述的功能需求和安全需求均能以有限自动机的形式建模，并作为被控对象和控制目标。进一步，利用**监督控制理论**生成监督控制器，即为满足功能需求和安全需求的安全决策逻辑。读者可以参考文献 [23,24] 来获得相关有用信息。

本章小结

航空事故造成的社会负面影响十分巨大。因此，为了保障飞行安全，在飞行器设计和测试方面应该付出更多的努力。影响安全的事件主要包括通信、传感器和动力系统三方面。在飞行前和飞行过程中，都有许多基于模型和数据驱动的方法来检测系统不健康表征或不健康部件。一旦检测到不健康的事件发生，就需要进行失效保护，以保障飞行安全。商业化的飞控软件的大多数代码是围绕意外事件和小概率极端事件展开的。

安全问题的研究工作任重道远。对于多旋翼的控制精度，99.9% 的精度到 99.99% 的精度意义可能毫无必要，但是安全水平的概率从 99.9% 到 99.99% 将是一个质的飞跃。民航要求发生重大事故的概率为每飞行小时 10^{-9}[25]，相当于“如果某个人每天坐飞机，那么要好几千年才能遇到一次空难”。民航飞机需要经过严格的适航审查，满足适航性，才能在空中飞行。目前，就作者所知，小型多旋翼经常“坠机”。那么，如何做到像民航飞机那样的高可靠性呢？小型多旋翼或小型无人机与民航飞机的区别有以下 5 点 [26]：

表 14-2 功能需求–决策实现对照表

功能项	功能需求	决策实现
通电	接通电源后，多旋翼各部件通电	参考条件 C1
断电	断开电源后，多旋翼各部件断电	参考条件 C2 和 C6
解锁及健康检查	多旋翼解锁时，多旋翼进行健康检查	多旋翼处于待命状态时，若用户尝试手动解锁多旋翼，多旋翼会进行自检。若各部件均健康（包括遥控器连接正常），则多旋翼进入手动飞行模式，否则进入地面错误状态。参考条件 C3 和 C5。
锁定	多旋翼着陆后，需要对多旋翼锁定	多旋翼锁定包括手动锁定和自动锁定两种情况。手动锁定要满足飞控手手动完成锁定动作，且要求多旋翼位于地面上或小于设定高度阈值；自动锁定是指多旋翼油门指令在一定时间段内小于设定值时自动锁定。在此情形下，需满足惯导系统和动力单元均健康，且遥控器连接正常，则多旋翼从手动飞行模式切换到待机状态。参考条件 C4
手动飞行	手动飞行模式包括定点、定高、自稳三种模式，且可根据自身健康情况切换	手动飞行模式包含定点、定高、自稳三种模式，三种模式可相互切换。参考条件 C16~C21
	在一定条件下，多旋翼可以从返航模式切换到手动飞行模式	多旋翼在返航过程中，飞控手利用遥控器将多旋翼切换到手动飞行模式。在这情形下，需要惯导系统、动力单元均健康，遥控器连接正常，且电量充足。参考条件 C8
	在一定条件下，多旋翼可以从自动着陆模式切换到手动飞行模式	多旋翼在返航过程中，飞控手可利用遥控器将多旋翼切换到手动飞行模式。在这情形下，需要惯导系统、动力单元均健康，遥控器连接正常，且电量充足。参考条件 C12
返航	在一定条件下，多旋翼可以从手动飞行模式切换到返航模式	在惯导系统、GPS、气压计、磁罗盘、动力单元均健康以及多旋翼距起飞点的距离大于设定阈值的条件下，飞行模式可手动切换到返航模式。参考条件 C7
	在一定条件下，多旋翼可以从自动着陆模式切换到返航模式	飞行模式可手动切换到返航模式，切换时要保证惯导系统、GPS、气压计、磁罗盘和动力单元均健康，电池电量充足，且多旋翼距起飞点的距离大于设定阈值。参考条件 C10
自动着陆	在一定条件下，多旋翼可以从手动飞行模式切换到自动着陆模式	飞行模式可手动切换到自动着陆模式。参考条件 C11
	在一定条件下，多旋翼可以从返航模式切换到自动着陆模式	飞行模式可手动切换到自动着陆模式；同时，当惯导系统、GPS、气压计、磁罗盘和动力单元存在不健康，或电池电量不支持返航，或多旋翼距起飞点的距离不大于设定阈值时，自动切换到自动着陆模式。参考条件 C9
	多旋翼自动着陆后，需要对多旋翼锁定	多旋翼在降落过程中，若多旋翼垂直方向的高度低于设定阈值或多旋翼油门指令小于设定值的时间超过给定阈值，且惯导系统、气压计和动力单元均健康，则多旋翼成功降落并触发锁定，多旋翼从自动着陆模式切换到待机状态；若多旋翼部件存在不健康，则多旋翼从自动着陆模式切换到地面错误状态并锁定。参考条件 C13 和 C14

表 14-3 安全需求–决策实现对照表

安全问题	安全子问题	安全需求	决策实现
通信故障	遥控器未校准	飞行前健康检查需要检测遥控器是否已校准	多旋翼处于待机状态时，若用户尝试手动解锁多旋翼，则多旋翼会进行自检。若各部件均健康（包括遥控器健康），则多旋翼进入手动飞行模式，否则进入地面错误状态。参考条件 C3 和 C5。
	遥控器失联	若多旋翼已经锁定，则保持原有状态	多旋翼已经锁定时，多旋翼处于待机状态。在此状态下，若飞控手不手动操作，多旋翼保持原有状态
		若多旋翼油门控制摇杆位于最底端或已经着陆，则立即锁定多旋翼	若多旋翼油门控制摇杆位于最底端或已经着陆，当遥控器失联时，多旋翼从手动飞行模式进入地面错误状态。参考条件 C15
		若多旋翼装有 GPS 接收机，且离起飞点的直线距离超过设定阈值，则多旋翼立即返航	当多旋翼处于手动飞行模式时，若遥控器失联且多旋翼离起飞点的直线距离大于设定阈值，则多旋翼跳转到返航模式。参考条件 C7
		若多旋翼未装有 GPS 接收机，或者离起飞点的直线距离小于设定阈值，则多旋翼直接着陆	当多旋翼处于手动飞行模式时，若遥控器失联且多旋翼离起飞点的直线距离不大于设定阈值，则多旋翼跳转到自动着陆模式。参考条件 C11
		若遥控器与机上信号接收器通信恢复（或地面站与机上信号接收器通信恢复），为了安全考虑，建议多旋翼仍然执行已切换的保护措施，而不继续执行失联前的任务。然而，如果掰动遥控器上的飞行模式开关，则飞控手仍可获得多旋翼的控制权	若多旋翼通信恢复，则仍然处于返航或自动着陆模式。只有当飞控手手动将飞行模式开关掰到其他位置，再掰回手动飞行模式，才能重新获取多旋翼的控制权。参考条件 C8 和 C12

续表

安全问题	安全子问题	安全需求	决策实现
传感器失效	气压计失效	若多旋翼监测到气压计不健康，建议多旋翼保持油门指令不变，且手动飞行模式从定点模式或定高模式降级到自稳模式	当多旋翼处于手动飞行模式时，若气压计不健康，则多旋翼从定点/定高模式切换到自稳模式，参考条件 C17 和 C21。若问题排除，则可切换回定点/定高模式，参考条件 C18 和 C20
	磁罗盘失效	若多旋翼监测到磁罗盘不健康，建议多旋翼将手动飞行模式从定点模式降级为定高模式，或者直接着陆	当多旋翼处于手动飞行模式时，若磁罗盘不健康，则多旋翼从定点模式切换到定高模式，参考条件 C16。若问题排除，则可切换回定点模式，参考条件 C18
	GPS 失效	若多旋翼监测到 GPS 不健康，建议多旋翼将手动飞行模式从定点模式降级为定高模式，或者直接着陆	当多旋翼处于手动飞行模式时，若 GPS 不健康，则多旋翼从定点模式切换到定高模式，参考条件 C16。若问题排除，则可切换回定点模式，参考条件 C18
	惯导系统失效	若多旋翼监测到惯导系统不健康，建议多旋翼以逐渐减少油门指令的方式实现紧急着陆	当多旋翼处于手动飞行模式时，若惯导系统不健康，则多旋翼自动切换到自动着陆模式，参考条件 C11
动力系统异常		若多旋翼已经锁定，则保持原有状态	多旋翼已经锁定时，多旋翼处于待命状态。在此状态下，若飞控手不手动操作，则多旋翼保持原有状态
		若多旋翼油门控制摇杆位于最底端或已经着陆，则立即锁定多旋翼	假定多旋翼已经着陆并锁定，或多旋翼油门控制摇杆位于最底端。在此情况下，若惯导系统或动力单元不健康，或遥控器连接异常，则多旋翼从手动飞行模式切换到地面错误状态，参考条件 C15
		若多旋翼装有 GPS 接收机，且离起飞点的直线距离超过设定阈值，且电池电压高于设定阈值，则多旋翼返航	当多旋翼处于手动飞行模式时，若电池电量不足，但能够执行返航，则多旋翼自动切换到返航模式，参考条件 C7
		在其他情况下，多旋翼直接着陆	当电池电量突然下降，且无法执行返航时，多旋翼自动切换到自动着陆模式；当动力单元不健康时，则多旋翼自动切换到自动着陆模式，参考条件 C11

① 对于大多数商业化多旋翼产品而言，配备非常昂贵的设备和软件是不切实际的。

② 小型多旋翼的载重有限，不可能准备很多套冗余系统。

③ 小型多旋翼经常在低空飞行，而低空环境更加复杂，且具有挑战性。

④ 对于民航飞机而言，机上飞行员希望并且能够尽量减少或消除与其他飞行器及地面上的人员或财产发生危险的可能。然而，对于小型多旋翼来讲，这是很难实现的，因为飞控手很难如民航飞行员那样做到即时的感知和控制。

⑤ 在动态模型方面，小型多旋翼比民航飞机简单得多，可以利用系统动力学模型实现功能性风险评估，而不是使用静态故障树分析。

因此，提高多旋翼的可靠性和安全性，不能简单地按有人飞行器适航审查方法进行。多旋翼特别是小型多旋翼安全性方面的工作任重道远，提高其安全性是多旋翼真正普及的决定性因素。回到本章的主题，作者认为还有以下理论问题有待解决（但不限于）：

① 安全状态分类。不安全事件分类标准的完备性是必需的。通常以部件失效来划分和列举不安全事件，如 GPS 失效和磁罗盘失效等。是否有一种最好的分类方式使其能最大范围地包括所有不安全问题？

② 转移条件设计。多旋翼决策状态机包含了很多转移条件，每个条件都十分复杂，多数靠经验来设计。怎样设计转移条件，提高飞行安全性？

③ 健康评估和预测。给定多旋翼的决策状态机，且假设已知单个不安全事件的发生概率，如何推断出多旋翼灾难性事故发生的概率？进一步，如何更准确、及时地预测部件故障的发生，并评估多旋翼健康？

习 题 14

14.1 给定线性系统如下：

$$\begin{cases} \dot{\mathbf{x}} = \begin{bmatrix} -1 & 0 & 0 \\ 0 & -2 & 0 \\ 0 & 0 & -2.5 \end{bmatrix} \mathbf{x} + \begin{bmatrix} 1 \\ \eta \\ 1 \end{bmatrix} u + \mathbf{w} \\ \mathbf{y} = \mathbf{x} + \mathbf{v} \end{cases}$$

其中，$\mathbf{w} \sim \mathcal{N}(\mathbf{0}_{3\times 1}, 0.01\mathbf{I}_3)$，$\mathbf{v} \sim \mathcal{N}(\mathbf{0}_{3\times 1}, 0.01\mathbf{I}_3)$，$\eta \in \mathbb{R}$ 是未知参数，满足 $\dot{\eta} = \varepsilon$，且 $\varepsilon \sim \mathcal{N}(0, 10^{-5})$。给定一系列控制输入 u 和观测量 $\mathbf{y}$，设计一个卡尔曼滤波器来估计未知参数 η 的真值。

14.2 在一些文献中，电池模型的观测方程可以写为

$$U_k = K_0 - \frac{K_1}{S_k} - K_2 S_k + K_3 \ln(1 - S_k) - RI_k$$

其中，U_k 是电池输出电压，I_k 是电流，S_k 是电池荷电状态值，R 是未知的电池内阻，$\{K_0, K_1, K_2, K_3\}$ 是未知参数。给定 $\{U_k, I_k, S_k\}$（$k = 1, 2, \cdots, M$）的观测量序列，用最小二乘法估计未知参数 $\{K_0, K_1, K_2, K_3\}$ 和 R 的值。

14.3　给定多旋翼分别在一片桨叶完好、磨损、折断时的加速度计观测数据，其中的数据可以从网站 http://rfly.buaa.edu.cn/course 下载。设计一个人工神经元网络并选择其输入和输出，以识别不同的桨叶故障类型。

14.4　仅考虑多旋翼的通信故障情况，并假定其他模块均健康，如传感器、动力系统等。设计一个如图 14-4 所示的自驾仪逻辑，满足 14.4.1 节中的通信失效保护问题。

14.5　除了本章提及的安全问题和失效保护建议，请列举其他潜在的安全问题及相应的失效保护建议。

参考文献

[1] Grewal M S, Weill L R, Andrews A P. Global positioning systems, inertial navigation, and integration (Second Edition). John Wiley & Sons, New York, USA, 2001.

[2] Gieras J F. Permanent magnet motor technology：design and applications. CRC press, Boca Raton, USA, 2002：43-49.

[3] Tong W. Mechanical design of electric motors. CRC Press, Boca Raton, USA, 2014：99-102.

[4] Aaseng G, Patterson-Hine A, Garcia-Galan C. A review of system health state determination methods. In：1st Space Exploration Conference. Orlando, Florida, USA, 2005, pp 2005-2528.

[5] Zhao Z, Quan Q, Cai K Y. A profust reliability based approach to prognostics and health management. IEEE Transactions on Reliability, 2014, 63(1)：26-41.

[6] Heredia G, Ollero A, Bejar M, Mahtani R. Sensor and actuator fault detection in small autonomous helicopters. Mechatronics, 2008, 18(2)：90-99.

[7] Isermann R. Model-based fault-detection and diagnosis-status and applications. Annual Reviews in Control, 2005, 29(1): 71-85.

[8] Hwang I, Kim S, Kim Y, Seah C E. A survey of fault detection, isolation, and reconfiguration methods. IEEE Transactions on Control Systems Technology, 2010, 18(3): 636-653.

[9] Yan J, Zhao Z, Liu H, Quan Q. Fault detection and identification for quadrotor based on airframe vibration signals: A data-driven method. In: 34th Chinese Control Conference, Hangzhou, China, pp 6356-6361.

[10] He W, Williard N, Chen C, Pecht M. State of charge estimationfor electric vehicle batteries using unscented Kalman filtering. Microelectronics Reliability, 2013, 53(6): 840-847.

[11] Sepasi S, Ghorbani R, Liaw B Y. A novel on-board state-of-charge estimation method for aged Li-ion batteries based on model adaptive extended Kalman filter. Journal of Power Sources, 2014, 245: 337-344.

[12] Plett G. Extended Kalman filtering for battery management systems of LiPB-based HEV battery packs, part1. background. Journal of Power Sources, 2004, 134(2): 252-261.

[13] Plett G. Extended Kalman filtering for battery management systems of LiPB-based HEV battery packs, part2. modeling and identification. Journal of Power Sources, 2004, 134(2): 262-276.

[14] Plett G. Extended Kalman filtering for battery management systems of LiPB-based HEV battery packs, part3. state and parameter estimation. Journal of Power Sources, 2004, 134(2): 277-292.

[15] Failsafe [Online], available: http://copter.ardupilot.com/wiki/failsafe-landing-page/, October 11, 2016.

[16] Du G X, Quan Q, Cai K Y. Controllability analysis and degraded control for aclass of hexacopters subject to rotor failures. Journal of Intelligent & Robotic Systems, 2015, 78(1): 143-157.

[17] DJI. Failsafe of Broken Propeller [Online], available：http://www.dji.com/cn/product/a2/feature, January 26, 2016.

[18] Zhou Q L, Zhang Y M, Rabbath C A, Apkarian J. Two reconfigurable control allocation schemes for unmanned aerial vehicle under stuck actuator failures. In：AIAA Guidance, Navigation, and Control Conference. Toronto, Ontario, Canada. 2010.

[19] Zhang Y M, Jiang J. Integrated design of reconfigurable fault-tolerant control systems. Journal of Guidance, control, and Dynamics, 2001, 24(1)：133-136.

[20] Michalska H, Mayne D Q. Robust receding horizon control of constrained nonlinear systems. IEEE Transactions on Automatic Control, 1993, 38(11)：1623-1633.

[21] Lin H, Antsaklis P J. Hybrid dynamical systems：An introduction to control and verification. Foundations and Trends in Systems and Control, 2014, 1(1)：1-172.

[22] Bujorianu M L. Extended stochastic hybrid systems and their reachability problem. In：Hybrid Systems：Computation and Control. Springer Berlin Heidelberg, 2004, 234-249.

[23] Wonham W M., Cai K. Supervisory control of discrete-event systems. Lecture notes, Department of Electrical and Computer Engineering, University of Toronto, Canada, 2017.

[24] Quan Q, Zhao Z, Lin L Y, Wang P, Wonham W M, and Cai K Y. Failsafe mechanism design of multicopters based on supervisory control theory. [Online], available: http://arxiv.org/abs/1704.08605, May 17, 2017.

[25] System Safety. Analysis and Assessment for Part 23, Technical Report 23.1309-1E, Small Airplane Directorate, Federal Aviation Administration, USA, 11/17/2011.

[26] Hayhurst K J, Maddalon J M, Miner P S, et al. Preliminary considerations for classifying hazards of unmanned aircraft systems. Technical Report NASA TM-2007-214539, National Aeronautics and Space Administration, Langley Research Center, Hampton, Virginia, 2007.

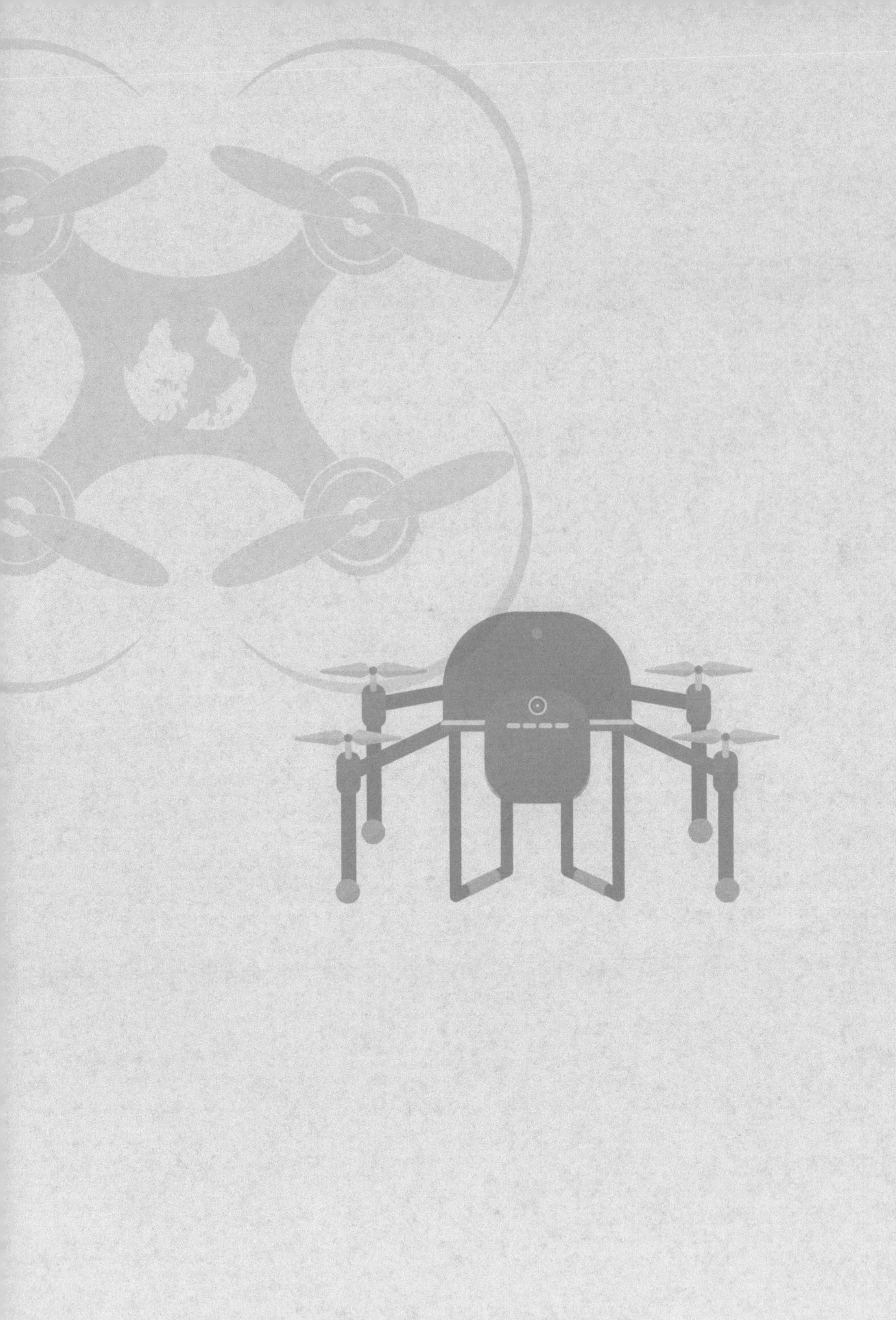

第15章 展望

Chapter 15

有历史记载，中国人徐正明于公元17世纪发明了直升飞机。《香山小志》原文：“其制如栲栳椅子式，下有机关，尺牙错合。人坐椅中，以两足击板，上下之机转，风旋疾驰而去，离地可尺余，飞渡港汊不由桥。”这飞车使用木材作原料，形状类似两侧有扶手的太师靠背椅，下设机关，其中“尺牙错合”（相当于今日的齿轮），在用两脚踏板后，可离地“尺余”，可以不通过桥直接飞过小河沟。这可能是世界上记载下来的最早的直升机了。

中国古代直升机

自从多旋翼走进大众消费者的视野以来，相关企业如雨后春笋般出现，学者们蜂拥而至。目前，多旋翼最大的应用领域依然是航拍，但少数知名大企业已独占鳌头，剩下的市场规模较小或者门槛较高。因此，近几年来，业界出现了关于多旋翼市场是“红海”还是“蓝海”①的争议。多数基本问题，如稳定或跟踪等，似乎已得到解决，因而学术界对多旋翼的兴趣日益减小。目前，大家仿佛站在了十字路口。

本章主要回答以下问题：

多旋翼飞行器该何去何从？

本章将从相关技术发展、技术创新方向、风险分析以及机遇和挑战四个角度来回答上述问题。本章内容是作者所发表论文 [1] 的修改和扩展。

15.1 相关技术发展

由于相关科学技术的进步，多旋翼的性能大为改善，其相对于固定翼和直升机的优势进一步凸显。相关技术可总结为七个方面，如图 15-1 所示。

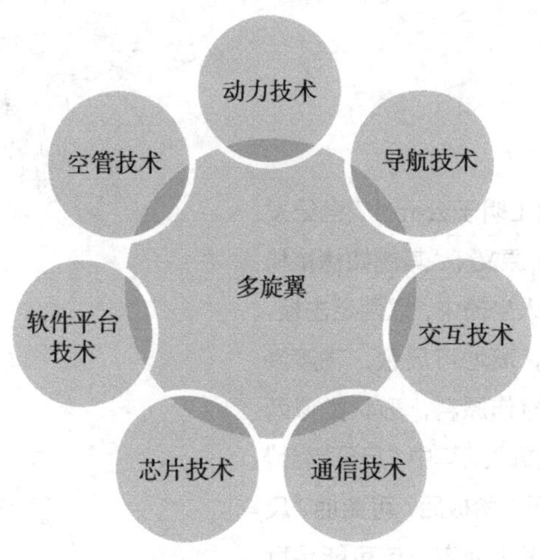

图 15-1　多旋翼相关技术

15.1.1 动力技术

1. 新型电池

2015 年 5 月 22 日，EnergyOr Technologies 公司声称其采用氢燃料电池的多旋翼创造了续航时间长达 3 小时 43 分钟 48 秒的飞行记录 [4]。此外，一些新型电池也逐步进入市场，如石墨烯电池 [5]、铝空气电池 [6] 和纳米点电池 [7]，尽管它们还没有应用于多旋翼。具有高容量和快速充电能力的电池有很大的市场空间，特别是在智能手机和电动汽车领域。当新型电池在这两个领域足够成熟时，就可以考虑将其应用到多旋翼上。

① 这是描述未知行业或创新领域的无竞争市场的术语，出现于文献 [2] 中。在已经形成市场的行业里，竞争十分激烈，以至有些企业不可以生存而停止经营，这种类型的行业称为红海 [3]。

2. 混合动力

2015年，美国 Top Flight Technologies 公司开发出混合动力六旋翼无人机，仅需要1加仑（约3.785升）汽油，便可以负重9kg飞行超过两个半小时（2.5h或160km）[8]。

3. 地面供电

系留多旋翼可以采用地面供电技术，通过电缆将电能源源不断地输送给自身，如以色列 Sky Sapience 公司开发的 HoverMast[9]，中国北京卓翼智能公司开发的天枢-100[10] 和美国 Cyphy Works 公司开发的 PARC[11]。在理论上，系留无人机可以不受时间限制地在空中停留。另外，系留无人机可以提供全帧率、不中断和高清晰度的视频，这是其他采用无线通信技术的小型或微型无人机不能比拟的。

4. 无线充电

柏林 Skysense 公司研发出可以进行无线充电的充电板[12]，加拿大 Reforges 公司研发出为多旋翼进行无线充电的着陆基站[13]。如果充电速度足够快，那么在区域内覆盖这样的充电站，可以使多旋翼通过多次自主起飞和降落实现长距离飞行。

5. 内燃机

德国 Airstier 公司搭建了一个由内燃机驱动的四旋翼，它的速度有望达到100km/h，可以负重5kg在空中飞行多达60分钟[14]。

15.1.2 导航技术

1. 精确定位技术

① 实时动态技术。Swift Navigation 公司开发的 Piksi 是一个低成本、高性能的具备实时动态功能的厘米级 GPS 接收机[15]。它小巧、轻便的特点，使其非常适合集成到自动驾驶飞行器和便携的测量设备里。另外，RTKLIB 开源项目也在积极推动实时动态技术发展。RTKLIB 是一个开源卫星定位系统工具包，可以作为标准和精确定位，并支持实时动态技术[16]。2015年9月24日，在"第四届中国卫星导航与位置服务年会暨中国卫星导航定位展"上，具有星基增强的厘米级精度北斗接收机首次亮相。

② 多信息源定位技术。英国宇航系统公司 BAE Systems 设计了 NAVSOP（NAVigation via Signals of OPportunity），是一个比 GPS 更先进的定位系统。该系统利用 Wi-Fi、TV 和手机信号等多信息源来计算用户位置，弥补 GPS 的不足，最小误差只有几米[17]。

③ 超宽带无线定位技术。此项技术基于超宽带脉冲信号到达时间差的原理进行定位，可以提供10cm精度的二维或三维定位信息[18]。传统定位技术过于依赖信号强度和信号质量，能耗大且定位效果不好；而超宽带无线定位系统发送的信号不会与常用信号互相干扰，还能防止多路径效应的发生，并且定位精度更高，能耗更低，恰好填补了传统定位技术的空白。通过与惯性导航传感器融合，超宽带无线定位技术可以提供精度更高、鲁棒性更强的定位信息[19,20]。

2. 测速技术

从安全的角度来说，多旋翼在飞行过程中，快速且准确地获取自身速度十分重要。这是因为速度反馈能有效提高多旋翼控制的稳定性（提高阻尼），从而达到更好的悬停和操控效果，提升飞行器的可操控性。常用的速度估计方法大多基于光流，即基于光流、超声波测距仪和惯性测量单元的融合估计。AR.Drone 四旋翼是第一个使用光流来提高性能且取得成功的多旋翼产品。苏黎世联邦理工学院设计的 PX4Flow 也是一个光流智能相机。与其他光电鼠标传感器不同，它可以在室内或者室外暗光环境下工作。用户也可以对它重新编程，用于执行其他基础的、高效率的底层机器视觉任务 [21,22]。该传感器可以帮助多旋翼在无 GPS 情况下精准悬停。

3. 避障技术

① 深度相机。深度相机由常规相机、红外线激光投影仪和红外相机组成。红外线投影仪对场景投影红外光，进而通过分析红外相机接收的反光来得到深度信息。微软公司在 2010 年 11 月推出了深度相机 Kinect[23]。在 2015 年国际消费类电子产品展览会上，英特尔公司把 RealSense 技术应用到多架多旋翼上，供多旋翼进行自主避障。与 Kinect 相比，RealSense 相机更小、更轻，只有 4mm 厚，8g 重 [24]。

② 超声波测距仪。Panoptes 公司推出 eBumper4 避障系统，由指向四个方向的声呐传感器组成，可以提供前、左、右和上方向的物理环境信息。当 eBumper4 感知到视距内的障碍时，它会使无人机远离障碍 [25]。

③ “视觉 + 忆阻器”。Bio Inspired 公司利用忆阻器——一种具有短期记忆效果的电阻器，搭建了一个感知避障系统。它期望将多旋翼相机连接上芯片大小的神经系统，经过训练，识别在长距离范围内的飞行器和其他障碍物 [26]。

④ 双目视觉。Skydio 公司展示了如何利用具备两个小型摄像头的无人机进行感知目标和避障[27]。

⑤ 电子扫描雷达。Echodyne 公司致力于研究扫描雷达波束，宣称开发了世界范围内最轻、最小、性价比最高的电子扫描雷达，可以在多种情况下避障。该公司期望能将这种雷达安装到四旋翼上 [28]。

⑥ 激光雷达。室内扫地机器人利用二维激光扫描传感器实现室内环境导航和避障，二维激光扫描传感器也可用于多旋翼实现类似的任务。作为它的高级形式，激光雷达越来越被广泛使用，而且越来越小型化和廉价，如 Velodyne 公司的 PUCK^{TM}（VLP-16）仅有 0.83kg[29]。

4. 跟踪技术

常见的跟踪方式为在用户身上放置 GPS 接收机。然而，对于一些非合作目标，如罪犯，该方式是行不通的。新的跟踪技术可以依赖视觉和雷达。在视觉跟踪方面，3D Robotics 公司推出了具有 FollowMe 模式的 Tower Drone Control App，能够使飞行器将用户保持在摄像头中心来跟踪用户运动，相机的角度也可以在无人机跟随过程中不断调整 [30]。OpenCV 开源软件同样有很多跟踪算法 [31]。尽管视觉跟踪具有低成本优势，但是它容易受到复杂天气和光线的影响。相对来讲，雷达跟踪更为鲁棒。在 2015 年，雷达传感器开发商 Oculii

发布了 RFS-M，并宣称其为第一个实时四维跟踪移动传感器平台 [32]。

15.1.3 交互技术

1. 手势控制技术

在 2014 年国际消费类电子产品展览会上，演示了利用 Myo 手势控制臂带控制 AR. Drone 四旋翼 [33]。类似地，智能手机、手环、手表和戒指等产品具备内置惯性测量单元，可以识别操作者的手势，也可以用于控制多旋翼。

2. 脑–机接口技术

脑–机接口技术是指在人脑与计算机等外部设备之间建立直接的连接通路。通过对传感器获取的脑电信息进行分析解读，利用计算机芯片和程序将其转化为相应的动作，这就是用“意念”操控物体的基本原理。Blackrock Microsystems LLC 公司宣称，已与布朗大学达成协议，将用于动物行为实验的无线神经活动监测系统商业化，以获取高保真的神经数据 [34]。Emotiv 公司也提供了一种无线脑–机接口 [35]。基于这些脑–机接口，多旋翼的应用前景进一步明朗。浙江大学 CCNT 实验室的研究人员演示了利用脑–机接口控制四旋翼飞行器。2015 年 2 月 25 日，在葡萄牙进行了一种依靠脑电波操控无人机的演示 [36]。复旦大学团队设计了基于意念–手势协同控制的六旋翼飞行器。然而，从安全性的角度来讲，这些多旋翼离商业应用仍然差得很远。

15.1.4 通信技术

通信技术有助于信息共享，可以用于无人机空管或健康评估，在高速通信技术的支持下，数据还可以上传到云服务器。

1. 5G 通信技术

2015 年 11 月，有报道称，美国希望达成一个全球协议来重新分配部分无线电频段，以迎接移动设备 5G 时代的到来。这将引发世界范围内的民用无人机和飞行跟踪系统发展的新高潮。在未来的十年中，仅仅在美国，就会因此出现 800 亿美元的商机 [37]。

2. Wi-Fi 通信技术

德国卡尔斯鲁厄理工学院开发出了一项新的 Wi-Fi 技术，利用更好的硬件配备 240GHz 无线电频率，实现在 0.6 英里内用户的链接速度达到 40Gbas（5GB/s）[38]。这种技术可以通过无人机的视频发射器提供与地面设备的高速连接。

15.1.5 芯片技术

2014 年 9 月 9 日，3D Robotics 公司发表声明，他们与英特尔公司合作开发一种新的微型电脑 Edison，只有一枚邮票的大小，却具有个人计算机一样的处理能力，且价格公道 [39]。在 2015 年国际消费类电子产品展览会展会上，高通研究机构展示了他们设计的 Snapdragon Cargo——一个具有飞行控制器的飞行机器人。所用的高通骁龙处理器可以提供一种低功率解决方案，其中融合了多芯片处理、无线电通信、传感器集成、定位和多机器人技术应用的实时输入/输出技术 [40]。类脑芯片，又称神经形态芯片，有着广阔的应用前景。DARPA 在 2008 年发布了一个神经形态自适应可塑可扩展电子项目，用于开发神经形态或类脑芯片。它有望利用视频和其他传感器数据来完成绘图信息，为决策提供支持。HRL、IBM 和 HP 公司取得了该产品的种子基金 [41]。HRL 发布了一个演示，四旋翼可以通过 576 个硅神经芯片处理来自光流、超声波和红外线传感器的数据，识别外部环境是否发生变化。IBM 公布了一种含有 54 亿个晶体管的光流芯片，它可以用于模式识别、音频处理和运动控制 [41,42]。类脑芯片有望把自主系统推向全新的高度。

15.1.6 软件平台技术

2014 年 10 月，Linux 开源基金会推出了一个名为 Dronecode 的项目，用于推动无人机发展。它的最终目标是使用户最大化地利用项目的源代码，为用户提供一个更简单、更好、更可靠的无人机软件。该平台已经被多旋翼技术的前沿公司采用 [43,44]。

乌班图操作系统已更新到 15.04 版本，是目前最小且最安全的版本。该操作系统已成功应用于高通骁龙飞行器和 Erle-Copter 乌班图无人机 [45]。

Airware 公司发布了一款商业无人机操作系统，主要面向大规模工业应用，可以安全、可靠地操纵无人机，符合政府和保险需求。同时，Airware 希望让消费者可以自主选择飞行器，并匹配相应的硬件和软件，使无人机可以执行不同的任务 [46]。

15.1.7 空中交通管理技术

Airware 与美国国家航天局合作开发了一款无人机交通管理系统，用于保证低空无人机的安全和高效运行。这个四年计划将推出一系列空中交通管理系统原型，并描绘出商用飞行器广阔的应用范围。美国国家航天局也与 Exelis 公司合作测试无人机 Symphony RangeVue 空中交通管理系统。该系统可以将美国联邦航空局数据和无人机跟踪信息传输到移动应用软件，让无人机操纵者可以实时看到他们操纵的无人机附近的其他无人机的运行情况。尽管这个系统还不符合当前的视距飞行规定，但该公司希望借助它来解决空中交通的一些重要问题，并以此为切入点，说服美国联邦航空局放宽飞行限制 [47]。2015 年，Transtrex 公司在 Moffett 机场的美国航天局无人机交通管理系统大会上发布了第一个无人机系统动态地理限制系统 beta 版本。根据 Transtrex 的无人机系统飞行动态 3DTMaps，该系统可以提供动态三维地图数据，包括人造目标和飞行限制，如永久或临时禁飞区域的限制 [48]。

2015 年美国航天局无人机交通管理系统大会于 7 月 28 至 30 日在加州 Moffett 区美国国家航天局 Ames 研究中心举行 [49−51]。此次会议给大家一个讨论低空无人机交通管理系统的机会，憧憬低空无人飞行器交通管理的未来。亚马逊公司 [52,53] 和谷歌公司 [54] 在会上发表了白皮书，通过 ADS-B 和 V2V 通信，探索了管理空域和协调飞行器的策略。2016 年 2 月，有研究者提出了比白皮书更具体的无人机网的通用架构和基本概念 [55]，并宣称该架构可以为各种各样的无人机系统应用提供通用服务，如无人机包裹递送、空中监视、搜索和救援等。2015 年 9 月，在第三届航空器拥有者及驾驶员协会的国际飞行训练展会上，中国航空器拥有者及驾驶员协会联合多家企业开发的针对小型无人机的“U Cloud”监管系统上线。它可以帮助飞控手了解附近的无人机，有助于中国无人机的管理。

15.1.8 小结

在多旋翼相关的新技术发展进程中，各技术是相互耦合依存的，如芯片、传感器和算法等。这些技术将构成无人机（多旋翼）的生态环境。在这种情形下，其中某一项或两项技术的发展会引领无人机（多旋翼）的发展，将存在各种可能性，很多是我们目前无法想象的。同样，无人机（多旋翼）的发展将带动相关行业技术的发展，并在此过程中解决各种存在的问题。因此，受助于相关技术的发展，多旋翼仍有很大的发展空间。

15.2 需求和技术创新方向

15.2.1 创新层面

从事多旋翼研究和设计，无外乎从需求、方案和技术三个角度入手。在这三个层面上，发现一个全新的需求是上策；在同样的需求下，寻求一个好的方案是中策；在同样的需求和方案下，改进技术则是下策。

不同层面上的创新对应的要求是不一样的。

① 需求创新不仅需要对用户需求的把握，还要综合把握方案和技术实现的可行性。需求创新将带来新的问题和特色，立刻形成与其他产品的差异性。进一步，新的问题会引发新的设计，从而形成新的产品。

② 从解决问题的角度，方案是十分重要的。方案创新需要渊博的知识面，包括软件、硬件和算法。在某些情况下，合适的方案会降低技术难度。比如，内置惯性测量单元的智能设备和摄像头都能实现手势识别，关键在于哪一个方案更好。前者开发难度不会太大且鲁棒较好，而工程上用于手势识别的视觉算法往往受限于其应用场景。最后，应当指出的是，在选择方案时，特定的应用环境也需要考虑其中。

③ 技术创新需要本领域很强的专业知识，难度最大，主要是对多旋翼的某种性能有很大提升，以致让用户真正感受到。比如，基于光流的测速是一项重要技术，然而，精度上每提高一个百分点，都会带来成本的提高。

15.2.2 应用创新

多旋翼的应用众多。多旋翼有不同的分类方式，主要是按功能分类。本章按搭载的负载对多旋翼分类，即“多旋翼 +X”，其中，X 指搭载的设备。基于此，下面列举一些新的需求和应用。

1. 多旋翼本身

多旋翼可以作为教育和娱乐玩具。世界上最大的融资平台 Kickstarter 启动了一个利用乐高积木搭建多旋翼的项目 [56]。第一人称视角②竞技也越来越流行 [57,58]。对于该项运动，多旋翼成为流行的飞行器。

② 第一人称视角 FPV (First-person view) 或称为远程视角 (Remote-Person View, RPV) 或简称视频操控，是一种以驾驶员或飞行员的视角来控制遥控车或飞机的方法。

2. 多旋翼+照相机

除了航拍、巡线等常见领域外，雷诺汽车公司在印度德里车展上推出了“KWID 概念”。这是一款概念车，内置了一个四旋翼飞行器，用于侦察交通流量、拍摄风景图片以及探测前进道路上的障碍物等 [59]。中国的零零无限科技有限公司推出的小黑侠跟拍无人机是一种被碳纤维结构封闭的四旋翼。它安全，便于携带，可折叠，并且允许用户抓住它和重新定位，就像一台靠近用户的漂浮的相机 [60]。

3. 多旋翼+农药

2015 年 4 月 19 日，中国公司极飞发布了农业多旋翼 XPLANET P20。据报道，极飞服务团队使用农业多旋翼在 3 天之内完成了 1650 英亩水稻的药物喷洒 [61]。2015 年底，中国公司大疆和零度相继发布农业多旋翼。

4. 多旋翼+货物

亚马逊公司作为最早一批测试无人机派送快件的企业，在此方面投入了极大的精力和热情，先后完成了多轮飞行器的测试 [62]。DHL 公司的 Parcel 部门已经完成一个由 Lower Saxony 的经济人力运输部牵头的综合性讨论会，将在 Juist 的北海岛发布一个独特的飞行项目 Parcelcopter 2.0，是欧洲第一个为 Juist 小岛运送急救药品的自主配送无人机 [63]。Red Line 飞行机器人联盟的目标是建立非洲的第一条无人机货物运送路线。该路线包含多个无人机港口，连接多个城镇和农村，并投放货物 [64]。从成本的角度来看，多旋翼送货无疑是非常廉价的。粗略地估算，对于 2 千克负载，成本约为每千米 0.2 美分 [65]。更重要的是，无人机可以运输医疗箱，用于紧急医疗护理，以挽救生命 [66]。

5. 多旋翼+测绘仪器

法国 Drones Imaging 公司将 3D 打印技术与无人机摄像相结合，产生的 3D 模型可以应用于采矿、考古、建筑以及军事领域 [67]。

6. 多旋翼+通信平台

系留无人机，如以色列 Sky Sapience 公司生产的 HoverMast 多旋翼 [9] 和中国北京卓翼智能公司生产的天枢-100 多旋翼 [10]，可以作为通信平台使用，用于如地震区域等地区的紧急通信。

7. 多旋翼+武器

网络上的视频演示了四旋翼下挂有机枪作为武器，可通过远程控制并进行攻击的场面 [68]。若此系统能够配备第一人称视角并进一步开发，该武器可以让士兵远离战场使用，避免伤亡。

8. 多旋翼+光源

Ars Electronica 的未来实验室 Futurelab 利用多旋翼精确编队飞行，可以在半空中绘制三维物体 [69]。在太阳马戏团的短影片“SPARKED”中，表演者用 10 架四旋翼机群构成的灯罩进行了精彩的表演 [70]。

9. 多旋翼+声音

有报道称，22 岁的威灵顿工科学生用多旋翼搭载音响放养了约 1000 只羊 [71]。

10. 多旋翼+读卡器

Fraunhofer 公司目前正在开发一套全新的库存管理系统，将利用无人机携带 RFID 在仓库飞行并盘点存货。这套自主飞行机器人有望实现独立导航 [72]。

11. 多旋翼+绳锁

苏黎世联邦理工学院的研究员成功地通过控制几台无人机搭建出一条牢固的绳索桥，可以支撑一个人的重量 [73]，用于无桥情形下的救援工作。

12. 多旋翼+喷火器

中国南方电网广州供电局输电管理所输电线路工作室自主研发载有喷火装置的多旋翼，用于清除挂在高压电线上的塑料垃圾。

通过“多旋翼+”或者“无人机+”思想，将多旋翼与其他设备组合在一起，可以形成新的应用或需求。这种新的应用场景必然带来新的问题，进而需要新的技术。比如，植保多旋翼需要精度极高的定高技术，而娱乐观赏需要更快、更精确的定位技术和精确轨迹跟踪控制算法。除了以上分类方式，无人机市场也可以通过用户进行分类，如儿童、年轻人、研究人员和爱好者等。这种划分可以充分挖掘潜在的需求。

目前，对于初创公司，具有广大消费群体和高附加值应用的市场需求更有前途，如迷你玩具、教育用多旋翼、可穿戴多旋翼、农业多旋翼以及有特殊用途的商业级多旋翼等。这些领域安全风险可控，同时具备广阔的消费群体。从事安全风险可控和具备广阔的消费群体的市场，可以帮助公司收取合理的利润，形成正反馈，帮助产品进一步更新换代。除了“商家对客户”模式，初创公司的另一条出路是聚焦于某些特定的技术，为终端生产商提供服务或产品，即“商家对商家”模式。

15.2.3 性能创新

除了需求之外，这里仅考虑多旋翼平台本身。设计者可以通过改善多旋翼的单一性能，突出产品或研究的特色。表 15-1 列举了八项关键性能和对应本书主要章节的五项核心技术。

表 15-1 性能与技术关系（“+”越多，表示关系越大；“–”表示基本无关）

技术性能	布局和结构设计	动力系统	状态估计	控制器设计	健康评估和失效保护
噪音最小	+++	++	+	+	–
振动最小	+++	++	+	+	–
悬停时间最长	+	+++	+	++	–
飞行距离最远	++	+++	+	+	–
抗风性最强	++	+++	+	++	–
飞行最为精确	–	–	+++	+++	–
自主性最高	–	–	+++	+	++
安全系统最高	+	++	+++	++	+++

表 15-1 中的每一项性能都是必要的。其中，“安全系数最高”这一性能尤为重要。然而，提升该项性能非常不易。为了提高多旋翼的安全系数，第 14 章提到的健康评估和失效保护是远远不够的。可靠性通常用平均无故障时间来衡量，但是安全性则不好给出清晰的定义，常常要视情况而定。粗略地讲，多旋翼的安全性可以认为是对地面工作人员、财产以及多旋翼本身及其搭载物的保护。安全是一个系统属性，不是一个组件属性，它必须在系统层面上把控，而不是在部件层面上[74,p.14]。在系统层面上，部件间的交互和耦合必须考虑在内。可靠不安全和安全不可靠的例子比比皆是[74,pp.8-11]。

作为小型复杂系统，多旋翼应该从系统工程的角度来设计，以保障飞行的安全。2007 年，国际系统工程学会在《系统工程 2020 年愿景》中给出了“基于模型的系统工程”的定义：“基于模型的系统工程是对系统工程活动中建模方法应用的正式认同，以使建模方法支持系统要求、设计、分析、验证和确认等活动。这些活动从概念性设计阶段开始，持续贯穿到设计开发以及后来的所有的寿命周期阶段[75]。”这个概念与基于文档的系统工程相对应，拟在利用先进的系统建模语言代替自然语言，从而消除不确定性、歧义性和不可计算性等。进而，从“以文档为主、模型为辅”向“以模型为主、文档为辅”转变[76,77]。这也是国际大型飞机公司（如波音、空客、洛克希德马丁）设计飞机的流程。至今，这是民用大飞机高安全系数的有效途径。这样，才能够较好满足国际的适航标准。对于目前有一定实力的多旋翼公司和研究机构，建议采用基于模型的系统工程方法设计多旋翼。随着未来多旋翼或无人机的增多，安全系数标准或适航标准必然被公众关注。

相比安全系数的提高，飞行器的自主性相对容易在短时间实现，也更容易获取市场的关注。因此，不少新产品着力于自主性，将其打造成多旋翼的卖点。自主性与自治有关，也与安全性紧密相关。“对于无人机系统，自主性可以定义为无人机系统的自我管理能力，是对传感、感知、分析、通信、规划、决策和执行等的综合，从而完成地面操作者通过人机接口或其他可以与无人机系统通信的系统发送来的命令”[77,p.59]。此定义也适用于多旋翼系统。多旋翼自主等级越高，意味着越容易控制飞行器。据报道，在美国国防部无人机 2000—2025 路线图中，美国空军研究实验室定义了 10 个自主能力等级[78]。2002 年，美国空军研究实验室呈现了怎么评估无人机的自主能力等级[79]。这个定义是针对战场上的作战无人机，并不适合个人用的微小型多旋翼。如何界定多旋翼的自主性，目前没有统一的描述。为此，对文献[77,p.65]中的等级划分进行补充修改，得到新的等级划分方式，如表 15-2 所示。

从目前的产品来看，大部分的多旋翼玩具处于自主级别 0.0 水平，大部分的商用多旋翼产品处于自主级别 1.0 水平。装载 APM 飞控的多旋翼是这一级别的典型代表。AR. Drone 和大疆公司的小精灵 3 仅能够做到基于视觉的自主悬停，达到了自主级别 2.0 初级水平。一些无人机比赛，如国际空中机器人大赛（IARC）③，要求的任务包含自主级别 4.0 的特征。

③ http://www.aerialroboticscompetition.org 或 http://iarc.buaa.edu.cn

表 15-2 多旋翼自主等级示例表

等级	描述	决策	感知	控制	典型场景
4	实时避障/事件检测，路径规划	危险规避，实时路径规划与再规划，事件驱动决策，任务改变的鲁棒响应	感知障碍、危险、目标能力，环境变化检测，实时建图	期望具有精确、鲁棒三维轨迹跟踪能力	可以利用摄像机（无 GPS）远距离飞行，且能自动返航。四旋翼一台电机故障时，可以安全着陆
3	故障/事件自适应	健康诊断，有限适应，机载保守和低级别决策，执行预编程的任务	大多数健康和状态感知，软/硬件故障检测	鲁棒飞行控制器，针对故障、任务和环境变化的重构或自适应控制	可以评估自身健康状态，分析故障产生原因。六旋翼一台电机故障时，可以返航
2	与外部系统独立的导航（无 GPS）	同等级 1	自身传感和状态估计（无外部系统参与）。具有健康评价能力，能提前感知故障并进行失效保护。感知和态势认知由飞控手判断	同等级 1	靠摄像机（无 GPS）完成悬停，着陆和跟踪。提前报告故障如遥控器故障，传感器故障和动力系统故障等
1	自动飞行控制	预编程或上传飞行计划（航路点、参考轨迹等）。由地面站或飞控手进行分析、规划和决策。简单的失效保护	大部分传感和状态估计由多旋翼完成。简单的健康传感。感知和态势认知由飞控手判断	由飞控系统计算控制指令	利用 GPS，可以悬停、跟踪目标。可以检测遥控器故障、GPS、电子罗盘故障或电池电量高低。可以通过模式切换实现安全着陆
0	遥控	大多由飞控手完成	基本的传感可能由多旋翼完成；所有数据由飞控手处理、分析	由飞控手给出控制指令	可以由飞控手控制完成悬停、着陆和跟踪目标任务

15.3 分析

15.3.1 风险

失效种类的不同会带来不同的后果，进而产生不同的风险。比如，对于一个计算机操作系统，死机不会伤害到用户的身体。然而，如果多旋翼从天上掉下来，损失将非常大，会造成一系列负面影响。

① 人身安全。虽然多旋翼正在向着轻量化发展，但在搭载了各种设备之后，其自身重量也相当可观，失效时可能会威胁生命。

② 财产安全。多旋翼不同于航模，它可能搭载各种昂贵的设备，失效会使这些设备损坏。

③ 道德和舆论风险。由多旋翼带来的公共安全或隐私问题必然引起媒体关注或炒作。这将对多旋翼发展造成很大的舆论压力，甚至遭到法律法规的限制。目前在这方面，多旋翼似乎没有太大影响，那是因为多旋翼在市场上的数量还没有足够多。然而，目前已经能看到风险的苗头。比如 2015 年 1 月 29 日，一架多旋翼闯入白宫 [80]；2015 年 4 月 24 日，一架多旋翼坠落日本首相官邸 [81]；2015 年 6 月，一架多旋翼撞上米兰大教堂 [82]；2015 年 9 月，一架多旋翼撞进美国网球公开赛 [83]。

15.3.2 建议

为了降低风险，与民用载人飞机类似，多旋翼也应该取得国家航空管理部门颁发的适航证书，表明多旋翼出厂合格、安全。然而，如果目前这样做的话，或许会将多旋翼或民用无人机产业扼杀在摇篮里，特别是消费级多旋翼。另一方面，全世界许多国家其实都缺乏这样的标准，这需要一定的时间去完善法律、法规及标准。因此，为了减低风险，多旋翼不得不进一步提高性能，使其尽可能保证安全。以下是几点建议。

1. 对于多旋翼生产和设计厂商

① 提高可靠性。在硬件方面，使用质量有保证的元器件。在软件方面，失效保护需要提前考虑，并鼓励采用基于模型的系统工程方法设计，且需要大量而全面的测试。

② 减少飞行器坠毁带来的影响。减轻重量是最有效的方法，这意味着多旋翼需要利用更轻的设备和材料去降低重量。另一方面，多旋翼装载降落伞也是一种选择。

③ 为飞机编号。就像车辆需要有车牌号一样，每架多旋翼也需要分配身份识别号，以便有效抑制多旋翼飞行器的滥用。

④ 设置禁飞区。只要不在人口密集区飞行，坠机对人的伤害影响会变得很小。以北京市 2010 年人口数据为例，西城区每平方千米有 24517 人，而延庆县每平方千米只有 159 人。也就是说，在西城区飞行摔机砸到人的概率是延庆县的 154 倍。因此，在人口特别密集的区域内，除非特别批准，应禁止无人机飞行。即使在人口稀少地带，也要通过短信方式通知周边人员注意安全，这一点相对容易实现。

⑤ 防欺骗和防入侵。多旋翼在飞行过程中可能出现被偷或者数据被偷以及自身被侵入等事件。2012 年，德克萨斯大学的研究团队可以通过侵入 GPS 系统，使无人机坠毁 [84]。

在 2015 年 8 月，拉斯维加斯举办的 DefCon 黑客大会期间，两名安全专家演示了派诺特公司无人机的弱点。最简单的攻击是一键使派诺特公司无人机，包括 Bebop 无人机从天空坠落 [85]。

2. 对于多旋翼运营厂商

① 培养合格的多旋翼飞控手。在敏感区域飞行或飞行器重量超过一定限制时，需要合格的飞控手。

② 保险。未来买多旋翼飞行器需要像买汽车一样购买强制险。尤其是利用无人机从事某些特定工作的公司，应另外购买保险，以降低工作风险。

③ 限制飞行器飞行范围。

15.4 机遇和挑战

15.4.1 机遇

机器人是未来的刚性需求。机遇体现在以下三方面。

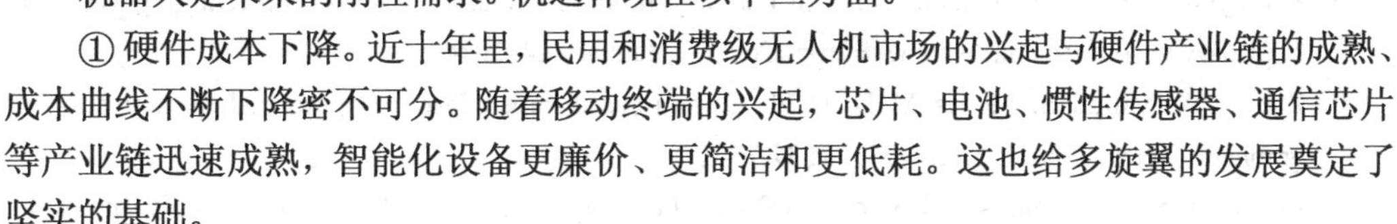

① 硬件成本下降。近十年里，民用和消费级无人机市场的兴起与硬件产业链的成熟、成本曲线不断下降密不可分。随着移动终端的兴起，芯片、电池、惯性传感器、通信芯片等产业链迅速成熟，智能化设备更廉价、更简洁和更低耗。这也给多旋翼的发展奠定了坚实的基础。

② 人力资源成本在增加。几乎全球所有的国家都面临人口老龄化现象 [86]，越来越多的工作必须由机器人来完成。作为机器人的典型代表，多旋翼可以在诸多领域服务人类，如农业和物流等。

③ 无人机系统的交通管理系统将为更多的无人机提供安全、合法的空域。到目前为止，这个系统尚不成熟，无人机的使用尚有一定的局限性。正如 15.1.7 节所述，美国国家航天局已经准备构建无人机系统的交通管理系统来保障民用无人机的低空域和无人机系统的运行，预期四个阶段的测试将于 2019 年 3 月全部完成 [51]。这个无人机系统的交通管理系统无疑将促进包括多旋翼在内的无人机的发展。

在这个大环境下，可以预见，接下来几年中，法律法规将不断完善，多旋翼的相关需求不断被挖掘，平台技术越来越完善，越来越多的人开始接受和使用多旋翼。在此过程中，将出现越来越多的机遇。

15.4.2 挑战

将多旋翼或无人机融入国家空域系统中是最大挑战，这与政策和技术有关 [87,88]。

① 政策带来的挑战。在中国人民抗日战争暨世界反法西斯战争胜利 70 周年阅兵期间，主要的线上销售平台被禁止销售包括多旋翼在内的无人机飞行器。不仅如此，除非特别批准，阅兵期间，所有的无人机飞行器都被禁止飞行。类似的禁飞令也可在世界其他地区看到。随着多旋翼的增多，政府对微小型多旋翼的管制会越来越严格。如何制定合理的政策，既能保证民用多旋翼或无人机的发展，又能很好地防止多旋翼或无人机危害人们的安全，有待人们去解决。

② 技术带来的挑战。多旋翼的发展虽然看似迅猛，但仍然不够强大。至今，大多数多旋翼的可靠性无法得到保证，如何设计一个高可靠性的小型多旋翼也是技术方面的最大挑战，然而很多刚起步的小公司并不具有这样的能力。一种可能性是一两家大公司提供稳定和可靠的多旋翼平台，由它们保障多旋翼的安全性。在这种情况下，多旋翼平台应留出相应的接口，供其他人员进行二次开发。这样的话，多旋翼接口标准的制定显得尤为重要。除了多旋翼自身的问题，空域中不同尺寸和不同类型无人机之间，以及无人机与有人机之间的防碰撞等安全问题也是技术层面上的挑战。

参考文献

[1] 全权. 解密多旋翼发展进程. 机器人产业, 2015, 2: 72-83.

[2] Kim W C, Mauborgne R. Blue ocean strategy: how to create uncontested market space and make competition irrelevant. Harvard Business School Press, Boston, USA, 2005.

[3] Breaking Down 'Blue Ocean'. Blue ocean [Online], available: http://www.investopedia.com/terms/b/blue_ocean.asp#ixzz3sqQ0pp1u/, January 24, 2016.

[4] EnergyOr. EnergyOr demonstrates multirotor UAV flight of 3 hours, 43 MINUTES [Online], available: https://www.youtube.com/watch?v=7rpxcCoycvA, January 24, 2016.

[5] Zhu Y W, Murali S, Stoller M D, et al. Carbon-based supercapacitors produced by activation of graphene. Science, 2011, 332(6037): 1537-1541.

[6] Edelstein S. Aluminum-air battery developer Phinergy partners with Alcoa [Online], available: http://www.greencarreports.com/news/1090218_aluminum-air-battery-developer-phinergy-partners-with-alcoa, February 5, 2016.

[7] Hoopes H D. StoreDot to scale up nanodot battery tech in pursuit of five minute-charging EVs [Online], available: http://www.gizmag.com/storedot-nanodot-flashbattery-ev-five-minute-charge/39030/, January 20, 2016.

[8] Airborg™ H6 1500 with top flight hybrid propulsion™ for enhanced duration and extended payload applications [Online], available: http://www.tflighttech.com/products.htm, January 20, 2016.

[9] Skysapience. HoverMast [Online], available: http://www.skysapience.com/, January 20, 2016.

[10] Droneyee. Tianshu-100 [Online], available: http://www.droneyee.com/. November 7, 2016.

[11] Cyphy Works. PARC [Online], available: http://cyphyworks.com/parc/, November 5, 2016.

[12] Skysense. Deploying drones for the enterprise [Online], available: http://skysense.co/, January 20, 2016.

[13] Reforges. Reforges Constellation [Online], available: http://www.reforgesconstellation.com/, November 5, 2016.

[14] Airstier. Yeair! Is the nest generation guadcopter solution [Online], available: https://www.yeair.de/overview/, January 20, 2016.

[15] Swift Navigation. Piksi [Online], available: http://docs.swiftnav.com/wiki/Main_Page, January 25, 2016.

[16] RTKLIB: An open source program package for GNSS positioning [Online], available: http://www.rtklib.com/, January 25, 2016.

[17] Brown M. BAE Systems' GPS rival Navsop uses radio signals to get your position [Online], available: http://www.wired.co.uk/news/archive/2012-06/29/bae-gps, January. 25, 2016

[18] Pozyx Labs. Pozyx [Online], available: https://www.pozyx.io/, June 6, 2016.

[19] Hol J D, Dijkstra F, Luinge H, Schon T. Tightly coupled UWB/IMU pose estimation. In: Proc. IEEE International Conference on Ultra-Wideband. New York, USA, 2009, pp 688-692.

[20] Mueller M W, Hamer M, D'Andrea R. Fusing ultra-wideband range measurements with accelerometers and rate gyroscopes for quadrocopter state estimation. In: Proc. IEEE International Conference on Robotics and Automation, Seattle, Washington, USA, 2015, pp 1730-1736.

[21] Honegger D, Meier L, Tanskanen P, Pollefeys M. An open source and open hardware embedded metric optical flow cmos camera for indoor and outdoor applications. In: Proc. IEEE International Conference on Robotics and Automation, 2013, pp 1736-1741.

[22] PX4FLOW developer guide [Online], available: https://pixhawk.org/dev/px4flow, January 25, 2016.

[23] Microsoft. Meet Kinect for Windows [Online], available: https://dev.windows.com/en-us/kinect, January 25, 2016.

[24] Developer zone [Online], available: https://software.intel.com/en-us/realsense/home, January 25, 2016.

[25] Panoptes. Meet eBumper4: explore with confidence [Online], available: http://www.panoptesuav.com/ebumper/, January 25, 2016.

[26] New Scientist. Smart drones that think and learn like us to launch this year [Online], available: https://www.newscientist.com/article/mg22630172-000-smart-drones-that-think-and-learn-like-us-to-launch-this-year/, January 25, 2016.

[27] The Verge. A tiny startup has made big strides in creating self-navigating drones [Online], available: http://www.theverge.com/2015/1/15/7550669/skydio-drone-sense-and-avoid-camera-vision, January 25, 2016.

[28] Simonite T. Metamaterial radar may improve car and drone vision [Online], available: https://www.technologyreview.com/s/536341/metamaterial-radar-may-improve-car-and-drone-vision/, February 5, 2016.

[29] Velodyne. PUCKTM (VLP-16) [Online], available: http://velodynelidar.com/vlp-16.html, January 25, 2016.

[30] 3D Robotics. 3DR releases tower drone control App, and 3DR services, "The App Store for Drones "[Online], available: https://3drobotics.com/3dr-releases-tower-drone-flight-control-app-3dr-services-app-store-drones/, January 25, 2016.

[31] OpenCV [Online], available: http://opencv.org/, January 25, 2016.

[32] Oculii. RFS-M [Online], available: http://www.oculii.com/, January 25, 2016.

[33] Engadget. When Parrot AR.Drone meets Myo armband, magic ensues (video) [Online], available: http://www.engadget.com/2014/01/10/parrot-ar-drone-thalmic-labs-myo/, January 25, 2016.

[34] Yin M, Borton D A, Komar J, et al. Wireless neurosensor for full-spectrum electrophysiology recordings during free behavior. Neuron, 2010, 84(6): 1170-1182.

[35] Emotiv. Wearables for your brain [Online], available: https://emotiv.com/, January 25, 2016.

[36] Tekever. BBC News. Brain-controlled drone shown off by Tekever in Lisbon [Online], available: http://www.bbc.com/news/technology-31584547, January 25, 2016.

[37] ETTelecom. US pushes for spectrum for 5G, civil drones, flight tracking [Online], available: http:// telecom.economictimes.indiatimes.com/news/3g-4g/us-pushes-for-spectrum-for-5g-civil-drones-flight-tracking/49682589, January 25, 2016.

[38] Emspak J. Wi-Fi network breaks speed record [Online], available: http://mashable.com/2013/05/17/wi-fi-speed-record/#QGTFT0xxdEqw, January 25, 2016.

[39] 3D Robotics. 3D Robotics partners with Intel, develops new drone power [Online], available:

https://3drobotics.com/3d-robotics-partners-intel-develops-new-drone-power/, January 25, 2016.

[40] Jacobowitz P J. Introducing the Snapdragon Cargo [Online], available: https://www.qualcomm.com/news/onq/2015/01/04/ introducing-snapdragon-cargo-video, January 25, 2016.

[41] McCaney K. Tiny drone with brain-like chip learns on the fly [Online], available: https://defensesystems.com/ articles/2014/11/05/darpa-hrl-brain-like-chip-tiny-drone.aspx, January 25, 2016.

[42] Merolla P A, Arthur J V, Alvarez-Icaza R, et al. A million spiking-neuron integrated circuit with a scalable communication network and interface. Science, 2014, 345(6197): 668-673.

[43] Dronecode [Online], available: https://www.dronecode.org/, January 25, 2016.

[44] Linux Foundation. Linux Foundation and leading technology companies launch open source Dronecode Project [Online], available: http://www.linuxfoundation.org/news-media/announcements/2014/10/linux-foundation-and-leading-technology-companies-launch-open, January 25, 2016.

[45] Ubuntu. Amazing autonomous things [Online], available: http://www.ubuntu.com/internet-of-things, January 25, 2016.

[46] Airware [Online], available: https://www.airware.com/, January 25, 2016.

[47] Bednar C. NASA to create drone air traffic control system [Online], available: http://www.redorbit.com/news/technology/1113350198/nasa-to-create-control-system-for-unmanned-drones-031115/, January 25, 2016.

[48] Transtrex. Transtrex tells drones where they can fly in real time [Online], available: http://www.suasnews.com/2015/07/37440/transtrextellsdrones-where-they-can-fly-in-real-time, January 25, 2016.

[49] NASA. NASA UTM 2015: The next era of aviation [Online], available: http://utm.arc.nasa.gov/utm2015.shtml, April 17, 2016.

[50] NASA. UTM fact sheet [Online], available: http://utm.arc.nasa.gov/docs/utm-factsheet-02-23-16. pdf, April 17, 2016.

[51] Kopardekar P H. Safely enabling UAS operations in low altitude airspace [Online], available: http://ntrs.nasa.gov/search.jsp?R=20160002414, April 17, 2016.

[52] Amazon Inc. Determining safe access with a best-equipped, best-served model for small unmanned aircraft systems [Online], available: http://utm.arc.nasa.gov/docs/Amazon_Determining%20Safe%20Access%20with%20a%20Best-Equipped,%20Best-Served%20Model%20for%20sUAS%5b2%5d.pdf, April 17, 2016.

[53] Amazon Inc. Revising the airspace model for the safe integration of small unmanned aircraft systems [Online], available: http://utm.arc.nasa.gov/docs/Amazon_Revising%20the%20Airspace%20Model%20for%20the%20 Safe%20Integration%20of%20sUAS[6].pdf, April 17, 2016.

[54] Google Inc. Google UAS airspace system overview [Online], available: http://utm.arc.nasa.gov/docs/GoogleUASAirspaceSystemOverview5pager[1].pdf, April 17, 2016.

[55] Gharibi M, Boutaba R, Waslander S L. Internet of drones. IEEE Access, 4: 1148-1162.

[56] Brickdrones [Online], available: http://www.brickdrones.com/, January 25, 2016.

[57] Multigp. FPV multirotor racomg [Online], available: http://www.multigp.com, January 25, 2016.

[58] Multirotorracing [Online], available: http://multirotorracing.com/wordpress, January 25, 2016.

[59] Designboom. Renault KWID concept: An off-road car with built-in drone quadcopter [Online], available: http://www.designboom.com/technology/renault-kwid-concept-an-off-road-car-with-built-in-drone-quadco- pter-02-11-2014, January 25, 2016.

[60] Zero Zero Technology. Hover camera passport [Online], available: https://gethover.com/. November 7,

2016.

[61] Xaircraft. 3 Days for 1650 acres, XAIRCRAFT reached a new milestone in agricultural industry [Online], available: http://www.xaircraft.cn/en/news_detail/152, January 25, 2016.

[62] Amazon [Online], available: http://www.amazon.com/b?node=8037720011, January 25, 2016.

[63] DHL. DHL parcelcopter launches initial operations for research purposes [Online], available: http://www. dhl.com/en/press/releases/releases_2014/group/dhl_parcelcopter_launches_initial_operations_for_research_purp- oses.html, January 25, 2016.

[64] Afrotech EPFL. Flying robots [Online], available: http://afrotech.epfl.ch/page-99937.html, January 25, 2016.

[65] D'Andrea R. Can drones deliver? IEEE Transactions on Automation Science and Engineering, 2014, 11(3): 647-648.

[66] CNET. Ambulance drone delivers help to heart attack victims [Online], available: http://www.cnet.com/news/ambulance-drone-delivers-help-to-heart-attack-victims/, January 25, 2016.

[67] Hussenet L. Integrated 3D visualization: drones, photogrammery tied To 3D printing [Online], available: https://www.3dvisworld.com/features/feature-articles/9286-integrated-3d-visualization-drones-photogramm- etry-tied-to-3d-printing.html, January 25, 2016.

[68] Flying Gun. YouTube [Online], available: https://www.youtube.com/watch?v=xqHrTtvFFIs, January 25, 2016.

[69] Visnjic F. Smart Atoms (Spaxels)–Flying building blocks [Online], available: http://www.creativeapplications.net/environment/smart-atoms-spaxels-flying-building-blocks/, January 25, 2016.

[70] Coxworth B. Cirque du Soleil and ETH Zurich collaborate on human/drone performance [Online], available: http://www.gizmag.com/cirque-du-soleil-sparked-drone-video/33921/, January 25, 2016.

[71] Nicas J. They're using drones to herd sheep [Online], available: http://www.wsj.com/articles/theyre-using-drones-to-herd-sheep-1428441684, January 25, 2016.

[72] Szondy D. Fraunhofer developing flying inventory robots to keep tabs on stock [Online], available: http://www.gizmag.com/inventairy-fraunhofer/35006/, January 25, 2016.

[73] Lavars N. Drones autonomously build a walkable rope bridge [Online], available: http://www.gizmag.com/drones-build-bridge-that-can-bear-human-weight/39511/, January 25, 2016.

[74] Leveson N. Engineering a safer world-systems thinking applied to safety. MIT Press, 2011.

[75] Crisp H E. Systems engineering vision 2020. Technical Report INCOSE-TP-2004-004-02, International Council on Systems Engineering, 2007.

[76] Haskins C, Forsberg K, Kruger M. INCOSE systems engineering handbook: a guide for system life cycle processes and activities. John Wiley & Sons, Hoboken, USA, 2015.

[77] Nonami K, Kartidjo M, Yoon K J, Budiyono A. Autonomous control systems and vehicles: intelligent unmanned systems. Springer-Verlag, Japan, 2013, 59-60.

[78] Office of the secretary of defense. Unmanned Aerial Vehicles roadmap 2000-2025 [Online], available: https://www.google.com.hk/url?sa=t&rct=j&q=&esrc=s&source=web&cd=1&ved=0ahUKEwjQrtSazsLKAhXGJI4KHRF4ADYQFggfMAA&url=http%3A%2F%2Fhandle.dtic.mil%2F100.2%2FADA391358&usg=AFQjCNHAkZfKQQ-fdu8PB0myFVtbkO0ctw&sig2=HIbgZoXIJoyfngOFSEBRkA, January 25, 2016.

[79] Clough B T. Metrics, schmetrics! How the heck do you determine a UAV′s autonomy anyway. In: Proc. Performance Metrics for Intelligent Systems Conference, Gaithersburg, Maryland, 2002, pp 313–319.

[80] Miller Z J. Drone that crashed at White House was quadcopter [Online], available: http://time.com/

3682307/white-house-drone-crash/, January 25, 2016.

[81] Russon M A. Radioactive drone lands on roof of Japanese PM's office in 'silent protest' at nuclear plans [Online], available: http://www.ibtimes.co.uk/radioactive-drone-lands-roof-japanese-pms-office-silent-protest-nuclear-plans-1497738, January 25, 2016.

[82] Dronefreaks. Drone crashes into Milan Cathedral [Online], available: http://dronefreaks.org/2015/06/26/drone-crashes-into-milan-cathedral/, January 25, 2016.

[83] Talanova J. Drone slams into seating area at U.S. Open; teacher arrested [Online], available: http://edition.cnn.com/2015/09/04/us/us-open-tennis-drone-arrest/, January 25, 2016.

[84] Drone hacked by University of Texas at Austin Research Group. The world post [Online], available: http://www.huffingtonpost.com/2012/06/29/drone-hacked-by-universit_n_1638100.html/, January 25, 2016.

[85] Arstechnica. Parrot drones easily taken down or hijacked, researchers demonstrate [Online], available: http://arstechnica.com/security/2015/08/parrot-drones-easily-taken-down-or-hijacked-researchers-demonstrate/, January 25, 2016.

[86] Economic & Social Affeirs. World population ageing 2013 [Online], available: http://www.un.org/en/development/desa/population/publications/pdf/ageing/WorldPopulationAgeing2013.pdf, January 25, 2016.

[87] Cooney M. Unmanned aircraft pose myriad problems to US airspace, GAO reports [Online], available: http://www.networkworld.com/article/2344276/security/unmanned-aircraft-pose-myriad-problems-to-us-airspace–gao-reports.html, July 22, 2016.

[88] Dalamagkidis K, Valavanis K P, Piegl L A. On integrating unmanned aircraft systems into the national airspace system: Issues, challenges, operational restrictions, certification, and recommendations. Springer-Verlag, New York, 2009.

附录 A　中英文专业词汇对照表

absolute angle of attack	绝对迎角
Additive State Decomposition (ASD)	加性状态分解
Additive Output Decomposition (AOD)	加性输出分解
aggressive maneuver	大机动
Aircraft-Body Coordinate Frame (ABCF)	机体坐标系
all-in-one	一体机
altitude hold mode	定高模式
angle of attack	迎角
angle of propeller disk	桨盘角度
anti-intrusion	防入侵
anti-spoofing	防欺骗
anti-torque moment	反扭矩
anti-vibration	减振
Aircraft Owners and Pilots Association (AOPA)	航空器拥有者和驾驶员协会
Application Programming Interface (API)	应用程序接口
arm	解锁
Artificial Potential Field (APF)	人工势场
as-the-crow-flies distance	球面上两点之间最短距离（大圆距离）
auto-landing mode	自动着陆模式
automatic trigger events	自触发事件
autopilot	自驾仪
Available Control Authority Index (ACAI)	剩余控制能力指标
Barbara's Lemma	芭芭拉引理
Bernoulli's Principle	伯努利原理
bifilar pendulum	双线摆
bilinear transformation	双线性变换
blade average chord length	桨叶平均气动弦长
blade tip speed	叶尖线速率
blade-flapping	桨叶挥舞
blade-flapping effects	挥舞效应
brushless direct current motor	无刷直流电机
calibration	标定
Camera Coordinate Frame (CCF)	摄像机坐标系

camera stabilizer	云台
Cayley-Hamilton Theorem	凯莱 - 哈密顿定理
Center of Gravity (CoG)	重心
coaxial rotor	共轴双旋翼
composite rotation quaternion	复合四元数
compound multicopter	复合多旋翼
conjugate quaternion	共轭四元数
control effectiveness matrix	控制效率矩阵
control effectiveness model	控制效率模型
controllability matrix	可控性矩阵
Coriolis force	科里奥利力
degraded control	降级控制
Degree of Controllability (DoC)	可控度
Degree of Freedom (DoF)	自由度
degree of observability	可观度
direction-guaranteed saturation function	保方向饱和函数
disarm	锁定
downward displacement area	桨叶下偏区
downwash	下洗
downwash effect correction angle	下洗效应修正角
drag coefficient	阻力系数
drift error	漂移误差
dynamic balance	动平衡
Dynamic Inversion Control(DIC)	动态逆控制
Earth-Fixed Coordinate Frame (EFCF)	地球固连坐标系
Electronic Speed Controller (ESC)	电调
equilibrium state	平衡点
Euclidean space	欧式空间
Euler angles	欧拉角
Euler's theorem	欧拉定理
failsafe	失效保护
Field Oriented Control (FOC)	矢量控制
Finite-State-Machine (FSM)	有限状态机
fitness	拟合度
fixed-pitch propeller	定距螺旋桨
flow field	流场
focal length	焦距
Focus of Expansion (FoE)	延伸焦点
Fully-Autonomous Control (FAC)	全自主控制

Gaussian White Noise (GWN)	高斯白噪声
geometric camera model	几何相机模型
gimbal lock	万向节死锁
Ground Control Station (GCS)	地面站
ground effect	地效作用
ground error state	地面错误状态
health evaluation	健康评估
homogeneous coordinate	齐次坐标
hover endurance	悬停时间
identified model	辨识模型
Image Coordinate Frame (ICF)	图像坐标系
Implicit Extended Kalman Filter (IEKF)	隐式扩展卡尔曼滤波器
induced drag	诱导阻力
Inertial Measurement Unit (IMU)	惯性测量单元
Inertial Navigation System (INS)	惯导系统
interference drag	干扰阻力
Invariant Set Theorem	不变集原理
inverse quaternion	四元数的逆
Jacobian matrix	雅可比矩阵
KV value	KV 值
landing gear	起落架
laser range finder	激光扫描测距雷达
laser tachometer	激光转速计
least square method	最小二乘方法
lever-arm effect	杆臂效应
linear complementarity filter	线性互补滤波器
Linear Quadratic Estimate (LQE)	线性二次型估计
locally observable	局部可观
loiter mode	定点模式
lumped disturbance	集总扰动
Lyapunov function	李雅普诺夫函数
manual input events	人工输入事件
matrix inversion	矩阵求逆
mean time to failure	平均无故障时间
Micro-Electro-Mechanical System (MEMS)	微机电系统
minimum-variance estimate	最小方差估计
Minimum-Variance Unbised Estimate (MVUE)	最小方差无偏估计
mission decision-making	任务决策
mission planning	任务规划

Model-Based Systems Engineering (MBSE)	基于模型的系统工程
multi-rate Kalman filter	多速率卡尔曼滤波器
no-fly zone	禁飞区
non-uniform sampling	非均匀采样
North East Down (NED)	北东地
null-controllable	0- 可控
observability	可观性
observability criterion	可观性判据
observability matrix	可观性矩阵
obstacle avoidance	避障
open source autopilot	开源自驾仪
open-loop	开环
optical flow	光流
Parallel Tracking And Mapping (PTAM)	并行跟踪与建图
parameter fitting	参数拟合
path following	路径跟随
path planning	路径规划
perspective projection model	透视投影模型
pole placement	极点配置
positive constraint	正约束
positive controllability	正可控性
pressure drag	压差阻力
propulsion system failure	动力系统失效
propulsor	动力单元
pseudorange	伪距
pseudo-inverse	伪逆
Pulse Width Modulation (PWM)	脉冲宽度调制
ready-to-fly	到手即飞
Real-Time Kinematic (RTK)	实时载波相位差分技术
Remote Control (RC)	遥控
remote pilots	飞控手
return-to-launch mode	返航模式
right-hand rule	右手定则
rigidity	刚度
saturation zone	饱和区
Semi-Autonomous Autopilots (SAAs)	半自主自驾仪
Semi-Autonomous Control (SAC)	半自主控制
semi-positive definite matrix	半正定矩阵
set-point control	定点控制

settling time	调节时间
Simultaneous Localization And Mapping (SLAM)	即时定位与建图
singularity	奇异性
Software Development Kit (SDK)	软件开发包
stability	稳定性
stability region	稳定域
stabilize mode	自稳模式
State of Charge (SoC)	荷电状态
stick	操纵杆
Superposition Principle	叠加原理
Text-based Systems Engineering (TSE)	基于文档的系统工程
Thomas′ Calculus	托马斯微积分
throttle	油门
thrust coefficient	拉力系数
time constant	时间常数
time of endurance	续航时间
time of flight	飞行时间
Time To Contact/Collision (TTC)	碰撞时间
Ultra High Frequency (UHF) band	超高频频带
Vertical Take-Off and Landing (VTOL)	垂直起降

反侵权盗版声明

举报电话：（010）88254396；（010）88258888

传　　真：（010）88254397

E-mail:　dbqq@phei.com.cn

通信地址：北京市万寿路 173 信箱

电子工业出版社总编办公室

邮　　编：100036